Maya 2022
从入门到精通

（全视频微课版）

余春娜　编著

清华大学出版社
北　京

内 容 简 介

本书全面讲解了Maya 2022的各个知识模块，并穿插了252个课堂练习、17个专题案例和3个综合案例，从各方面展现了Maya的强大功能。

全书共分31章，内容包括初识Maya 2022、视图操作、自定义软件、Maya基础操作、NURBS曲线、NURBS曲面建模、多边形建模技术、使用灯光、使用摄影机、添加UV贴图坐标、Maya渲染基础、材质基础、材质的属性、创建纹理、动画基础、变形技术、路径动画与约束技术、骨骼绑定与动画技术、角色动画技术、粒子技术、动力场、Maya特效、刚体与柔体、笔触特效、流体特效、头发和毛发、nCloth布料技术、MEL简介，以及综合案例。书中案例均取自实际开发领域，力求深入浅出地讲解Maya的操作技巧。

本书附赠立体化教学资源，包括460多分钟的课堂练习和案例教学视频，是书中所讲解知识的有力补充；还提供了书中案例的素材文件和效果文件，以及PPT教学课件，全面配合书中所讲解的知识与技能，让读者提高学习效率，提升学习效果。

本书适合三维造型、动画设计、影视特效和广告创意方面的初、中级读者使用，也可以作为高等院校数字艺术、影视动画等相关专业及社会各类Maya培训班的教材。

图书在版编目(CIP)数据

Maya 2022从入门到精通：全视频微课版 / 余春娜编著. —北京：清华大学出版社，2023.4（2024.7重印）
ISBN 978-7-302-62322-9

Ⅰ.①M…　Ⅱ.①余…　Ⅲ.①三维动画软件　Ⅳ.①TP317.48

中国国家版本馆CIP数据核字(2023)第009612号

责任编辑：李　磊
封面设计：杨　曦
版式设计：孔祥峰
责任校对：成凤进
责任印制：丛怀宇

出版发行：清华大学出版社
　　　网　　　址：https://www.tup.com.cn，https://www.wqxuetang.com
　　　地　　　址：北京清华大学学研大厦A座　　　邮　　编：100084
　　　社　总　机：010-83470000　　　邮　　购：010-62786544
　　　投稿与读者服务：010-62776969，c-service@tup.tsinghua.edu.cn
　　　质　量　反　馈：010-62772015，zhiliang@tup.tsinghua.edu.cn
印　装　者：三河市科茂嘉荣印务有限公司
经　　　销：全国新华书店
开　　　本：190mm×260mm　　印　　张：37.5　　字　　数：1290千字
版　　　次：2023年6月第1版　　印　　次：2024年7月第2次印刷
定　　　价：128.00元

产品编号：048614-01

前　言
PREFACE

党的二十大报告提出："教育、科技、人才是全面建设社会主义现代化国家的基础性、战略性支撑""加强基础学科、新兴学科、交叉学科建设，加快建设中国特色、世界一流的大学和优势学科"。全国动画行业以习近平新时代中国特色社会主义思想为指导，坚持以社会主义核心价值观为引领，紧紧围绕宣传贯彻党的二十大精神，创作生产不断繁荣，质量水准不断提升，推出了一批主旋律高昂、正能量强劲的优秀作品，国产动画呈现出良好发展态势。在动画创作的过程中，软件的应用与创新也是至关重要的，三维软件Maya被广泛应用于影视制作、动漫设计、游戏制作、建筑设计和工业造型设计等领域。本书围绕Maya在设计中的应用，从软件基础开始，深入讲解Maya的核心工具、命令与功能，帮助读者在最短的时间内迅速掌握Maya，并能运用到实际操作中。

本书作者具有多年的丰富教学经验与实际工作经验，在书中将自己实际授课和项目制作过程中积累下来的宝贵经验与技巧展现给读者，让读者从学习Maya软件使用的层次迅速提升到应用的阶段。

本书特点

● 完善的学习模式

"基础知识＋操作步骤＋课堂练习＋综合案例"4大环节保障了可读性，让读者明确每一阶段的学习目的，做到有的放矢，详细讲解操作步骤，让读者即学即会。

● 全面的软件知识

全书共31章，每一章都是一个技术专题，从基础入手，逐步进阶到灵活应用。讲解与实战紧密结合，252个课堂练习，17个专题案例，3个综合案例，做到处处有案例，步步有操作，提高读者的应用能力。

● 全套的视频微课

460多分钟的教学视频，详细讲解每个案例的操作步骤，是书中所讲解知识的有力补充，让读者可随时随地学习。

● 丰富的配套资源

本书附赠资源中提供了书中案例的素材文件、效果文件、教学视频和PPT教学课件，全面配合书中所讲解的知识与技能，便于读者直接实现书中案例的效果，掌握学习内容的精髓，提高学习效率，提升学习效果。

本书内容

本书共分31章，全面、系统地讲解了Maya 2022的各个模块。各章的内容如下。

第1章　初识Maya 2022，主要介绍Maya的工作流程、应用领域，以及Maya的工作环境。

第2章　视图操作，主要介绍在Maya中对视图的常用操作方法，包括视图的控制方式、显示模式、基本操作，以及视图菜单的功能等。

第3章　自定义软件，主要介绍如何在Maya中根据自己的需要定制个性化工作环境，包括设置文件保存格式、自定义工具架、修改历史记录、设置默认操纵器手柄、设置视图背景颜色和设置工程文件等。

第4章　Maya基础操作，主要介绍一些基础操作，包括创建和变换物体、图层的操作、复制和组合物体、创建父子关系，以及捕捉工具的使用方法等。

第5章　NURBS曲线，主要介绍NURBS曲线的创建和编辑方法等。

第6章　NURBS曲面建模，主要介绍NURBS曲面的创建和编辑方法等。

第7章　多边形建模技术，主要介绍多边形物体的创建和编辑方法等。

第8章 使用灯光，主要介绍灯光的特性、创建方法、基本类型，以及灯光特效的制作过程。

第9章 使用摄影机，主要介绍摄影机的相关知识，包括摄影机的类型、基本设置、工具和属性等。

第10章 添加UV贴图坐标，主要介绍UV贴图的基础知识，以及如何编辑模型的UV贴图等。

第11章 Maya渲染基础，主要介绍Maya渲染基础知识，包括渲染的类型，以及不同渲染方式的设置方法，还讲解了Arnold渲染器的使用方法。

第12章 材质基础，主要介绍材质的基础知识、认识Hypershade，以及材质的基本类型等。

第13章 材质的属性，主要介绍Maya中材质的物理特性，包括材质的通用属性、高光属性、折射属性和特殊效果等。

第14章 创建纹理，主要介绍纹理的基础知识，包括纹理的创建方法、2D纹理和3D纹理属性及操作方法。

第15章 动画基础，主要介绍动画的基础知识，包括动画基本原理、动画种类和各类动画创建方法等，为掌握关键帧动画、序列帧动画和动画曲线打好基础。

第16章 变形技术，主要介绍Maya中的各种变形技术，包括融合变形、晶格变形、包裹变形、簇变形、非线性变形、雕刻变形、线性变形、褶皱变形和抖动变形等。

第17章 路径动画与约束技术，主要介绍路径动画和常见约束动画的实现方法。

第18章 骨骼绑定与动画技术，主要介绍骨骼的基本操作、骨骼的动力学控制、骨骼与模型绑定，以及绑定模型编辑等知识。

第19章 角色动画技术，主要介绍角色姿态动画、各种角色动画的剪辑方式等。

第20章 粒子技术，主要介绍粒子系统、粒子的基本操作和粒子的渲染方法等。

第21章 动力场，主要介绍Maya的动力场技术，这些动力场包含空气场、阻力场、重力场、牛顿场、径向场、湍流场、一致场、漩涡场和体积轴场等。

第22章 Maya特效，主要介绍Maya的特效技术，包括创建火、创建烟、创建焰火、创建闪电和创建破碎效果等内容。

第23章 刚体与柔体，主要介绍Maya中的刚体和柔体技术，包括其创建方法、刚体约束和刚体的解算等。

第24章 笔触特效，主要介绍Maya中的笔触，包括绘制2D笔触、绘制3D笔触，并介绍笔触的属性等。

第25章 流体特效，主要介绍Maya中的流体，包括认识流体、创建2D流体和3D流体，以及流体的属性等。

第26章 头发和毛发，主要介绍Maya中的头发和毛发系统。

第27章 nCloth布料技术，主要介绍Maya中的nCloth布料系统，包括布料的创建方法、布料的碰撞方法，以及如何添加动力场等。

第28章 MEL简介，主要介绍MEL的基础知识与应用方法，包括MEL概述、建立脚本环境、使用变量等。

第29章～第31章 这3章利用Maya创建星球大战中的R2机器人和小兵两个角色，并制作追击场景，以帮助读者巩固所学内容。

配套资源

为了便于读者学习，本书提供了完备的立体化教学资源，每个课堂练习和案例都录制了教学视频，只要扫描案例名称旁边的二维码，即可打开观看视频进行学习。另外，还提供了素材文件、效果文件、电子书、PPT课件、教案和教学大纲等。读者可扫描右侧的二维码，将文件推送到自己的邮箱后下载获取全部的内容。

教学资源

本书由余春娜编著。由于作者水平所限，书中难免有疏漏和不足之处，恳请广大读者批评、指正，提出宝贵的意见和建议。

编 者

目 录
CONTENTS

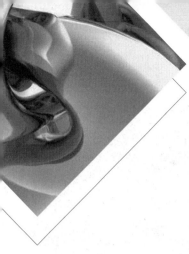

第 **1** 章

初识Maya 2022

1.1 Maya概述

时至今日，三维动画被广泛应用于广告、娱乐、教育和医疗等行业。三维动画设计与制作已经发展成为一个比较成熟的产业。三维效果具有强大的视觉冲击力，越来越受到人们的青睐，也让很多爱好者踏上了三维创作之路。在众多的三维软件（如Maya、3ds Max等）中，Maya是功能最为完善的软件之一，被广泛应用于产品设计、实体演示、模拟分析、商品展示、影视娱乐、广告制作、建筑设计和多媒体制作等诸多领域。本节将带领读者认识Maya 2022。

1.1.1 Maya工作流程

为了能够更好、更快地学习和使用Maya 2022，读者要了解一些关于利用Maya制作模型的流程知识。根据大多数设计师的经验，在拿到设计方案或者确定设计方案之后，应该根据实际需要确定一个工作流程，如图1-1所示。

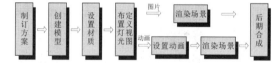

图1-1　Maya工作流程

1. 制订方案

制订方案有时也被称为预制作阶段，包括设定故事情节、考虑最终的视觉效果，以及考虑所要使用的技术手段等。

所有的作品都以创作故事板开始，没有故事板，也就没有方案。故事板的质量是方案成功的关键所在，所以处理好这个阶段是至关重要的。图1-2是一个典型的故事板。

2. 创建模型

在Maya中，建模是制作作品的基础。如果没有模型，则以后的工作将无法展开。Maya提供了多种建模方式，用户可以从不同的三维基本几何体开始建模，也可以使用二维图形配合一些专业的修改器进行建模，甚至还可以通过将对象转换为多种可编辑的曲面类型进行建模。图1-3是利用Maya建模功能制作的模型。

图1-2　故事板

图1-3　模型

3. 设置材质

当完成模型的创建工作后，需要使用材质编辑器设计材质。生动的模型如果没有被赋予合适的材质，还不是一件完整的作品。通过为模型设置材质，能够使其看起来更加逼真。Maya提供了许多不同类型的材质，既有能够实现折射和反射的材质，也有能够表现表面凹凸不平的材质。图1-4是模型的材质效果。

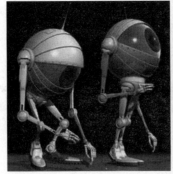

图1-4　材质效果

实际上，材质就类似于物体表面的纹理和质感。通常用户利用Maya制作的模型是没有任何纹理的，只有通过为它设置材质，才能表现出它在真实世界中的外观。

4. 布置灯光和定义视图

照明是一个场景中必不可少的元素。在Maya中，用户既可以创建普通的灯光，也可以创建基于物理计算的光度学灯光，或者天光、日光等在真实世界中的照明系统。有时，还可以利用灯光制作一些特效，如宇宙场景的特效等。

为场景添加摄影机，可以定义一个固定的视图，用于观察物体在虚拟三维空间中的运动，从而获取真实的视觉效果。

5. 渲染场景

在Maya中，完成上面的操作后，并不表示作品已经产生了，还需要将场景渲染出来。在渲染过程中，可以为场景添加颜色或环境效果。图1-5是典型的渲染效果。

图1-5　渲染效果

6. 后期合成

后期合成可以说是利用Maya创建作品的最后一个环节，通过该环节的操作，将生成一个完整的作品。

在大多数情况下，用户需要对渲染效果图进行后期修饰操作，即利用二维图像编辑软件(如Photoshop等)进行修改，以去除由模型、材质和灯光等问题而导致渲染后出现的瑕疵。图1-6是通过后期合成的作品。

除此之外，有时也将渲染后的图像作为素材应用于平面设计或影视后期合成。无论属于哪种情况，都应该了解后期修饰工作的要点和流程，以便让上述两项工作能够更好地衔接。

图1-6　后期合成效果

1.1.2　Maya应用领域

　　Maya作为三维动画软件的后起之秀，深受业界欢迎和青睐。Maya集成了先进的动画及数字效果技术，不仅包括一般三维和视觉效果制作功能，还结合了先进的建模、数字化布料模拟、毛发渲染和运动匹配技术。Maya强大的功能在3D动画界产生了巨大的影响，已经渗透到电影、电视、公司演示和游戏可视化等各个领域，并且成为三维动画软件中的佼佼者。《星球大战前传》《角斗士》《完美风暴》和《恐龙》等很多影视大片中的特技镜头就是利用Maya完成的。丰富的画面、逼真的角色动画及接近完美的毛发、服饰效果，不仅使影视广告公司对Maya情有独钟，而且让许多喜爱三维动画制作和有志于影视电脑特技的朋友也被其强大的功能所吸引。那么，Maya都被应用在哪些领域呢？本小节将详细进行介绍。

1. 影视动画

　　使用Maya制作的影视作品有很强的立体感，写实能力较强，能够轻松地表现一些结构复杂的形体，并且能够产生惊人的逼真效果。图1-7是典型的Maya影视短片效果。

2. 电视栏目

　　Maya被广泛应用在电视栏目包装上，许多电视节目的片头是设计师使用Maya和后期编辑软件制作而成的。图1-8是一个电视片头的效果。

图1-7　影视短片效果

图1-8　电视片头效果

3. 游戏角色

　　由于Maya自身具备很大优势，所以成为全球范围内应用极为广泛的游戏角色设计与制作软件。除制作游戏角色外，Maya还被广泛应用于制作一些游戏场景。图1-9是一些角色的原模型。

图1-9　游戏角色

4. 广告动画

　　在商业竞争日益激烈的今天，广告是必不可少的宣传手段，使用动画形式制作广告是目前最受厂商欢迎的商品促销手段之一。使用Maya制作三维动画更能突出商品的特殊性和立体效果，从而引起观众的注意，达到商品的促销目的。图1-10是广告动画效果。

图1-10　广告动画

5. 建筑效果

建筑外观表现与室内设计是目前使用Maya最广泛的行业之一，大多数Maya用户的首要工作目标就是制作建筑效果。图1-11是用Maya制作的室外建筑及室内设计的效果图。

图1-11　建筑效果

6. 产品设计

使用Maya也是产品设计中最为有效的技术手段之一，它可以极大地拓展设计师的思维空间。同时，在产品和工艺开发中，它可以在生产线建立之前模拟实际工作情况，以检测生产线的实际运行情况，避免因设计失误而造成巨大的损失。图1-12是用Maya制作的相机和汽车造型。

图1-12　产品展示

7. 设计虚拟场景

虚拟现实是三维技术的主要发展方向。在虚拟现实发展的道路上，构建虚拟场景是必经之路。通过使用Maya可将远古或未来的场景表现出来，从而能够进行更深层次的学术研究，并能使这些场景所处的时代更容易被大众接受。图1-13是用Maya设计制作的虚拟场景。

除了上述用途外，Maya还可以用于虚拟人物、动画剧等多个领域，其功能还随着人们精神生活的增加而不断更新，成为众多计算机软件中的一颗明星。

图1-13　虚拟场景

1.1.3　专用术语简介

现在，三维艺术正影响着人们的生活，大到各国的科幻大片，小到游戏中的CG动画，让人目不暇接。其中的很多术语也常常出现在相关的文章中，由于这些术语都是冷门词语，非专业人员可能看不懂，因此，本小节介绍一些专业术语，以帮助读者理解所学内容。

1．3D

3D就是三维的意思，它是英文three-dimensional的缩写，在Maya中是指三维图形或立体图形。而在一些图形图像处理软件中，看到的图形都是二维的，没有立体感。3D图形具有纵深深度。

2．2D贴图

2D表示二维图形和图案，2D贴图需要贴图坐标才能进行渲染或在视图中显示，读者也可以将其理解为没有纵深深度的一种贴图。

3．帧

动画的原理和电影的原理相同，是由一系列连续的静态图片构成的，这些图片以一定的速度连续播放，由于人眼具有视觉暂留的特性，就会认为画面是连续运动的。这些静态图片就是帧，每一幅静态画面就是一帧。

4．关键帧

关键帧是相对于帧而言的，在制作动画的过程中，需要设置几个主要帧的运动来控制对象的运行形式。例如，一个小球进行变形的运动就是由关键帧来实现的。

5．快捷键

快捷键实际上就是键盘上的一些功能键。用户使用快捷键可以完成使用鼠标所能完成的一些工作任务。例如，按组合键Ctrl+C可以复制一个物体，而按组合键Ctrl+V可以粘贴一个物体。

6．法线

法线的概念和几何中的垂线相同，它垂直于多边形物体的表面，用于定义物体的内表面和外表面，以及表面的可见性。如果物体法线的方向设置错了，那么表面的材质将变得不可见。默认情况下，模型表面的法线方向都是正确的。

7．全局坐标系

全局坐标系也叫作世界坐标系。在Maya 2022中，有一个通用的坐标系，这个坐标系及其所定义的空间是不变的。在全局坐标系中，x轴指向右侧，y轴指向观察者的前方，z轴指向上方。

8．局部坐标系

实际上，局部坐标系是相对于全局坐标系而言的，它是指对象自身的坐标。有时可以通过局部坐标系来调整对象的方位。

9．Alpha通道

三维空间中的Alpha通道和平面图像中的Alpha通道相同。在制作三维效果图时，可以指定图片带有Alpha通道信息，从而可以为其指定透明度和不透明度。在Alpha通道中，黑色为图像的不透明区域，白色为图像的透明区域，介于它们之间的灰色为图像的半透明区域。

10．布尔运算

布尔运算是通过在两个对象上执行布尔操作将它们组合起来。在Maya 2022中，布尔运算是通过两个重叠运算生成的。原始的两个对象是操作对象，而布尔对象本身是操作的结果。

11. 拓扑

创建对象和图形后，系统将会为每个顶点、线或面指定一个编号。通常，这些编号是在内部使用的，它们可以确定指定时间选择的顶点和面，这种数值型结构就叫作拓扑。

12. 帧速率

帧速率是指视频的播放速度，也就是在一定的时间内播放多少张静态图片。如有些国家的视频制式为每秒播放25帧。

13. 连续性

连续性是曲线的一种属性，NURBS曲线也具有连续性。如果曲线没有产生断裂，那么可以将其视为连续的。

关于Maya的概念还有很多，随着讲解的深入，还将陆续补充一些重要的概念。

1.2 安装与卸载Maya 2022

1.2.1 安装Maya 2022

用户可以下载使用Maya 2022的试用版，并在试用到期后再订阅。在【Autodesk产品】页面上查找试用版并下载。安装前无须先卸载旧版本，即可安装新版本，并可以同时安装多个版本的Maya。下面介绍安装Maya 2022的操作方法。

课堂练习1：安装Maya 2022

01 双击解压目录下的"Setup.exe"，如图1-14所示。解压完成后，弹出安装许可证协议界面，左上角语言选择【简体中文】，勾选同意软件的许可协议选项，单击【下一步】按钮。

02 选择软件的安装位置，默认直接安装到C盘中，也可以根据自己的硬盘分区情况自定义路径，如图1-15所示。

03 选择需要的组件，这里用户可以自选，也可以全选，如图1-16所示。

图1-14 打开Maya 2022安装包

图1-15 Maya安装界面1

图1-16 Maya安装界面2

04 等待安装进度完成100%，因为软件比较大，用户需要耐心等待，如图1-17所示。

05 安装完成，单击【开始】按钮便可以启动Maya进行设计了，如图1-18所示。

图1-17 Maya安装界面3

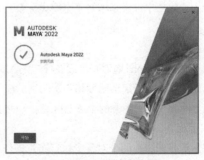

图1-18 Maya完成安装界面

1.2.2　卸载Maya 2022

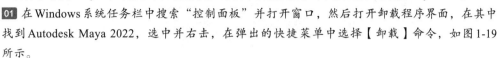

课堂练习2：卸载Maya 2022

如果在使用Maya时出现了未知的错误，可以卸载该软件，下面介绍如何卸载Maya 2022。

01 在Windows系统任务栏中搜索"控制面板"并打开窗口，然后打开卸载程序界面，在其中找到Autodesk Maya 2022，选中并右击，在弹出的快捷菜单中选择【卸载】命令，如图1-19所示。

02 进入卸载选项界面后，单击【卸载】按钮，如图1-20所示。

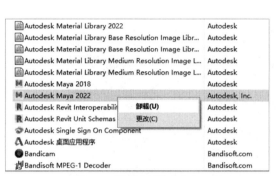

图1-19　选择【卸载】命令

图1-20　Maya卸载界面1

03 单击【卸载】按钮进入下一个界面，确认后开始卸载。因为软件比较大，用户需要耐心等待，如图1-21所示。

04 等待进度条读取完成后进入下一个界面，卸载完毕后，单击【完成】按钮完成卸载，如图1-22所示。

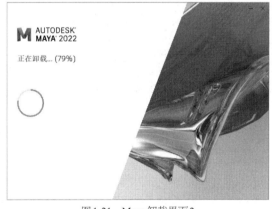

图1-21　Maya卸载界面2

图1-22　Maya卸载完成

1.3　Maya工作界面

Maya软件从发布、发展到现在，其操作界面一直延续着最初的设计，没有进行大幅度的改变。这为所有的Maya用户带来了极大的便利。本节将带领读者一起学习Maya 2022的界面构成。

1.3.1　启动Maya 2022

在安装好Maya 2022后，双击桌面上的相应图标，即可运行该软件。图1-23是Maya 2022的启动界面。

Maya 2022启动后，就进入了主界面，该界面由多个部分组成，包含所有的Maya工具，如图1-24所示。

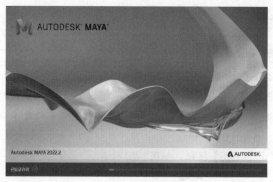

图1-23　启动界面

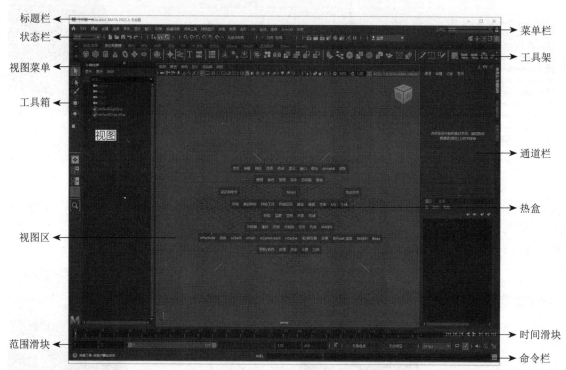

图1-24　Maya主界面

1.3.2　标题栏

标题栏位于界面最顶端，如果当前处理的场景文件没有保存，那么标题栏的左侧会显示Maya软件的版本号和默认创建的文件名；如果处理的场景文件已经保存，标题栏左侧会显示完整的文件名和文件的保存路径。如果在视图中选择了某些物体或元素，那么在文件名后还会显示用户当前选择的物体或元素名称。

1.3.3　菜单栏

Maya的菜单被组合成了一系列的菜单组，每个菜单组对应一个Maya模块，不同的模块可以实现不同的功能。Maya中的模块包括建模、绑定、动画、FX(动力学)、渲染等，如图1-25所示。

图1-25　菜单栏

在不同的模块之间进行切换，将切换到相应的菜单组中。而通用菜单组不会发生变化，包括文件、编辑、创建、选择、修改、显示、窗口等菜单。

切换菜单组时，可以使用状态栏下拉菜单或者快捷键。例如，按F2键可以切换到【建模】模块，按F3键可以切换到【绑定】模块，按F4键可以切换到【动画】模块，按F5键可以切换到FX模块，按F6键可以切换到【渲染】模块。

1.3.4 状态栏

Maya的状态栏和其他软件的状态栏稍有区别，Maya的状态栏中包含多种工具，如图1-26所示。这些工具多用于建模，当然也有其他类型的工具。

图1-26 状态栏

为了方便用户的操作，这些工具都是按组排列的。用户可以通过单击相应的按钮展开或者关闭工具，如图1-27所示。

图1-27 展开或关闭工具

1. 模块选择区

模块选择区用于选择在Maya的哪个工作模块下进行操作，如图1-28所示。

2. 文件管理区

文件管理区用于新建、打开和保存场景文件，如图1-29所示。

3. 选择过滤器

如果在选择过滤器中选择了某种类型的元素，那么在场景中只有属于该类型的物体才能够被选中并进行编辑。例如，选择了NURBS类型，那么在视图中选择物体时，只有NURBS类型的物体才能够被选择，其他类型的物体无法被选择，如图1-30所示。

图1-28 模块选择区

图1-29 文件管理区

图1-30 选择过滤器

4. 选择模式和选择遮罩区

3种选择模式分别是按层次和组合选择、按对象类型选择和按组件类型选择。选择模式不同，在后面显示的选择遮罩区的内容也不同，如图1-31所示。

图1-31 3种选择模式和选择遮罩区

在选择遮罩区中，如果某个按钮处于可按下的状态，那么表示这个图标代表的物体是可以选择的，否则该类型的物体将不能被选中编辑。

5. 吸附工具

按下吸附工具中的按钮后，当场景中的物体移动时，或者在创建新的曲线、多边形平面时，物体或曲线会吸附在某种定义的物体上。图1-32是Maya中提供的几种吸附工具。

6. 输入/输出参数区

使用输入/输出参数区中的工具能够观察物体上的输入和输出节点，对于节点的解算顺序可以进行一定的调整，如图1-33所示。

7. 渲染控制区

渲染控制区集成了4个渲染控制工具。用户可以通过这些工具对场景进行渲染，如图1-34所示。

图1-32　吸附工具　　　　图1-33　输入/输出工具　　　　图1-34　渲染控制工具

1.3.5　工具架

状态栏下面是工具架，工具架上放置了菜单命令的快捷图标，如图1-35所示。根据不同的工具类型，工具架上包含多个工具架面板。默认状态下，工具架面板上都带有标签，单击标签就可以激活相应的面板，方便用户在工具架之间进行切换。如果需要在工具架上创建新的工具按钮，可以同时按住Shift键和Ctrl键，然后用鼠标单击某个菜单命令，这样该菜单命令的工具按钮就会出现在工具架上。另外，还可以对工具架上的工具进行修改和编辑。

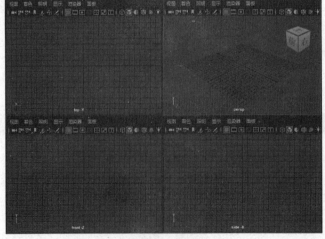

图1-35　工具架

1.3.6　工具箱

位于主界面左侧的竖形工具栏就是工具箱，其中包含Maya中用于选择及对物体进行空间变换等常用工具的快捷图标，如图1-36所示。

1.3.7　视图区

工具箱右侧的操作区域被称为视图区，基本的视图模式为单视图或者四视图，四视图模式为顶视图、前视图、侧视图和透视图，如图1-37所示。在透视图中，如果物体距离观察点的远近不同，就会产生透视现象，也就是我们平常所说的近大远

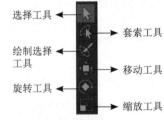

图1-36　工具箱

小的现象，这符合平常观察物体时的情况。另外3种视图都是正交视图。正交视图的特点是没有透视现象，无论物体距离观察点是远是近，只要物体的真实大小是一样的，那么显示的大小也是完全一样的。每个视图区都带有自己的视图菜单，可以在视图菜单中对视图的显示方式进行编辑。

图1-37　四视图

1.3.8　通道栏和属性编辑器

视图右侧的通道栏和属性编辑器默认处于同一个面板中。用户可以通过单击通道栏右侧的文本标签，在它们之间进行切换。如果在视图中选择了某个物体，那么会在通道栏中显示当前物体的所有允许制作动画的变换参数，通常包括物体的移动、旋转、缩放及显示参数，也可以通过属性编辑器显示其具体属性，如图1-38所示。

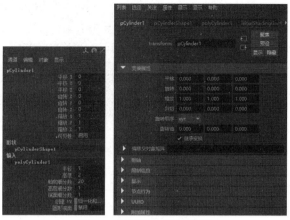

图1-38　通道栏和属性编辑器

1.3.9　时间轴

时间轴实际上包括两个区域，分别是时间滑块和范围滑块。其中，时间滑块包括播放按钮和当前时间指示器。范围滑块包括设置动画的开始时间和结束时间、设置播放范围的开始时间和结束时间、设置范围的滑块、设置自动关键帧按钮和设置动画参数按钮，如图1-39所示。

图1-39　时间轴

时间滑块上的刻度和刻度值表示时间。如果要定义播放速率，可以单击范围滑块中的【动画首选项】按钮，打开【首选项】对话框，在【类别】列表框中依次选择【设置】|【时间滑块】选项，在【时间滑块】选项组中选择需要播放的速率。Maya默认的播放速率为24fps。

1.3.10　命令栏和帮助栏

在Maya中，用户不仅可以通过工具创建物体，还可以通过输入命令创建物体，这一功能与AutoCAD的键盘输入功能有些相似。在Maya中，命令栏分为输入命令栏、命令反馈栏和脚本编辑器3个区域，如图1-40所示。

图1-40　命令栏

当在输入命令栏中输入一个MEL命令后，场景中将执行相应的动作。例如，在输入命令栏中输入Create NURBS Cylinder命令，即可启用NURBS圆柱体创建工具。此外，当用户执行了相应的操作后，在命令反馈栏中将显示反馈信息。

命令栏的下方是帮助栏，可以显示一些操作提示，从而辅助用户执行操作。

1.4　快捷菜单和快捷键

用户灵活运用快捷菜单和快捷键，可以大大提高工作效率。

1.4.1 快捷菜单

除了前面所介绍的知识外，Maya还提供了一套非常便捷的快捷菜单操作模式，即标记菜单。这套菜单的功能与之前讲过的Maya菜单栏完全一样，按住空格键不放可显示该菜单，如图1-41所示。

1. 标记菜单

场景中显示出来的菜单即标记菜单，它以鼠标指针为中心进行显示，这样方便鼠标指针快速指向每个子菜单。

标记菜单的第1行是Maya界面最上面的菜单栏，它不会随Maya功能模块的切换而变化；第2行是视图上方的视图菜单栏，其功能与视图菜单一样。

图1-41 快捷菜单

第4行至第8行提供的也是Maya中一些常用的菜单，分别是建模、绑定、动画、FX、渲染等。

2. 标记菜单选项区域

标记菜单分为左右两个菜单区，一个是【最近的命令】菜单，另一个是【热盒控件】菜单。其中，【最近的命令】菜单下保存了最近使用的几次操作命令。打开该菜单，选择相应的命令，即可快速重复执行前一次的操作。例如，在场景中创建一个多边形圆柱体，并执行编辑操作，这些执行过的操作将被保存在【最近的命令】菜单中，如图1-42所示。用户可以看到，前几次的操作都被记录在【最近的命令】菜单中，选择相关命令可以快速切换到之前使用过的工具。

【热盒控件】菜单是针对整个标记菜单的显示而设置的。选择【热盒控件】菜单后，弹出的子菜单如图1-43所示。

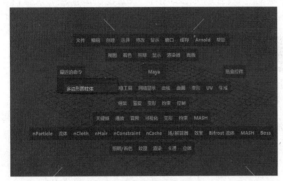

图1-42 最近的命令

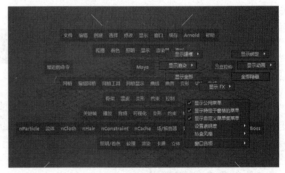

图1-43 热盒控件

仔细观察【热盒控件】弹出的菜单，注意到鼠标指针周围分别是显示建模、显示绑定、显示渲染、显示动画、显示FX、显示全部、全部隐藏7个选项。这些选项用于控制标记菜单最下面的菜单栏显示，通过这些选项，也可以快速切换Maya菜单栏的工作模块。

3. Maya按钮

在【最近的命令】和【热盒控件】中间，还有一个Maya菜单，单击该菜单，其周围会弹出子菜单，如图1-44所示。

这些菜单分别是透视视图、左视图、顶视图、后视图、前视图、仰视图、右视图、新建摄影机和热盒风格，选择这些命令可以快速切换到相应视图。这样，除了前面所讲的四视图快捷键，又多了一种切换四视图的方式。

图1-44 Maya菜单

1.4.2　界面优化

1．界面优化

Maya默认的操作界面占据了很大的屏幕显示面积，而在实际应用中不必使用所有菜单。例如，在学习建模时，完全可以取消显示命令栏、帮助栏和时间轴，这时就要考虑Maya的界面优化了。

以隐藏时间滑块为例，执行【窗口】|【UI元素】|【时间滑块】命令，即可将时间滑块隐藏。如果需要显示时间滑块，则再次执行该命令，如图1-45所示。

2．专家模式

Maya的功能日益强大，界面也越来越复杂，不过Maya也提供了一种简洁的专家模式。用户可以执行【窗口】|【UI元素】|【隐藏所有UI元素】命令，切换到专家模式，如图1-46所示。

图1-45　显示/隐藏时间滑块

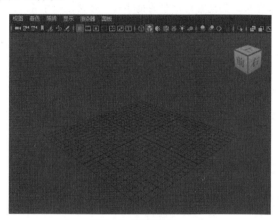

图1-46　专家模式

1.4.3　自定义快捷键

使用快捷键切换专家模式比使用菜单命令更加方便一些，Maya还提供了组合键Ctrl+空格键快速切换专家模式和默认界面模式，但是对于大多数中国用户来说，使用这个组合键显然是无效的，因此需要利用Maya提供的快捷键编辑器自定义快捷键。

｜ 课堂练习3：自定义快捷键 ｜

01 执行【窗口】|【设置/首选项】|【热键编辑器】命令，弹出图1-47所示的【热键编辑器】对话框。

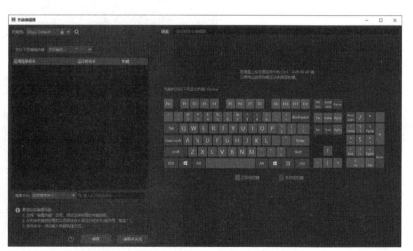

图1-47　【热键编辑器】对话框

- 【为以下项编辑热键】下拉列表：在【热键编辑器】对话框中，【为以下项编辑热键】下拉列表中的选项为菜单名称，分别为菜单、编辑、其他及自定义。

- 命令列表框：该列表框中的选项包含 Maya 中的所有操作命令。在【为以下项编辑热键】下拉列表中选择不同的菜单，在命令列表框中会显示相应的命令。

02 在命令列表框下的【搜索方式】下拉列表中选择一种搜索方式，然后在后面的文本框中输入需要搜索的命令关键字母，可快速选中带有关键字母的选项，如图 1-48 所示。

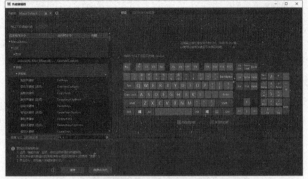

图 1-48　选择搜索方式

03 此时在文本框中输入 hide，命令列表框中显示所有与 hide 有关的命令，可快速查找到各种隐藏命令，如图 1-49 所示。

图 1-49　搜索 hide

04 在命令列表框中选中 HideUIElements 命令，在键盘上按下组合键，即可为其指定一组快捷键，如图 1-50 所示。

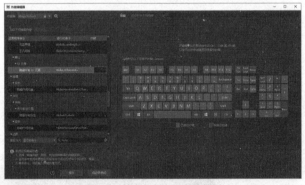

图 1-50　为选定命令指定快捷键

05 单击【保存】按钮，此时就完成了快捷键的设置，将会在【热键】列中显示指定的快捷键，如图 1-51 所示。

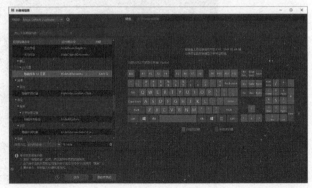

图 1-51　完成快捷键设置

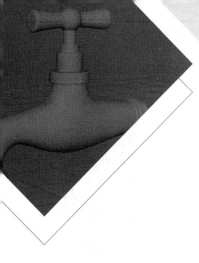

第**2**章

视图操作

Maya的全部操作都建立在视图的基础上，用户只有学会操作视图，才能够对物体进行编辑。本章将介绍一些常用的视图操作方法。

2.1 控制视图

当用户在视图中创建物体后，就需要在各个视图中进行观察。Maya的视图操作分为拉伸视图、平移视图和旋转视图3种，主要通过键盘配合鼠标键来实现。本节将介绍这3种控制视图的方式，如表2-1所示。

表2-1 控制视图方式

视图操作方式	操作方法
拉伸视图	Alt+鼠标右键
平移视图	Alt+鼠标中键
旋转视图	Alt+鼠标左键

用户要非常熟练地掌握3种视图的操作方法，为后面的模型编辑打下基础。同时要注意，这3种操作仅用于调整视图摄影机观察角度和视距，而并非旋转或缩放视图中的物体。

技 巧

为了实现快速改变摄影机视距到适当的位置，Maya还提供了快捷键A键和F键。按A键时，视图区自动调整摄影机距离，以显示场景中的全部物体。当选中特定物体时，按F键，摄影机自动调整距离，以最佳视距显示单个物体。

2.2 设置显示模式

在创建一个长方体时，有时以实体的形式创建，但有时可能是网格的形式，Maya中的物体可以在网格、边面、实体等多种显示模式下进行转换。打开视图区菜单中的【着色】菜单，可以看到一些常用的显示模式，如图2-1所示。

例如，执行【着色】|【线框】命令，或按4键，可在线框模式下显示对象。

图2-1 Maya的显示模式

2.3 设置分类显示

有时，场景中的物体比较多，各种类型的物体穿插在一起，增加了编辑的难度，因此可以设置以分类的方式显示，从而提高工作效率。用户可以打开视图区菜单中的【显示】菜单，如图2-2所示。

该菜单主要用于控制显示不同类型的物体。以【多边形】和【NURBS曲面】这两个命令为例，当取消启用这两个命令时，场景中的所有多边形物体和NURBS物体将消失，即变为不可见。如果再次启用这两个命令，则这两类物体将变为可见。

图2-2 【显示】菜单

2.4 调整视图大小

为了方便用户进行操作，Maya提供了四视图，以帮助用户描绘空间立体物体。此外，还提供了一个独立放大的透视图，用于编辑物体。这两种视图都是在编辑物体时常用的，用户可以使用Space键在它们之间进行切换。

2.5 场景管理器

当场景中物体较多时，管理物体就成了一个重要的问题。为了解决这一问题，Maya提供了【大纲视图】和【Hypergraph层级】两个窗口。本节将讲解这两个窗口的特性及使用方法。

1. 大纲视图

执行【窗口】|【大纲视图】命令，即可打开【大纲视图】窗口，如图2-3所示。在该窗口中，清晰显示了场景中所有的对象目标体。用户只需要单击该窗口中的某一物体，即可在场景中选中该物体。如果要对物体进行重命名操作，则可以双击物体名称后进行修改。

此外，大纲视图对于复杂场景的对象管理十分重要，很多被隐藏的物体对象在视图中是无法准确选择的，而通过大纲视图则可以准确地选中它。

2. Hypergraph层级

【Hypergraph层级】窗口和【大纲视图】窗口的功能类似，但是比【大纲视图】窗口更加直观一些，如图2-4所示。执行【窗口】|【常规编辑器】|【Hypergraph：层级】命令，即可打开该窗口。

图2-3 【大纲视图】窗口

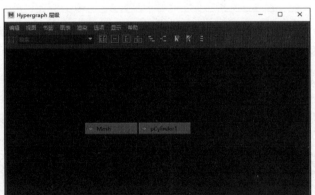

图2-4 【Hypergraph层级】窗口

在弹出的窗口中单击某个立方体节点，即可在视图中选中该物体。如果要使物体A成为物体B的节点，则可以直接选中物体A，按住鼠标中键并拖动到B对象下即可。

下面介绍该窗口中的选项。

- 文本过滤器：在该窗口的文本框中输入文本，可以限制【Hypergraph层级】窗口中显示的节点种类。例如，输入"t*"将只显示以t开头的场景文件节点。
- 框显全部■：单击该按钮，场景中将显示所有节点的结构。
- 框显当前选择■：在视图中选择物体后，单击该按钮，视图区将单独显示该节点。

- 框显层级：选择物体节点后，单击该按钮，即可显示该节点所在的层级结构。
- 框显分支：选择物体节点后，单击该按钮，视图区将显示该节点的子结构。
- 场景层级：单击该按钮，即可在【Hypergraph 层级】窗口显示场景中的父子层级关系。
- 输入和输出连接：选择物体节点后，单击该按钮，可以将【Hypergraph 层级】窗口显示模式切换到节点输入输出连接显示模式，节点同时具有输入和输出两端用于传输数据。
- 创建书签：单击该按钮，可以保存当前节点结构作为快速参考图标记。
- 书签编辑器：单击该按钮，可以打开【书签】窗口，并在该窗口中显示所有已经创建的书签。
- 切换自由形式/自动布局模式：单击该按钮，可以切换节点在视图中的排列方式，分为自由排列和自动排列。
- 从选定节点创建资源：单击该按钮，可以在【Hypergraph 层级】窗口中创建一个新的容器节点，并将选择节点添加到该容器中。
- 删除资源：单击该按钮，可以将创建的容器从【Hypergraph 层级】窗口中删除，但是会保留容器中原有的所包含的各个节点。
- 收拢选定资源：单击该按钮，可以将容器中的节点折叠成一个节点大小。
- 展开选定资源：单击该按钮，可以将折叠过的容器再次展开。
- 将遍历深度设置为零：用于确定【Hypergraph 层级】窗口中显示的节点个数。单击该按钮，可以将数值设置为 0。
- 将遍历深度减少一：单击一次该按钮，则遍历深度数值将递减一。

在实际应用过程中，利用【大纲视图】和【Hypergraph 层级】这两个场景管理编辑器，可以很好地提高工作效率，降低工作强度。

2.6　视图的基本操作

在 Maya 的视图中可以很方便地实现旋转、缩放和推拉等操作，每个视图实际上都是一个摄影机，对视图进行操作也就是对摄影机进行操作。本节将介绍关于视图的常见操作方法。

2.6.1　移动视图

按住组合键 Alt+ 鼠标中键可以移动视图，通过这种方法平移视图可以达到变换场景的目的，如图 2-5 所示。

此外，也可以使用组合键 Shift+Alt+ 鼠标中键在水平或垂直方向上进行移动操作，如图 2-6 所示。

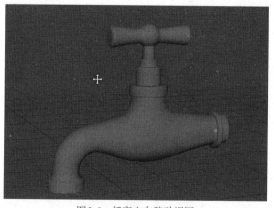
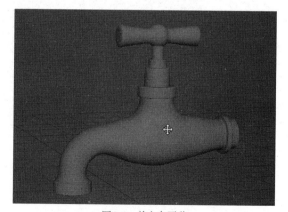

图 2-5　任意方向移动视图　　　　　　　　图 2-6　单方向平移

2.6.2　旋转视图

通常情况下，对视图的旋转操作都是针对透视图、摄影机视图类型的。按住组合键 Alt+ 鼠标左键可以旋转视图，通过这种方法可以旋转任意角度来观察场景中的物体，如图 2-7 所示。

如果要让视图在以水平方向或垂直方向为轴心的单方向上旋转，可以使用组合键Shift+Alt+鼠标左键来完成水平或垂直方向上的旋转操作，如图2-8所示。

图2-7　旋转视图

图2-8　单方向旋转

2.6.3　缩放视图

缩放视图是将场景中的对象进行放大或缩小操作，实际上就是改变视图摄影机与场景对象的距离，从而使物体在视图中进行放大或缩小操作(实际上物体的大小是不变的)。要缩放视图，可以使用组合键Alt+鼠标右键对视图进行缩放操作，如图2-9所示。

此外，用户也可以使用组合键Ctrl+Alt+鼠标左键框选出一个区域，如图2-10所示。然后释放鼠标左键，被选择的区域将会以最大化的形式进行放大。

图2-9　缩放视图

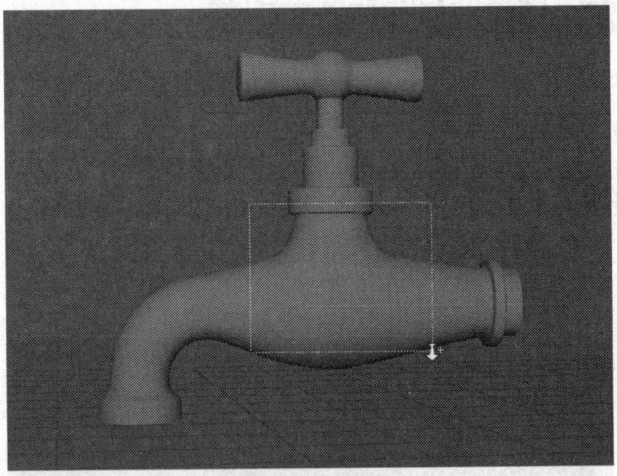

图2-10　框选视图

2.6.4　最大化选定视图

在Maya中，按A键可以将当前场景中的所有对象全部最大化显示在一个视图中，如图2-11所示。

如果此时按组合键Shift+A，就可以将场景中的所有对象全部显示在所有视图中，如图2-12所示。这是一个动画过程，它会逐一将视图中的物体进行最大化显示。

图2-11　所有对象最大化显示

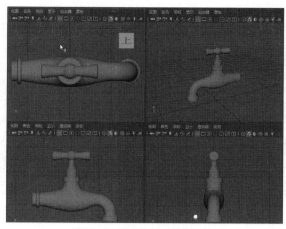

图2-12　最大化显示所有视图

2.6.5　最大化选定对象

用户在视图中操作物体时，可以将当前选定的对象进行最大化显示。具体操作方法是，先选择对象，然后按F键即可，如图2-13所示。最大化显示的视图是根据光标所在位置来判断的，将光标放在需要放大的区域中，按F键就可以将选择的对象最大化显示在视图中。

此外，使用组合键Shift+F可以一次性将全部视图进行最大化显示，如图2-14所示。

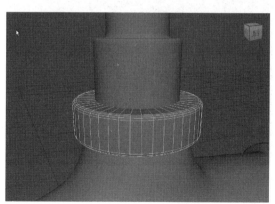

图2-13　最大化选定对象

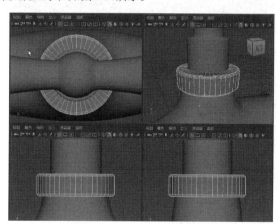

图2-14　全部视图的最大化显示

2.6.6　切换视图

在Maya中，用户既可以在单个视图中进行各种操作，也可以在多个视图中进行操作。通常情况下，要编辑物体，仅仅通过一个视图进行操作是不现实的，这时就需要用户同时在多个视图中进行操作。那么，首先需要掌握如何切换视图。

1. 切换到单个透视图

如果要切换到单个透视图中进行操作，可以在【面板】菜单中执行【布局】|【单个窗格】命令，这样可以将四视图模式切换为单个透视图显示，如图2-15所示。

此外，用户也可以按空格键来快速切换到单个视图中。

2. 切换到四视图

如果要切换到四视图模式进行操作，可以在【面板】菜单中执行【布局】|【四个窗格】命令，即可将当前视图切换到四视图模式，如图2-16所示。

图2-15 切换到单个视图

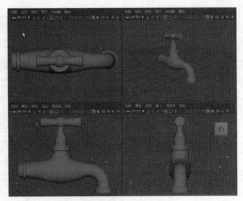
图2-16 切换到四视图

3. 切换到立体透视/大纲视图

如果要切换到立体透视/大纲视图中进行操作，可以在【面板】菜单中执行【保存的布局】|【立体透视/大纲视图】命令，如图2-17所示。

4. 切换到透视/曲线图

如果要切换到透视/曲线图视图中进行操作，可以在【面板】菜单中执行【保存的布局】|【透视/曲线图】命令，如图2-18所示。

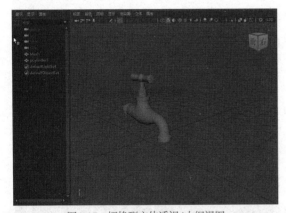
图2-17 切换到立体透视/大纲视图

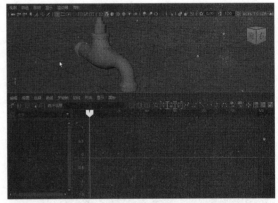
图2-18 切换到透视/曲线图

5. 切换到透视/曲线图/Hypergraph视图

如果要切换到透视/曲线图/Hypergraph视图中进行操作，可以在【面板】菜单中执行【保存的布局】|【透视/曲线图/Hypergraph】命令，如图2-19所示。

6. 切换到单个正交视图

如果要切换到单个正交视图中进行操作，可以在【面板】菜单中执行【保存的布局】|【四个视图】命令，将视图切换为四视图，然后将光标放置在要使用的正交视图中，如图2-20所示。

然后按下空格键即可切换到单个正交视图中，如图2-21所示。如果再次按空格键，将返回到四视图。

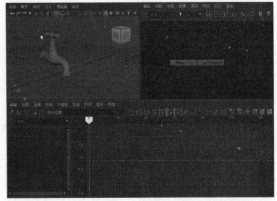
图2-19 切换到透视/曲线图/Hypergraph视图

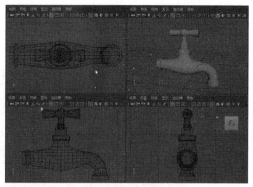

图2-20　放置光标

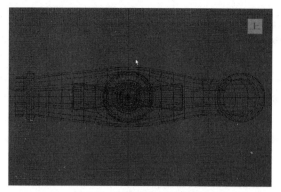

图2-21　切换到单个正交视图

课堂练习4：调整视图布局

　　Maya默认显示的四视图是等大小均匀排列的，但有时需要放大显示某一视图，就需要进行下面的操作。

`01` 将鼠标指针放在四视图窗口的正中交界处，此时鼠标指针会变成 ╬ 形状，如图2-22所示。

`02` 如果需要垂直调整视图窗口大小，可将鼠标指针放置到水平边界上并按住鼠标左键不放，上下调整，如图2-23所示。

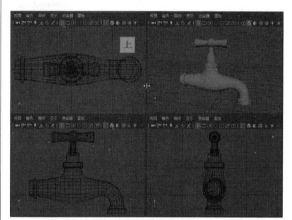

图2-22　鼠标指针形状

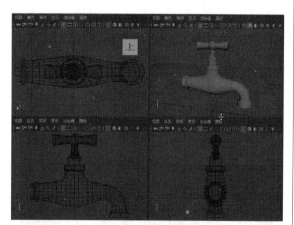

图2-23　垂直调整

`03` 如果需要水平调整视图窗口大小，可将鼠标指针放置到垂直边界上并按住鼠标左键不放，左右调整，如图2-24所示。

`04` 如果需要单独放大某一个视图，则只需要在该视图上单击进行激活，然后按空格键即可。

技巧

如果用户需要将四视图还原成原始视图的大小，则可以在视图区中执行【面板】|【保存的布局】|【四个视图】命令。

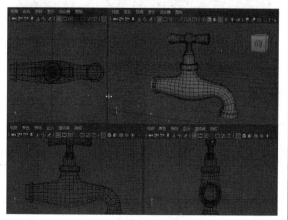

图2-24　水平调整

↴ 2.7 使用书签记录视图

在对视图进行操作的过程中，如果对当前视图的角度比较满意，就可以使用本节所介绍的功能记录下来，以方便在以后的操作中重新调用该视角。

执行视图菜单中的【视图】|【书签】|【编辑书签】命令，打开【书签编辑器】对话框，如图2-25所示。通过使用该编辑器可以将当前所设置的视图视角记录下来。

下面介绍该编辑器中各参数的功能。

图2-25 【书签编辑器】对话框

- 名称：用于定义当前使用的书签的名称。
- 描述：为当前书签输入相应的说明，以便于用户后期进行辨别。
- 应用：将当前视图的角度变成当前书签角度。
- 添加到工具架：将当前所选书签添加到Maya的工具架上。
- 新建书签：将当前摄影机角度定义为书签。此时，系统将自动创建一个名称为camera View的视图。
- 新建二维书签：创建一个二维书签，可以应用当前的平移/缩放设置。
- 删除：删除当前所选择的书签。
- 关闭：关闭当前对话框。

▌ 课堂练习5：将视图角度定义为书签 ▌

本练习将使用附赠资源中的场景创建一个自定义视角，并将当前视图的视角定义为一个书签，详细操作步骤如下所述。

01 打开一个场景文件，如图2-26所示。

02 执行【创建】|【摄影机】|【摄影机和目标】命令，在场景中创建一台目标摄影机，如图2-27所示。

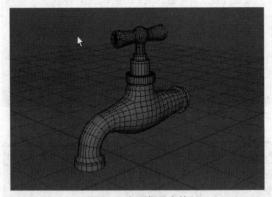

图2-26 打开场景文件

图2-27 创建摄影机

03 调整好摄影机和物体的角度及距离，如图2-28所示。

04 执行视图菜单中的【面板】|【透视】|【camera1】命令，将视图调整为摄影机视图，并调整视图角度，如图2-29所示。

05 执行视图菜单中的【视图】|【书签】|【编辑书签】命令，打开【书签编辑器】对话框，单击【新建书签】按钮，将当前视图创建为书签，如图2-30所示。

06 单击【添加到工具架】按钮，可以将书签添加到工具架上。

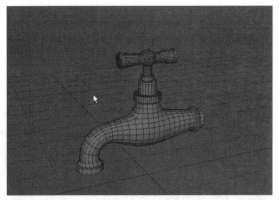

图2-28　调整角度

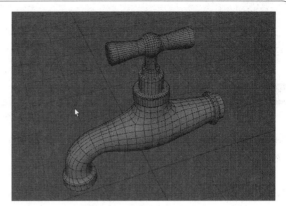

图2-29　调整摄影机视图

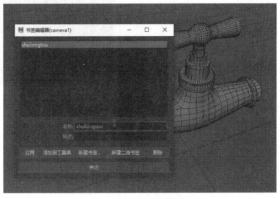

图2-30　创建书签

2.8　视图导航器

Maya 2022提供了一个非常实用的工具——视图导航器。通过使用该工具可以任意选择指定的角度，并且可以根据实际需要恢复到前一视图。

视图导航器需要在【首选项】对话框中进行设置。执行【窗口】|【设置/首选项】|【首选项】命令，打开【首选项】对话框，然后在左侧的列表框中选择ViewCube选项，即可显示其参数设置，如图2-31所示。下面介绍这些参数的功能。

● 显示ViewCube：启用该复选框后，可以在视图中显示视图导航器。

● 屏幕上的位置：用于设置视图导航器在屏幕中的位置，包括右上、右下、左上和左下4个位置。

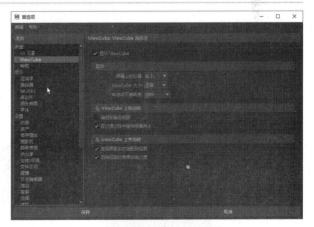

图2-31　视图导航器参数设置

● ViewCube大小：用于设置视图导航器的大小，包括大、正常和小3种类型。

● 非活动不透明度：用于设置视图导航器的不透明度。

● 捕捉到最近视图：启用该复选框后，在视图中调整视图导航器时将自动捕捉到最近的视图。

● 在过渡过程中保持场景向上：启用该复选框后，在场景过渡时保持向上状态。

● 在视图更改时适配到视图：启用该复选框后，在修改视图时，视图导航器将自动进行适配。

● 切换视图时使用动画过渡：启用该复选框后，在切换视图时，视图导航器将产生一个动画旋转效果。

技巧

在使用视图导航器修改视图时，如果发现视图修改时出现错误，可以执行【视图】|【撤销视图更改】或【重做视图更改】命令恢复到相应的视图中。

2.9 视图菜单

视图菜单位于视图区域的顶部，主要用于调整当前视图的设置，包含视图、着色、照明、显示、渲染器和面板6个菜单，如图2-32所示。

2.9.1 视图

【视图】菜单主要用于选择并调整摄影机视图、透视图和正交视图的设置。图2-33为【视图】菜单。

下面介绍【视图】菜单中各命令的功能。

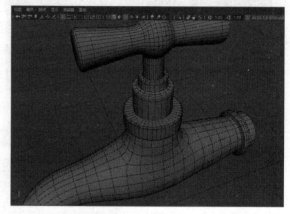

图2-32 视图菜单

- 选择摄影机：执行该命令后，即选择当前视图所使用的摄影机。例如，在透视图中执行该命令，可以选择用于定义透视图的摄影机；而在正交视图中选择该命令，则可以选择正交视图中的摄影机。
- 锁定摄像机：将当前视图的摄像机锁定，无法对摄像机进行移动和旋转。
- 从视图创建摄影机：执行该命令后，可以将当前视图的视角定义为一个摄影机。
- 在摄影机之间循环切换：反复执行该命令，可以在视图中存在的几个摄影机之间进行切换。
- 撤销视图更改：将当前视图的更改撤销。
- 重做视图更改：返回到撤销前的视图状态。
- 默认视图：执行该命令后，可以将视图恢复到初始状态。
- 沿轴查看：根据所选择的坐标轴方向，对物体进行查看。
- 注视当前选择：注视当前选择的对象。
- 当前选择的中心视图：以选择物体中心为坐标，居中的视图中心。
- 框显全部：将物体在视图中以最大化的方式显示。
- 框显当前选择：将视图中选择的物体在视图中最大化显示，如图2-34所示。如果选择的是父对象，则仅显示父对象。
- 框显当前选择(包含子对象)：将视图中选择的物体在视图中最大化显示。如果选择的是父对象，则会同时显示父对象和子对象。

图2-33 【视图】菜单

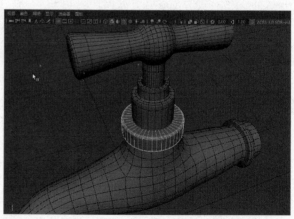

图2-34 框显当前选择

● 将摄影机与多边形对齐：将摄影机的角度和多边形对齐。

● 预定义书签：切换到系统预先定义的视图角度，包括透视图、前视图、顶视图、右视图、左视图、后视图和底视图等。

● 书签：执行其下的【编辑书签】命令，可以打开【书签编辑器】对话框。

● 摄影机设置：该命令所包含的子命令全部用于对摄影机视图进行旋转、移动和缩放等操作。

● 摄影机属性编辑器：执行该命令，可以打开摄影机属性编辑器，如图 2-35 所示。通过该编辑器可以对摄影机属性、胶片背、景深和环境等参数进行设置。

● 摄影机工具：利用这些工具可以对摄影机进行平移、推拉、缩放等操作。

● 图像平面：通过该命令中的子命令可以在摄影机中导入图像、影片，并且可以设置图像平面的属性。

● 查看序列时间：如果用户在多个面板的布局中使用摄影机序列，执行该命令，可以设置是从摄影机序列还是从自身显示活动摄影机视图。

图 2-35　摄影机属性编辑器

2.9.2　着色

通过【着色】菜单中的命令，可以改变物体在视图中的显示方式，从而更好地利用系统资源。图 2-36 为【着色】菜单。

下面介绍该菜单中各命令的功能。

● 线框：将模型以线框的方式显示在视图中，如图 2-37 所示。

● 对所有项目进行平滑着色处理：将所有物体以默认材质的平滑实体方式显示在视图中，如图 2-38 所示。

图 2-36　【着色】菜单

图 2-37　线框方式显示

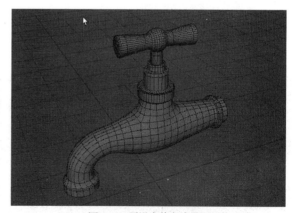

图 2-38　平滑实体方式显示

● 对选定项目进行平滑着色处理：将选择的对象以平滑实体方式显示在视图中，如图 2-39 所示。

● 对所有项目进行平面着色：将模型以实体方式显示，但只显示轮廓，并不产生平滑效果，如图 2-40 所示。

● 对选定项目进行平面着色：将选择的对象平面着色显示。

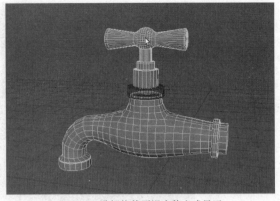

图2-39   选择物体平滑实体方式显示

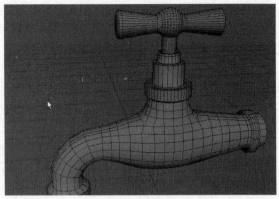

图2-40   以非平滑模式显示

- 边界框：将对象以一个边界框的方式显示出来，如图2-41所示。
- 使用默认材质：当使用【对所有项目进行平滑着色处理】方式显示模型时，将采用默认的材质为物体着色。
- 着色对象上的线框：当模型以实体模式显示时，使用该命令可以在模型实体周围以线框包围的形式进行显示，如图2-42所示。

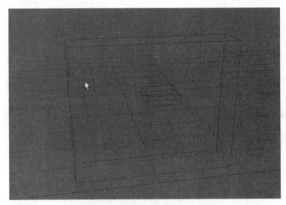

图2-41   以边界框的形式显示

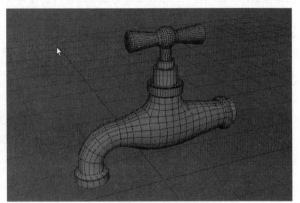

图2-42   着色对象上的线框显示

- X射线显示：将对象以半透明的方式显示出来，如图2-43所示。
- X射线显示关节：当模型上有骨骼时，使用该命令可以观察到骨骼的结构，通常用于调整骨骼的形状，如图2-44所示。

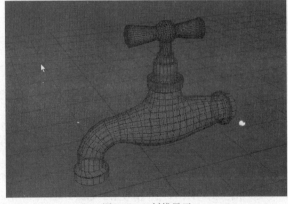

图2-43   X射线显示

图2-44   X射线显示关节

- X射线显示活动组件：该命令可以帮助用户确认是否意外选择了不需要选择的组件，如图2-45所示。
- 循环装备显示模式：用于在视图窗口中切换显示模式，按组合键Alt+A可循环切换【仅显示网格】、【显示带有X射线的网格、绑定】和【关节和显示不带X射线的网格、绑定和关节】这3种视图模式。
- 背面消隐：将对象背面反方向的物体以透明的方式显示出来。
- 平滑线框：以平滑线框的方式将对象显示出来。
- 硬件纹理：在场景视图中显示硬件纹理的渲染结果。

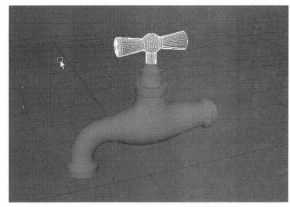

图2-45　X射线显示活动组件

- 硬件雾：可以在Maya外部的程序中实现硬件雾效果的模拟，显示渲染前聚光灯雾的模拟效果，用于预览用途，仅显示在透视视图中。
- 景深：启用该复选框后，可以显示摄像机窗口的景深效果。
- 将当前样式应用于所有对象：将当前3D视图的着色样式应用于场景中的所有对象。

2.9.3　照明

【照明】菜单为用户提供了一些用于设置灯光显示方式的参数，如图2-46所示。通过这些参数可以有效地帮助用户控制视图中的灯光。

图2-46　【照明】菜单

下面介绍该菜单中各命令的功能。
- 使用默认照明：使用默认的灯光为场景中的对象照明。
- 使用所有灯光：使用所有灯光照明场景。
- 使用选定灯光：使用选择的灯光照明场景。
- 使用平面照明：这是Maya 2022的新增功能，将使用一个平面照明场景。
- 不使用灯光：不使用任何灯光对场景照明。
- 双面照明：模型的背面也会被灯光照亮。
- 阴影：可以查看场景视图中的阴影贴图。

2.9.4　显示

【显示】菜单中提供了一些用于过滤场景显示的命令，如图2-47所示。当用户在该菜单中启用或禁用相应的命令后，则相应的物体会在视图中显示或者隐藏。例如，取消选中【NURBS曲线】命令后，则视图中不再显示NURBS曲线物体。

图2-47　【显示】菜单

2.9.5　渲染器

【渲染器】菜单提供了两种不同的渲染器设置风格，可以实现不同的渲染质量，如图2-48所示。

下面介绍这两个菜单命令的功能。

图2-48　【渲染器】菜单

- Viewport 2.0：当使用这种方式进行渲染时，可以与包含许多对象的复杂场景进行交互。

- Arnold：当使用这种方式时，硬件渲染器会以高质量渲染场景。

2.9.6　面板

【面板】菜单用于调整视图的布局方式，通过使用适合自己的视图布局可以有效地进行操作，从而提高工作效率。图2-49为【面板】菜单。

下面介绍该菜单中各命令的功能。

- 透视：用于创建新的透视图或者选择其他透视图。
- 立体：用于创建立体摄影机或立体层。
- 正交：用于创建新的正交视图或者选择其他正交视图。
- 沿选定对象观看：沿着在视图中选定的对象观察效果。

图2-49　【面板】菜单

- 面板：该命令中存放了一些相关编辑器的打开命令，可以通过单击子菜单命令打开相应的编辑器。

- Hypergraph面板：用于切换到Hypergraph层级视图。
- 布局：该命令下存放了一些视图的布局命令。
- 保存的布局：执行该命令下的命令，可以很方便地切换到想要的视图。
- 撕下：执行该命令，可以将当前视图作为独立的窗口分离出来。
- 撕下副本：执行该命令，可以将当前视图复制一份作为独立的窗口分离出来。
- 面板编辑器：执行该命令，可以在打开的窗口中编辑出需要的视图布局。

视图菜单中的这6个菜单所提供的命令主要用于快速创建效果，用户认真掌握并熟练使用其操作方法，可以有效地提高工作效率。

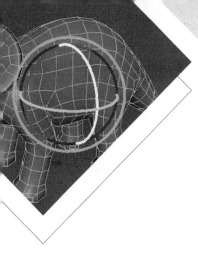

第**3**章

自定义软件

本章将介绍Maya 2022的用户设置，包括设置文件保存格式、自定义工具架、自定义视图、修改历史记录、设置默认操纵器手柄、设置视图背景颜色、加载Maya插件、设置工程文件及选择坐标系统等。

3.1 设置文件保存格式

Maya的场景文件有两种格式，分别是.mb格式(Maya二进制)和.ma(Maya ASCII)格式，如图3-1所示。

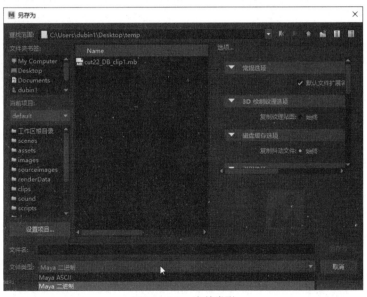

图3-1　Maya文件类型

在Maya中，扩展名为.mb的文件在保存期内调用时速度比较快；而扩展名.ma的文件则是标准的Native ASCII文件，允许用户使用文本编辑器直接进行修改。

3.2 自定义工具架

在Maya中，工具架是一个十分特殊的工具模块，它可以使操作变得更加简捷、直观。为了使用户能够根据自己的实际需要使用工具架，Maya特别提供了自定义工具架的方法。本节将详细介绍如何自定义工具架。

3.2.1 添加/删除图标

Maya中的工具和命令种类繁多，在实际操作过程中往往需要重复选择相同的菜单命令。如果用户将这些经常使用的命令集中起来放置在工具架上，那么就可以通过直接单击该图标执行相应的操作。下面以【构造平面】命令为例讲解如何将命令添加到工具架上。

课堂练习6：在工具架上添加【构造平面】命令

01 在工具架上单击【自定义】标签，切换到该工具架，如图3-2所示。

图3-2　切换到【自定义】工具架

02 按住组合键Shift+Ctrl不放，移动鼠标并执行【创建】|【构造平面】命令，如图3-3所示。

03 执行完创建操作后，系统将自动在【自定义】工具架中产生一个【构造平面】的图标，如图3-4所示。

04 如果要删除该图标，则可以在该图标上右击，选择快捷菜单中的【删除】命令进行删除，如图3-5所示。

图3-3　执行命令

图3-4　添加图标

图3-5　删除图标

3.2.2 选择工具架

默认情况下，Maya为用户展示了一部分工具架，但实际上还有很多工具架因为界面原因无法一一呈现出来，此时就可以通过下面的操作选择适合的工具架。

课堂练习7：选择不同的工具架

01 在工具架上单击左侧的▦按钮，打开工具架菜单，如图3-6所示。

02 选择相应的命令，例如【动画】命令，即可切换到相应的工具架，如图3-7所示。

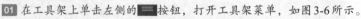

图3-7　切换到【动画】工具架

03 此外，还可以直接单击工具架上的标签切换到相应的工具架。例如，单击【渲染】标签，可以切换到【渲染】工具架，如图3-8所示。

图3-6　工具架菜单

图3-8　切换工具架

如果单击左侧的 ■ 按钮，可以打开一个编辑工具架的菜单，如图3-9所示。

下面介绍该菜单中各命令的功能。

- 工具架选项卡：用于显示或隐藏工具架上面的标签。
- 工具架编辑器：用于打开【工具架编辑器】对话框，其中有完整的编辑命令。
- 导航工具架：对Maya各个模块的工具架进行切换。
- 新建工具架：新建一个工具架。
- 删除工具架：删除当前工具架。
- 加载工具架：导入现成的工具架文件。
- 保存所有工具架：保存当前工具架的所有设置。

图3-9 编辑工具架菜单

3.2.3 工具架编辑器

如果要对当前的工具架进行修改，就需要借助【工具架编辑器】对话框了。执行【窗口】|【设置/首选项】|【工具架编辑器】命令，打开【工具架编辑器】对话框，如图3-10所示。

工具架编辑器集成了一些编辑工具架的工具，例如新建、删除等。

- 【上移】按钮 ：将工具架向上移动一个单位。
- 【下移】按钮 ：将工具架向下移动一个单位。
- 【新建工具架】按钮 ：新建一个工具架。
- 【删除工具架】按钮 ：删除当前工具架。
- 【重命名】文本框：可以改变当前工具架的名称，

同时也可以显示当前工具架的命令。

图3-10 【工具架编辑器】对话框

3.3 自定义视图

Maya中的视图是Maya系统和用户交互的界面，通过它们可以直接显示操作结果。有时候，系统提供的视图并不能完全符合用户的制作需求，此时就需要频繁地在各个视图中进行切换。为了满足用户的不同使用需求，Maya系统自带了一套用于自定义视图布局的工具。本节将学习视图布局的设计方法。

课堂练习8：自定义视图布局

在Maya中，用户不仅可以对工具架进行自定义，甚至还可以对一些常用的视图进行设计。该功能可以帮助用户很好地定义属于自己的操作视图。本练习将介绍如何设计一个符合自己个性的视图布局界面。

01 在视图菜单中，执行【面板】|【面板编辑器】命令，打开图3-11所示的【面板】对话框。

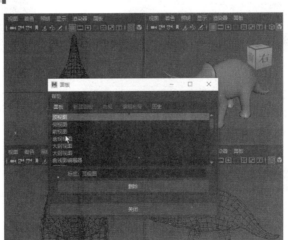

图3-11 【面板】对话框

02 切换到【布局】选项卡,单击【新建布局】按钮,新建一个视图布局,并将其名称定义为"我的专属视图",如图3-12所示。

03 单击【添加到工具架】按钮,将自定义的视图布局添加到工具架上,如图3-13所示。当工具架上有了这个按钮后,就可以通过单击该按钮快速切换到自己设计的视图布局中。

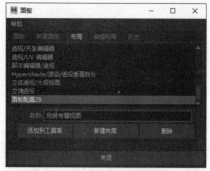

图3-12　新建视图布局

图3-13　添加到工具架

> **提 示**
>
> 此时,虽然用户已经创建了一个布局,但是当前的布局并没有自定义属于自己的视图排列方式,还需要按照下面的操作进行编辑。

04 在【面板】对话框中单击【编辑布局】标签,切换到该选项卡。然后,在【配置】选项卡中展开【配置】下拉列表,并选择其中的【四个窗格】选项,如图3-14所示。通过这样的设置,可以将设计的视图分为4个视图进行显示。

05 切换到【内容】选项卡中,按照用户自己的要求分别设置4个视图所要显示的内容,如图3-15所示。

图3-14　定义视图显示数量

图3-15　定义视图显示内容

　　这样就创建了一个属于自己的视图布局。如果要删除一个已经定义的视图布局,可以切换到【布局】选项卡中,选择需要删除的视图布局的名称,单击【删除】按钮即可。

3.4　修改历史记录

　　在Maya中,默认可以执行的撤销次数为50次,也就是说系统允许连续返回50步操作,50次之后的撤销操作是无效的。如果想要增加允许撤销的次数,就需要进行设置。执行【窗口】|【设置/首选项】|【首选项】命令,打开【首选项】对话框,如图3-16所示。

　　在【设置】列表中选择【撤销】选项,并在右侧的面板中按照自己的要求设置数量即可,如图3-17所示。

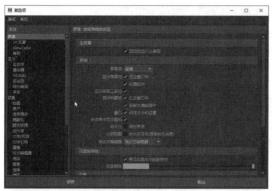

图3-16　【首选项】对话框

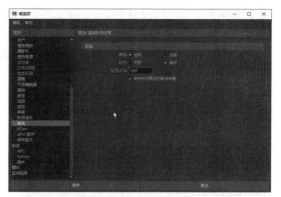

图3-17　修改次数

📐 3.5　设置默认操纵器手柄

操纵器是 Maya 中操作物体的基础，它不仅可以准确地操作物体，而且可以为物体在空间中的位置提供参考。在 Maya 中，操纵器由原点、x 轴、y 轴和 z 轴组成，如图3-18所示。

为了便于操作，可能需要更改操纵器手柄的大小，此时可以按照下面的方法进行操作。

执行【窗口】|【设置/首选项】|【首选项】命令，打开【首选项】对话框，并在【显示】列表中选择【操纵器】选项，如图3-19所示。

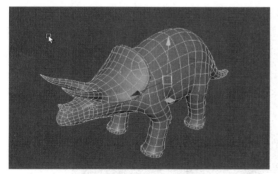

图3-18　操纵器

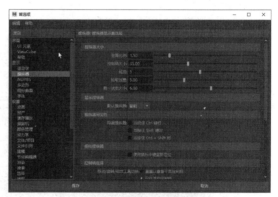

图3-19　选择【操纵器】选项

在右侧的面板中对操纵器的比例、大小及线宽等参数进行设置，如图3-20所示。

下面介绍该面板中一些常用参数的设置。

● 全局比例：用于设置整个操纵器的比例大小。例如，将该值设置为3，则整个操纵器将变大，如图3-21所示。

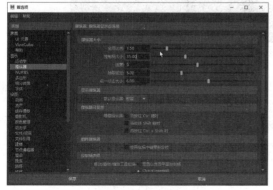

图3-20　设置操纵器

图3-21　操纵柄的变化

- 控制柄大小：如果增大或者减小该值，则控制柄也会随之增大或减小，如图3-22所示。
- 线宽：用于改变控制柄连线的宽度，图3-23是将该值设置为5的效果。
- 拾取线宽：用于确定拾取旋转操纵器环时所使用线的宽度。
- 前一状态大小：用于控制对前一反馈绘制点的大小。

图3-22　控制柄大小

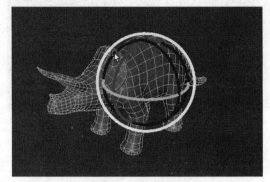

图3-23　线宽效果

↘ **3.6** 设置视图背景颜色

　　Maya 2022在原有版本的基础上添加了很多自定义的背景色，包括纯色和渐变色等类型。默认的背景色为灰渐变色，如图3-24所示。

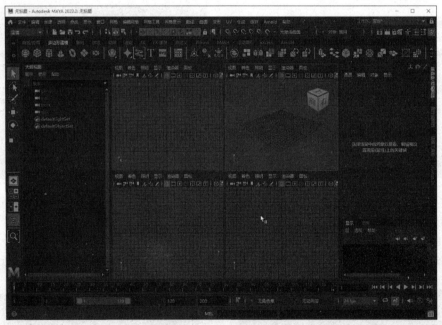

图3-24　Maya背景颜色

　　如果要更改背景色，按组合键Alt+B就可以在蓝灰渐变色、黑色、深灰色和浅灰色之间进行切换。图3-25是浅灰色的背景色。

　　建议用户采用浅灰色作为背景颜色，可以避免长时间盯着计算机屏幕而造成的视觉疲劳。

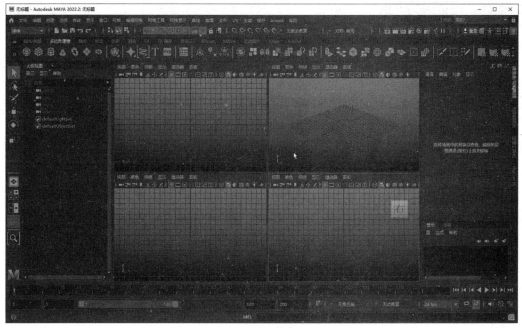

图 3-25　浅灰色背景

3.7　加载Maya插件

　　Maya为用户提供了很多插件，包括建模、渲染、材质、动画等模块。但是，并不是所有的插件在软件启动后都可以直接使用，而是需要用户手动启动，例如常用的文件导入插件objExport.mll。在操作过程中，如果需要手动启动某个插件，则可以按照下面的操作进行加载。

课堂练习9：手动加载插件

`01` 执行【窗口】||【设置/首选项】||【插件管理器】命令，打开【插件管理器】对话框，如图3-26所示。

`02` 选择需要启动的插件，例如 AbcBullet.mll，选中右侧的【已加载】和【自动加载】复选框，如图3-27所示。

图3-26　【插件管理器】对话框

图3-27　加载插件

`03` 设置完成后，单击【关闭】按钮关闭该对话框。此时，加载的插件就可以在系统中直接应用了。

3.8 设置工程文件

3.8.1 Maya的工程目录结构

Maya在运行时需要两个基本目录的支持，一个用于记录环境设置参数，另一个用于记录与目录相关文件所需要的数据。除了这两个目录以外，还包括一些文件、脚本等目录。图3-28是完整的Maya运行所需要的结构目录。

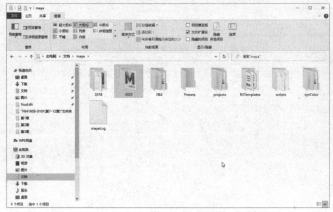

图 3-28　文件结构

下面简要说明这几个目录的作用。

- 2022：该文件夹用于保存用户在运行软件时所设置的系统参数。每次退出Maya时会自动记录用户在运行时所改变的系统参数，以方便在下次使用时保持上次所使用的状态。如果需要让所有的参数恢复到默认状态，可以直接删除该文件夹，这样就可以恢复到系统初始的默认参数状态。
- projects：该文件夹用于放置与项目有关的文件数据，用户也可以新建一个工作目录，自定义文件夹名称。
- scripts：该文件夹用于放置MEL脚本，方便Maya系统的调用。
- mayaLog：该文件夹用于放置Maya的日志文件。

3.8.2 项目窗口对话框

为了方便用户管理项目，Maya提供了一套人性化的项目管理系统。执行【文件】|【项目窗口】命令，即可打开【项目窗口】对话框，如图3-29所示。

下面介绍该对话框中一些常用参数的作用。

- 当前项目：设置当前工程的名称。
- 新建：单击该按钮，将新建工程项目。
- 位置：显示工程目录所在的位置。
- 主项目位置：列出当前主项目的目录。创建新项目时，Maya会自动创建这些目录。

图 3-29　打开【项目窗口】对话框

> **提示**
>
> 【主项目位置】卷展栏中提供了重要的项目数据的目录，例如场景文件、纹理文件和渲染的图像文件等。

- 次项目位置：列出次项目的目录。在默认情况下，会为与主项目位置相关的文件创建次项目的位置。
- 转换器数据位置：显示项目转换器数据的位置。
- 自定义数据位置：显示自定义项目的位置。

课堂练习10：创建与编辑工程目录

　　Maya 的项目文件设置为用户提供了一套非常科学、合理的管理方法，使用它可以合理地设置工程文件，为后续工作的开展提供极大的便利。

`01` 执行【文件】|【项目窗口】命令，即可打开图 3-30 所示的【项目窗口】对话框。

`02` 在该对话框中，单击【位置】文本框右侧的□按钮，可以重新设置工程文件夹所在目录，如图 3-31 所示。

图 3-30　【项目窗口】对话框　　　　　　图 3-31　指定项目文件目录

提示

　　如果【位置】选项无法设置，则可以单击【当前项目】右侧的【新建】按钮重新定义项目名称。

`03` 单击【当前项目】文本框右侧的【新建】按钮，为项目定义一个新名称，如图 3-32 所示。

`04` 在【位置】文本框中输入工程目录所建立的路径，例如 E:/，如图 3-33 所示。

图 3-32　自定义项目名称　　　　　　　图 3-33　设置目录

`05` 单击【项目窗口】对话框中的【接受】按钮，就可以在 E 盘的根目录下创建一个名称为 my_Pro 的工程目录。打开这个文件夹，就可以看到 Maya 为用户创建的各种项目工程的子目录，如图 3-34 所示。

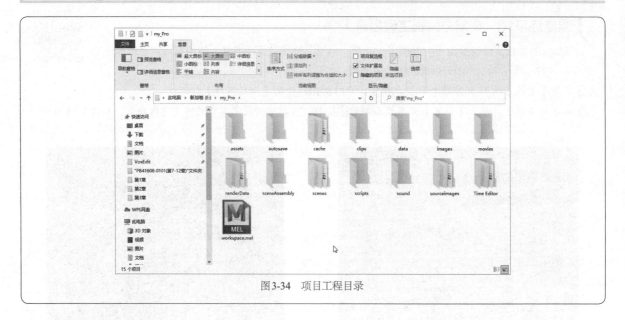

图3-34　项目工程目录

📥 3.9　坐标系统

　　坐标系统用于描述物体存在的空间位置，也就是坐标的参照系，它是通过定义特定基准及其参数形式完成的。如果想要描述模型的位置，就需要一组可见的数值，这就是坐标的功能，坐标系统如果按照维度来设定的话，通常设定为一维坐标（如公路里程碑）、二维坐标（如笛卡儿平面直角坐标、高斯平面直角坐标）和三维坐标（如大地坐标、空间直角坐标）。在计算机软件中，为了更加准确地确定模型的空间位置，就需要在空间中设定坐标系统，因为只有坐标存在于某个坐标系统中，才会产生实际的意义。

　　三维软件Maya根据坐标系统的定义，在操作界面中创设了坐标系统。本节将介绍Maya中坐标系的修改方法。图3-35是坐标系统的设置窗口。下面详细介绍【轴方向】选项中各参数的作用。

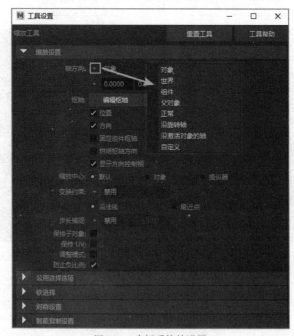

图3-35　坐标系统的设置

1. 对象

对象，也就是空间界面中的模型。用户可以在对象空间坐标系中缩放对象来改变模型大小，也可以操纵轴方向旋转对象。如果想要改变多个对象的参数，首先选择需要调整的多个对象，调整数值后，每个对象将缩放或旋转与其自身对象空间坐标系相关的相同数量。

但是，如果所有的对象同时在 3 个轴上缩放，那么当前轴方向无论如何设置，对象空间中也都会出现变换。

2. 世界

当对象在世界空间坐标系中进行缩放，那么对象会和世界空间轴对齐。

3. 组件

前面的内容中提到了组件，在 Maya 早期版本中，组件模式称为法线平均化模式。在 Maya 中沿使用组件特性（如法线）计算的平均局部参考帧来缩放选定的组件。

4. 父对象

当用户将对象与父对象的旋转对齐时，缩放会受局部空间坐标系中轴的约束，该对象会对齐到父对象的旋转，但是不包括对象本身的旋转。此时需要注意，如果已经选择多个对象，那么每个对象会缩放与其自身对象空间坐标系相关的相同数量。

5. 正常

在曲面的 U 方向或 V 方向缩放选定的顶点或 CV。通常，应针对小型的 CV 集使用此选项。操纵器会显示曲面法线、U 方向和 V 方向。

6. 沿旋转轴

将旋转轴与对象中旋转工具的轴对齐。如果已将对象变换属性中的【旋转轴】设定为不同的值（这将使对象方向相对于对象局部旋转轴的方向发生偏移），则该属性会生成效果。否则，沿旋转轴的效果将与对象的呈现效果一样。

7. 沿激活对象的轴

沿激活对象的轴不可与反射结合使用。设定缩放工具以沿激活对象的轴来移动对象。通常人们会激活构造平面，但实际上所有对象都是可以激活的。如果有一个激活的对象并且已经选择了该选项，那么移动工具的移动箭头会对齐到激活的构造平面。在这里需要注意，激活对象的几何体不是很重要，移动始终会对齐到激活对象的轴。

8. 自定义

当用户激活该编辑模式时，会自动选择自定义的轴方向。当编辑自定义的方向时，偏移坐标也会更新。

第**4**章

Maya基础操作

本章将讲解Maya的一些基础操作，包括创建物体、选择物体、变换物体、复制物体、组合物体及创建父子关系等。用户要非常熟练地掌握这些操作，为制作复杂的场景打下坚实的基础。

4.1 创建物体

在现实生活中，物体都有一定的形状，有的十分规则，而有的是不规则的。在Maya中，基本的物体都是规则的，而它们的变形会产生很多不规则的几何体。本节将介绍在Maya中创建对象的方法。

课堂练习11：创建多边形物体

01 单击工具架上的【多边形建模】标签，显示相应的多边形建模工具，然后单击工具栏上的【多边形立方体】按钮，如图4-1所示。

> **提示**
>
> 这样就激活了立方体的创建命令，还可以通过执行【创建】||【多边形基本体】||【立方体】命令来激活。

02 将鼠标指针移动到视图区域中，此时会发现鼠标指针的形状发生了变化，如图4-2所示。

图4-1 激活工具

图4-2 鼠标指针发生变化

03 按住鼠标左键不放，同时在场景中沿方格随意拖动，就会看到场景中绘制出一个长方形的平面，如图4-3所示，然后松开鼠标左键。

04 再次按住鼠标左键后向上拖动鼠标，可以看到随着鼠标指针向上拖曳，长方形变成了长方体，如图4-4所示。此时，松开鼠标按键即可完成创建整个长方体。在这里仅仅简单介绍物体的创建方法，在后文中还将详细介绍。

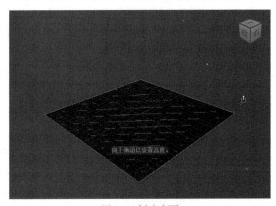

图4-3　创建底面

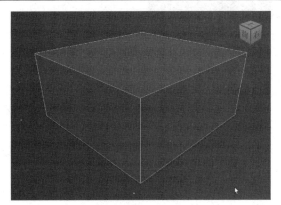

图4-4　创建的物体

1. 基本属性

物体的属性几乎全部集中在通道栏中。当用户在视图中选择一个物体后，就可以通过右侧的通道栏观察其属性，如图4-5所示。

● 平移 X/Y/Z：这3个参数用于控制物体的位移，分别对应 x 轴、y 轴和 z 轴。用户可以直接在右侧的文本框中输入数值精确调整。

● 旋转 X/Y/Z：这3个参数用于控制物体的旋转，可以分别沿 x 轴、y 轴和 z 轴进行旋转。用户可以在右侧的文本框中输入数值精确旋转。

● 缩放 X/Y/Z：这3个参数用于控制物体的缩放，可以分别沿 x 轴、y 轴和 z 轴进行缩放。用户可以在右侧的文本框中输入数值精确缩放。

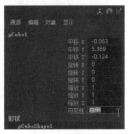

图4-5　通道栏

● 可见性：用于控制是否显示该物体，默认为【启用】，表示显示该物体。如果将其设置为【禁用】，则该物体将不在视图中显示。

2. 输入参数区域

除了上述参数外，Maya还提供了输入节点的参数，如图4-6所示。

● 宽度：用于控制物体的宽度。

● 高度：用于控制物体的高度。

● 深度：用于控制物体的厚度。

图4-6　输入参数区域

● 细分宽度/高度细分数/深度细分数：这3个参数分别用于控制物体在宽度、高度和厚度上的细分，不同的数值所产生的效果不同，细分效果对比如图4-7所示。

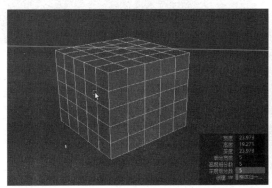

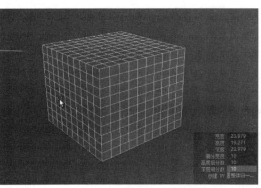

图4-7　细分效果对比

↘ **4.3** 选择操作

选择操作是Maya中最基础的操作之一。只有选择了一个物体之后，才能对它进行各种编辑。用户在设计作品时，一般场景中的物体会很多，为了便于选择物体，Maya提供了多种不同的选择方法。

4.3.1 使用选择工具选择对象

直接选择，是指以鼠标单击的方式来选择物体，这是一种最为简单的选择方式，用户只需要观察视图中鼠标指针的位置及光标的形状变化，就可以判断出物体是否被选中。

默认情况下，当一个物体被选中后，该物体会高亮度显示，表示当前物体已经处于选中状态，如图4-8所示。

如果是在实体模式下进行选择，则不会出现白色的边框，但是此时模型会以高亮度的形式进行显示，如图4-9所示。

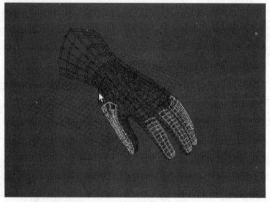
图4-8 线框选中状态

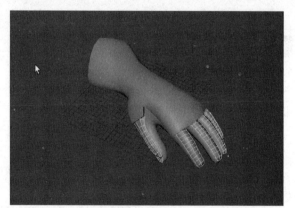
图4-9 实体选中状态

4.3.2 区域选择对象

区域选择是指使用鼠标拖出一个区域，被该区域所覆盖的物体将被选择。矩形区域选择是使用频率很高的一种选择方式，这种方式需要使用鼠标拖出一个矩形区域进行选择，如图4-10所示。

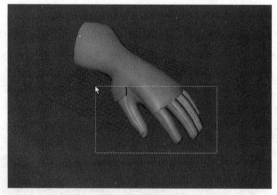
图4-10 区域选择

4.3.3 使用大纲视图选择对象

执行【窗口】|【大纲视图】命令，可以打开【大纲视图】窗口，如图4-11所示。在该窗口中可以选择单个对象，也可以进行加选、减选、编组等操作。

如果要选择整个对象，可以在大纲视图中直接选择组名称，如图4-12所示的Glove。

如果要选择单个对象，可以单击组名称前面的+号，展开组内的对象，然后选择相应的对象即可，如图4-13所示。

图4-11 【大纲视图】窗口　　　　　　图4-12 选择组　　　　　　图4-13 选择单个对象

如果要选择多个对象，可以在大纲视图中选择一个物体名称，然后按住Shift键，再在视图中选择另外一个物体名称。此时，位于两个选择物体之间的对象将全部被选中，如图4-14所示。

如果要精确选择多个对象，则需要在按住Ctrl键的同时，使用鼠标单击在大纲视图中选择物体，如图4-15所示。

此外，在大纲视图中，还可以利用框选的方法进行选择，操作方法和区域选择相似，如图4-16所示。

图4-14 选择多个对象　　　　　　图4-15 精确选择多个对象　　　　　　图4-16 框选

4.4 移动物体

如果要移动场景中的物体，则需要单击工具箱中的【移动工具】按钮■，激活该工具，并在不同的视图中选择需要移动的物体，然后按需要沿着特定的轴向拖动鼠标即可，如图4-17所示。

> **提 示**
>
> 通常情况下，用户还可以按W键启用移动工具，然后在视图中执行移动操作。

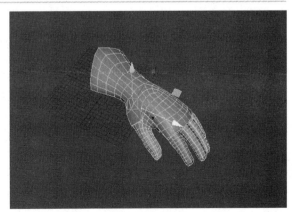

图4-17 移动物体

↘ 4.5　旋转物体

　　如果要旋转场景中的物体，可以在工具箱中单击【旋转工具】按钮◈，激活该工具，然后在视图中选择物体，按照需要的轴向，按住鼠标左键拖动即可，如图4-18所示。

　　当启用旋转工具后，3个旋转轴向将以3种不同的颜色进行显示。其中，蓝色代表围绕z轴旋转，绿色代表围绕y轴旋转，而红色代表围绕x轴旋转。

> **提示**
>
> 如果要快速启动旋转工具，可以按E键。

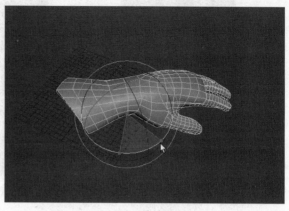

图4-18　旋转物体

↘ 4.6　缩放物体

　　在缩放对象时，单击工具箱中的【缩放工具】按钮■，启用该工具，在视图中选择需要缩放的对象，然后按照一定的轴向拖动缩放手柄，即可执行缩小与放大操作，如图4-19所示。

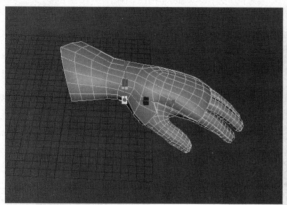 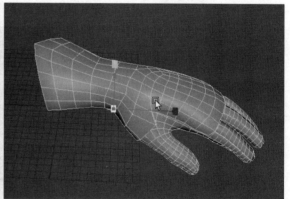

图4-19　缩小与放大

↘ 4.7　图层操作

　　在Maya中，图层是指对场景中的物体进行分组管理。当复杂的场景中有大量物体的时候，可以自定义将一些物体设置到某一图层，然后通过对图层的控制决定这组物体是否显示或者能够被选择。图层的操作并不对物体有任何实质上的操作和编辑，它只是为了更直观地管理物体。

4.7.1　创建图层

　　图层区域位于通道栏的下方，如图4-20所示。在该区域中，【显示】和【动画】两个选项卡用于切换图层与动画图层的显示。默认选中【显示】选项卡，显示的是图层属性；而如果选中【动画】选项卡，则显示为动画图层区。

1. 创建图层

　　若要创建图层，可以执行【层】|【创建空层】命令，即可创建空的新图层。此时在图层区域中会出现一个新建的图层，默认以layer*作为图层名称，如图4-21所示。

图4-20　图层区域

图4-21　创建图层

2. 在图层中添加物体

在视图中，选择需要添加到图层中的物体，然后在创建的空层上右击，在弹出的快捷菜单中选择【添加选定对象】命令，如图4-22所示。

3. 设置图层属性

在创建的图层上双击，弹出【编辑层】对话框，如图4-23所示。该对话框为图层编辑器，在【名称】文本框中可以指定图层名称，在【颜色】选项区域中可以设置图层颜色，完成后单击【保存】按钮即可。

图4-22　添加物体

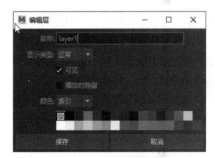

图4-23　设置图层属性

4.7.2　管理图层

在图层区域可以看到每个图层前面都有一个大写的V，表示可见性属性，即控制该图层内的物体是否被显示。单击图层前的V字符，可看到V字符消失，即该图层中的物体被隐藏。若V字符出现，表示该图层中的物体将再次被显示。

在V字符后面，还可以看到一个空白方格，单击后，空白方格内出现大写字母T，T表示模板模式，即样板模式。它使图层中物体只显示灰色线框，而无法被选中编辑。再单击T字符，此时T字符变成R字符，R表示参考模式，显示物体实体，但也无法被选中编辑。各种图层显示标志如图4-24所示。

图4-24　图层标志

📐 4.8　复制物体

在创建场景时，有时需要创建许多相同的物体，而且它们都具有相同的属性，这时就可以使用复制的方法进行创建。在Maya 2022中，系统为用户提供了3种不同的复制方式，本节将介绍其使用方法。

1. 使用快捷键复制

与所有的应用软件相同，Maya也提供了一组用于复制物体的快捷键，即组合键Ctrl+C和组合键Ctrl+V。下面介绍其具体使用方法。

操作步骤
01 在视图中选择需要复制的物体，按组合键Ctrl+C进行复制，此时场景不会发生变化，如图4-25所示。
02 按组合键Ctrl+V即可复制出一个物体，如图4-26所示。

图4-25　复制前的场景 　　　　　　　　　　　　　图4-26　复制的物体

如果需要复制多个物体，可以框选要复制的多个物体，再分别按组合键Ctrl+C和组合键Ctrl+V进行多个物体的复制操作。

技巧
除了这些操作以外，还可以通过按组合键Ctrl+D进行复制，不过同样需要使用移动工具调整复制的物体，从而观察复制的结果。

2. 使用【复制】命令复制

除了上述复制方式外，还可以使用菜单命令复制对象。在视图中选择要复制的物体，执行【编辑】|【复制】命令即可复制物体，最后使用移动工具调整所复制物体的位置。

3. 镜像复制

当需要创建具有对称性的模型(如人头等)时，就需要使用镜像复制方法，这种复制方法也是非常方便的，具体操作方法如下。

操作步骤
01 选择一个需要镜像复制的对象，如图4-27所示。
02 单击【网格】|【镜像】命令右侧的□按钮，打开【镜像选项】对话框，在其中可以根据实际需要设置镜像的方向，如图4-28所示。
03 设置完毕后，单击【镜像】按钮，完成复制镜像物体的操作，此时的场景如图4-29所示。

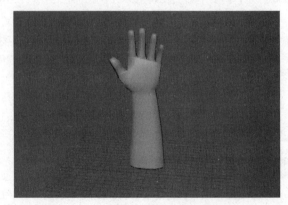

图4-27　选择物体

图4-28　【镜像选项】对话框

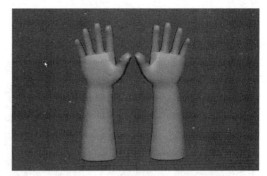

图4-29　镜像操作后的场景

　　镜像的复制功能非常有用，在很多情况下，可以使用它达到完美的效果。例如，在制作具有对称性的物体时，只需要制作物体的一半，然后利用镜像工具镜像出另外一半的造型，就可以制作出完整的物体。

注意

　　在执行镜像操作时要注意，单个物体可以执行镜像操作；如果是多个物体，则需要先将物体组合后再执行操作，否则会出错。

4.9　组合物体

　　在Maya中，创建的对象都具有独立性，如果要同时编辑多个物体，就需要将它们组合在一起。组合物体的最大优点在于可以将多个物体视为一个物体进行处理。在下面的例子中，使用分组的方法将多个物体组合到一起。

操作步骤

01　使用框选的方法选择视图中需要组合的物体，如图4-30所示。

02　执行【编辑】|【分组】命令，即可将它们合为一组，如图4-31所示。

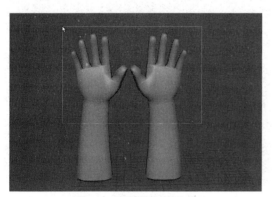

图4-30　框选视图中的物体

图4-31　执行【分组】命令

　　用户可以直接按组合键Ctrl+G执行分组操作，这时就可以同时对组合中的物体进行移动、旋转或者缩放，如图4-32所示。

技巧

　　在Maya中，必须在组模式下才能选择其中的所有物体。组内的物体还具有独立的属性，编辑其中一个对象的属性时，不会影响其他的物体，只有在选择整个组时，编辑对象才能影响到其他的物体。

此外，用户可以直接在视图中选择组，也可以执行【窗口】|【大纲视图】命令，打开【大纲视图】窗口，在其中选择相应的组，然后选择对象，如图4-33所示。此时用户通过【大纲视图】窗口可以查看该组中包含的物体。

当用户将某些物体分组后，可能在某些情况下需要将它们解组，只要执行【编辑】|【解组】命令即可解组，如图4-34所示。

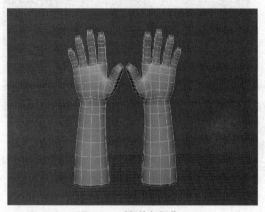

图4-32　对组执行操作

图4-33　选择组

图4-34　执行【解组】命令

4.10　创建父子关系

在Maya中，用户经常创建一些父子级关系的对象，这样可以为制作动画提供很大的便利。本节将介绍如何在Maya中对两个物体建立父子关系，详细操作如下所述。

课堂练习12：设立父子关系

01 打开一个有物体的场景，这里仅仅是为了创建父子关系，因此用户也可以创建一个临时场景进行练习。图4-35是一个简单的练习场景。

02 在视图中选择眼镜，然后按住Shift键不放，在视图中选择帽子模型，如图4-36所示。

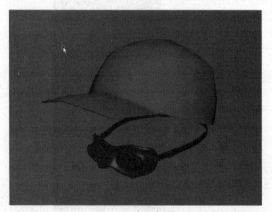

图4-35　打开场景

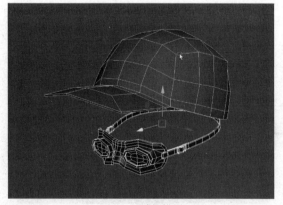

图4-36　选择模型

技 巧

在默认情况下，先选择的对象以白色网格显示，而后选择的物体则以绿色网格显示。

03 执行【编辑】|【建立父子关系】命令，或者按P键，这样就可以在选择的物体之间定义一个父子关系，其中眼镜为子对象，帽子物体为父对象，如图4-37所示。

> **注意**
>
> 在定义父子关系时需要注意，在视图中首先选择的物体将被定义为子物体，而按住Shift键后选择的物体则是父物体。

04 设置好父子关系后，在视图中使用移动工具移动眼镜，会发现帽子物体不会随着眼镜的移动而移动，如图4-38所示。

图4-37　建立父子关系

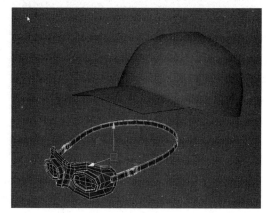

图4-38　移动子物体

05 在视图中移动帽子物体，此时作为子物体的眼镜将随帽子物体的移动而发生变化，如图4-39所示。

06 如果需要解除绑定的父子关系，可以选择子对象，按组合键Shift+P进行解除，当然也可以执行【编辑】|【断开父子关系】命令进行解除，如图4-40所示。

图4-39　移动父物体

图4-40　解除父子关系

4.11　捕捉设置

捕捉工具是每个三维软件必需的一种辅助工具，它将直接影响到建模的精度。在Maya中，捕捉工具包括4种捕捉方式，分别是栅格捕捉、边线捕捉、点捕捉和曲面捕捉。本节将分别介绍它们的特性及使用方法。

4.11.1　栅格捕捉

栅格捕捉是一种特殊的捕捉形式，它可以使物体的顶点或边线吸附到栅格的交叉点上，从而进行精确绘制。下面以一条曲线为例，介绍栅格捕捉的具体使用方法。

课堂练习13：利用捕捉创建曲线

`01` 执行【面板】|【布局】|【四个窗格】命令，切换到四视图显示方式，如图4-41所示。

`02` 执行【创建】|【曲线工具】|【EP曲线工具】命令，或者单击工具架上的█按钮，启用EP曲线创建工具，如图4-42所示。

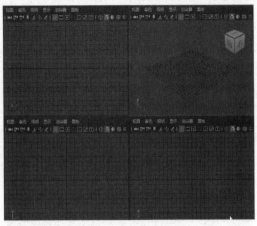

图4-41　切换到四视图

图4-42　启用EP曲线工具

`03` 按住X键不放，在前视图中使用鼠标依次单击几次，绘制一条图4-43所示的曲线。

提示

用户可以观察顶视图中顶点的放置位置，此时所有的放置位置都将落在栅格的交叉点上。

`04` 松开X键，再通过单击鼠标左键创建顶点的位置。此时，创建的顶点不再位于栅格的交叉点上，如图4-44所示。

图4-43　绘制曲线

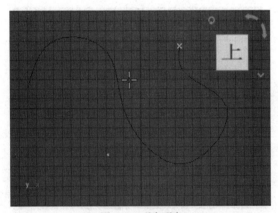

图4-44　观察顶点

除了上述方法外，还可以在绘制完曲线后使曲线顶点吸附到栅格上，下面就来实现此类操作。

操作步骤

`01` 清除场景中的曲线。单击工具架上的█按钮，在视图中绘制一条曲线，曲线形状随意，如图4-45所示。

`02` 在曲线上按住鼠标右键不放，在打开的快捷菜单中选择【控制顶点】命令，这样就可以进入顶点编辑模式，如图4-46所示。

`03` 在视图中框选所有的顶点，在工具箱上双击【移动工具】按钮，打开【工具设置】窗口，取消选中【保留组件间距】复选框，如图4-47所示。

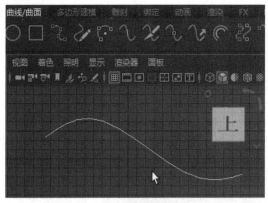

图4-45　创建曲线

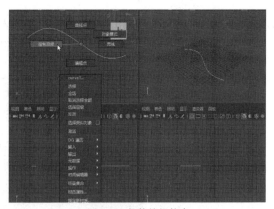

图4-46　切换编辑状态

04 按住X键不放，在前视图中沿某一轴向移动曲线，则Maya会自动将曲线捕捉到栅格上，如图4-48所示。

图4-47　设置参数

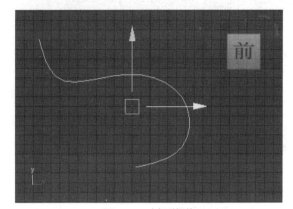

图4-48　对齐到栅格

注意

这种操作方法会将视图中的所有顶点都吸附到栅格上，从而使原来的物体产生变形，因此在实际操作中要慎重考虑。

4.11.2　边线捕捉

顾名思义，边线捕捉是一种与边线相关的捕捉形式。事实上，边线捕捉主要应用在绘制曲线的过程中，它可以将曲线的顶点或对象都捕捉到边线上。本小节介绍边线捕捉的使用方法。

课堂练习14：在三维模型上创建曲线

01 打开一个包含物体的场景文件，如图4-49所示。用户也可以在场景中任意创建一个几何体。

02 选中场景中的物体，执行【修改】|【激活】命令，激活物体，如图4-50所示。

03 在工具架中单击【EP曲线工具】按钮，激活该工具，在视图中的模型表面连续单击，即可创建一条捕捉到模型的曲线，如图4-51所示。

注意

在使用边线捕捉时，如果场景中的模型自动闪动，表示捕捉已经产生作用。捕捉后，还可以自由移动该模型。

图4-49　打开场景文件

图4-50　激活物体

图4-51　创建曲线

4.11.3　点捕捉

　　点捕捉可以将目标点和目标对象捕捉到其他对象上，这也是一种很有意思的捕捉方式，用户可以根据下面的讲解进行操作。

课堂练习15：对齐物体

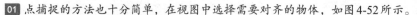

01 点捕捉的方法也十分简单，在视图中选择需要对齐的物体，如图4-52所示。

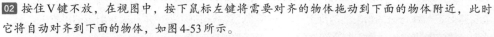

02 按住V键不放，在视图中，按下鼠标左键将需要对齐的物体拖动到下面的物体附近，此时它将自动对齐到下面的物体，如图4-53所示。

图4-52　选择物体

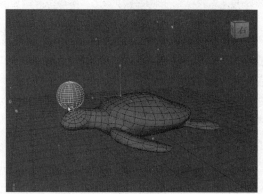

图4-53　对齐物体

4.11.4 曲面捕捉

曲面捕捉可以将曲线捕捉到其他曲面的表面，从而产生一种投影的重叠效果，而且这种捕捉方式还具有映射曲面的所有属性。关于曲面捕捉的操作方法如下所述。

课堂练习16：捕捉到曲面

01 在视图中创建NURBS球体和曲线，先选择绘制的曲线，再按住Shift键选择NURBS球体，如图4-54所示。

02 按下状态栏上的 按钮，在视图中移动NURBS曲线，即可捕捉到NURBS球体上，如图4-55所示。

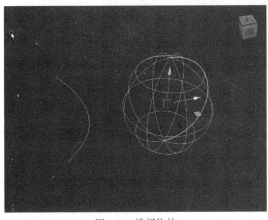

图4-54　选择物体

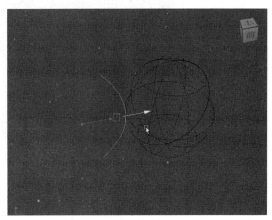

图4-55　捕捉到NURBS球体

提 示

在选择物体时，要注意两个物体的选择次序。此外，先选择的物体的颜色比后选择的物体的颜色要亮一些，这样可以很清楚地分辨出哪个物体是先选择的。

03 如果需要取消捕捉，再次单击 按钮，即可停止捕捉，也可以执行【修改】|【取消激活】命令停止捕捉。

4.12 使用图片辅助编辑

在三维软件中，无论是3ds Max还是Maya，对于图片素材的使用都是不能忽视的，它对于用户实现场景效果起着至关重要的作用。首先，它可以帮助用户建模，在制作一些细节比较丰富的模型时，大多需要这种图片素材；其次，它还可以作为环境的背景图片使用。本节介绍关于图片素材使用的两个主要领域。

4.12.1 使用参考图片

在制作模型时，如果能提供好的参考图片，可以大大降低创建模型的难度，就像对着模特画画的大师一样，可以轻松地完成自己的作品。例如，在创建一个飞机模型时，如果事先准备好飞机的三视图（即顶、前、侧视图），那么在调整模型形状时就会轻松多了。本小节主要介绍如何在Maya中导入参考图片。

课堂练习17：使用参考图片

01 执行【视图】||【图像平面】||【导入图像】命令，如图4-56所示。

图4-56 执行【导入图像】命令

02 在打开的对话框中，指定一个图像文件的保存路径，并在相应的目录下选择需要导入的图像文件，如图4-57所示。

03 单击【打开】按钮，即可导入Maya中，如图4-58所示。

图4-57 选择图像文件

图4-58 导入图片

本例中导入的是飞机的3个视图，用户还可以将其分开，并放置到不同的平面上，从而形成一个前、侧图相交的形状，这样更有助于创建模型。

4.12.2 设置背景

Maya的默认背景颜色是黑色的。由于环境的需要，或者为了产生更好的效果，需要利用一些真实的图片作为整个场景的环境。下面通过一个具体的实例介绍如何设置环境的背景。

课堂练习18：设置环境背景

01 新建一个场景，也可以直接打开随书附赠资源本章目录下的场景文件，这是一个已经制作好的简单场景，如图4-59所示。

02 在透视图中，执行【视图】|【选择摄影机】命令，如图4-60所示。

图4-59　打开场景文件

图4-60　执行【选择摄影机】命令

03 在该视图中，执行【视图】|【摄影机属性编辑器】命令，此时将打开摄影机属性编辑器，如图4-61所示。

04 展开【环境】卷展栏，单击【图像平面】右侧的【创建】按钮，如图4-62所示。

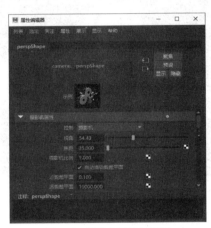

图4-61　摄影机属性编辑器

图4-62　单击【创建】按钮

05 在打开的【图像平面属性】卷展栏中单击【图像名称】右侧的█按钮，并在【打开】对话框中检索一幅图片，作为整个场景的背景，如图4-63所示。

06 设置完毕后，单击状态栏上的█按钮，快速渲染视图，观察此时的渲染效果，如图4-64所示。

图4-63　导入图片

图4-64　渲染效果

第 **5** 章

NURBS曲线

5.1 NURBS曲线概述

NURBS的英文全称是Non-Uniform Rational B-Splines，中文含义为"非均匀有理B样条"。使用NURBS可以用数学方式定义和创建精确的表面。例如，许多汽车设计都基于NURBS来创建光滑和流线型的表面，如图5-1所示。

NURBS曲线建模是当今世界上非常流行的一种建模方法，它的用途非常广泛，不仅善于制作光滑表面，而且适合制作尖锐的边。它最大的优势在于控制点少，易于在空间内调节造型，具有多边形建模方法，而且编辑很灵活。

实际上，所谓的建模就是创建对象表面的过程。在这个过程中，用户需要做的就是调整模型表面的形状，至于模型的内部结构是不需要考虑的。曲线是曲面的构成基础。如果要想成为曲面造型高手，就必须深入理解曲线。

图5-1　NURBS作品欣赏

在Maya中，曲线是不可以被渲染的，曲线的调整总是处于曲面构造的中间环节。Maya具有多种建模方法，并以不同的曲线类型为基础。使用曲线可以在表面曲线定位的地方设置精确的定位点，并可通过移动曲线上或曲线附近的顶点来改变曲面的形状。下面介绍NURBS曲线的特性。

1. 度数和连续性

所有曲线都有度数，曲线的度数用于表示它的方程式中最高的指数。其中，线性方程式的度数是1；四方形方程式的度数是2；NURBS曲线通常由立方体方程式表示，其度数为3。曲线可以采用更高的度数，但是通常情况下没有这个必要。

曲线还有连续性，连续的曲线是未断裂的。通常情况下，将带有尖角的曲线定义为C0连续性，也就是说，该曲线是连续的，在尖角处没有派生曲线；将没有类似的尖角而曲率不断变化的曲线定义为C1连续性，它的派生曲线也是连续的，但其次级派生曲线却并非如此；将具有不间断、恒定曲率的曲线定义为C2连续性，它的初级和次级派生曲线都是连续的。图5-2是这3种曲线的示意图。

NURBS曲线的不同分段可以有不同的连续性级别。将CV放置到相同的位置或使它们非常接近，就可以降低连续性的级别。两个重合的CV增加了曲率，重合CV会在曲线中创建尖角，这种NURBS曲线的属性名为多样性。实际上，另外一个或两个CV将它们的影响合并在曲线的连接处，如图5-3所示。

图 5-2 曲线示意图

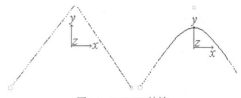

图 5-3 NURBS特性

2．细化曲线和曲面

细化曲线的操作对于曲线的质量有很深的影响，细化NURBS曲线意味着添加更多的CV，细化可以更好地控制曲线的形状。在细化NURBS曲线时，该软件会保留原始曲率，也就是说曲线的形状并没有改变，只不过邻近的CV移离了添加的CV，这是由于多样性的关系，如果不移动邻近的CV，增加的CV将会使曲线变得尖锐。要避免产生这种效果，首先要细化曲线，然后通过变换新近添加的CV或调整它们的权重来更改该曲线。图5-4是曲线与CV点的关系图。

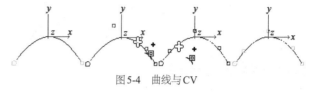

图 5-4 曲线与CV

3．NURBS的建模环境

在Maya 2022中，NURBS建模工具被统一到一个工具栏，用户可以在工具架上找到它们，如图5-5所示。

图 5-5 建模工具架

用户在工具架上激活一个工具按钮，然后在视图中单击并拖动鼠标，即可生成基本的几何体。

5.2 NURBS曲线构成元素

用户要想很好地掌握某种事物的使用方法，必须了解这种事物各个属性元素的含义及功能，这样才能够很好地掌握创建该事物的技巧。

NURBS物体是由曲面组成的，而曲线是由控制点、编辑点等元素控制的。图5-6是曲线的构成要素。

曲线的控制是Maya中非常关键的因素，其他一些元素的建立和控制也是通过曲线来控制的。单击状态栏中的■按钮，可以按组件类型选择，进入元素操作级别，并在其右侧显示可供操作的相关元素。下面为不同操作级别的元素显示。

■ 曲线的控制点，如图5-7所示。

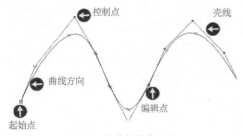

图 5-6 曲线的构成要素

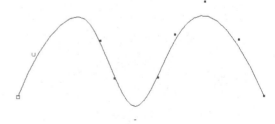

图 5-7 曲线的控制点

■ 曲线顶点，如图5-8所示。

■ 曲线壳线，如图5-9所示。

╋ 选择控制柄，如图5-10所示。

◎ 枢轴组件，如图5-11所示。

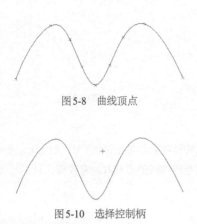

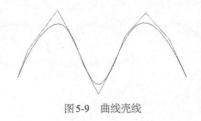

图 5-8　曲线顶点

图 5-9　曲线壳线

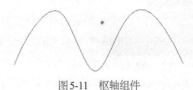

图 5-10　选择控制柄

图 5-11　枢轴组件

5.3　创建曲线

在 Maya 2022 中，按照曲线的绘制方式可以划分为 3 种类型，分别为 CV 曲线、EP 曲线和任意曲线。针对不同类型的曲线，Maya 2022 提供了不同的创建工具，这 3 种工具分别是 CV 曲线工具、EP 曲线工具和铅笔曲线工具。

5.3.1　通过控制点创建曲线

CV 曲线是一种带有控制点的曲线，简称控制点曲线。使用 CV 曲线工具创建曲线时，在视图区域中单击即可创建控制点。在创建控制点的过程中，需要注意曲线的颜色，如果曲线颜色变为白色，表示所创建的控制点已经能够生成曲线了。下面介绍创建 CV 曲线的流程。

课堂练习19：创建一条CV曲线

`01` 执行【创建】|【曲线工具】|【CV 曲线工具】命令，将鼠标指针定位于指定的视图中并单击，确定曲线的起始位置，如图 5-12 所示。

`02` 再次单击，确定曲线第 2 个顶点的位置，此时将会生成一条直线。这条直线不是曲线的一部分，它仅起到辅助创建的作用，如图 5-13 所示。

图 5-12　指定起始点

图 5-13　创建第 2 个顶点

`03` 在视图中连续单击两次，确定第 3 个和第 4 个顶点，此时 CV 曲线就创建完成了 (白色的线条为 CV 曲线)，如图 5-14 所示。

`04` 此时，如果继续单击，将产生新的曲线线段，并且会随着鼠标指针位置的不同而产生不同的形状，如图 5-15 所示。

大多数情况下，用户利用 CV 曲线工具创建的 CV 曲线是不符合设计要求的，此时就需要进行修改编辑。

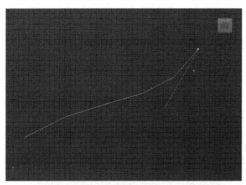

图5-14　创建曲线1

图5-15　创建曲线2

课堂练习20：在创建过程中改变曲线形状

　　为了便于对曲线进行修改，Maya 2022提供了一种随时修改的方法。在创建曲线的过程中，在按Enter键完成创建之前按Insert键，这时，在最后一个CV点上将显示一个移动操纵器，拖动操纵器移动CV点就可以改变曲线的形状，如图5-16所示。

　　如果还要继续改变曲线的形状，则单击其他的CV点并拖动相应的操纵器即可。在创建曲线时，如果需要删除某个曲线段，则可以按Backspace键或Delete键。

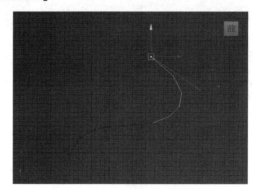

图5-16　调整控制点

注　意

在编辑控制点的过程中，用户还可以通过单击任意一个控制点来选中曲线，然后拖动操纵器调整控制点的位置，从而改变曲线的形状，不过这需要在按Enter键完成创建之前进行操作。

课堂练习21：创建完成后修改曲线

　　实际上，在完成创建一条曲线后，仍然可以修改曲线的形状，具体的修改方法如下。

01 在视图中，选择要修改的曲线并按住鼠标右键，在弹出的快捷菜单中选择【控制顶点】命令，如图5-17所示。

02 进入控制点模式，然后使用移动工具调整控制点即可，如图5-18所示。

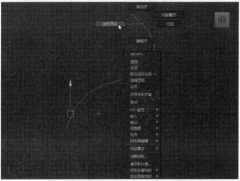

图5-17　选择【控制顶点】命令

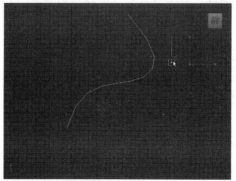

图5-18　调整曲线

参数简介

在创建曲线之前，需要根据特定的要求设置曲线工具的各项参数，从而创建不同形状的曲线。

单击【创建】|【曲线工具】|【CV曲线工具】命令右侧的■按钮，即可打开图5-19所示的窗口。

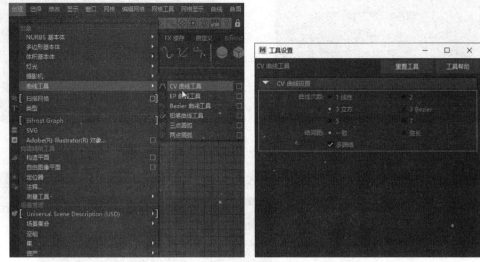

图5-19　设置参数

【CV曲线工具】面板中的参数说明如下。

● 曲线次数：用于设置曲线的度数。该值设置得越高，曲线越平滑。如果在该选项区域中选中【2】单选按钮，将创建一条直线；如果选中【7】单选按钮，将创建一个度数为7的曲线，如图5-20所示。

● 结间距：结间距的方式有2种。其中，【一致】可以更简单地创建曲线U定位参数值；【弦长】可以更好地分配曲线的曲率。

● 多端结：当启用该复选框时，曲线的末端编辑点也是节点，这样可以更加方便地控制末端区域，如图5-21所示。

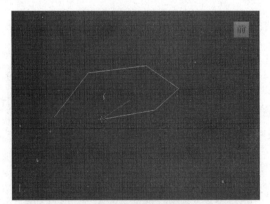

图5-20　曲线次数含义

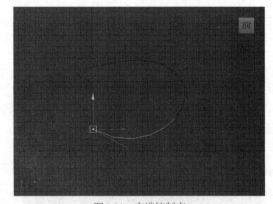

图5-21　末端控制点

提示

如果在创建一条曲线时取消启用【多端结】复选框，则可以使用【吸附到点】选项排列每条曲线的第2个控制点，从而连续地在两条曲线之间创建切线。

5.3.2　通过编辑点创建曲线

EP曲线是一种带有编辑点的曲线，简称编辑点曲线。创建EP曲线的方法与创建CV曲线的方法大致相同，只需要在视图区域中定义两个编辑顶点，即可创建EP曲线。下面是创建EP曲线的详细过程。

课堂练习22：创建EP曲线

`01` 执行【创建】|【曲线工具】|【EP曲线工具】命令，如图5-22所示。

`02` 启用该工具，在视图中单击，确定第1个顶点的位置，如图5-23所示。

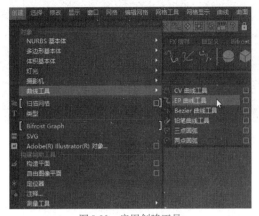

图5-22 启用创建工具

图5-23 定义第1个顶点

`03` 再次单击，定义第2个顶点。创建顶点时，视图中将会出现一个x字母的标志，如图5-24所示。

`04` 再次单击，即可创建更多的控制点。如果要结束曲线创建，则可以按Enter键结束操作，创建完成EP曲线，如图5-25所示。

图5-24 定义第2个顶点

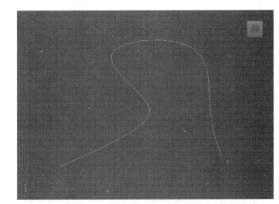

图5-25 EP曲线

5.3.3 创建任意曲线

绘制任意曲线的主要工具是铅笔曲线工具，该工具的使用方法与人们使用铅笔绘制图形的方式基本相同。在使用该工具时，用户只需要在工作区域中按住鼠标左键进行绘制即可。下面是使用铅笔曲线工具创建任意曲线的详细操作过程。

课堂练习23：使用铅笔曲线工具绘制曲线

`01` 执行【创建】|【曲线工具】|【铅笔曲线工具】命令，如图5-26所示。

`02` 启用该工具，在视图中单击，定义第1个顶点，然后拖动鼠标左键定义曲线的形状，如图5-27所示。

03 绘制完成后，松开鼠标左键，即可完成曲线的绘制，如图5-28所示。

  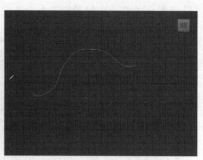

| 图5-26 启用创建工具 | 图5-27 拖动鼠标绘制曲线 | 图5-28 绘制任意曲线 |

5.3.4 创建圆弧

在Maya 2022中，除了上述工具可以创建曲线外，还有两个曲线工具也可以用于绘制曲线，它们分别是三点圆弧工具和两点圆弧工具。

课堂练习24：创建两条圆弧

01 在使用这两种工具绘制圆弧时，只需要执行【创建】|【曲线工具】子菜单中的【三点圆弧】或者【两点圆弧】命令，如图5-29所示。

02 在视图中依次单击，定义控制点的位置，即可创建圆弧。如图5-30所示。

 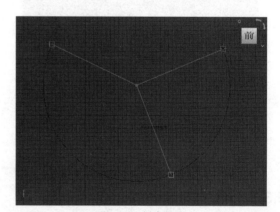

| 图5-29 选择创建圆弧工具 | 图5-30 创建圆弧 |

5.3.5 创建文本

使用文本工具可以创建文字形状的NURBS曲线，通过创建文字的NURBS曲线产生面，以制作文字。在Maya 2022中，要创建文本曲线，只需要执行【创建】|【类型】命令，在打开的对话框中设置文本即可，如图5-31所示。创建好的文本效果如图5-32所示。

图5-31　【文本】选项

图5-32　文本效果

5.4　编辑曲线

通过前面章节的学习可知，曲线是形成曲面的基础，因而曲线的质量将直接影响模型的整体效果。因此，Maya 2022为用户提供了多种编辑工具，使用户可以对简单的曲线进行再编辑。本节将介绍编辑曲线的一些常用操作方法。

5.4.1　复制曲面曲线

在实际操作的过程中，大多数情况下，用户需要对已经存在的曲线进行复制，从而将现有平面上的曲面曲线、边界曲线和内部等位线等转换为三维曲线。完成这一操作，需要执行【编辑曲线】|【复制曲面曲线】命令。下面通过一个具体的实例介绍复制曲线的方法。

课堂练习25：在已有曲面上复制曲线

01　打开随书附赠资源中的一个NURBS文件，如图5-33所示。

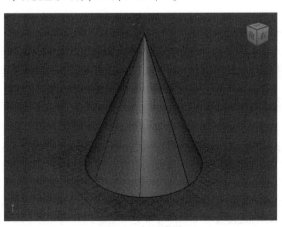

图5-33　打开素材

02 选择NURBS物体，按住鼠标右键，在弹出的快捷菜单中选择【等参线】命令，如图5-34所示。

03 在手柄物体上选择一条等参线，如图5-35所示。

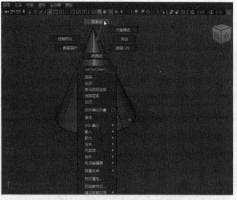

图5-34 选择【等参线】命令

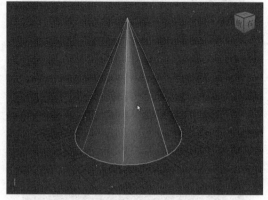

图5-35 选择等参线

04 执行【曲线】|【复制曲面曲线】命令，复制一条曲线，如图5-36所示。

05 为了便于操作，可以使用移动工具将复制的等参线移动到其他位置，观察复制效果，如图5-37所示。

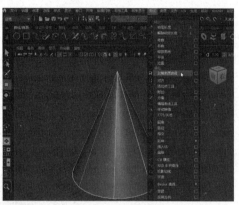

图5-36 复制等参线

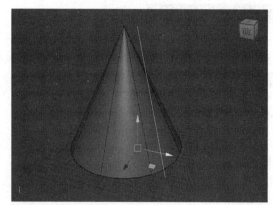

图5-37 调整位置观察复制效果

5.4.2 附加曲线

在编辑曲线时，连接曲线的操作也是很重要的。它可以将两条相互独立的曲线完全连接起来，从而形成一条曲线。要完成曲线的连接，需要执行【曲线】|【附加】命令。关于连接曲线的具体操作如下。

┃课堂练习26：附加两条曲线┃

01 图5-38是两条相互独立的曲线，在此要利用【附加】命令将二者连接为一条曲线。

02 使用框选的方法选择视图中的两条曲线，此时两条曲线将分别以白色和绿色显示，如图5-39所示。

> **技巧**
>
> 如果需要精确选择多个物体，则可以在选择一个物体后，按住Shift键不放，单击需要选中的另一个物体。

03 执行【曲线】|【附加】命令，即可完成两条独立曲线的连接，如图5-40所示。

04 连接曲线后的效果如图5-41所示。

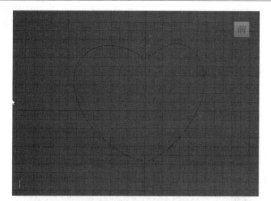

图 5-38 两条独立的曲线

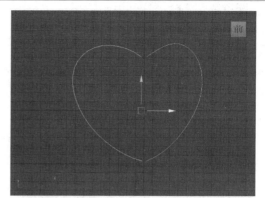

图 5-39 选择两条曲线

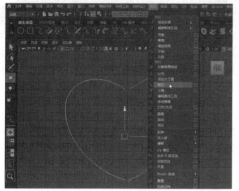

图 5-40 执行【附加】命令

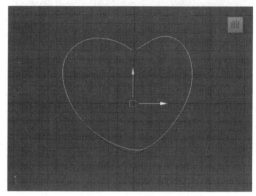

图 5-41 连接曲线后的效果

注 意

如果用户界面的菜单栏上没有【曲线】菜单，可以切换到【建模】模块中，从而显示该菜单。

参数简介

上述连接操作是Maya的默认连接方式，它采用的是融合方式。如果要更改为其他方式，则可以单击【曲线】|【附加】命令右侧的■按钮，打开图5-42所示的【附加曲线选项】对话框，选择附加方式。

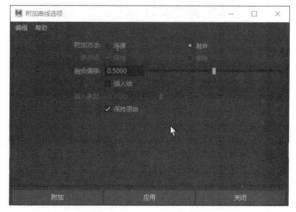

图 5-42 【附加曲线选项】对话框

● 附加方法：合并方式，可以选择连接或融合。

● 多点结：多重结点，可以选择保持或移除。

● 融合偏移：选择融合方式时，在此设置融合偏移值。

● 插入参数：在融合方式下，可以在结合的位置添加一个结点。

● 保持原始：启用该复选框，在合并时保留原始曲线的备份。

5.4.3 分离曲线

分离操作得到的效果与连接操作得到的效果相反。使用分离工具可以将一条完整的曲线分割为多段，并且每一条独立的线段都可以自由进行编辑。如果要分割一条完整的曲线，则可以使用【曲线】|【分离】命令。分离曲线的操作方法如下。

课堂练习27：分离曲线

01 在视图中选择需要分离的曲线，按住鼠标右键，在弹出的快捷菜单中选择【曲线点】命令，如图5-43所示。

02 在需要分离的位置单击，创建一个曲线点，如图5-44所示。这一步的操作很关键，如果用户没有创建曲线点，那么执行分离操作时将会出错。

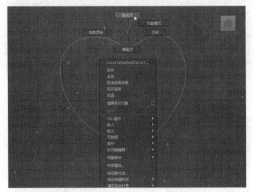

图5-43　选择【曲线点】命令

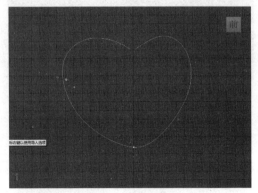

图5-44　创建曲线点

技巧

如果需要将一条曲线分割为多段，则在按住Shift键的同时，在曲线上要断开的位置连续单击，从而定义多个曲线点。

03 执行【曲线】|【分离】命令，这时曲线将被分割为两段，如图5-45所示。

04 此时可以使用移动工具将曲线分离开来，观察曲线断开后的效果，如图5-46所示。

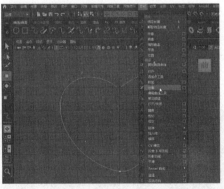

图5-45　分离的曲线

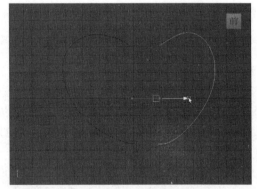

图5-46　移动操作

5.4.4　对齐曲线

在Maya中，三维物体可以实现对齐操作，曲线同样也可以执行对齐操作。实际上，在用户创建对象模型时，曲线和曲面具有连贯性，利用对齐操作可以创建位置、切线和曲率的连续性。该操作需要使用【对齐】命令来实现。

5.4.5　曲线相交

在利用NURBS曲线创建物体时，曲线与曲线之间的交叉是经常遇到的问题，那么如何才能使不相交的曲线真正相交呢？答案就是利用交叉工具强制让这些曲线相交。本小节将介绍曲线相交的实现方法。

要使曲线相交，首先必须通过视图观察是否有伪相交的曲线，如图5-47所示。所谓的伪相交，是指表面上看到的是相交曲线，而实际上它们之间没有相交点。

在Maya中，执行【相交】命令可以使两条曲线产生相交，并在相交处产生一个交点。框选图5-47所示的两条曲线，执行【曲线】|【相交】命令，使曲线相交，如图5-48所示。

图5-47　伪相交的曲线

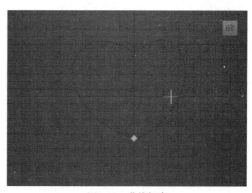

图5-48　曲线相交

执行交叉操作时，不能直接交叉具有等位线或曲面曲线的独立曲线，这一点需要牢记。另外，如果单击【曲线】|【相交】命令右侧的■按钮，则可以打开【曲线相交选项】对话框，用户可以根据实际需要进行设置。

5.4.6　曲线圆角

使用曲线圆角命令，可以在两条曲线或两条曲面曲线之间创建圆角曲线。Maya 2022中有两种构建圆角的方式，分别是圆形和自由形式。其中，使用圆形方式可以创建圆弧形圆角，利用自由形式可以创建自由圆角，它们的形状差异如图5-49所示。

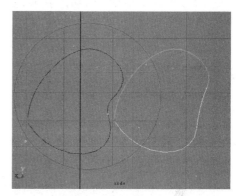

图5-49　圆角类型

课堂练习28：对曲线执行圆角操作

01 要创建一个圆角，视图中至少需要有两条或两条以上的曲线，然后选择其中的任意两条曲线，如图5-50所示。

02 执行【曲线】|【圆角】命令，即可在两条曲线之间形成一个圆角，如图5-51所示。同时，也可单击该命令右侧的■按钮，在打开的对话框中设置圆角参数。

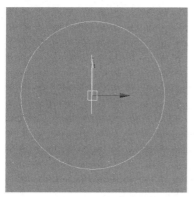

图5-50　选择曲线

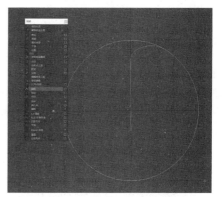

图5-51　执行【圆角】命令

> **注 意**
>
> 虽然此时对曲线进行了圆角操作，但是它们仍然是独立的曲线，并没有被连接到一起，用户可以在视图中执行移动操作进行观察。

参数简介

如果单击【曲线】|【圆角】命令右侧的■按钮，可以打开【圆角曲线选项】对话框，如图5-52所示。

• 修剪：如果启用该复选框，可以在执行圆角操作的同时，将与它相交的边线删除，从而形成一个单独的圆角。

• 接合：当启用【修剪】复选框后，如果再启用【接合】复选框，可以将圆角与原来的曲线连接为一条曲线。

• 构建：该选项区中提供了两个选项，分别是圆角的两种类型，即圆形和自由形式，用户只需要选中相应的单选按钮即可。

• 半径：用于定义圆角的半径，可以直接拖动右侧的微调按钮进行调整。

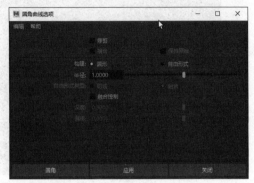

图5-52 【圆角曲线选项】对话框

• 自由形式类型：如果选中【自由形式】单选按钮，则该选项变为可用。用户可以使用其中的两种设置方式，制作不同的圆角效果。

• 融合控制：当选中【融合】单选按钮后，该选项变为可用，可利用圆角的深度及偏移幅度进行设置。

5.4.7 偏移曲线

利用Maya 2022的【偏移曲线】命令，可以创建一条与原曲线平行的曲线或等位线，效果如图5-53所示。在很多软件中都有偏移曲线的功能，并且其使用范围很广，尤其是在利用NURBS曲线创建模型时。

单击【曲线】|【偏移】|【偏移曲线】命令右侧的■按钮，打开【偏移曲线选项】对话框，如图5-54所示。

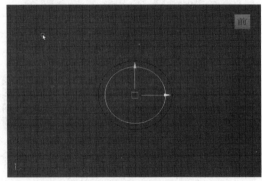

图5-53 偏移曲线的效果

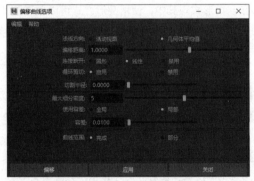

图5-54 【偏移曲线选项】对话框

下面对该对话框中的常用参数进行介绍。

• 法线方向：用于设置偏移曲线的法线方向。【活动视图】表示以观察的视角作为曲线偏移的基准；【几何体平均值】表示以参考原始曲线的状态为基准。

• 偏移距离：距离为正值或负值时，会在不同的方向产生偏移。

• 连接断开：其中包括3个选项，【圆形】通过在断点处插入圆弧创建连续的曲线；【线性】通过用直线连接断点创建连续的曲线；【禁用】保留断开为多个不连续曲线的偏移曲线。

• 循环剪切：设置是否对平面曲线中的任何循环进行修剪。当选中【启用】单选按钮时，可通过【切割半径】选项设置切割的程度。

• 最大细分密度：用于设置偏移曲线在细化时的最大分割数及偏移曲线的精度。

• 使用容差：如果选择【全局】容差，使用用户在【首选项】对话框的【设置】部分中设置的【位置】值；如果选择【局部】容差，则用户可以直接输入一个新值，以替代【首选项】对话框的【位置】值。

- 容差：用于控制将偏移曲线放置在指定距离的精确度。
- 曲线范围：用于控制偏移曲线整体参与偏移或局部参与偏移。

> **注　意**
>
> 关于偏移距离的设置，如果数值太大，则可能导致偏移的曲线变形。

5.4.8　打开/关闭曲线

用户可以使用【打开/关闭】曲线命令打开或关闭曲线。实际上，该工具就是将曲线编辑为开放的曲线或闭合的曲线，实现打开或闭合曲线的效果。

如果要打开或关闭某条曲线，可以在视图中选中需要编辑的曲线，然后执行【曲线】|【打开/关闭】曲线命令即可。图5-55是【开放/闭合曲线选项】对话框。

下面对该对话框中的属性参数进行介绍。

- 形状：用于控制闭合曲线的方式，包括忽略、保留和融合模式。

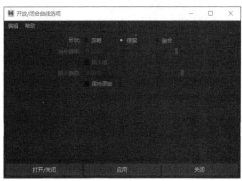

图5-55　【开放/闭合曲线选项】对话框

- 融合偏移：用于控制闭合曲线的偏移值。只有在选中【融合】单选按钮后，才可以修改该参数值。

- 插入结：用于控制是否在闭合曲线部位添加结点。

- 插入参数：用于设置插入结点的数目。只有在启用【插入结】复选框后，才可以设置该参数。

- 保持原始：用于控制在对曲线进行闭合操作时是否保留原曲线。

5.4.9　切割曲线

有时，用户需要将两条已经相交的曲线进行分割，这就需要用到【剪切】命令。通过使用该命令，可以将两条相交的曲线在交点处分割，从而使它们成为独立的曲线，如图5-56所示。

> **注　意**
>
> 在Maya中，不能直接切割与等位线或曲面曲线重叠的自由曲线，必须先执行复制曲面曲线命令，创建一条独立于等位线或曲面曲线的曲线，然后再利用这条曲线进行切割。

图5-56　切割曲线

5.4.10　延伸曲线

使用【延伸曲线】命令可以将一条曲线进行延伸。假如现在有一条曲线，需要将它的一端"拉"一下，以满足设计的要求，此时可以利用【延伸曲线】命令执行延伸操作。

在视图中选择需要延伸的曲线，单击【曲线】|【延伸】|【延伸曲线】命令右侧的■按钮，在弹出的【延伸曲线选项】对话框中设置参数，如图5-57所示。

下面介绍该对话框中主要参数的含义。

- 延伸方法：提供了两种基本的延伸方式，分别是【距离】和【点】。

- 延伸类型：提供了3种延伸类型，分别是【线性】、【圆形】和【外推】。用户可以根据实际需要进行选择。

图5-57　设置延伸参数

- 距离：根据距离来延伸曲线。
- 延伸以下位置的曲线：该选项区用于定义曲线的延伸位置，提供了3个参数，分别是【起点】、【结束】和【二者】。
  - 接合到原始：用于设置将延伸顶点加入原始曲线上。
  - 移除多点结：用于删除多重结点。
  - 保持原始：用于保留原始曲线。

5.4.11 平滑曲线

使用【曲线】菜单中的【平滑】命令，可以重新创建具有平滑路径的控制点。这对于使用铅笔曲线工具创建的曲线来说尤其重要。

课堂练习29：平滑曲线

01 图 5-58 是一条 NURBS 曲线，下面对该曲线执行【平滑】命令来观察效果。

02 在视图中选择该曲线，执行【曲线】|【平滑】命令，从而使曲线变得平滑，效果如图 5-59 所示。

> **注意**
>
> 【平滑】命令作用于整条独立曲线或者选择的曲线上。它不能作用于周期曲线、闭合曲线、曲面等位线或曲面曲线上。另外，使用该命令不能改变控制点的数量。

【平滑】命令只有一个参数，即【平滑度】，图 5-60 为【平滑曲线选项】对话框。平滑度数值越大，则平滑幅度就越大，曲线也就越平滑；数值越小，则平滑幅度越小。

图 5-58　曲线

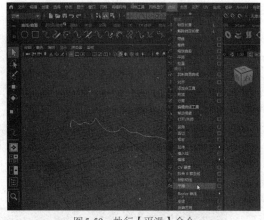

图 5-59　执行【平滑】命令

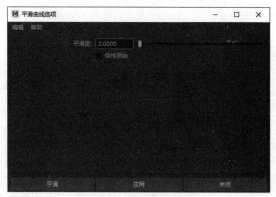

图 5-60　平滑曲线参数设置

5.4.12 反转曲线方向

【反转方向】命令用于反转曲线上 CV 控制点的顺序。反转 CV 控制点对曲线最大的影响是反转了曲线的开始和结束点的方向，但对曲线本身的形状没有影响。执行【曲线】|【反转方向】命令的操作方法如下。

操作步骤

01 选择创建的 CV 曲线，执行【显示】|【NURBS】|【CV】命令，显示曲线控制点，如图 5-61 所示。

02 执行【曲线】|【反转方向】命令，如图 5-62 所示。在默认设置下，CV 在 U 方向上被反转。

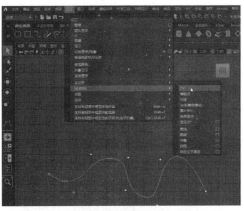

图 5-61　显示控制点

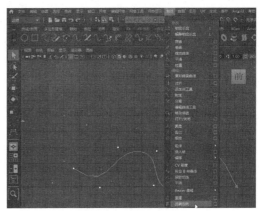

图 5-62　执行【反转方向】命令

5.4.13　添加点工具

添加点工具可以为曲线或曲面曲线增加新的控制点或编辑点，点的添加方法如下。

操作**步骤**

01 在场景中选择一条曲线，执行【曲线】|【添加点工具】命令，如图 5-63 所示。

02 在视图中单击，即可创建新的控制点。当操作完毕后，按 Enter 键完成操作，如图 5-64 所示。

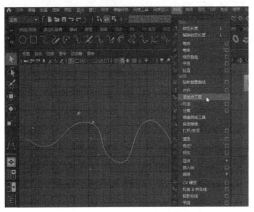

图 5-63　执行【添加点工具】命令

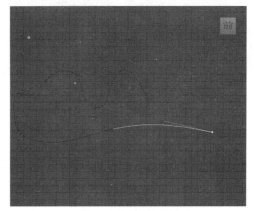

图 5-64　添加控制点的效果

5.4.14　拟合B样条线

【拟合 B 样条线】命令能够根据维度数为 1 次的曲线创建 3 次的曲线。当在视图中选择样条线后，单击【拟合 B 样条线】命令右侧的■按钮，即可弹出【拟合 B 样条线选项】对话框，如图 5-65 所示。

在该对话框中仅有一个参数，即【使用容差】。它用于设置产生的适配曲线的精度是按照全局参数还是按照局部参数进行。

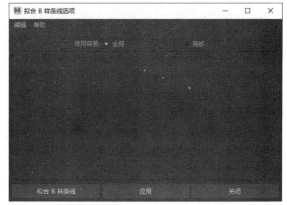

图 5-65　【拟合 B 样条线选项】对话框

课堂练习30：拟合B样条线

01 在视图中选择NURBS曲线，并单击【曲线】|【拟合B样条线】命令右侧的▣按钮，如图5-66所示。

02 在打开的对话框中选中【局部】单选按钮，从而将匹配曲线更改为局部方式，并将【位置容差】设置为0.02，如图5-67所示。

03 设置完成后，单击【拟合B样条线】按钮，即可产生拟合，效果如图5-68所示。

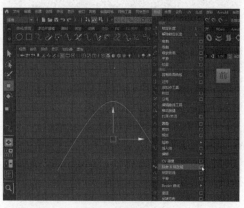

图5-66　执行命令

图5-67　设置参数

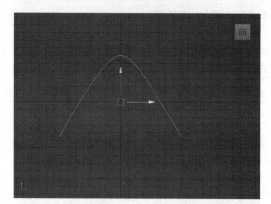

图5-68　拟合效果

5.4.15　CV硬度

在Maya的NURBS曲线中，用户还可以设置控制点的硬度，该功能主要由【CV硬度】命令来实现。

操作步骤

01 在视图中选择曲线，并选择其中的控制点，如图5-69所示。

02 单击【曲线】|【CV硬度】命令右侧的▣按钮，打开图5-70所示的对话框。

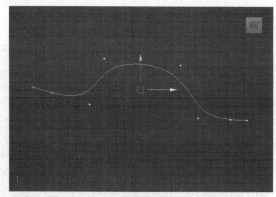

图5-69　选择控制点

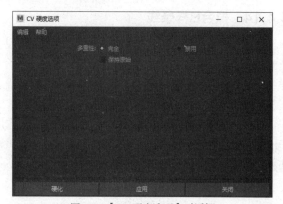

图5-70　【CV硬度选项】对话框

03 根据需要调整参数，设置完毕后单击【硬化】按钮，完成控制点硬度的设置，效果如图5-71所示。

下面介绍控制点硬度参数。

- 多重性：在默认设置下，曲线的最后一个控制点有3个多样性因素，它们之间的弧有一个多样性因素。要想改变内部控制点的多样性，使其从1到3，则需要选中【完全】单选按钮。改变多样性因素使其从1到3时，每条可控边上至少有两个控制点，而且可控边有一个多样性因素。【禁用】单选按钮用于改变曲线内部的多样性，使其从3到1。

- 保持原始：在改变多重性设置后，【保持原始】复选框用于设置是否保持原始曲线或曲面。启用该复选框，表示保持原物体。

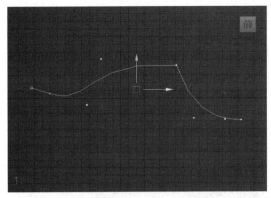

图5-71　硬化效果

5.4.16　编辑曲线工具

对于大多数人而言，最关心的可能是曲线形状的调整。实际上，对于NURBS建模来说，曲线形状的调整是不可避免的。默认情况下，可以执行【编辑曲线工具】命令，使用其中的操纵器来调整曲线的形状。具体操作方法如下。

操作步骤

01 执行【曲线】|【编辑曲线工具】命令，进入图5-72所示的编辑环境(注意鼠标指针的变化)。

02 通过拖曳激活的操纵器手柄，就可以编辑曲线点的位置和线的形状，如图5-73所示。

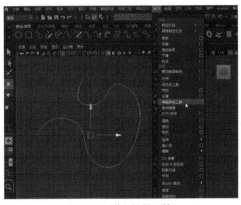

图5-72　进入编辑环境

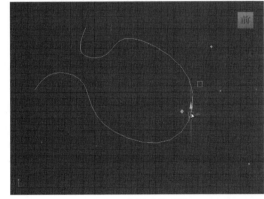

图5-73　调整曲线形状

03 如果要调整曲线的切线，那么曲线的正切是曲线在指定点上的斜率，单击并拖动操纵器手柄，可以变换或旋转曲线的切线。

5.4.17　修改曲线

在Maya 2022中，用户可以使用【曲线】子菜单中的命令，对已经创建的曲线进行修改，但不改变曲线点的数量。修改曲线共分为7种工具：锁定长度、解除锁定长度、拉直、平滑、卷曲、弯曲和缩放曲率，如图5-74所示。下面对这几种工具进行简单介绍。

- 锁定长度：用于锁定曲线长度，曲线上的点只能在锁定曲线长度范围内移动。

- 解除锁定长度：用于解除锁定曲线长度的锁定。

- 拉直：用于将弯曲的直线拉直。在该命令选项对话框中，【平直度】用于设置拉伸率，数值为1时，是直线；数值小于1时，是曲线；而数值大于1时，则会拉伸过度。拉直方向为曲线起点的切线方向。

- 平滑：用于使曲线弯曲程度趋向平缓，如图5-75所示(图中下面那条曲线为修改后

图5-74　曲线修改工具

的效果)。该命令仅有一个参数供用户设置,即【平滑因子】,用于设置光滑的程度,数值越大则越光滑。

- 卷曲:用于控制整条曲线从中间位置卷曲,曲线起始点固定不动。在该命令选项对话框中,包括【卷曲量】和【卷曲频率】属性。
- 弯曲:用于固定曲线起始点,拉动曲线末端点进行弯曲操作。在该命令选项对话框中,包括【弯曲量】和【扭曲】属性。图5-76为曲线的弯曲效果。
- 缩放曲率:用于改变弯曲曲线的曲率。在该命令选项对话框中,包括【比例因子】和【最大曲率】属性。

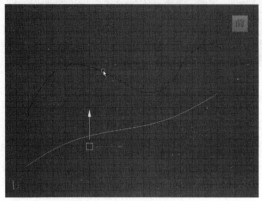
图5-75　曲线平滑效果

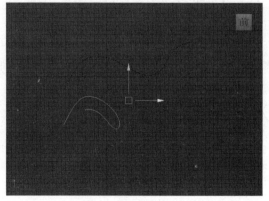
图5-76　曲线弯曲效果

5.4.18　移动接缝

移动接缝工具用于移动闭合曲线上的起始点,曲线的起始点直接关系到曲面的形成。用户可以在曲线上按住鼠标右键,在弹出的快捷菜单中选择【曲线点】命令,然后在曲线上单击,确定新的起始点位置,再执行【曲线】|【移动接缝】命令即可。

5.4.19　投影切线

投影切线工具可以改变一条曲线端点的正切率,使其与另外两条相交曲线或一个曲面的正切率一致。曲线一端必须与两条曲线的交点或与曲面的一条边重合。

课堂练习31:投影切线

01 在场景中创建几条相互间有重合交点的曲线,如图5-77所示。

02 使用放样工具,执行【曲面】|【放样】命令,将其中的曲线转化为曲面。然后,选中其中一条曲线,再选中其中一个曲面,如图5-78所示。

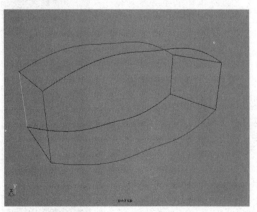
图5-77　创建相交曲线

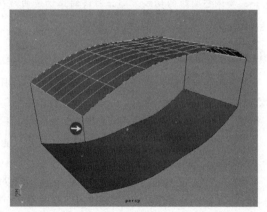
图5-78　选择曲线和曲面

提 示

在创建两条或多条有重合交点的曲线时，可以先创建两条曲线，再执行创建曲线命令。按住C键不放，在创建的其中一条曲线上单击并拖动鼠标，以创建新控制点并确定其位置；然后，按住C键不放，再在另一条曲线上单击，即可在两条曲线间创建一条连接曲线。

03 单击【曲线】|【投影切线】命令右侧的■按钮，打开【投影切线选项】对话框，如图5-79所示。

04 选中【曲率】单选按钮，并启用【保持原始】复选框。

05 单击【投影】按钮，此时观察投影切线与原曲线的变化，如图5-80所示。

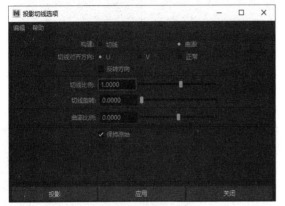

图5-79　【投影切线选项】对话框

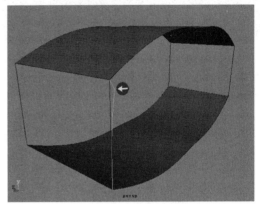

图5-80　形成的切线效果

参数简介

下面介绍【投影切线选项】对话框中的参数。

- 构建：用于控制切线的构建方式。【切线】表示切线模式，【曲率】表示曲率模式。

- 切线对齐方向：用于设置对齐的不同切线方向。其中，【U】表示依照曲面的U方向或选择相交曲线的第1条；【V】表示依照曲面的V方向或选择相交曲线的第2条；【正常】表示对齐曲线的法线到曲面或相交曲线的垂线。

- 反转方向：用于反转曲线切线方向。

- 切线比例：用于设置切线的缩放比例。

- 切线旋转：用于设置切线的旋转。

- 曲率比例：通过选择要修改的曲线，然后选择与其任一端点相交的一个曲面或两条其他曲线来投影切线。通过将曲线与曲面相交处的切线向量投影到曲面的切线平面上来修改曲线。

- 保持原始：在执行完投影后保持原始曲线。

5.4.20　重建曲线

【重建】命令用于对构建好的曲线上的点进行重新修正，即将曲线的所有顶点重新进行分布，从而对曲线进行重建处理。

课堂练习32：曲线的重建操作

01 在视图中绘制一条轮廓曲线，按F8键进入点显示模式，查看其顶点分布，如图5-81所示。

02 按F8键进入选择状态，执行【曲线】|【重建】命令，对曲线的顶点进行重建操作。此时再观察曲线的顶点数目和光滑度，效果如图5-82所示。

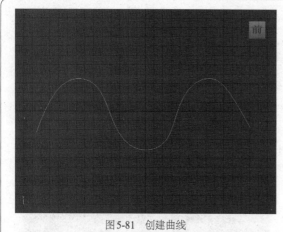

图5-81　创建曲线

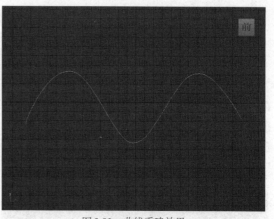

图5-82　曲线重建效果

参数简介

在对曲线进行重建操作时，可以根据实际需要设置属性参数，以调整曲线的重建效果。单击【曲线】|【重建】命令右侧的■按钮，打开【重建曲线选项】对话框，如图5-83所示。

下面讲解该对话框中的一些选项。

● 重建类型：用于设置曲线的重建类型。其中，【一致】选项表示使用相同参数均匀地重建曲线；【减少】选项表示简化曲线精度，通过设置使用容差值来简化曲线；【匹配结】选项通过设置一条参考曲线来重建原曲线，重复执行，此时原曲线将无穷趋向于参考曲线形状；【无多个结】选项通过删除曲线上的多重点来简

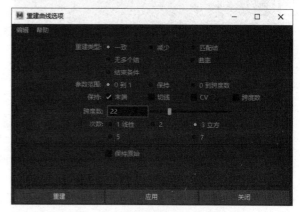

图5-83　【重建曲线选项】对话框

化曲线点数，但不保持曲线精度；【曲率】选项为曲线添加更多的编辑点，可以增加曲线的曲率和提高精度；【结束条件】选项可重建曲线末端CV和末端结的位置。

● 参数范围：用于设置重建曲线的参数。其中【保持】选项表示保持曲线原参数范围。

● 保持：用于设置重建曲线对原曲线保留的内容，有【末端】、【切线】、【CV】和【跨度数】选项。

● 跨度数：用于设置重建曲线的分段数。

● 次数：用于设置曲线的精度。但只有在【重建类型】选项区下的【一致】单选按钮被激活的情况下，该选项才可以使用。

● 保持原始：保持原始曲线并创建新曲线作为重建曲线。

5.4.21　插入结

【插入结】命令用于在曲线指定位置插入新的结点。该命令不改变曲线的基本形状，但可以增加曲线的段数，细化曲线。曲线上的新结点可以是编辑点或CV点。

▌课堂练习33：在曲线上插入结点▐

01 在场景中绘制一条含有11个结点的曲线，按住鼠标右键，在弹出的快捷菜单中选择【曲线点】命令，然后在曲线上连续单击，创建4个黄色的定位点，如图5-84所示。

02 执行【曲线】|【插入结】命令，然后进入曲线的点显示模式，可以看到曲线的4个定位点处添加了4个结点，如图5-85所示。

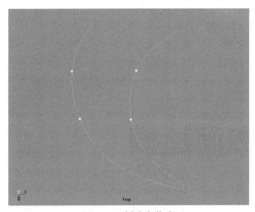

图5-84 创建定位点

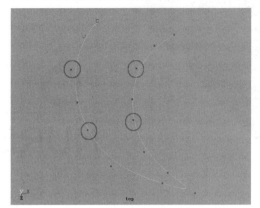

图5-85 添加结点

参数简介

曲线结点的位置和数量，可以通过该命令选项对话框中的具体参数来调节。单击【曲线】|【插入结】命令右侧的▣按钮，打开【插入结选项】对话框，如图5-86所示。

图5-86 【插入结选项】对话框

下面简单介绍该对话框中的参数。

● 插入位置：用于设置插入点的方式。【在当前选择处】选项是在用户选择的位置插入;【在当前选择之间】选项是在被选择的原结点处插入新结点。

● 多重性：用于设置插入新点模式。【设置为】模式是按照设置好的数值进行插入，原位置的点将被新结点代替;【增量】模式是按照设置好的数值插入新结点，原结点保留。

● 保持原始：启用该复选框将保留原曲线不动，只改变复制出的新曲线的结点。这样能够对一条曲线做多次不同的改变。

5.4.22 选择

【选择】菜单中包含NURBS曲线的一些命令。这些命令可以帮助用户快速选择曲线上的某些控制点，如图5-87所示。在Maya中，如果要快速、准确地选择曲线上的控制点，通常都是将控制点制作成簇，使用【选择】命令下的NURBS曲线命令则可以快速选择这些簇。

下面对【选择】菜单中的相关命令进行简单介绍。

● 所有CV：用于选择曲线上的所有控制点。

● 第一个CV：用于选择曲线起始端的控制点。

● 最后一个CV：用于选择曲线结束端的控制点。

● 簇曲线：可以将曲线上所有的控制点位置创建簇。

关于NURBS曲线的创建与编辑方法，这里不再过多介绍。在Maya 2022中，NURBS曲线有着十分强大的功能，它是生成NURBS曲面的基本元素。掌握好本章知识，是学习NURBS建模的基础。

图5-87 【选择】菜单

第**6**章

NURBS曲面建模

6.1 NURBS曲面建模基础

NURBS曲面建模最大的优势是表面精度的可调性，在不改变外形的前提下，可以自由地控制曲面的精细程度。在Maya中，NURBS曲面建模主要用于创建工业产品模型和生物有机模型。图6-1是利用NURBS曲面建模技术创建的角色模型。

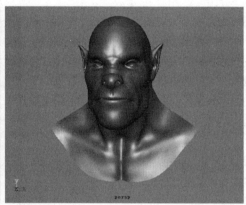

图6-1　NURBS模型

6.1.1　NURBS曲面概念

曲面是由曲线组成的几何体，NURBS曲面是通过参数来定义的，通过编辑NURBS的曲面组成复杂的NURBS模型。曲面的形成依赖于曲线，用户通过定义曲线来生成曲面。在Maya中，可以通过曲线生成曲面，也可以直接创建NURBS几何体。

6.1.2　NURBS曲面的构成元素

一个完整的NURBS曲面是由控制点、等参线、曲面点、壳线、曲面等元素组成。

6.2 创建NURBS几何体

在Maya 2022中，关于创建曲面有两种方法：一种是使用命令或工具架上的创建工具创建曲面基本体，也就是NURBS基本体；另一种是使用曲线来生成一些比较复杂的曲面。

Maya中的NURBS基本元素是常用的几何形状。例如，球体、立方体、圆柱体、圆锥体和平面等，如图6-2所示。

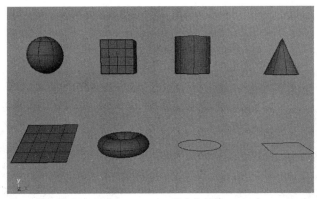

图6-2　NURBS基本几何体

在介绍创建曲面之前，首先要让读者明白曲线和曲面的含义。NURBS是用数学方式描述包含在物体曲面上的曲线或样条，而NURBS曲面的基础是NURBS曲线。NURBS是所有曲线中表现最好的，如果读者想成为NURBS建模高手，那么必须先成为NURBS曲线高手。在Maya中，曲线不能被渲染，只能通过它来控制曲面。

当用户想要调节这些曲面时，可以很容易地将它们放到恰当的位置。

对于曲面基本体而言，所有几何体的练习都是类似的，本节将介绍曲面基本体的创建方法。

6.2.1　球体

单击【创建】|【NURBS基本体】|【球体】命令右侧的█按钮，在打开的【NURBS球体选项】对话框中设置球体的参数，如图6-3所示。

完成对NURBS球体属性参数的设置，然后单击【创建】按钮，即可创建一个球体，如图6-4所示。

图6-3　球体参数设置

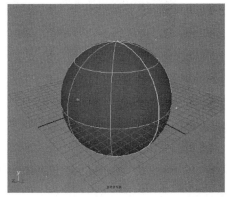

图6-4　创建球体

除了这种方法外，通常情况下，在【曲线/曲面】选项卡工具架上单击█按钮，可以快速创建一个球体。

参数简介

- 枢轴：该选项默认设置为【对象】，并从原点创建基本体。
- 枢轴点：用户自定义物体生成的坐标位置。
- 轴：用于设置物体的轴心，而基本元素是建立在原点上。
- 轴定义：坐标轴用于定义一个物体在场景中的具体位置。

- 开始扫描角度：用于控制球体起始边的旋转角度，图6-5是将该值设置为60°的球体效果。
- 结束扫描角度：用于控制球体结束边的旋转角度，默认设置为360°，图6-6是将该值更改为240°的球体效果。
- 半径：用于设置球体半径的大小，该数值越大，球体就越大。

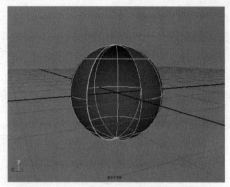 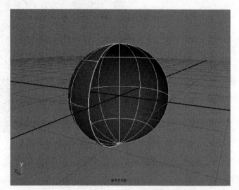

图6-5　设置开始扫描角度参数后的效果　　　　图6-6　设置结束扫描角度参数后的效果

- 曲面次数：用于设置球体曲面的曲度。Maya 2022提供了两种基本方式，分别是【线性】和【立方】选项，它们的效果如图6-7所示。

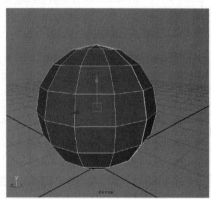 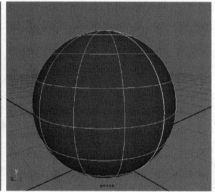

图6-7　曲面曲度设置对比效果

- 使用容差：用于设置图形的精度，数值越低，精度越高。
- 截面数：用于设置球体表面在纵向上曲线的数量。
- 跨度数：用于设置球体表面在横向上曲线的数量。

技巧

用户可以在该对话框的【轴】选项区中选中【自由】单选按钮，启动x、y、z轴定义，然后在【轴定义】后面的文本框中输入新值来确定自己的轴方向；若选中【活动视图】单选按钮，那么建立的物体垂直于当前正交视图。当前视图为摄影机或透视视图时，【活动视图】选项是没有效果的。

6.2.2　立方体

单击【创建】|【NURBS基本体】|【立方体】命令右侧的■按钮，在打开的【NURBS立方体选项】对话框中设置立方体的参数，如图6-8所示。

完成对立方体属性参数的设置，然后单击【创建】按钮，即可创建一个立方体，如图6-9所示。

技巧

除了这种方法外，通常情况下，在【曲线/曲面】选项卡工具架上单击■按钮，可以快速创建一个立方体。

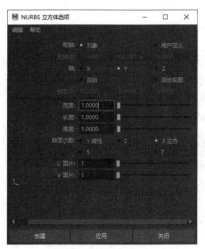

图6-8　立方体参数设置

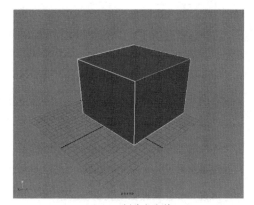

图6-9　创建立方体

立方体有6个侧面，每个面都是可选的，如图6-10所示。用户可以在视图中选择立方体的侧面，或在【大纲视图】窗口中选择面的名称。

参数简介

- 宽度/长度/高度：分别用于设置立方体的宽度、长度和高度。
- 曲面次数：用于设置立方体的曲面曲度。
- U面片/V面片：用于设置U/V方向上的面片数目。图6-11为自定义U/V面片数的效果。

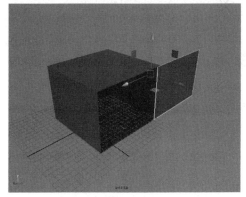

图6-10　选择立方体的侧面

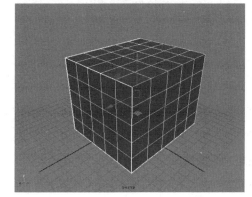

图6-11　自定义U/V面片数的效果

6.2.3　圆柱体

单击【创建】|【NURBS基本体】|【圆柱体】命令右侧的■按钮，在打开的【NURBS圆柱体选项】对话框中设置圆柱体的参数，如图6-12所示。

完成对圆柱体属性参数的设置，然后单击【创建】按钮，即可创建一个圆柱体，如图6-13所示。

提示

除了这种方法外，通常情况下，在【曲线/曲面】选项卡工具架上单击■按钮，可以快速创建一个圆柱体。

参数简介

- 半径/高度：分别设置圆柱体的底面半径大小和高度。
- 曲面次数：用于设置曲面的平滑类型，可以产生棱柱和圆柱两种类型。选择【线性】选项可生成1度曲面的棱柱体；选择【立方】选项可生成3度曲面的圆柱体，如图6-14所示。

● 封口：指圆柱体两端是否封闭。选中【二者】选项，表示圆柱体带有顶盖和底盖，如图6-15所示；其中，【底】选项表示创建底盖；【顶】选项表示创建顶盖。

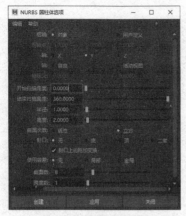

图6-12　圆柱体参数设置

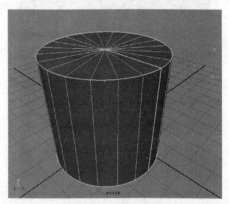

图6-13　创建圆柱体

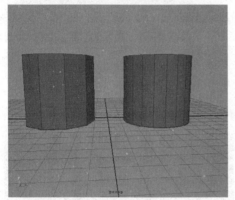

图6-14　选择不同曲面次数的对比效果

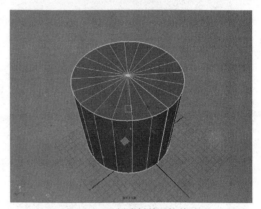

图6-15　创建封盖圆柱体

● 封口上的附加变换：启用该复选框时，创建的圆柱体底面可以使用移动工具移动。

● 截面数/跨度数：分别设置圆柱体水平和垂直方向上的片段划分数。

6.2.4　圆锥体

单击【创建】|【NURBS基本体】|【圆锥体】命令右侧的■按钮，在打开的【NURBS圆锥体选项】对话框中设置圆锥体的参数，如图6-16所示。

完成对圆锥体属性参数的设置，然后单击【创建】按钮，即可创建一个圆锥体，如图6-17所示。

图6-16　圆锥体参数设置

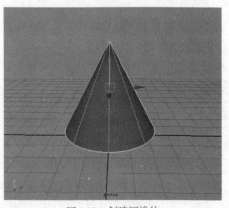

图6-17　创建圆锥体

除了这种方法外，通常情况下，在【曲线/曲面】选项卡工具架上单击▣按钮，可以快速创建一个圆锥体。

参数简介

- 半径/高度：分别设置圆锥体的底面半径大小和高度。
- 曲面次数：用于设置曲面的平滑类型，可以产生棱锥和圆锥两种类型。选择【线性】选项可生成1度曲面的棱锥体；选择【立方】选项可生成3度曲面的圆锥体。
- 封口：用于设置是否产生椎体的底面，默认选中【无】选项，只创建锥面；选择【底】选项，可以创建带底面的锥体，效果对比如图6-18所示。
- 封口上的附加变换：启用该复选框时，创建的圆锥体底面可以使用移动工具移动，如图6-19所示。

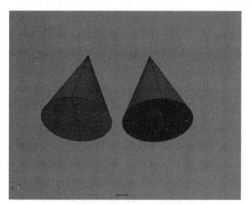

图6-18　封口前后效果对比

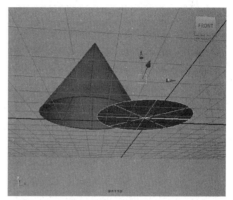

图6-19　移动底面

- 截面数/跨度数：分别设置圆锥体环向和轴向方向的片段划分数。

6.2.5　平面

单击【创建】|【NURBS基本体】|【平面】命令右侧的▣按钮，在打开的【NURBS平面选项】对话框中设置平面的参数，如图6-20所示。

完成对平面属性参数的设置，然后单击【创建】按钮，即可创建一个平面，如图6-21所示。

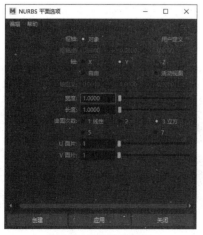

图6-20　平面参数设置

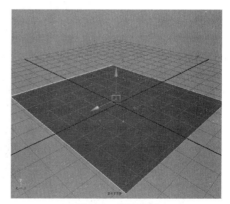

图6-21　创建平面

除了这种方法外，通常情况下，在【曲线/曲面】选项卡工具架上单击◈按钮，可以快速创建一个平面。

参数简介

- 宽度/长度：分别设置平面的宽度和长度。
- 曲面次数：用于设置不同的曲面曲度。选择【1线性】选项可生成1度曲面，选择【3立方】选项可生成3度曲面。
- U面片/V面片：用于设置U向和V向上的片段划分数。

6.2.6 圆环

单击【创建】|【NURBS基本体】|【圆环】命令右侧的□按钮，在打开的【NURBS圆环选项】对话框中设置圆环的参数，如图6-22所示。

完成对圆环属性参数的设置，然后单击【创建】按钮，即可创建一个圆环，如图6-23所示。

图6-22 圆环参数设置

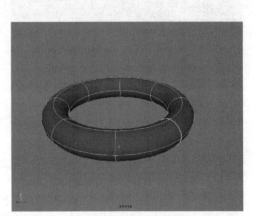

图6-23 创建圆环

提示

除了这种方法外，通常情况下，在【曲线/曲面】选项卡工具架上单击◎按钮，可以快速创建一个圆环。

参数简介

- 开始扫描角度/结束扫描角度：用于设置圆环体的扫描角度。这两个参数分别是起始扫描和结束扫描的数值，当【结束扫描角度】为360°，而【开始扫描角度】为0°时，则产生一个完整的圆环体，否则创建的圆环体是不完整的，效果对比如图6-24所示。

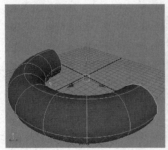

图6-24 扫描角度效果对比

- 次扫描角度：用于设置圆环截面的扫描角度。当该数值为360°时，将创建完整的圆环截面。不同的参数设置可创建不同的效果，如图6-25所示。

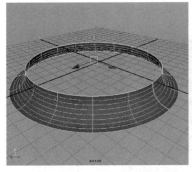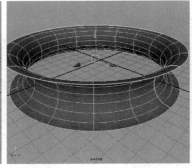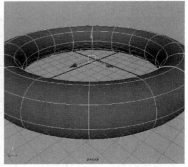

图6-25　截面扫描角度效果对比

- 半径：用于设置圆环体的半径。
- 次半径：用于设置圆形半径的大小，以产生不同粗细的圆环，不同次半径的效果对比如图6-26所示。

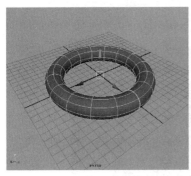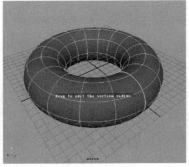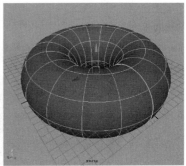

图6-26　圆环体的不同次半径效果对比

- 曲面次数：用于定义圆环的曲面曲度。用户可以选择【线性】和【立方】参数来设置不同的效果，如图6-27所示。

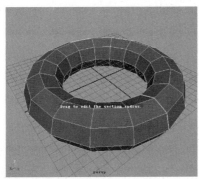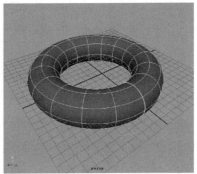

图6-27　不同曲面曲度的对比

- 使用容差：用于提高基本体图形的精度。
- 截面数/跨度数：这两个参数分别用于定义圆环曲面水平和垂直方向上的片段划分数。

这些参数将自动固化在物体的历史中，用户打开通道栏的输入节点，即可在其中进行编辑和修改。

6.2.7　圆形

单击【创建】|【NURBS基本体】|【圆形】命令右侧的█按钮，在打开的【NURBS圆形选项】对话框中设置圆形的参数，如图6-28所示。

完成对圆形属性参数的设置，然后单击【创建】按钮，即可创建一个圆形，如图6-29所示。

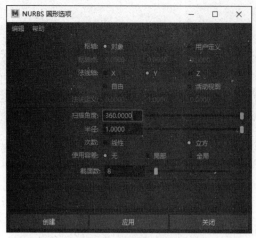

图6-28　圆形参数设置

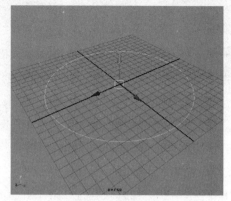

图6-29　创建圆形

参数简介

- 扫描角度：用于设置圆形的角度值，产生标准的圆弧。图6-30分别是取值为120和240的效果对比。

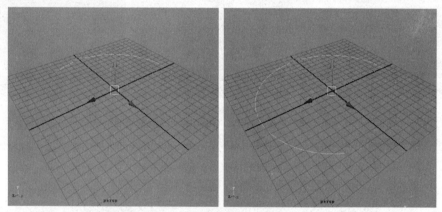

图6-30　不同扫描角度的效果对比

- 半径：单击鼠标左键时，可以根据定义的半径值创建一个圆环。
- 次数：用于设置不同的圆形类型。【线性】为1度曲线，产生多边形；【立方】为3度曲线，产生圆形。效果对比如图6-31所示。

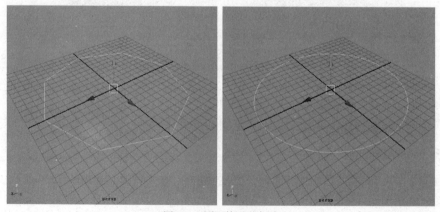

图6-31　不同的圆形类型

- 使用容差：用于提高基本体图形的精度。
- 截面数：用于设置创建的曲线在某一方向上的曲面曲线数。

6.2.8　方形

单击【创建】|【NURBS基本体】|【方形】命令右侧的◼按钮，在打开的【NURBS方形选项】对话框中设置方形的参数，如图6-32所示。

完成对方形属性参数的设置，然后单击【创建】按钮，即可创建一个方形，如图6-33所示。

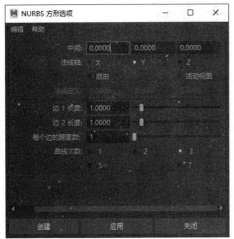

图6-32　方形参数设置

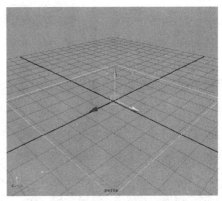

图6-33　创建方形

参数简介

- 边1长度/边2长度：用于设置边1/边2的边长。
- 每个边的跨度数：用于设置每条边上的片段划分数。
- 曲线次数：用于设置曲线的精度类型。

6.3　一般成形

本节将介绍利用曲线成型的一般方法，包括旋转成面、放样成面、平面及挤出曲面等。

6.3.1　旋转

旋转成面工具是利用一个二维图形在某个轴向进行旋转，从而产生一个三维几何体，这是一种通用的建模方法。使用这种方法可以制作一个苹果、茶杯等具有轴对称特性的物体。

课堂练习34：利用旋转命令创建酒杯

01　在视图中绘制一条曲线并调整其形状，如图6-34所示。

02　选中该曲线，单击【曲面】|【旋转】命令右侧的◼按钮，打开【旋转选项】对话框，如图6-35所示。

03　完成参数设置后，单击【旋转】按钮，即可创建曲面，如图6-36所示。

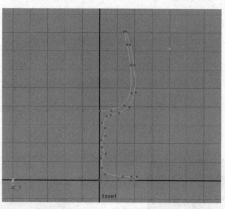

图6-34 绘制曲线

图6-35 旋转参数设置

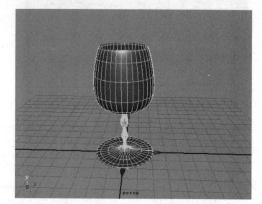

图6-36 创建曲面

参数简介

下面对【旋转选项】对话框中的参数进行介绍。

● 轴预设：用于定义物体极点的轴向，不同轴向的旋转效果是不同的，如图6-37所示。

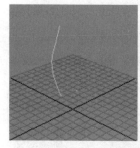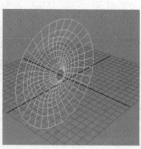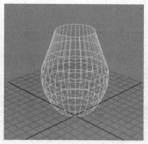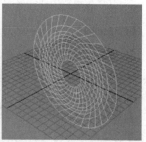

图6-37 不同轴向的旋转效果

其中，第1幅图是旋转的剖面，第2幅图是沿 x 轴旋转的效果，第3幅图是沿 y 轴旋转的效果，第4幅图是沿 z 轴旋转的效果。

● 轴：用于精确设置轴向参数值。
● 枢轴：用于确定所生成物体轴心点的位置。
● 枢轴点：用于精确设置轴心位置的参数值。
● 曲面次数：用于定义曲面曲度，不同参数设置的效果对比如图6-38所示。其中，左图是选中【线性】单选按钮的效果，右图则是选中【立方】单选按钮的效果。
● 开始扫描角度：用于定义扫描的起始位置。

- 结束扫描角度：用于定义扫描的结束位置。
- 使用容差：用于定义曲面的容差值，也可以理解为曲面物体的光滑程度。
- 分段：用于定义生成曲面的分段数，不同分段值的效果对比如图6-39所示。

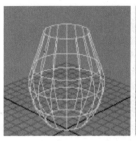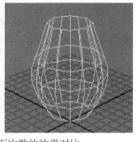

图6-38　不同曲面次数的效果对比

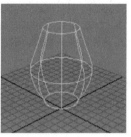

图6-39　不同分段值的效果对比

- 曲线范围：用于定义原始曲线的有效范围。其中，【完成】单选按钮表示全部，【部分】单选按钮表示局部。
- 输出几何体：用于控制输出物体的几何类型。

6.3.2　放样

放样成面工具可以使一个二维图形沿某条路径扫描，进而形成复杂的三维对象。在同一条路径上的不同位置可以设置不同的剖面，利用放样操作可以实现很多复杂模型的建模。在Maya 2022中，利用一系列曲线可以放样出一个结构复杂的曲面，这些曲线可以是曲面上的曲线、曲面或等位线等。

课堂练习35：创建立体圆筒

`01` 执行【创建】|【NURBS基本体】|【圆形】命令，在场景中创建两个圆形曲线，如图6-40所示。

`02` 选择两个圆形曲线，单击【曲面】|【放样】命令右侧的■按钮，在打开的【放样选项】对话框中设置放样参数，如图6-41所示。

`03` 设置完成后，单击【放样】按钮即可完成操作，放样效果如图6-42所示。其他曲线的放样操作与此类似，这里不再赘述。

图6-40　圆形曲线

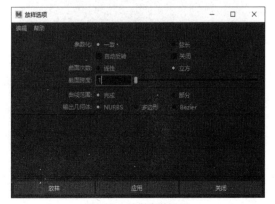

图6-41　放样参数设置

图6-42　放样效果

参数简介

下面对【放样选项】对话框中的部分属性进行说明。

- 参数化：用于设置所生成曲面在V方向上的参数。其中，选择【一致】单选按钮将使用同一方式创建曲面；而选择【弦长】单选按钮则采用弦长的方式创建曲面。
- 自动反转：在放样曲面时，如果轮廓线的方向发生反转，启用该复选框可以使轮廓线自动进行方向匹配。
- 曲面次数：用于设置曲面的弯曲精度。其中，【线性】单选按钮表示二次弯曲；【立方】单选按钮表示三次弯曲。
- 截面跨度：用于设置两条轮廓线之间生成的曲面的段数，段数越多，生成曲面的精度越高。
- 曲线范围：用于定义原始曲线的有效范围。其中，【完成】单选按钮表示全部；【部分】单选按钮表示局部。
- 输出几何体：用于控制输出物体的几何类型。

6.3.3 平面

平面是由一条或多条曲线创建的剪切平面。在执行【曲面】|【平面】命令时，曲线必须是由一条或多条曲线组成的封闭路径，并且路径必须在同一个平面内；曲线可以是自由曲线，也可以是等位线、曲面曲线或剪切边界线等。

课堂练习36：由平面生成物体

01 在场景中，选中心形的曲线并执行放样操作，如图6-43所示。

02 分别选择两条放样的曲线，单击【曲面】|【平面】命令右侧的■按钮，打开【平面修剪曲面选项】对话框，如图6-44所示。

03 参数设置完成后，单击【平面修剪】按钮，即可创建平面，如图6-45所示。

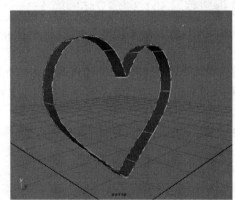

图6-43 曲线放样

图6-44 【平面修剪曲面选项】对话框

图6-45 创建平面

参数简介

下面对【平面修剪曲面选项】对话框中的部分属性进行说明。

- 次数：用于设置模型的度数。
- 曲线范围：用于设置曲线的有效范围。
- 输出几何体：用于改变输出几何体的不同类型。

6.3.4 挤出曲面

【挤出】命令可以将一条曲线沿某一个方向、一条轮廓线或一条路径曲线移动，从而创建挤出曲面。另外，自由曲线、曲面曲线、等位线和剪切边界线都可以使用该命令生成曲面。

┃课堂练习37：挤出曲面┃

01 在场景中创建曲线，作为挤出剖面，如图6-46所示。

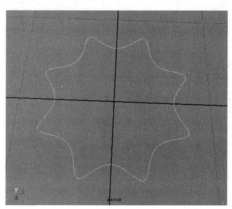

图6-46 曲线剖面

02 选择曲线，单击【曲面】|【挤出】命令右侧的█按钮，打开【挤出选项】对话框，如图6-47所示。

03 参数设置完成后，单击【挤出】按钮，即可创建挤出曲面，如图6-48所示。

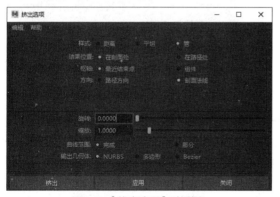

图6-47 【挤出选项】对话框

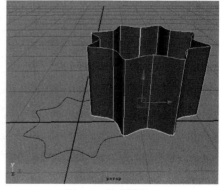

图6-48 挤出效果

参数简介

下面对【挤出选项】对话框中的部分属性进行说明。

- 样式：用于设置挤出的样式。
- 结果位置：用于定义挤出曲面的位置。
- 枢轴：用于确定所生成物体轴心点的位置。
- 方向：用于定义挤出曲面的方向。

- 旋转：用于设置挤出的曲面可以产生的旋转角度。
- 缩放：用于设置挤出的曲面可以被缩放的比例。
- 曲线范围：用于控制轮廓曲线挤出的范围。
- 输出几何体：用于设置输出的几何体是 NURBS 曲面、多边形，还是贝塞尔曲面。

提示

所谓的轮廓线，实际上就是沿路径挤压的曲线，它可以是开放的，也可以是闭合的，甚至还可以是曲面等位线、曲面上的曲线或修剪边界线等。

课堂练习38：特殊挤出效果

01 在视图中绘制一条曲线或多条曲线，作为挤出剖面，如图6-49所示。

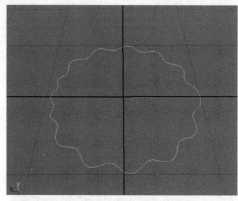

图6-49　制作剖面

02 在场景中绘制一条用作路径的曲线，如图6-50所示。

03 在视图中选择剖面和路径线，执行【曲面】|【挤出】命令，即可形成一个挤出曲面，如图6-51所示。

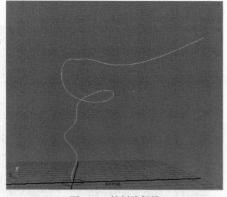

图6-50　绘制路径线

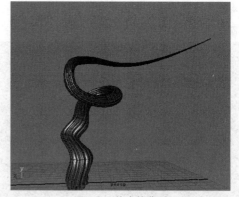

图6-51　挤出的曲面

注意

在挤压曲面时，如果挤出路径有比较明显的凸起或凹陷，可能会出现围绕路径的局部曲面产生交叉扭曲。一旦发生这样的情况，则需要考虑向路径中添加控制点，使路径曲线的方向变得平滑，从而解决扭曲问题。

6.4　特殊成形

在进行NURBS建模时，创建的表面并不都是规则的，例如山峦的表面应当产生起伏的效果。此时，利用前面学习的方法就很难实现了，因此，Maya提供了一种特殊的造型方法，即双轨扫描曲面、边界曲面、方形曲面及倒角曲面等，本节将逐一介绍它们的使用方法。

6.4.1　双轨成形

使用【双轨成形】命令的前提是必须确保轮廓曲线和两条路径线相交，曲线可以是曲面上的线，也可以是等位线或剪切边界线。具体操作方法如下所述。

操作步骤

01 单击【曲面】|【双轨成形】|【双轨成形2工具】命令右侧的■按钮，打开【双轨成形2选项】对话框，如图6-52所示。

02 参数设置完成后，单击【应用】按钮，先选择两条轮廓曲线，再选择两条路径线，即可创建曲面，如图6-53所示。

图6-52　【双轨成形2选项】对话框

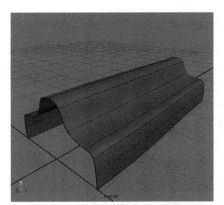

图6-53　创建曲面

参数简介

【双轨成形】菜单下包括3个子工具，分别是双轨成形1工具、双轨成形2工具和双轨成形3+工具。

提示

【双轨成形】命令的3个子工具的参数非常相似，其中双轨成形2工具的参数最齐全，因此在这里以双轨成形2工具的参数为例进行讲解。

- 变换控制：用于设置轮廓曲线扫描的方式。
- 剖面融合值：使用【双轨成形2工具】命令时此参数有效，用于改变两条轮廓曲线对地面的影响力。
- 连续性：该项使曲线切面保持连续性。
- 重建：在使用双轨成形工具创建曲面前，可以对轮廓曲线和轨道曲线进行重建。
- 输出几何体：用于设置创建不同类型的几何体。
- 工具行为：用于设置完成曲面创建后，停止使用当前工具或继续使用当前工具创建曲面。

课堂练习39：使用双轨成形工具创建物体

1. 双轨成形1工具

双轨成形1工具可将一条轮廓曲线沿两条路径轨道滑过形成曲面。使用【双轨成形1工具】命令创建曲面时，需要一条轮廓曲线和两条路径线，并且轮廓线的首尾两端必须分别和两条轨道曲线相交。

01 使用CV曲线工具，在场景中绘制轮廓线和路径线，在绘制轮廓线时选择轮廓线的端点，按C键将它们锁定在路径线上。

02 执行【曲面】|【双轨成形】|【双轨成形1工具】命令，先选择轮廓线，再选择路径线，如图6-54所示。

03 执行完毕后，将在现有曲线的基础上产生一个NURBS曲面，如图6-55所示。

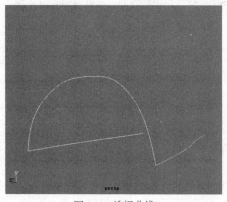

图6-54　选择曲线

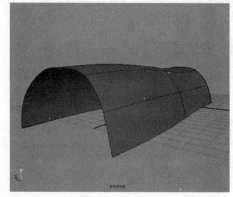

图6-55　生成曲面

2. 双轨成形2工具

　　双轨成形2工具可将两条轮廓曲线沿两条路径轨道滑过形成曲面，该工具的使用方法和双轨成形1工具相似，创建曲面时需要两条轮廓曲线沿两条路径轨道，并且两条轮廓曲线的首尾两端必须分别和两条路径轨道曲线相交。

01 使用CV曲线工具，先绘制两条轮廓线，再绘制两条路径线，如图6-56所示。

02 执行【曲面】|【双轨成形】|【双轨成形2工具】命令，先选择两条轮廓线，再选择两条路径线，即可生成曲面，如图6-57所示。

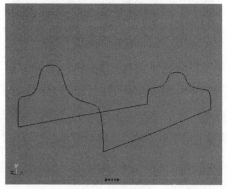

图6-56　创建曲线

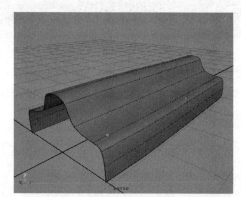

图6-57　生成曲面

3. 双轨成形3+工具

　　双轨成形3+工具可将两条或两条以上的轮廓曲线沿两条路径轨道滑过形成曲面，该工具的使用方法和双轨成形2工具相似，与前两个工具的不同之处在于，创建曲面时，需要两条或两条以上的轮廓曲线沿两条路径轨道曲线，并且轮廓曲线的首尾两端必须分别和两条路径轨道曲线相交。

01 使用CV曲线工具，绘制两条或两条以上的轮廓线和两条路径线，如图6-58所示。

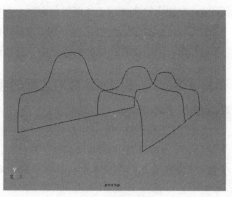

图6-58　绘制的曲线

02 执行【曲面】|【双轨成形】|【双轨成形3+工具】命令，先依次选择轮廓线，按Enter键；然后再依次选择路径线，按Enter键，即可创建曲面，如图6-59所示。

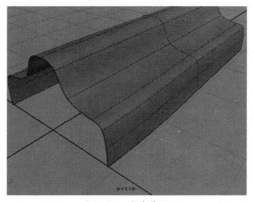

图 6-59　生成曲面

6.4.2　边界

边界工具通过3条或4条边界线生成曲面，边界线不需要像双轨成形工具那样必须首尾相交，可以是不闭合的曲线或交叉曲线。具体操作方法如下所述。

操作步骤

01 在视图中使用CV曲线工具绘制4条边界曲线。

02 框选或按住Shift键依次选择边界曲线，执行【曲面】|【边界】命令，创建曲面，如图6-60所示。

注意

使用【边界】命令创建曲面时，要注意选择曲线的顺序，选择的顺序不同形成的曲面形状也不同。

参数简介

【边界选项】对话框的参数如图6-61所示。

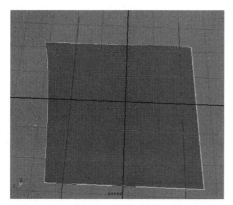

图 6-60　边界成面

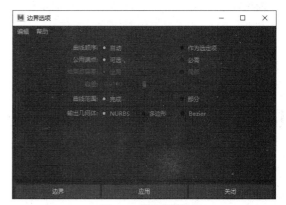

图 6-61　边界参数设置

- 曲线顺序：创建曲面时选择曲线的顺序。
- 公用端点：创建曲面前是否对断点进行匹配。
- 结束点容差：用于设置形成曲面的容差值。
- 曲线范围：用于定义原始曲线的有效范围。其中，【完成】单选按钮表示全部，【部分】单选按钮表示局部。
- 输出几何体：用于设置创建不同类型的几何体。

6.4.3 方形

在Maya 2022中，方形工具可以创建带有3边或者4边边界的曲面，但是该工具要求绘制的边界必须相交，如果不相交，则不能生成曲面，这也是方形曲面和边界曲面的最大不同点。具体操作方法如下所述。

操作步骤

`01` 在视图中，使用CV曲线工具绘制4条边界曲线。

`02` 按住Shift键，依次选择边界曲线，执行【曲面】|【方形】命令创建曲面，如图6-62所示。

注意

在选取边界曲线时，必须依次选择，而不能使用框选的方法选择，否则将会产生错误。

参数简介

【方形曲面选项】对话框的参数如图6-63所示。

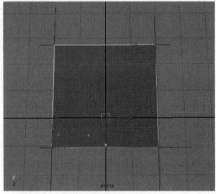

图6-62　方形成面

图6-63　方形曲面参数设置

- 连续性类型：用于确定生成的曲面与周围相连的曲面的匹配程度。其中，【固定的边界】选项表示生成的曲面与周围相连的曲面不进行匹配操作；【切线】选项表示生成的曲面与周围进行切线匹配，该选项生成的面将会与周围的面进行光滑连接；【暗含的切线】选项使用相交曲线的法线来确定曲面与周围曲面的匹配方式。

- 曲线适配检查点：用于设置连续性的等位线数量，值越大越光滑。

- 结束点容差：用于设置形成曲面的容差值。

- 重建：在创建方形曲面时，如果希望边界曲线成为规则曲线，则可以启用【曲线1】、【曲线2】、【曲线3】、【曲线4】复选框。

- 输出几何体：用于设置创建不同类型的几何体，包括NURBS、多边形和Bezier。

6.4.4 倒角

在Maya 2022中，倒角曲面是通过【倒角】命令来实现的。【倒角】命令通过曲线生成一个带有倒角边界的挤出曲面。具体操作方法如下所述。

操作步骤

`01` 执行【创建】|【NURBS基本体】|【圆形】命令，创建圆形曲线，如图6-64所示。

`02` 选择圆形曲线，执行【曲面】|【倒角】命令，效果如图6-65所示。

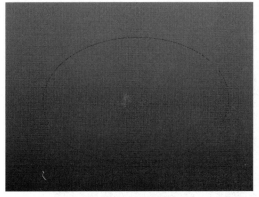

图 6-64　圆形曲线

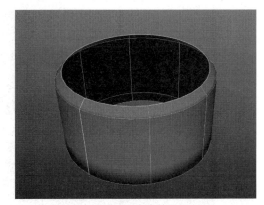

图 6-65　倒角效果

参数简介

【倒角选项】对话框的参数如图 6-66 所示。

● 附加曲面：启用该复选框后，生成的倒角曲面的各个部分将结合为一个整体。

● 倒角：用于设置创建倒角曲面的位置。其中，【顶边】选项只生成顶侧倒角，【底边】选项只生成底侧倒角，【二者】选项则可以同时生成顶侧和底侧倒角，【禁用】选项不产生倒角。4 种不同的倒角曲面效果如图 6-67 所示（从左向右依次为顶边、底边、二者和禁用选项生成的倒角曲面）。

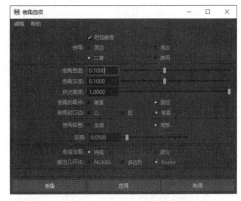

图 6-66　倒角参数设置

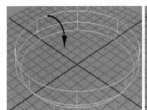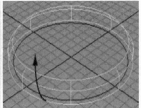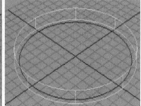

图 6-67　倒角曲面效果

● 倒角宽度：用于设置倒角的宽度。

● 倒角深度：用于设置倒角的深度。

● 挤出高度：用于设置曲面拉伸部分的高度，不包括倒角的区域。

● 倒角的角点：指定在倒角曲面中选用笔直或者圆弧处理原始构建曲线中的角点。

● 倒角封口边：设定曲面的倒角部分的形状。

● 使用容差：允许用户创建原始输入曲线容差内的倒角。

● 曲线范围：曲线倒角的范围，对整个曲线或曲线的分段进行倒角。

● 输出几何体：用于指定创建的几何体类型。

6.4.5　倒角+

【倒角＋】命令与【倒角】命令非常相似，区别在于【倒角＋】命令不仅可以挤出曲面和倒角面，还可以在倒角面处产生截面将曲面盖住。【倒角＋】命令非常适合制作文字模型，如图 6-68 所示，左边的是【倒角】命令生成的字体模型，右边的是【倒角＋】命令生成的字体模型。

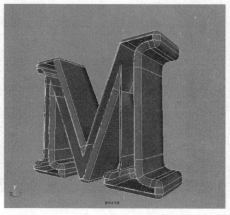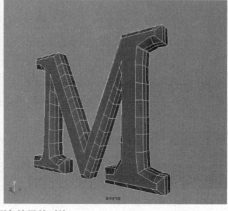

图6-68　不同倒角效果的对比

参数简介

【倒角+选项】对话框的参数如图6-69所示。其中，大部分参数和【倒角选项】对话框的参数基本相同，这里不再赘述，只介绍以下【倒角+】命令特有的参数。

• 创建封口：【在开始处】和【在结束处】选项用于控制生成倒角模型的前后是否有截面产生。

• 外部倒角样式/内部倒角样式：用于控制各种倒角曲面的形成效果。

◢ **6.5 NURBS曲面编辑工具**

对于NURBS曲面建模而言，编辑曲面的方法是非常重要的。同样的一个曲面造型，使用不同的编辑工具，获得的最终形状也是不同的。本节将介绍Maya 2022中几种常用的NURBS曲面编辑工具。

6.5.1 复制NURBS面片

在通常情况下，制作曲面的主要目的是获取该曲面上的一部分曲面，使用【复制NURBS面片】命令可以获取其中的一部分曲面。

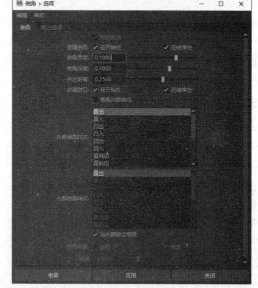

图6-69　【倒角+选项】对话框

课堂练习40：复制NURBS曲面

01 选择花瓣模型，按住鼠标右键，在弹出的快捷菜单中选择【曲面面片】命令，如图6-70所示。此时，球体上将出现很多小点，每一个点都代表一个面片，选择一个点则将选择一个面片，按住Shift键，选取图6-71所示的面片。

02 执行【曲面】|【复制NURBS面片】命令，即可复制一个曲面，如图6-72所示。

图6-70　选择【曲面面片】命令

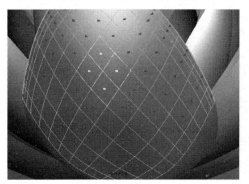

图6-71　选取曲面面片

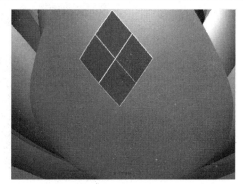

图6-72　复制出的曲面

6.5.2　在曲面上投影曲线

【在曲面上投影曲线】命令是指通过对附加在曲面表面上的曲线进行相关操作，这种曲线主要是通过投影的方式投射到曲面的表面上。

课堂练习41：创建Audi文本

01 执行【创建】|【类型】命令，在视图右侧属性编辑器的文本框中输入Audi，生成Audi文字曲线，保留文字曲线并删除模型，如图6-73所示。

02 先选择Audi文字曲线，然后按住Shift键加选场景中的曲面，如图6-74所示。

03 执行【曲面】|【在曲面上投影曲线】命令，产生的效果如图6-75所示。

图6-73　创建文字曲线

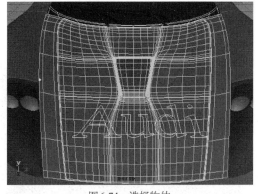

图6-74　选择物体

图6-75　投影效果

参数简介

【在曲面上投影曲线选项】对话框如图6-76所示。下面介绍该对话框中主要参数的功能。

● 沿以下项投影：用于设置曲线是以何种方式投射到曲面上。其中，【活动视图】选项是以当前被激活的视图为标准投射，在透视图中会有透视效果；【曲面法线】选项是以曲面的法线来决定投射形状的，与激活的视图无关。

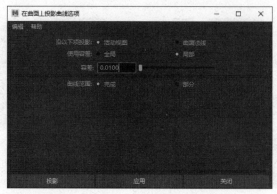

图6-76 【在曲面上投影曲线选项】对话框

6.5.3 曲面相交

【相交】命令可在两个相互独立的物体中间产生一条法线,下面简单介绍曲面相交的方法。

操作步骤

01 打开一个场景文件,并创建一个球体,使其相交,如图6-77所示。

02 依次选择物体,并执行【曲面】|【相交】命令,即可产生相交曲面,此时在两个物体的相交处将会留下一条法线,如图6-78所示。

图6-77 相交的两个物体

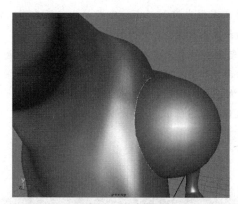

图6-78 法线

参数简介

【曲面相交选项】对话框如图6-79所示。下面介绍这些参数的具体含义。

- 为以下项创建曲线:用于设置相交曲线产生的表面。
- 曲线类型:用于设置生成的相交曲线的类型。

图6-79 【曲面相交选项】对话框

6.5.4 修剪工具

修剪工具可以裁剪两个已经相交的曲面,留下有用的部分。

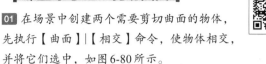

课堂练习42：剪切曲面

01 在场景中创建两个需要剪切曲面的物体，先执行【曲面】|【相交】命令，使物体相交，并将它们选中，如图6-80所示。

02 执行【曲面】|【修剪工具】命令，然后在视图中单击创建的闹钟表面，用于确定要保留下来的面，按Enter键完成操作，如图6-81所示。

03 在执行修剪操作时，系统将在要保留的面上显示一个黄色的图标，表示该面将被保留下来，没有黄色图标的面将被删除，如图6-82所示。

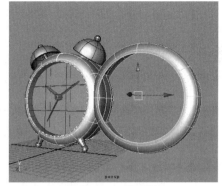

图6-80　相交物体

图6-81　剪切后的效果

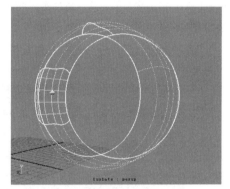

图6-82　剪切曲面

参数简介

修剪工具属性设置面板如图6-83所示。

- 选定状态：用于设置在视图中被指定的选择区域。
- 收缩曲面：使基础曲面收缩至刚好覆盖保留的面域。
- 拟合容差：指定修剪曲面时修剪工具使用曲面上的曲线形状的精度。
- 保持原始：启用该复选框，修剪后将保留原始曲面。

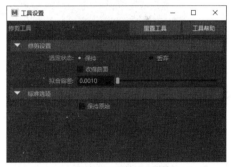

图6-83　修剪工具属性设置面板

6.5.5　取消修剪曲面

使用【取消修剪曲面】命令可以将被剪切过的曲面还原到原始状态，如果曲面经过多次剪切，可以执行多次还原剪切面操作。如果在修剪工具属性设置面板中启用【收缩曲面】复选框，则剪切操作将无法还原。具体操作方法如下所述。

操作步骤

01 选择上例中被剪切的钟表模型。

02 执行【曲面】|【取消修剪】命令，效果如图6-84所示。

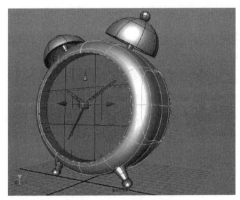

图6-84　还原剪切曲面

6.5.6 布尔工具

在Maya 2022中，布尔工具用于裁剪当前选择的曲面，分别为并集工具、差集工具和交集工具。

- 并集工具：可以将两个相交的NURBS曲面通过布尔运算合并起来，形成一个曲线物体。

> **提示**
>
> 实际上，布尔运算是根据曲面法线的方向运算的，曲面法线的方向不同，则得到的运算结果也不同。

- 差集工具：可以将两个相交的物体执行减运算，即被减物体减去物体，从而形成一个曲面。
- 交集工具：可以将两个物体的相交部分单独取出来，作为一个几何体，并将不相交的部分删除。

课堂练习43：执行布尔运算

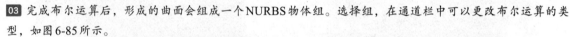

01 在场景中创建两个物体，使它们相交，取消选择模型。

02 执行【曲面】|【布尔】菜单下的任意一个命令，选择一个物体，按Enter键；再选择另外一个物体，即可完成布尔运算。

03 完成布尔运算后，形成的曲面会组成一个NURBS物体组。选择组，在通道栏中可以更改布尔运算的类型，如图6-85所示。

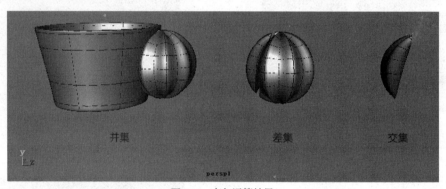

图6-85　布尔运算结果

6.6 其他编辑工具

除了上述几种常用的NURBS曲面编辑工具之外，Maya 2022还为用户提供了多种曲面编辑工具，下面介绍这些NURBS曲面编辑工具。

6.6.1 附加曲面

附加曲面工具可以将两个单独的曲面连接在一起，形成一个单一的曲面。创建的曲面被合并为一个曲面，并且能够创建较为平滑的连接。具体操作方法如下所述。

操作步骤

01 在视图中创建两个相互独立的曲面对象。

02 在一个曲面上按住鼠标右键，在弹出的快捷菜单中选择【等参线】命令，按住Shift键，选择另一个曲面上相对应的等位线，如图6-86所示。

03 执行【曲面】|【附加】命令，即可形成一个连接曲面，如图6-87所示。

图6-86　选择等位线

图6-87　合并曲面

参数简介

图6-88为【附加曲面选项】对话框，其中的选项如下。

● 附加方法：【连接】选项用于连接选择面，不做任何变形处理；【融合】选项将对曲面做一定的变形，从而使两个曲面的连接连续光滑。

● 多点结：用于设置结合后结合点处的多重节点是否保留。

● 融合偏移：用于设置结合曲面间的融合偏移值。

● 插入结：如果启用该复选框，可以在连接区域附近插入两条等位线。

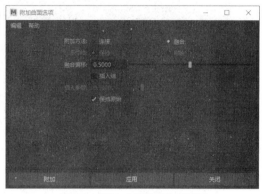

图6-88　【附加曲面选项】对话框

● 插入参数：用于调整插入的等位线的位置。

● 保持原始：可以使曲面在保持原来效果的基础上产生一个连接面。

6.6.2　分离曲面

【分离】命令可以将一个完整的曲面分离为一个或多个曲面，也就是说，它可以使两个或多个曲面从一个曲面上分离开。具体操作方法如下所述。

操作步骤 --------------------------------

01 在视图中选择要分离的曲面，按住鼠标右键，从弹出的快捷菜单中选择【等参线】命令，然后选择一条等参线，如图6-89所示。

02 执行【曲面】|【分离】命令，将该曲面分离为两个曲面，如图6-90所示。用户可以通过调整其位置观察效果。

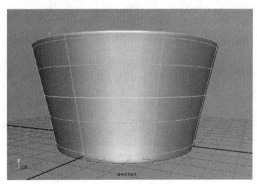

图6-89　选择等参线

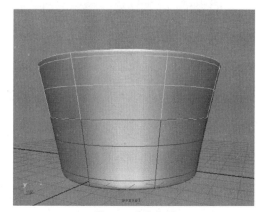

图6-90　分离曲面

6.6.3 对齐曲面

　　【对齐】命令可以将两个曲面沿指定的边界位置对接，并在对齐处保持曲面之间的连续性，从而形成无缝对齐的效果。该命令可以直接将两个曲面对齐，也可以对齐边界。具体操作方法如下所述。

操作步骤

01 依次选择两个要对齐的曲面。

02 按住鼠标右键，在弹出的快捷菜单中选择【等参线】命令，进入等参线组元编辑模式，按住Shift键依次选择曲面边界的等参线，定义两个曲面的对齐位置，如图6-91所示。

03 执行【曲面】|【对齐】命令，效果如图6-92所示。

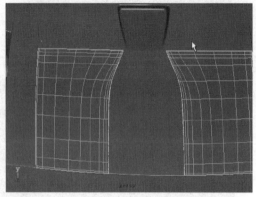

图6-91　选择等参线

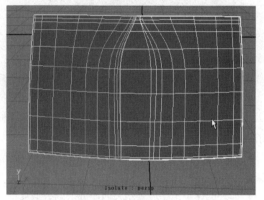

图6-92　对齐曲面

提示

由于【对齐曲面】命令和【对齐曲线】命令的参数设置相同，这里不再赘述。

6.6.4 打开/关闭曲面

　　执行【打开/关闭】命令，可以开放或闭合曲面上的U/V向。对开放的曲面执行【打开/关闭】命令会将曲线闭合，对闭合的曲面执行【打开/关闭】命令会在起点处将曲线开放。具体操作方法如下所述。

操作步骤

01 在场景中选中钟表模型，如图6-93所示。

02 单击【曲面】|【打开/关闭】命令右侧的▢按钮，打开【开放/闭合曲面选项】对话框，设置参数如图6-94所示。

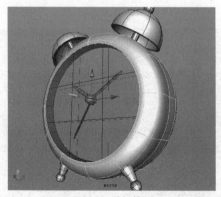

图6-93　选择模型

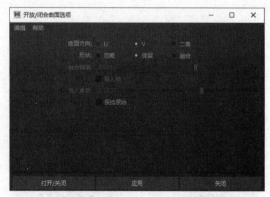

图6-94　【开放/闭合曲面选项】对话框

03 单击【应用】按钮执行关闭命令，会将球体闭合，如图 6-95 所示；再次单击【应用】按钮执行打开命令，会将球体开放。

参数简介

- 曲面方向：用于设置曲面沿哪个方向开放或闭合。
- 形状：用于设置开放或闭合后曲面的形状。

6.6.5　移动接缝

　　【移动接缝】命令可以将闭合曲面的接缝转移到其他指定位置。具体操作方法如下所述。

操作步骤

01 选择场景中的模型，按住鼠标右键，在弹出的快捷菜单中选择【等参线】命令，定义转移接缝的位置，如图 6-96 所示。

02 执行【曲面】|【移动接缝】命令，效果如图 6-97 所示。

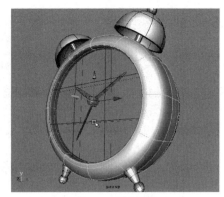

图 6-95　闭合效果

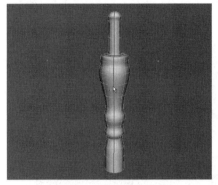

图 6-96　选择等参线

图 6-97　移动曲面接缝

6.6.6　插入等参线

　　在 Maya 中，为 NURBS 模型添加等参线，可以使物体表面的细分更加精细。要在当前物体上创建一条等参线，则需要用到【曲面】|【插入等参线】命令。具体操作方法如下所述。

操作步骤

01 在场景中选择一个 NURBS 物体，用它作为操作的对象，如图 6-98 所示。

02 在物体上按住鼠标右键，在弹出的快捷菜单中选择【等参线】命令，并选择图 6-99 所示的等参线。

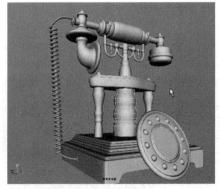

图 6-98　选择物体

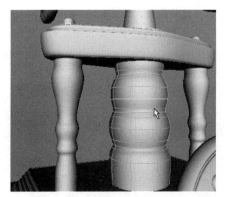

图 6-99　选择等参线

03 在视图中按住鼠标左键不放，向上移动鼠标指针，即可创建一条虚拟的曲线，如图 6-100 所示。

04 执行【曲面】|【插入等参线】命令，为物体添加等参线，如图 6-101 所示。

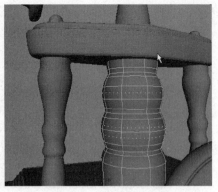 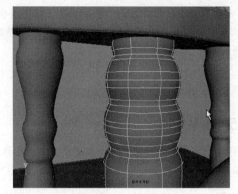

图6-100　创建虚拟等参线　　　　　　　　　图6-101　添加等参线

6.6.7　延伸曲面

【延伸】命令可以将当前曲面延伸一个或多个跨度、分段数，它与延伸曲线操作十分相似。

关于延伸曲面的操作与上述方法一样，首先选择一个用于延伸的等参线，然后执行【曲面】|【延伸】命令即可，如图6-102所示。

 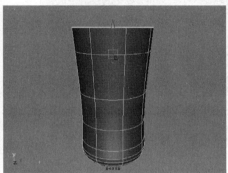

图6-102　延伸曲面

6.6.8　偏移曲面

【偏移】命令可以将当前曲面沿曲面的法线方向水平偏移一定的距离，从而复制出新的曲面。具体操作方法如下所述。

操作步骤

01 在场景中选择模型，如图6-103所示。

02 执行【曲面】|【偏移】命令，效果如图6-104所示。

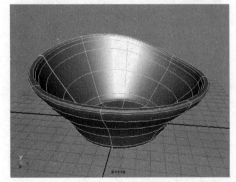 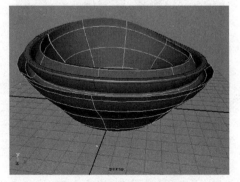

图6-103　选择模型　　　　　　　　　　图6-104　偏移曲面后的效果

参数简介

- 方法：用于设置两种不同的偏移方式，分别是【曲面拟合】和【CV拟合】。
- 偏移距离：用于设置偏移距离的大小。

6.6.9　反转曲面方向

【反转方向】命令可以改变曲面的U、V方向和曲面的交换方向。具体操作方法如下所述。

操作步骤

01　选择曲面，如图6-105所示。

02　单击【曲面】|【反转方向】命令右侧的■按钮，在弹出的对话框中设置反转方向，单击【应用】按钮反转曲面，效果如图6-106所示。

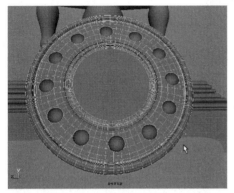

图6-105　选择曲面

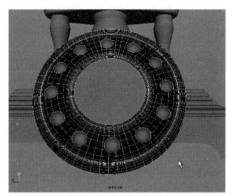

图6-106　反转曲面方向后的效果

参数简介

- 曲面方向：设置曲面的反转方向，它有4种类型，分别是U、V、交换和二者。

6.6.10　重建曲面

【重建】命令用于重建曲面，通过重建曲面可以改变曲面的曲面度数、CV点数量、U/V向次数及参数范围。具体操作方法如下所述。

操作步骤

01　选择曲面，如图6-107所示。

02　单击【曲面】|【重建】命令右侧的■按钮，在弹出的【重建曲面选项】对话框中设置重建参数，如图6-108所示。

图6-107　选择曲面

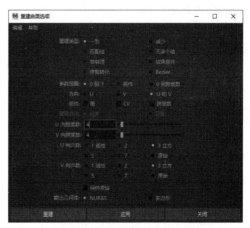

图6-108　【重建曲面选项】对话框

03 完成参数设置后，单击【应用】按钮即可重建曲面，效果如图6-109所示。

参数简介

重建曲面和重建曲线相似，区别在于重建曲面操作需要有U、V两个方向，而重建曲线操作只有一个方向。

- 重建类型：用于设置曲面重建的类型。
- 参数范围：用于设置重建曲面后U、V的参数范围。
- 方向：用于设置沿曲线的哪个方向重建曲面。
- 保持：有3种保留类型，分别是【角】、【CV】和【跨度数】。
- U向跨度数/V向跨度数：用于设置重建曲面后U和V方向上的段数。
- U向次数/V向次数：用于设置重建曲面后U和V方向上的度数。

图6-109　重建曲面后的效果

6.6.11　圆化工具

【圆化工具】命令可以在NURBS曲面的共享边界创建圆形光滑过渡倒角，还可以同时创建多个不同半径的圆角。具体操作方法如下所述。

操作步骤

01 在场景中制作一个长方体，并选择长方体。

02 执行【曲面】|【圆化工具】命令，选择需要进行圆角处理的曲面边界线，如图6-110所示。

03 按Enter键，即可创建圆角效果，如图6-111所示。

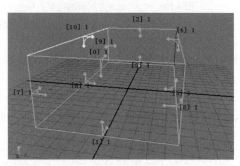

图6-110　选择边界线

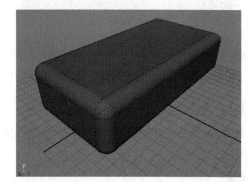

图6-111　圆角效果

6.6.12　曲面圆角

【曲面圆角】是NURBS曲面建模中的一个重要命令，可以在曲面间产生光滑的过渡。它包含3个子命令，分别是【圆形圆角】、【自由形式圆角】和【圆角融合工具】。

1. 圆形圆角

【圆形圆角】命令用于在两个相交曲面的相交边界处创建圆形的圆角曲面，可以使用它定义圆角的半径及曲面产生的方向。具体操作方法如下所述。

操作步骤

01 在视图中选择两个相交的曲面。

02 执行【曲面】|【曲面圆角】|【圆形圆角】命令，即可创建圆形圆角，如图6-112所示。

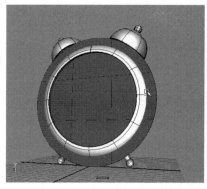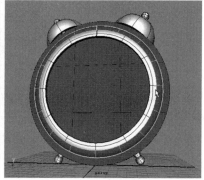

图6-112　创建圆形圆角前后的对比效果

2．自由形式圆角

　　【自由形式圆角】命令用于在两个曲面之间创建曲面圆角，两个物体不必相交。具体操作方法如下所述。

操作步骤

01 在视图中选择一个曲面，按住鼠标右键，在弹出的快捷菜单中选择【等参线】命令，并选择一条等参线，使用相同的方法选择另外一个曲面上的等参线，如图6-113所示。

02 执行【曲面】|【曲面圆角】|【自由形式圆角】命令，即可创建一个自由形式圆角，如图6-114所示。

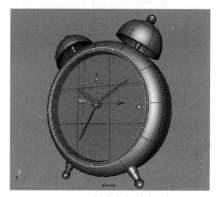

图6-113　选择等参线　　　　　　　　　　　　图6-114　创建自由形式圆角

3．圆角融合工具

　　【圆角融合工具】命令可以融合两个边界，并创建连接的圆角曲面，产生两个曲面之间的平滑过渡等。具体操作方法如下所述。

操作步骤

01 执行【曲面】|【曲面圆角】|【圆角融合工具】命令，进入操作环境，注意此时鼠标指针的变化。

02 选择等参线后，按Enter键确认操作，然后使用同样的方法选择另一个曲面上的等参线，按Enter键完成操作，此时的曲面效果如图6-115所示。

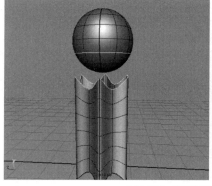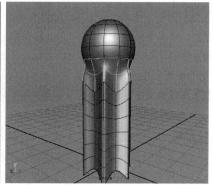

图6-115　选择等参线及曲面融合效果

6.6.13 缝合

在 NURBS 曲面建模中，经常会执行将独立的曲面缝合到一起的操作。在 Maya 2022 中，缝合的方式有很多种，包括缝合曲面点、缝合边工具和全局缝合。

1. 缝合曲面点

在 Maya 2022 中，可以通过两个曲面点来缝合两个曲面。曲面点有多种类型，包括编辑点、控制点和曲面边界线上的点等。具体操作方法如下所述。

操作步骤 ┈┈┈

01 在视图中选择两个需要缝合的曲面，按住鼠标右键，在打开的快捷菜单中选择【曲面点】命令，单击要缝合的位置，选择两个曲面点，如图 6-116 所示。

02 执行【曲面】|【缝合】|【缝合曲面点】命令，即可将选择的顶点缝合，如图 6-117 所示。

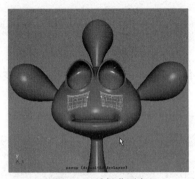
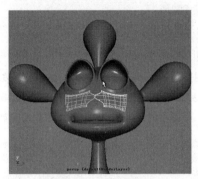

图 6-116　选择曲面点　　　　　　　　　　　　　图 6-117　缝合效果

2. 缝合边工具

在 Maya 2022 中，通常执行【曲面】|【缝合】|【缝合边工具】命令缝合曲面边。缝合曲面边的操作方法与缝合曲面点基本相同，区别在于缝合曲面边需要选择曲面边作为缝合的依据。

3. 全局缝合

全局缝合的操作方法与上述方法相同，区别在于【全局缝合】命令可以用于缝合两个或多个曲面。根据不同的参数设置，缝合的曲面也会产生很大的不同，例如位置的连贯性、切线连贯性或两者并存等。

6.6.14 雕刻几何体工具

在 Maya 2022 中，雕刻笔刷工具的种类有很多，其中，雕刻几何体工具专门用于雕刻几何体，它可以应用于 NURBS、多边形和细分模型。

使用【雕刻几何体工具】命令，可以执行推动、拉动等不同的操作。根据曲面的类型，这些操作移动曲面组件的位置来雕刻曲面形状。具体操作方法如下所述。

操作步骤 ┈┈┈

01 在场景中选择 NURBS 曲面，作为雕刻对象。

02 单击【曲面】|【雕刻几何体工具】命令右侧的■按钮，在弹出的属性设置面板中设置雕刻几何体工具的笔刷大小和绘制强度等，如图 6-118 所示。

03 在模型上进行雕刻，效果如图 6-119 所示。

　　参数简介

1. 笔刷

- 半径(U)/半径(L)：分别用于控制笔刷半径的最大值和最小值。
- 不透明度：显示笔刷痕迹的明暗程度，并不改变笔刷的力度。
- 积累不透明度：在单个笔画经过自身时积累不透明度。
- 轮廓：用于指定受选择影响区域的形状。

图6-118　雕刻几何体工具属性设置面板

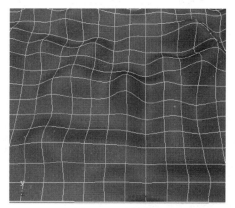

图6-119　雕刻效果

2. 雕刻参数

- 操作：该选项有【推动】、【拉动】、【平滑】、【松弛】、【收缩】、【滑动】和【擦除】这7个单选按钮。
- 自动平滑：启用该复选框时，雕刻笔画的曲面会自动平滑。
- 平滑强度：用于控制笔刷笔画发生的平滑量。
- 引用向量：控制推动或拉动时顶点移动的方向。笔刷箭头表示引用向量。
- 最大置换：控制笔刷笔画可能的最大深度或高度。
- 接缝/极点容差：用于检测球体等曲面上的极点。
- 引用曲面：启用后面的复选框时，完成每一笔画后自动烘焙或更新曲面。
- 擦除曲面：启用后面的复选框时，完成每一笔画后自动更新擦除曲面。

6.7　案例1：制作小号模型

　　本节通过制作一个小号模型，介绍Maya 2022中NURBS建模的几种常用方法。例如，如何插入曲线顶点，如何对曲面上的曲线进行复制、偏移等操作，使用户能够很好地掌握这些操作。

1. 制作调音管

操作步骤

01 执行【创建】|【NURBS基本体】|【圆柱体】命令，在场景中创建一个圆柱模型，调整其细分段数，如图6-120所示。

02 执行【创建】|【曲线工具】|【CV曲线工具】命令，在侧视图中连续单击，创建一条CV曲线，用于制作模型顶端的螺旋套曲线轮廓，如图6-121所示。

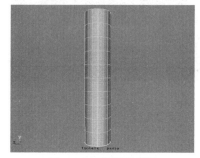

图6-120　创建圆柱模型

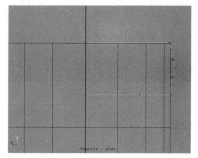

图6-121　创建CV曲线

03 完成曲线创建后，按Enter键确定曲线。然后选中该曲线，执行【曲面】|【旋转】命令，将曲线沿y轴转化为曲面，如图6-122所示。

04 使用同样的方法，在柱体模型的底部创建图6-123所示的曲线轮廓，用于装饰底部。

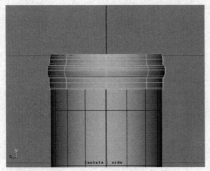

图6-122　执行【旋转】命令

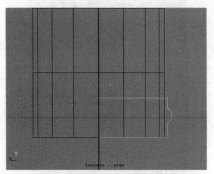

图6-123　创建CV曲线

05 完成曲线创建后，选中该曲线，执行【旋转】命令，将曲线转化为曲面，如图6-124所示。在转化为曲面之前，注意调整曲线的平滑度，以免影响所生成曲面的光滑效果。

06 在圆柱模型的顶部位置，创建图6-125所示的CV曲线，作为按键的曲线轮廓。

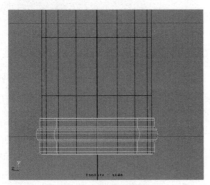

图6-124　旋转成面

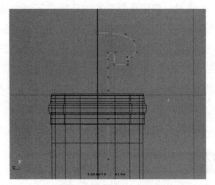

图6-125　创建CV曲线

07 选中创建的CV曲线，执行【旋转】命令，将曲线沿y轴转化为曲面，如图6-126所示。

08 框选中所有的模型，按组合键Ctrl+D进行复制，并调整它们之间的相对位置，如图6-127所示。

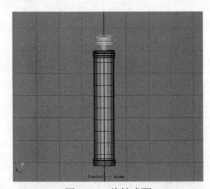

图6-126　旋转成面

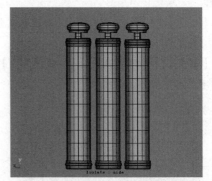

图6-127　复制模型

2. 创建圆管模型

操作步骤

01 将侧视图右侧作为曲线的起始点，创建图6-128所示的曲线，在创建曲线时，注意顶点的分布及曲线的平滑度。

02 切换到顶视图，选中该CV曲线并按住鼠标右键，进入顶点编辑状态。移动部分顶点，使其与先前创建的模型产生一定的距离，如图6-129所示。

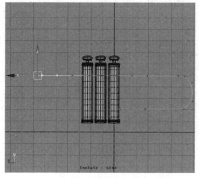

图6-128　创建CV曲线

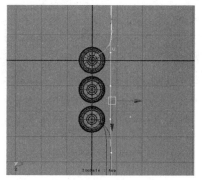

图6-129　调整曲线顶点位置

03 使用同样的方法，在侧视图的左侧单击，将该点作为起始点，创建图6-130所示的CV曲线。

04 切换到侧视图，选中该曲线顶点，移动其位置，如图6-131所示。

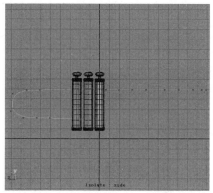

图6-130　创建CV曲线

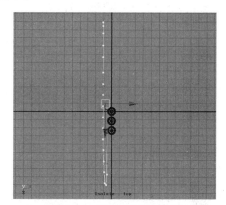

图6-131　移动曲线顶点位置

05 选择先前创建的两条CV曲线，执行【显示】|【隐藏】|【隐藏当前选择】命令，再次在侧视图中创建图6-132所示的CV曲线。

06 分别选中这两条曲线的顶点，先后移动它们顶点的位置，如图6-133所示。

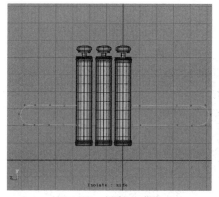

图6-132　创建CV曲线

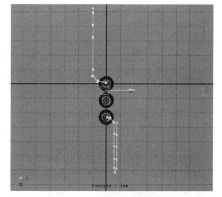

图6-133　调整曲线顶点位置

07 切换到透视图，并且在该视图中创建一条圆环曲线，调整其半径大小及放置位置，如图6-134所示。

08 先选中圆环曲线，然后再选中创建的CV曲线，单击【曲面】|【挤出】命令右侧的█按钮，在弹出的对话框中设置参数，如图6-135所示。

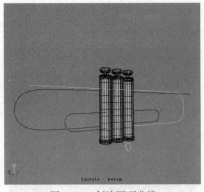

图6-134 创建圆环曲线

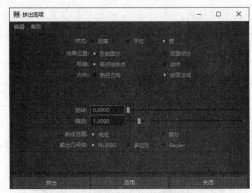

图6-135 设置挤出命令参数

09 完成参数设置后，单击【挤出】按钮，执行【挤出】命令，将圆环沿路径生成曲面，如图6-136所示。

> **注 意**
>
> 进行曲面挤出操作时，基础曲线对象和目标曲线对象所处的角度、自身的造型等都会对挤出的曲面形状造成影响。因此，在执行【挤出】命令之前，一定要把握好曲线的外观。

10 使用同样的方法，用同一条圆环曲线对其他曲线也执行【挤出】命令。然后选中图6-137所示曲面模型上的壳线顶点，使用缩放工具调整大小。

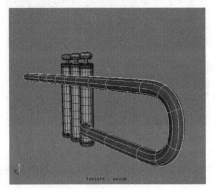

图6-136 曲面的挤出效果

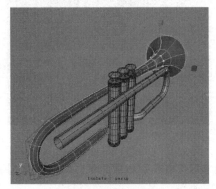

图6-137 调整曲面造型

3. 制作号嘴

操作步骤

01 在场景中创建顶部和底部封闭的NURBS圆柱体，调整其在场景中的位置，如图6-138所示。

02 选中创建的NURBS圆柱，然后选中部分顶点，使用缩放工具调整顶点，使其贴合在圆管的周围，如图6-139所示。

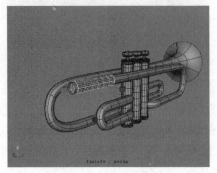

图6-138 创建圆柱模型

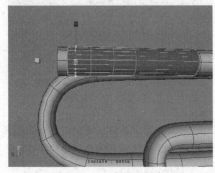

图6-139 调整模型顶点

03 执行【曲面】|【圆化工具】命令，在图6-140所示的模型边角处拖拉鼠标，调整圆化的大小。

04 按Enter键，在模型的边角处会产生一个圆角效果，如图6-141所示。

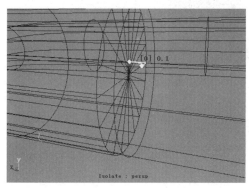

图6-140　执行【圆化工具】命令

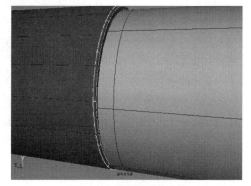

图6-141　曲面的圆角效果

05 选中圆柱顶部的面片和管子模型，执行【曲面】|【相交】命令；选中需要被切掉的模型，然后再执行【曲面】|【修剪工具】命令，在图6-142所示的位置单击需要保留的部分，执行修剪操作。

06 当鼠标单击的位置出现黄色的控制器时，按Enter键确定修剪操作，曲面的修剪效果如图6-143所示。

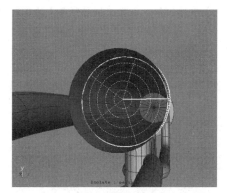

图6-142　执行【修剪工具】命令

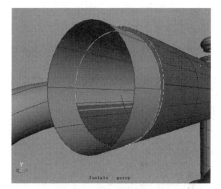

图6-143　曲面的修剪效果

07 同样，对管子其他圆柱部位的顶部执行【曲面】|【修剪工具】命令，修剪它们的相交部分。然后再创建几个NURBS圆柱模型并调整它们的位置，这些圆柱类型用于连接管子，如图6-144所示。

08 切换到侧视图，使用CV曲线工具，在该视图中创建图6-145所示的曲线。

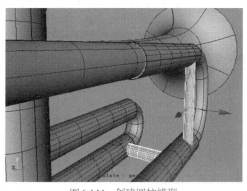

图6-144　创建圆柱模型

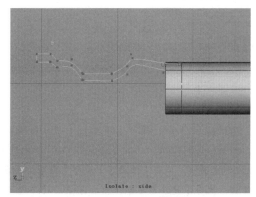

图6-145　创建CV曲线

09 选中创建的CV曲线，执行【曲面】|【旋转】命令，将CV曲线沿z轴旋转，旋转生成的曲面如图6-146所示。

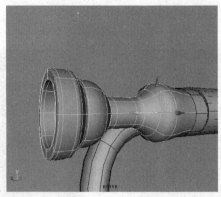

图6-146　旋转曲面

4. 制作指钩模型

操作步骤

01 选中曲面并按住鼠标右键，在弹出的快捷菜单中选择【等参线】命令，选择一条等参线，如图6-147所示。然后单击【曲线】|【偏移】|【偏移曲线】命令右侧的 ▣ 按钮。

02 在弹出的对话框中，选择【法线方向】选项区中的【活动视图】单选按钮，设置【偏移距离】为0.5，切换到侧视图，单击【应用】按钮完成偏移。然后在该曲线上按住鼠标右键，在弹出的快捷菜单中选择【控制顶点】命令，按住Shift键，在该曲线不同位置上单击两次，创建两个顶点，如图6-148所示。

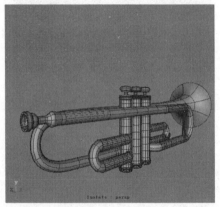

图6-147　选择等参线

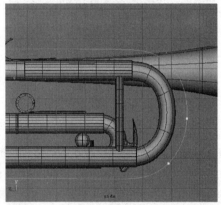

图6-148　添加曲线顶点

提 示

关于【偏移距离】的设置，如果该数值太大，则可能导致偏移出来的曲线变形。

03 执行【曲线】|【分离】命令，对曲线进行分离处理，并将分离后多余的曲线进行删除，效果如图6-149所示。

04 选中分离后的曲线，执行【修改】|【中心枢轴】命令，然后按组合键Ctrl+D进行复制，并调整所复制曲线的位置，如图6-150所示。

05 依次选择曲线，单击【曲面】|【放样】命令右侧的 ▣ 按钮，在弹出的对话框中启用【关闭】复选框，单击【应用】按钮，执行【放样】命令；然后调整该放样模型两端的顶点，使模型闭合，如图6-151所示。

06 在场景中创建一个圆柱模型，调整其细分段数，按住鼠标右键，在弹出的快捷菜单中选择【壳线】命令，选中模型顶点并调整其造型，如图6-152所示。

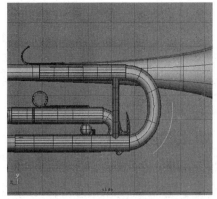

图6-149　分离效果

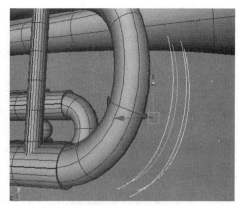

图6-150　复制曲线

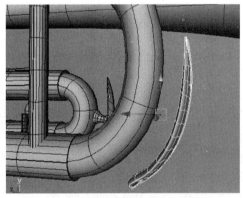

图6-151　执行【放样】命令

图6-152　编辑壳线

07 同样再创建一个NURBS圆柱体，调整其顶点，并调整该圆柱体的外形，如图6-153所示。

08 在场景中创建一条圆环曲线，并移动到一个曲面的正上方，执行【曲面】|【在曲面上投影曲线】命令，映射到曲面上，如图6-154所示。

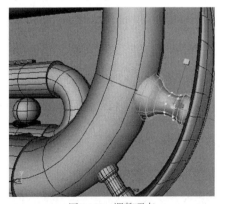

图6-153　调整顶点

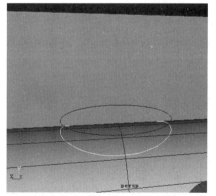

图6-154　执行命令效果

09 选中映射在曲面上的曲线，单击【曲面】|【倒角＋】命令右侧的■按钮，在弹出的对话框中设置【倒角宽度】为0.02、【倒角深度】为0.02、【挤出高度】为0.01，如图6-155所示。

10 单击【应用】按钮执行【倒角】命令，如图6-156所示；然后在场景中创建一个球体和一个立方体模型，并且调整它们的大小及位置。

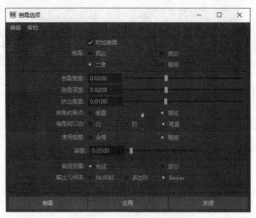

图6-155　设置倒角参数

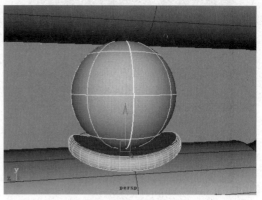

图6-156　曲线的倒角效果

11 在场景中创建一条圆环曲线，按组合键Ctrl+D复制曲线，并调整其位置，如图6-157所示。

12 依次选择创建的圆环曲线，单击【曲面】|【放样】命令右侧的■按钮，在弹出的对话框中启用【关闭】复选框，选中【线性】单选按钮并设置【截面跨度】为6，如图6-158所示。

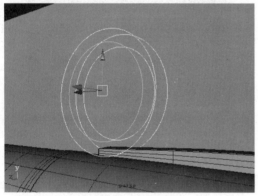

图6-157　创建圆环曲线

图6-158　设置放样参数

13 设置完成参数后，单击【放样】按钮，执行【放样】命令，圆环的成面效果如图6-159所示。

14 在场景中创建图6-160所示的3条CV曲线，并且调整它们之间的相对位置。

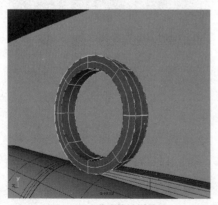

图6-159　曲线的放样效果

图6-160　创建CV曲线

15 选中这3条曲线，按组合键Ctrl+D进行复制并调整复制曲线的位置，如图6-161所示。

16 使用EP曲线工具，按住C键，在图6-162所示的曲线上单击，创建曲线的起始点并拖动到其端部，按住C键不放在另一条曲线上单击，创建曲线的结束点。

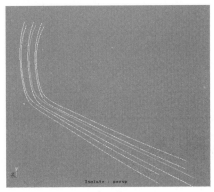

图6-161　复制曲线

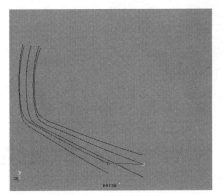

图6-162　进行搭线操作

17 使用同样的方法，将其他几条曲线也连接起来。首先，选中垂直方向的曲线，执行【曲面】|【双轨成形】|【双轨成形2工具】命令，再选择水平方向上的两条曲线，如图6-163所示。

18 按Enter键完成【双轨成形2工具】轨道命令，此时在这4条曲线中间产生了一个平面，如图6-164所示。

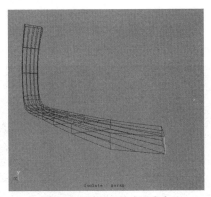

图6-163　执行双轨成形命令

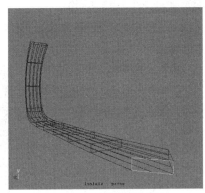

图6-164　轨道成面的效果

19 依照顺序选择较长的几条曲线，执行【曲面】|【放样】命令，曲线的成面效果如图6-165所示。然后选中图中所示位置的曲面顶点并缩小。

> **注 意**
>
> 【放样】命令是曲线成面工具中最为常用的命令之一，它可以通过一组连续的曲线生成新的曲面，其中，曲线本身定义了曲面的外形。

至此，小号乐器模型就制作好了，图6-166为模型的最终制作效果。

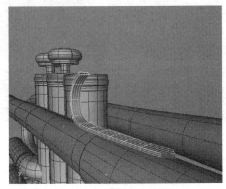

图6-165　曲线成面效果

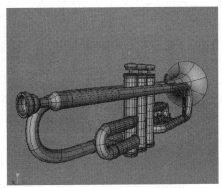

图6-166　小号模型的最终制作效果

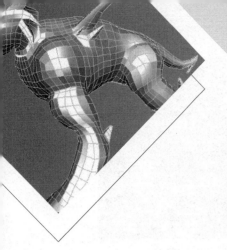

第 **7** 章

多边形建模技术

7.1 多边形建模基础

Maya的多边形建模方法比较容易理解，非常适合初学者学习。在建模的过程中，用户有更多的想象空间和修改余地。多边形建模有很多优势，首先是容易操作，Maya 2022为用户提供了许多高效的工具，初学者很容易上手；其次是可以对模型的网格密度进行较好的控制，对细节少的地方少细分一些，对细节多的地方多细分一些，使最终模型的网格分布疏密适当，如图7-1所示。

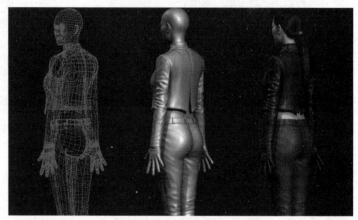

虽然多边形建模有很多优势，但是当创建的模型非常复杂时，物体上的调节点会很多，这就要求用户对空间构造有比较好的把握能力，要合理划分网格布线，否则制作出的模型既不到位，又产生了许多多余的面。本节将从最简单的概念和操作入手，使读者对多边形建模有清晰的认识。

图7-1 多边形建模技术应用

7.1.1 多边形建模的基本认识

多边形是由多条边组成的封闭图形，多边形的边决定了面的结构，可以由3条边组成一个面，也可以由多条边组成一个面，如图7-2所示。

多边形建模方式有许多不可替代的优势，物体的面与面之间的连接不像曲面建模物体有着严格的限制，只需遵循简单的规律就可以创建复杂的有机物体。在创建物体的过程中，可以先创建较少的面，然后使用优化工具创建光滑的物体表面，但在编辑的时

图7-2 多边形的构成

候可以一直使用低面属性的多边形物体，这样可以使用简单的几个面来控制复杂物体的结构。

多边形模型作为一种最为常用的模型数据，可以在多种平台和几乎所有三维软件之间共享，但同时需要注意的是，不同软件的多边形成型工具的原理是不同的，在进行数据交换时，需要将那些用特殊方式做出的多边形进行格式转换，这样才能使其他软件在接收数据时不会出现错误。

7.1.2　多边形建模原则

在使用多边形工具建模时，要遵循一定的建模规律，这是为了优化后面的工作流程，一个含有较多错误的多边形模型会给后期的贴图和动画工作带来许多不便。

1. 多边形的面

在创建多边形时，尽量保持多边形的面由4条边组成。如果不能使用四边形，可以由3条边组成，但要注意的是，千万不要使用超过4条边的面，因为超过4条边的面在渲染时会出现扭曲的现象。

2. 历史操作节点

在开始创建多边形之前，要单击状态栏上的 (构建历史开/关)图标，打开构造历史，以便建模时可以随时修改模型命令。但是历史记录的累计会使系统的运行速度变慢，影响操作的便捷性，所以要定时清理历史记录，删除不必要的历史节点，加快操作速度。用户只需选中要删除历史操作的模型，执行【编辑】|【按类型删除全部】|【历史】命令，即可删除模型的全部历史节点。

3. 多边形法线的一致性

创建的多边形物体要保持法线的一致性，错误的法线方向会造成纹理错误，也会造成多边形面与面之间无法缝合的现象。

7.2　创建多边形原始物体

在Maya中，用户可以使用3种方法创建多边形对象：一是使用菜单命令；二是使用工具架上的创建工具；三是使用特有的热盒功能进行创建，具体使用哪种方法要根据个人的习惯而定。

7.2.1　使用命令创建物体

在Maya中，用户可以直接使用菜单命令创建多边形原始物体。在主菜单中选择【创建】|【多边形基本体】命令，可以看到所有创建原始多边形物体的命令名称。用户单击任意一个命令，即可创建相应的多边形原始物体。

1. 创建多边形球体

要创建一个球体，执行【创建】|【多边形基本体】|【球体】命令，如图7-3所示。

在视图中单击并拖动鼠标左键即可创建球体，切换到四视图模式，观察创建的多边形球体的显示状态，如图7-4所示。

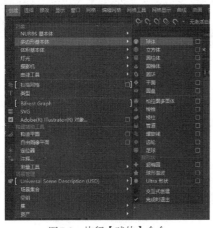

图7-3　执行【球体】命令

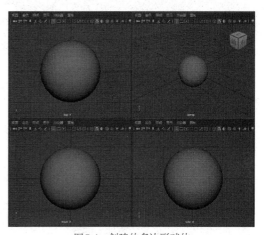

图7-4　创建的多边形球体

2. 修改球体属性参数

若要改变原始多边形的细分段数，可以在创建原始多边形之前单击【球体】命令右侧的 按钮，在弹出的【多边形球体选项】对话框中修改【轴分段数】和【高度分段数】属性参数值即可，如图7-5所示。

若要修改已经创建的多边形的属性参数，用户可以选中该多边形并单击工具栏中的■按钮，在打开的属性设置面板中也可以设置模型的属性参数，如图7-6所示。

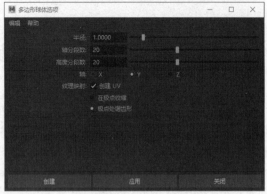

图7-5　在创建多边形之前设置属性参数值

图7-6　在创建后设置属性参数

7.2.2　多边形的属性参数设置

在创建多边形原始物体后，要对其变换属性和元素属性参数进行修改，用户可以在其通道栏中直接修改，具体操作方法如下所述。

操作步骤

01 选中上一节中创建的球体，在其通道栏中有球体的平移、旋转、缩放、半径和细分数等选项，还可以设置可见性，如图7-7所示。

02 在通道栏的下方展开polySphere1属性卷展栏，设置【轴向细分数】和【高度细分数】均为40，此时可以看到视图中球体面数明显增加，如图7-8所示。

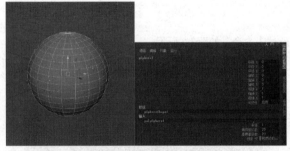

图7-7　多边形的通道属性参数

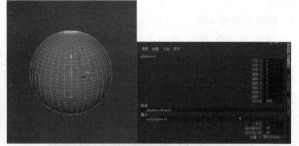

图7-8　修改多边形的细分数

7.2.3　使用快捷方式创建多边形

在Maya 2022中，使用工具架或快捷菜单来创建多边形对象会更加直观和快捷。下面介绍这两种创建多边形的方法。

(1) 在工具架中切换到【多边形建模】选项卡，在下方的工具栏中单击■图标，再在视图中单击并按住鼠标左键拖动，即可创建立方体，如图7-9所示。

(2) 在视图中，按住Shift键的同时按住鼠标右键，移动到弹出的快捷菜单中的【立方体】命令上，然后松开鼠标右键，即可在场景中创建立方体，如图7-10所示。

Maya 2022中自带了14种多边形原始物体，包括球体、立方体、圆柱体、圆锥体、圆环、平面、圆盘、棱锥、棱柱、管道、螺旋线、齿轮、足球和柏拉图多面体。图7-11是这14种多边形原始物体的造型。

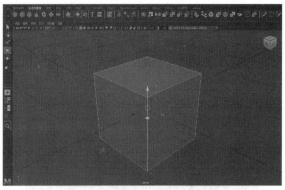

图7-9 使用工具架创建立方体

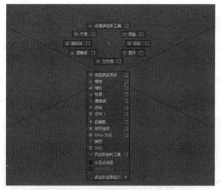

图7-10 使用快捷菜单创建立方体

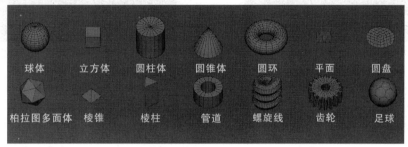

图7-11 多边形原始物体

⇥ 7.3 多边形模型的常规操作

在进行多边形编辑与操作之前，我们首先对多边形的常规操作进行详细介绍，为多边形编辑工作做好铺垫。

7.3.1 多边形模型的元素构成

在进行多边形建模时，通过不断改变模型的属性、构成元素的位置和数量来逐步改变模型的造型，以演变出新的物体。Maya中多边形的构成元素有4种，分别是点、边、面和UV点，下面介绍这几种元素的切换方法。

┃ 课堂练习44：切换模型元素 ┃

01 在创建的立方体模型上按住鼠标右键，在弹出的快捷菜单中选择【顶点】命令，此时立方体模型会进入点的显示模式，如图7-12所示。

02 此时可以选中模型上的一个点，对其进行移动，如图7-13所示。

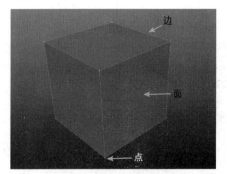

图7-12 显示多边形点的模式

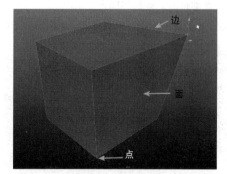

图7-13 移动多边形模型的顶点

03 选择模型，按住鼠标右键，在打开的快捷菜单中选择【边】命令，在边模式下，用户还可以单击并选中多边形模型上的边，然后按Delete键删除，如图7-14所示。

> **提示**
>
> 在删除多边形模型上的边时，用户还可以选择该边两端的顶点，按Delete键将它们删除。

04 使用同样的方法，按住鼠标右键，在打开的快捷菜单中选择【面】命令，在多边形模型的面上单击并选择，再按Delete键即可将所选面删除，如图7-15所示。

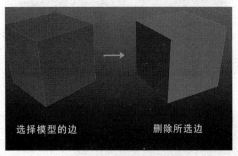
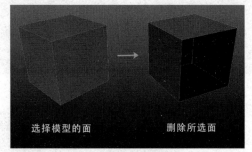

图7-14　删除多边形模型的边　　　　　　　　　　　图7-15　删除多边形模型的面

05 用户可以单击状态栏中的█按钮，此时在该按钮右侧将出现多个按钮，这些按钮用于切换所选多边形的元素显示模式。其中，单击▣按钮，切换到点组件显示模式；单击●按钮，切换到参数点组件显示模式；单击█按钮，切换到线组件显示模式；单击▦按钮，切换到面组件显示模式。

> **技巧**
>
> 此外，用户也可以通过使用快捷键来快速切换元素的显示模式，按F8键在模型选择状态和组件状态间来回切换，按F9键进入点组件显示模式，按F10键进入线组件显示模式，按F11键进入面组件显示模式，按F12键进入参数点组件显示模式。

7.3.2　多边形的数量

在制作一些比较特殊的模型特别是一些高精度模型时，需要了解所创建模型的各种结构数据，如模型的点数、边数和面数等，此时就需要使用多边形数据显示工具。下面介绍如何使用多边形数据显示工具。

执行【显示】|【题头显示】|【多边形计数】命令，此时会在4个视图的左上角显示多边形元素数量动态列表，分别包括点数量、边数量、面数量、预测三角面数量和UV点数量。其操作方法如下。

操作步骤

01 执行【显示】|【题头显示】|【多边形计数】命令后，在场景中创建一个管状体，此时在视图左上角将显示该管状体的数量信息，如图7-16所示。

02 选择管状体的部分面、边和顶点，此时会显示所选元素的数量，如图7-17所示。

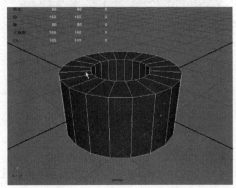
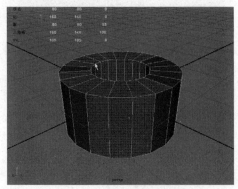

图7-16　显示模型元素数量信息　　　　　　　　　　图7-17　显示选择模型元素的数量

另外，在显示多边形数量信息时，每个元素数据的右侧有3组数据：第1组数据是指当前视图所有多边形在该元素下的总量；第2组数据是指用户所选择物体在该元素下的总量；第3组数据是指用户在该元素下的实际选择数量。

7.3.3　多边形模型显示

在创建多边形模型时，可以根据需要调整多边形的显示状态。例如，在场景中创建大量的物体模型时，为了减少其所占用的数据空间，用户可以通过设置多边形模型的显示方法来解决此类问题。

执行【显示】|【多边形】命令，弹出多边形的显示子命令。下面对其中一些常用的子命令进行介绍。

● 背面消隐：用于控制是否显示多边形的背面。隐藏多边形的背面特别是精度很高的模型，可以大大节省系统资源，也可以避免在选取模型上的多个点时错选其他不需要的点。

● 消隐选项：用于设置是否显示保留元素。其中，【保持线框】命令用于设置是否显示背面的全部元素；【保持硬边】命令表示是否显示背面的边；【保持顶点】命令表示是否显示背面的点。

● 顶点：用于设置物体的点永远被显示；若再次执行【顶点】命令，则取消点的显示状态。

● UV：执行该命令，表示物体的UV点永远被显示；再次执行该命令，UV点就会被隐藏。

● 标准边：用于控制物体边的标准显示模式。

● 软边：用于设置物体边为软边显示模式。

● 硬边：用于设置物体边为硬边显示模式。图7-18是边的几种显示模式。

● 边界边：用于控制是否高亮显示边界，该命令常用于检查物体是否完全闭合。选中足球体被提取出来的面，然后执行【边界边】命令，此时物体被提取的边界边被加粗显示，如图7-19所示。

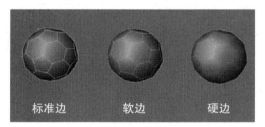

图7-18　边的显示模式

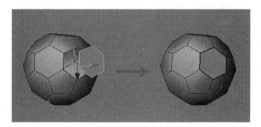

图7-19　高亮显示边界边

● 纹理边界边：用于控制高亮显示UV边界边。

● 重置显示：用于控制是否重设物体的显示模式，执行该命令使物体的显示方式恢复为默认状态。

7.3.4　多边形模型法线

多边形的法线方向决定了多边形面的法线方向。如果多边形的法线方向出现错误，会使自身的贴图出现不正常显示的情况，并且会造成模型无法合并、动力学计算出现错误等。如果多边形的法线出现问题，可以通过执行【网格显示】菜单中的命令进行纠正。图7-20是多边形法线命令。

下面对多边形一些常用的法线工具进行说明。

● 顶点法线编辑工具：用于控制显示物体顶点的法线，并可以旋转该物体顶点的法线方向。同时也可以选择部分的顶点或全部的顶点来改变其部分顶点或全部顶点的法线方向，如图7-21所示。

● 设置顶点法线：通过设置顶点在x、y、z轴方向上的数值，来改变物体顶点的法线方向。同时也可以只对物体部分顶点的法线方向进行修改。

● 锁定法线：用于锁定法线方向。

● 解除锁定法线：用于取消法线的锁定。

● 平均：用于平均所选物体的法线。在【平均化法线选项】对话框中，【平均化前归一化】选项是指在法线被平均之前，将所有被计算的法线长度统一为1，每条法线都趋向于平均值；【平均化后归一化】选项是指将每条法线先趋向于平均值，再将所有被计算的法线长度统一为1；【不归一化】选项则表示不做法线长度计算。

图7-20　法线命令

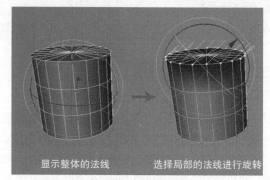

图7-21　顶点法线方向的改变

- 一致：用于将所有法线统一到一个方向上。
- 反向：用于控制是否反转多边形面的法线方向。在【反转法线选项】对话框中，【选择面后进行提取】选项是指用于反转所选面的法线方向，并且提取所选面及上面的顶点或分裂顶点；【选定面】选项将反转选择面上的法线；【壳中的所有面】选项只对物体网格的一部分起作用。
- 设定为面：用于将顶点法线转化为面法线，并且顶点法线会分裂到与其相连的每个面上。

7.3.5　多边形代理

【平滑代理】命令用于在多边形上设置平滑代理。在对多边形进行编辑时，可以设置其平滑代理模式，以方便用户边创建模型边观察平滑后的效果。在不需要观察其平滑效果时，还可以转化为多边形标准显示模式及多边形正常编辑状态。在多边形模块下，执行【网格】‖【平滑代理】命令，弹出子命令，如图7-22所示。

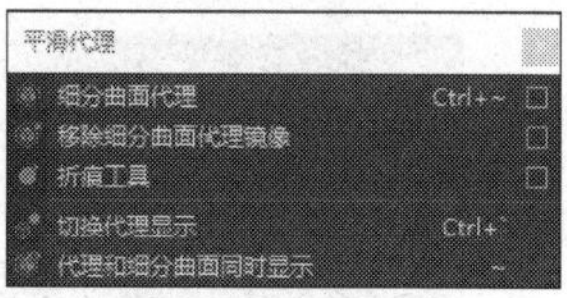

1. 【细分曲面代理】命令

【细分曲面代理】命令用于设置物体的平滑代理模式。

图7-22　子命令

在为物体设置代理后，原始物体会变为默认的半透明状态，原始物体的内部会显示平滑后的效果，改变原始物体的状态会直接影响物体的最终状态。

单击【网格】‖【平滑代理】‖【细分曲面代理】命令右侧的■按钮，弹出【细分曲面代理选项】对话框，可以看到【细分方法】有【指数】和【线性】两种模式，如图7-23所示。下面对其中的一些属性进行详细介绍。

- 设置：用于对原始物体进行镜像设置。若要对原始物体进行镜像操作，只需设置该卷展栏下的具体参数即可。
- 显示设置：用于控制平滑代理的显示模式。其中【细分曲面代理着色器】选项用于控制原始物体转化代理后的显示模式，包括移除、保持和透明模式。【可渲染的细分曲面代理】复选框用于控制代理是否能被渲染；

图7-23　【细分曲面代理选项】对话框

【层中的细分曲面代理】复选框用于控制是否为代理创建图层;【平滑层中的网格】复选框用于控制是否为平滑物体创建图层。在创建代理物体时,若启用该复选框,会在图层区产生两个代理层。

2.【移除细分曲面代理镜像】命令

该命令用于移除原始物体内部的平滑物体,直接对代理进行镜像处理。

3.【折痕工具】命令

该命令用于设置代理的皱褶工具。

4.【切换代理显示】命令

该命令用于隐藏代理部分。

5.【代理和细分曲面同时显示】命令

该命令用于控制显示代理和平滑部分。

课堂练习45:使用代理

`01` 在场景中导入一个角色模型,并且将其另一半删除,再选中剩余的一半角色,如图7-24所示。

`02` 在【建模】模块下,单击【网格】|【平滑代理】|【细分曲面代理】命令右侧的■按钮,在弹出的对话框中选中【设置】卷展栏下的【完全】和【-X】单选按钮,再单击【应用】按钮,执行操作,如图7-25所示。

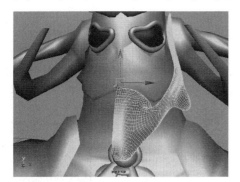

图7-24 选择模型

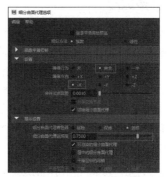

图7-25 【细分曲面代理选项】对话框

技巧

细分曲面代理工具的工作原理与Maya中的关联复制工具类似,只需修改一半,其镜像的另一半也会随之变化。该工具集合了物体的平滑预览效果和关联复制的双重功能。

`03` 此时视图中的角色会被镜像复制到另一侧。使用移动工具移动其中一半的透明物体,如图7-26所示。

`04` 撤销透明物体的移动操作,在一侧移动透明物体表面的顶点,此时原始物体和镜像物体也会跟着发生变化,如图7-27所示。

图7-26 移动生成的透明物体

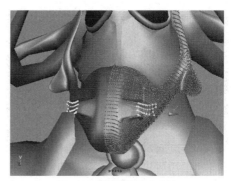

图7-27 移动透明物体顶点

05 选中原物体，打开【通道盒／层编辑器】面板，在【输出】属性下展开polySmoothProxy1属性，设置【指数级别】为1，即可改变原始物体面的细分，如图7-28所示。

06 删除半透明状态的原始物体，此时原始物体仍保持代理对象的变形效果，如图7-29所示。

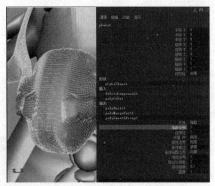

图7-28　修改原始物体细分

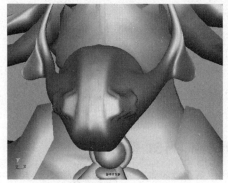

图7-29　物体的最终编辑效果

7.3.6　选择多边形

　　多边形主要由点、面和边组成。在创建多边形模型时，如何快速地选择这些元素，对于提高建模工作效率和创建更完美的模型是非常重要的。切换到【建模】模块下，单击【选择】命令，打开相应的子命令，如图7-30所示。

　　• 【转化当前选择】命令：该命令用于控制将所选择的物体上的元素转化为其他元素模式。如图7-31所示，在选择模型的环状循环边后，执行【选择】||【转化当前选择】||【到顶点】命令，此时选择的两条循环边会变成顶点。

　　• 【转化当前选择】||【到循环边】命令：用于控制是否选择相连接的循环边。在执行该命令后，用户可以进入物体的边编辑模式，在模型的一条边上连续单击，即可选择整个循环边。

　　• 【转化当前选择】||【到环形边】命令：用于控制是否选择相连接面上的环状循环边。

　　• 【转化当前选择】||【到边周长】命令：用于控制选择物体的边界边。如图7-32所示，在执行该命令后，在一个断面的多边形柱体边上连续单击，则选择模型的整个边界边。

图7-30　【选择】菜单

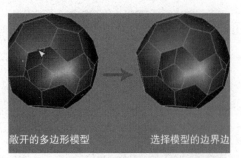

图7-31　选择断面处边界边

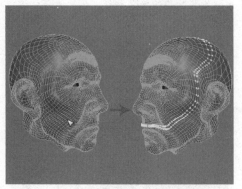

图7-32　转化物体的选择元素

●【增长】命令：该命令用于扩充所选元素的范围。如图7-33所示，在选中模型的小区域面后，执行【扩大选择区域】命令，此时所选择面周围的面也会被选中。

●【收缩】命令：该命令用于缩减所选元素的范围。它的工作原理与【扩大选择区域】命令正好相反。

●【曲面边界】命令：该命令用于控制只选择元素所在的边界边。

●【连续边】命令：该命令用于控制只选择条件限制下的连续边。例如，在选择模型面上的一条边后，执行该命令，会选择这条边所在的整条循环边。

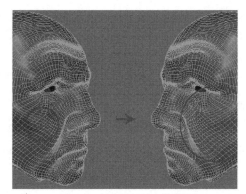

图7-33　扩充选择元素的范围

7.4　网格(多边形基础工具)

　　Maya 2022对多边形的编辑工具进行了归类，基础多边形工具归类为网格。网格类中的工具主要用于对多边形物体进行整体修改，如合并、分离、细分等。用户只需切换到多边形模块，单击【网格】命令，即可展开多边形工具菜单。

7.4.1　结合

　　对物体执行【结合】命令后，虽然物体看起来被合并为一个整体，但两个对称物体上的点还是彼此独立的，需要再执行【合并顶点】命令将独立的顶点缝合在一起。

课堂练习46：合并对象

01 选中需要合并到一起的多个模型个体，如图7-34所示。

> **提 示**
>
> 在执行结合操作时，要确保合并对象的法线一致。如果法线不一致，可以执行【网格显示】|【反向】命令进行纠正，否则在映射纹理贴图时会出错。

02 执行【网格】|【结合】命令，此时整体模型都变为绿色高亮显示，表明它们合并成了一个完整的个体，如图7-35所示。

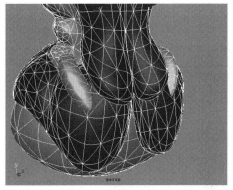

图7-34　选择多个模型

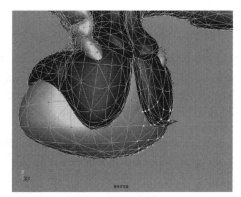

图7-35　模型的合并效果

> 提示
>
> 在合并之后，对象的坐标轴可能不在对象的中心上，这时可以执行【修改】|【中心枢轴】命令，将坐标轴移动到对象中心。

7.4.2 分离

【分离】命令用于将包含有多个独立个体的单一多边形物体分离成多个个体。如果一个单一的多边形物体的各个部分之间有共同点、共同边或共同面，则该多边形物体不能被分离。关于【分离】命令的使用方法如下所述。

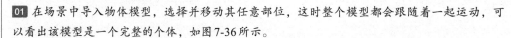

课堂练习47：分离物体

01 在场景中导入物体模型，选择并移动其任意部位，这时整个模型都会跟随着一起运动，可以看出该模型是一个完整的个体，如图7-36所示。

> 提示
>
> 将对称的物体执行【结合】命令后，虽然整体看起来是合并为整体，但两个对称物体的点还是彼此独立的，需要再执行【结合】命令将独立的顶点缝合在一起。

02 选中该模型，执行【网格】|【分离】命令进行分离操作。然后选中并移动模型的任意部位，每个部位都可以被单独操作，如图7-37所示。

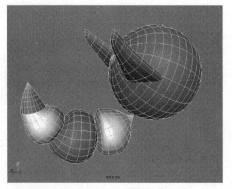
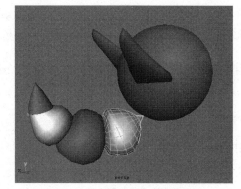

图7-36　导入模型物体　　　　　　　　图7-37　执行【分离】命令的效果

7.4.3 提取

【提取】命令主要用于提取多边形物体上的面，可以是一个面或多个面。不同于复制多边形面命令，该命令可以将所选面从原模型上切割开，并且如果原所选面之间彼此相连、有共同的边，则被提取出的面依旧相连，但是它也受保持面统一命令的影响。具体操作方法如下所述。

操作步骤

01 在场景中导入模型，进入面的选择状态，选中图7-38所示位置的面。

02 对选中的面执行【编辑网格】|【提取】命令进行提取操作。图7-39为移动提取出的面，可以看到所选面与原模型分割开了。

参数简介

单击【编辑网格】|【提取】命令右侧的▣按钮，打开【提取选项】对话框，如图7-40所示。

下面对【提取选项】对话框中的参数进行说明。

- 分离提取的面：用于控制提取出来的物体是否与原始物体产生分离，默认启用该复选框。
- 偏移：用于控制提取物体相比原始物体偏移的距离。

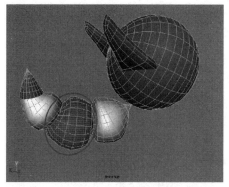

图7-38　选择模型面

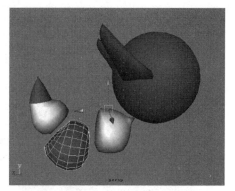

图7-39　执行【提取】命令的效果

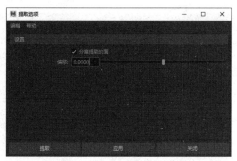

图7-40　【提取选项】对话框

7.4.4　布尔命令

布尔命令是通过对两个以上的物体进行并集、差集、交集的运算，从而得到新的物体形态。若要使用并集、差集或交集运算功能，可以通过执行【网格】|【布尔】菜单下的命令激活，如图7-41所示。

在使用布尔运算命令时，若物体的选择顺序不同，则产生的效果有很大的变化，尤其是在执行差集操作时更是如此。下面通过一个案例来讲解布尔命令的使用方法。

图7-41　【布尔】命令菜单

课堂练习48：修饰轮毂

01 打开随书附赠资源本章目录下的文件，如图7-42所示。该场景中包含一个轮毂和一个圆环，本练习将利用圆环在轮毂上计算出一个凹痕效果。

02 先选中轮毂，再选中小圆环，执行【网格】|【布尔】|【差集】命令，此时两个圆环会合并为一个整体，中间相交的部分被自动剪切，如图7-43所示。

03 使用同样的方法，先选中大圆环，再选中小圆环，分别执行【并集】和【交集】命令，此时再观察它们的布尔运算效果，如图7-44所示。

> **注 意**
>
> 在对物体进行布尔运算时，一定要注意物体选择的顺序。

图7-42　打开场景文件

图7-43　执行【差集】命令效果

图7-44　执行【并集】和【交集】命令效果

7.4.5　平滑

当一个多边形模型创建完成后，需要进行平滑处理才能达到更加完美的造型效果。使用【平滑】命令能够使物体的基本布线过渡得更加柔和，使物体所要表现的造型特质更为突出。

课堂练习49：平滑多边形

01 在场景中导入一个有完整布线的角色模型，如图7-45所示。

02 选中该模型，单击【网格】|【平滑】命令右侧的■按钮，在打开的【平滑选项】对话框中设置【分段级别】为2，如图7-46所示。

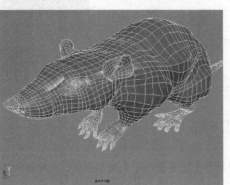
图7-45　导入角色模型

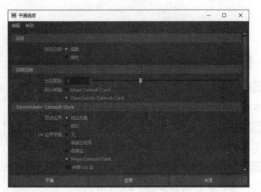
图7-46　【平滑选项】对话框

03 单击【平滑】按钮进行平滑操作，此时再观察模型表面的布线效果，如图7-47所示。

04 若需要再对模型进行修改，可以再选中该模型，打开【通道盒/层编辑器】面板，在polySmoothFace1属性中，设置【分段】为0，即可将其切换到原始状态，如图7-48所示。

图7-47 角色模型的平滑效果

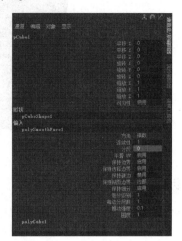

图7-48 设置模型的细分

参数简介

下面对【平滑选项】对话框中的属性参数进行说明。

- 添加分段：用于设置添加分段的方式，分为指数模式和线性模式，其中前者是常用的模式。
- 分段级别：用于设置细分级别，级别数值越高，物体表面就越平滑。
- 细分类型：用户可以选择用于平滑网格的算法。根据所选择的细分类型的不同，会显示不同的选项。
- 顶点边界：用于控制边界边和角顶点的细分。当使用【锐边和角】时，边和角在平滑后保持为锐边和角。当使用【锐边】时，边在平滑后保持为锐边。角已进行平滑。
- UV边界平滑：用于控制如何将平滑应用于边界 UV。
- 传播 UV 角：启用该复选框后，原始网格的面变化数据将应用于平滑网格的 UV 角。
- 平滑三角形：启用该复选框后，会将细分规则应用到网格，从而使三角形的细分更加平滑。
- 折痕方法：用于控制如何对边界边和顶点进行插值。

当用户在【平滑选项】对话框中选中【线性】单选按钮，将激活图7-49所示的参数，简介如下所述。

- 分段级别：用于设置细分次数，数值越高，物体表面越平滑。

- 每个面的分段数：用于控制每次细分的面数，数值越高，面数越多。

- 推动强度：用于设置光滑表面的体积变化。如果数值大于0，体积向外扩张；如果数值小于0，则体积向内收缩。

- 圆度：用于控制顶点的突出程度，取值越大，顶点向外突出得越剧烈；反之，顶点则向内收缩。此外，圆度必须是在【推动强度】值大于1的前提下才有效果。

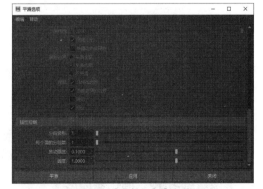

图7-49 【线性控制】参数

7.4.6 平均化顶点

【平均化顶点】命令用于对模型上点之间的距离做平均化处理，使点与点之间的过渡更加自然。用户选中要平均化的模型，执行【编辑网格】|【平均化顶点】命令，即可完成该操作。

单击【编辑网格】|【平均化顶点】命令右侧的 图标，打开【平均化顶点选项】对话框，如图7-50所示。

其中，【平滑量】表示设置模型上点与点之间的均匀程度，数值越大，点与点之间的过渡越平滑。

图7-50 【平均化顶点选项】对话框

7.4.7 传递属性

【传递属性】命令在不同拓扑结构的多边形物体之间传递点位置、UV和颜色等属性。选中场景中想要传递属性的所有物体，执行【网格】|【传递属性】命令，即可完成操作。

在对物体创建传递属性之前，可以事先设置传递属性的参数，以改变物体之间的传递效果，单击【网格】|【传递属性】命令右侧的■图标，打开【传递属性选项】对话框，如图7-51所示。

图7-51 【传递属性选项】对话框

参数简介

- 要传递的属性：用于控制传递属性的方式。
- 顶点位置：用于控制是否启用顶点位置属性设置。
- 顶点法线：用于控制是否启用顶点法线属性设置。
- UV集：用于设置传递UV属性。
- 颜色集：用于设置传递色彩属性设置。
- 属性设置：用于设置传递属性。
- 采样空间：用于设置采样的空间。
- 镜像：用于设置镜像方式。
- 翻转UV：用于设置镜像UV的方式。
- 颜色边界：用于设置边缘色彩。
- 搜索方法：用于控制从源模型到目标模型点之间的空间关联方式。

7.4.8 减少

【减少】命令用于对面数过多的模型面进行简化处理，以降低模型的面数和精度。当平滑后的物体被删除历史或模型局部面数过多时，可以使用该命令降低其面数精度，以便于再次对模型进行编辑。

课堂练习50：简化多边形

01 在场景中导入一个平滑后的多边形物体，如图7-52所示。

02 选中该平滑模型，执行【网格】|【减少】命令执行简化操作。此时平滑物体的面数降低了很多，如图7-53所示。

03 也可以选择平滑后的模型，单击【网格】|【减少】命令右侧的■按钮，在打开的【减少选项】对话框中，设置【减少方法】下的【百分比】为80，如图7-54所示。

04 单击【减少】按钮，可以看到角色模型的面数明显减少，如图7-55所示。

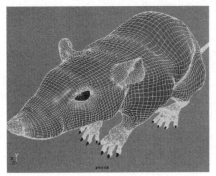

图7-52　导入光滑的物体

图7-53　执行【减少】命令效果

图7-54　设置【百分比】参数值

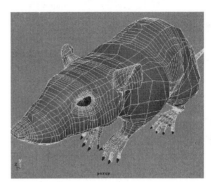

图7-55　模型面数明显减少

参数简介

下面对【减少选项】对话框中的属性参数进行介绍。

- 减少方法：用于控制模型简化的方法，默认为【百分比】，默认值为50%。
- 保留四边形：用于控制所保留四边形的拓扑。
- 锐度：用于控制面的紧密性。
- 对称类型：用于控制是否在对模型简化之前对三角形进行处理。启用该选项后，简化的模型会被转化为三角形。
- 对称容差：用于控制在对物体进行简化操作时是否保留原始物体，只对复制物体进行简化。在启用该选项后，可涂刷模型简化的权重值。
- 对称平面：用于指定对称平面的轴。
- 功能保留：用于控制简化操作时，是否对模型的网格边界、UV边界、硬边进行保护，默认为全部保护。

7.4.9　绘制减少权重

【绘制减少权重】命令只有在执行【减少】命令时，在启用【保持原始】复选框的前提下才可被激活，用于对原物体表面进行简化绘制。其中，黑色部分表示没有施加多余的简化，白色部分表示该区域内的简化效果被加强。具体操作方法如下所述。

操作步骤

01 选中物体，单击【网格】|【减少】命令右侧的■按钮，在弹出的对话框中设置减少【百分比】为50，并启用【保持原始】复选框，此时会出现与其类似的黑色模型，如图7-56所示。

02 单击【网格工具】|【绘制减少权重】命令右侧的■按钮，弹出【绘制属性工具】对话框，调整笔刷大小，绘制简化范围；然后，在图7-57所示的位置绘制并观察原始模型的简化效果。

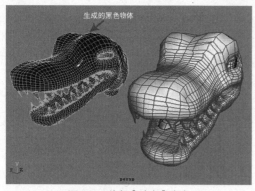
图7-56　执行【减少】命令

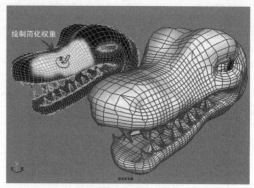
图7-57　绘制简化范围

7.4.10　绘制传递属性

使用【绘制传递属性】命令在不同拓扑结构的多边形物体之间传递点位置等属性时，在多边形物体上绘制传递部分区域的权重。该命令配合【平均化顶点】命令使用，在执行【平均化顶点】命令后，选中被传递物体，才可以在物体上绘制传递属性的权重。

7.4.11　剪贴板操作

【剪贴板操作】命令包含【复制属性】、【粘贴属性】和【清空剪贴板】3个子命令，用于在物体之间快速地复制粘贴UV、色度和颜色数值。当用户关闭任意一个命令中的任意一个选项时，其他命令中的对应选项也会自动关闭。

选中一个物体的面，执行【网格】|【剪贴板操作】|【复制属性】命令，再选中另一物体的面，执行【网格】|【剪贴板操作】|【粘贴属性】命令，即可将之前选择物体的属性复制给后选择的物体，也可以在选择面的同一个物体上进行复制粘贴。使用这几个命令复制和粘贴颜色时，要确保颜色所在物体都在平滑材质上。

7.4.12　清理

【清理】命令用于减少多边形物体中多余的面和错误的面。用户只需选中要操作的多边形物体，单击【网格】|【清理】命令右侧的■复选框，此时弹出图7-58所示的【清理选项】对话框，在该对话框中设置完相关参数后，单击【清理】按钮，即可完成物体的清除操作。

下面对该对话框中的一些参数进行介绍。

● 清理效果：该栏下的选项用于设置清理效果。

● 操作：用于设置清除运算的方式。其中，【清理匹配多边形】选项用于清除符合条件的多边形物体；【选择匹配多边形】选项可以选中符合条件的多边形物体，但是不执行清除操作。

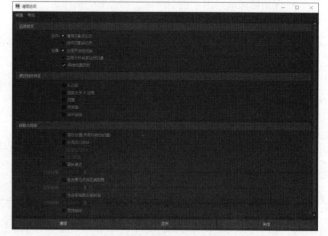
图7-58　【清理选项】对话框

● 范围：用于设置清除范围。其中，【应用于选定对象】选项只对被选择的物体使用清理命令；【应用于所有多边形对象】选项可以应用于全部的多边形物体。

● 保持构建历史：用于保存物体的构建历史。

● 通过细分修正：该栏下的选项用于选择需要清除面的类型，包括四边面、边数大于4的面、凹面、带洞面和非平面的面。

● 移除几何体：该栏下的选项用于设置需要被清除物体的公差值。其中，【层状体面】复选框用于共享所有的面，从而减少重复的面；【非流形几何体】复选框用于清除无效的几何体；【法线和几何体】选项用于在清除无效顶点、边时，确定其法线方向；【仅几何体】选项用于清除物体，但不会改变其法线；【零长度边】复选框用于设置在一定长度公差内的边；【长度容差】文本框用于设置长度公差值；【包含零几何体区域的面】复选框用于清除模型中零面积的面，可以在【区域容差】文本框中设置面积，小于该面积的面将被清除；【包含零贴图区域的面】复选框用于清除模型中零UV面积的面，可以在其【区域容差】文本框中设置面积，小于该面积的面将被清除。

7.4.13　三角化

　　【三角化】命令对游戏模型的创建工作非常实用，多用于保护模型的布线及造型效果。使用该命令可以将非三角面的多边形物体的面转化为三角面。该命令的操作原理是在非三角面上添加切割边，将该非三角面分割为三角面。具体操作方法如下所述。

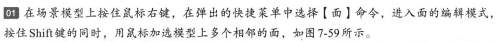

课堂练习51：转化三角面

`01` 在场景模型上按住鼠标右键，在弹出的快捷菜单中选择【面】命令，进入面的编辑模式，按住Shift键的同时，用鼠标加选模型上多个相邻的面，如图7-59所示。

`02` 对选中的面执行【网格】|【三角化】命令，实现三角面转化操作，将其转化为三角面，如图7-60所示。

图7-59　选择面　　　　　　　　　　图7-60　执行【三角化】命令效果

技巧

在对模型进行三角面转化时，用户可以选择模型局部的面，执行【三角化】命令，将其部分面转化为三角面，也可以选择整个模型，将其全部转化为三角面。所添加三角面的边与原非三角面的边共用一个顶点。

7.4.14　四边形化

　　【四边形化】命令用于将模型的三角面转化为四角面。对于一些五边或大于五边的模型面，用户可以先执行【三角化】命令，将其转化为三角面，然后再执行【四边形化】命令，即可将其转化为四角面。图7-61是【四边形化面选项】对话框。

图7-61　【四边形化面选项】对话框

　　● 角度阈值：可以设定两个合并三角形的极限参数（极限参数是两个邻接三角形面法线之间的角度）。当角度阈值为0时，只有共面的三角形被合并；当角度阈值为180时，所有相邻三角形都可能被转化为四边形面。

　　● 保持面组边界：启用该复选框可以保持面组的边界。当禁用该复选框后，面组的边界将被修改。Maya默认为启用状态。

　　● 保持硬边：启用该复选框可以保留多边形中的硬边。当禁用该复选框后，在两个三角形面之间的硬边将被删除。

- 保持纹理边界：启用该复选框后，Maya将保持纹理贴图的边界。
- 世界空间坐标：用于设置角度阈值项的参数是处于世界坐标系中的两个相邻三角形面法线之间的角度。

7.4.15 生成洞

【生成洞】命令用于在多边形物体表面创建一个洞。在一个面上创建一个洞不会改变这个面所在物体的其他属性，创建洞的面依旧还是一个面，不会增加新的面。先选中需要创建洞的物体的面，再选中作为映射物体的面，执行【网格工具】|【生成洞】命令，即可创建洞。具体操作方法如下所述。

操作步骤

01 在场景中创建两个多边形平面，并且保证它们处于同一水平面上，大面用于作为创建洞的物体，小面用于作为映射物体，如图7-62所示。

02 选中两个平面，执行【网格】|【结合】命令，然后再执行【网格工具】|【生成洞】命令，在面的中心会出现两个蓝色的点，单击并选中其中一个点，平面中心会被修剪掉，如图7-63所示。

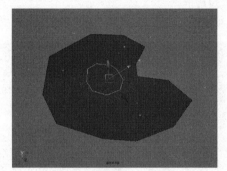

图7-62　创建两个平面物体

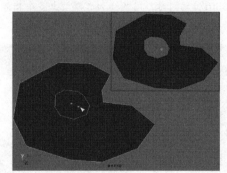

图7-63　执行【生成洞】命令效果

技巧

在使用创建多边形工具创建洞时，创建多边形的外形后不要急于按Enter键确定，可按住Ctrl键并在多边形内部单击，创建一个点；然后松开Ctrl键，再连续多次单击，创建想要的洞的外形效果，再按Enter键确定即可。

7.4.16 填充洞

在多边形物体表面有空缺面时，使用【填充洞】命令可对空缺的面进行填补。具体操作方法如下所述。

操作步骤

01 在场景中导入一个角色模型，可以看到其表面有部分断面，如图7-64所示。

02 选中模型，执行【网格】|【填充洞】命令，即可在断面上生成一个新的面，从而将断面缝补起来，如图7-65所示。

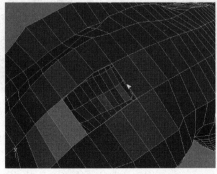

图7-64　断面模型

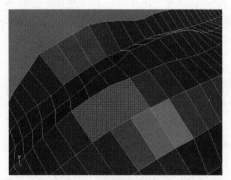

图7-65　填充后的效果

7.4.17　创建多边形

【创建多边形】命令可以比较自由地创建多边形。用户可以在执行该命令后，逐个手动在场景中创建多个点，根据这些点的位置来确定自己想要的造型效果，同时也可以在该命令的属性设置对话框中设置所要创建的多边形的细分段数，该命令常用于制作造型轮廓比较凸出的物体模型。

课堂练习52：创建多边形物体

`01` 执行【网格工具】|【创建多边形】命令，切换到顶视图，在不同位置连续单击3次，即可创建3个顶点，并且两点间构成一条边，如图7-66所示。

`02` 在场景中连续多次单击创建多个顶点，注意创建每个顶点时所要确定的位置，以构成想要的造型轮廓，如图7-67所示。

图7-66　创建多边形

图7-67　组成造型轮廓

`03` 在完成顶点创建后，按Enter键确定创建多边形。若该模型的外形不够理想，用户可以按住鼠标右键，在快捷菜单中选择【顶点】命令进入其点编辑模式，选中并移动部分顶点的位置，如图7-68所示。

`04` 调整完成后，可以看到使用创建多边形工具创建的一个多边形，如图7-69所示。

图7-68　创建多边形轮廓

图7-69　创建的多边形效果

技巧

在创建多边形顶点时，可以使用曲线的顶点吸附工具，例如，按X键可以将顶点吸附到视图网格上；按C键可以将点吸附到物体的边上；按V键可以吸附物体边上的点，按住Ctrl键可以在创建的模型上创建一个洞。

单击【网格工具】|【创建多边形】命令右侧的■按钮，打开【工具设置】窗口的【创建多边形工具】设置面板，如图7-70所示。相关参数功能如下。

- 分段：用于设置每条边线上点的数量。
- 保持新面为平面：确定是否将面限制在一个平面上。
- 限制点数：用于设置限制点的数量。
- 归一化：通过缩放纹理坐标来匹配0~1的纹理空间。

● 单位化：将纹理坐标放置在0~1纹理空间的边界和边角处。

7.4.18　雕刻工具

该工具主要用于对物体表面的部分顶点进行重新分布，从而改变模型表面的造型效果，常用于制作生物模型肌肉的凹凸效果。它分为7种雕刻方式，即拉、推、平滑、松弛、收缩、滑动和擦除，方便用户对模型进行细致修改。关于雕刻工具的说明，可参考上一章讲解的曲面雕刻工具的用法。

图7-70　【创建多边形工具】设置面板

课堂练习53：在多边形表面雕刻

01 选中场景中的模型，执行【网格工具】|【雕刻工具】|【平滑工具】命令，此时在场景中会出现一个黑色的笔刷控制器，如图7-71所示。

02 按住B键的同时再按住鼠标中键不放并水平拖动，调整笔刷的大小，在图7-72所示的相应位置进行涂绘，此时观察模型的造型变化。

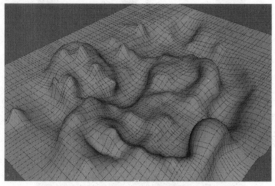

图7-71　执行【平滑工具】命令

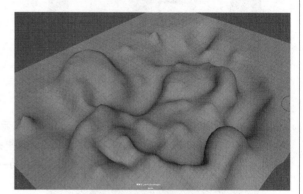

图7-72　雕刻效果

03 单击Maya 2022界面右上角的■按钮，打开【平滑工具】的参数，设置【强度】为100，如图7-73所示。

04 在模型上过渡凸起的部位进行涂刷雕刻，凸起效果会有明显改变，如图7-74所示。

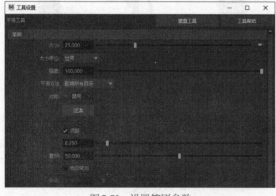

图7-73　设置笔刷参数

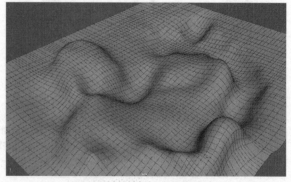

图7-74　模型表面的雕刻效果

7.4.19　镜像

【镜像】命令用于对原始物体制作镜像物体，以及制作镜像物体与原始物体的剪切效果。当移动镜像切割操作产生的控制手柄时，若镜像物体与原始物体重合，则它们重合的部分会被剪切；若两个物体不重合，则它们是各自独立的，并且共同构成一个完整的新个体。

课堂练习54：执行镜像切割

01 在场景中创建一个角色模型，为了便于调整模型和提高工作效率，用户可以删除其一侧的面并调整模型的中心点位置，如图7-75所示。

02 选择该模型，单击【网格】|【镜像】命令右侧的█按钮，在弹出的对话框中选中【镜像轴】下的【X】单选按钮，并选中【合并阈值】下的【自定义】单选按钮，设置为0.001，如图7-76所示。

图7-75　创建基础物体

图7-76　【镜像选项】对话框

03 单击【应用】按钮对其进行镜像切割，此时会产生一个方形控制器和一个镜像物体，如图7-77所示。

04 水平移动红色的控制手柄，观察原始物体与镜像物体之间距离的变化，使原始物体与镜像物体刚好拼接在一起，如图7-78所示。

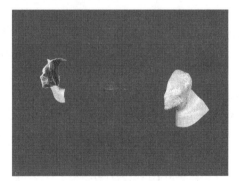

图7-77　进行镜像切割

图7-78　修改原始物体

课堂练习55：镜像多边形物体

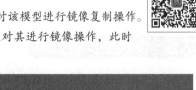

01 在场景中导入一组模型，如图7-79所示。下面使用【镜像】命令对该模型进行镜像复制操作。

02 选中该模型，执行【网格】|【镜像】命令，使用默认的属性参数对其进行镜像操作，此时可以看到沿水平方向镜像复制的角色物体，如图7-80所示。

图7-79　导入目标模型

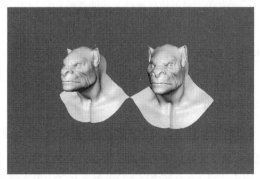

图7-80　默认设置的镜像效果

03 使用同样的方法，用户可以选中模型，单击【网格】|【镜像】命令右侧的■按钮，在打开的【镜像选项】对话框中选中【Y】单选按钮，【镜像方向】设置为【-】，使模型沿 y 轴负半轴镜像，如图 7-81 所示。

04 单击【镜像】按钮，即可将所选模型沿 y 轴负半轴镜像复制，如图 7-82 所示。

图 7-81　设置物体镜像的轴向

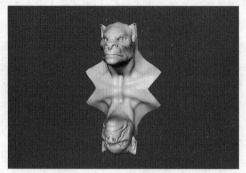

图 7-82　模型的 y 轴镜像效果

参数简介

1. 镜像设置

- 切割几何体：确定是否从网格中移除断开切割平面的面。
- 几何体类型：用于指定使用镜像命令时 Maya 生成的网格类型，默认为【复制】。
- 镜像轴位置：指定要镜像选定多边形对象的对称平面。
- 偏移：用于设置镜像多边形对象与中心点的偏移距离。
- 镜像轴：指定要镜像选定多边形对象的轴，以镜像轴位置为中心。
- 镜像方向：指定在镜像轴上镜像选定多边形对象的方向。

2. 合并设置

- 与原始对象组合：用于设置是否将镜像部分与原始物体合并。
- 边界：镜像组件接合到原始多边形网格的方式，包括 3 个选项，【合并边界顶点】根据合并阈值沿边界边合并顶点；【桥接边界边】创建新面，用于桥接原始几何体与镜像几何体之间的边界边；【不合并边界】单独保留原始几何体组件和镜像几何体组件。
- 合并阈值：镜像部分与原始物体合并点的极限值。该属性必须在启用【与原始对象组合】复选框后才能使用。当该值设置为 0 时，镜像的物体与原始物体独立存在。

3. UV 设置

- 翻转 UV：在指定的方向上翻转 UV 副本或选定对象的 UV 壳，具体取决于当前的几何体类型。
- 方向：当【翻转 UV】复选框处于启用状态时，指定在 UV 空间中翻转 UV 壳的方向。

↘ 7.5　多边形扩展工具

前面介绍了对多边形进行简单的变换和移除操作，本节将学习对多边形模型进行较复杂且具有技巧性的操作，这些操作工具可以帮助用户方便快捷地完成工作。

7.5.1　挤出

【挤出】命令是多边形建模中很常用的命令，用户可以快速选择指定的面，然后执行该命令，即可挤出新的拉伸面，创建新的造型效果。

┃课堂练习56：拉伸多边形┃

01 在场景中导入角色模型，分别选中角色的两个对称面，执行【编辑网格】|【挤出】命令，此时会出现 3 个坐标方向上的控制手柄，如图 7-83 所示。

02 单击任意一个坐标方向的方块，即可在控制手柄中心位置生成一个方体，在该方体上单击并拖动鼠标中键即可缩放挤出面的大小，如图7-84所示。

图7-83 执行【挤出】命令

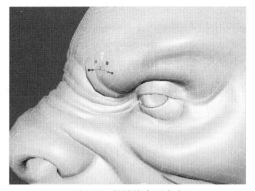

图7-84 缩放挤出面大小

03 再移动蓝色的坐标控制手柄，即可调整挤出面的拉伸位置，如图7-85所示。

04 单击蓝色的圆形控制手柄，使控制手柄切换到模型的中心位置，如图7-86所示。

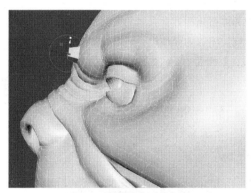

图7-85 调整拉伸面的位置

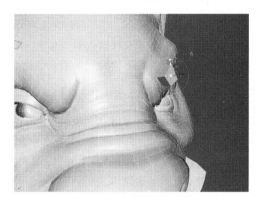

图7-86 调整拉伸面的大小

05 按G键，重复执行【挤出】命令。然后，向上移动y轴方向的控制箭头，即可改变模型的拉伸距离，如图7-87所示。

06 按G键，重复执行【挤出】命令，并且单击蓝色的圆形控制手柄，使挤出控制恢复到所选的挤出面上，再调整挤出面的缩放及拉伸位置，如图7-88所示。

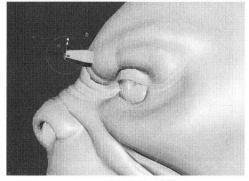

图7-87 移动挤出面的位置

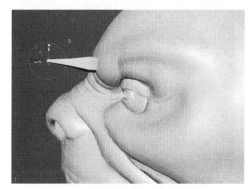

图7-88 连续执行【挤出】命令效果

参数简介

若想改变挤出面的挤出状态，用户可以通过设置挤出属性参数来实现。单击【编辑网格】|【挤出】命令右侧的▇按钮，打开【挤出面选项】对话框，如图7-89所示。

下面对【挤出面选项】对话框中的参数进行说明。

- 分段：用于设置拉伸的分段数，默认值为1。

- 平滑角度：用于指定挤出的几何体边的软硬程度。较大的取值可以挤出软边效果(如180)；较小的取值可以挤出硬边效果(如0)。

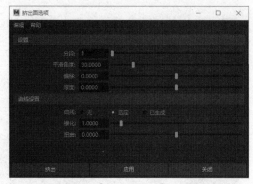

图7-89 【挤出面选项】对话框

- 偏移：用于设置拉伸面的顶点与中心点的偏移距离。

- 厚度：用于指定选定面的深度。

- 曲线：用于确定是否使用曲线来作为拉伸的参考路径。选中【选定】或【已生成】单选按钮时，可以将场景中的选定曲线用作路径挤出多边形。

- 锥化：用于改变拉伸物体末端的大小，以生成一个锥体。

- 扭曲：用于设置扭转拉伸段，产生扭曲效果。

7.5.2 保持面与面合并

在对模型进行挤出操作时，面与面合并工具可以让多个相邻的挤出面拥有共同的公共边。该命令是配合【挤出】命令一起使用的。如果选择该命令，执行【挤出】命令后拖拉相邻的面或边，则相邻的面或边是连接在一起的；如果不选择该命令，执行【挤出】命令后拖拉相邻的面或边，则相邻的面或边是彼此独立的。

▌课堂练习57：合并多边形面▐

01 创建一个多边形球体，选中上侧的面，如图7-90所示。

02 执行【网格工具】|【显示建模工具包】命令，在打开的【建模工具包】窗口中单击【挤出】按钮，启用【保持面的连接性】选项，进行挤出操作，并且调整挤出面的拉伸距离和缩放。此时，相邻的挤出面依然连接在一起，如图7-91所示。

03 按组合键Ctrl+Z撤销所选面的挤出操作，然后禁用【保持面的连接性】选项，对所选面再次执行挤出操作，观察挤出面的效果，如图7-92所示。

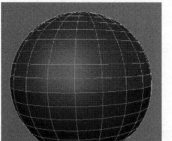

图7-90 选中模型上边的面

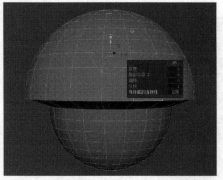

图7-91 启用【保持面的连接性】选项效果

图7-92 禁用【保持面的连接性】选项效果

7.5.3　桥接

　　【桥接】命令用于在一个物体上不同面的两边之间形成一个过渡面，将两边连接起来。该命令通常将【结合】和【合并】命令综合使用，即将两个物体合并在一起，对其进行桥接操作，然后再将桥接操作产生的过渡面的重合边进行缝合。

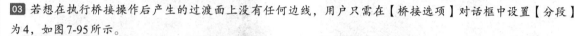

课堂练习58：在断面上执行桥接

　　01 在场景中导入一个未连接的模型，如图7-93所示，然后选中模型的两条对应边。

　　02 对选中的两条对应边执行【编辑网格】|【桥接】命令，进行桥接操作，此时会产生一个含有多条边的过渡面，如图7-94所示。

　　03 若想在执行桥接操作后产生的过渡面上没有任何边线，用户只需在【桥接选项】对话框中设置【分段】为4，如图7-95所示。

图7-93　选择模型对应边

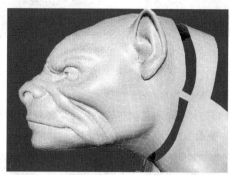
图7-94　执行【桥接】命令

　　04 单击【应用】按钮，对所选择的两边进行桥接操作，此时再观察过渡面的变化，如图7-96所示。

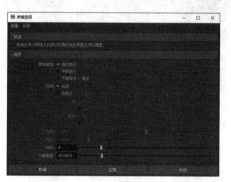
图7-95　设置桥接属性值

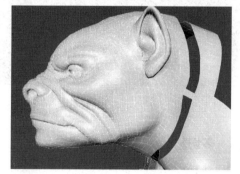
图7-96　生成的过渡面

参数简介

- 桥接类型：用于设置连接部分的模式，其中有【线性路径】、【平滑路径】、【平滑路径+曲线】选项。
- 方向：确定桥接源和目标边/面的哪一侧。
- 扭曲：用于控制连接面的扭曲程度，通常默认为0，不产生扭曲效果。
- 锥化：用于设置是否产生锥体造型的连接面。
- 分段：用于设置产生连接面的细分段数。
- 平滑角度：用于设置产生连接面的平滑角度。

7.5.4　附加到多边形

　　【附加到多边形】命令可以将一个整体多边形的多条边连接起来，也可以制作多边形的延伸部分，达到理想的造型效果，从而有效提高工作效率和质量。

课堂练习59：在模型上添加边线

01 在场景中导入一个角色脸部模型，眼睛部位的模型面是空缺的，如图7-97所示。

02 执行【网格工具】|【附加到多边形】命令，然后在断开的边缘边上单击，此时会出现红色的三角标记符，如图7-98所示。

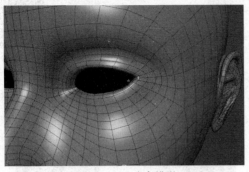
图7-97　导入角色模型

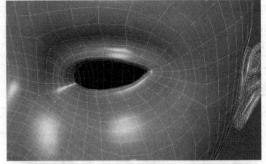
图7-98　执行【附加到多边形】命令

03 在构成同一面上的对边处单击，产生一个红色的面，以将其对应边连接起来，然后按Enter键确定构成新的平面，如图7-99所示。

04 使用同样的方法将相邻的面也连接起来，以产生一个新的平面，然后进行编辑，以调整出向外突出的眼球效果，如图7-100所示。

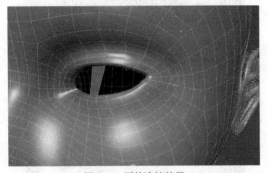
图7-99　面的连接效果

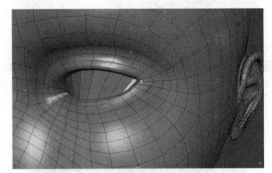
图7-100　制作的眼球效果

7.5.5　多切割

　　【多切割】命令可以沿着一条线切割模型上的所有面，比【插入循环边】命令更加方便、快捷，但有一定的局限性。

课堂练习60：使用切面

01 选择要分割的模型，执行【网格工具】|【多切割】命令；然后，在模型上按住鼠标左键不放进行拖动会拉出一条直线，如图7-101所示。

02 松开鼠标左键，即可在模型的切割线位置生成一条切割边，增加了模型自身的边数和面数，如图7-102所示。

03 同样，用户也可以选择要切割的模型，单击【网格工具】|【多切割】命令右侧的回按钮，在弹出的【工具设置】窗口中启用【切片工具】卷展栏下的【删除面】复选框，如图7-103所示。

04 按住鼠标左键在模型表面画出切割线，即可在切割线位置将模型的切割面删除，如图7-104所示。

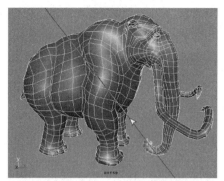

图 7-101 执行【多切割】命令

图 7-102 生成的切割边

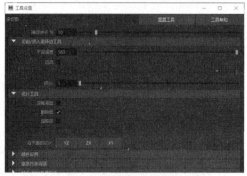

图 7-103 设置切割属性参数

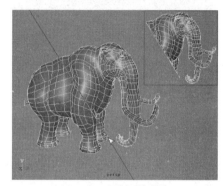

图 7-104 切割面被删除

在 Maya 中，使用【多切割】命令，可以通过在曲面上绘制一条线，以指定分割位置来分割网格中的一个或多个多边形面。

课堂练习61：修改物体布线结构

01 打开随书附赠资源中的 Maya 模型，或者在场景中创建一个标准几何体。本练习所使用的是一对翅膀的造型，如图 7-105 所示。

02 执行【网格工具】|【多切割】命令，激活该工具。

03 在视图中，选择用于执行分割的一条边线，如图 7-106 所示。

04 将鼠标光标移动到另外一条需要分割的边线上，并单击确定一个分割点，如图 7-107 所示。

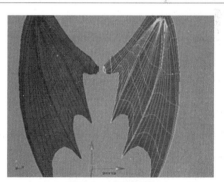

图 7-105 新建模型

图 7-106 选择边线

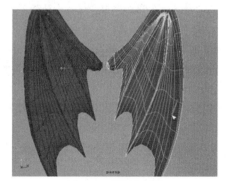

图 7-107 选择分割线

05 将鼠标光标移动到其他边线上，产生一条用于分割的高亮度示意图，如图7-108所示。

06 当分割操作执行完成后，按Enter键即可完成分割，如图7-109所示。

图7-108 执行分割操作

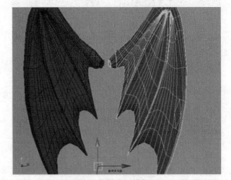

图7-109 分割效果

下面介绍【多切割】命令的参数功能。单击【网格工具】|【多切割】命令右侧的■按钮，即可打开相关的设置参数，如图7-110所示。

除了默认的多切割行为，可以通过按住Shift键并拖动面来激活切片工具。

● 捕捉步长 %：指定在定义切割点时使用的捕捉增量。

● 平滑角度：指定完成操作后是否自动软化或硬化插入的边。

● 边流：启用该复选框后，新边遵循周围网格的曲面曲率。

● 细分：指定沿已创建的每条新边出现的细分数目。顶点将沿边放置，以创建细分。在预览模式中，这些顶点是黑色的，从而帮助用户区分切割点和细分。

图7-110 【多切割】参数设置

● 忽略背面：对于背面的面不会产生影响。

● 删除面：删除切片平面一侧的曲面部分。

● 提取面：断开切片平面一侧的面。

● 沿平面切片：沿指定YZ、ZX或XY平面对曲面进行切片。

7.5.6 插入循环边

【插入循环边】命令一次能为物体添加一条或多条循环的边。在建模过程中，可以根据不同的情况选择适当的命令。具体操作方法如下所述。

操作步骤

01 在场景中导入一个角色模型，执行【网格工具】|【插入循环边】命令，在角色的腰部按住鼠标左键不放会产生一条虚线，拖动鼠标左键以调整虚线的位置，如图7-111所示。

02 松开鼠标左键，即可在虚线位置为模型面添加一条循环边，如图7-112所示。

图7-113是【插入循环边工具】参数设置面板，其属性说明如下。

● 与边的相对距离：用于控制循环边上每个点的位置与所在边长度的比例保持相同。

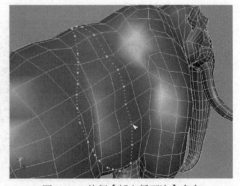

图7-111 执行【插入循环边】命令

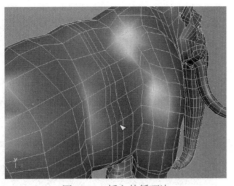

图 7-112　插入的循环边

图 7-113　插入循环边工具参数设置

- 与边的相等距离：可以使循环边上每个点的位置与处于最短边上的点与最近端点距离相等。这样，可以使循环边与边平行，特别是当物体表面是不规则形状时，通过使用该选项可以快速找到平行线。

- 多个循环边：选中该单选按钮后，可以同时在模型上添加多条等分边的循环边，每个点的位置处于等距点上。

- 使用相等倍增：启用该复选框后，应用最短边的长度来确定偏移高度。

- 循环边数：用于设置循环边数。如果取值为1，则只有一条循环边，且位置处于每条边的中心点上；如果取值为3，则创建3条循环边，每个点处于边上四分之一的位置上。

- 自动完成：确定是否自动完成整个循环，默认处于选中状态。

- 固定的四边形：产生固定的四边形。

- 使用边流插入：可以插入遵循周围网格曲率的循环边。

- 调整边流：在插入边之前，输入值或调整滑块以更改边的形状。

- 平滑角度：用于设置平滑的角度，默认参数为30°。

7.5.7　偏移循环边

【偏移循环边】命令与【插入循环边】命令类似，都是为模型添加循环边，但是该命令是以模型上的一条边为基准，在与该边相连的相交面上添加循环边。具体操作方法如下所述。

操作步骤

01 选中模型，执行【网格工具】|【偏移循环边】命令，用鼠标单击模型上的一条边，图7-114所示的位置出现了黄色循环边，左右拖动鼠标左键以调整两条绿色虚线的位置。

02 松开鼠标左键，即可在虚线位置为模型表面添加两条循环边，如图7-115所示。

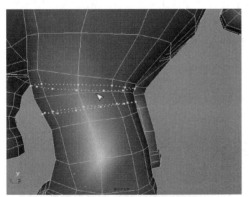

图 7-114　执行【偏移循环边】命令

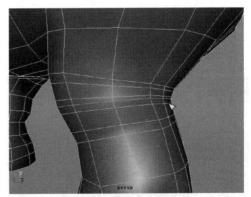

图 7-115　添加的循环边

图7-116是【偏移循环边选项】对话框，其部分参数功能介绍如下。

- 删除边：默认为启用且不可用状态。用于删除边，只有【进入工具并关闭】按钮处于选中状态下才变为可用状态。

- 开始/结束顶点偏移：用于设置起止点的偏移程度，默认值为0，表示创建的线是平行线。

- 工具完成：用于设置工具的完成方式。其中，【自动】选项表示自动完成创建，松开鼠标按键即表示结束；【按Enter键】选项表示需要按Enter键作为结束的命令。

图7-116　参数设置对话框

7.5.8　添加分段

【添加分段】命令用于对多边形添加面的细分段数，并且所添加的细分段数是等距离分布的。使用该命令添加模型的细分与【平滑】命令类似，但该命令只会增加模型的面数，而不改变模型的外形。

课堂练习62：对多边形面进行细分

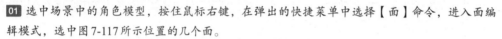

01 选中场景中的角色模型，按住鼠标右键，在弹出的快捷菜单中选择【面】命令，进入面编辑模式，选中图7-117所示位置的几个面。

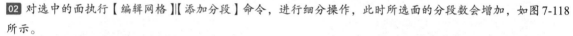

02 对选中的面执行【编辑网格】|【添加分段】命令，进行细分操作，此时所选面的分段数会增加，如图7-118所示。

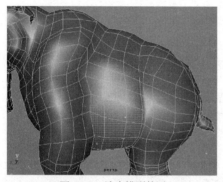

图7-117　选中模型的面

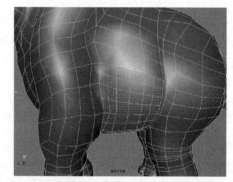

图7-118　所选面的细分效果

03 若想增加所选多边形面的细分，用户可单击【编辑网格】|【添加分段】命令右侧的 按钮，在弹出的对话框中设置【分段级别】为1，如图7-119所示。

04 单击【应用】按钮执行添加细分操作，再观察所选模型面的细分效果，如图7-120所示。

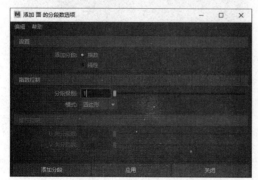

图7-119　设置分段级别

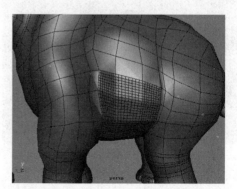

图7-120　所选面最终的细分效果

参数简介

- 添加分段：用于控制模型的细分方式。其中，【指数】方式用于控制模型在单位面积内整体的细分效果，细分的程度较强；【线性】方式是指模型在U向、V向的细分效果。
  - 分段级别：用于控制模型细分的级别，级别值越大，物体生成的细分段数越多。
  - 模式：用于控制所产生细分面的模式。细分面为四边形和三角形。
  - U向分段数/V向分段数：用于控制物体分别在U向和V向的细分段数。

7.5.9　滑动边

【滑动边】命令允许用户沿一个多边形面移动此面的一条边。用户可以选择要滑动的多边形边，执行【网格工具】|【滑动边】命令，此时会在当前视图中提示选择循环边或路径，在视图中左右拖动鼠标中键，可以将所选边沿一个面滑动。

7.5.10　翻转三角形边

【翻转三角形边】命令用于改变物体三角形上边的排列方式。首先要选中三角形上所有的边，再执行【编辑网格】|【翻转三角形边】命令，但是要注意这些边相连的面要尽量在同一平面上，否则计算结果会出错。

7.5.11　变换

【变换】命令用于对多边形物体的边、顶点、面等元素进行移动、旋转、缩放等变换操作。设置该命令的随机值，可以对所选模型的元素进行随机变换。具体操作方法如下所述。

操作步骤

01 选择要执行变换的模型，执行【编辑网格】|【变换】命令对其进行变换操作，此时模型上会出现一个控制器，如图7-121所示。

02 水平拖动控制器箭头，物体会向移动方向收缩而另一边膨胀起来，如图7-122所示。

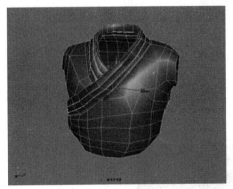

图7-121　执行【变换】命令

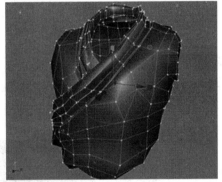

图7-122　模型的随机变化效果

技巧

使用该命令，可以用于制作表面造型的轮廓变化比较随机的物体模型，如崎岖的地面、凹凸不平的山体和石头、海浪或水泊造型，由于其变化的随机性，会使模型表面的细节显得比较逼真。

7.5.12　正向/反向自旋边

【正向自旋边】命令用于控制一个平面内的对角线进行正向的旋转。选中需要旋转的对角线，连续多次执行【正向自旋边】命令，观察该对角线的旋转变换，如图7-123所示。

同理，【反向自旋边】命令用于控制一个平面内的对角线进行反向的旋转。选中需要旋转的对角线，连续多次执行【反向自旋边】命令，观察该对角线的旋转变换，如图7-124所示。

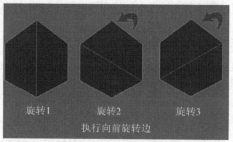

图7-123　执行【正向自旋边】命令

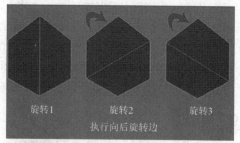

图7-124　执行【反向自旋边】命令

7.5.13　刺破

【刺破】命令用于在所选面或整个物体的每个面上创建一个点，该点到面的各个位置相等，并与面的每个顶点都有连接线。选中整个模型或模型上的面，然后执行【编辑网格】|【刺破】命令即可。

单击【编辑网格】|【刺破】命令右侧的■按钮，打开【刺破面选项】对话框，如图7-125所示。

参数简介

- 顶点偏移：用于设置点的偏移值，默认点在面上。
- 偏移空间：用于选择偏移点的空间坐标系，其中有【世界】坐标系和【局部】坐标系。

图7-125　【刺破面选项】对话框

7.5.14　楔形

多边形建模还有一个比较特殊的命令——【楔形】，该命令可以基于面和一条边进行挤出并旋转，最终得到一组面。

课堂练习63：楔入面操作

01 在场景中创建立方体模型并添加细分。单击【编辑网格】|【楔形】命令右侧的■按钮，在弹出的【楔形面选项】对话框中，设置【弧形角度】为180、【分段】为4，如图7-126所示。

图7-126　【楔形面选项】对话框

02 在【建模工具包】面板中，单击【多组件】按钮，选中其中一侧的面并选中所选面上的相邻边，如图7-127所示。

03 单击【应用】按钮，执行面的楔入操作，此时观察模型的变化，如图7-128所示。

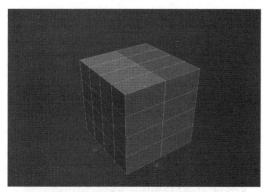

图7-127 楔入面

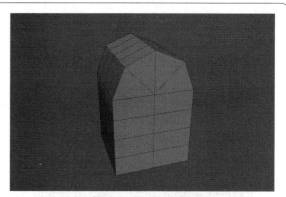

图7-128 模型面的变化

> **提示**
>
> 在【楔形面选项】对话框中，【弧形角度】用于设置拉伸面的弧度值；【分段】用于设置拉伸段的分段数，数值越高分段越细，弧度越圆滑。

7.5.15 复制

【复制】命令用于对所选的多边形面进行复制。用户可以选择整体的多边形面，也可以选择局部的多边形面，还可以对选择的多边形物体进行复制。具体操作方法如下所述。

操作步骤

01 在场景中导入一组角色模型，按住鼠标右键，在弹出的快捷菜单中选择【面】命令，进入面的编辑模式，然后框选图7-129所示的面。

02 对选中的面执行【编辑网格】|【复制】命令，对其进行复制，移动控制手柄以控制复制的面，如图7-130所示。

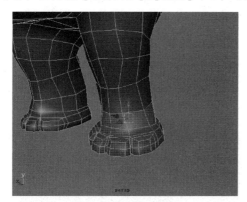

图7-129 选择柱体面片

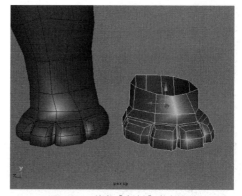

图7-130 执行【复制】命令效果

7.5.16 合并

使用【合并】命令可以将模型上的两个或多个点、面合并成一个点或一个面。下面对其进行介绍。

┃课堂练习64：缝合多边形┃

01 在视图中创建一个圆柱体，然后进入面的编辑状态，删除一组面，进入模型的顶点编辑状态，选中并移动模型顶部的一组顶点，如图7-131所示。

02 单击【编辑网格】|【合并】命令右侧的■按钮，在弹出的【合并顶点选项】对话框中设置【阈值】为4，然后单击【合并】按钮，所选择的顶点就合并成了一个顶点，如图7-132所示。

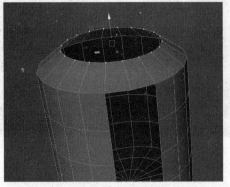
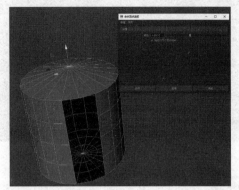

图7-131　移动顶点　　　　　　　　　　　　　图7-132　执行【合并】命令

参数简介

- 阈值：用于设置合并元素之间距离的极限值，在这个参数值内的元素将被合并。
- 始终为两个顶点合并：用于控制是否将两个合并点缝合在一起，从而具有一个共同的UV点。

7.5.17　合并到中心

【合并到中心】命令可以将选中的点、边、面等元素合并到一个中心，就是说如果选择两个物体上的边进行合并时，它会将所选择的这两条边合并到一个中心点上。选择面、点进行合并时，道理相同，而且这些元素可以不在同一个物体上。具体操作方法如下所述。

操作步骤

01 在场景中创建一个足球体模型和一个棱锥体模型，然后分别选中图7-133所示的两个顶点。

02 执行【编辑网格】|【合并到中心】命令，即可将两顶点缝合到一起，但是两顶点还可以分开，并没有真正合并在一起，如图7-134所示。

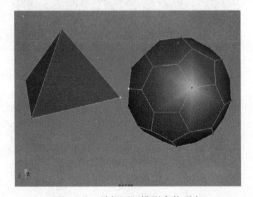
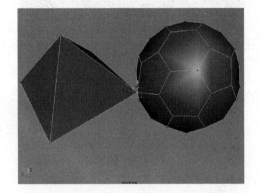

图7-133　选择不同模型上的顶点　　　　　　　图7-134　执行【合并到中心】命令

7.5.18　合并顶点

【合并】命令用于对物体模型上独立的点进行缝合操作。要缝合的点必须处于同一模型上(即执行【结合】命令后的模型)，才能执行【编辑网格】|【合并】命令，从而将独立的顶点缝合起来。

课堂练习65：合并顶点

01 在场景中导入分离的模型，并对它们执行结合操作，如图7-135所示。

02 进入模型点的显示方式，选择相邻的两个点，如图7-136所示。

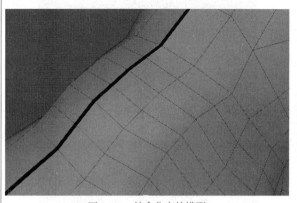

图7-135　结合分离的模型

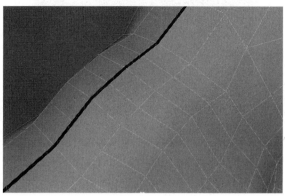

图7-136　选择相邻的两个点

03 执行【编辑网格】|【合并】命令，所选的两点被缝合在一起，如图7-137所示。

04 移动该缝合点，原始的两点上的边也跟随着发生变化，这表示两点已经完全合并在一起，且两点拥有一个UV点，如图7-138所示。

图7-137　两点缝合在一起

图7-138　多边形点的合并效果

7.5.19　合并边

【合并】命令用于对单一物体上的边界边进行缝合处理，也可以对两条执行【结合】命令后的边进行缝合处理。

课堂练习66：合并边界

01 打开场景，选择模型并进入边模式，选择模型相邻的两条边，如图7-139所示。

02 单击【编辑网格】|【合并】命令右侧的■按钮，在打开的对话框中将【阈值】设置为1，单击【应用】按钮，此时两条边自动缝合在一起，如图7-140所示。

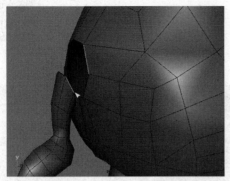

图7-139　选择相邻的两条边

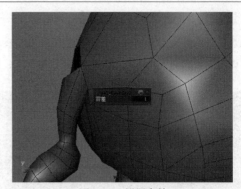

图7-140　设置参数

03 重复执行【合并】命令，缝合其他对应的边，缝合完成后，选中并移动其缝合部位的一个点，观察其缝合效果，如图7-141所示。

> **提 示**
>
> 该命令包含3种缝合方式，分别是在两条选择边的中间位置合并、将两条选择边合并到第一条选择边位置，以及将两条选择边合并到第二条选择边位置。

图7-141　顶点缝合效果

7.5.20　目标焊接

【目标焊接】命令可以将所选模型的多个面或边缝合在一起，以减少模型的面数或边数。在制作模型时，为避免三角面的产生会影响动画效果，用户可以使用【网格工具】|【目标焊接】命令来消除三角面。具体操作方法如下所述。

操作步骤

01 在制作卡通模型时出现了三角面，选中三角面上的两条边，如图7-142所示。

02 执行【网格工具】|【目标焊接】命令，三角面便消除了，如图7-143所示。

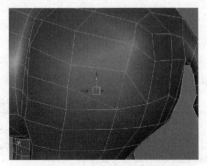

图7-142　选中三角面上的边

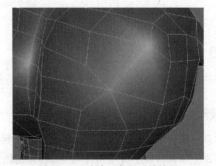

图7-143　消除三角面后的效果

7.5.21　删除边/顶点

【删除边/顶点】命令用于删除物体上指定的点和边。通常选中模型的边或面，按Delete键删除，但是再切换到点显示模式，这条边上的点依然存在，因此使用Delete键只能删除两点之间所形成的边，不能删除这条边上的顶点元素，此时就需要使用【删除边/顶点】命令来完成。具体操作方法如下所述。

操作步骤 ------------------------------------

01 导入角色模型，然后选中角色模型面部的几条边，如图7-144所示。

02 执行【编辑网格】|【删除边/顶点】命令，执行删除多边形边和顶点操作，此时观察模型的边和点的变化，如图7-145所示。

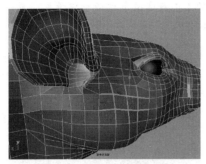

图7-144　选中模型面部的边

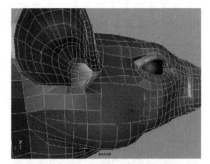

图7-145　执行【删除边/顶点】命令效果

7.5.22　切角顶点

【切角顶点】命令用于将一个顶点分散到各个与其相连的边上，也可以理解为使一个顶点转化为一个斜面。下面介绍其操作方法。

01 在场景中创建一个锥体，选中其顶部的顶点，执行【编辑网格】|【切角顶点】命令，将其转化为斜面，效果如图7-146所示。

02 单击【切角顶点】命令右侧的■按钮，在弹出的【切角顶点选项】对话框中设置【宽度】为0.25，如图7-147所示。

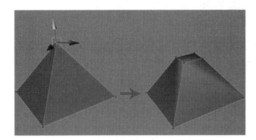

图7-146　执行【切角顶点】命令效果

图7-147　【切角顶点选项】对话框

03 单击【应用】按钮，再观察顶点转换成平面的效果，如图7-148所示。

04 在【切角顶点选项】对话框中的【执行切角后移除面】复选框表示是否删除产生的切面。图7-149分别为禁用和启用该复选框形成的切面效果。

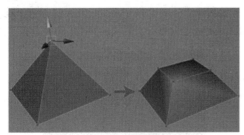

图7-148　切角宽度的变化

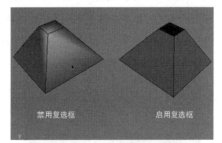

图7-149　形成的切面效果

7.5.23　倒角

【倒角】命令用于对模型边缘比较尖锐的棱角进行倒角，以制作出边缘光滑的效果，同时又不影响模型大体的造型效果。

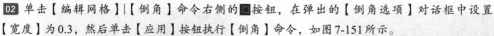

课堂练习67：添加倒角

`01` 选中模型中要倒角的物体，如图7-150所示。

`02` 单击【编辑网格】|【倒角】命令右侧的■按钮，在弹出的【倒角选项】对话框中设置
【宽度】为0.3，然后单击【应用】按钮执行【倒角】命令，如图7-151所示。

图7-150　选中要倒角的物体

图7-151　倒角后的效果

参数简介

在【倒角选项】对话框中包括如下主要选项。

- 偏移类型：选择计算倒角宽度的方式。
- 偏移空间：用于选择已缩放对象的空间坐标系，其中有【世界】坐标系和【局部】坐标系。
- 宽度：用于设置倒角时的偏移数值。
- 分段：用于设置倒角时偏移的段数，段数越多，倒角后越光滑。
- 斜接：确定另外涉及一个或多个非倒角边时相交的倒角边如何接合到一起。
- 平滑角度：用于指定进行着色时希望倒角边是硬边还是软边。
- 自动适配倒角到对象：默认状态下该复选框处于启用状态，用于选择是否自动计算倒角时的圆滑度。如果不启用该复选框，将手动设置圆滑度的值。
- 圆度：用于手动设置圆滑度的值。

7.5.24　折痕工具

【折痕工具】命令可以在多边形网格的点和边上产生折痕效果，通常用于修改多边形网格，并可以在"硬"和平滑之间获取过渡形状，并且不会过度增大基础网格的分辨率。本小节将介绍【折痕工具】命令的使用方法。

课堂练习68：利用折痕制作平滑效果

`01` 在场景中创建一个多边形方体并调整其分段数值，如图7-152所示。

`02` 切换到【边】组件模式，在视图中按住Shift键，选择图7-153所示的边线。

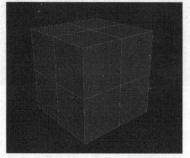

图7-152　创建多边形

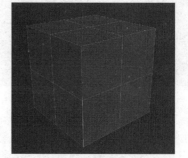

图7-153　选择边线

03 执行【网格工具】|【折痕工具】命令，打开该工具的设置参数，如图 7-154 所示。

04 在选择的边线上按住鼠标中键不放并拖动，即可产生折痕效果，如图 7-155 所示。

图 7-154 设置参数

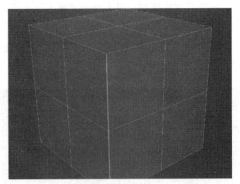

图 7-155 产生折痕

下面介绍【折痕工具】参数的功能。

● 绝对：选中该单选按钮时，多个边和顶点的折痕是相同的。也就是说，如果选择多个边或顶点来生成折痕，且它们具有已存在的折痕，那么完成之后，所有选定组件将具有相似的折痕值。这是默认设置。【折痕】的设置范围为 0~7，值为 7 时，表示组件已完全折痕。

● 相对：选中该单选按钮时，可以维护网格上已存在的折痕，并且可以增加或减少折痕总体数量。

● 延伸到折痕组件：启用该复选框时，会将折痕边的当前选择自动延伸到连接当前选择的任何折痕。这样可省去必须单独选择所有折痕的工作。生成顶点的折痕时，该选项没有任何效果。

05 返回到对象模式，执行【网格】|【平滑】命令，即可观察此时所创建的折痕效果，如图 7-156 所示。

> **注 意**
>
> 对物体的边或点执行折痕操作后，通过视图是看不到效果的，只有在对物体执行平滑操作后才能看到效果。

图 7-156 是利用【折痕工具】命令创建的效果。如果用户没有对物体执行【折痕工具】操作，那么创建的平滑效果应该是图 7-157 所示的形状。

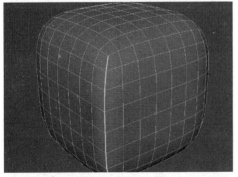

图 7-156 折痕效果

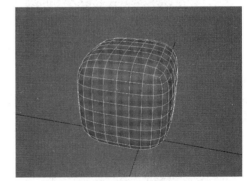

图 7-157 默认平滑效果

7.6 案例2：创建卡通龟模型

前面介绍了多种工具的使用方法，本节将使用这些工具制作一个卡通龟模型，其中使用挤出工具对物体的造型进行编辑，使用镜像切割工具创建镜像物体等。

1. 制作鼻子模型

操作步骤 --

01 创建一个立方体模型，将【细分宽度】设置为4，将【高度细分数】和【深度细分数】均设置为3，如图7-158所示。

02 切换到顶视图，选中其一侧的面，按Delete键删除，然后再切换到透视图，观察面的删除效果，如图7-159所示。

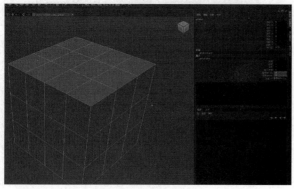
图7-158 创建立方体

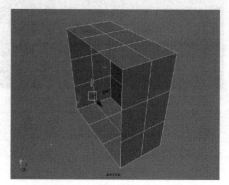
图7-159 删除盒子的一侧

03 选择剩余的模型，单击【编辑】|【特殊复制】命令右侧的■按钮，在弹出的【特殊复制选项】对话框中设置【缩放X】为-1，启用【实例叶节点】复选框，然后单击【应用】按钮，将模型进行关联复制，如图7-160所示。

04 选择并移动其中一侧模型上的几排顶点，将模型外形调整为圆形，用于制作角色的鼻子造型，如图7-161所示。

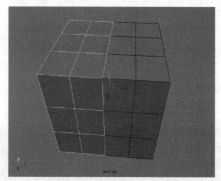
图7-160 复制盒子模型

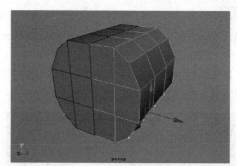
图7-161 调整模型的顶点

05 对模型前端的顶点进行调整，调整为图7-162所示的椭圆形造型。

06 旋转视图角度，选中图7-163所示的位置的面。

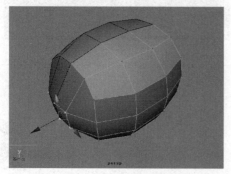
图7-162 调整模型造型

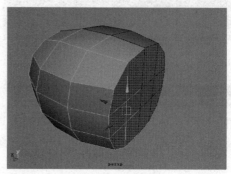
图7-163 选择模型面

07 对选中的面执行【编辑网格】|【挤出】命令，并拖动蓝色的控制手柄，移动挤出面的位置，如图7-164所示。

08 按G键，连续执行【挤出】命令，将所选面挤出并调整挤出面的位置，如图7-165所示。

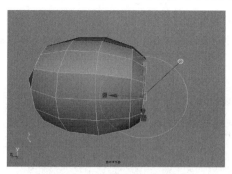

图7-164 执行【挤出】命令

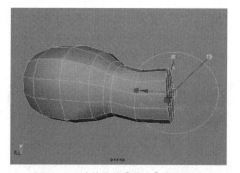

图7-165 连续执行【挤出】命令效果

09 切换到顶点编辑模式，调整图7-166所示的顶点，形成向外突出的效果。

10 选中图7-167所示模型下方的面，执行【挤出】命令，并拖动控制手柄调整面的位置。

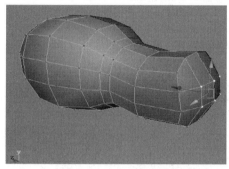

图7-166 调整模型顶点

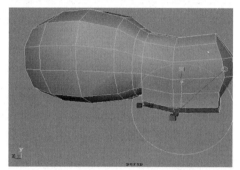

图7-167 执行【挤出】命令

11 选中挤出面上的顶点并调整其位置，以挤出面的造型；然后，再选中模型底部的面，执行【挤出】命令，并且调整面的大小，如图7-168所示。

12 进入模型的顶点编辑状态并选中其顶点，移动模型顶点的位置以改变模型造型及布线，如图7-169所示。

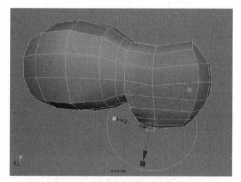

图7-168 再次执行【挤出】命令

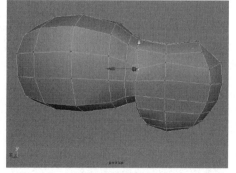

图7-169 调整模型布线

技 巧

在创建多边形模型时，根据想要创建的模型造型结构，用户可以在创建模型的大致造型时调整好模型的轮廓布线。例如，当制作角色脸部的轮廓时，用户可以根据脸部的轮廓线调整出脸部的大致造型，以制作出完美的造型效果。

2. 制作脸部

操作步骤

01 选中图7-170所示的面，执行【挤出】命令，并调整挤出面的缩放。

02 拖动控制箭头，调整挤出面的拉伸距离；然后按G键，对所选面再次执行【挤出】命令，并调整挤出面的大小和拉伸距离，如图7-171所示。

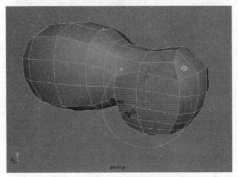

图7-170　执行【挤出】命令

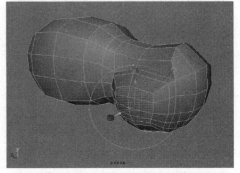

图7-171　再次执行【挤出】命令

03 选中图7-172所示的面，执行【挤出】命令，并调整挤出面的拉伸距离。

04 移动图7-173所示位置的几个顶点，使它们与相邻的面平行。

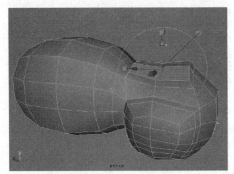

图7-172　执行【挤出】命令

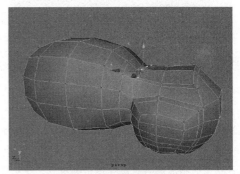

图7-173　移动模型的顶点位置

05 选中图7-174所示的面，执行【挤出】命令并调整挤出面的位置，用于制作角色的头部造型。

06 按G键，连续执行【挤出】命令，对所选面进行挤出操作，并调整挤出面的位置及拉伸效果。图7-175是挤出的角色头部造型。

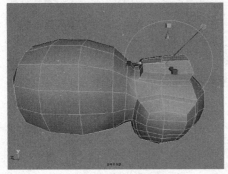

图7-174　执行【挤出】命令

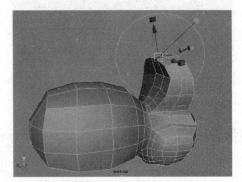

图7-175　连续执行【挤出】命令

07 选中图7-176所示位置的两排顶点，沿z轴向前移动，以改变模型的造型。

08 旋转视图角度，调整图7-177所示的顶点，以调整模型的轮廓布线及模型轮廓。

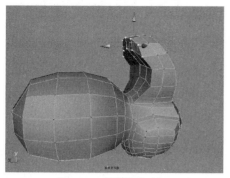

图7-176　调整模型顶点1

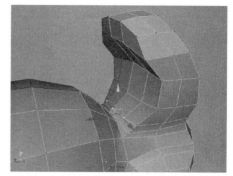

图7-177　调整模型顶点2

09 放大当前视图角度，选中图7-178所示的面，执行【挤出】命令。

10 缩放挤出面的大小，并且调整挤出面上的顶点位置，以改变挤出面的造型状态，如图7-179所示。

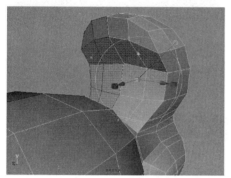

图7-178　执行【挤出】命令

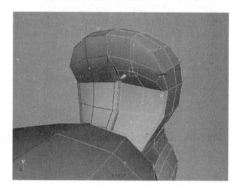

图7-179　调整模型顶点的位置

11 选中图7-180所示的模型面，执行【挤出】命令，然后缩放挤出面的大小并调整面的位置，以制作出眼睛部位的凹槽效果。

12 放大视图，进入模型的内部，选中模型边界边并且将其删除，如图7-181所示。

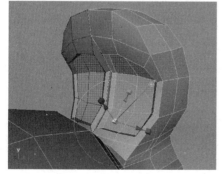

图7-180　执行【挤出】命令

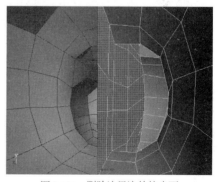

图7-181　删除边界边的挤出面

13 选中两眼睛部位的凹槽面，按Delete键将它们删除，如图7-182所示。

14 调整模型两眼球之间的连接面上的顶点，以改变该处的凹陷效果，如图7-183所示。

15 在图7-184所示的位置创建一个球体，并使用缩放工具将其缩放为椭圆形。

16 选中球体中心部位的面并执行【挤出】命令，调整挤出面的拉伸距离，以制作眼球的凸起造型，如图7-185所示。

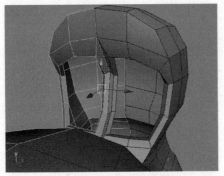

图7-182　删除不需要的面

图7-183　调整模型顶点

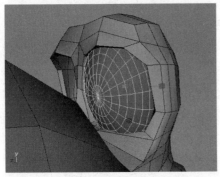

图7-184　创建球体

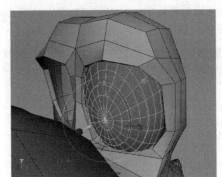

图7-185　执行【挤出】命令

3. 制作嘴巴

操作步骤--

01 旋转视图角度，调整角色头部后面的顶点，以美化模型的外形效果，如图7-186所示。

02 选中图7-187所示的面，执行【挤出】命令并调整挤出面的缩放效果。

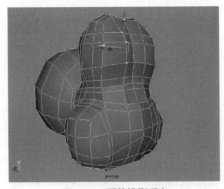

图7-186　调整模型顶点

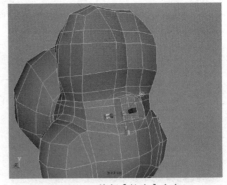

图7-187　执行【挤出】命令

03 按G键，重复执行【挤出】命令，并调整挤出面的形状，制作角色头部后侧凸起的造型效果，如图7-188所示。

04 使用同样的方法，选择其他位置的面并进行挤出操作，编辑出角色的头部修饰造型，如图7-189所示。

05 调整角色鼻子下方的布线，然后选中图7-190所示的面并执行【挤出】命令，调整挤出面的拉伸距离，用于制作角色的嘴巴造型。

06 重复执行【挤出】命令，调整面的形状以创建角色的下巴，然后调整挤出面上顶点的位置，如图7-191所示。

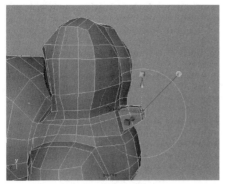

图7-188　创建角色头部的凸起造型

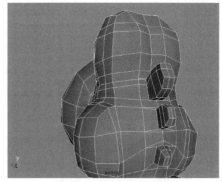

图7-189　创建多个凸起造型

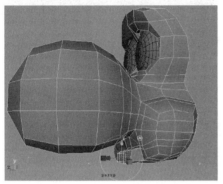

图7-190　执行【挤出】命令

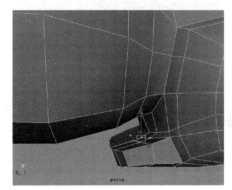

图7-191　调整挤出面上顶点的位置

07 放大视图，选中图7-192所示的面，执行【挤出】命令，并调整挤出面的大小。

08 对挤出面进行缩放处理，便于角色口腔造型的制作，如图7-193所示。

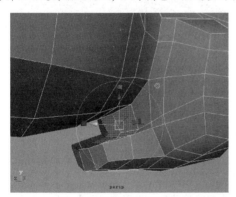

图7-192　执行【挤出】命令

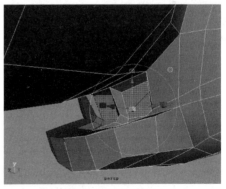

图7-193　缩放挤出面的大小

09 连续执行【挤出】命令，创建角色的口腔造型；然后进入角色口腔内部，将因挤出操作而使两个关联物体边界边处产生的多余面进行删除，如图7-194所示。

10 选中口腔底部的面，执行【挤出】命令，并且向口腔的外部拖动挤出控制手柄，如图7-195所示。

11 按G键，连续执行【挤出】命令，并调整挤出面的拉伸距离和大小，如图7-196所示。

12 调整角色嘴部和舌头部位的顶点，以美化角色的造型效果，如图7-197所示。

13 旋转视图角度，然后进入角色模型的点编辑模式，选中图7-198所示的顶点。

14 对所选顶点执行【编辑网格】|【切角顶点】命令将其转化为切面，然后选中转化的切面，执行挤出操作，如图7-199所示。

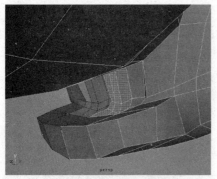

图7-194　删除多余的面

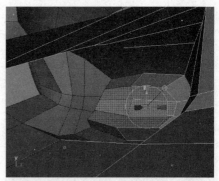

图7-195　制作舌头造型

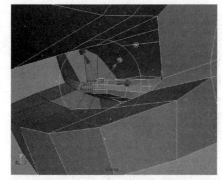

图7-196　连续执行【挤出】命令

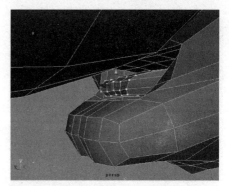

图7-197　移动挤出面的顶点

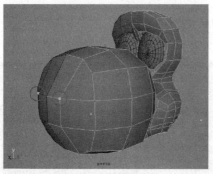

图7-198　选择模型顶点

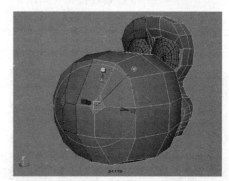

图7-199　执行【切角顶点】命令

15 缩放挤出面的大小，然后再按G键对所选挤出面重复执行【挤出】命令，并调整挤出面的拉伸距离，如图7-200所示。

16 连续执行【挤出】命令并调整挤出面的拉伸距离，使该处产生凹陷的效果，用于作为角色的鼻孔，如图7-201所示。

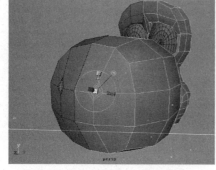

图7-200　执行【挤出】命令

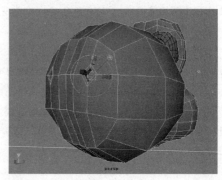

图7-201　制作鼻孔

4. 调整身体造型

操作步骤

01 创建一个立方体模型并调整细分数，将其一半删除并对其进行关联复制；然后进入顶点编辑状态，移动其部分顶点，将其调整为圆形，如图7-202所示。

02 选中立方体模型的顶点，使用缩放工具对它们进行缩放，以改变模型的造型，如图7-203所示。

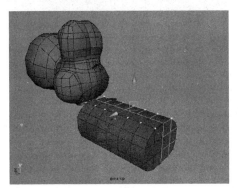

图7-202　创建立方体模型

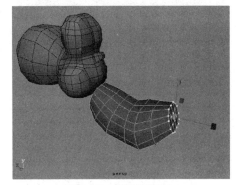

图7-203　调整模型顶点

03 选中该立方体模型顶端部的面，执行【挤出】命令，并调整挤出面的拉伸距离和缩放效果，如图7-204所示。

04 连续执行【挤出】命令，然后移动挤出面的顶点，使其产生圆滑的效果，如图7-205所示。

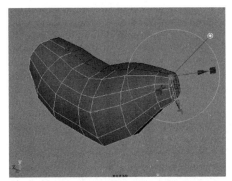

图7-204　执行【挤出】命令

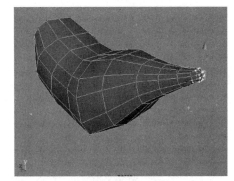

图7-205　调整挤出面的顶点

05 切换到前视图，调整模型下方的顶点以修改模型的布线轮廓，如图7-206所示。

06 切换到透视图并旋转视图角度，选中图7-207所示的面，执行【挤出】命令，并调整挤出面的拉伸距离，以制作角色的肚子造型。

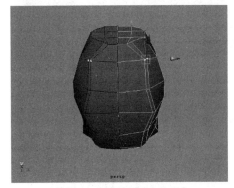

图7-206　调整模型下方的顶点

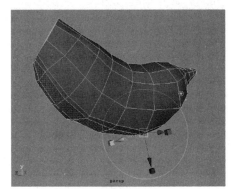

图7-207　执行【挤出】命令

07 调整视图角度，选中图7-208所示位置的面，执行【挤出】命令，并调整面的形状。

08 对所选的挤出面连续执行【挤出】命令，并调整挤出面的拉伸距离，如图7-209所示。

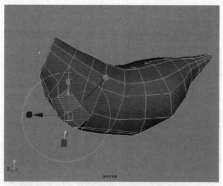

图7-208　执行【挤出】命令

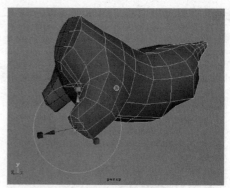

图7-209　连续执行【挤出】命令

5. 创建角色手指

操作**步骤**

01 连续执行【挤出】命令，创建角色的前肢造型，然后将前肢末端的面进行缩放，以制作角色的手臂，如图7-210所示。

02 连续执行【挤出】命令，创建角色的手掌造型，然后选中图7-211所示的面，执行【挤出】命令进行挤出操作。

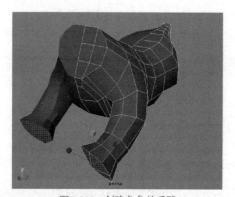

图7-210　创建角色的手臂

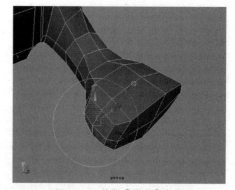

图7-211　执行【挤出】命令

03 重复执行【挤出】命令并调整挤出面的形状，创建角色手指的造型，如图7-212所示。

04 选中手掌前侧的一排面，执行【挤出】命令并调整挤出面形状，如图7-213所示。

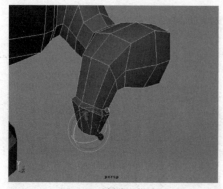

图7-212　创建手指造型

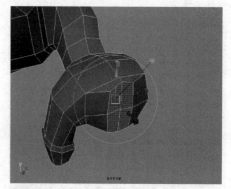

图7-213　执行【挤出】命令

05 选中图7-214所示位置的面，执行【挤出】命令，并调整挤出面的拉伸距离。

06 连续执行【挤出】命令，创建出手指模型，然后选中整个手指的面，执行【编辑网格】|【复制】命令将其进行复制，如图7-215所示。

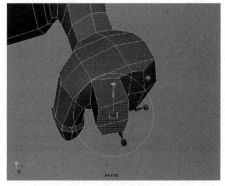

图7-214 执行【挤出】命令

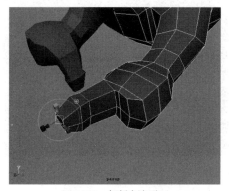

图7-215 复制多边形面

07 移动手指副本的位置，按数字键4进入模型的线框显示状态，并且进入模型的内部，将手臂与手指之间的多余面删除，如图7-216所示。

08 按数字键5，进入物体实体显示状态；执行【网格工具】|【插入循环边】命令，在图7-217所示的位置单击，添加一条循环边。

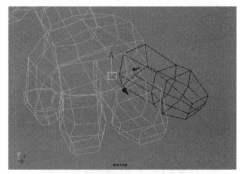

图7-216 移动复制模型

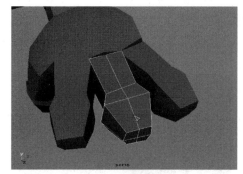

图7-217 添加循环边

09 同时选中手臂和手指模型，执行【网格】|【结合】命令，对其进行合并。进入点模式，选择相邻的两个点，执行【编辑网格】|【合并】命令，效果如图7-218所示。

10 使用同样的方法，将其他部位的手指与手臂的对应边进行缝合，如图7-219所示。

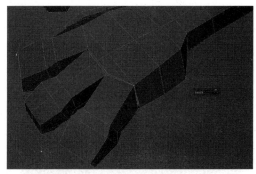

图7-218 合并效果

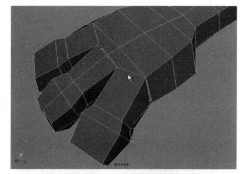

图7-219 将手指进行缝合

6. 制作腿部模型

操作步骤 ------------------------------------

01 切换到右视图，选择并移动图7-220所示的顶点，将其布线调整为圆形。

02 选中圆形区域的面，执行【挤出】命令，并且调整挤出面的形状，如图7-221所示。

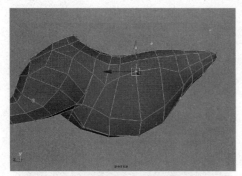

图7-220 调整模型顶点

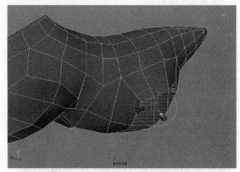

图7-221 执行【挤出】命令

03 调整挤出面上的顶点以改变挤出面的造型，然后再对上一步挤出的面执行【挤出】命令，并调整挤出面的形状，如图7-222所示。

04 连续执行【挤出】命令并调整挤出面的形状，以制作出腿部造型，如图7-223所示。

05 旋转视图角度，移动图7-224所示的顶点，以调整出带有弧度的布线效果。

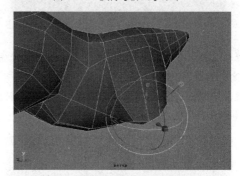

图7-222 调整挤出面的造型

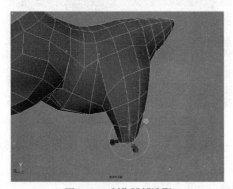

图7-223 制作腿部造型

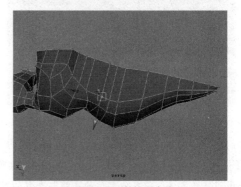

图7-224 调整模型布线

06 选中图7-225所示的面，执行【挤出】命令并调整挤出面的高度。

07 按G键连续执行【挤出】命令，并且调整挤出面的形状，以制作龟壳造型，如图7-226所示。

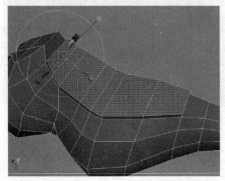

图7-225 执行【挤出】命令

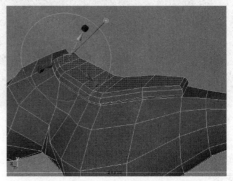

图7-226 连续执行【挤出】命令

08 再选中上一步中最后挤出的面，对其执行【挤出】命令并调整挤出面的形状，如图7-227所示。

09 调整挤出面的顶点，以达到平滑的凸起效果，如图7-228所示。

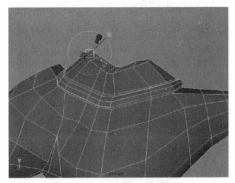

图7-227　制作龟壳凸起造型

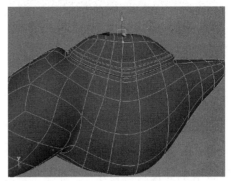

图7-228　调整挤出面的顶点

7. 制作鞋子

操作步骤 -----

01 在场景中创建一个立方体模型，调整其棱角边上的顶点，用于创建鞋模型，如图7-229所示。

02 使用同样的方法，根据需要将其他位置也调整为弧度状，然后选中图7-230所示的面，执行【挤出】命令并调整挤出面的形状。

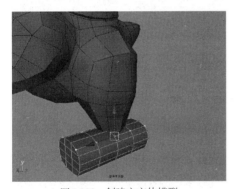

图7-229　创建立方体模型

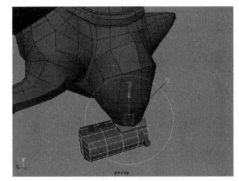

图7-230　执行【挤出】命令

03 重复执行【挤出】命令，并且调整挤出面的形状，如图7-231所示。

04 在对图7-232所示的面进行挤出操作时，注意调整挤出面的缩放及拉伸效果，以制作出凹槽造型。

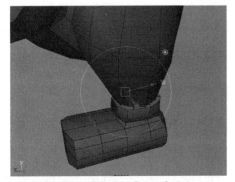

图7-231　连续执行【挤出】命令

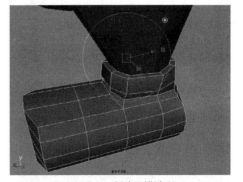

图7-232　创建凹槽造型

05 旋转视图角度，选中并移动模型顶点，使模型产生向外膨胀的效果，如图7-233所示。

06 选中模型，执行【网格工具】|【插入循环边】命令，在模型的底部添加多条循环边，如图7-234所示。

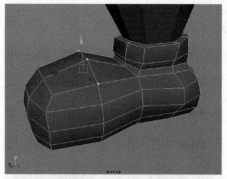

图7-233 调整模型顶点

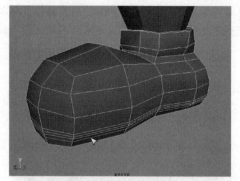

图7-234 添加模型循环边

07 按方向键切换选择的循环边，并使用缩放工具调整图7-235所示的循环边，以创建凹槽效果。

08 在图7-236所示的部位调整布线轮廓并添加多条循环边，以增加面的细分段数。

09 选中图7-237所示的面，执行【挤出】命令并调整挤出面的拉伸距离。

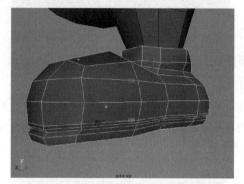

图7-235 调整边的缩放效果

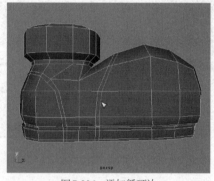

图7-236 添加循环边

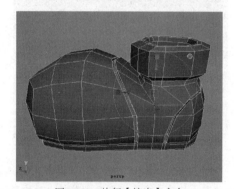

图7-237 执行【挤出】命令

10 选中模型身体与头部相对应的多余面并删除，以免影响后期的合并和缝合操作，如图7-238所示。

11 在图7-239所示的位置添加一条循环边，使角色头部和身体对应的边数相等，以利于后面缝合工作的进行。

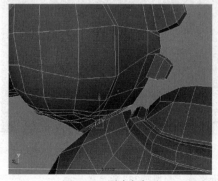

图7-238 删除多余面

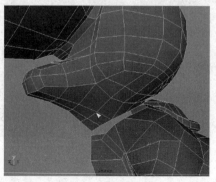

图7-239 添加循环边

12 选中两个模型，执行【网格】|【结合】命令，进入模型面的编辑状态，然后选中身体和头部相对应的两条边，如图 7-240 所示。

13 对选中的对应边执行【编辑网格】|【桥接】命令，此时会在两条选择边之间产生一个面，如图 7-241 所示。

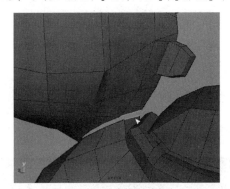

图 7-240　选中模型对应边

图 7-241　桥接效果

14 同样使用【桥接】命令将其他边也连接起来，选择重合的点，执行【合并】命令；执行【网格工具】|【多切割】命令，在图 7-242 所示的位置添加几条分割边。

15 选择模型多余的三角面边并将其删除，以减少三角面的产生，如图 7-243 所示。

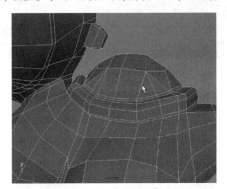

图 7-242　执行【多切割】命令

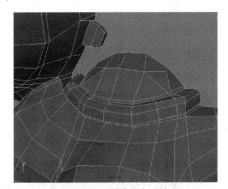

图 7-243　删除三角面边

16 选中创建的模型，单击【网格】|【镜像】命令右侧的■按钮，在弹出的对话框中，选中【镜像轴】中的【X】单选按钮，启用【与原始对象组合】复选框，单击【应用】按钮；然后再移动剪切平面控制器的位置，如图 7-244 所示。

17 选中创建的鞋子模型，按组合键 Ctrl+D，对其进行复制并将复制的鞋子模型移动到另一条腿的下方，如图 7-245 所示。

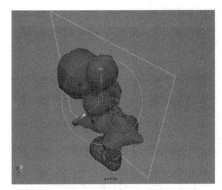

图 7-244　执行【镜像】命令

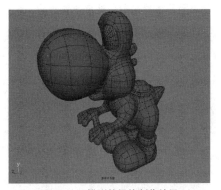

图 7-245　模型的最终制作效果

在对执行结合操作后的多边形模型进行缝合边或桥接操作时，一定要保持要合并的两个模型的边数对应且数量相同，从而避免了多余的边或点无法与其他的边或点进行缝合或桥接操作。

7.7 案例3：制作刚比斯兽

下面介绍刚比斯兽模型的制作，制作这个模型时运用到的命令较多，是对前面所学知识的综合应用。在制作这个角色模型时，要注意它的形体比例和布线，布线时注意它的肌肉走向。

1. 创建角色头部

操作步骤

01 在场景中创建一个多边形立方体，将【细分宽度】设置为4，将【高度细分数】设置为3，将【深度细分数】设置为4，如图7-246所示。

02 选中模型，切换到边模式，选择多条边进行调整，如图7-247所示。

03 切换到右视图，进入点模式，选中模型的顶点并调整其顶点位置，如图7-248所示。

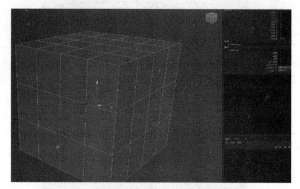

图7-246 调整后的立方体

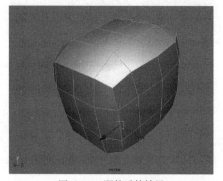

图7-247 调整后的效果

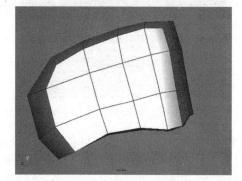

图7-248 在右视图中调整顶点位置

04 切换到前视图，使用同样的方法选中模型的顶点，以调整模型的形状，如图7-249所示。

05 进入模型面的选择状态，选中一侧的面，按Delete键删除，如图7-250所示。

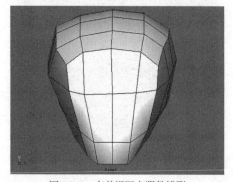

图7-249 在前视图中调整模型

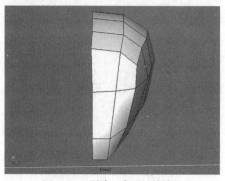

图7-250 删除一半面后的效果

提 示

对于一些对称性模型的制作，用户可以将它的另一半删除，然后再使用关联复制工具复制出另一半，可以一边制作模型，一边观察整体模型的制作效果。后期模型在合并时会将关联物体删除，使用【镜像】命令对另一半进行镜像复制。

06 切换到右视图，选中模型，执行【网格工具】|【插入循环边】命令，在模型上插入两条循环边，如图 7-251 所示。

07 选中模型上的几个面，执行【编辑网格】|【挤出】命令，挤出头部口腔部位，如图 7-252 所示。

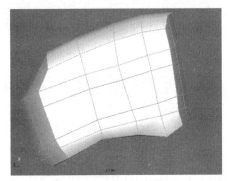

图 7-251　添加循环边效果

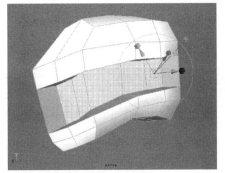

图 7-252　挤出效果

08 删除模型最后挤出的面，如图 7-253 所示。

09 选中模型，执行【网格工具】|【插入循环边】命令，在图 7-254 所示的位置单击，添加一条循环边。

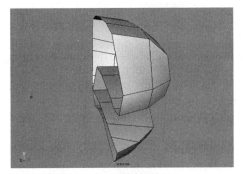

图 7-253　删除面效果

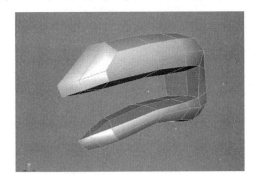

图 7-254　添加循环边

2. 制作眼睛

操作步骤 ------------------

01 选中模型，执行【网格工具】|【多切割】命令，在模型的侧部创建4条切割边，分割出眼睛轮廓，如图 7-255 所示。

02 使用同样的方法在模型的眼睛部位添加几条边，以添加模型面的细分段数，如图 7-256 所示。

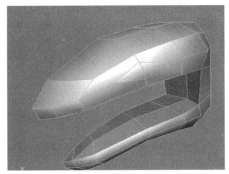

图 7-255　添加切割边

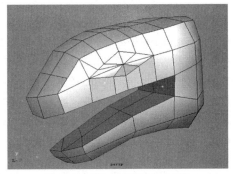

图 7-256　添加模型面的细分段数

03 选中眼睛周围的边，按Delete键删除，以避免模型产生三角面，如图7-257所示。

04 选中删除边位置所产生的独立顶点，按Delete键将所选点删除，并且调整眼角部位的形状，如图7-258所示。

05 选中模型，执行分离多边形操作，在眼睛部位添加几条循环边，如图7-259所示。

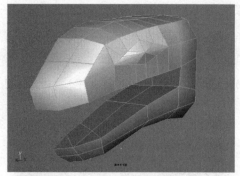

图7-257　删除三角边

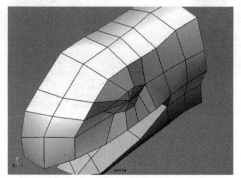

图7-258　删除多余顶点

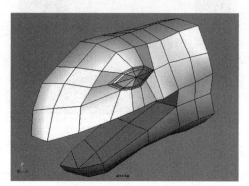

图7-259　添加边后的效果

注 意

在眼睛周围添加线时，注意眼皮的布线要密一些，以免在后面制作眼皮动画时，因眼部的布线太少而造成眼部皮肤的撕裂变形。

06 选中眼睛部位的几个面，执行【挤出】命令，调整挤出面的形状，以创建眼睛的凹槽效果，如图7-260所示。

07 按G键，连续执行【挤出】命令，并调整挤出面的形状，如图7-261所示。

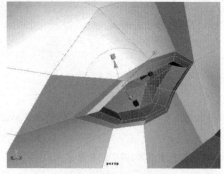

图7-260　挤出模型

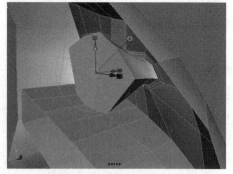

图7-261　连续执行【挤出】命令

08 在场景中创建一个球体，用于作为眼球，调整其大小并将其移动到眼睛的部位，如图7-262所示。

09 选中头部模型，执行【网格工具】|【插入循环边】命令，在眼睛内部的位置插入一条循环边，并调整循环边的形状，使其包住眼球，如图7-263所示。

10 按G键重复操作，在眼皮处单击，添加一条循环边，如图7-264所示。

11 在添加了眼部循环边后，调整模型眼部的顶点来修改眼皮的形状，如图7-265所示。

12 按G键，执行【插入循环边】命令，在模型的侧面添加两条循环边，如图7-266所示。

13 插入循环边后调整边，再调整眼睛部位的顶点，以制作出完美的眼睛效果，如图7-267所示。

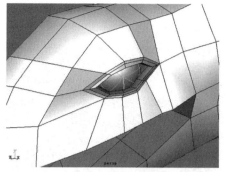

图 7-262 创建眼球模型

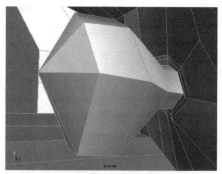

图 7-263 添加循环边

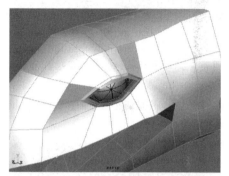

图 7-264 插入循环边的效果

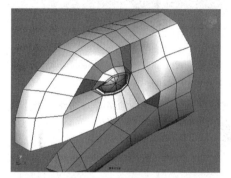

图 7-265 调整眼皮造型

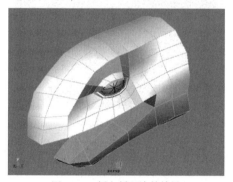

图 7-266 插入循环边的效果

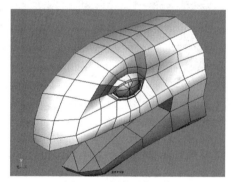

图 7-267 调整后的眼睛

3. 制作口腔

操作步骤

01 选中模型的面，执行【挤出】命令，并调整挤出面的形状，如图 7-268 所示。

02 按 G 键，再次执行【挤出】命令，并调整挤出面的形状，如图 7-269 所示。

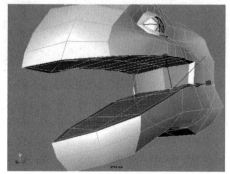

图 7-268 调整后的效果

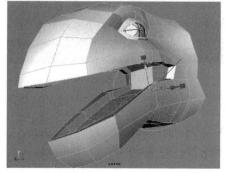

图 7-269 挤出的效果

03 选中模型边缘部位，按Delete键，将执行【挤出】命令产生的多余面删除，如图7-270所示。

04 旋转视图角度，选中模型头部后面的面，按Delete键删除，如图7-271所示。

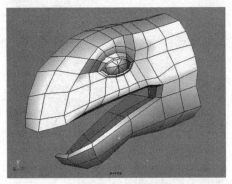

图7-270 删除多余面

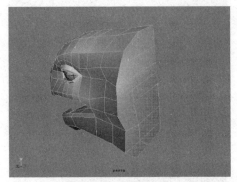

图7-271 删除面

05 旋转视图角度并选中嘴巴内部的面，执行【挤出】命令，并调整挤出面的形状和位置，用于作为刚比斯兽的口腔，如图7-272所示。

06 创建一个球体，然后设置其【转向细分数】为20，【高度细分数】为20，并且调整为椭圆形，用于作为舌头模型，如图7-273所示。

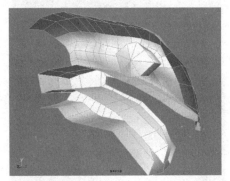

图7-272 创建口腔造型

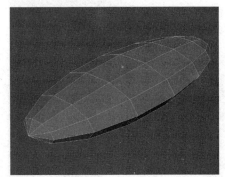

图7-273 调整后的球体

07 选中球体模型，执行【变形】|【非线性】|【弯曲】命令，在模型中创建一条直线控制器，如图7-274所示。

08 选中该控制器，在右侧的属性通道栏中设置曲率为-0.3，生成一个舌头的形状，如图7-275所示。

图7-274 执行【弯曲】命令

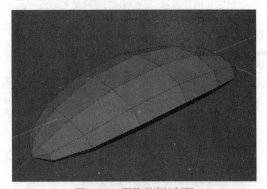

图7-275 调整弯度控制器

09 选中线控制器和舌头模型，按组合键Ctrl+G进行分组，以免在移动舌头时产生错误。然后将舌头组移动到口腔模型的内部，如图7-276所示。

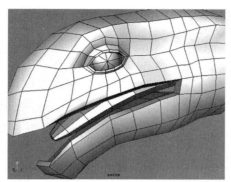

图7-276　舌头的制作效果

4. 制作下颚、牙齿和头顶

操作步骤

01 按F2键切换到【建模】模式，在嘴巴部位添加几条分割线，如图7-277所示。

02 选中图7-278所示的边，按Delete键删除，以避免产生三角面。然后将删除的边上产生的孤立顶点删除。

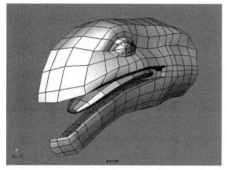

图7-277　添加面的分割线

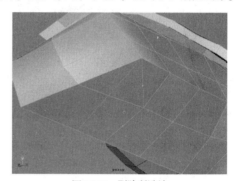

图7-278　删除所选边

03 调整下颚的面，执行【挤出】命令，调整挤出面的形状，如图7-279所示。

04 进入模型的顶点编辑状态，调整挤出面上的顶点以改变挤出面的造型，如图7-280所示。

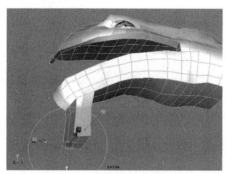

图7-279　挤出后的效果

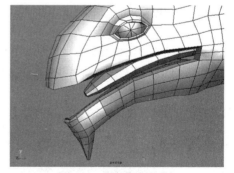

图7-280　调整挤出面顶点

05 选中下颚模型边缘多余的面，按Delete键删除，如图7-281所示。

06 选中图7-282所示的面，连续执行两次【挤出】命令，调整挤出面的形状，以创建出牙齿造型。

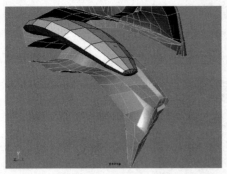

图7-281　删除多余面

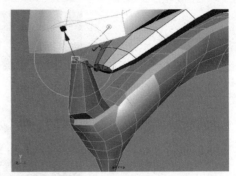

图7-282　执行【挤出】命令

07 按G键，连续执行【挤出】命令，对所选面进行挤出编辑，如图7-283所示。

08 使用同样的方法，选中模型头部的面进行挤出操作，制作出模型的角造型，如图7-284所示。

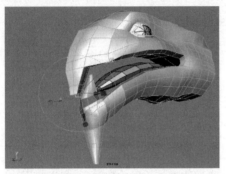

图7-283　连续执行【挤出】命令

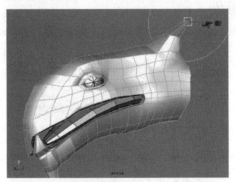

图7-284　创建角造型

09 使用同样的方法，在图7-285所示的部位再创建两个类似的造型。

> **注意**
>
> 模型经过多种工具编辑后，应选中该模型，执行【编辑】|【按类型删除】|【历史】命令，删除其历史操作记录，以减少模型所占用的缓存空间，加快操作速度。

10 为了保证模型的角部造型在后期平滑过程中的变形程度不至于太大，用户可以在角模型的端部添加几条循环边，以细分面的段数，如图7-286所示。

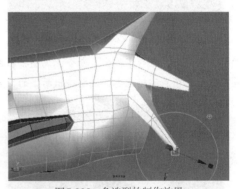

图7-285　角造型的制作效果

11 连续在模型尖角造型的端部添加几条循环边，以增大面的细分段数，如图7-287所示。

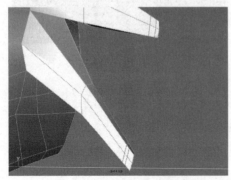

图7-286　添加面的细分段数

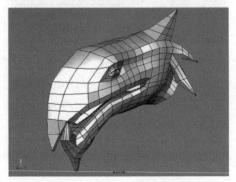

图7-287　模型头部的制作效果

在场景中创建多个模型时，可以将它们分别保存到各个不同的图层。例如，头部模型可以单独保存到一个图层，身体部位的
模型可以单独保存到一个图层，便于模型的编辑与查找。

5. 制作身体

操作步骤

01 在场景中创建一个立方体，设置其【细分宽度】为4、
【高度细分数】为4、【深度细分数】为6，如图7-288所示。

02 切换到立方体模型的点编辑模式，在透视图中调整模型的
顶点，以改变立方体的造型，如图7-289所示。

03 切换到物体面的编辑模式，选中物体的一半面，按Delete
键删除，如图7-290所示。

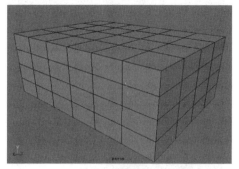

图7-288 创建立方体

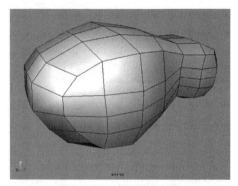

图7-289 调整后的立方体

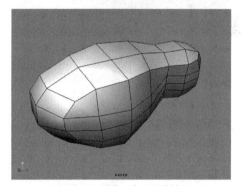

图7-290 删除一半面后的效果

04 调整模型顶点，选中图7-291所示的面，对其进行挤出操作，并调整挤出面的形状。

05 按G键，重复执行【挤出】命令，调整挤出面的形状，以创建出角色前肢的上半部分，如图7-292所示。

图7-291 执行【挤出】命令

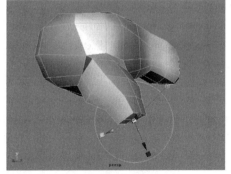

图7-292 创建前肢

06 同样，使用【挤出】命令挤出前肢的下半部分造型，如图7-293所示。

07 选中图7-294所示的边，使用移动工具将该处调整为向外凸出的效果。

08 在图7-295所示位置执行【网格工具】|【插入循环边】命令，插入一条循环边，以增加面的细分。

09 使用同样的方法，选择上一步添加的循环边位置的面，连续执行【挤出】命令，并调整挤出面的造型，以制
作出角色的后肢模型，如图7-296所示。

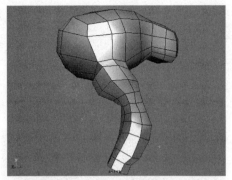

图7-293　前肢的挤出效果

图7-294　移动模型上的边

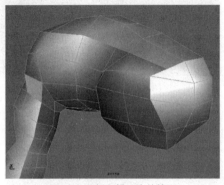

图7-295　插入循环边的效果

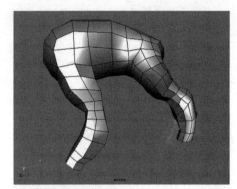

图7-296　创建后肢模型

10 执行【插入循环边】命令，在模型上插入两条循环线，以增加面的细分段数，如图7-297所示。

11 选中图7-298所示的面，执行【挤出】命令。

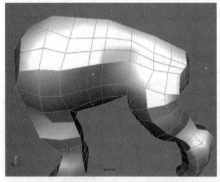

图7-297　添加循环边

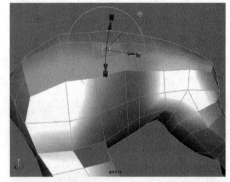

图7-298　执行【挤出】命令

12 连续执行【挤出】命令，并且对挤出面进行移动、缩放和旋转调整，以制作出角的造型效果，如图7-299所示。

13 同样，在图7-300所示的位置添加几条循环边。

> **提示**
>
> 在创建模型时，根据模型局部造型的需要增加模型面的分割段数，此时用户可以通过添加循环边或分割边的方法来实现。

14 使用同样的方法，对图7-301所示位置的面进行挤出操作，调整挤出面的形状，以创建角的造型。

15 切换到面模式，选中要挤出的面，执行【挤出】命令，拖拉操纵器箭头调整挤出面的位置，如图7-302所示。

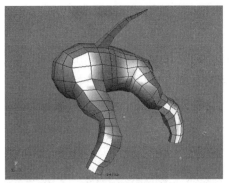

图 7-299　创建模型角造型

图 7-300　添加多条循环边

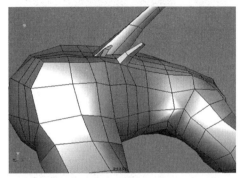

图 7-301　创建角的造型

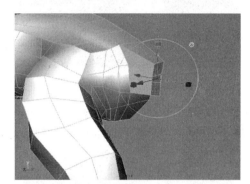

图 7-302　挤出后的效果

16 按 G 键，重复执行【挤出】命令，并调整挤出面的形状，以创建尾巴模型，如图 7-303 所示。

17 选中尾巴下面的面，对其执行【挤出】命令，如图 7-304 所示。

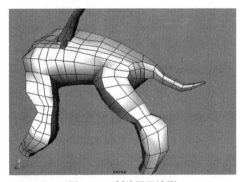

图 7-303　创建尾巴造型

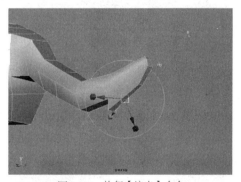

图 7-304　执行【挤出】命令

18 选中刚挤出的面，按 G 键，再次执行【挤出】命令，如图 7-305 所示。

19 选中侧面挤出的面，如图 7-306 所示，按 Delete 键将其删除，避免在后面镜像模型时出现错误。

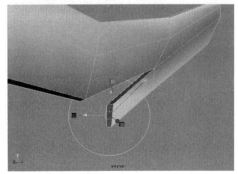

图 7-305　编辑尾巴造型

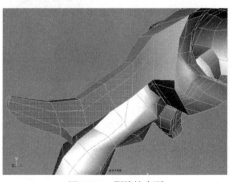

图 7-306　删除挤出面

6. 制作角造型和肌肉

操作步骤

01 选中图7-307所示的面，执行【挤出】命令，并调整挤出面的形状，以创建角的造型。

02 使用同样的方法，将其他部位角的造型也使用【挤出】命令进行创建，如图7-308所示。

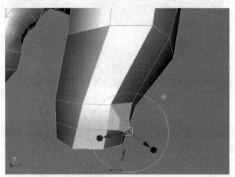

图7-307 执行【挤出】命令

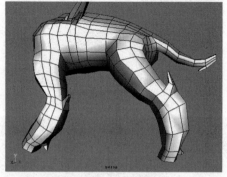

图7-308 挤出肢体角的造型

03 旋转视图角度，在图7-309所示的位置添加一条分割边。

04 切换到点模式，调整分割边的形状，如图7-310所示。

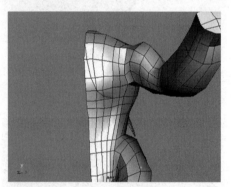

图7-309 添加分割边

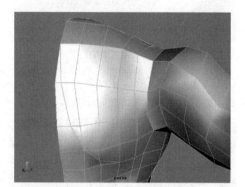

图7-310 调整分割边

05 在图7-311所示的位置添加几条分割边，并选中三角面上的边，执行【编辑网格】|【删除边/顶点】命令删除。

06 切换到点模式，选中图7-312所示三角面处的两个点，执行【编辑网格】|【合并】命令，以消除三角边。

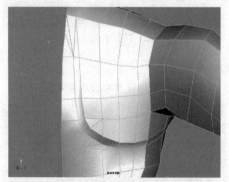

图7-311 为模型添加分割边

图7-312 选中要合并的点

07 旋转视图角度，在模型的前肢上分割出几条肌肉的轮廓线，如图7-313所示。

08 使用同样的方法，在前肢模型上再添加几条分割边，如图7-314所示。

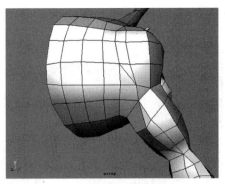

图 7-313　绘制肌肉轮廓线

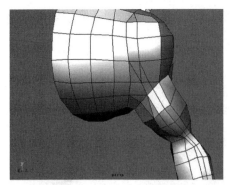

图 7-314　添加多条分割边

09 选择三角面上的边，执行【编辑网格】|【删除边/顶点】命令将其删除，以消除三角面，如图 7-315 所示。

10 在角色模型的活动关节处多添加几条分割边，从而避免在后期制作动画时造成蒙皮产生撕破的情况，如图 7-316 所示。

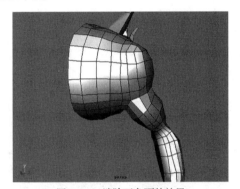

图 7-315　消除三角面的效果

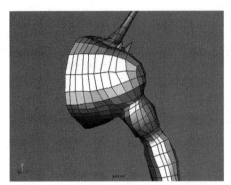

图 7-316　优化的效果

> **提 示**
>
> 这个怪兽模型的肌肉较发达，制作时布线一定要随着肌肉的走向进行。调整肌肉线条时，可以根据需要为模型适当添加结构线。

11 切换到点模式，根据角色肌肉的结构走向选中前肢的多个点，移动选中点的位置，制作出前肢的肌肉造型，如图 7-317 所示。

12 使用同样的方法，创建出后肢模型的肌肉造型效果，如图 7-318 所示。

图 7-317　前肢的肌肉造型

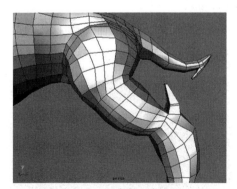

图 7-318　腿部的肌肉效果

13 选中模型，单击【编辑】|【特殊复制】命令右侧的█按钮，在弹出的对话框中启用【实例叶节点】复选框，设置【缩放】均为 -1，然后单击【应用】按钮将其关联复制。此时移动左边的点，右边的点也会移动，如图 7-319 所示。

14 执行【插入循环边】命令，在图7-320所示的位置添加几条边，以免在后期进行平滑工作时物体因布线太少而产生过大的变形。

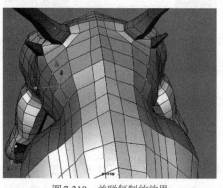

图7-319　关联复制的效果

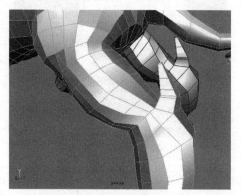

图7-320　加大面的细分段数

> **技巧**
>
> 在调整模型时，逐个选中一排顶点会增加工作量。用户可以执行【网格工具】|【插入循环边】命令，先选中一条循环边，再执行【选择】|【转化当前选择】|【到顶点】命令，将选中的边转换成点。同样也可以执行【选择】|【转化当前选择】|【到边】命令，将选择的点转换成边。

15 使用同样的方法，对其他几个部位也进行细分。然后选中模型，调整不均匀的点，尽量使点均匀分布，如图7-321所示。

> **提示**
>
> 后面要制作脚部模型时，为了制作方便，可以创建一个新的图层，将身体的模型保存并隐藏在一个新图层中。

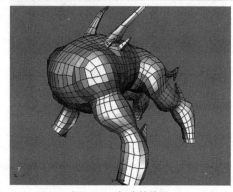

图7-321　细分的效果

7. 制作爪子

操作步骤

01 创建一个立方体模型，将【细分宽度】设置为3，将【高度细分数】设置为1，将【深度细分数】设置为2，如图7-322所示。

02 选择模型进入面模式，选中模型一侧的面，执行【编辑网格】|【挤出】命令，禁用【保持面的连接性】选项，选中图7-323所示的面，进行挤出操作并调整挤出面的形状。

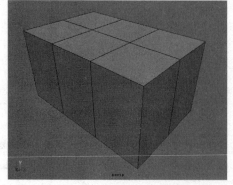

图7-322　创建立方体模型

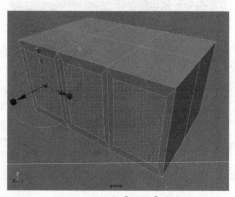

图7-323　执行【挤出】命令

03 拖拉操纵器上的蓝色控制手柄，移动挤出面拉伸距离，如图 7-324 所示。

04 连续执行【挤出】命令，并调整挤出面的形状，如图 7-325 所示。

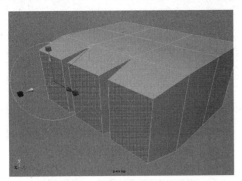

图 7-324　调整挤出面的拉伸距离

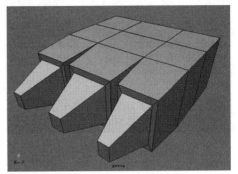

图 7-325　连续执行【挤出】命令

05 选中模型，执行【网格工具】|【插入循环边】命令，在模型上插入一条循环边，然后选中并移动模型的部分顶点，以改变模型的造型，如图 7-326 所示。

06 在爪子的缝隙处添加一条边，如图 7-327 所示。

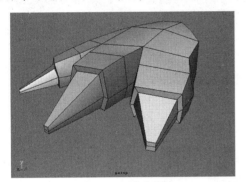

图 7-326　调整的效果

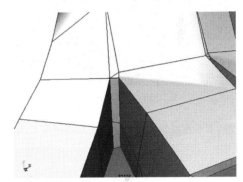

图 7-327　添加分割边

07 选中图 7-328 所示的爪子顶端处一个三角面上的边，合理调整布线，以消除三角面边。

08 执行【插入循环边】命令，在模型上插入 3 条循环边，然后调整模型的造型，如图 7-329 所示。

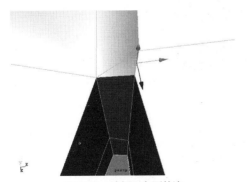

图 7-328　选择三角面的边

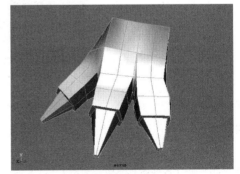

图 7-329　插入循环边

09 切换到点模式，使用旋转工具和移动工具对模型的状态进行调整，如图 7-330 所示。

10 在面模式下选中模型后部的面，连续执行【挤出】命令，启用【保持面的连接性】选项，选中图 7-331 所示的面，连续执行【挤出】命令，并调整挤出面的形状。

11 在图 7-332 所示位置添加一条边，然后选中三角面上的边，执行【编辑网格】|【删除边/顶点】命令将其删除。

12 连续执行【插入循环边】命令，在模型上插入循环边，对模型进行细分，如图 7-333 所示。

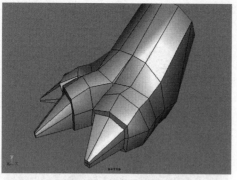

图7-330　调整模型顶点

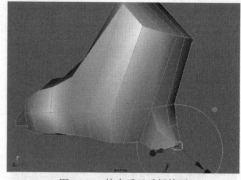

图7-331　挤出爪子后部的面

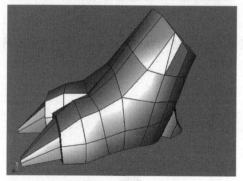

图7-332　添加边的效果

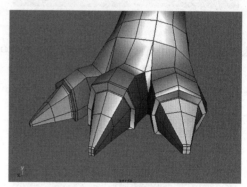

图7-333　增加面的分段数

13 模型的爪子已经制作出来了，前爪模型和后爪模型的结构基本相似，如图7-334所示。

图7-334　合并两模型

8. 缝合身体和爪子

操作 步骤 --

01 将已经创建好的身体模型和爪子模型放置在一起，执行【网格】|【结合】命令进行合并，按Delete键删除身体与爪子相连部分内部的对应面，如图7-335所示。

> 提 示
>
> 在制作过程中，如果突然发现不小心删除了一个面，模型出现了一个漏洞，那么可以选中洞的边，执行【网格】|【填充洞】命令将洞补上。

02 进入模型的顶点编辑模式，发现身体模型上多出一个孤立的点，所以选中身体模型上的两个点，再加选手模型上的一个点，如图7-336所示。

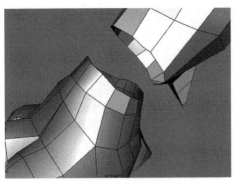

图7-335　执行【结合】命令

图7-336　选中要合并的3个点

03 对选中的3个顶点执行【编辑网格】|【合并到中心】命令，将这3个点进行合并，如图7-337所示。

04 使用同样的方法，选中图7-338所示的两个顶点。

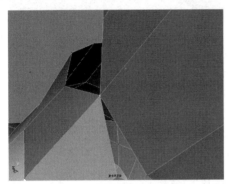

图7-337　合并3个点后的效果

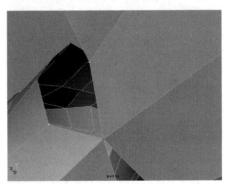

图7-338　选中要合并的两个点

05 对选中的两个顶点执行【编辑网格】|【合并】命令，将它们进行缝合，如图7-339所示。

06 使用同样的方法，将其他的对应点也一一进行缝合，将爪子和身体缝合在一起，如图7-340所示。

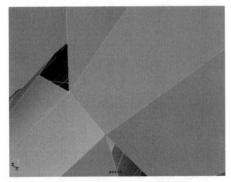

图7-339　合并两个点后的效果

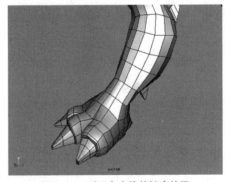

图7-340　爪子和身体的缝合效果

9. 缝合头和身体

操作步骤--

01 显示图层中的头部模型，将其和身体模型放置在一起，并保持两个模型对接处的边数相等，如图7-341所示。

02 选中身体与头部模型相连内部的面，按Delete键将其删除，如图7-342所示。

03 选中头部模型和身体模型，执行【网格】|【结合】命令，将两个模型合并在一起，如图7-343所示。

04 执行【网格工具】|【目标焊接】命令，选择一条边并拖向另一边，此时两条对应边会显示为黄色，如图7-344所示。

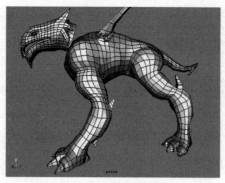

图 7-341　调整模型的边

图 7-342　删除面的效果

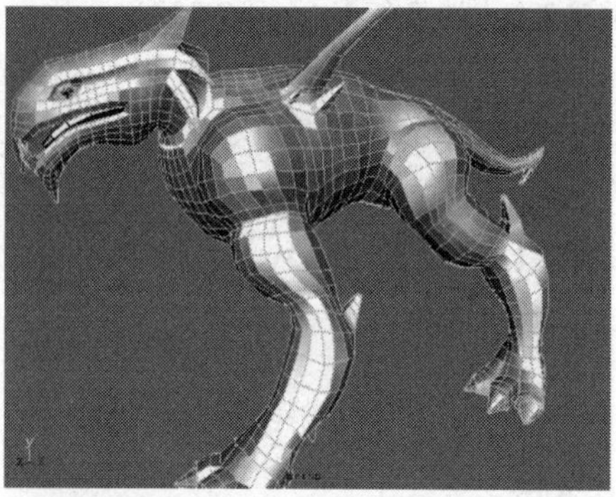

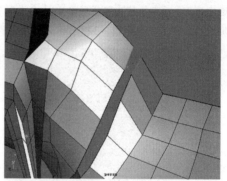

图 7-343　合并的效果

图 7-344　选中模型上的两条边

05 按 Enter 键确定缝合操作，此时两条边已经完全缝合在一起，如图 7-345 所示。

06 使用同样的方法对其他的边进行缝合，完成后再调整脖子周围的点以改变其造型，如图 7-346 所示。

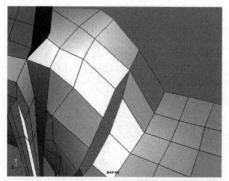

图 7-345　缝合效果

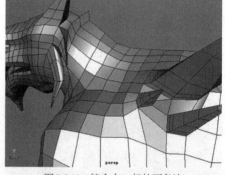

图 7-346　缝合在一起的两条边

07 选中模型，单击【网格】|【镜像】命令右侧的■按钮，在弹出的对话框中选中【X】单选按钮，设置【镜像方向】为【-】，并启用【与原始对象组合】复选框，以镜像复制出模型的另一半，至此完成整个模型的制作，如图 7-347 所示。

图 7-347　镜像的效果

第**8**章

使用灯光

↘ 8.1 灯光原理

8.1.1 灯光在室内空间的作用

在日常生活中，灯光是不可缺少的，灯光会使人们的生活更加便利。人们能够利用灯光来看清楚室内房间的界限、知道所处空间的边际，从而产生安全感；人们可以看见眼前是否有阻挡去路的障碍物，从而不再恐惧黑暗。

在不同的空间有不同的灯光需求，因此不能只利用一种灯光配合不同的空间。光线的强弱不仅会对空间造成重大影响，而且灯的款式也同样重要。例如，在书房内装上华丽的水晶灯会给人一种格格不入的感觉。

1. 灯光的分类

根据视觉的要求，室内灯光大致可分为3类。

1) 普通灯光

普通灯光主要起照明作用。普通灯光通过两种途径演变出来：一是利用中央灯光来源将灯光散布在空间的每个角落，另配一个强光灯作为主要光源，如图8-1所示；二是利用不同的灯具组合将灯光照耀在空间内的不同区域。

居室的空间如客厅、餐厅或卧室一般都使用中央灯作为主要光源，即在室内的天花板中央安排一个主灯用于照亮整个空间，但是这种灯光会使房间产生一种平淡、沉闷的气氛。而最有效的普通灯光莫过于个别灯光来源的组合运用。例如，在一个空间内同时安装落地灯和吊灯，就会打破普通灯光来源的沉闷感，如图8-2所示。

图8-1　典型光照

图8-2　灯光对室内空间的影响

2) 用途灯光

用途灯光将灯光集中在一个细小焦点，用于照明某个特定的空间，如工作间、书桌或阅读座椅。用途灯光还可以用作强调或突出空间的特殊或珍贵饰件，如挂画或植物，如图8-3所示。

在众多灯光款式中，射灯最能有效地突出用途灯光的作用。由于射灯的聚焦点很强，不论是挂墙式、天花式、落地式或是坐台式射灯，都能发挥用途灯光的效能。

3）美感灯光

美感灯光用于制造空间的特定气氛和效果。例如，上照灯光照射于植物上，会制造天花树影的效果，以加强空间的大自然气氛。上照灯光能够将灯光反射到天花板上，天花板产生反射功能，反射光照亮下层空间，从而产生轻柔灯光的效果，令空间更加柔和、舒适，如图8-4所示。

图8-3 用途灯光效果

图8-4 美感灯光效果

2. 灯光的款式

灯光款式的设计主要是以灯泡为重心，以表现最佳灯光素质为主体，然后再根据潮流的趋向进行外形的设计。主要的灯光款式大致可分为6类。

1）下照灯光

下照灯光是将灯光投射在平面或地面上，其灯光效果范围大，照明角度从狭窄到宽阔。下照灯光可谓灯光的组合，同时发挥普通灯光、用途灯光和美感灯光的功能，若能配合光暗控制开关的运用，则效果更佳。

2）上照灯光

运用上照灯光能产生一种柔和而不限制的照明效果。因为上照灯光是将灯光照射于墙壁或天花板上，再将光线反射回空间，所以上照灯光同时具有淡化墙壁色彩的功能，但是它不能发挥用途灯光的功能。若将上照灯光作为普通灯光和美感灯光，则能创造明亮、柔和的效果。

3）吊灯

吊灯的灯罩对光线的散布有很大的影响，灯罩的顶部和底部若呈开口状，则光源可从上、下两方透出。而透明的灯罩更能令光线四散。

4）射灯

标准的射灯最好安装在天花板上，用作一般照明用，它比吊灯和灯管更能有效地显示空间的色调和质感。

5）台灯

台灯有两个主要功能，一是作为用途灯光，例如书桌灯光；二是置于房间作为指引灯光用。

6）地灯

地灯是最佳的用途灯光，特别适合阅读或做其他细致的工作，因为地灯可以近距离地照射需要光线的空间。

8.1.2 灯光色彩的物理效应

1. 温度感

色彩的温度感是人们长期生活习惯的反应。低色温给人一种含蓄、柔和的感觉，高色温给人一种热情奔放的感觉。不同色温的灯光会营造出不同风格的家居表现形式，调节居室的氛围。例如，餐厅的照明应将人们的注意力集中到餐桌上，一般用显色性好的暖色吊灯为宜，以真实再现食物的色泽，引起人们的食欲；卧室灯光宜采用中性且令人放松的色调，加上暖调辅助灯会变得柔和、温暖；厨卫灯光应以功能性为主，灯具光源显色性要好。低色温的白光给人一种亲切、温馨的感觉，采用局部低色温的射壁灯可以突显朦胧、浪漫的感觉，效果对比如图8-5所示。

图 8-5 色温效果对比

2．重量感

重量感即色彩带给人的轻重感。人们从色彩中得到的重量感是与质感的复合感受，主要取决于明度。明亮的光和暗色的影会使人的心理产生轻重感，明亮的光给人以发散轻盈的感觉，而暗色的影则给人以收缩凝聚的重量感。在家居设计中，如果追求现代简约风格的空间，明亮的光会使空间激情奔放，诠释休闲、自由、轻松的生活理念；如果追求豪华、动感、多变的古典主义空间，可运用强烈的光影对比加强空间的层次感，对室内局部的重点照明配以低色温灯光会将空间渲染出一种厚实、稳重的灯光氛围。

3．体量感

在一般情况下，色彩给人的视觉感受是明亮的、鲜艳的，其中，暖色有膨胀、扩大的感觉，而灰暗的冷色有缩小的感觉。也就是说，体量感是色彩的作用使物体看上去比实际的大或者小。灯光的布置可以夸大或减小造型的体量感，通过间接照明或重点照明让室内空间中的形体或层面更加突出，达到强调空间主题的作用，如图 8-6 所示。例如，强化照明作用于空间中的主要装饰立面和艺术装饰品。

图 8-6 灯光的体量感

在设计中为表现形体块面之间的关系和层次变化，可以通过光对形体块面层次、块面轮廓的弱化或强调以及色彩的变化来表现，它使人的视觉在对室内的装饰和陈设上具有了跳跃性。例如，通过间接的照明灯光可分清块面与块面之间的层次，突出主次关系，因此照明灯光设计与室内空间设计是一个密不可分的整体，设计时应把握空间的主题、明确创作的意图和形态的特征、理解形体块面之间的主次关系，才能准确地用灯光来塑造空间的体量感。

4．距离感

如果等距离地看两种颜色，一般而言暖色比冷色更富有前进的特性，两色之间亮度偏高、饱和度偏高的颜色呈前进性，因此室内灯光要考虑到环境色彩。如果灯光与物体颜色接近，会使物体的颜色效果减弱；如果光色与物体颜色完全互补，会使物体显得更加黯淡，如图 8-7 所示。例如，红、黄等暖色在白炽灯的照射下会光彩夺目，用荧光灯照射却把原来的色彩冲淡了。也就是说，在室内设计中要考虑到在高照度和高显色性灯光的作用下，物体的颜色可以表现得更加鲜艳夺目；而在冷色灯光的照射下，物体原来的暖色将会丢失，显得黯淡而苍白。在室内设计中，要利用灯光来改变空间和物体的距离感，可根据主人对家居风格的追求和生活的品位来定。

图 8-7　灯光可以产生距离感

▶ 8.2　灯光

8.2.1　灯光概述

在 Maya 2022 中，提供了 6 种基本类型的灯光，根据灯光的作用，用户可以使用不同的灯光来制作不同的光效，再配合真实的阴影效果，就可以创作出比较好的作品。例如，使用聚光灯来制作手电筒、汽车的前灯。

8.2.2　创建灯光

在 Maya 2022 中灯光有两种创建方法：一种是通过【创建】|【灯光】菜单中的命令创建，如图 8-8 所示；另一种是通过 Hypershade 窗口创建，如图 8-9 所示。

> **注意**
>
> 如果要在创建灯光前设置灯光的属性，那么可以从菜单中选择要创建的灯光类型，然后单击灯光名称右侧的 ▢ 按钮即可。

如果需要对灯光类型进行切换，可以在视图右侧灯光属性栏中的【类型】选项栏中选择需要切换的灯光，如图 8-10 所示。

> **注意**
>
> 在默认设置下，场景中有一盏默认的灯光，在添加新的灯光之后，该灯光不再起作用。

图 8-8　使用【创建】命令创建灯光

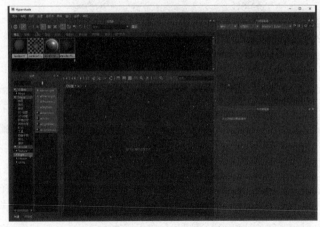

图 8-9　在 Hypershade 窗口中创建灯光

图 8-10　切换灯光的类型

8.3 灯光的类型

在Maya 2022中，有Maya灯光和Arnold灯光，这里介绍Maya的基本灯光，包括环境光、平行光、点光源、聚光灯、区域光和体积光。用户灵活运用这6种灯光可以模拟现实中的大多数光效。

8.3.1 环境光

环境光有两种照射方式：一种是光线从光源的位置均匀地向各个方向照射，类似一个点光源；另一种是光线从所有的地方均匀地照射，犹如一个无限大的中空球体从内部的表面发射灯光一样，使用环境光可以模拟平行灯光和无方向灯光。

课堂练习69：魔幻世界

`01` 在视图中导入一个场景文件，如图8-11所示。

`02` 执行【创建】|【灯光】|【环境光】命令，为场景创建一盏环境光，照明效果如图8-12所示。

图8-11 场景文件

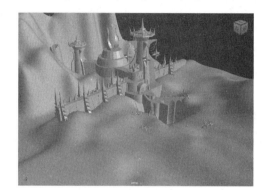
图8-12 环境光照明效果

参数简介

下面介绍【创建环境光选项】对话框中的参数，如图8-13所示。

- 强度：用于控制灯光的强度，数值越大，灯光的强度就越大；反之，数值越小，灯光的强度就越小。该值最大值为1，最小值为0。

- 颜色：用于设置灯光的颜色，拖动滑块可以调整颜色的明亮程度。单击色块区域，会弹出一个拾色器，如图8-14所示。在其中可以选择需要的颜色。

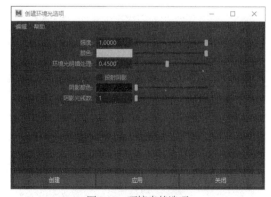
图8-13 环境光的选项

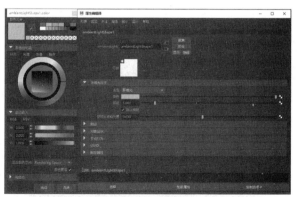
图8-14 拾色器

- 环境光明暗处理：用于设置平行光和环境光的比例，该值最大值为1，最小值为0。当值为0时，光线从四周发射出来照明场景，体现不出光源的方向，画面呈一片灰状，如图8-15所示；当值为1时，光线从环境光位置发出，类似一个点光源的照明效果,如图8-16所示。

图8-15 取值为0

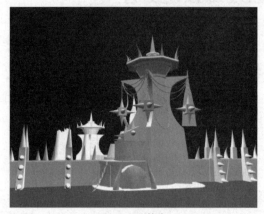
图8-16 取值为1

- 投射阴影:用于控制灯光是否投射阴影。环境光没有深度贴图阴影,只有光线追踪阴影。
- 阴影颜色:用于设置阴影的颜色。单击色块区域,会弹出一个拾色器,可以设置颜色,默认为黑色。
- 阴影光线数:用于控制阴影边缘的噪波程度,默认值为1,最大值为6。需要注意的是在属性编辑器中,可以设置【阴影光线数】大于6。

> **提示**
>
> 在Maya 2022中,灯光均有各自的选项对话框,其中【强度】、【颜色】、【投射阴影】和【阴影颜色】是通用属性,在下面的灯光属性讲解中将不再赘述。

8.3.2 平行光

平行光即设置的光线就像探照灯发出的光线一样是平行传播的,其光线是互相平行的,使用平行光可以模拟出一个非常远的点光源发射灯光。

课堂练习70:要塞

01 在视图中导入一个场景文件,如图8-17所示。

02 执行【创建】|【灯光】|【平行光】命令,为场景创建一盏平行光,照明效果如图8-18所示。

图8-17 场景文件

图8-18 平行光照明效果

参数简介

下面介绍【创建平行光选项】对话框中的参数，如图8-19所示。

● 交互式放置：启用该复选框后会切换到灯光视图，然后根据需要旋转、移动、缩放灯光视图来调节灯光作用于物体的地点。图8-20为启用作用点的视图效果。

平行光的参数和环境光的参数功能大致相同，这里就不再赘述，读者可以参考有关环境光的介绍。

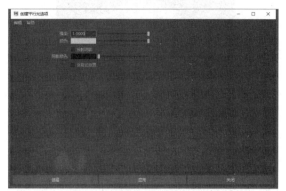

图8-19　【创建平行光选项】对话框

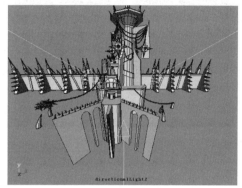

图8-20　启用作用点的视图效果

8.3.3　点光源

点光源即从光源位置向各个方向均匀发射光线，类似于灯泡的发光原理，如图8-21所示。通常使用这种灯光来模拟灯泡、蜡烛、火焰燃烧等光线。此外，还可以作为整个照明方案的辅助光来使用，从而衬托出物体的外形。

图8-21　点光源照明效果

┃课堂练习71：布置场景照明 ┃

01 在视图中导入一个场景文件，如图8-22所示。

02 执行【创建】|【灯光】|【点光源】命令，在场景中创建泛光灯，并调整到图8-23所示的位置。

03 单击工具栏上的■按钮，渲染透视图，观察渲染效果，如图8-24所示。

图8-22　打开场景

图8-23　调整位置

图8-24　渲染效果

04 使用相同的方法，在图8-25所示的位置创建泛光灯，用于照亮角色的正面部分。

05 切换到渲染视图进行渲染，效果如图8-26所示。

图8-25 创建灯光 　　　　　图8-26 渲染效果

参数简介

下面介绍【创建点光源选项】对话框中参数的功能，如图8-27所示。

● 衰退速率：用于设置灯光的衰减速率。灯光沿着大气传播后会逐渐被大气所阻挡，这样就形成了衰减效果，它与美术学中的近实远虚是一个道理。【衰退速率】包含4种衰减方式，分别是【无】衰减(不产生衰减效果)、【线性】衰减(使用线性方式产生衰减)、【平方】衰减(使用平方算法产生衰减)和【立方】衰减(使用立方算法产生衰减)。

图8-27 【创建点光源选项】对话框

8.3.4 聚光灯

聚光灯即光线从一个点发出，沿一个被限定的夹角向外扩散。它是Maya 2022中常用的灯光类型，常用于模拟手电筒或汽车前灯发出的灯光。

课堂练习72：聚光灯效果

01 在视图中导入一个场景文件，并创建一盏聚光灯，然后调整其位置，如图8-28所示。

02 切换到渲染视图进行渲染，效果如图8-29所示。

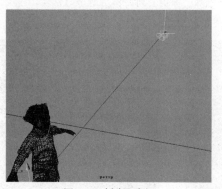 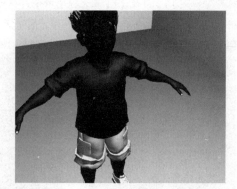

图8-28 创建聚光灯 　　　　　图8-29 渲染效果

参数简介

下面介绍【创建聚光灯选项】对话框中参数的功能，如图8-30所示。

● 圆锥体角度：用于设置聚光灯的锥角角度，默认值为40。

● 半影角度：用于设置聚光灯的半影角，即光线在圆锥边缘的衰减角度。默认值为0，最大值为179.5，最小值为-179.5。

● 衰减：用于设置聚光灯强度从中心到聚光灯边缘衰减的速率，默认值为0。值越大，灯光衰减的速率就越大，光线就显得比较暗，而光线的边界轮廓会更加柔和。

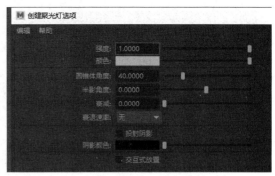

图8-30 【创建聚光灯选项】对话框

8.3.5 区域光

区域光属于二维的矩形光源，主要用于制作光线从窗户中穿过，照射进屋内的效果，它对阴影的模拟最为真实。用户可以自由地设置它的尺寸大小，使用变换工具可以调节灯光的尺寸及放置的位置等，操作简便。

课堂练习73：傍晚

01 在视图中导入一个场景文件，并创建一盏区域灯光，然后调整其位置，如图8-31所示。

02 切换到渲染视图进行渲染，效果如图8-32所示。

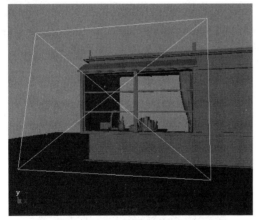

图8-31 创建区域光

图8-32 渲染效果

8.3.6 体积光

体积光和其他光源不同，它可以更好地体现灯光的延伸效果或限定区域内的灯光效果，利用它用户可以很方便地控制光线所到达的范围。使用缩放工具可以改变光体的大小，使用移动工具和旋转工具可以更好地操作灯光的位置和角度。体积光用于模拟发光物体，如蜡烛、灯泡等的发光效果。

课堂练习74：烛光

01 在视图中导入场景文件，并创建一盏体积光，然后调整其位置，如图8-33所示。

02 切换到渲染视图进行渲染，效果如图8-34所示。

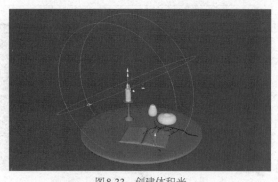
图 8-33　创建体积光

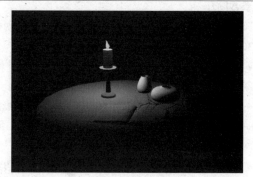
图 8-34　渲染效果

8.4　灯光的链接

　　灯光的链接就是排除角色或场景中不需要的灯光，让某个灯光只照亮指定的物体，它在复杂场景的布光过程中非常重要。如果需要照亮一个指定的表面，并且链接灯光到此表面上时，可以使用【灯光链接】命令。

注　意

灯光有两种链接方式，分别是【以灯光为中心】和【以对象为中心】。

　　下面通过实例学习以灯光为中心和以对象为中心的灯光链接。

课堂练习75：场景一角

01 使用体积光实例中的场景文件，选中要断开灯光链接的模型 null_16，如图 8-35 所示。

02 执行【窗口】|【关系编辑器】|【灯光链接】|【以灯光为中心】命令，弹出图 8-36 所示的【关系编辑器】窗口，然后断开链接。

图 8-35　选择场景物体

图 8-36　断开链接

03 切换到渲染视图进行渲染，效果如图 8-37 所示。

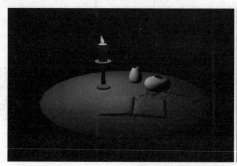
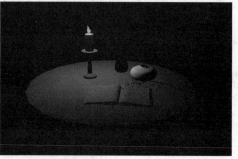
图 8-37　断开灯光链接前后的对比效果

04 使用体积光实例中的场景文件，选中已断开灯光链接的模型 null_16，如图 8-38 所示。

05 执行【窗口】|【关系编辑器】|【灯光链接】|【以对象为中心】命令，弹出图 8-39 所示的【关系编辑器】窗口，在其中进行灯光链接操作。

06 切换到渲染视图进行渲染，效果如图 8-40 所示。

图 8-38　选择模型

图 8-39　链接灯光

图 8-40　渲染效果

8.5　阴影

8.5.1　深度贴图阴影

深度贴图阴影是描述从光源到目标物体之间的距离，它的阴影文件中有一个渲染产生的深度信息，在它的每一个像素中，代表了在指定方向上从灯光到最近的投射阴影对象之间的距离。

课堂练习76：洗发露

01 打开场景文件，选择主光灯作为设置对象，如图 8-41 所示。

02 切换到 spotLightShape1 选项卡，设置主光灯的属性，如图 8-42 所示。

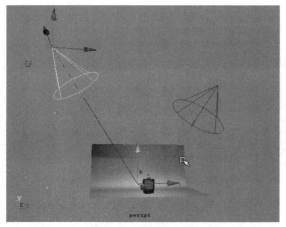

图 8-41　选择主光灯

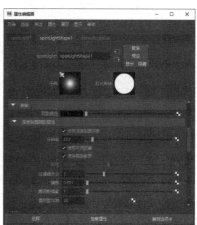

图 8-42　设置主光灯的属性

03 切换到渲染视图进行渲染，效果如图8-43所示。

图8-43 渲染效果

参数简介

● 使用深度贴图阴影：启用该复选框，激活深度贴图阴影。它与【使用光线跟踪阴影】选项相对应，如果被灯光照射的物体需要添加阴影，可以启用其中一项。

● 分辨率：用于设置深度贴图阴影的分辨率。数值越小，阴影的边缘锯齿越明显；反之效果越好，但花费的时间也越长。

● 使用中间距离：启用该复选框，能够去除照亮物体表面出现的不规则污点和条纹阴影。在默认状态下，该复选框是启用的。

● 使用自动聚焦：启用该复选框，Maya会自动缩放深度贴图，使其仅填充灯光所照明的区域，包含阴影投射对象的区域。

● 过滤器大小：可以通过设置该参数来调节阴影边缘的柔化程度，参数值越大，阴影越柔和，如图8-44所示。

图8-44 柔化阴影边缘对比效果

● 偏移：设置该值可以使阴影和物体表面分离，犹如给阴影增加了一个遮挡蒙版，数值越大，阴影越淡，反之阴影越明显。当数值为1时，阴影完全消失，如图8-45所示。

图8-45 设置深度贴图偏移

● 雾阴影强度：用于控制灯光雾的阴影强度。在打开灯光雾的时候，场景中物体的阴影颜色会呈不规则显示

(颜色会变浅)，这时可以设置该参数来增加灯光雾中的阴影强度。

● 雾阴影采样：用于设置雾阴影的取样参数。数值越大，打开灯光雾后的阴影就越细腻，但会增加渲染时间；数值越小，打开灯光雾后的阴影颗粒状就越明显，默认值为20。

8.5.2　光线跟踪阴影

【光线跟踪阴影】是通过照射目的地到光源之间运动的路径进行跟踪计算，从而产生光线跟踪阴影。光线跟踪阴影和深度贴图阴影的不同之处是，光线跟踪阴影能够制作半透明物体的阴影，例如玻璃物体；而深度贴图阴影则不能。

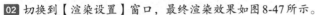

课堂练习77：设置光影跟踪

01 选择场景文件的spotLight1(主光灯)选项卡，切换到spotLightShape1选项卡，在【光线跟踪阴影属性】卷展栏中启用【使用光线跟踪阴影】复选框，如图8-46所示。

02 切换到【渲染设置】窗口，最终渲染效果如图8-47所示。

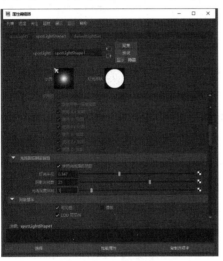

图8-46　【光线跟踪阴影属性】设置

图8-47　渲染效果

参数简介

● 使用光线跟踪阴影：启用该复选框后即可使用光线跟踪阴影功能。

● 灯光半径：用于扩大阴影的边缘，数值越大，阴影就越大，但是会使阴影边缘呈粗糙的颗粒状。

● 阴影光线数：数值越大，阴影边缘就越柔和，不会呈粗糙的颗粒状；数值越小，阴影边缘就越锐利。

● 光线深度限制：调节此参数可改变灯光光线被反射或折射的最大次数。数值越大，反射次数就越多，默认值是1。

> **注　意**
>
> 在使用光线跟踪阴影功能时，只有执行【窗口】|【渲染编辑器】|【渲染设置】命令，打开【渲染设置】窗口，在【Maya软件】选项卡中展开【光线跟踪质量】卷展栏，启用【光线跟踪】复选框才能计算光线跟踪。

8.6　灯光特效

8.6.1　灯光雾

灯光雾的作用是产生一个肉眼可见的光照范围，聚光灯的灯光常被用于模拟舞台灯、汽车车头灯或手电筒的灯光效果，而灯光雾也经常和聚光灯配合使用。

课堂练习78：卡通宝贝

01 打开场景文件，选中 spotLight1 聚光灯，切换到 spotLightShape1 选项卡，在【灯光效果】卷展栏中启用【灯光雾】，如图 8-48 所示。

02 渲染效果如图 8-49 所示。

图 8-48 【灯光雾】属性设置　　　　图 8-49 灯光雾效果

参数简介

- 灯光雾：单击右侧的方块按钮可以创建灯光雾，在文本框中可以自定义灯光雾的名称。
- 雾扩散：用于控制灯光雾的分布状况。数值越小，光线分布越稀疏。
- 雾密度：用于设置灯光雾的照明强度，默认值为 1。数值越大，灯光雾就越强；数值越小，灯光雾就越弱。
- 灯光辉光：单击右侧的方块按钮可以创建灯光辉光，在文本框中可以自定义辉光的名称。
- 强度曲线：创建用于控制聚光灯强度衰退的强度曲线，仅适用于聚光灯。
- 颜色曲线：创建用于控制聚光灯的颜色如何随距离变化的颜色曲线，仅适用于聚光灯。
- 挡光板：用于将圆锥形光束的圆形处理成方形。

8.6.2　光学特效

　　光学特效是指通过在场景中增加光学效果，从而使光照更加真实，光学特效包括辉光、光晕和镜头光斑等类型。通过设置这 3 种光学特效的属性，就可以模拟真实世界中的多种光学效果。

1. 辉光

　　辉光是一种产生在光源位置的、明亮的、模糊的灯光效果，辉光的强度、形状和颜色都受到大气的影响，一般情况下所看到的辉光都是由太阳产生的。

课堂练习79：辉光

01 在视图中创建一盏聚光灯，打开属性编辑器，在【辉光属性】卷展栏中，设置各种属性，如图 8-50 所示。

02 渲染效果如图 8-51 所示。

图 8-50 设置参数　　　　　图 8-51 渲染效果

参数简介

- 活动：启用该复选框，能使光学特效起作用；如果不启用光学特效，面板将会呈灰色显示。
- 辉光类型：用于设置辉光的类型。
- 光晕类型：用于设置光晕的类型，通过调节【径向频率】和【星形点】数值，可以改变随机分布光柱的宽度和数目。
- 旋转：可以按照指定的角度使光线发生旋转，默认值为 0，如图 8-52 所示。

图 8-52　旋转对比效果

- 辉光颜色：用于设置辉光的颜色，拖动滑块会设置颜色的明亮程度。
- 辉光强度：用于设置辉光的亮度。数值越大，亮度越强，默认值为 1。
- 辉光扩散：用于设置辉光的尺寸大小。数值越大，辉光的尺寸越大，如图 8-53 所示。

图 8-53　设置辉光尺寸

- 辉光噪波：用于设置辉光的噪波强度，使用它可以制作许多效果，如图 8-54 所示。
- 辉光径向噪波：该值越大，光线的噪波越清晰，使用它可以制作一些强光效果，如图 8-55 所示。

图 8-54　辉光噪波　　　　　　　　　　　　图 8-55　辉光径向噪波

- 辉光星形级别：用于设置辉光束的宽度，该参数值越大，光束就越宽。
- 辉光不透明度：用于设置辉光的不透明度。

注 意

在制作动画时，可以利用设置关键帧动画为这些光效设置动画。例如，光源由远而近移动使辉光效果逐渐变强。

2. 光晕

　　光晕效果指的是强光周围的一个光圈，主要是由环境中的粒子折射及反射形成的。由于产生光晕的物体的表面类型和光的强度不同，光晕产生的大小和形状也有所不同。一般情况下，在出现辉光效果的同时，也通常带有一些光晕效果。光晕的控制属性与辉光的控制属性基本相同，但也有一些自身所特有的属性。通过设置其属性可以改变整个光晕的外表状态，具体操作方法如下所述。

操作步骤

01 在视图中选中一盏点光源，打开灯光的属性编辑器，找到opticalFX1选项卡，在【光学效果属性】卷展栏和【光晕属性】卷展栏中设置属性，如图8-56所示。

02 渲染效果如图8-57所示。

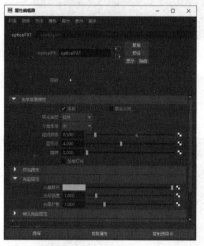

图8-56　设置光晕属性

图8-57　渲染效果

注 意

在Maya 2022中，光晕和辉光的效果可以叠加。用户在创作的时候可以灵活使用这两种效果叠加，以创建更好更丰富的效果。

参数简介

- 光晕颜色：用于设置光晕的颜色，拖动滑块可以设置颜色的明亮程度。
- 光晕强度：调节该值可以改变一个光晕的亮度，数值越大，亮度越强，默认值为1，如图8-58所示。

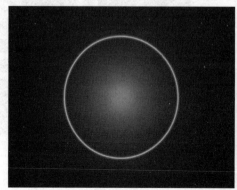

图8-58　光晕强度对比

- 光晕扩散：通过调节光晕扩散属性，可以改变一个光晕的大小，默认值为1，如图8-59所示。

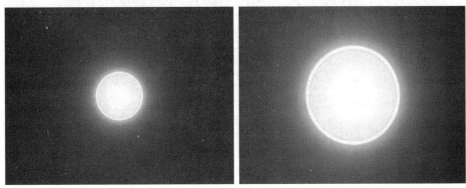

图8-59　改变光晕大小

3. 镜头光斑

镜头光斑常用于创建镜头中的光斑效果，它是由几个不同尺寸、从光源向外延伸的圆盘状光环组成的。随着镜头逐渐向光源靠近，这种效果也变得更加明显。镜头光斑常用于模拟强烈的阳光透过树林时发出的光斑，以及强光从镜头穿过时所折射的光斑效果。具体操作方法如下所述。

操作步骤

01　在视图中选中一盏点光源，打开灯光的属性编辑器，切换到opticalFX1选项卡，在【镜头光斑属性】卷展栏中设置属性，如图8-60所示。

02　渲染效果如图8-61所示。

注意

如果要激活【镜头光斑属性】卷展栏中的各项参数，需要在灯光属性通道栏的【opticalFX属性】中启用【镜头光斑】复选框。

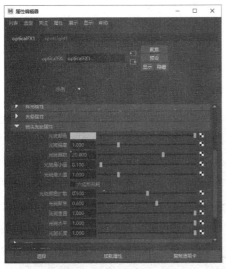

图8-60　设置镜头光斑属性

图8-61　渲染效果

参数简介

- 光斑颜色：用于设置镜头光斑的颜色，拖动滑块可以改变颜色的明亮程度。
- 光斑强度：用于设置光斑的强度。
- 光斑圈数：用于设置光斑光圈的数量。数值越大，光圈越多，如图8-62所示。

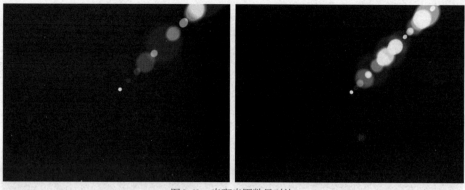

图 8-62　光斑光圈数量对比

- 光斑最小值：用于设置光斑的最小尺寸，默认值为0.1。
- 光斑最大值：用于设置光斑的最大尺寸。
- 六边形光斑：启用该复选框后，圆形光斑会转化成为六边形光斑，如图8-63所示。

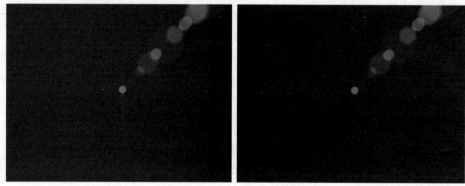

图 8-63　六边形光斑

- 光斑颜色扩散：使用该选项可以设置每个光圈的色相。如果需要设置光圈的颜色且需要将每个光圈的颜色区别开来，可使用该选项，如图8-64所示。
- 光斑聚焦：该选项可以锐化光斑的边缘。
- 光斑垂直/光斑水平/光斑长度：这3个参数主要控制光斑的移动和伸展方向，如图8-65所示。

图 8-64　光斑色相

图 8-65　光斑移动和伸展

8.7 案例4：温馨书屋

在学习 Maya 2022 的灯光知识后，本节将使用一个综合案例介绍灯光的布置方式。在本案例中，采用多种灯光类型相结合的方法布置一个室内空间的光线效果。

1. 设置灯光

操作步骤 -

01 打开随书附赠资源本章目录下的场景文件作为编辑对象，如图8-66所示。

02 执行【创建】|【灯光】|【点光源】命令，在场景中创建一盏泛光灯，用于作为场景的主光源，以控制场景的整体照明效果。选中灯光并按T键，显示灯的控制手柄，调整它在场景中的照射位置及角度，如图8-67所示。

图8-66　场景文件

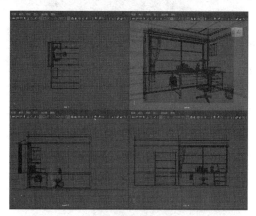

图8-67　创建点光源

03 展开【点光源属性】卷展栏，设置灯光的【颜色】值为HSV(30,0.506,0.926)，将【强度】设置为0.5，如图8-68所示。

04 调整视图的角度，单击快速渲染按钮快速渲染场景灯光效果，如图8-69所示。

图8-68　设置点光源属性

图8-69　点光源渲染的效果

05 执行【创建】|【灯光】|【环境光】命令，在场景中创建一盏环境灯，用于作为场景主光灯的辅助灯光，以照亮场景的暗部，如图8-70所示。

06 展开【环境光属性】卷展栏，将灯光的【颜色】值设置为HSV(30,0.489,0.85)，将【强度】设置为0.5，如图8-71所示。

07 调整视图的角度，单击快速渲染按钮快速渲染场景灯光效果，如图8-72所示。

08 执行【创建】|【灯光】|【区域光】命令，在场景中创建一盏区域灯光，放置在窗户的外侧，如图8-73所示。

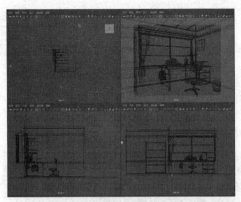

图 8-70　创建环境光

图 8-71　设置环境光参数

图 8-72　环境灯光渲染的效果

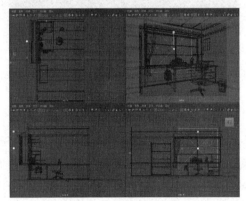

图 8-73　创建区域灯光

09 展开【区域光属性】卷展栏，将灯光的【颜色】值设置为HSV(206,0.6,0.926)，将【强度】设置为0.2，如图 8-74所示。

10 调整视图的角度，单击快速渲染按钮快速渲染场景灯光效果，如图8-75所示。

图 8-74　设置区域光参数

图 8-75　区域光渲染的效果

11 执行【创建】|【灯光】|【区域光】命令，在场景中创建第二盏区域灯光，放置在墙外侧，如图8-76所示。

12 展开【区域光属性】卷展栏，将灯光的【颜色】值设置为HSV(206,0.365,0.926)，将【强度】设置为0.2，如

图 8-77 所示。

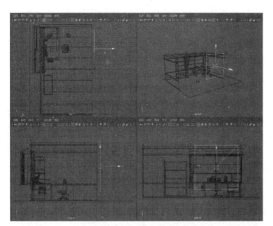

图 8-76　创建区域光

图 8-77　设置区域光属性

13 调整视图的角度，单击快速渲染按钮快速渲染场景灯光效果，如图 8-78 所示。

14 执行【创建】|【灯光】|【聚光灯】命令，在场景中创建一盏聚光灯，放置在窗户外侧，如图 8-79 所示。

图 8-78　区域光渲染效果

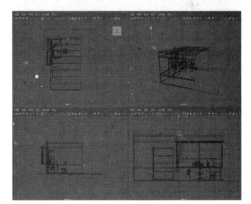

图 8-79　创建聚光灯

15 展开【聚光灯属性】卷展栏，将【强度】设置为 1.0，单击【颜色】选项后的按钮，添加一张贴图，渲染效果如图 8-80 所示。

图 8-80　渲染效果

2. 制作景深效果

01 选择persp透视图，切换到perspShape选项卡，展开【景深】卷展栏，设置参数，如图8-81所示。

02 切换到渲染视图，渲染效果如图8-82所示。

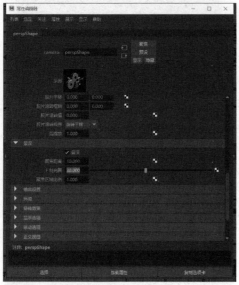

图8-81　属性设置

图8-82　渲染效果

第**9**章

使用摄影机

9.1 认识摄影机

在Maya 2022中打开【创建】菜单，如图9-1所示。依次执行【创建】|【摄影机】|【摄影机】/【摄影机和目标】/【摄影机、目标和上方向】命令，均可创建摄影机，如图9-2所示。

图9-1 【创建】菜单

图9-2 创建摄影机

9.1.1 摄影机类型

从图9-1中可以看到，摄影机分为3种，即【摄影机】、【摄影机和目标】及【摄影机、目标和上方向】。下面逐一介绍这3种摄影机的作用。

1. 摄影机

【摄影机】没有控制柄，不能制作比较复杂的动画效果，它经常用作单帧渲染或者制作一些简单的移动场景动画，一般将这种摄影机称作单节点摄影机，如图9-3所示。

2. 摄影机和目标

【摄影机和目标】有一个控制柄，经常用于制作一些稍微复杂的动画，如路径动画或者注释动画，一般将这种摄影机称作双节点摄影机，如图9-4所示。

图9-3 摄影机

3. 摄影机、目标和上方向

【摄影机、目标和上方向】，顾名思义，用户能对它进行比【摄影机和目标】更加多元化的操作，使用控制柄可以控制摄影机的旋转角度，它经常用于制作一些比较复杂的动画，一般将这种摄影机称作多节点摄影机，如

图9-5所示。

图9-4　摄影机和目标

图9-5　摄影机、目标和上方向

9.1.2　摄影机和目标

　　执行【创建】|【摄影机】|【摄影机和目标】命令可以创建一台带有目标点的摄影机，如图9-6所示。这种摄影机主要用于较复杂的动画场景，如飞机的飞行录像。

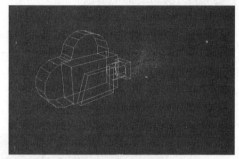
图9-6　摄影机和目标

9.1.3　摄影机、目标和上方向

　　执行【创建】|【摄影机】|【摄影机、目标和上方向】命令可以创建一台带有两个目标点的摄影机，一个目标点朝向摄影机的前方，另外一个目标点位于摄影机的上方，如图9-7所示。

　　这种摄影机可以指定摄影机的某一端必须朝上，适用于更为复杂的动画场景，如影视片头中的摄影机镜头翻滚的效果。

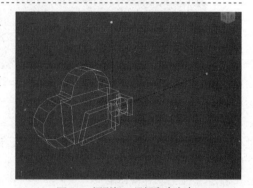
图9-7　摄影机、目标和上方向

9.1.4　立体摄影机

　　执行【创建】|【摄影机】|【立体摄影机】命令可以创建一台立体摄影机，如图9-8所示。使用立体摄影机可以创建具有三维景深的渲染效果。

　　当渲染立体场景时，Maya 2022会考虑所有的立体摄影机属性，并进行计算以生成可以被其他程序合成的立体图像或平行图像。

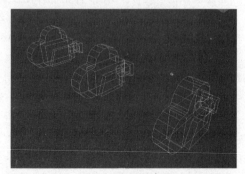
图9-8　立体摄影机

9.1.5 多重立体绑定

执行【创建】|【摄影机】|【多重立体绑定】命令,可以创建由两个或更多个立体摄影机组成的多重摄影机,如图9-9所示。

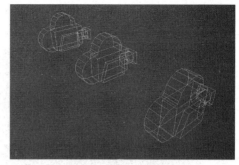

图9-9 多重摄影机绑定

9.2 摄影机的基本设置

当用户创建摄影机之后,就可以通过执行【视图】|【摄影机设置】菜单中的子命令进行修改,如图9-10所示。该菜单中的命令可以用于设置摄影机。

- 透视/正交:启用该复选框后,摄影机将变为透视摄影机,视图也会变成透视图,如图9-11所示。如果不启用该复选框,则视图将变为正交视图,如图9-12所示。
- 可撤销的移动:启用该复选框后,则所有的摄影机移动(包括翻滚、移动和缩放)将写入脚本编辑器,如图9-13所示。
- 忽略二维平移/缩放:启用该复选框后,可以忽略【二维平移/缩放】的设置,从而使场景视图在完整摄影机视图中显示。
- 无门:选择该选项后,不能再选择【胶片门】和【分辨率门】效果。
- 胶片门:选择该选项后,视图会显示一个边界,用于指示摄影机视图的区域,如图9-14所示。

图9-10 摄影机设置

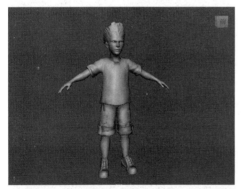

图9-11 透视效果

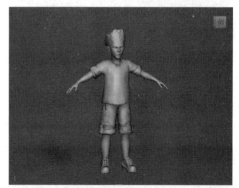

图9-12 禁用透视效果

图9-13 脚本编辑器

图9-14 胶片门效果

- 分辨率门：选择该选项后，可以显示摄影机的渲染框。在这个渲染框内的物体都会被渲染出来，而超出渲染框的区域将不会被渲染出来。图9-15和图9-16分别是将分辨率设置为320×240像素和640×480像素的效果对比。

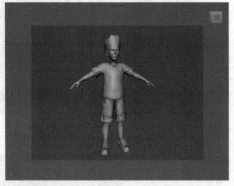

图9-15　320×240像素效果

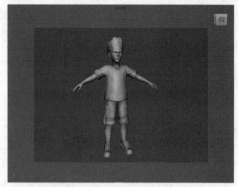

图9-16　640×480像素效果

- 门遮罩：启用该复选框后，可以更改【胶片门】或【分辨率门】之外区域的不透明度和颜色。
- 区域图：启用该复选框后，可以显示栅格，如图9-17所示。该栅格表示12个标准单元动画区域的大小。
- 安全动作：该选项主要针对场景中的人物对象。在一般情况下，场景中的人物都不要超出安全动作框的范围，如图9-18所示。

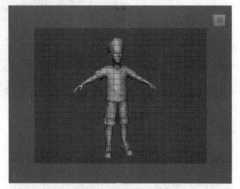

图9-17　区域图效果

图9-18　安全框

- 胶片原点：启用该复选框后，在通过摄影机查看时，显示胶片原点助手，如图9-19所示。
- 胶片枢轴：启用该复选框后，在通过摄影机查看时，显示胶片枢轴助手，如图9-20所示。

图9-19　胶片原点

图9-20　胶片枢轴

- 填充：选择该选项后，可以使【分辨率门】尽量充满【胶片门】，但不会超出【胶片门】的范围，如图9-21所示。
- 水平：选择该选项后，可以使【分辨率门】在水平方向上尽量充满视图，如图9-22所示。

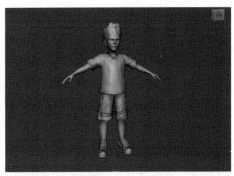

图 9-21　填充效果

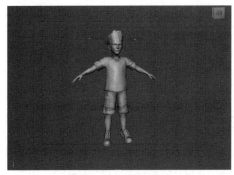

图 9-22　水平效果

- 垂直：选择该选项后，可以使【分辨率门】在垂直方向上尽量充满视图，如图 9-23 所示。
- 过扫描：选择该选项后，可以使【胶片门】适配【分辨率门】，也就是将图像按照实际分辨率显示出来，如图 9-24 所示。

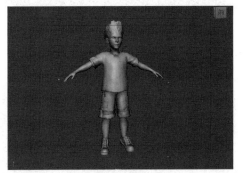

图 9-23　垂直效果

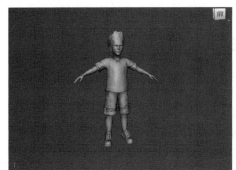

图 9-24　过扫描效果

9.3　摄影机工具

当用户创建摄影机之后，就可以按照设计意图进行操作。要操作摄影机，需要展开【视图】|【摄影机工具】命令，如图 9-25 所示。该菜单中包含对摄影机进行操作的所有工具。

图 9-25　摄影机工具

9.3.1　侧滚工具

【侧滚工具】主要用于旋转视图摄影机，快捷键为 Alt+ 鼠标左键。图 9-26 是打开的【工具设置】窗口中的工具设置面板。

- 翻滚比例：用于设置摄影机移动的速度，默认值为 1。
- 绕对象翻滚：启用该复选框后，在开始翻滚时【侧滚工具】图标位于某个对象上，则可以使用该对象作为翻滚枢轴。

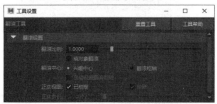

图 9-26　【翻滚工具】设置面板

- 翻滚中心：用于控制摄影机翻滚时围绕的点。其中，【兴趣中心】可以使摄影机围绕兴趣中心翻滚；【翻滚枢轴】可以使摄影机围绕其枢轴点翻滚。
- 正交视图：包括【已锁定】和【阶跃】选项。其中，前者用于锁定摄影机，而后者则能够以离散步数翻滚正交摄影机。通过【阶跃】操作，可以轻松返回到默认视图位置。
- 正交步长：在取消选中【已锁定】并启用【阶跃】复选框时，用于设置翻滚正交摄影机时所用的步长角度。

9.3.2 平移工具

使用【平移工具】可以在水平线上移动视图摄影机，用户可以按组合键Alt+鼠标中键激活该工具。图9-27是【平移工具】设置面板。

图9-27 【平移工具】设置面板

- 平移几何体：启用该复选框后，可以将视图中的物体和光标移动进行同步。在移动视图时，光标相对于视图中的对象位置不会再发生变化。
- 平移比例：用于设置移动视图的速度，默认值为1。

9.3.3 推拉工具

使用【推拉工具】可以推拉视图摄影机，用户可以按组合键Alt+鼠标右键激活该工具。此外，还可以按组合键Alt+鼠标左键+鼠标中键来激活该工具。图9-28是该工具的设置面板。

图9-28 【推拉工具】设置面板

- 缩放：用于设置推拉视图的速度，默认速度为1。
- 局部：启用该复选框后，可以在摄影机视图中进行拖动，并且可以让摄影机朝向或远离其兴趣中心移动。如果禁用该复选框后，也可以在摄影机视图中进行拖动，但可以让摄影机及其兴趣中心一同沿摄影机的视线移动。
- 兴趣中心：启用该复选框后，在摄影机视图中按住鼠标中键进行拖动，可以让摄影机的兴趣中心朝向或远离摄影机移动。
- 朝向中心：启用该复选框后，可以在开始推拉时朝向【推拉工具】图标的当前位置进行推拉。
- 捕捉长方体推拉到：当使用组合键Ctrl+Alt推拉摄影机时，可以将兴趣中心移动到实线区域。
- 表面：选中该单选按钮后，在对象上进行长方体推拉时，兴趣中心将移动到对象的曲面上。
- 边界框：选中该单选按钮后，在对象上进行长方体推拉时，兴趣中心将移动到对象边界框的中心。

9.3.4 缩放工具

使用【缩放工具】用于缩放视图摄影机，以改变视图摄影机的焦距。图9-29是该工具的设置面板。

图9-29 【缩放工具】设置面板

该工具仅有一个参数，该参数主要用于设置缩放视图的速度，默认值为1。

9.3.5 二维平移/缩放工具

使用【二维平移/缩放工具】可以在二维视图中平移和缩放摄影机，并且可以在场景视图中查看结果。图9-30是该工具的设置面板。

- 缩放比例：用于设置缩放视图的速度，默认值为1。
- 模式：包含两种模式。其中，【二维平移】模式可以对视图进行移动操作；【二维缩放】模式则可以对视图进行缩放操作。

图9-30　【二维平移/缩放工具】设置面板

9.3.6　方位角仰角工具

使用【方位角仰角工具】可以对正交视图进行旋转操作。图9-31是该工具的设置面板。

- 比例：用于设置旋转正交视图的速度，默认值为1。
- 旋转类型：用于设置旋转的类型。其中，【偏转俯仰】用于设置摄影机向左、向右、向上、向下的旋转角度；【方位角仰角】用于定义摄影机视线相对于地平面垂直平面的角度。

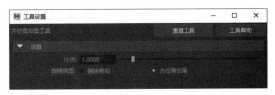

图9-31　【方位角仰角工具】设置面板

9.3.7　偏转-俯仰工具

使用【偏转-俯仰工具】可以向上或向下旋转摄影机视图，也可以向左或向右旋转摄影机视图。图9-32是该工具的设置面板。

图9-32　【偏转-俯仰工具】设置面板

9.3.8　飞行工具

使用【飞行工具】可以让摄影机飞行着穿过场景，不会受几何体约束。按住Ctrl键并向上拖动可以向前飞行，向下拖动可以向后飞行。如果要更改摄影机方向，则可以松开Ctrl键后拖动鼠标左键。

9.3.9　漫游工具

使用【漫游工具】可以在视图中控制摄影机从任意角度、距离和精细程度观察场景，可以选择并自由切换多种运动模式，如行走、驾驶、飞翔等，并可以自由控制浏览的路线。而且，在漫游过程中还可以实现多种设计方案、多种环境效果的实时切换并进行比较，能够给用户带来强烈、逼真的感官冲击，以获得身临其境的体验。

要使用该工具时，可以使用组合键Alt+X激活该工具，或从菜单中执行【视图】|【摄影机工具】|【漫游工具】命令，如图9-33所示。

Maya 2022在处于漫游模式时，光标将变为一个多方向的箭头，并且视图底部会显示一条平视显示仪消息，如图9-34所示。

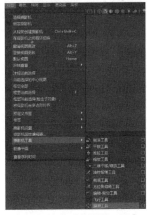

图9-33　激活【漫游工具】

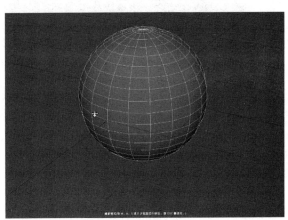

图9-34　漫游模式

当漫游模式处于活动状态时，鼠标可以控制移动速度，键盘可以控制移动方向，必须同时使用鼠标和键盘才能在整个场景中漫游。例如，要以较慢的速度向前移动，可按住鼠标右键并按W键（或按上箭头键）。

↘ 9.4 摄影机属性

1. 摄影机属性

如果要在创建摄影机时设置其属性，可单击【创建】|【摄影机】|【摄影机】命令右侧的■按钮，打开【创建摄影机选项】对话框。在创建摄影机后，按组合键Ctrl+A打开摄影机的属性编辑器，在其中展开【摄影机属性】卷展栏，设置这些选项可以改变摄影机的一些属性，如图9-35所示。

图9-35　摄影机属性编辑器

参数简介

• 控制：展开该下拉列表，可以选择摄影机的种类，在各种摄影机之间进行切换，而不需要创建新的摄影机。

• 视角：用于设置摄影机的视野范围，也就是视角，视角的大小决定了视野的开阔度和视野中物体的大小，该参数越大，视野就越大，而相对的视野中的物体就越小。

• 焦距：用于设置镜头中心到胶片的距离，该数值越大，摄影机的焦距就越大，目标物体在摄影机视图中就越大。

• 摄影机比例：按比例设置摄影机视野的大小，该数值越大，目标物体在摄影机视图中就越小。

• 自动渲染剪裁平面：启用该复选框后，系统会自动设置剪裁平面。在Maya 2022中，摄影机只能看到有限范围内的对象，一个摄影机的范围可以用剪裁平面来描述。如果不启用该复选框，则渲染时看不到剪裁平面以外的物体。

• 近剪裁平面：用于设置摄影机到近剪裁平面的距离。近剪裁平面是指定位在摄影机视线最近点上的一个虚拟的平面，这个平面是不可见的，在摄影机视图中小于近剪裁平面的对象都是不可见的，如图9-36所示。

图9-36　近剪裁平面效果

• 远剪裁平面：用于设置摄影机到远剪裁平面的距离。远剪裁平面是指定位在摄影机视线最远点上的一个虚拟的平面，这个平面是不可见的，在摄影机视图中大于远剪裁平面的对象都是不可见的，如图9-37所示。

在场景中，只有定位在近剪裁平面和远剪裁平面之间的对象才是可见的，与摄影机距离小于近剪裁平面或大于远剪裁平面的对象都是不可见的。

2. 胶片背

切换到摄影机cameraShape1属性，展开【胶片背】卷展栏，设置相关参数，如图9-38所示。

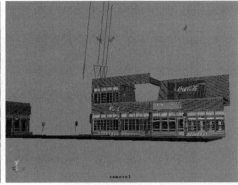

图9-37 远剪裁平面效果

- 胶片门：用于设置摄影机的规格。
- 摄影机光圈(英寸)：用于设置摄影机光圈的高度和宽度，以摄影机光圈控制焦距和视角的关系。
- 胶片纵横比：用于设置摄影机光圈的高宽比。当设置摄影机光圈时，此项的数值会自动更新。
- 镜头挤压比：用于设置摄影机的透视水平压缩影像的数量，大部分摄影机不会压缩影像，它们的镜头挤压比率是1。然而一些摄影机要把宽屏视频放入正方形的胶片内，需要水平进行压缩。
- 适配分辨率门：用于设置分辨率门相对于胶片门的大小。如果分辨率门和胶片门具有相同的纵横比，则该选项将不起作用。
- 胶片偏移：以屏幕为标准，水平或垂直移动分辨率门或胶片门，一般此选项为0。在必要时，可以设置该属性在两个方向上移动视图。

图9-38 【胶片背】属性

9.5 景深

真实世界中的摄影机都会有一个距离范围，在这个范围内的对象都是聚焦的，而在这个范围外的物体都是模糊不清的，这个范围被称为景深。景深是拍摄电影时经常用到的一种表现手法，当需要给目标物体特写的时候，就可以使用景深效果，如图9-39所示。

在Maya 2022中，摄影机的默认属性都是聚焦的，所有被摄影机拍摄到的画面都是清晰可见的。如果用户需要制作景深效果，可以在属性编辑器中展开【景深】卷展栏进行设置，如图9-40所示。

图9-39 景深效果

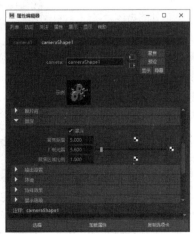

图9-40 【景深】属性

课堂练习80：几何体景深

`01` 在视图中，打开图9-41所示的场景文件，作为设置景深的对象。

`02` 选择摄影机camera1，切换到cameraShape1选项卡，展开【景深】卷展栏，设置参数如图9-42所示。

`03` 切换到渲染视图，渲染效果如图9-43所示。

图9-41　场景文件

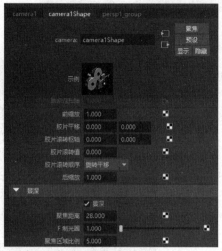

图9-42　设置景深属性

图9-43　渲染效果

参数简介

● 景深：启用该复选框将开启景深功能，否则下面的参数设置都是无意义的。

● 聚焦距离：用于设置景深最远点与最近点之间的距离。如果该参数比较小，则近处的物体会聚焦，而远处的物体会变得模糊，否则反之，如图9-44所示。

● F制光圈：用于设置景深范围的大小，该值越大，景深越长，否则反之，如图9-45所示。

● 聚焦区域比例：用于设置摄影机之间的距离范围，当物体在这个范围内时它会变得清晰可见，处于范围外时会变得模糊不清。当用户改变场景中的线性单位时，景深会随之改变，而此时想要保持景深不变，则可使用【聚焦区域比例】进行弥补。

图9-44　聚焦对比

图9-45　光圈对比

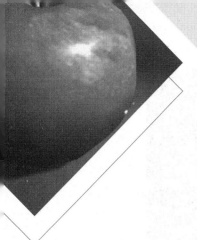

第 **10** 章

添加UV贴图坐标

创建好模型后，要为模型赋予一张纹理贴图以丰富模型的细节，增加真实性，增强视觉效果，这时就要通过UV坐标来确定二维纹理贴图在三维模型上的相对位置。本节先讲解UV的基本概念及UV的编辑窗口。

10.1.1 UV的基本概念

UV也称为贴图坐标，主要用于定义纹理的位置。因为纹理图片是2D的，在Maya 2022中，将它贴到一个3D的物体上，可能会导致原来纹理所固有的定位系统2D坐标无法和3D空间一一对应；而通过UV贴图坐标可以将3D物体空间上的点和2D纹理上的点一一对应。

将一张2D纹理图片分别赋予两个球体模型，图10-1是未使用UV定位纹理坐标的效果；图10-2是使用UV定位纹理坐标的效果。

图10-1　未使用UV定位

图10-2　使用UV定位

10.1.2 UV的编辑窗口

在Maya 2022中，用户在【UV编辑器】窗口中对UV进行编辑工作，与UV相关的编辑命令都可以在该窗口中找到。执行【窗口】|【建模编辑器】|【UV编辑器】命令，打开【UV编辑器】窗口，如图10-3所示。

U是水平方向的坐标轴，相当于二维坐标轴中的x轴；V是垂直方向的坐标轴，相当于二维坐标轴中的y轴，以区别场景中的xyz三维坐标轴。【UV编辑器】窗口中的红色透明区域为UV的实际有效区域。如果UV超出该区域，纹理贴图会相对于这个区间的位置进行重复，在关于多边形UV编辑部分将会详细介绍该窗口的相关属性。

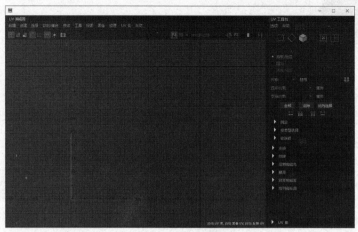

图10-3 【UV编辑器】窗口

10.2 NURBS模型的UV设置

NURBS模型的UV设置与多边形模型和细分模型的UV设置不同，NURBS模型自身的UV控制点在【UV编辑器】窗口中不可编辑。

10.2.1 设置NURBS模型UV

NURBS模型自身的结构点和纹理坐标UV是一致的，因此NURBS模型自身的UV控制点在专门的UV编辑器窗口中是不可以被编辑的。同时自身的等参线的分布情况决定了NURBS模型的UV设置。下面观察一下NURBS的UV情况。

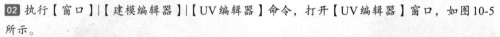

课堂练习81：展开苹果的UV

01 在场景中选择一个NURBS模型，如图10-4所示。

02 执行【窗口】|【建模编辑器】|【UV编辑器】命令，打开【UV编辑器】窗口，如图10-5所示。

图10-4 选择NURBS模型

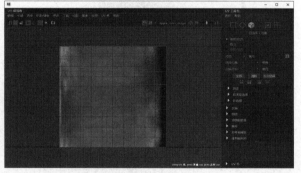

图10-5 【UV编辑器】窗口

通过图10-4和图10-5可以看出，NURBS模型的UV设置具有以下几个特点。

(1) NURBS模型的UV是固定的，不需要手动添加。

(2) NURBS模型中的UV是不可以编辑的，如图10-5所示，即【UV编辑器】窗口的UV都是灰色的，当窗口颜色为白色时才可以编辑。

(3) NURBS模型的UV设置是由模型自身的等位线的分布情况所决定的，纹理贴图会因模型等位线分布的疏密而产生不同的变化。

10.2.2　编辑NURBS模型UV

　　由于等位线的分布情况决定了NURBS模型的UV，所以纹理贴图会因等位线的不同分布而产生疏密的变化。如何才能解决此类问题呢？下面通过一个实例介绍在Maya 2022中如何设置NURBS模型的UV。

课堂练习82：编辑NURBS模型UV

01 在视图中选择NURBS模型，如图10-6所示。

02 按组合键Ctrl+A，切换到NURBS模型的属性编辑器，在【纹理贴图】卷展栏中找到【修复纹理扭曲】复选框，如图10-7所示。

图10-6　选择模型

图10-7　设置选项

03 启用【修复纹理扭曲】复选框，将【每个U向跨度的栅格分段】和【每个V向跨度的栅格分段】参数设置为15。图10-8为未启用【修复纹理扭曲】复选框的渲染效果；图10-9为启用该复选框的渲染效果。

图10-8　启用前

图10-9　启用后

> **注　意**
>
> 在启用【修复纹理扭曲】复选框后，NURBS模型的纹理可以在表面上均匀分布，要想看到纹理贴图变化效果只有通过渲染操作才能实现。

10.3　多边形UV投射

　　在为多边形制作纹理贴图时，必须要在模型上创建UV并进行编辑，使UV自然展开，没有重叠和拉伸现象。在Maya 2022中创建UV的方法通常有两种：一种是通过投射创建UV，另一种是在创建多边形几何体时设置UV。

10.3.1 多边形UV编辑命令

多边形UV编辑的相关命令被整合在【UV编辑器】窗口中，如图10-10所示。

UV映射的相关命令在UV菜单中，下面介绍其中常用的映射方式。

10.3.2 平面映射

【平面】命令可以将物体的UV沿一个平面进行投射。

图10-10　多边形模型UV相关编辑命令

课堂练习83：使用平面映射

01 在场景中选择多边形模型，如图10-11所示。

02 在【建模】模块下，单击【UV】|【平面】命令右侧的 □ 按钮，打开【平面映射选项】对话框，将【投射源】设置为【Z轴】选项，如图10-12所示。

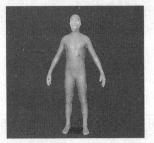

图·10-11　选择模型

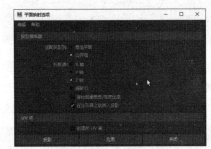

图10-12　设置映射方向

03 单击【投影】或【应用】按钮，即可为多边形模型创建平面映射，如图10-13所示。

04 执行【UV】|【UV编辑器】命令，打开【UV编辑器】窗口，可以看到多边形UV的分布情况，如图10-14所示。

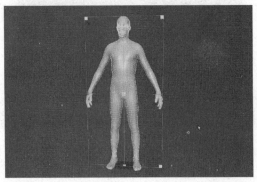

图10-13　平面映射

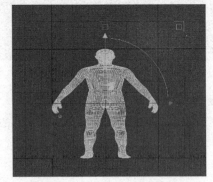

图10-14　模型UV分布情况

参数简介

在【平面映射选项】对话框中包括如下选项。

● 适配投影到：默认情况下，投影操纵器将根据所选项自动定位。若选中【最佳平面】单选按钮，在对物体的面进行UV贴图时，投影操纵器可以吸附到物体的表面，以选定的面作为目标旋转。若选中【边界框】单选按钮，当对所有物体或大多数物体表面进行贴图操作时，它会将投影操纵器吸附到最适合的物体界线框内。

- 投影源：选择一个轴，以便投影操纵器能瞄准物体的大多数面。
- 保持图像宽度/高度比率：启用该复选框，可以保持图像的宽高比。
- 在变形器之前插入投影：在默认情况下启用该复选框，表示当物体变形后纹理也会发生相应的变化。
- 创建新UV集：若启用该复选框，将创建一个新的UV集，并将由投影创建的UV放置在该集中。
- UV集名称：只有启用【创建新UV集】复选框，【UV集名称】选项才能使用，在右侧的文本框中可以修改UV的名称。

> **注 意**
>
> 在为多边形创建UV时，可以选择整个物体，也可以选择部分表面创建UV。

10.3.3　圆柱形映射

　　【圆柱形】命令可以将多边形物体的UV沿圆柱体形状产生投射的方式创建UV。该命令可以为整个物体创建UV，也可以为选择的表面单独创建UV，即将选择表面的UV从整体UV中单独分离出来。

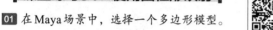

课堂练习84：使用圆柱形映射

01 在Maya场景中，选择一个多边形模型。

02 执行【UV】|【圆柱形】命令，即可创建圆柱形映射，如图10-15所示。

03 选择图10-16所示的黄色控制手柄并拖动，使它与红色控制手柄相交。

04 执行【UV】|【UV编辑器】命令，打开【UV编辑器】窗口，可以看到多边形模型的UV分布情况，如图10-17所示。

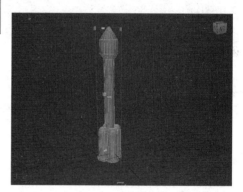

图10-15　圆柱形映射

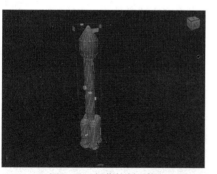

图10-16　操作控制手柄

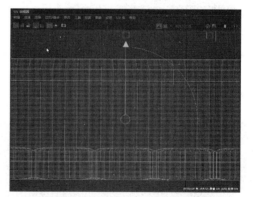

图10-17　多边形模型的UV分布情况

参数简介

　　单击【UV】|【圆柱形】命令右侧的 ■ 按钮，打开【圆柱形映射选项】对话框，如图10-18所示。

- 在变形器之前插入投影：在投影操纵器选项中，【在变形器之前插入投影】复选框在默认情况下是启用的，表示当物体经过变形后，纹理也会发生相应的变化。

图10-18　【圆柱形映射选项】对话框

- 创建新UV集：若启用该复选框，将创建一个新的UV集，并将由投影创建的UV放置在该集中。
- UV集名称：只有启用【创建新UV集】复选框，【UV集名称】选项才能使用，在右侧的文本框中可以修改UV的名称。

10.3.4　球形映射

【球形】命令可以将多边形的UV点根据球体的形状进行投射的方式创建UV，使用方法与【平面】和【圆柱形】命令一致，这里不再赘述，效果如图10-19和图10-20所示。

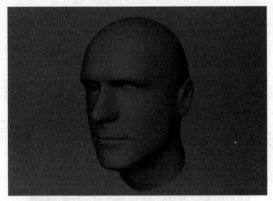

图10-19　球形映射

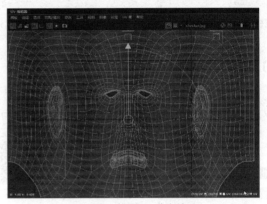

图10-20　模型UV分布情况

> **技巧**
>
> 【球形】命令的参数和【圆柱形】命令相同，这里不再赘述。

10.3.5　自动映射

【自动】命令可以将多边形的顶点沿多个角度进行投射，形成多块UV。

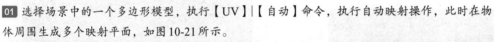

课堂练习85：使用自动映射

01 选择场景中的一个多边形模型，执行【UV】|【自动】命令，执行自动映射操作，此时在物体周围生成多个映射平面，如图10-21所示。

02 执行【UV】|【UV编辑器】命令，打开【UV编辑器】窗口，可以看到多边形的UV分布情况，如图10-22所示。

图10-21　自动映射

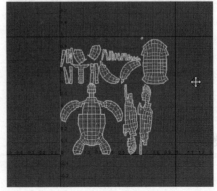

图10-22　模型UV分布情况

参数简介

单击【UV】|【自动】命令右侧的■按钮，打开该命令的选项对话框，设置相关属性，如图10-23所示。

图10-23　【多边形自动映射选项】对话框

- 平面：为自动映射投影选择平面数。根据3、4、5、6、8或12个平面的形状，可以选择一个投影映射。使用的平面越多，发生的扭曲就越少，且在【UV编辑器】窗口中创建的UV壳越多。显示在自动映射投影操纵器上的平面数与在该选项中设定的平面数直接相关。

- 较少的扭曲：均衡投影所有平面。该方法可以为任何面提供最佳投影，但结束时可能会创建更多的壳。如果有对称模型并需要投影的壳是对称的，此方法尤其有用。

- 较少的片数：投影每个平面，直到投影遇到不理想的投影角度。这可能会导致壳增大而壳的数量减少。图10-24是较少的扭曲和片数产生的效果。

- 在变形器之前插入投影：当多边形对象应用了变形时，该复选框才可用。如果该复选框已禁用并且为变形设置了动画，则纹理放置会受到顶点位置更改的影响，这将导致"游移"纹理。

- 加载投影：允许用户指定一个自定义多边形对象作为自动映射的投影对象，但必须首先在对象空间(x, y, z)中创建该多边形对象。

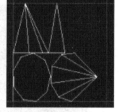

较少的扭曲　　　　　较少的片数

图10-24　不同参数设置的效

注意

在某些情况下，如果在【以下项的优化】选项区内选择【较少的扭曲】选项，则在另一个操作系统上打开同一文件时可以产生略微不同的UV布局。如果发生该情况，可以执行下列两种操作。

① 将【以下项的优化】设置为【较少的片数】选项。

② 保留【较少的扭曲】设置，但是删除对象上的历史，该操作会将UV直接指定给曲面。

- 投影对象：表示当前在场景中加载的投影对象。通过在该文本框中键入投影对象的名称指定投影对象。另外，当选中场景中所需的对象并单击【加载选定项】按钮时，投影对象的名称将显示在该文本框中。

- 加载选定项：用于加载当前在场景中选定的多边形面作为指定的投影对象。指定的面用于更新自动映射投影操纵器。虽然可以为投影对象指定的最大多边形面数为31，但建议的范围是3~8。

- 投影全部两个方向：当该复选框禁用时(默认)，加载投影会将UV投影到多边形对象上，该对象的法线指向与加载投影对象的投影平面大致相同的方向。

- 壳布局：设定排布的UV壳在UV纹理空间中的位置。

- 比例模式：设定UV壳在UV纹理空间中的缩放方式，包括【无】、【一致】和【拉伸至方形】。

- 壳堆叠：确定UV壳在【UV编辑器】窗口中进行排布时相互堆叠的方式，包括【边界框】和【形状】，产生的效果如图10-25所示。

- 间距预设：Maya 2022围绕每个片段放置一个边界框，并对壳进行布局，以便边界框相互靠近。如果壳最终精确地彼此靠在一起，则不同壳上的两个UV可以共享相同的像素，并且当使用【3D绘制工具】绘制时，过扫描也会使涂料溢到相邻的壳。

- 百分比间距：如果选择【间距预设】下拉列表中的【自定义】

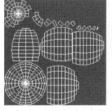
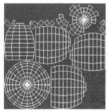

壳堆叠为边界框方式　　壳堆叠为形状方式

图10-25　壳堆叠效果

选项，则按照贴图大小的百分比输入边界框之间的距离大小。

- 创建新UV集：启用该复选框可创建新的UV集，并在该集中放置新创建的UV。在【UV集名称】文本框中键入UV集的名称。

10.3.6 在创建多边形几何体时设置UV

虽然多边形模型不同于NURBS模型，自身具有UV控制点，但是在多边形模块中创建标准几何体时，可以通过设置标准几何体属性中的UV选项来设置并创建UV。

课堂练习86：设置UV

01 单击【创建】|【多边形基本体】|【球体】命令右侧的■按钮，打开【多边形球体选项】对话框，启用【创建UV】复选框，如图10-26所示。

02 在视图中拖曳鼠标左键创建球体。

03 执行【UV】|【UV编辑器】命令，打开【UV编辑器】窗口，可以看到多边形的UV分布情况，如图10-27所示。

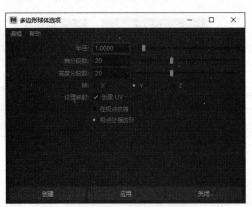

图10-26　UV选项设置

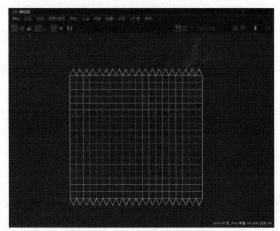

图10-27　球体UV分布

注 意

当创建多边形几何体时，默认情况下【创建UV】复选框是启用的。如果禁用该复选框，多边形几何体的UV将不可编辑。

10.4　多边形UV编辑工具

在Maya 2022中，对UV的所有操作都是在【UV编辑器】窗口中进行的。在前面已经简单介绍了UV编辑器的一些概念，本节详细学习如何使用【UV编辑器】窗口编辑多边形的UV。

在【UV编辑器】窗口中，【修改】菜单是编辑多边形UV最常用的菜单之一，下面介绍该菜单中几种常用的编辑多边形UV的命令。

10.4.1 归一化

【归一化】命令可以使UV自动配置到0~1的纹理空间，如图10-28所示。具体操作方法如下所述。

操作步骤

01 单击【修改】|【归一化】命令右侧的■按钮，打开【归一化UV选项】对话框，如图10-29所示。

02 在【归一化UV选项】对话框中设置相关属性。

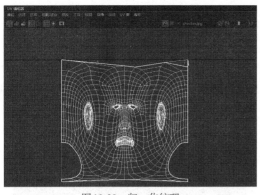

图 10-28　归一化纹理

图 10-29　【归一化UV选项】对话框

参数简介

- 整体：默认选择该单选按钮，可将选定物体的每个面作为一个整体，对UV进行标准化。
- 每个面是独立的：选择该单选按钮，可将选定物体的每个面分别进行UV标准化。
- 保持纵横比：启用该复选框，可使UV在进行标准化时沿U向和V向进行等比缩放。
- 以最近的 Tile 为中心：启用该复选框，可以定义UV的中心。

10.4.2　翻转

　　【翻转】命令可使UV进行上下或左右翻转。具体操作方法如下所述。

操作步骤

01 单击【修改】|【翻转】命令右侧的■按钮，打开【翻转UV选项】对话框并设置相关属性，如图10-30所示。

02 单击【应用并关闭】按钮，即可翻转UV。图10-31和图10-32为默认UV位置效果和UV垂直翻转的效果。

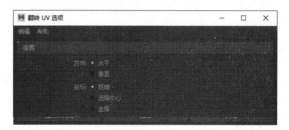

图 10-30　【翻转UV选项】对话框

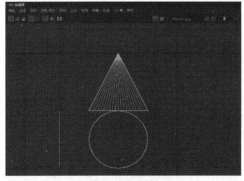

图 10-31　默认UV位置

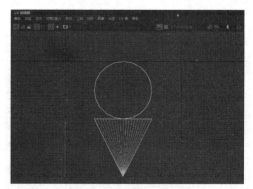

图 10-32　UV垂直翻转的效果

参数简介

- 方向：用于设置翻转UV的方向。其中，【水平】选项控制UV沿水平方向翻转；【垂直】选项控制UV沿垂直方向翻转。
- 坐标：用于设置翻转UV的坐标轴。【选择中心】选项控制UV以选择物体的UV中心点作为中心轴进行翻转；【全局】选项控制UV以纹理空间的U轴或V轴作为中心轴进行翻转。

10.4.3 旋转

【旋转】命令主要用于指定UV根据设置的角度进行旋转。具体操作方法如下所述。

操作步骤 ┄┄

01 单击【修改】|【旋转】命令右侧的■按钮，打开【旋转UV选项】对话框并设置旋转角度，如图10-33所示。

02 单击【应用】按钮，即可旋转UV，如图10-34所示。

图10-33 【旋转UV选项】对话框

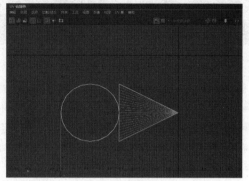

图10-34 旋转90°

注意

【旋转】UV和【翻转】UV之间的区别：【旋转】UV可以设置旋转的角度，而【翻转】UV只能在水平和垂直方向上翻转。

10.4.4 拉直边界

【拉直边界】命令用于解开当前选定UV壳的边界，例如环绕它自身的边。该命令提供的设置选项比【映射UV边界】命令更多。具体操作方法如下所述。

操作步骤 ┄┄

01 单击【修改】|【拉直边界】命令右侧的■按钮，打开【拉直UV边界选项】对话框，如图10-35所示。

02 单击【应用】按钮，即可将变形的UV拉直，如图10-36所示。

图10-35 【拉直UV边界选项】对话框

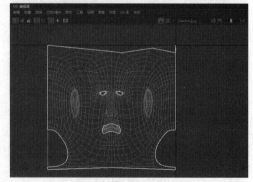

图10-36 拉直UV边界后的效果

参数简介

- 曲率：用于控制将选择的UV边界推进或推出。当值为0时，边界拉直。
- 保持长度比：用于控制UV边界点之间长度的比率。
- 填充当前选择中的间隙：用于拉直选择中缺失的UV，因为它们很难选择。

- UV间隙容差：用于控制被遗漏的UV点数目的最大值。
- 保持原始形状：用于控制边界UV的变形程度。

10.4.5　优化

【优化】命令即旧版本中的【松弛】命令，该命令用于展开重叠在一起的UV，使UV分布平滑合理，以便于对贴图纹理进行编辑。具体操作方法如下所述。

操作步骤

`01` 单击【修改】|【优化】命令右侧的█按钮，打开【优化UV选项】对话框，如图10-37所示。

`02` 单击【应用】按钮，即可将重叠在一起的UV平坦展开，如图10-38所示。

图10-37　【优化UV选项】对话框

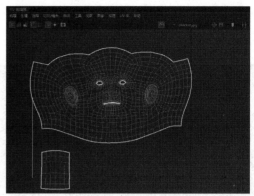

图10-38　优化后的效果

参数简介

- Unfold 3D：此选项为默认选项，使用展开3D算法优化UV贴图。
- 旧版(松弛)：使用旧版算法松弛UV贴图。
- 迭代次数：指定执行优化计算的次数。

注意

用户设置非常高的【迭代次数】可能会产生意外的结果。

- 曲面角度：用于控制曲面的强度和角度优化，从而最大限度地减少UV贴图中的拉伸和角度错误。默认值为1。
- 幂：用于设置优化强度。默认值为100。
- 防止自边界相交：启用该复选框后(默认)，可以避免展开UV壳的边界自相交。例如，当边界边围绕自身循环时，该选项会自动解开UV壳的边界。
- 防止三角形翻转：启用该复选框后(默认)，可以避免退化UV贴图。移动UV以致某个面与自身重叠时，会出现退化。
- 贴图大小(像素)：选择一个与纹理贴图大小相对应的预设。
- 房间空间(像素)：用于指定选定UV壳各部分之间的距离。当【房间空间】大于0时，可防止纹理溢出UV边界。应避免将此值增加到超过其默认值(2个像素)，因为这会降低优化计算的速度并产生扭曲。

如图10-39所示，该示例显示了一只手的手指。当【房间空间】设置为0时，一些手指会重叠；当【房间空间】设置为2时，手指之间的空间会增加。

房间空间=0　　　　　　房间空间=2

图10-39　【房间空间】参数对比

> **注 意**
>
> 【防止自边界相交】复选框必须处于启用状态，才能显示【房间空间】选项的效果。

10.4.6 剪切UV边

【剪切】命令可以将已选边的UV进行切割，选择需要切割的UV所对应的边，执行该命令即可将UV切开。具体操作方法如下所述。

操作步骤

01 在【UV编辑器】窗口中选择要剪切的边，如图10-40所示。

02 执行【切割/缝合】||【剪切】命令，即可将UV切开，如图10-41所示。

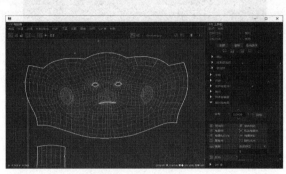

图10-40 选择UV边

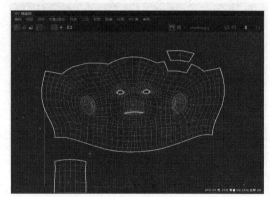

图10-41 剪切UV边

10.4.7 分割UV

【分割】命令用于分离UV，执行该命令将使UV沿着与选择点相邻的边进行分离。具体操作方法如下所述。

操作步骤

01 在【UV编辑器】窗口中选择要分离的UV点，如图10-42所示。

02 执行【切割/缝合】||【分割】命令，即可将UV点分离，如图10-43所示。

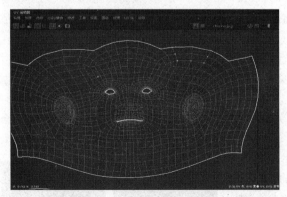

图10-42 选择要分离的UV点

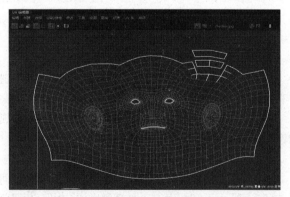

图10-43 分离UV点

10.4.8 缝合UV边

【缝合】命令可以将所选择边线的UV进行缝合。选择要缝合的UV边，执行该命令，可将边线上相应的UV进行缝合。具体操作方法如下所述。

操作步骤

[01] 在【UV编辑器】窗口中选择要缝合的UV边线，如图10-44所示。

[02] 执行【切割/缝合】|【缝合】命令，即可将UV边线缝合，如图10-45所示。

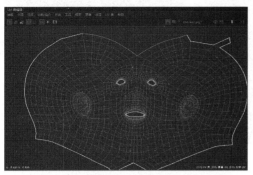 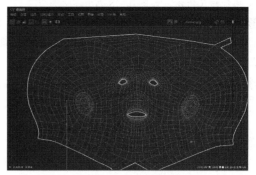

图10-44　选择边　　　　　　　　　　　　　　图10-45　缝合UV边线

10.4.9　移动并缝合UV边

【移动并缝合】命令可以在缝合UV的同时，移动需要缝合的UV边。执行该命令，可使较小的UV移动并缝合在较大的UV上。具体操作方法如下所述。

操作步骤

[01] 在【UV编辑器】窗口中选择要缝合的UV边线，如图10-46所示。

[02] 执行【切割/缝合】|【移动并缝合】命令，即可将UV边线缝合，如图10-47所示。

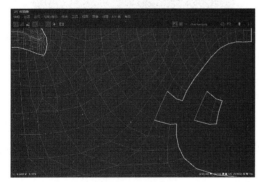 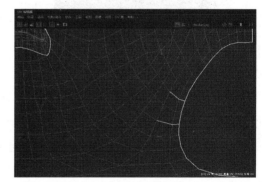

图10-46　选择边　　　　　　　　　　　　　　图10-47　移动并缝合UV边线

10.4.10　UV快照

【UV快照】命令可以导出UV拓扑结构图，形成一个图像文件，然后在后期软件中根据UV拓扑结构来绘制纹理，使纹理与UV相匹配。具体操作方法如下所述。

参数简介

- 文件名：用于设置导出图像的路径和名称。
- 图像格式：用于设置导出图像的格式。
- 大小X/大小Y(像素)：用于设置导出图片的尺寸。
- 边颜色：用于设置UV的颜色。
- 抗锯齿线：用于设置导出图像的边线是否抗锯齿。
- UV区域：用于控制导出UV坐标的范围。

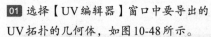
课堂练习87：制作UV快照

01 选择【UV编辑器】窗口中要导出的UV拓扑的几何体，如图10-48所示。

02 执行菜单栏中的【图像】|【UV快照】命令，弹出【UV快照选项】对话框，在其中可以设置相关属性，如图10-49所示。

03 单击【应用】按钮，即可导出二维拓扑结构图片，如图10-50所示。

图10-48 选择UV拓扑结构

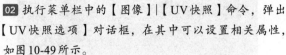

图10-49 【UV快照选项】对话框

图10-50 输出的拓扑结构图

10.4.11 删除UV

选择要删除的UV点，执行【UV】|【删除UV】命令，即可将UV点删除。

> **注意**
>
> 由于细分模型的UV编辑和多边形基本相同，这里不再赘述，读者可以参照多边形UV的相关内容进行学习。

10.5 案例5：人头模型UV设置

本例通过对卡通模型UV的设置，来学习UV编辑的相关命令。其中，运用的UV编辑技术主要包括UV投射方式、平滑UV工具、缝合UV边等。

在本书的附赠资源中选择人头模型，如图10-51所示。将【UV编辑器】窗口打开，可以看到模型的UV重叠得比较严重，如图10-52所示。

图10-51 选择模型

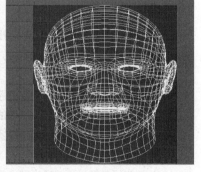

图10-52 模型UV分布

1. 球形映射

操作步骤

01 选择人头模型，执行【UV】|【球形】命令，为模型创建球形映射，如图10-53所示。

02 用户可以通过控制【球形】命令的控制器工具，调整UV的投射效果。拖动球形映射工具水平方向上的红色控制器手柄，扩大手柄的投射范围为360°，如图10-54所示。

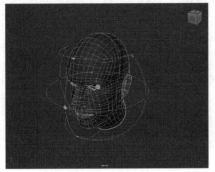

图10-53　球形映射

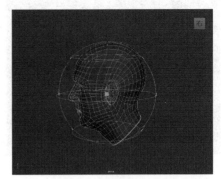

图10-54　拖动控制手柄

03 拖动模型上方的绿色控制器手柄，扩大手柄的投射范围为360°，如图10-55所示。

04 执行【UV】|【UV编辑器】命令，打开【UV编辑器】窗口，可以看到球形映射后UV的分布情况，如图10-56所示。

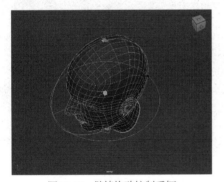

图10-55　继续拖动控制手柄

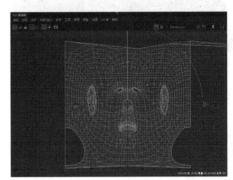

图10-56　球形映射后UV的分布情况

　　如图10-56所示，虽然模型经过球形映射后UV的分布情况比之前好了很多，但是仍然有很多部位的UV拉伸重叠严重。下面学习如何将拉伸重叠严重的UV展平，即所谓的展开UV，以方便制作纹理贴图。

2. 圆柱形映射

操作步骤

01 选择人头模型，仔细观察模型的脖子部位，可以看到该部位的UV拉伸比较严重，如图10-57所示。

02 选择人头模型，按F10键，进入边的组元编辑模式。然后按住Shift键，依次单击选中图10-58所示的两条边。

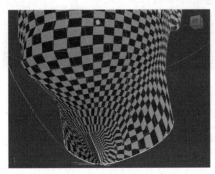

图10-57　脖子部分的UV分布

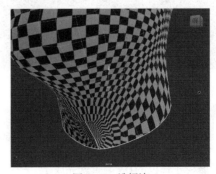

图10-58　选择边

03 按住Ctrl键并按住鼠标右键，在弹出的快捷菜单中选择【到面】命令，即可将选中的边转换为面的编辑模式，如图10-59所示。

04 执行【UV】|【圆柱形】命令，为选择的面创建圆柱形映射，如图10-60所示。

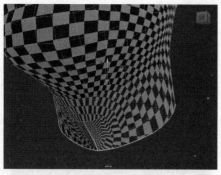

图10-59　转换边为面

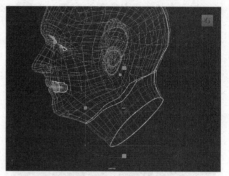

图10-60　圆柱形映射

05 拖动红色的控制手柄，扩大手柄的投射范围为360°，如图10-61所示。

06 执行【UV】|【UV编辑器】命令，打开【UV编辑器】窗口，可以看到圆柱形映射后UV的分布情况，如图10-62所示。

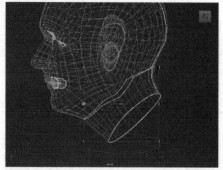

图10-61　拖动红色控制手柄

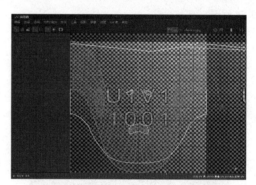

图10-62　圆柱形映射后UV的分布情况

07 等比缩放UV编辑器的控制手柄，调整UV的大小及位置，如图10-63所示。

08 按6键显示棋盘格纹理贴图，观察此时模型的UV分布情况，如图10-64所示。

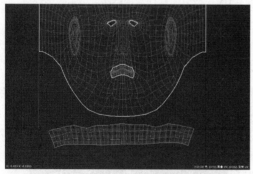

图10-63　调整后的UV分布

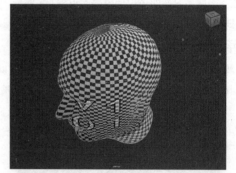

图10-64　纹理显示效果

技巧

在属性编辑器的【放置2D纹理】中，通过调节【平铺UV】的数值可以控制纹理贴图在三维模型上的显示效果。

至此，脖子部位的UV编辑就完成了。仔细观察可以看到，人头模型的头顶部分的UV拉伸依然严重，如图10-64所示。下面将其上面的UV展开。

3. 平面映射

操作步骤 --

01 选择头顶 UV 变形部位的面，作为平面映射的对象，如图 10-65 所示。

02 执行【UV】|【平面】命令，为选择的面创建平面映射，如图 10-66 所示。

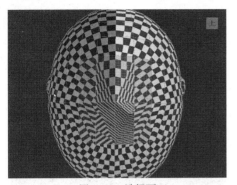

图10-65 选择面

图10-66 平面映射

03 选择平面映射的控制手柄，拖动鼠标按键进行缩放，调整 UV 大小，如图 10-67 所示。

从图 10-68 所示的 UV 分布情况可以看出，人头模型的眼睛和耳朵部位的 UV 拉伸变形比较严重，下面通过【平滑】和【优化】命令来展开该部分的 UV。

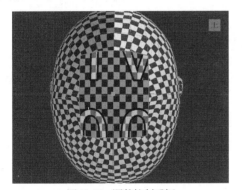

图10-67 调整控制手柄

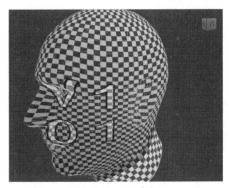

图10-68 UV分布

4. 平滑UV工具

操作步骤 --

01 选择人头模型，打开【UV编辑器】窗口，执行【工具】|【平滑】和【优化】命令，展开耳朵部分的 UV，如图 10-69 所示。

02 选择眼角模型部分的 UV，使用【平滑】和【优化】命令展开拉伸的 UV，如图 10-70 所示。

图10-69 展开耳朵部分的 UV

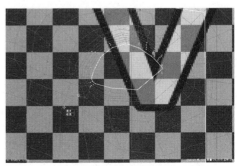

图10-70 展开眼角 UV

5. 缝合UV

操作步骤

01 在【UV编辑器】窗口中可以看到人头模型的UV分布情况，如图10-71所示。

02 选择UV的边，将它们依次缝合，调整后的效果如图10-72所示。

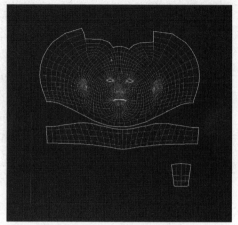

图10-71　UV的分布情况

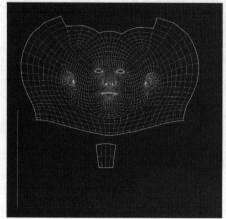

图10-72　缝合UV边

第 **11** 章

Maya渲染基础

↘ **11.1** 渲染的基础知识

11.1.1 渲染的概念

渲染(英文为Render)是指将三维场景中的矢量元素通过光影计算最终转换为二维图像的过程。在Maya 2022中制作的模型、灯光、材质及动画等矢量文件，通过渲染生成脱离Maya工作环境的二维图像文件，如图11-1所示。

图11-1 渲染效果图

11.1.2 渲染的算法

在Maya 2022中，针对不同的场景可能需要不同的算法进行渲染。根据不同的渲染引擎，可以将渲染算法分为3种，分别是扫描线渲染、光线跟踪和光能传递。

1. 扫描线渲染

扫描线渲染的原理是将场景中的物体直接投影到视平面上，通过观察物体的纵深来决定物体效果。通常情况下，距离视平面最近的物体越清晰，细节越丰富，距离越远的物体将被消隐或变得模糊。

2. 光线跟踪

光线跟踪是一种真实模拟物体质感的渲染算法，它可以沿着达到视点的光线进行反方向跟踪，并且扫描视平面上的所有像素，找出与视线相交的物体表面点，并继续跟踪计算。图11-2为光线跟踪的效果。

3. 光能传递

光能传递可以对场景中所有表面之间的光和颜色的漫反射进行计算，计算光线能够影响到的物体区域。它主要用于模拟真实的全局光照明。图11-3所示为室内建筑效果。

图11-2 光线跟踪

图11-3 光能传递

11.2 渲染的类型

在Maya 2022中共有4种渲染方式，分别为Maya软件渲染、Maya硬件渲染、Maya向量渲染和Arnold渲染。在Maya中，执行【窗口】|【渲染编辑器】|【渲染设置】命令，即可打开【渲染设置】窗口，在【使用以下渲染器渲染】下拉列表中选择渲染方式，如图11-4所示。

还有一种常用的设置渲染方式的方法，执行【窗口】|【渲染编辑器】|【渲染视图】命令，即可打开【渲染视图】窗口，在其中可设置渲染方式，如图11-5所示。

图11-4 设置渲染方式1

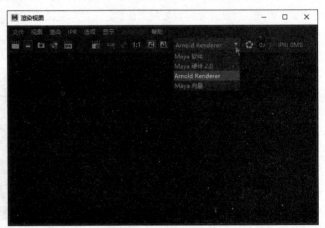

图11-5 设置渲染方式2

11.3 软件渲染

Maya软件渲染是Maya常用的渲染方式，可以渲染除硬件粒子外的所有效果，还可以设置不同的抗锯齿质量级别控制渲染的品质和速度，分别用于测试和最终渲染，如图11-6所示。

图11-6 Maya软件渲染

课堂练习88：闹钟

01 打开随书附赠资源中的场景文件，如图11-7所示。

02 打开【渲染设置】窗口，打开【公用】选项卡，在【图像大小】卷展栏中将图像尺寸设置为592×480像素，如图11-8所示。

03 切换到【Maya软件】选项卡，将【质量】设置为【产品级质量】，将【边缘抗锯齿】设置为【最高质量】，如图11-9所示。

04 切换到渲染视图，单击■按钮进行渲染，如图11-10所示。

图11-7 场景文件

图11-8 设置渲染属性

图11-9 设置软件渲染

图11-10 渲染效果

11.3.1 文件输出

执行【窗口】|【渲染编辑器】|【渲染设置】命令，打开【渲染设置】窗口，如图11-11所示，在该窗口中的【使用以下渲染器渲染】下拉列表中可以设置使用的渲染器。

切换到【公用】选项卡，展开【文件输出】卷展栏，如图11-12所示。下面对其中的一些参数进行介绍。

- 文件名前缀：用于设置图像文件的名称。

- 图像格式：用于设置渲染输出文件的保存格式。

- 帧/动画扩展名：该选项有两个作用，一是用于指定渲染单帧或渲染动画；二是指定渲染结果文件名采用何种格式。

- 帧填充：用于设置图像序列的位数。

图11-11 【渲染设置】窗口

图11-12 【文件输出】卷展栏

11.3.2 帧范围和可渲染摄影机

【帧范围】和【可渲染摄影机】卷展栏如图11-13所示。下面对一些属性进行介绍。

1. 帧范围

【帧范围】卷展栏中主要参数的功能如下。

- 开始帧：表示渲染动画的起始帧。
- 结束帧：表示渲染动画的结束帧。
- 帧数：用于设置动画的总帧数。

2. 可渲染摄影机

【可渲染摄影机】卷展栏中主要参数的功能如下。

- 可渲染摄影机：用于指定渲染摄影机。
- Alpha通道(遮罩)：Alpha通道使用8位或16位的灰度图像记录透明信息，用于视频合成。
- 深度通道(Z深度)：深度通道记录 y 轴的远近信息，距离摄影机越近亮度越高，用于深度的视频合成。

图11-13 可设置属性

11.3.3 图像大小

【图像大小】卷展栏主要用于设置所输出图像的大小和精度，如图11-14所示。下面介绍该卷展栏中主要参数的功能。

- 预设：该下拉列表中提供了多种预置分辨率形式。
- 保持宽度/高度比率：启用该复选框，将依据当前渲染尺寸的宽高比进行锁定。若改变宽度或高度，则另一个值都会改变。
- 保持比率：包括【像素纵横比】和【设备纵横比】两个选项，用于设置不同图像的纵横比。
- 宽度/高度：分别设置像素的宽度和高度。
- 大小单位：定义图片尺寸的单位，包括像素、英寸、厘米、毫米等。系统默认为像素。
- 分辨率：即图像分辨率，只有当渲染的图片用于印刷时此参数才起作用。Maya 2022默认的分辨率为72。
- 分辨率单位：可设置的分辨率单位为【像素/英寸】或者【像素/厘米】。

图11-14 【图像大小】卷展栏

- 设备纵横比：用于设置当前显示设备的高宽比。此参数的结果为图片的高宽比与像素高宽比的乘积。
- 像素纵横比：用于设置显示设备单个像素的纵横比。

11.3.4　软件渲染

在【渲染设置】窗口中，切换到【Maya 软件】选项卡，如图 11-15 所示。下面介绍一些常用的软件渲染参数。

- 抗锯齿质量：用于控制渲染结果的抗锯齿效果。
- 质量：该下拉列表中提供了一些系统预定义的抗锯齿质量级别。
- 边缘抗锯齿：用于控制物体边界渲染抗锯齿的程度。
- 采样数：用于设定各种项目的采样数值，通常采样值设置得越高，渲染出的图像效果越好，但花费的时间也就越长。
- 光线跟踪质量：用于控制渲染一个场景时是否采用光线跟踪，以及光线跟踪的质量。
- 光线跟踪：启用该复选框，Maya 在渲染时会计算光线跟踪。光线跟踪会产生精确的反射、折射和阴影效果。
- 反射：光被反射的最大次数。其可用范围为 0~10，默认值为 1。
- 折射：光被折射的最大次数。其可用范围为 0~10，默认值为 6。
- 阴影：光线被反射或折射仍能对物体投射阴影的最大次数。此值为 0 时关闭阴影。

图 11-15　Maya 软件渲染

↘ 11.4　硬件渲染

Maya 硬件渲染使用 OpenGL 技术，利用显卡的硬件显示功能进行渲染，可以渲染粒子用于后期合成。在【渲染设置】窗口中，切换到【Maya Hardware 2.0】选项卡，如图 11-16 所示。下面讲解一些渲染器的常用参数设置。

11.4.1　性能

本小节介绍【性能】卷展栏中参数的功能。

- 合并世界：启用该复选框，会为使用常用材质的形状组合几何缓存。在场景中，可以通过额外增加内存来获得性能的大幅提升。
- GPU 实例化：启用该复选框，对于相同材质的实例，使用硬件实例化进行渲染。消除了图形驱动程序状态更改开销及渲染流程开销，可更快地生成渲染结果。
- 灯光限制：用于设置渲染中使用的最大灯光数。
- 透明度算法：根据下拉列表中的选项实现不同类型的透明度算法。
- 透明度质量：对于深度剥离透明度算法，可在 Maya 开始使用加权平均算法前，通过拖动此滑块选择要剥离的层数。
- 透明阴影：启用该复选框，可在场景中看到透明度映射阴影。
- Alpha 切割预过程：启用该复选框，Maya 先对部分透明曲面的所有完全不透明像素执行 Alpha 切割渲染通道，然后使用用户选择的透明度算法执行 Alpha 融合渲染通道。

图 11-16　Maya 硬件渲染

11.4.2　渲染选项

本小节介绍【渲染选项】卷展栏中参数的功能。

- 透底：启用该复选框，所有对象在批渲染中透明渲染。

- 模式：启用【透底】复选框后，可以选择每个对象或全部模式。
- X 射线模式：用于启用 X 射线模式。场景视图显示和批渲染都支持 X 射线模式。
- X 射线关节显示：用于启用 X 射线关节显示模式。场景视图显示和批渲染都支持 X 射线关节显示模式。
- 照明模式：在该下拉列表中选择不同类型的照明模式。
- 单面照明：启用该复选框，将使用一个面照明；禁用时，则开启双面照明。
- 渲染模式：选择不同的渲染模式，可以选择线条、着色、线框着色等。
- 硬件雾：在最终渲染的时候开启雾。
- 景深：在最终渲染的时候开启景深。

↘ **11.5** 向量渲染

Maya向量渲染可以渲染单色和多色喷绘效果，可以制作简单的卡通勾边，形成卡通效果。另外，还可以生成矢量文件，如图11-17所示。

图11-17　矢量图片

课堂练习89：勾边效果

`01` 在视图中选择场景模型作为渲染对象，如图11-18所示。

`02` 打开【渲染设置】窗口，在【使用以下渲染器渲染】下拉列表中选择【Maya向量】选项，设置渲染属性的参数，如图11-19所示。

`03` 切换到渲染视图，单击■按钮进行渲染，渲染效果如图11-20所示。

图11-18　场景模型

图11-19　设置渲染参数

图11-20　渲染效果

在【渲染设置】窗口中，从【使用以下渲染器渲染】下拉列表中选择【Maya向量】选项，切换到相应的选项卡，如图11-21所示。下面讲解一些渲染器的常用参数设置。

图 11-21　Maya向量渲染

11.5.1　图像格式选项

该项可以设置渲染输出文件的保存格式。

11.5.2　外观选项

【外观选项】卷展栏中参数的功能如下。

- 曲线容差：用于控制在渲染时绘制曲线的精度。
- 细节级别预设：用于控制渲染效果的预设级别。
- 细节级别：用于控制渲染效果的级别。

11.5.3　填充选项

【填充选项】卷展栏中参数的功能如下。

- 填充对象：用于设置在渲染时是否填充物体。
- 填充样式：用于设置渲染时物体的填充方式。
- 显示背面：启用该复选框，渲染其法线背离摄影机的曲面。
- 阴影：启用该复选框，将会为所有对象渲染阴影。
- 高光：启用该复选框，可以计算物体的反射高光效果。
- 高光级别：同心纯色区域的数量用于表示镜面反射高光，其有效范围为1~8。默认值为 4。
- 反射：启用该复选框，可以计算物体的反射效果。
- 反射深度：曲面可与其他曲面交互反射的最大次数。

11.5.4　边选项

- 边颜色：用于设置边的颜色。
- 边细节：多边形之间的锐边渲染为轮廓。

11.6　Arnold渲染

Arnold是一个专业的3D渲染引擎，能生成高品质的真实图像，在电影工业领域中被广泛应用和认可，被认为是市场上较高级别的三维渲染解决方案。Arnold是基于物理算法的电影级别渲染引擎计算的渲染器，渲染效果高仿真，渲染的时间也会很长，如图11-22所示。

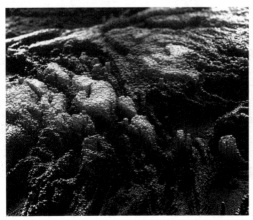

图 11-22　Arnold渲染效果

课堂练习90：概念车

01 在附赠资源本章目录下，找到本节的场景文件并导入Maya场景中。该场景的灯光、材质部分均已设置完毕，如图11-23所示。

02 打开【渲染设置】窗口，在【使用以下渲染器渲染】下拉列表中选择Arnold Renderer选项，如图11-24所示。

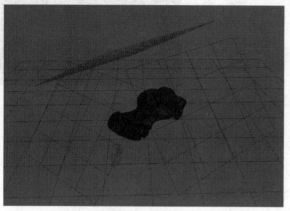

图11-23　场景文件

图11-24　属性设置

03 切换到渲染视图，单击▦按钮进行渲染，渲染效果如图11-25所示。

图11-25　渲染效果

　　打开【渲染设置】窗口，在【使用以下渲染器渲染】下拉列表中选择Arnold Renderer选项，打开相应的属性，可在其中进行设置。如果用户没找到该属性，可以执行【窗口】|【设置/首选项】|【插件管理器】命令，在弹出的【插件管理器】对话框中加载该项，如图11-26所示。下面讲解Arnold渲染的一些常用的参数设置。

图11-26　加载Arnold Renderer插件

1. 公用

- 文件输出：用于设置文件输出的属性。例如，输出图像的名称和格式或者指定图像输出特定的颜色空间信息。

- Frame Range(帧范围)：用于输出动态效果时设置动画的输出范围。

- 可渲染摄像机：以当前可渲染摄像机的角度进行渲染输出。

- 图像大小：用于设置输出图像的分辨率。

2. Arnold Renderer(Arnold渲染器)

- Sampling(采样)：用于控制渲染图像的采样质量。

- Ray Depth(光线深度)：用于指定场景中任何光线的递归深度 (漫反射 + 透射 + 镜面反射≤总计)。较高的值会增加渲染时间。

- Environment (环境)：用于控制背景和大气。

- Motion Blur(运动模糊)：用于控制运动模糊的量、类型和质量。Arnold 可以为摄影机、对象、灯光和着色器应用运动模糊。

- Lights(灯光设置)：对 Arnold 中的灯光求值方式提供一些常规的控制，从而优化渲染速度。

- Textures(纹理设置)：可以指定如何处理 Arnold 中的纹理文件。

- Subdivision(细分)：可以控制 Arnold 对细分曲面的细分。

- Imagers(成像器)：称为成像器的后期处理节点，在输出驱动程序之前对像素进行操作。成像器可以链接在一起。

3. System(系统)

- Device Selection(设备选择)：在使用 CPU 进行渲染(默认)或使用 GPU 进行渲染之间进行选择。

- Render Setting(渲染设置)：可以控制各种 Arnold 系统设置。

- Maya Integration(Maya 集成)：可以控制各种 Maya 集成设置。

- Search Paths(搜索路径)：指定 MtoA 用于查找插件、程序、着色器和纹理的搜索路径。

4. AOVs

可以将任意着色网络组件渲染到不同图像很方便地将直接照明和间接照明贡献分开，随后在合成期间再将它们重新合并到一起。Arnold 提供了用于输出深度、位置和运动向量的内置 AOV。

5. Diagnostics(诊断)

可以对 Arnold 渲染进行监视、故障排除和优化。

第 **12** 章

材质基础

📌 **12.1** 材质理论知识

12.1.1 材质的应用构成

世界上的一切事物都是通过表面的颜色、光线的强度、反射率、折射率及纹理等来表现自身的性质。要掌握不同物体的质感，需要经常仔细地观察周围的事物。例如，玻璃是透明的，树叶在光的照射下是半透明的，岩石表面是粗糙的。图12-1为玻璃和树叶。

图12-1　真实的玻璃和树叶

材质是对视觉效果的模拟，而视觉效果包括颜色、反射、折射、质感和表面的粗糙程度等诸多因素，这些视觉因素的变化和组合呈现出各种不同的视觉特征。Maya中的材质正是通过模拟这些因素来表现事物。材质模拟的是事物的综合效果，它本身也是一个综合体，由若干参数组成，每个参数负责模拟一种视觉因素，如透明度控制物体的透明程度等。

在掌握各种事物的物理特性之后，使用三维软件进行创作就可以最大限度地发挥人们的想象力，创造出各种质感的物体，甚至是现实生活中不存在的材质。

12.1.2 节点

1. 节点的概念

在Maya中，节点是最小的单位，每个节点都是一个属性组，节点可以输入、输出和保存属性。在使用Maya进行三维制作时，所有操作都以几何形状和各种色彩的形式出现在屏幕上，但这些都不是真实存在的，而是由计算机虚拟出来的。

在这些虚拟物体的背后，起支持作用的是数学计算。在操作的过程中，软件系统将用户输入的指令通过一系列计算转换成屏幕上可视的内容，但并不是所有的计算过程都是同时完成的。整个计算过程会分成一些小的单元，这些单元相互关联又相互独立，每个单元会完成一些计算步骤，形成一个相对独立的任务，然后将计算结果交给下一个计算单元进一步处理。

节点就是这种计算单元。节点有输入属性和输出属性，能完成相对独立的计算功能。三维场景中的模型、灯光、材质等都是节点，节点贯穿于Maya的工作流程，对Maya的操作过程就是对节点的操作过程。

2. 节点的类型

在Maya 2022中共有400多种节点，主要分为材质节点、通用节点、纹理节点、颜色节点等几种常用的节点，如图12-2所示。

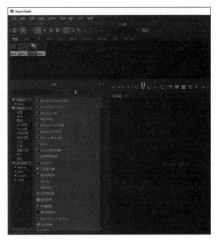

图12-2　节点类型

12.1.3　材质与渲染的工作流程

在Maya 2022中创建好模型之后，将材质添加到模型上，然后进行渲染输出。在为模型添加材质时，要注意将不同材质的物体进行归类加以区分，以便在后续的工作中进行相关的操作。具体操作方法如下所述。

操作步骤

01 打开Maya场景文件，执行【窗口】|【渲染编辑器】|【Hypershade(超级着色器)】命令，打开Hypershade窗口。创建材质球，并赋予模型，如图12-3所示。

02 按组合键Ctrl+A打开材质的属性编辑器，设置相关的材质属性。

03 在设置材质属性时，可以执行【渲染】|【渲染当前帧】命令来渲染场景，以便于观察调整的效果。

图12-3　创建材质球

12.2　认识Hypershade

在Maya 2022中，材质编辑器是指Hypershade，也叫作超级着色器。它是Maya提供的专门用于制作材质的工具。在菜单栏中执行【窗口】|【渲染编辑器】|【Hypershade】命令，可以打开其窗口操作界面，如图12-4所示。

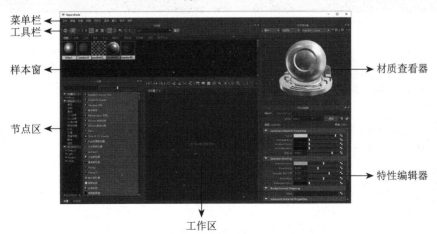

图12-4　Hypershade窗口操作界面

超级着色器的编辑功能非常健全，用户可以很直观地在操作区中看到材质节点网络的结构图。在编辑复杂的材质结构时，这一点很重要。另外，超级着色器还可以对其他节点进行编辑操作，例如灯光、骨骼等。本节将详细介绍Hypershade窗口各个组成部分的功能。

12.2.1 菜单栏

在Hypershade窗口中可以利用菜单创建或删除节点和纹理图片，还可以利用菜单对材质节点、节点工具进行连接和编辑属性。在Hypershade窗口菜单栏中共有10个菜单命令，下面逐一学习这些菜单。

1.【文件】菜单

【文件】菜单用于数据的导入或导出。用户可以在网络上下载相关的Maya材质，通过这些命令导入，也可以自己制作材质保存起来，供以后使用。

2.【编辑】菜单

【编辑】菜单用于对工作区域的节点进行编辑，如对节点执行删除、复制等相关操作。下面介绍该菜单中一些常用的命令。

- 【删除未使用节点】命令：用于删除场景中没有指定几何特征或粒子的所有节点，可以有效地清理不需要的材质数据，节省系统资源，这是经常用到的命令。

- 【复制】命令：与【编辑】主菜单中的【复制】命令类似，主要用于复制材质属性，包含3个子命令。其中，【着色网络】命令用于将节点完整复制；【无网络】命令用于复制节点材质的全部属性，但不包含网络关系；【已连接到网络】命令用于复制节点的全部属性，继承材质的上游节点网络连接，并共享网络连接，其对比效果如图12-5所示。

图12-5 不同的复制效果

> **提 示**
>
> 如图12-5所示，左侧图中下面的材质是将上面的材质通过利用【着色网络】命令复制的；中间和右侧的图相同，分别是利用【无网络】和【已连接到网络】命令复制材质所得到的效果。

- 【转化为文件纹理(Maya软件)】命令：用于将材质或纹理转换成一个图像文件，可以调整该图像的大小，也可以在其属性对话框中启用【抗锯齿】复选框，图像将被放置在当前工作目录下。

3.【视图】菜单

【视图】菜单用于显示工作区域等。

4.【创建】菜单

【创建】菜单用于创建材质、纹理、常用工具、灯光和摄影机等。

5. 【选项卡】菜单

【选项卡】菜单用于控制编辑器中的标签布局。

6. 【图表】菜单

【图表】菜单用于控制材质节点网络在工作区域中的显示状态。

7. 【窗口】菜单

【窗口】菜单为用户访问属性编辑器、属性总表和连接编辑器等提供便利。

8. 【选项】菜单

【选项】菜单用于控制编辑器界面的显示状态。

9. 【帮助】菜单

【帮助】菜单用于打开帮助文件。

12.2.2 工具栏

在Hypershade窗口的菜单栏下方是工具栏。用户可以利用工具栏对材质节点和程序纹理进行删除、重新排列节点、控制材质编辑器窗口的显示等操作。

下面讲解在Hypershade窗口中常用的工具栏。

- ▣和▣按钮：如果要启用和禁用所有节点的样例生成，可单击这两个按钮。
- ▣按钮：将样例显示为带有文字的图标。
- ▣小、▣中、▣大或▣超大按钮：作为图标查看样例时，用户可以选择图标的尺寸。
- ▣按钮：将样例仅显示为文字，显示更为简洁。在具有许多着色元素(例如，材质、纹理和灯光)的大型场景中，该选项可提高Hypershade的性能，如图12-6所示。

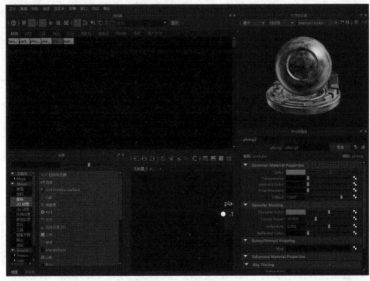

图12-6　仅显示为文字

- ▣按钮：按字母排序样例 (A-Z)。
- ▣按钮：按类型(例如，Blinn或Phong)将样例组合到一起，并按字母顺序 (A-Z) 对这些组排序。
- ▣按钮：按创建日期和时间排序样例(从旧到新)。
- ▣按钮：可反转排序指定的名称、类型或时间。
- 输入连接▣：显示被选择节点的输入连接网络，如图12-7所示。
- 输入和输出连接▣：显示被选择节点的输入和输出连接网络，如图12-8所示。
- 输出连接▣：显示被选择节点的输出网络连接，如图12-9所示。

图12-7 输入连接

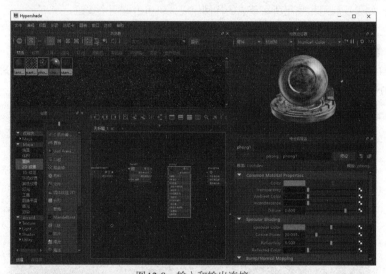

图12-8 输入和输出连接

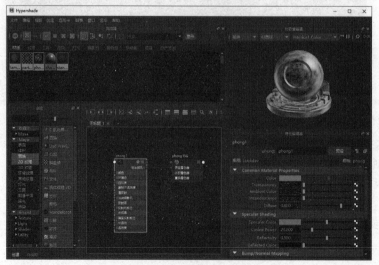

图12-9 输出连接

- 清除图表■：清除当前布局，如图12-10所示。

图12-10　清除图表

12.2.3　节点区

在Maya 2022中有3种类型的节点，分别是创建Maya节点、Arnold节点和创建所有节点。单击【创建】选项卡下的节点类型，可以在这3类节点中进行切换，如图12-11所示。在Hypershade窗口左侧的节点工具条中，用户在要选择的材质球上单击，即可在工作区域中创建材质球。

图12-11　创建材质球

当用户在左侧的列表中选择某个节点后，在右侧即可显示包含在该类型中的材质类型。双击某一材质类型，即可添加到工作区中。

12.2.4　工作区

工作区主要用于创建、连接和修改节点等编辑操作，如图12-12所示。在Hypershade窗口中，用户可以单击节点工具条上的节点，进行创建和编辑节点操作。如果要设置材质节点的属性，可以在Hypershade窗口的特性编辑器中设置材质节点的参数。

图 12-12　工作区

12.2.5　显示区域

　　显示区域主要用于显示场景中各种类型的节点。当一个场景被创建后，许多节点被默认建立。在显示区域中节点是被分类显示的，用户可以进行切换以方便观察，如图 12-13 所示。

图 12-13　显示区域

🔽 12.3　材质种类简介

12.3.1　材质的基本类型

　　在 Hypershade 窗口中，在【创建】选项卡的【Maya】|【表面】类型中有几种常用的材质节点。通过设置这些材质的属性，可以模拟现实生活中各种物体的材质，如使用 Lambert 可以模拟地面、墙壁等，使用 Blinn 可以模拟金属高光等效果，下面介绍这几种常用的材质节点。

　　● 各向异性：这种材质类型用于模拟具有微细凹槽的表面，镜面高亮与凹槽的方向接近于垂直，如图 12-14 所示。例如头发、斑点和 CD 盘片，都具有各向异性的高亮。

● Blinn：这是常用的材质类型，具有金属表面和玻璃表面特性，主要用于模拟金属和玻璃效果，如钢、铜、铝和玻璃等，如图 12-15 所示。

图 12-14　各向异性效果

图 12-15　Blinn 效果

● Lambert：这是基本的材质类型，没有高光和反射属性，多用于模拟不光滑的表面，如木头、墙壁、岩石等。

● Phong：它有明显的高光区，适用于光滑的、表面具有光泽的物体，如玻璃、水等，如图 12-16 所示。利用【余弦幂】参数对 Phong 材质的高光区域进行调节。

● Phong E：它能根据材质的透明度控制高光区的效果，比 Phong 材质的运用更加灵活。

● Layered Shader：该材质类型是由多种不同的曲面材质相互层叠而组成的单一曲面材质。可以将不同材质的节点合在一起，每一层都具有自己的属性，每种材质都可以单独设计，然后连接到分层底纹上。

图 12-16　Phong 效果

● 着色贴图：可以给表面添加一种颜色，通常应用于非现实或卡通、阴影效果。

● 分层着色器：可以给材质节点添加颜色。分层着色器与着色贴图的区别是，除了颜色以外，它还有透明度、辉光。因此，在目前的卡通材质节点中，分层着色器使用得比较多。

● 使用背景：使用背景材质可以将场景中的阴影和反射效果进行单独渲染，常用于后期合成。

● 海洋着色器：主要用于模拟海洋表面的材质，它本身具有置换效果，可以根据时间的变化模拟海洋表面的波浪动画。

● 渐变着色器：渐变着色器材质的很多属性都可以用渐变颜色控制，该材质节点对物体的渲染点进行采样，再用渐变颜色重新分布到物体表面，多用于模拟金属、玻璃、卡通、国画等效果。

12.3.2　创建材质节点

材质节点的连接包括材质与物体的连接，以及材质节点与材质节点的连接。下面讲解几种常见的材质节点连接方法。

┃ 课堂练习91：将材质赋予物体 ┃

01 在 Hypershade 窗口中，单击节点工具条中的 Blinn 图标，在工作区中创建 Blinn 材质节点，如图 12-17 所示。

02 选择场景中的物体，将鼠标指针放置到材质球上，按住鼠标中键不放，拖动到场景中的物体上，如图 12-18 所示。

03 还有另外一种常用的材质节点与物体的连接方法。选择场景物体，按住鼠标右键，在弹出的快捷菜单中选择【为当前选定对象指定材质】命令，在其子命令中选择要赋予场景物体的材质，如图 12-19 所示。

图 12-17　创建 Blinn 材质球

图 12-18　材质节点与物体的连接

图 12-19　另外一种赋予材质的方法

课堂练习92：材质连接

　　在 Maya 2022 中，除了材质节点与物体的连接外，材质节点与材质节点也可以连接。材质节点之间的连接，主要是为了增加场景物体的细节，使场景物体表现的效果更加真实。下面通过一个实例介绍材质节点之间的连接方法。

01 在 Hypershade 窗口中单击节点工具条，在工作区中创建两个 Blinn 材质球，并设置它们的颜色分别为深绿色和浅绿色，如图 12-20 所示。

图 12-20　创建 Blinn 材质球

02 在 Hypershade 窗口中，选择【创建】选项卡中的【Maya】|【工具】|【采样器信息】和【钳制】选项，创建这两个节点，如图 12-21 所示。

图 12-21　创建节点

03 单击【采样器信息】节点右上角的白色圆形，在弹出的菜单中选择【其他】命令，弹出【输出选择】窗口，选择 flippedNormal 节点，如图 12-22 所示。

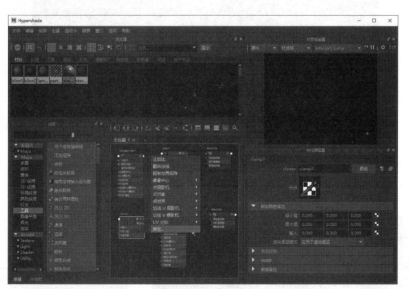

图 12-22　执行连接操作

04 单击【钳制】节点左上角的白色圆形，在弹出的菜单中选择【其他】命令，弹出【输入选择】窗口，选择 input 节点，如图 12-23 所示。

05 单击拖动深绿色 Blinn 材质的【输出颜色】，连接到【钳制】节点的【输入】属性上，如图 12-24 所示。

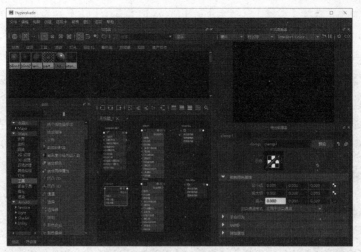

图12-23　连接节点

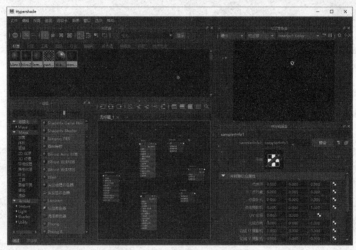

图12-24　连接OutColor属性

06 将浅绿色Blinn材质的【输出颜色】连接到【钳制】节点的【最大值】属性上，如图12-25所示。

07 选中场景中的物体，将制作好的材质赋予该物体，最终效果如图12-26所示。

图12-25　连接OutColor属性

图12-26　材质效果

12.3.3 断开材质节点

在制作材质纹理时，有时由于工作的需要，需要将某些材质节点暂时断开或删除，不让其对场景物体继续产生作用。

课堂练习93：断开连接

01 在 Hypershade 窗口的工作区中，选择要断开连接的两个节点之间的连接线，如图 12-27 所示。

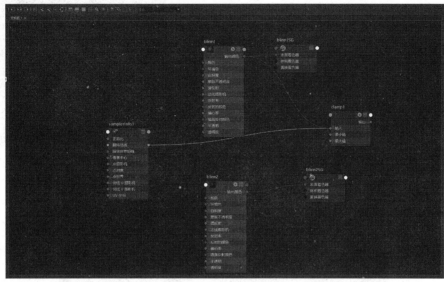

图12-27 选择连接线

提示

在默认情况下，两个节点之间的连接线是以绿色和蓝色显示，当选中某条连接线后，将以黄色显示。

02 按 Delete 键直接删除即可，如图 12-28 所示。

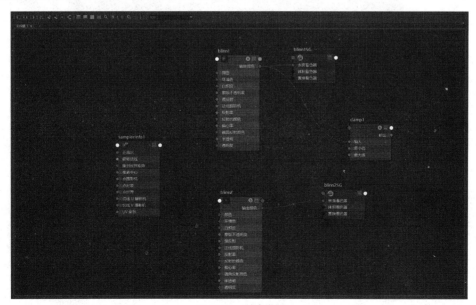

图12-28 删除连接

12.4 案例6：创建材质

在Maya 2022中，材质和纹理并不是一个概念。材质是指物体表面所表现出来的物理特性，而贴图是指物体表面的纹路表现。前面介绍了Maya 2022中的材质类型，下面以一个鼠标为例，介绍材质的具体应用方法。

操作步骤

01 打开随书附赠资源本章目录下的场景文件，如图12-29所示。

02 执行【窗口】|【渲染编辑器】|【Hypershade】命令，打开Hypershade窗口，如图12-30所示。

图12-29　导入场景

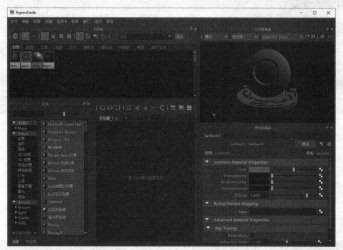

图12-30　打开Hypershade窗口

03 在材质类型列表中单击Blinn选项，创建一个Blinn材质球，双击该材质球，打开属性面板，如图12-31所示。

04 在【Common Material Properties(公用材质属性)】卷展栏中，将【Color(颜色)】设置为HSV(120,0,0)，如图12-32所示。

图12-31　blinn属性面板

图12-32　设置blinn属性

05 打开HyperShade窗口，将制作的材质赋予场景中的模型，如图12-33所示。

06 在材质类型列表中单击Phong选项，创建一个Phong材质球，双击该材质球，打开属性面板，如图12-34所示。

图12-33　赋予材质

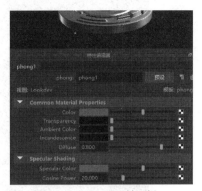

图12-34　Phong属性面板

07 在【公用材质属性】卷展栏中，将【透明度】设置为HSV(120,0,1)，如图12-35所示。

08 将【反射率】设置为1，如图12-36所示。

09 在HyperShade窗口中，选择【表面】|【分层着色器】选项，创建一个分层着色器材质球，双击该材质球，打开属性面板，如图12-37所示。

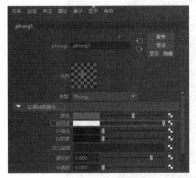

图12-35　设置透明度

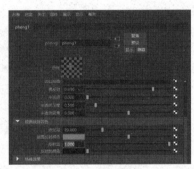

图12-36　设置反射率

图12-37　分层着色器属性面板

10 完成以上步骤后，打开HyperShade窗口，选择Phong材质球，并按住鼠标中键不放，拖动到分层着色器属性面板的【分层着色器属性】卷展栏中，如图12-38所示。

11 在【分层着色器属性】卷展栏中，单击图12-39所示的色块，将其删除。

12 将创建的Blinn材质也拖动到分层着色器属性面板的【分层着色器属性】卷展栏中，如图12-40所示。

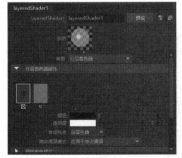

图12-38　连接Phong材质

图12-39　删除色块

图12-40　分层着色器属性面板

13 选中layeredShader1材质，在Hypershade窗口中执行【编辑】|【复制】|【着色网络】命令，复制出一个同样的材质球，如图12-41所示，将blinn2的颜色设置为HSV(120,0,1)。

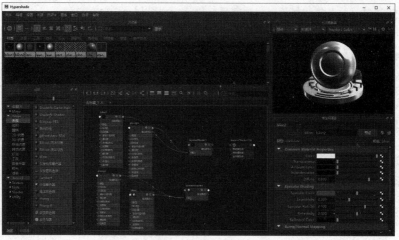

图12-41　复制材质球

14 执行【窗口】|【大纲视图】命令，打开【大纲视图】窗口，展开Mouse卷展栏，选中Mouse1，将layeredShader1拖动到Mouse1上，如图12-42所示。

图12-42　赋予Mouse1材质

15 选中Mouse2和Mouse3，将layeredShader2拖动到它们上面，从而为它们赋予材质。操作完毕后，快速渲染当前视图，观察此时的效果，如图12-43所示。

图12-43　渲染效果

第 **13** 章

材质的属性

13.1 材质的通用属性

材质节点的通用属性是大部分材质都具有的属性。在更改一个材质类型时，拥有该属性的材质会保留原来的设置。例如，将一个Blinn材质转化成Phong材质，原来的颜色不会改变。图13-1为材质通用属性的参数。

参数简介

● 颜色：指材质的颜色，默认的HSV值为(0,0,0.5)，这是一种中级灰度，可以双击【颜色】选项，打开【颜色拾色器】窗口，为材质指定一种颜色，效果如图13-2所示。

● 透明度：用于控制材质的透明度，若【透明度】默认值为0，表示完全不透明；若值为1，表示完全透明，效果如图13-3所示。

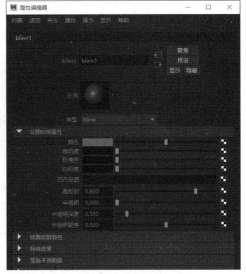

图13-1 材质通用属性的参数

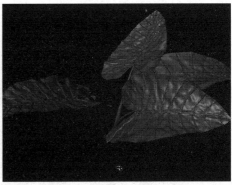

图13-2 不同颜色值的效果

图13-3　不同透明度值的效果

透明度属性的颜色可以设置为任何一种颜色，不是只有黑、白两种颜色。另外，在设置透明度属性时，如果材质自身的Color属性有变化，那么材质的透明度属性会和颜色混合，形成新的颜色，渲染时不易控制。为了避免此类现象发生，在调整透明度属性时，可以设置颜色为黑色。

● 环境色：用于控制对象受周围环境的影响，其默认值为黑色。将【环境色】调整为一种比较亮的颜色时，它会和材质自身的亮度和颜色混合，如图13-4所示。

图13-4　不同数值的环境色效果

● 白炽度：用于模拟发光对象自身的发光效果，但不照亮其他的物体。该数值越大，材质越亮，材质自发光的颜色和亮度会覆盖材质自身的颜色和亮度，如图13-5所示。

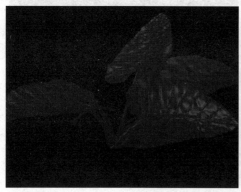

图13-5　较暗和较高的发光效果对比

● 凹凸贴图：通过对凹凸映射纹理的像素颜色的强度进行取值，在渲染时改变模型表面法线，使它看上去产生凹凸的感觉，实际上赋予了凹凸贴图物体的表面并没有改变，如图13-6所示。

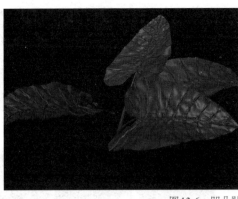

图13-6　凹凸贴图参数效果对比

- 漫反射：用于控制对象漫反射的强弱效果，默认值为0.8。该参数值越高，越接近设置的表面颜色，它主要影响材质的中间调部分，如图13-7所示。

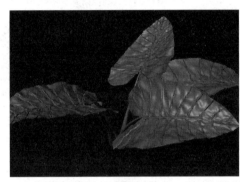

图13-7　漫反射值分别为0.8和1时的效果

- 半透明：这是指一种材质允许光线通过，但是并不透明的状态，用于控制材质的透光效果，常用于模拟大理石、树叶、花瓣等效果，如图13-8所示。

> **提 示**
>
> 如果物体的【半透明】值设置得比较大，这时应该降低【漫反射】值，以避免冲突。表面的实际半透明效果由光源处获得照明，与它的透明性无关。但是当一个物体越透明时，其半透明和漫反射也会得到调节，环境光对半透明或漫反射无影响。

- 半透明深度：用于控制光线通过半透明材质的深度，是指灯光通过半透明物体所形成的阴影位置的远近，它的计算形式是以世界坐标为基准的。

图13-8　半透明效果

- 半透明聚焦：指灯光通过半透明物体所形成的阴影大小。该值越大，阴影越大，而且可以全部穿透物体；值越小，阴影越小，它会在表面形成反射和穿透，即可形成表面的反射和底部的阴影。

13.2　材质的高光属性

在Blinn材质的属性中展开【镜面反射着色】卷展栏，如图13-9所示。该卷展栏中的参数也是大多数常用材质所共有的属性，它们控制着物体表面反射光线的范围和强度，以及表面炽热所产生的辉光的外观。

参数简介

- 偏心率：用于控制高光的扩散，数值越小，高光点也就越小，表面也就显得越光滑，如图13-10所示。
- 镜面反射衰减：用于控制材质的高光强度，数值越大，高光就越强，对比效果如图13-11所示。

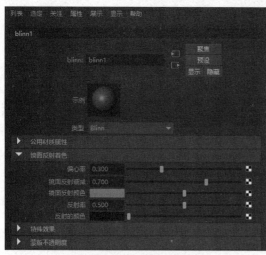

图13-9 高光属性

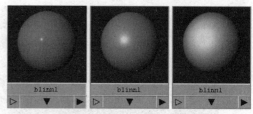

图13-10 偏心率对材质的影响

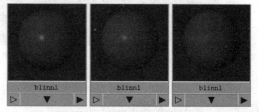

图13-11 镜面反射衰减参数对比

- 镜面反射颜色：用于控制表面高光的颜色，黑色表示没有表面高光。

- 反射率：用于控制物体反射的强度，也就是物体对周围环境和贴图反射百分比的属性，如图13-12所示。

- 反射的颜色：用于控制反射的颜色，如果需要使材质反射出纹理贴图，可以单击其右侧的■按钮。

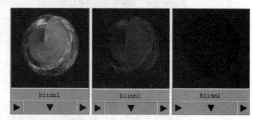

图13-12 反射率对环境的反射强度的影响

13.3 材质的折射属性

在Maya 2022中，材质的折射属性被整合在【光线跟踪选项】卷展栏中，如图13-13所示。默认情况下，材质的折射属性是不会被开启的，只有在制作一些具有折射属性的材质时，需要手动对【光线跟踪选项】卷展栏进行设置。

参数简介

- 折射：当启用该复选框时，Maya 2022将计算光线跟踪及材质的折射属性，同时计算机运行的速度也会变慢。

- 折射率：用于描述光线穿过透明物体时被弯曲的程度。从物理角度上讲，光线从一种介质进入另一种介质时，方向就会发生改变。一些常见物质的折射率如表13-1所示。

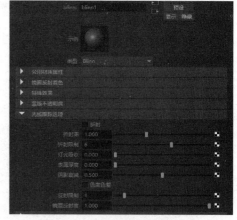

图13-13 【光线跟踪选项】卷展栏

表13-1 一些常见物质的折射率

物质	折射率	物质	折射率	物质	折射率
空气	1.0003	冰	1.309	水	1.333
酒精	1.360	玻璃	1.500	氯化钠	1.530
聚苯乙烯	1.550	翡翠	1.570	红宝石	1.770
水晶	2.000	钻石	2.417	萤石	1.438
石英石	1.644	二碘甲烷	1.740	碘晶体	3.340

- 折射限制：光线被折射的最大次数，低于6次时计算机不计算折射。一般设置为6次，次数越多，运算速度越慢。图13-14为两种不同折射限制的效果对比。

图13-14　折射限制所创建的效果

● 灯光吸收：用于控制物体表面吸收光的能力。该值越大，反射与折射率越小，默认值为0，光线能完全穿透材质。透明的材质能吸收许多穿过它们的光线，材质越厚，吸收的光线越多，穿透材质的光线也就越少，如图13-15所示。

图13-15　不同的吸光率所创建的不同效果

● 表面厚度：即材质的厚度，通过调节该参数可以影响折射的效果。数值越大，折射的强度越弱；数值越小，折射的强度越强，如图13-16所示。

图13-16　不同表面厚度所产生的玻璃效果

● 阴影衰减：用于控制透明物体产生光线跟踪阴影的聚焦效果。透明对象的中心比较亮，可模拟灯光的聚焦效果。当该值为0时，物体会形成亮度恒定的阴影，聚焦的亮度和数值大小成正比，值越大亮度越强，如图13-17所示。

● 色度色差：启用该复选框，进行光线跟踪运算时不同波长的光线在穿透曲面时会以不同角度折射，如白色灯光穿过透明对象会产生彩色效果，如图13-18所示。

● 反射限制：用于控制光线被反射的最大次数。如果设置为10，表示该表面反射的光线在之前最多只能经过9次反射，该表面不反射前面已经过了10次或更多次反射的光。它的取值范围为0~10，默认值为1，如图13-19所示。

图13-17　阴影衰减效果

图13-18　色度色差效果

图13-19　反射限制效果

- 镜面反射度：用于避免反射对象的高光区域产生锯齿闪烁效果。数值越小，锯齿闪烁效果越弱；数值越大，锯齿闪烁效果越强，如图13-20所示。

图13-20　镜面反射度效果

🔻 **13.4** 材质的特殊效果

　　【特殊效果】卷展栏可以模拟物体因表面反射光线或表面炽热所产生的辉光效果，通过启用或禁用【隐藏源】以及调整【辉光强度】数值来实现想要的辉光效果，如图 13-21 所示，常用来模拟灯光、月光等效果。

图 13-21　【特殊效果】卷展栏

参数简介

　　● 隐藏源：启用该复选框，可以使表面在渲染时不可见(如果【辉光强度】值不为0)，而只显示辉光的效果，默认为关闭状态，效果对比如图 13-22 所示。

图 13-22　隐藏源物体效果对比

　　● 辉光强度：用于控制表面辉光的亮度，如图 13-23 所示。它的取值范围为 0~1，默认值为 0。

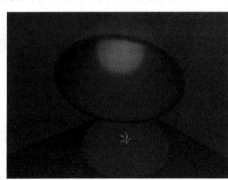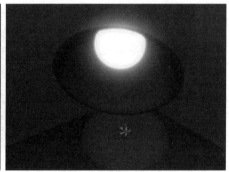

图 13-23　不同的辉光强度效果对比

🔻 **13.5** 材质的蒙版不透明度

　　用户通过选择【蒙版不透明度】卷展栏下的【不透明度增益】、【匀值蒙版】和【黑洞】3 种遮罩不透明度模式，可以达到想要的遮罩效果。匀值蒙版多用于后期合成。图 13-24 为其参数。

图 13-24　【蒙版不透明度】卷展栏

　　Maya 提供了如下 3 种蒙版不透明度模式。

　　● 不透明度增益：可以同时显示反射和阴影。当【蒙版不透明度】值为 1 时，它的 Alpha 完全覆盖下面物体的 Alpha；值越小，覆盖强度也越弱；当【蒙版不透明度】值为 0 时，它将下面物体的 Alpha 完全抠除，还受【不透明度】值的影响，如图 13-25 所示。

> **技巧**
>
> 物体的遮罩参数可以用一个比较准确的公式进行计算：物体的遮罩参数 = 渲染遮罩数值 × 蒙版不透明度值。

图13-25　不透明度增益效果对比

● 匀值蒙版：该选项可以得到一个固定的遮罩数值，它不受【蒙版不透明度】值的影响，如图13-26所示。

图13-26　匀值蒙版效果对比

● 黑洞：在选择该模式时，【蒙版不透明度】值将失去效果，它忽略了物体的所有属性设置。它的Alpha值为0，即没有Alpha值，物体也就无法显示，如图13-27所示。

图13-27　黑洞效果

⬇ 13.6　案例7：玉蟾蜍材质表现

玉石一般都是半透明的，隐隐地从里面透过光来，并显现出内部的纹理变化。这是因为光线照射进玉石后，在内部进行多次折射的结果，有一部分光线又穿过玉石，进入人们的眼睛。那只要模拟自身发光的效果就可以表现出这种散射显示出的透明感。下面介绍玉蟾蜍材质的制作过程。

1．设置Y_Mart材质

操作步骤 ------------

01 打开随书附赠资源本章目录下的文件，这是一个已经布置好场景、灯光及摄影机的完整场景，如图13-28所示。

02 在Hypershade窗口中创建一个Blinn材质球，将其命名为Y_Mart。双击该材质，打开属性编辑器，如图13-29所示。

03 将【透明度】设置为白色。展开【镜面反射着色】卷展栏，将【偏心率】设置为0.175，将【镜面反射衰减】设置为1，将【镜面反射颜色】设置为白色，如图13-30所示。

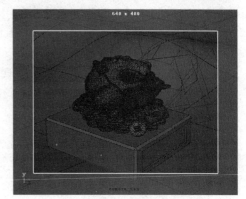

图13-28　打开场景

图13-29　Blinn材质属性编辑器

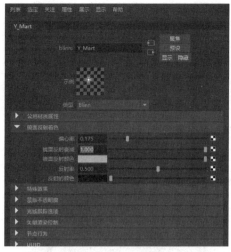

图13-30　设置【镜面反射着色】卷展栏

2. 设置Y_Mart02材质

【操作步骤】---------

01 在Hypershade窗口中再创建一个Blinn材质球，将其命名为Y_Mart02。双击该材质，打开属性编辑器，在【公用材质属性】卷展栏中将【透明度】设置为白色，将【漫反射】设置为0.75，如图13-31所示。

02 在【公用材质属性】卷展栏中单击【凹凸贴图】右侧的■按钮，打开【创建渲染节点】窗口，然后选择【Maya】|【工具】选项，打开【工具】面板，单击【凹凸3D】选项，创建一个节点，如图13-32所示。

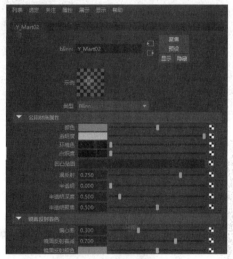

图13-31　设置通用属性

图13-32　创建一个凹凸3D节点

03 在【3D凹凸属性】卷展栏中单击【凹凸值】右侧的■按钮，打开【创建渲染节点】窗口，在【3D纹理】面板中单击【匀值分形】选项，创建一个固体碎片节点，如图13-33所示。

04 展开【匀值分形属性】卷展栏，将【振幅】设置为0.7，【频率比】设置为1.967，如图13-34所示。

05 单击■按钮，返回到3D凹凸属性面板，在【3D凹凸属性】卷展栏中将【凹凸深度】设置为2.1，如图13-35所示。

06 设置完毕后，用户可以通过Hypershade窗口观察此时的材质结构，如图13-36所示。

图13-33　创建固体碎片节点

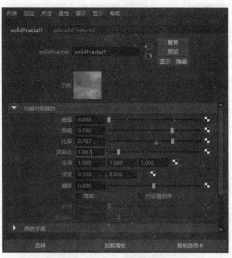

图13-34　设置匀值分形属性

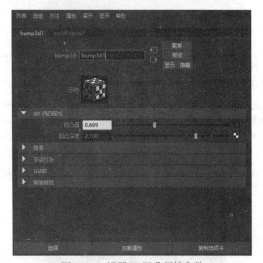

图13-35　设置3D凹凸属性参数

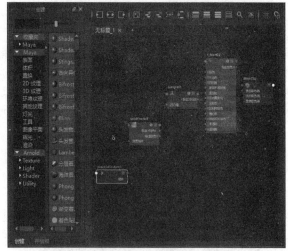

图13-36　材质结构

> **提示**
>
> ■按钮位于整个属性栏的最上方，单击该按钮可以返回到上一层级中。

3. 设置Y_Mart03材质

操作步骤

01 再创建一个【表面着色器】材质球，将其命名为Y_Mart03。打开其属性编辑器，在【表面着色器属性】卷展栏中，单击【输出颜色】右侧的■按钮，打开【创建渲染节点】窗口。切换到【工具】面板，单击【融合颜色】选项，创建一个节点，如图13-37所示。

02 在【融合颜色属性】卷展栏中，单击【颜色2】右侧的■按钮，打开【创建渲染节点】窗口，在【3D纹理】面板中单击【匀值分形】选项，创建一个节点，如图13-38所示。

03 在【匀值分形属性】卷展栏中，将【频率比】设置为1.75；展开【颜色平衡】卷展栏，将【颜色增益】设置为HSV(109,0.489, 0.893)，如图13-39所示。

图13-37　添加融合颜色节点

04 单击  按钮，返回到【融合颜色属性】面板，在【融合颜色属性】卷展栏中单击【颜色1】右侧的 ▣ 按钮，打开【创建渲染节点】窗口，在【2D 纹理】面板中单击【渐变】按钮，创建一个节点，如图 13-40 所示。

05 在 ramp 面板中，将颜色设置为黑白渐变色，如图 13-41 所示。

图 13-38　匀值分形节点

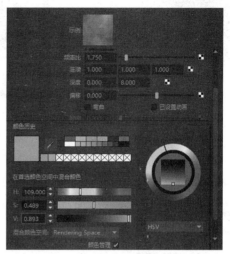

图 13-39　设置固体碎片颜色

图 13-40　创建渐变节点

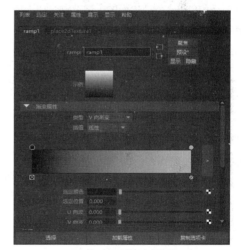

图 13-41　设置渐变的颜色

06 设置完毕后，返回到 Hypershade 窗口，单击工具栏上的 ▣ 按钮，观察此时的材质结构，如图 13-42 所示。

07 完成以上步骤后，将材质赋予场景物体，单击 ▣ 按钮，查看渲染效果，如图 13-43 所示。

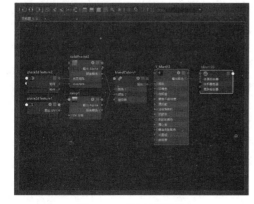

图 13-42　观察材质结构

图 13-43　最终渲染效果

第 **14** 章

创建纹理

14.1 纹理的基础知识

14.1.1 纹理的概念

纹理是指包裹在物体表面的一层花纹，如人体和动物的皮肤、汽车表面的烤漆、墙壁表面的凹凸和金属表面的锈斑等。纹理是材质的一种属性，它可以控制物体表面的质感，能增加材质的细节。图14-1是一张人物的皮肤纹理图片。图14-2是一张具有丰富纹理的场景图片。

图14-1　皮肤纹理图片

图14-2　金属纹理图片

另外，在游戏项目中，为多边形角色模型赋予高精度的纹理贴图，可以获得不同的质感效果；在电影项目中，通常也是为远景人物或群组动画中的角色赋予高精度级别的纹理贴图，也能很好地表现物体的质感效果。这种纹理贴图的方式，既能简化建模的细节，又不影响最终渲染输出的质量，很受广大CG爱好者的欢迎。

14.1.2 纹理的类型

在Maya 2022中，可以将纹理分为4种类型，分别是2D纹理、3D纹理、环境纹理和其他纹理。2D纹理和3D纹理主要作用于物体本身，纹理通过纹理贴图来实现。在Hypershade窗口中，执行【创建】|【创建渲染节点】命令即可预览这些纹理，如图14-3所示。

- 2D纹理：2D纹理主要作用于物体的表面，它的效果取决于投射方式和UV坐标。
- 3D纹理：3D纹理不受物体外观的影响，可以将纹理图案作用于物体的内部。
- 环境纹理：环境纹理主要用于模拟周围的环境，它不直接作用于物体。
- 其他纹理：其他纹理即层纹理，它类似于层材质的效果。

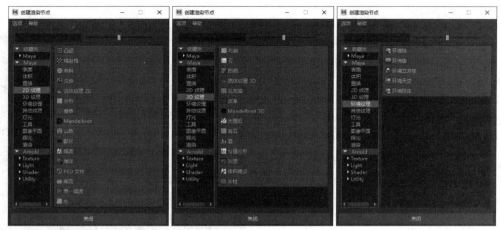

图 14-3　Maya 2022 的纹理类型

14.2　纹理的操作

14.2.1　创建纹理节点

在前面介绍过，Maya 中任何事物都是以节点的形式来显示和计算的。例如，用户创建的模型、材质球、灯光或曲线都可以被视为一个计算节点。本节介绍的纹理贴图也可以被视为一个纹理节点，首先介绍如何创建纹理节点。

课堂练习94：创建纹理节点

01 打开 Hypershade 窗口，创建一个 Blinn 材质，选中材质球，按组合键 Ctrl+A，打开其属性设置面板，然后单击【颜色】右侧的■按钮，如图 14-4 所示。

02 在弹出的【创建渲染节点】窗口中，可以看到 Maya 所包含的 4 种纹理，即 2D 纹理、3D 纹理、环境纹理和其他纹理，如图 14-5 所示。

03 单击【2D 纹理】选项，在展开的面板中，单击名称为【棋盘格】的纹理节点，为所选材质球添加一个 2D 纹理贴图，如图 14-6 所示。

图 14-4　Blinn 属性面板

图 14-5　【创建渲染节点】窗口

图 14-6　创建棋盘格纹理

04 在 Hypershade 窗口中，可以看到材质球 blinn1 的表面变为黑白网格的显示状态，表示 2D 纹理贴图添加成功，如图 14-7 所示。

05 在属性编辑器中可以看到新添加的一个名为checker1的属性节点。调整【棋盘格属性】卷展栏下的颜色值，可改变该纹理的颜色，如图14-8所示。

06 在Hypershade窗口中单击█按钮，可以看到材质球blinn1发生了变化，并且在该材质的属性面板中，其显示样式也发生了变化，如图14-9所示。

07 同样，再创建一个材质球blinn2，然后拖动【创建】选项卡右侧列表的滚动条，单击【棋盘格】纹理节点以创建该节点，如图14-10所示。

08 在Hypershade窗口的工作区域显示创建的【棋盘格】节点，如图14-11所示。

图14-7 材质球的变化

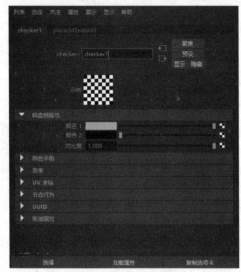

图14-8 调整纹理颜色

图14-9 材质的变化效果

图14-10 单击【棋盘格】纹理节点

图14-11 创建的纹理节点

14.2.2　断开纹理节点

在Maya场景中可能会应用到很多种材质，不同的材质会含有多种纹理节点，若仍然按照先后顺序逐个编辑纹理节点，将是一项复杂和烦琐的事情，这就需要使用快捷的方法来编辑多个不同的纹理节点。下面介绍如何快速地断开纹理节点的连接。

┃课堂练习95：断开纹理节点┃

01 创建材质球blinn1，在创建完【棋盘格】纹理节点后，打开其属性设置面板，在【颜色】右侧的空白处按住鼠标右键，在弹出的菜单中选择【断开连接】选项，即可断开纹理与材质球的连接，如图14-12所示。

02 用户也可以在材质编辑窗口的工作区域中，选中纹理节点与材质球的连接线，然后按Delete键，即可将它们的连接断开，如图14-13所示。

图 14-12　选择【断开连接】命令

图 14-13　删除连接线

14.2.3　删除纹理节点

在Hypershade窗口中，下面使用类似的方法，来练习如何将连接在材质球上的纹理节点删除。

┃课堂练习96：删除纹理节点┃

01 在Hypershade窗口中，选择有纹理节点的材质球blinn1，然后单击█按钮，在工作区域显示其纹理节点的输入连接，并框选中该纹理节点，如图14-14所示。

02 按Delete键，即可将所选节点删除，只剩下材质球blinn1和其输出连接节点，如图14-15所示。

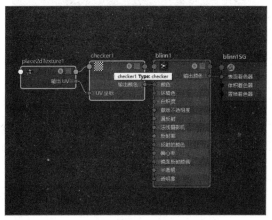

图 14-14　选择纹理节点

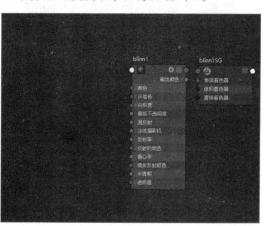

图 14-15　删除纹理节点

14.2.4 连接纹理节点

在删除材质球的连接节点后，若想再在该材质球上连接节点，这就需要使用Maya中非常重要的连接编辑工具——连接编辑器，用户可以使用该工具进行任意节点的连接操作。下面对该工具的使用方法进行介绍。

课堂练习97：连接纹理节点

01 使用上一小节中断开的纹理节点checker1和材质球blinn1，在Hypershade窗口中，执行【窗口】|【连接编辑器】命令，如图14-16所示。

> **注意**
>
> 要想快速连接纹理节点和材质球，也可以在该纹理节点上按住鼠标中键不放，并拖动到指定的材质球上，然后松开鼠标中键，即可打开【连接编辑器】窗口。

02 在弹出的【连接编辑器】窗口中，选择checker1纹理节点并单击【重新加载左侧】按钮，然后选择材质球blinn1选项并单击【重新加载右侧】按钮，如图14-17所示。

图14-16 执行【连接编辑器】命令

图14-17 载入要连接的属性

03 先在【输出】列表框中选择OutColor选项，再在【输入】列表框中选择Color选项，表示将纹理节点的OutColor属性连接到材质球的Color属性上，如图14-18所示。

04 切换到Hypershade窗口，可以看到被断开的纹理节点和材质球又重新连接起来，如图14-19所示。

图14-18 选择连接的节点

图14-19 节点的连接效果

05 单击【移除】按钮即可删除左侧【输出】列表框中的属性选项，并且右侧【输入】列表框中被连接的 Color 属性选项变为灰色禁用状态，如图 14-20 所示。

06 单击【清除全部】按钮即可清空【输入】和【输出】列表框中的所有节点属性，如图 14-21 所示，然后用户还可以选择对象节点再进行重新载入。

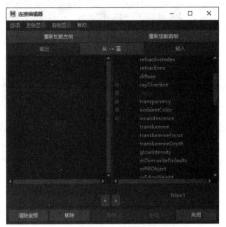

图 14-20　删除输入区域节点属性

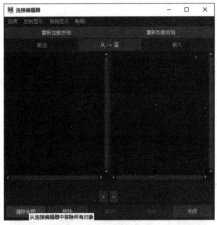

图 14-21　清空所有节点属性

14.3　2D纹理和3D纹理的通用属性

在为材质球添加 2D 纹理或 3D 纹理后，用户可以在属性设置面板中展开所添加纹理节点的属性选项，此时会发现 2D 纹理和 3D 纹理包含一些通用属性。下面对这些通用属性进行介绍。

参数简介

2D 纹理和 3D 纹理的通用属性设置面板如图 14-22 所示。

- 默认颜色：默认的纹理的颜色，可以通过其右侧的色块进行调整。单击最右侧的█按钮，还可以为其添加纹理贴图。
- 颜色增益：用于控制纹理颜色输出的强度，可调整纹理中的浅色部分，默认为白色。
- 颜色偏移：用于控制纹理颜色输出的偏移，可调整纹理中颜色较深的部分，默认为黑色。
- Alpha 增益：适用于凹凸或位移纹理，可缩放纹理 Alpha 输出的系数，默认值为 1。
- Alpha 偏移：适用于凹凸或位移纹理，可偏移纹理 Alpha 输出的系数，默认值为 0。
- Alpha 为亮度：表示 Alpha 的输出由纹理的亮度来决定，即纹理中亮的地方较透明，暗的地方不透明。

下面介绍 3D 纹理的【效果】卷展栏，该卷展栏中提供了一些用于产生特效的参数，有些同样也适用于 2D 纹理，如图 14-23 所示。

图 14-22　通用属性设置面板

图 14-23　【效果】卷展栏

- 过滤：用于将纹理完全包裹在模型上，默认值为 1。
- 过滤器偏移：用于将纹理包裹在模型上，并且可以控制纹理随模型的缩放而缩放。
- 反转：用于反转纹理的颜色，类似 Photoshop 文档中的反色效果，适用于凹凸或位移纹理。例如，将纹理中的凸出部分反转成凹陷的部分。
- 颜色重映射：用于控制纹理的默认颜色区域和不同纹理之间的过渡。

14.4 2D纹理

14.4.1 2D纹理的类型

2D纹理(二维纹理)即二维图像,通常贴图到几何对象的表面。在实际使用过程中,最为简单的2D纹理是位图,而其他种类的2D贴图则是由纹理程序自动生成。在前面已经介绍了2D纹理的创建方法,下面对Maya 2022内置的2D纹理的种类进行简单介绍。

- 凸起:用于描述具有胀起或凸出的纹理效果。
- 棋盘格:用于模拟具有两种颜色的正方形方格效果。但是通常使用文件棋盘格纹理,是因为Maya中的程序棋盘格纹理没有文件棋盘格纹理预览效果好,如图14-24所示。
- 布料:用于模拟布料和花纹效果。在材质球的属性节点上连接纹理节点后,都会在属性设置面板中显示其属性。图14-25为布料纹理节点的属性。图14-26为显示效果。

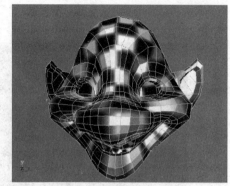

图14-24 棋盘格纹理

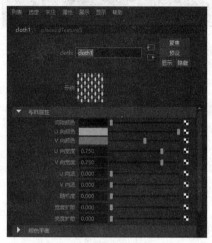

图14-25 纹理节点属性设置面板

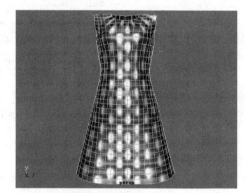

图14-26 显示效果

- 文件:表示可以使用文件纹理类型为模型赋予纹理贴图。关于该纹理节点的创建方法会在后面进行介绍。
- 流体纹理2D:用于控制是否使用二维流体的贴图样式,有关流体的定义将在后面介绍流体特效时进行详细介绍。
- 分形:由于分形纹理随机分布的碎片效果非常好,因此常用于模拟山石的凹凸效果。
- 栅格:用于制作具有网格效果的纹理贴图效果。
- Mandelbrot:用于通过Mandelbrot集为模型设定纹理。Mandelbrot集是复杂平面中的数学点集合,其边界是一个有趣的分形。用户可以选择Mandelbrot集、Julia集、Mandelbox集及其他混合解算。
- 山脉:用于模拟被积雪覆盖的山,积雪纹理的位置与曲面表面的凹凸有关。
- 影片:若在物体表面材质上连接该纹理节点,可以将一个完整的多帧序列文件(如一个电影文件)赋予物体,从而在物体表面快速交互阅读这些序列纹理图形。
- 噪波:用于制作含义不均匀噪波效果的纹理贴图。
- 海洋:用于模拟海平面的波纹纹理效果。
- PSD文件:用于控制是否使用文件纹理类型的位图图像作为纹理贴图。
- 渐变:用于制作具有渐变过渡效果的纹理贴图效果。
- 单一噪波:用于实现较为复杂的不同类型的噪波效果。
- 水:用于制作水面的涟漪效果。

14.4.2　文件纹理

前面介绍了 2D 纹理中的一些程序纹理，可以明显看出 Maya 2022 中的文件纹理主要有文件纹理和影片纹理，这两种纹理的参数完全相同，只是 Maya 对动画文件的判断有所不同而已。下面对这两种文件纹理的操作进行介绍。

课堂练习98：添加文件纹理

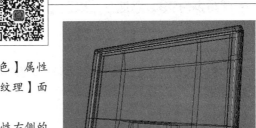

01 在场景中选择显示器屏幕模型作为编辑对象，如图 14-27 所示。

02 打开 Hypershade 窗口，创建 Blinn 材质，在该材质【颜色】属性的右侧单击██按钮，打开【创建渲染节点】窗口，在【2D 纹理】面板中选择【文件】纹理属性，如图 14-28 所示。

03 在打开的【文件属性】卷展栏中，单击【图像名称】属性右侧的██按钮，如图 14-29 所示。

图 14-27　选择模型

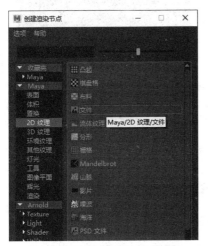

图 14-28　选择【文件】纹理属性

图 14-29　单击按钮

04 在弹出的【打开】对话框中找到需要的纹理文件。在这里选择名称为 car 的纹理图像，如图 14-30 所示。

05 将纹理贴图节点添加到材质上，切换到透视图，渲染效果如图 14-31 所示。

图 14-30　选择纹理图片

图 14-31　显示效果

> **注 意**
>
> 在为物体赋予纹理贴图时，一定要注意纹理图像的大小，若图像文件过大，在Hypershade窗口中，该纹理节点就不能完整显示图像轮廓。

课堂练习99：添加影片纹理

01 仍然使用上例中的模型，选中显示器屏幕面片，为其赋予Blinn材质，以此作为播放动态图像的背景，如图14-32所示。

02 在该Blinn材质的【颜色】属性右侧单击■按钮，打开【创建渲染节点】窗口，在【2D纹理】面板中选择【影片】纹理属性，在该【颜色】属性中连接一个【影片】节点，如图14-33所示。

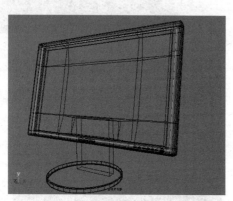

图14-32 选中模型

图14-33 选择影片贴图

03 在打开的【文件属性】卷展栏中，单击【图像名称】右侧的■按钮，如图14-34所示。

04 在弹出的【打开】对话框中，找到需要的视频文件，这里选中文件夹内的"movie01.mov"视频文件，如图14-35所示。

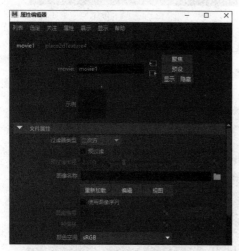

图14-34 选择文件按钮

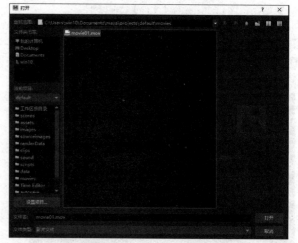

图14-35 选择视频文件

05 将带有视频的材质球赋给模型，拖动时间轴上的时间滑块，观察屏幕上纹理贴图的动态变化效果，如图14-36所示。

图 14-36　显示效果

参数简介

【文件属性】卷展栏中的选项如下。

● 过滤器类型：用于设置所要导入的文件纹理的过滤方式，包括禁用、Mipmap、长方体、二次方、四次方和高斯 6 种类型。

● 预过滤：用于去除图像不必要的噪波和锯齿。

● 预过滤半径：用于去除噪波锯齿的半径大小，数值越大越平滑。

● 图像名称：用于显示所有导入图片文件的路径和名称。

● 导入文件开关按钮：单击该按钮，可以在【打开】对话框中选择要导入的序列贴图。但是一次只能导入一张序列图片。

● 重新加载：当所使用的纹理贴图被其他软件处理后，它在 Maya 软件中不会被自动刷新，可以通过单击该按钮将所修改的纹理重新导入，以显示纹理当前状态。

● 使用图像序列：用于控制是否加载序列图像，通常在导入序列动态贴图时启用该复选框。

● 图像编号：用于显示在预览动态纹理贴图时所对应的帧数。

● 帧偏移：用于设置序列纹理图像所在的关键帧偏移值，默认值为 0。

● 颜色空间：用于选择使用的颜色模式。

● 忽略颜色空间文件规则：忽略系统的颜色空间规则，保持用户设置的原始方式。

14.4.3　转换程序纹理

当模型使用分层纹理或添加了很多纹理时，材质网络会变得很复杂，场景的渲染速度也会受到影响，因此应该在保证渲染质量的同时兼顾工作效率。例如，可以把整个材质网络转换为一个文件纹理，以提高渲染速度。

┃ 课堂练习100：将程序纹理转换为文件纹理 ┃

01 在场景中导入赋有程序纹理贴图的模型，如图 14-37 所示。

02 打开 Hypershade 窗口，选择该模型上的 Blinn 材质并单击■按钮，以显示其节点网络，可以看到与其连接的程序纹理，如图 14-38 所示。

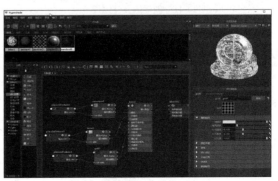

图 14-37　导入场景模型　　　　　　　　图 14-38　纹理节点的网络连接

03 在Hypershade窗口中，同时选中模型和Blinn材质，单击【编辑】||【转化为文件纹理】命令右侧的▣按钮，如图14-39所示。

04 在弹出的【转化为文件纹理选项】对话框中启用【抗锯齿】复选框，设置【X分辨率】和【Y分辨率】均为512像素，设置【文件格式】为JPEG，如图14-40所示。

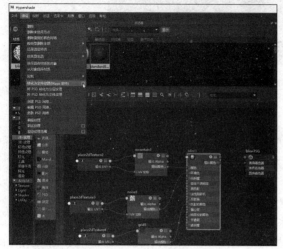

图14-39 【转化为文件纹理】命令

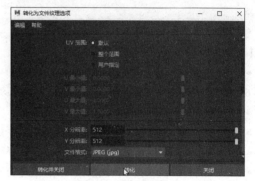

图14-40 设置属性参数

05 单击【转化】按钮，在Hypershade窗口中即可自动创建一个材质球blinn1，并连有被转换的文件纹理节点，如图14-41所示。

06 该材质blinn1会自动添加到目标模型上，在项目文件夹中会显示被转换的纹理图像，如图14-42所示。

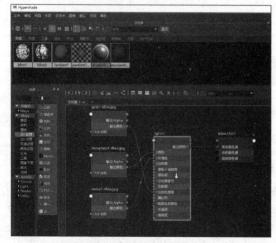

图14-41 创建的文件纹理节点

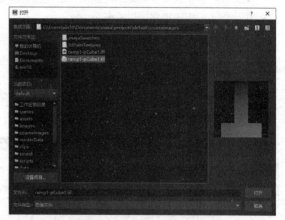

图14-42 生成的文件纹理图像

14.4.4 布置2D纹理

当物体被指定了2D纹理后，就会在Hypershade窗口中自动产生一个place2dTexture1节点编辑器，如图14-43所示。

双击该纹理编辑器节点，即可打开属性设置面板，如图14-44所示。这里都是默认参数，用户可以调整纹理的长度范围，以及进行重叠、旋转等操作。

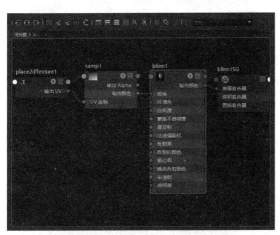

图14-43 2D纹理编辑器

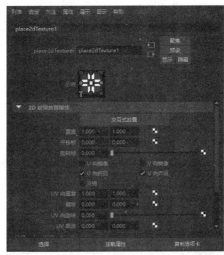

图14-44 2D纹理编辑属性

课堂练习101：编辑2D纹理

01 执行【创建】|【NURBS基本体】|【平面】命令，创建一个NURBS面片，并且为其赋予一张纹理贴图，如图14-45所示。

02 在Hypershade窗口中，双击place2dTexture(2D纹理编辑器)节点，打开相应的卷展栏，然后设置【覆盖】值均为0.5，如图14-46所示。

图14-45 纹理贴图效果

图14-46 设置覆盖值

03 再切换到顶视图，可以看到在NURBS面片的UV方向上，其纹理贴图的覆盖面积只有原来的一半，如图14-47所示。

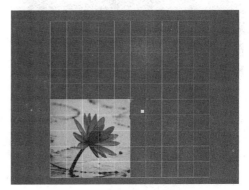

图14-47 纹理贴图的覆盖效果

04 恢复纹理编辑属性的默认参数，再设置【平移帧】分别为0.7和0.2，此时观察顶视图，NURBS面片上纹理的覆盖效果如图14-48所示。

05 恢复纹理编辑属性的默认参数，设置【旋转帧】为45°，观察NURBS表面纹理贴图的变化效果，如图14-49所示。

06 恢复纹理编辑属性的默认参数，启用【交错】复选框，可以看到NURBS面片表面的纹理呈交错显示，如图14-50所示。

图14-48　设置平移帧

图14-49　设置旋转帧

图14-50　启用【交错】复选框的效果

07 恢复纹理编辑属性的默认参数，设置【UV向重复】均为4，观察NURBS面片表面的纹理变化效果，如图14-51所示。

08 恢复纹理编辑属性的默认参数，接着设置【UV向重复】均为2，再启用【U向镜像】复选框，观察NURBS表面纹理的变化效果，如图14-52所示。

图14-51　设置UV向重复参数值

图14-52　启用【U向镜像】复选框的效果

09 启用【V向镜像】复选框，观察NURBS面片表面纹理的变化，如图14-53所示。

10 恢复纹理编辑属性的默认参数，设置【UV噪波】均为0.05，此时观察NURBS面片表面纹理的变化效果，如图14-54所示。

图 14-53 启用【U/V 向镜像】复选框的效果

图 14-54 设置 UV 噪波参数值

参数简介

【2D 纹理放置属性】卷展栏中的选项如下。

● 交互式放置：用于调整物体纹理的位置，可以交互地控制纹理的位置变化，用户可以按下鼠标中键移动该操纵器。

● 覆盖：用于控制纹理在物体表面的覆盖面积。

● 平移帧：用于将纹理移动到指定的位置。

● 旋转帧：用于控制纹理帧的旋转角度。

● U 向镜像：用于控制在 U 向上镜像纹理，但只有在【UV 向重复】值大于 1 时才有效。

● V 向镜像：用于控制在 V 向上镜像纹理，也同样只有在【UV 向重复】值大于 1 时才有效。

● U 向折回：用于控制纹理是否在 U 向发生折回。

● V 向折回：用于控制纹理是否在 V 向发生折回。

● 交错：指错开纹理，常用于制作砖墙类的纹理效果。

● UV 向重复：用于控制纹理在 UV 方向上的重复次数。

● 偏移：用于控制纹理在 UV 方向上的偏移，与下面的【UV 向旋转】属性结合使用时才能看出效果。

● UV 向旋转：用于控制纹理在 UV 方向上的旋转，与【旋转帧】参数的作用是不一样的。

● UV 噪波：用于控制纹理在 UV 方向上的噪波。

↘ 14.5 3D 纹理

14.5.1 3D 纹理的种类

前面已经介绍了 2D 纹理的创建方法，下面对 Maya 内置的 3D 纹理种类进行简单介绍。

在 Hypershade 窗口中创建一个 Blinn 材质，在【颜色】属性的右侧单击■按钮，即可打开【创建渲染节点】窗口，可以看到在【3D 纹理】属性中所包含的几种 3D 纹理节点，如图 14-55 所示。

● 布朗：用于模拟山体、石头表面的噪波效果。

● 云：用于模拟云彩的效果。用户可以通过创建多个球体或粒子并配合该纹理，来模拟复制的云彩效果。

● 凹陷：用于模拟火山或火焰表面的纹理效果。

● 流体纹理 3D：用于 3D 流体表面的纹理贴图。

● 花岗岩：用于模拟花岗岩表面的纹理效果。

● 皮革：用于模拟物体表面的皮革纹理效果。

● 大理石：用于制作大理石纹理效果的贴图。

图 14-55 3D 纹理的种类

- 岩石：用于模拟岩石表面的纹理效果。
- 雪：用于模拟岩石上的积雪纹理效果。
- 匀值分形：用于模拟山石表面随机分布的固体碎片效果。
- 灰泥：用于模拟污泥表面的水泽，或用于模拟海面水域的纹理效果。
- 体积噪波：用于制作具有立体效果的噪波纹理，如金属表面反射的纹理效果。
- 木材：用于模拟木材纹理效果。

14.5.2 布置3D纹理

当为一个材质节点指定了3D纹理后，就会在视图中显示一个立方体的3D纹理控制器，并且在Hypershade窗口中出现一个place3dTexture节点，如图14-56所示。

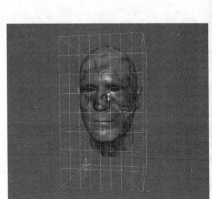
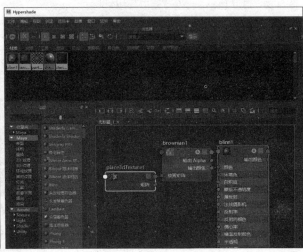

图14-56 显示3D纹理节点

课堂练习102：编辑3D纹理

01 在场景中打开头部模型，为其添加Blinn材质，然后在【颜色】节点上连接一个3D纹理【凹陷】，此时观察视图中球体的显示和生成的控制器，如图14-57所示。

02 在Hypershade窗口中，双击place3dTexture节点，打开属性设置面板，设置【斜切】值均为1，此时观察三维纹理控制器的变化，如图14-58所示。

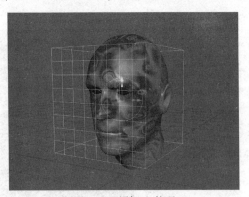

图14-57 添加3D纹理　　　　　　图14-58 设置斜切参数

03 使用缩放工具对模型进行缩放操作，使模型处于纹理控制器的外侧，如图14-59所示。

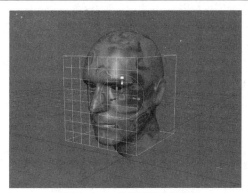

图 14-59　缩放模型大小

04 选中 3D 纹理控制器，单击【3D 纹理放置属性】卷展栏中的【适配到组边界框】按钮，使其完全匹配到球体的外侧，如图 14-60 所示。

05 移动 3D 纹理控制器的位置，可以移动球体表面的纹理位置，如图 14-61 所示。

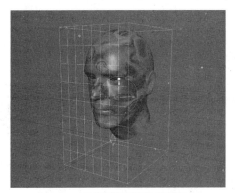

图 14-60　执行适配到组边界框操作

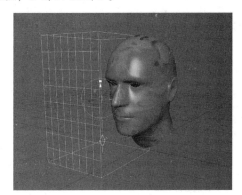

图 14-61　纹理的变化效果

参数简介

双击 place3dTexture 节点（如图 14-62 所示），可以打开其属性设置面板，如图 14-63 所示。

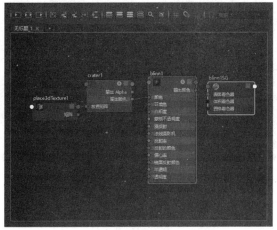

图 14-62　创建的 place3dTexture 节点

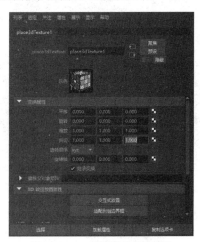

图 14-63　3D 纹理编辑属性设置

place3dTexture 编辑面板中主要包含一些编辑 3D 纹理控制器的变换属性，基本与 2D 纹理控制的属性类似。下面对这些属性进行简单介绍。

● 平移：用于控制 3D 纹理控制器的空间位移，包括 3 个轴向上的位移。

- 旋转：用于控制3D纹理控制器的旋转角度，包括3个轴向上的旋转。
- 缩放：用于控制3D纹理控制器的缩放，包括3个轴向上的缩放操作。
- 斜切：用于控制3D纹理控制器的拉伸。
- 旋转顺序：该选项默认设置为XYZ。旋转轴相对于对象局部旋转轴的方向偏移对象方向。
- 旋转轴：用于设置对3D纹理控制器进行旋转操作所围绕的轴向。
- 继承变换：启用该复选框时，当前对象继承其父对象的变换参数。
- 交互式放置：用于显示交互式操纵器，以方便纹理的移动、旋转和缩放等操作。用户也可以在视图中选择控制器，按T键也可以显示其操纵器。
- 适配到组边界框：用于使2D Placement控制器自动适应视图中模型的大小，但前提是该模型必须已经被指定使用了该2D Placement控制器纹理的材质。

> **注意**
>
> Maya 2022中的程序纹理，无论是三维的还是二维的，其属性主要用于控制纹理的颜色、密度、对比度、噪点等组成纹理外观特征。

14.6 分层纹理

Maya中的分层纹理类似于Photoshop中的图层合成命令，可以将多个材质球的纹理效果添加到同一个材质球上，从而表现出多样的纹理图像效果。该工具多用于制作复杂的纹理贴图。

┃ 课堂练习103：创建分层纹理 ┃

`01` 打开一个场景文件，并为它赋予材质blinn1，在【颜色】节点上连接一个【分层纹理】节点，然后打开该节点属性设置面板，可以看到自动生成的纹理层，如图14-64所示。

`02` 在Hypershade窗口中创建两个Blinn材质，对其中一个设置简单的颜色，对另一个设置透明度并调整其高光颜色为蓝色，如图14-65所示。

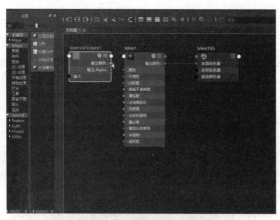

图14-64 添加分层纹理

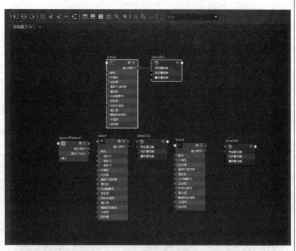

图14-65 创建的两个材质

`03` 双击分层节点，打开其属性编辑面板，然后在Hypershade窗口中用鼠标中键拖动不透明的材质blinn3至面板的线框中，如图14-66所示。

`04` 在Hypershade窗口中，可以看到被拖入线框中的材质blinn3与分层纹理节点连接在一起，如图14-67所示。

`05` 在线框中，单击默认纹理层下方的⬛按钮关闭该纹理层，从而将后面的纹理层显示出来，然后再选择【融合模式】属性的【相加】选项，如图14-68所示。

图 14-66　添加第 1 层纹理材质

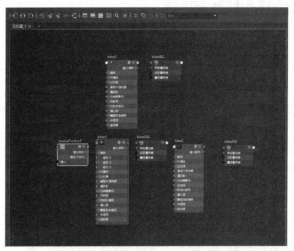

图 14-67　材质与纹理的连接

06 对视图中的模型进行渲染，可以看到颜色材质 blinn2 和透明材质 blinn3 的合成效果，如图 14-69 所示。

图 14-68　关闭默认纹理层

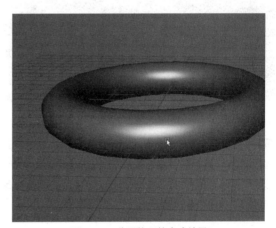

图 14-69　分层纹理的合成效果

参数简介

在 Hypershade 窗口中，执行【创建】|【创建渲染节点】命令，打开【创建渲染节点】窗口，切换到【其他纹理】选项卡，单击【分层纹理】选项，会在 Hypershade 窗口中创建一个分层纹理节点，打开【分层纹理属性】卷展栏，如图 14-70 所示。

● 颜色：通常指当前层的纹理颜色。

● Alpha：用于设置层之间的拟合度。当值为 0 时，表示当前层完全透明；当值为 1 时，表示完全不透明。

● 融合模式：用于设置层之间的融合模式。

● 层可见：用于控制是否显示该层。

● Alpha 为亮度：用于控制是否使用纹理的 OutAlpha 值来替代 OutColor 的亮度值，主要在进行纹理的【凹凸贴图】或【置换贴图】操作时使用。

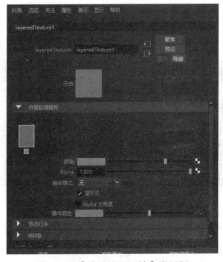

图 14-70　【分层纹理属性】卷展栏

↘ **14.7** 环境纹理

在Maya 2022中，环境纹理共有5类，分别为环境球、环境铬、环境立方体、环境天空和环境球体。本节分别介绍它们的创建方法及特性。

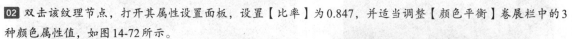

┃ 课堂练习104：创建环境纹理 ┃

01 打开一个场景文件，并为其赋予Blinn材质，然后在该材质的【颜色】属性上连接一个【匀值分形】纹理节点，如图14-71所示。

02 双击该纹理节点，打开其属性设置面板，设置【比率】为0.847，并适当调整【颜色平衡】卷展栏中的3种颜色属性值，如图14-72所示。

图14-71 添加匀值分形纹理

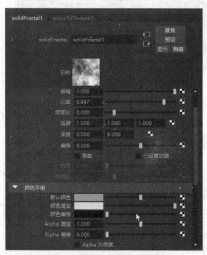

图14-72 设置颜色平衡参数

03 单击Blinn材质【镜面反射颜色】属性右侧的■按钮，在弹出的节点窗口中单击【环境纹理】下的【环境铬】选项，添加一个环境纹理节点，如图14-73所示。

04 双击该环境纹理节点，打开其属性设置面板，然后调整其【天空属性】和【地面属性】卷展栏中的颜色属性值，如图14-74所示。

图14-73 添加的环境纹理节点

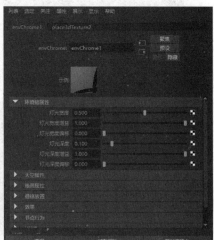

图14-74 设置环境纹理属性参数

05 在Hypershade窗口中双击环境纹理放置节点，打开放置环境纹理面板，拖动滚动条，找到并单击【适配到组边界框】按钮，使环境纹理控制器匹配球体，如图14-75所示。

06 对视图中的球体进行渲染，观察所添加的环境纹理贴图效果，如图 14-76 所示。

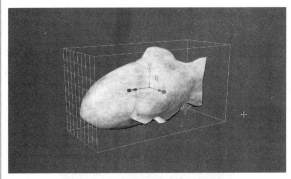

图 14-75　调整环境纹理控制器

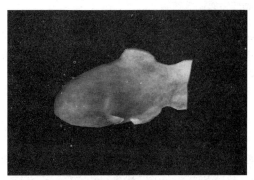

图 14-76　环境纹理的渲染效果

参数简介

在【创建渲染节点】窗口中，切换到【环境纹理】面板中，可以看到包含的几种环境纹理，如图 14-77 所示。下面对这几种环境纹理的属性及应用进行详细的讲解。

- 环境球：用于模拟在 360° 环境中，生成高度反射效果的铬球环境纹理。图 14-78 为生成的反射效果。

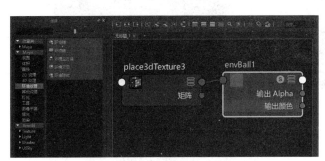

图 14-77　环境纹理的分类

图 14-78　环境球效果

- 环境铬：用于模拟展示环境，主要控制铬表面的纹理反射效果。
- 环境立方体：用于模拟材质多个表面的几何假反射效果，主要控制不同角度贴图纹理的不同反射效果。图 14-79 为金属纹理的反射效果。
- 环境天空：使用一个球体曲面来模拟球形的环境空间。
- 环境球体：用于模拟环境映射纹理或图像文件，并且直接作用于内表面的无限领域。

在为 Hypershade 窗口中的材质赋予环境纹理节点后，会产生一个环境纹理节点，并且在视图中自动生成一个环境纹理控制器，如图 14-80 所示。

图 14-79　金属纹理的反射效果

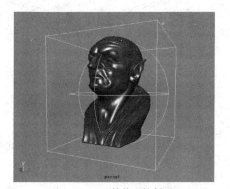

图 14-80　环境纹理控制器

↘ 14.8 案例8：写实轮胎效果

1. 制作金属钢圈效果

操作步骤

01 打开随书附赠资源本章目录下的文件，这是一个已经布置好场景、灯光及摄影机的完整场景，如图14-81所示。

02 在Hypershade窗口中，创建一个aiStandardSurface材质并赋予轮毂，命名为wheel1；打开其属性面板，设置Metalness(金属度)为1。在Specular(镜面反射)卷展栏中，设置Color(颜色)为灰色，设置Roughness(粗糙度)为0.1，如图14-82所示。

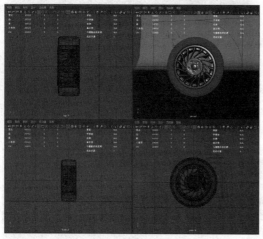

图14-81 打开场景

图14-82 创建Arnold材质

03 在【创建】选项卡中，单击【Arnold】|【Light】|【aiSkyDome Light】选项，创建天光，渲染效果如图14-83所示。

04 在SkyDomeLight Attributes(天光属性)卷展栏中单击 Color(颜色)右侧的■按钮，在打开的对话框中单击【文件】选项，从而连接一个纹理节点，在打开的对话框中选择一个环境贴图并导入，如图14-84所示。

05 查看渲染效果，如图14-85所示。

图14-83 设置渲染

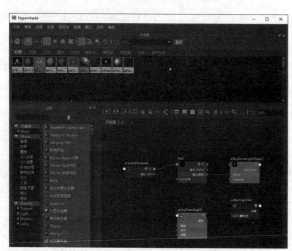

图14-84 连接天光环境贴图

图14-85 渲染效果

2. 制作轮胎纹理效果

操作步骤 --

01 选择轮胎表面模型，单击【UV】|【平面】命令右侧的■按钮，在弹出的【平面映射选项】对话框中设置参数，如图14-86所示。

图14-86　设置UV投射

02 将设置好的纹理贴图赋予模型，如图14-87所示。

03 渲染的最终效果如图14-88所示。

图14-87　赋予纹理贴图

图14-88　渲染效果

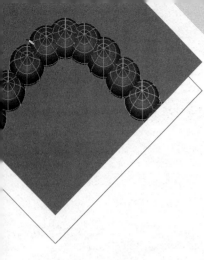

第 **15** 章

动画基础

15.1 动画基础知识

在 Maya 2022 中创建一个对象后,它的所有节点属性,包括模型的各组成元素、灯光的强度、衰减速度、材质的颜色、透明度等属性都可以记录成动画。在本节中,先学习动画的基础知识,包括动画理论、动画种类及基本动画创建等,为掌握关键帧动画、约束动画和更复杂的动画打好基础。

15.1.1 动画基本原理

动画是基于人的视觉原理创建的运动图像。人的眼睛会产生视觉暂留,对上一个画面的感知还未消失,下一个画面又出现,就会有动的感觉。人们在短时间内观看一系列相关帧的静止画面时,就会视为连续的动作。如图 15-1 所示,一个小人走、跑、跳的动作可以分解成多幅静态图像。

图 15-1　动画序列图片

这几幅图像可以称为一个动画序列,其中每个单幅画面称为一帧。在传统的二维动画中,制作一个动画需要绘制很多静态图像,而在三维软件中创建动画只需要记录每个动画序列的起始帧、结束帧和关键帧即可,中间帧会由软件自身计算完成。所谓的关键帧是指一个动画序列中起决定作用的帧,它往往控制动画转变的时间和位置。一般而言,一个动画序列的第一帧和最后一帧是默认的关键帧,关键帧的多少和动画的复杂程度有关。关键帧中间的画面称为中间帧。

15.1.2 动画种类

在 Maya 2022 中有很多种创建动画的方式,按照不同的制作方式动画可以分为关键帧动画、路径和约束动画、驱动属性动画、表达式动画和动力学动画。下面对这几种动画进行分析。

1. 关键帧动画

关键帧动画是应用较广泛的一种创建动画的方法,特别是在简单角色动画的制作中更为常用。

2. 路径和约束动画

使用这种创建方式主要制作一些沿特定路径运动或受目标约束的动画。例如,制作一个按照一定轨迹飞行的飞机、飞船、火箭等动画。

3．驱动属性动画

驱动属性动画形式比较特殊，它是通过物体属性之间的关联性，使一个物体的属性驱动另外一个物体的属性。例如，使用一个球体的位移来控制一个立方体的缩放等。

4．表达式动画

要使用表达式动画，需要掌握比较专业的 Mel 编程语言。这种动画方式在制作粒子特效方面应用比较频繁。

5．动力学动画

动力学动画也是 Maya 动画中的一个亮点。它可以近乎完美地模拟一些自然物理现象，如物体间的碰撞、流体流动、粒子发射等特效动画。

15.1.3　动画的基本控制工具

"工欲善其事，必先利其器。"在开始学习制作动画之前，用户必须对动画模块中的控制命令进行充分的认识。单击状态栏最前端的下三角按钮，切换到 █████ 模块。

当切换到动画模块后，在菜单栏中会显示与动画制作相关的命令工具，如图 15-2 所示。

文件　编辑　创建　选择　修改　显示　窗口　关键帧　播放　音频　可视化　变形　约束　MASH　缓存　Arnold　帮助

图 15-2　动画控制命令菜单

动画的基本操作包括设置时间范围、操作时间轴及时间滑块、创建和编辑关键帧、使用动画播放器等。首先看一下 Maya 2022 视图中的动画控制区、时间轴和时间范围滑块等界面，如图 15-3 所示。

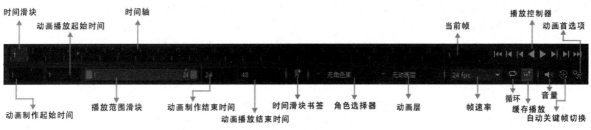

图 15-3　动画控制区

下面对动画控制界面中的操作控制器进行介绍。

- 时间轴：可以理解为一卷展开的电影胶卷，时间轴上的数字序号代表每一帧的序列帧号，默认第 1 帧为起始单位。Maya 2022 默认时间轴上显示 1~24 帧。
- 时间滑块：用于播放和显示时间轴上每一帧的画面。在时间轴上来回拖动时间滑块，当时间滑块拖动到某一帧时，视图区就会显示当前帧的场景画面。
- 当前帧：用于动态显示当前时间滑块停留的帧位置。
- 动画制作起始时间：用于定义动画从第几帧开始制作。
- 动画制作结束时间：用于定义动画到第几帧制作完成。
- 动画播放起始时间：用于定义在时间轴上从第几帧开始显示动画。
- 动画播放结束时间：用于定义动画到第几帧结束显示动画。
- 播放范围滑块：用于控制动画播放的时间范围，Maya 2022 默认时间轴上显示的帧长度只有 24 帧，而在实际动画制作中远大于这个长度，所以就需要调节播放范围滑块来缩放整个时间轴的长度。滑块的两端分别对应动画播放的起始时间和结束时间。

用户可以在动画播放起始时间栏中输入数值 10，在动画播放结束时间栏中输入数值 30，注意观看时间轴的变化，它可以控制动画从第 20 帧开始播放，如图 15-4 所示。

从图 15-4 可以看出，时间轴的起始帧由默认的第 1 帧变成了第 20 帧，同时时间范围滑块的长度也发生了变化，起始位置自动缩进到第 20 帧处，末端位置缩进到第 30 帧处，该滑块直观控制了时间轴的显示范围。通常只需单击并拖动滑块上的左右方体按钮，即可快速地改变时间轴上的显示帧范围。

时间轴上只显示当前设置的时间范围

控制播放起始时间   控制播放结束时间

图15-4 设置播放时间范围

● 播放控制器：如果将时间轴比喻为一段影片胶片，那么就需要相应的影片播放器进行播放，Maya 2022的动画播放控制器集成了各种帧播放的操作工具。下面介绍各个工具按钮的功能。

⏮ 按钮：设置时间滑块回到时间轴上的起始帧处。

⏭ 按钮：回到上一帧。

◄ 按钮：回到上一关键帧。

◄ 按钮：倒序播放。

► 按钮：顺序播放。

►| 按钮：进入下一关键帧。

►► 按钮：进入下一帧。

⏭⏭ 按钮：跳到末端帧处。

● 动画层：可使物体在原动画基础上再创建物体的某种属性动画，并且可以添加到图层中。若打开该层，则启用该属性动画；若关闭该层，则不启用该属性动画。因为使用起来如图层一样，所以称为动画层。

● 角色选择器：用于非线性动画。

● 自动关键帧切换：用于开启和关闭自动设置关键帧，默认灰色图标为关闭状态，单击激活后变为红色。

● 动画首选项：单击该图标后，会弹出Maya预设参数设置窗口。在制作动画之前，需要通过该窗口对动画进行参数预设。

● 帧速率：通过该下拉列表可以设置场景的帧速率，以每秒帧数(fps)表示，它显示当前帧速率。

● 循环：单击此图标，可循环切换3个动画播放状态：连续循环、播放一次、往返循环。

● 缓存播放：单击此图标，可打开/关闭【缓存播放】功能，它仅重新计算已在后台更改的场景部分，使用户可以实时预览和处理动画。

● 音量：单击此图标可显示滑块，可以在其中调整当前场景的声音级别。在图标上按住鼠标右键，以访问【音频】菜单，此菜单可用于在场景中导入或删除音频，以及选择音频波形在时间滑块上的显示方式。

● 时间滑块书签：单击此图标，可为选定时间设置时间滑块书签。

以上工具图标都是动画播放器的基础，在后面的动画制作中会经常用到这些工具图标。

15.1.4 预设动画参数

Maya是一个应用非常广泛的动画制作软件，范围涵盖动画、广告、影视、游戏制作等多个平台，但是不同的平台所要求的动画播放速率是不同的，所以Maya自身也根据不同平台内置了多套标准动画速率的预设参数，用户在工作时根据需要对参数进行设置即可。由于本小节要学习创建一个关键帧动画，那么在制作动画之前，首先需要对动画的一些制作和播放参数进行设置。

单击场景视图右下角的图标，打开【首选项】对话框，可以看到该窗口中包含Maya各个模块的命令属性参数，如图15-5所示。其中，左侧的【类别】列表框中显示了Maya的各个模块，单击其中的不同模块，右侧就会显示相应的属性参数设置。

图15-5 【首选项】对话框

在【类别】列表框中单击【时间滑块】选项，右侧【时间滑块】选项区下的【播放开始/结束】(时间范围)值与视图区时间轴的时间范围值相同。【播放】选项区是设置动画播放速率的参数，单击Maya动画播放控制器上的▶按钮，Maya会自动按照相应的播放速率进行动画实时预览。

课堂练习105：预设动画参数

01 这里要制作标准的影视关键帧动画，所以将播放速率设置为24fps。单击【播放速度】选项右侧的下三角按钮，在弹出的下拉列表中选择【24fps×1】选项，如图15-6所示。

> **注 意**
>
> 播放速率与制作速率(帧速率)的区别在于，播放速率只表示Maya中预览动画时每秒播放的帧数，而动画的制作速率则表示在某一特定播放平台上每秒需要多少帧才能达到播放标准，而这个标准是由播放平台来决定的。

02 上一步仅仅设置了动画播放速率，动画最终要在不同的硬件平台上播放，还需要设置动画的制作速率。单击【首选项】对话框【类别】列表框中的【时间模块】选项，如图15-7所示。

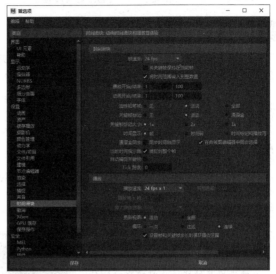

图15-6　设置动画速率

03 单击【帧速率】右侧的下三角按钮，弹出一个速率选择下拉列表，用户可以在其中选择相应的速率，作为动画的制作速率，如图15-8所示。

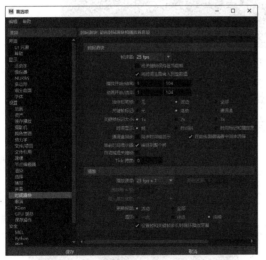

图15-7　单击【时间模块】选项

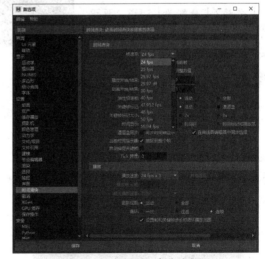

图15-8　选择动画制作速率

> **提 示**
>
> 通常选择默认的【24fps】即可。若要在其他平台上播放，只需重新改变制作速率，Maya即可自动根据比例改变制作帧数；若要制作电影标准的动画，就需要设置动画播放速率为24fps；若要在游戏机上播放动画，则必须设置播放速率在60fps以上，不同的播放平台要求的动画播放速率值不同。

参数简介

下面介绍【播放速度】下拉列表中的选项。

- 播放每一帧：该项通常在制作粒子动画时才会用到，因为粒子动画是以帧为单位进行实时运算的。因为不同硬件性能的计算机的播放速度不同，所以在制作关键帧动画时不选择该项。

- 24fps × 0.5：表示每秒固定预览播放12帧。
- 24fps × 1：表示每秒固定预览播放24帧。
- 24fps × 2：表示每秒固定预览播放48帧。
- 其他：用于控制是否允许自定义播放速度。

15.2 关键帧动画

若想使场景中的一个静态物体运动起来，就需要为物体设置不同的姿态，并为这些姿态设置关键帧，创建的关键帧可以按顺序播放出来，从而将静态物体的各个姿态显示出来，形成人们视觉中的动画效果。

通过前面的学习，用户已经对动画的基本原理、控制界面、参数预设有了大致的了解，下面详细介绍如何创建和编辑关键帧，以及关键帧的具体含义。

15.2.1 创建关键帧动画

下面通过创建一个小球弹跳的动画来练习如何为静态物体添加关键帧，从而巩固用户添加关键帧的熟练程度。

课堂练习106：添加关键帧

01 在场景中导入小球模型并选中，再将时间滑块拖动到第1帧处，然后按S键设置关键帧，此时观察时间轴和通道栏的变化，如图15-9所示。

02 将时间滑块拖动到第6帧处，在小球的通道栏中设置其【平移Y】和【平移Z】分别为1.5和3，再设置【缩放Y】为1.5；然后按S键，设置第6帧动画，如图15-10所示。

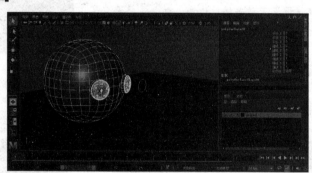

图15-9 设置第1帧动画

> **注意**
>
> 用户一定要先将时间轴上的时间滑块拖动到特定帧上，再设置物体属性参数值，然后按S键设定关键帧；然后继续将时间滑块拖动到下一帧，再设置物体属性参数值并按S键，以设定关键帧。

03 将时间滑块拖动到第12帧处，在通道栏中设置小球的【平移Z】为6，【缩放Y】为0.5，并按S键设置关键帧，使小球在运动到该处时降低高度，如图15-11所示。

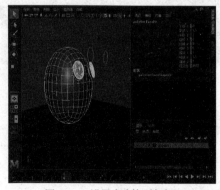

图15-10 设置小球第6帧动画

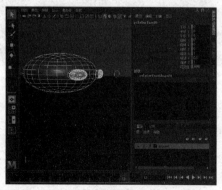

图15-11 设置小球第12帧动画

04 将时间滑块拖动到第 1 帧，在【大纲视图】窗口中选择小球的眼球控制器组 eye_controller，按 S 键设置关键帧，如图 15-12 所示。

05 将时间滑块拖动到第 6 帧，在通道栏中设置控制器 eye_controller 的【平移 Y】为 0.7，按 S 键设置关键帧动画，使小球跳到最高处时上移眼球，如图 15-13 所示。

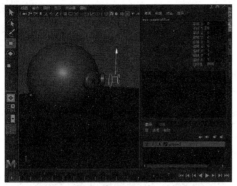

图 15-12　设置眼球控制器第 1 帧动画

图 15-13　设置眼球控制器第 6 帧动画

06 将时间滑块拖动到第 12 帧，设置眼球控制器 eye_controller 的【平移 Y】为 0，按 S 键设置关键帧动画，使小球跳到最低处时，将眼球恢复到原始状态，如图 15-14 所示。

07 为了节省动画占用的资源，可以旋转球体和眼球控制器 eye_controller，执行【编辑】|【按类型删除】|【静态通道】命令，删除没有任何动画效果的关键帧，如图 15-15 所示。

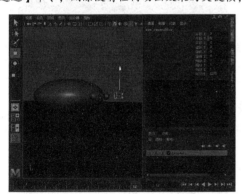

图 15-14　设置眼球控制器第 12 帧动画

图 15-15　删除静态关键帧

15.2.2　关键帧及关键属性

通过学习前面的内容，用户已经对关键帧有了充分的认识，下面介绍几种创建和编辑关键帧的方法。

1. 通过命令创建

在前面的学习中为小球已添加了关键帧，是通过按 S 键完成的，其实它等同于在【动画】模块下执行【关键帧】|【设置关键帧】命令，为所选物体添加关键帧。

2. 通过快捷图标创建

除了通过按 S 键和执行 Maya 内置的命令创建关键帧外，Maya 还提供了另一种更加快捷的自动添加关键帧的方式，■为自动设置关键帧开关。

3. 通过关键属性创建

前面讲解了创建关键帧动画的依据，如果物体的某个属性上没有数字改变，Maya 仍然会进行插值运算，只是计算出的中间插值为 0，但仍然被设置为关键属性，只是不能产生任何动画效果。为了避免计算机进行不必要的插值运算，用户可以只将与动画有关的属性设置为关键属性，以优化动画操作。

在对所选物体设置关键帧时，可以使用以下3种组合键。

- 组合键Shift+W：快速将物体【平移X/Y/Z】的属性设置为关键属性。
- 组合键Shift+E：快速将物体【旋转X/Y/Z】的属性设置为关键属性。
- 组合键Shift+R：快速将物体【缩放X/Y/Z】的属性设置为关键属性。

课堂练习107：通过属性添加关键帧

下面介绍如何使用自动关键帧创建一个围绕*y*轴转动的旋转动画。

01 打开一个场景模型，执行【修改】|【冻结变换】命令，将物体当前状态设为默认状态；然后在第1帧处，在【旋转Y】属性上按住鼠标右键，在弹出的快捷菜单中选择【为选定项设置关键帧】命令，如图15-16所示。

02 此时，即可在第1帧处生成一个关键帧，并且【旋转Y】变为红色显示，如图15-17所示。

03 也可以自动创建关键帧，将时间滑块拖动到第6帧，单击动画控制区中的【自动关键帧切换】按钮，在通道栏中设置【旋转Y】为90，此时会在该帧处自动创建关键帧，如图15-18所示。

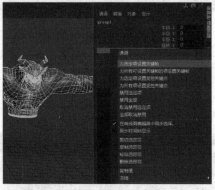

图15-16　选择【为选定项设置关键帧】命令

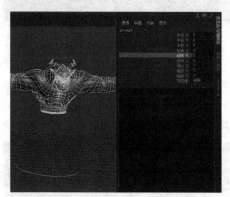

图15-17　创建的关键帧

04 将时间滑块拖动到第6帧处，设置模型的通道属性【旋转Z】为20，此时该帧处没有产生关键帧，如图15-19所示。用户只能在该属性上右击，在弹出的快捷菜单中选择【为选定项设置关键帧】命令添加关键帧，在下一帧就可以自动创建关键帧了。

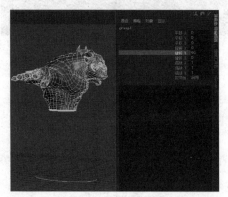

图15-18　自动创建关键帧

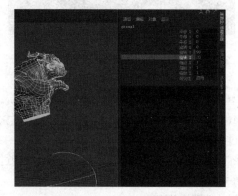

图15-19　关键帧的变化

> **注 意**
>
> 在自动创建关键帧时，需注意要事先按S键或执行命令为物体的所有或部分属性创建第1个关键帧，然后再激活按钮，这样才能自动创建关键帧。

4. 禁止设置关键属性

在学习了如何创建关键帧以后，用户可以感觉到每次执行【设置关键帧】命令，不如按S键方便。而直接按S键又会将通道栏中的所有属性设置为关键帧，处理起来非常麻烦，所幸Maya 2022提供了【使选定项不可设置关键帧】命令，它可以强行将与动画无关的属性锁定为不可设置关键属性。

5. 锁定关键属性

在通道栏属性设置中，还有一个命令对创建动画非常有用，即【锁定选定项】命令。在通道栏中被锁定的属性无法进行操作，从而便于保护那些已经被编辑好的关键帧。

课堂练习108：解锁和锁定关键帧属性

`01` 选择物体，框选其通道栏中所有的属性，并保持高亮显示，然后右击，在弹出的快捷菜单中选择【使选定项不可设置关键帧】命令，如图15-20所示。

`02` 此时可以看到整个通道栏的属性全部以浅灰色显示，表示所选属性已被锁定，如图15-21所示。

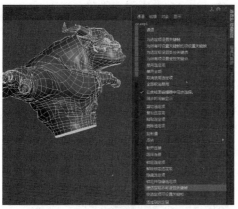
图15-20　选择命令

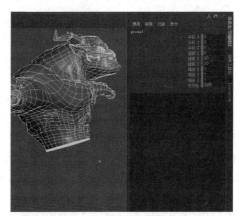
图15-21　属性的锁定效果

`03` 修改任意属性参数值，如设置物体的【平移X】为3，即可改变物体当前的状态。但是按S键，会在帮助栏中出现黄色的警告提示，表示不能对物体设置关键帧，如图15-22所示。

`04` 选中想要设置关键帧物体的【平移X】属性，然后右击，在弹出的快捷菜单中选择【使选定项可设置关键帧】命令，即可对该属性添加关键帧，如图15-23所示。

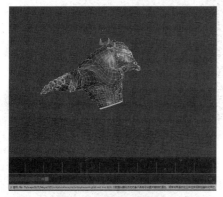
图15-22　不能设置关键帧

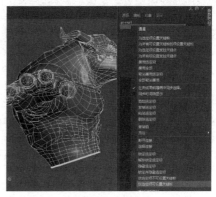
图15-23　选择命令

`05` 同样，框选通道栏中的所有属性，然后右击，在弹出的快捷菜单中选择【锁定选定项】命令，可以看到通道栏所有属性变为深灰色显示，但同样不能对它们添加关键帧，如图15-24所示。

`06` 修改任意属性参数值，然后按Enter键，但并不能改变该属性参数值。同样用户可以选中锁定的属性，右击并选择快捷菜单中的【解除选定锁定项】命令，解除它们的锁定状态，如图15-25所示。

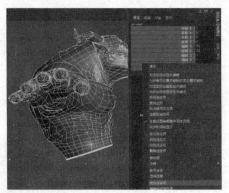

图15-24　锁定物体的通道属性

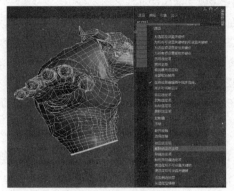

图15-25　解除锁定状态

15.2.3　编辑关键帧

在关键帧操作中，Maya 2022允许用户在时间轴上直接对关键帧进行移动、剪切、复制、粘贴等操作，以便快速编辑关键帧序列。下面以前面的旋转动画为例，讲解快速编辑关键帧的操作。

┃ 课堂练习109：剪切和粘贴关键帧 ┃

01 将时间滑块拖动到第6帧处，使之呈黑色高亮显示，然后右击，在弹出的快捷菜单中选择【剪切】命令，如图15-26所示。

02 此时，原第6帧位置上的关键帧被保存在剪贴板上。将播放头拖动到第7帧，再在时间轴上右击，在弹出的快捷菜单中选择【粘贴】|【粘贴】命令，如图15-27所示。

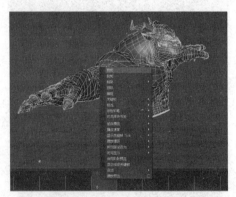

图15-26　选择【剪切】命令

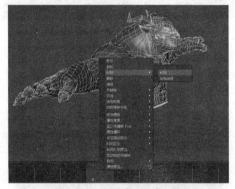

图15-27　选择【粘贴】命令

> **提示**
>
> 在用户执行【剪切】命令后，可以看到时间轴上第6帧的位置没有了关键帧标记，这说明关键帧已被剪切，同时场景中小球的位置回到了原点，所以第12帧作为中间帧被自动插值计算为原位置。

03 执行【粘贴】命令后，在第7帧的位置出现了关键帧标记，这表示已经成功地将第6帧的关键帧剪切到第7帧，如图15-28所示。

04 此时可以看到小球在第7帧时的状态变为了第6帧时的状态，同时注意时间轴红色标记的变化，如图15-29所示。

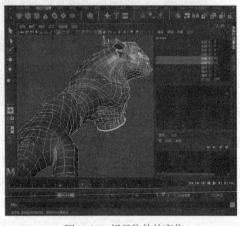

图15-28　关键帧的剪切效果

图15-29　场景物体的变化

课堂练习110：复制和粘贴关键帧

下面继续使用前面的旋转动画，练习如何复制和粘贴关键帧。

01 将鼠标指针拖动到第7帧上，然后右击，在弹出的快捷菜单中选择【复制】命令，对所选关键帧进行复制，如图15-30所示。

02 将时间播放头拖动到第18帧，然后右击，在弹出的快捷菜单中选择【粘贴】命令，执行粘贴帧操作，即可将第7帧处的关键帧复制到第18帧处，如图15-31所示。

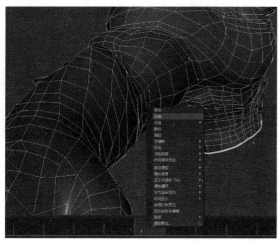

图15-30　执行【复制】命令

图15-31　复制和粘贴关键帧

课堂练习111：快速平移关键帧

01 将播放头移动到第6帧，然后按住Shift键，再单击第8帧处，时间轴上就会出现红色方体标记，如图15-32所示。

02 将该红色的方块拖动到第12帧，再在时间轴上的空白处单击，可以看到第6帧处的关键帧被平移到了第12帧，如图15-33所示。

图15-32　移动帧标记

图15-33　移动关键帧

注意

只有单击滑块中心的褐色箭头时才能保证被正确平移，红色滑块可能会消失而需要重新定义。在改变红色滑块范围的扩展标记时，延伸后要注意先释放Shift键，再释放鼠标左键，否则会操作失败。

课堂练习112：快速预览关键帧

在编辑关键帧时，常常需要快速预览上一帧或下一帧的关键帧，用户可以单击动画播放控制区中的◁和▷按钮，时间滑块会自动跳到上一个关键帧和下一个关键帧，也可以使用快捷键来快速预览前后关键帧。

注意

在拖动关键帧时，只有单击滑块中心位置的黑色箭头才能保证该关键帧被拖动，否则红色滑块可能会消失，需要重新定义。在改变红色滑块范围时，需要先按下Shift键不放，再选中两端的扩展标记进行拖拉，延伸完成后，还要注意先释放Shift键再释放鼠标左键，否则操作可能会失败。

15.3 序列帧动画

上一节中通过制作简单的小球弹跳动画，讲解了如何添加和设置关键帧。通过在时间轴上快速平移关键帧的操作，对动画效果产生了最直接的影响，因此小球上升或下降的动作就有了一定的节奏感，不再是单调的机械运动。但是如何让小球的上升或下降动作更加符合自己的设计感觉，让动画更加具有可控性呢？这里就涉及动画的时间与动作幅度之间的关系，首先需要从动画原理的角度对弹跳小球的运动轨迹有一个清晰的理论分析。

15.3.1 序列动画的基本认识

图15-34为使用高速摄影机拍摄的一个现实生活中小球沿水平方向上下弹跳的运动轨迹。

通过这张图，我们可以看到小球弹跳到最顶点位置时，由于上升速度变慢，而摄像机拍摄速度恒定，所以在这一段时间内的两帧之间的小球距离非常靠近；而当小球下落时，由于重力加速度的原因，小球运动的速度越来越快，因而摄影机拍摄出的两帧之间的小球距离间隙越来越大。

因此可以看出这样一个规律，当两个关键帧之间的时间间隔恒定时，物体运动幅度越大，则实际动画效果就会越快，反之则越慢。同样，如果两个关键帧之间间隔的帧数越少，即时间越短，那么实际动画效果就会越快，反之则越慢，这是动画制作中时间与空间的关系。

图15-34 小球的运动轨迹

根据时间与空间的关系，如果想让小球弹跳起来后在空中停留的时间更长一些，那么在实际绘制关键帧时就应该多添加一些小球停留在空中的关键帧帧数。如果想让小球下落时体现出真实的速度感，那么就应该在下落过程中逐渐拉开两帧之间小球的位置距离，并减少关键帧数，从而模拟出一个小球运动的序列规律。

15.3.2 创建序列动画

在了解帧序列的基本概念和工作原理后，下面尝试在Maya 2022场景中创建一个小球下落的动画，来实现序列帧动画的效果。要完成该操作，只需执行【可视化】|【为选定对象生成重影】命令即可，Ghost Selected工具可用于显示被选中物体当前帧之前的序列动作，它可以使动画师无须在时间轴拖动播放头就可以观察前几帧的动作影像，并且可以同时编辑当前帧动作。

课堂练习113：创建动画序列

`01` 将时间滑块拖动到第1帧处，选中场景中的模型，并且在通道栏中为【平移X】和【平移Y】属性设置关键帧，如图15-35所示。

`02` 将时间滑块拖动到第20帧处，设置通道属性并设置关键帧【平移X】和【平移Y】分别为3和4，如图15-36所示。

图15-35 设置第1帧关键帧

图15-36 设置第20帧动画

`03` 切换到【动画】模块下，执行【可视化】|【打开重影编辑器】命令，打开【重影编辑器】对话框，如图15-37所示。

04 选择该球体，将重影之间的距离设置为【每第2个】，单击【从当前选择创建重影】按钮创建序列帧；然后播放动画，可以看到从第0帧开始沿模型的运动方向增加了多个相同的模型，如图15-38所示。

图15-37　【重影编辑器】对话框

图15-38　模型的运动序列

05 当模型运动到第13帧时，在整个运动路线上会产生多个相同的模型，在此将它们称为序列，如图15-39所示。

06 在动画播放到末端第20帧以后，模型的运动序列效果逐渐消失，其中以绿色高亮显示的是模型在当前帧的效果，如图15-40所示。

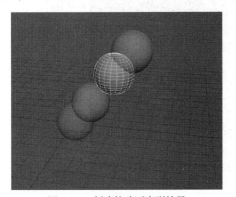

图15-39　创建的动画序列效果

图15-40　序列效果逐渐消失

> **提示**
>
> 在播放序列动画后，可以看到物体在第1帧和末端处都会以绿色高亮显示，此时的物体可以被选择和编辑，但是呈蓝色显示的物体是不能被选择和编辑的，它们都是运动物体产生的序列效果。

参数简介

下面介绍【重影编辑器】对话框中的参数功能。

1. 重影设置

- 对象类型：用于设置生成对象的类型，单击 ![icon] 按钮为几何体生成重影；单击 ![icon] 按钮为关节生成重影；单击 ![icon] 按钮为定位器生成重影。

- 包括层级：启用该复选框，对选定对象的层级中任何层级对象创建重影。

- 从当前选择创建重影：用于设置重影应用的模式，![icon]指将重影应用于动画的当前帧之前的帧；![icon]指将重影应用于动画的当前帧之前和之后的帧；![icon]指将重影应用于动画的当前帧之后的帧；![icon]指将重影应用于动画的特定帧；![icon]指将重影应用于动画的每个关键帧。

- 预设：使用重影预设，可以选择重影的间距。

2. 已生成重影的对象

- ◆显示/隐藏重影：启用或禁用场景中重影的可见性。
- 取消选定对象的重影：移除【已生成重影的对象】列表中选定的对象。
- 全部取消重影：移除【已生成重影的对象】列表中所有的重影。

3. 显示选项

- 前帧颜色：为关键帧前边的重影自定义颜色。
- 后帧颜色：为关键帧后边的重影自定义颜色。
- 近不透明度：设置与当前帧距离最近重影的不透明度，不透明度通常最高。
- 远不透明度：设置与当前帧距离最远重影的不透明度，不透明度通常最低。

15.3.3　摄影表

在对关键帧进行时序调节时，需要用到 Maya 2022 中非常重要的一个工具——【摄影表】窗口。该窗口可以直观、精确地反映出关键帧和时间轴之间的关系。在制作动画的过程中，经常用它来快速调节关键帧的时序、调整整体动画的节奏等。

选择旋转动画中的小球物体，执行【窗口】|【动画编辑器】|【摄影表】命令，打开【摄影表】窗口。该窗口可以划分为4个部分，即菜单栏、工具栏、对象列表和视图区，如图15-41所示。

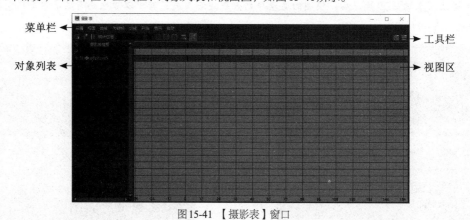

图15-41　【摄影表】窗口

下面对窗口中的一些功能分区进行介绍。

1. 菜单栏

在菜单栏中分类集成了各种关于帧操作的命令，它和曲线编辑器中菜单栏的命令有很多重复的选项，将在后面的操作中进行讲解。

2. 对象列表

对象列表中显示当前被选择物体的各节点属性。单击前面的"＋"号可以展开并显示该物体的所有关键属性。单击左侧的属性名称，在右侧的视图区中将显示该属性的所有关键帧。

3. 视图区

视图区显示当前被选中物体上的所有关键帧序列，其中每一个黑色小方块都代表单独的关键帧，被选中属性的关键帧以黄色小方块显示。最顶部的横轴帧序列代表当前所有帧序列的组合。

4. 工具栏

在工具栏中集成了对关键帧进行各种操作的工具。在下一节中，将详细介绍这些工具的作用。

15.3.4　编辑关键帧工具

要对序列帧进行编辑，首先需要掌握关键帧编辑工具的使用方法，下面对【摄影表】窗口中的几种编辑工具进行介绍。

1. 选择关键帧

(1) 按下该按钮后，在视图区中可以单击选择关键帧序列，也可以框选，以蓝色区域的线框确定选择范围，被选择的帧以黄色显示，如图15-42所示。

(2) 单击并拖动蓝色线框右侧的黄色小方体，可以增加或减少序列帧的选择范围，如图15-43所示。

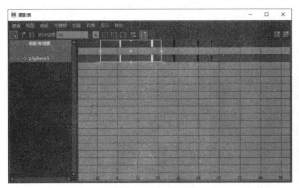

图15-42 选择序列帧

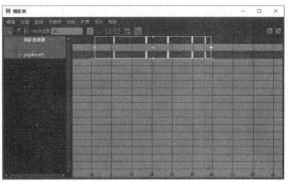

图15-43 增加序列帧的选择范围

2. 移动帧工具

(1) 按下该按钮后，在视图区中选择一个或多个要移动的关键帧，并以黄色高亮显示，然后按住鼠标中键不放，此时鼠标指针会变成一个双向箭头，如图15-44所示。

(2) 按住鼠标中键拖动到第4帧处，再松开鼠标中键，即可移动第4帧的关键帧序列，如图15-45所示。此时，场景物体第8帧的动画效果就会替换第4帧的动画效果。

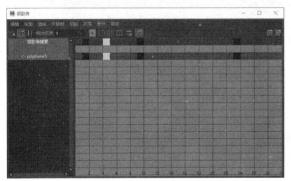

图15-44 单击关键帧序列

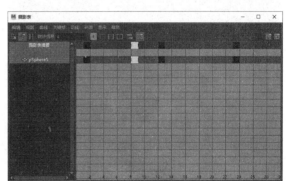

图15-45 移动的关键帧序列

3. 插入帧工具

(1) 在对象列表中，单击要添加关键帧序列的属性对象，这里单击【旋转Y】选项，然后再单击■按钮，在视图区末端序列帧后面的空白处单击鼠标中键，如图15-46所示。

(2) 松开鼠标中键，即可在该位置添加一个【旋转Y】属性的关键帧序列，如图15-47所示。

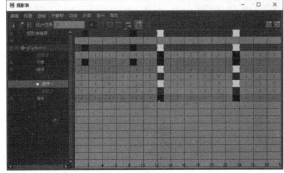

图15-46 执行添加序列帧操作

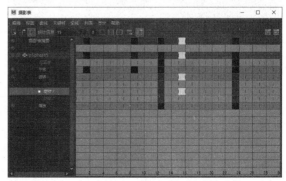

图15-47 添加的序列帧

4．统计信息 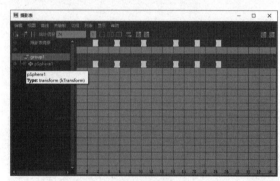 统计信息 15   0

该选项可用于设置所选帧的位置参数值，第1个文本框显示当前帧所在的位置，第2个文本框显示当前帧的属性值。

5．显示全部帧序列 ■

单击该按钮，可以快速显示所有关键帧序列。

6．显示部分帧序列 ■

单击该按钮，会在视图区中只显示时间轴播放范围上的关键帧序列。

7．居中显示当前帧 ▣

单击该按钮，可以将选中的关键帧序列居中显示在视图区，方便用户进行编辑。

8．层级显示 ▣

按下该按钮，可以显示层级物体上的关键帧序列。例如，一个组物体中包含设有动画的子物体，而组物体本身没有动画。如果在对象列表中选择组物体，再按下层级显示按钮，则在视图区的关键帧显示会发生变化。

（1）选中场景中做旋转动作的小球，按组合键Ctrl+G设置群组层group1，此时观察该选项所对应的关键帧序列在【摄影表】窗口视图区的显示，如图15-48所示。

（2）单击▣按钮，即可在【摄影表】窗口视图区中显示群组物体group1的关键帧序列，如图15-49所示。

图15-48　关闭层级显示

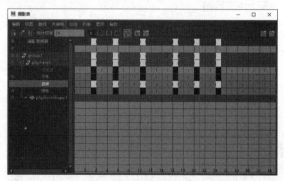

图15-49　开启层级显示

9．自动加载摄影表开关

按下该按钮，系统将在每次打开【摄影表】窗口后自定义加载所选物体的动画关键帧。如果当前没有旋转任何物体，则显示的摄影表如图15-50所示。

10．从当前选择加载摄影表 ▣

单击该按钮，可以从选择的物体上加载摄影表。图15-51是在已有动画的物体上加载的动画关键帧效果。

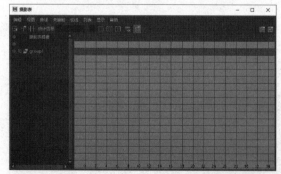

图15-50　未选择动画效果

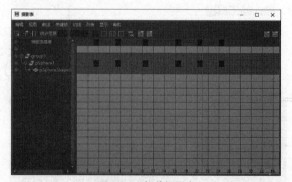

图15-51　加载摄影表

课堂练习114：编辑序列帧

`01` 创建一个沿 y 轴旋转的20帧动画，选择小球，在【摄影表】窗口中框选所有关键帧序列，然后按R键，此时会在序列帧的边缘显示白色边框，如图15-52所示。

`02` 按住鼠标左键将白色边框拖动到第20帧处，这样即可将动画范围缩放到20帧，如图15-53所示。

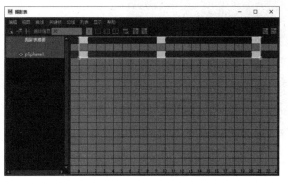

图15-52　选中关键帧

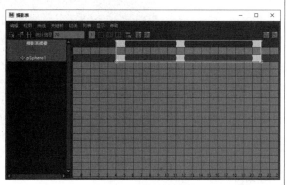

图15-53　缩放关键帧

`03` 将关键帧序列缩放之后，单击视图区第2个关键帧序列，在【统计信息】文本框中可以看到其序列值为9.19，关键属性值为90，如图15-54所示。

`04` 对于这种情况，用户可以选中整个序列帧，在【摄影表】窗口的菜单栏中执行【编辑】|【捕捉】命令，然后再选择任意一个关键帧，信息表中显示的序列值都是整数，如图15-55所示。

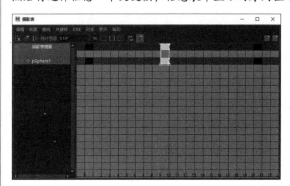

图15-54　选择第2个关键帧

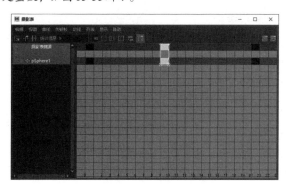

图15-55　执行【捕捉】命令

15.4　动画曲线

在Maya动画制作中，曲线编辑是很常用的动画编辑命令。执行该命令可以移动关键帧、调整关键帧属性数值、添加或删除关键帧等，能够方便快捷地编辑用户所创建的动画效果。本节将对曲线图编辑器、动画曲线上关键帧的设置及编辑进行充分讲解，最后通过实例操作的方式对所学知识进行巩固练习。

15.4.1　曲线图编辑器

本小节学习如何在曲线图编辑器中编辑和修改动画曲线。在学习曲线图编辑器之前，首先，创建一个沿 x 轴正向上下跳动的小球动画。然后，选中小球，执行【窗口】|【动画编辑器】|【曲线图编辑器】命令，打开其属性设置窗口，如图15-56所示。

在该窗口中，用户可通过使用工具来最终完善小球弹跳动画的运动轨迹。下面介绍该属性窗口的工作界面。

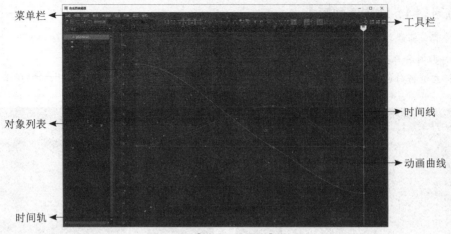

菜单栏 ← ... → 工具栏

对象列表 ← ... → 时间线

... → 动画曲线

时间轨 ← ...

图 15-56 【曲线图编辑器】窗口

1. 菜单栏

在菜单栏中集成了一些关于运动曲线和关键帧的操作命令。

2. 工具栏

工具栏中提供了关键帧操作的快捷工具图标，如平移、插入点、曲线晶格等工具。在【曲线图编辑器】窗口中，可以看到工具栏右侧还集成了一些针对曲线操作的编辑工具。在【曲线图编辑器】窗口中也同样有 Stats 信息框，用于显示当前所选曲线上的点所在的位置和关键帧值。

3. 对象列表

对象列表用于显示当前被选中物体的所有属性，并且右侧视图区会显示相应的运动曲线。单击其中物体名称右侧的 "+" 号，可以展开该物体的关键属性。

4. 视图区

视图区的横轴代表时间轴，纵轴代表当前帧曲线点的关键属性值。在视图区中同时按住 Alt 键和鼠标右键，也可以执行视图缩放操作。在视图区中，红色纵轴线条代表时间轴上的当前帧标记，拖动时间轴上的时间滑块，红色帧标记会随之移动。

15.4.2 动画曲线的基本认识

继续使用沿 x 轴方向上下跳动的小球动画实例。选中场景中的小球，执行【窗口】|【动画编辑器】|【曲线图编辑器】命令，打开【曲线图编辑器】窗口，可以看到视图区有两条曲线，上面都有 3 个黄点，一个黄点代表一个关键帧，当前视图区的时间与场景视图中的时间轴数值一一对应，如图 15-57 所示。

在对象列表中选择【平移 Y】选项，则在【曲线图编辑器】窗口视图区中显示 y 轴方向的动画曲线，然后在视图区选择绿色曲线上的第 1 个黑点和最末端的黑点，可以在信息框中看到不同的参数值，如图 15-58 所示。

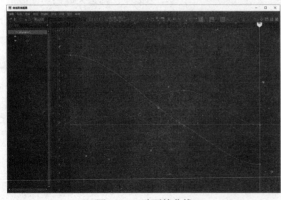

图 15-57 动画的曲线

图 15-58 选择动画曲线上的点

信息框中的第1个数值代表当前帧的位置，第2个数值代表关键帧属性值。曲线上的黑点就是帧序列动画上的关键帧。这条绿色曲线与对象选择区中pSphere1组件下展开的【平移Y】属性是对应的，它实际上是每一帧的y轴坐标值与【曲线图编辑器】窗口中时间轴相对应的一个关系表，即小球的y轴运动轨迹在时间轴上均匀展开显示。在视图区的横轴上可以看到，每两个关键帧之间相隔一帧距离，由Maya自动计算插值生成过渡曲线，使动画最终能够流畅播放。由此可以得出，物体的运动曲线越平滑，其运动轨迹也越流畅。

> **提示**
>
> 这条绿色曲线代表的仅仅是小球在12帧内弹跳过程中的y轴数值，它并不产生任何水平方向上的移动。切勿将水平方向上的时间轴错误理解成水平方向上的x轴平移。

15.4.3　动画曲线的控制工具

要想使物体的运动轨迹更加流畅，就需要对曲线上的关键帧进行编辑。在【曲线图编辑器】窗口中提供了很多种快捷操作工具，如图15-59所示。下面对它们的使用方法进行详细介绍。

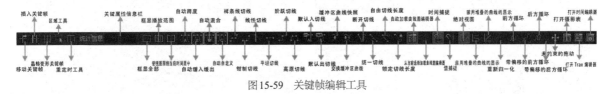

图15-59　关键帧编辑工具

1. 曲线控制手柄

选择并调整曲线上的控制手柄，可以对曲线外形进行编辑。如果选中曲线上的一个关键帧点，会显示其控制手柄，用鼠标中键单击并拖动该控制手柄，可以改变曲线的外形，此时场景中的动画效果也会发生变化，如图15-60所示。

2. 样条线切线 ■

该工具可以使两个相邻关键帧之间的曲线产生光滑的过渡效果，使关键帧上的操纵手柄在同一水平线上，这样能使关键帧两侧曲线的曲率进行光滑连接。图15-61是选中上一步调整控制手柄后的关键帧点，再单击■按钮后的效果。

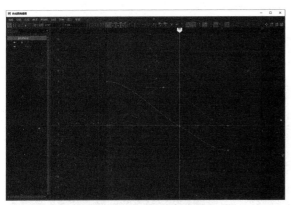

图15-60　关键帧控制手柄

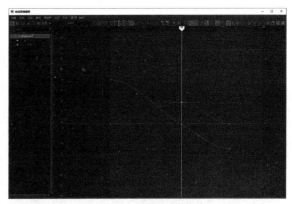

图15-61　样条曲线效果

3. 钳制切线 ■

该工具可以使动画曲线既有样条线的特征，又有直线的特征。选择曲线第6帧处的关键帧点，然后单击■按钮，再观察曲线和控制手柄的变化，如图15-62所示。

4. 线性切线

该工具可以使两个相邻关键帧点之间的曲线变为直线，并影响到后面的曲线连接。在曲线上选择任意两个关键帧点，然后单击█按钮，两点之间的曲线变为直线。

5. 平坦切线

该工具可以将选择关键帧点的控制手柄全部旋转到水平角度。

6. 阶跃切线

该工具可以将任意形状的曲线强行转换成锯齿状的台阶形状。选择曲线上的所有控制点，然后单击█按钮，并观察曲线外形的变化，如图15-63所示。

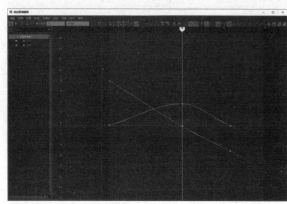

图15-62　钳制切线操作

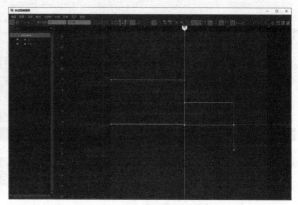

图15-63　阶跃切线效果

技巧

如图15-63所示，曲线执行台阶操作后，小球的运动状态是从第1帧到第6帧y轴上的位移保持不变，在第6帧上直接过渡到最高点，然后继续保持不变。用户可以拖动视图区的时间滑块，观察小球的运动状态。

7. 高原切线

该工具可以将所选控制点所在的曲线段转化为切线状态。例如，选中处于台阶状态的曲线点，然后单击█按钮，即可转化为切线状态，如图15-64所示。

8. 断开切线

该工具可以将关键帧点上的两个控制手柄强行断开，断开之后两个控制手柄不再相互关联。用户可以对控制手柄单独操作，从而更自由地调整曲线形状，如图15-65所示。

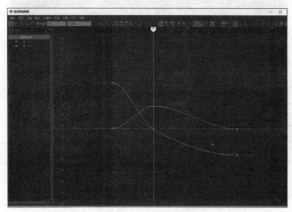

图15-64　执行切线操作

图15-65　断开曲线切线

9. 统一切线

此设置仅适用于断开的切线；统一后，断开的切线将重新连接起来，但会保留新角度。

10. 自由切线长度

当指定移动切线时，可更改其角度和长度。调整切线的长度和角度仅适用于加权曲线。切线控制柄在不受约束时呈浅灰色，如图15-66所示。

11. 锁定切线长度

该工具可以锁定切线手柄，锁定后不可以再调整控制手柄的长度。选择上一步中拉伸的控制点，然后单击 按钮，控制手柄变为实心显示，但不能再进行拉伸操作，如图15-67所示。

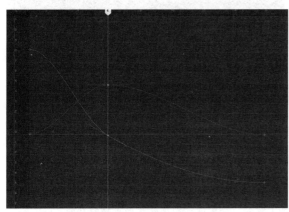
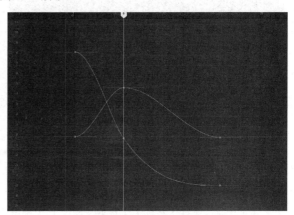

图15-66　自由切线长度　　　　　　　　　　图15-67　锁定切线长度

12. 曲线缓冲

该工具可以将动画曲线捕捉到缓冲器上，将现在调整的曲线和原来的曲线进行对比，便于修改曲线外形，如图15-68所示。

13. 交换缓冲

该工具可以将已编辑的曲线和缓冲曲线进行交换，交换后编辑过的曲线就不再起作用，而缓冲曲线可以被调整和编辑，如图15-69所示。

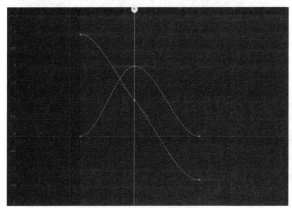
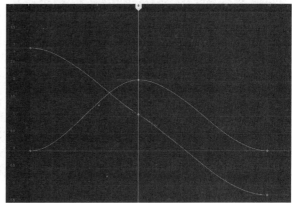

图15-68　曲线缓冲操作　　　　　　　　　　图15-69　交换缓冲曲线

15.4.4　编辑动画曲线关键帧

通过前面对曲线动画的初步讲解，相信读者对曲线动画已经有了很好的认识，下面通过一个小实例巩固曲线动画的编辑方法。

课堂练习115：编辑动画曲线

01 在场景中创建抛物线式的小球弹跳动画，这里使用3个关键帧来模拟整个弹跳过程，如图15-70所示。

02 选中该球体，执行【窗口】|【动画编辑器】|【曲线图编辑器】命令，打开【曲线图编辑器】窗口，以显示球体所有关键属性的动画曲线，其中水平直线表示当前属性被设置了关键帧，但没有任何动画效果，如图15-71所示。

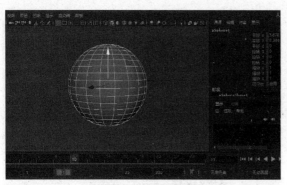

图15-70　创建弹跳动画

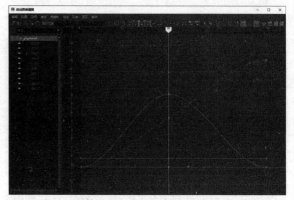

图15-71　小球动画的曲线

03 选中球体，执行【编辑】|【按类型删除】|【静态通道】命令，删除没有动画效果的关键帧属性，【曲线图编辑器】窗口中的直线被自动删除，如图15-72所示。

04 选择【平移X】属性动画曲线第12帧处的关键帧点，再在状态栏中修改关键属性值为0，如图15-73所示。

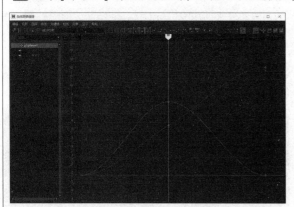

图15-72　删除静态通道

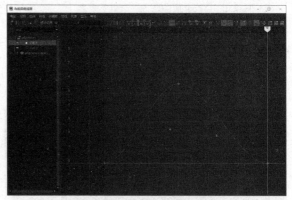

图15-73　调整小球弹跳的高度

05 选择小球【平移Y】属性动画曲线上首端和末端的关键帧点，单击工具栏上的■按钮，以调整小球弹跳开始和结束时动作姿态的平滑度，如图15-74所示。

06 设置小球的两条动画曲线在第6帧时状态的关键帧属性值为10，在第12帧处的关键帧属性值为20，以改变小球整段动画的时间范围，如图15-75所示。

07 选择小球【平移X】属性的动画曲线，再选择第10帧处的关键帧点，向上调整关键帧，可以看到状态栏中的关键帧属性值为5.678，并不是理想的整数值，如图15-76所示。

08 单击【编辑】|【捕捉】命令右侧的■按钮，在弹出的对话框中，选中【捕捉】选项组中的【值】单选按钮，如图15-77所示。

09 单击【应用】按钮，即可将当前的关键帧属性值调整为整数，如图15-78所示。

10 此时，小球在视图时间轴上的关键帧位置和通道栏的关键属性值都会改变，如图15-79所示。

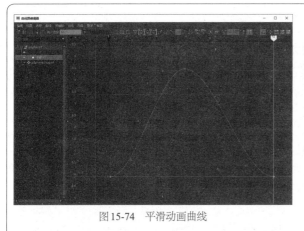

图 15-74　平滑动画曲线

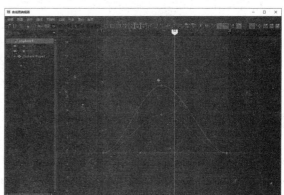

图 15-75　修改动画的时间范围

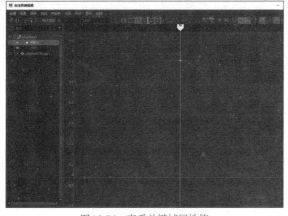

图 15-76　查看关键帧属性值

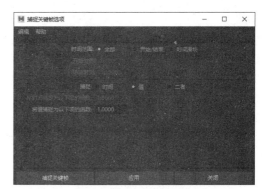

图 15-77　【捕捉关键帧选项】对话框

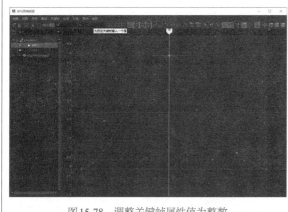

图 15-78　调整关键帧属性值为整数

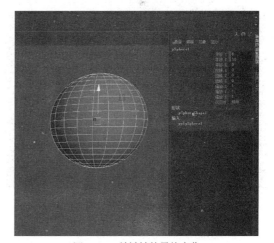

图 15-79　关键帧的最终变化

参数简介

下面对【捕捉关键帧选项】对话框中的属性进行说明。

- 时间范围：用于指定关键帧动画曲线的时间范围。其中，【全部】选项表示没有限定的时间范围，【开始/结束】选项用于定义捕捉的时间范围为从起始时间到结束时间，【时间滑块】选项用于定义捕捉的时间范围为起始播放时间到结束播放时间。

- 开始时间：用于指定捕捉动画曲线的起始时间值。

- 结束时间：用于指定捕捉动画曲线的结束时间值。

- 捕捉：用于控制曲线关键帧点被捕捉的方式。其中，【时间】选项用于捕捉时间轴，【值】选项用于捕捉数值，【二者】选项用于控制是否同时捕捉时间轴和关键属性值。

- 将时间捕捉为以下项的倍数：用于设置捕捉时间轴的多重值。

- 将值捕捉为以下项的倍数：用于设置捕捉关键属性值的多重值。

⬐ 15.5 循环动画

循环动画在动画编辑制作中也是非常实用的命令工具。例如，制作好一段动画后，若将该动画持续运动下去，可以直接使用循环动画命令对动画曲线进行延长操作。同时对于某一时间段内的循环动作，还可以使用烘焙动画曲线命令进行控制编辑。本节将通过实例的方式进行巩固练习。

15.5.1 创建循环动画

在动画的制作过程中，往往会遇到不同类型的循环动画，如机械轴的往返运动、角色的行走动画等。制作这类动画时，如果使用前面介绍的创建关键帧的方式是很麻烦的，Maya 2022 为用户提供了更为简便的解决方法——延长运动曲线。

首先，在曲线图编辑器的菜单栏中启用【视图】|【无限】命令，激活曲线延伸的显示；然后选中曲线，执行【曲线】|【后方无限】命令，会弹出包含【循环】、【带偏移的循环】、【往返】、【线性】、【恒定】命令的子菜单，如图15-80所示。【后方无限】和【前方无限】命令都有这5种延伸方式。

下面对动画曲线的几种循环命令进行详细介绍。

1. 循环

循环方式通常用在均衡的循环动画中，如鸟的匀速飞行、人行走时手臂的规则摆动、机械轴的往返运动、角色的行走动画等。制作这类动画时，如果使用常规的方法——创建关键帧无疑是很复杂的。

图15-81是循环的形式，其中水平轴为时间轴，垂直轴为物体运动参数轴，实线代表创建的动画曲线，虚线代表Maya 2022自动生成的动画曲线。

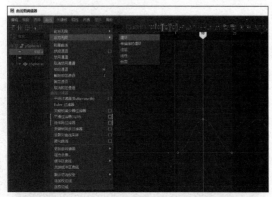

图15-80　动画曲线循环的命令菜单

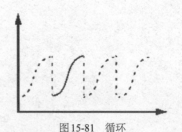

图15-81　循环

2. 带偏移的循环

带偏移的循环方式可以使曲线在延伸时，使下一段曲线的开始端位于前一段曲线的末端，并累计产生位置偏移，如图15-82所示。通常用在既需要动作循环又需要位置偏移的动画制作上，如两足动物的行走动画。

3. 往返

往返方式可以使曲线每延伸一次就镜像翻转一次，如图15-83所示。可以用在运动周期完全对称的动画上。

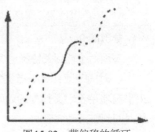

图15-82　带偏移的循环

4. 线性

线性方式可以使动画曲线的首尾端沿当前曲线的切线方向进行延伸，如图15-84所示。

5. 恒定

恒定是Maya默认的延伸方式，其首尾端点的延伸线都是水平延伸，但没有任何动画延伸效果，如图15-85所示。

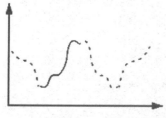

图15-83　往返

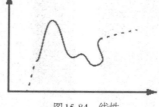

图15-84　线性

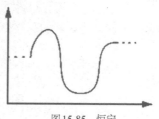

图15-85　恒定

课堂练习116：创建自动循环

01 选择【曲线图编辑器】窗口中x轴方向上的动画曲线，启用【视图】|【无限】命令，以显示曲线的延伸部分，如图15-86所示。

02 选中该曲线，执行【曲线】|【后方无限】|【循环】命令，视图区中的曲线会发生无限向后循环的变化，表明该运动物体也会向后做往返循环运动，如图15-87所示。

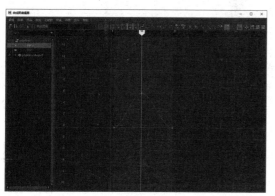

图15-86　启用【无限】命令

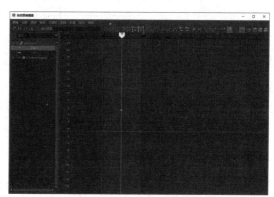

图15-87　执行【循环】命令

03 选择视图区域末端与循环曲线连接处的关键帧点，单击━按钮使该处变得平滑，并且观察循环曲线平滑度的变化，如图15-88所示。

04 选择曲线末端帧的关键帧点，在状态栏中设置其关键帧参数值为15，此时观察循环曲线变化，如图15-89所示。

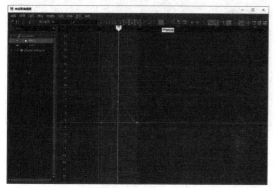

图15-88　曲线点平滑操作

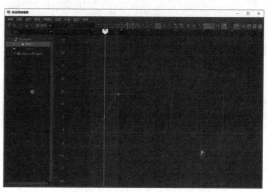

图15-89　修改关键帧属性值

05 再选中曲线中间帧上的关键帧点,单击工具栏中的■按钮,调整曲线的切线方向,如图15-90所示。

06 执行【曲线】|【前方无限】|【循环】命令,即可使当前所选曲线无限向前循环,如图15-91所示。

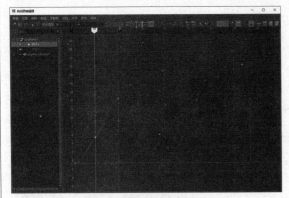
图15-90　调整关键帧点的切线方向

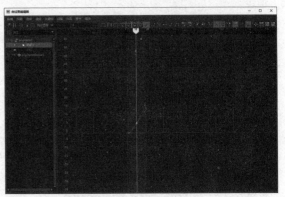
图15-91　曲线无限向前循环

> **注 意**
>
> 延伸动画曲线后播放动画时,会发现物体运动到顶端时有轻微抖动现象,这是由于末端曲线曲率与延伸曲线连接不平滑所致,对此可以调整该处关键帧点的控制手柄,使曲线平滑。

15.5.2　烘焙动画曲线

前面介绍了无限循环动画,但是在实际动画制作中,常常要求在一段时间后循环动画能够停止,并衔接其他动画。

通过上面的操作可以发现,自动延伸出的动画曲线是无法进行编辑的。那么如何将这些虚线转化成可以进行编辑的关键帧动画曲线呢? Maya 2022为用户提供了烘焙动画曲线命令,可以对动画曲线进行编辑控制。

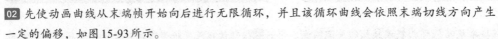**课堂练习117:烘焙动画曲线**

01 打开前面的小球动画曲线实例,编辑动画曲线外形,如图15-92所示。

02 先使动画曲线从末端帧开始向后进行无限循环,并且该循环曲线会依照末端切线方向产生一定的偏移,如图15-93所示。

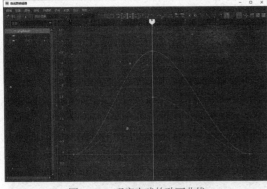
图15-92　观察小球的动画曲线

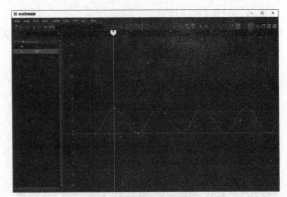
图15-93　创建动画循环

03 现在要使小球跳到第50帧结束,那么在【曲线图编辑器】窗口中选中小球的【平移Z】属性,再单击【曲线】|【烘焙通道】命令右侧的■按钮,打开【烘焙通道选项】对话框,如图15-94所示。

04 选中【开始/结束】单选按钮并设置【结束时间】为50,再单击【应用】按钮,执行动画曲线烘焙操作。此时可看到曲线在第1帧至第50帧内生成多个关键帧点,如图15-95所示。

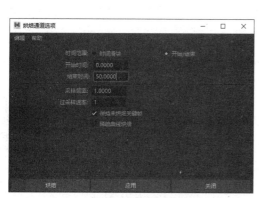

图 15-94　【烘焙通道选项】对话框

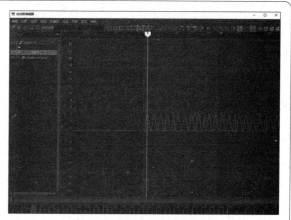

图 15-95　执行【烘焙通道】命令

05 此时，再执行【曲线】|【后方无限】|【线性】命令，取消自动循环。再次播放动画，就可以看到小球在第 50 帧停止跳动，如图 15-96 所示。

> **提示**
>
> 从以上烘焙的动画曲线可以看出，曲线上的关键帧点分布非常密集，若要编辑曲线会产生不必要的麻烦。这是由于将【采样频率】设置为 1，即每隔一帧在延伸的曲线上采样一次数值，以至于产生了许多关键帧。

06 用户可以在执行【烘焙通道】命令之前，启用【稀疏曲线烘焙】复选框，对烘焙曲线关键帧的疏密进行控制。图 15-97 为启用该复选框后的烘焙曲线效果。

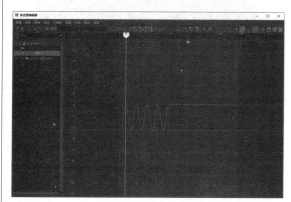

图 15-96　执行恒定操作

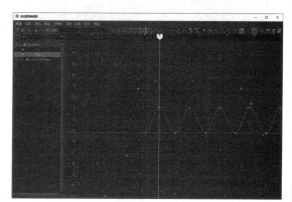

图 15-97　启用【稀疏曲线烘焙】复选框效果

参数简介

下面对【烘焙通道选项】对话框中的属性进行说明。

* 时间范围：用于设置烘焙曲线的时间范围，可选项有【时间滑块】和【开始/结束】。【时间滑块】选项是按照当前播放时间轴上的时间范围来烘焙动画曲线，该选项为默认设置；【开始/结束】选项是自定义烘焙曲线的时间范围。

* 开始时间/结束时间：在选中【开始/结束】选项后，此处的文本框被激活，可以任意填入参数值。

* 采样频率：将自动延伸的曲线烘焙成关键帧曲线时的时间采样值，即帧数。采样值越小，曲线上生成的关键帧越多，曲线外形也越接近原自动延伸曲线的外形，系统默认值为 1，即每隔一帧采样生成一个关键帧。

* 过采样速率：将曲线烘焙成关键帧曲线时的时间速度。

* 保持未烘焙关键帧：启用该复选框，保留烘焙范围以外的曲线上的关键帧，否则烘焙后会将这些关键帧删除，系统默认为开启。

● 稀疏曲线烘焙：指细化曲线烘焙，此复选框仅对动画曲线有效，烘焙后的曲线上的关键帧数目最少，保持新曲线外形和原延伸曲线外形一致，默认为关闭。

15.5.3　复制和粘贴动画曲线

前面介绍了快速粘贴关键帧的方法，在动画曲线编辑中还可以使用更为完善的复制和粘贴工具，以极大地提高动画的制作效率。下面以前面制作的沿 x 轴方向上下跳动的小球动画为例，介绍这两种工具的使用方法。

课堂练习118：复制和粘贴动画曲线

01 在小球动画的【曲线图编辑器】窗口中选择【位移 Y】属性，可以看到小球在第12帧处停止运动，如图15-98所示，然后单击【编辑】|【复制】命令右侧的□按钮。

02 在打开的【复制关键帧选项】对话框中，选中【开始/结束】和【关键帧】单选按钮，并设置【结束时间】为12，以控制曲线复制范围为0~12帧，单击【复制关键帧】按钮，如图15-99所示。

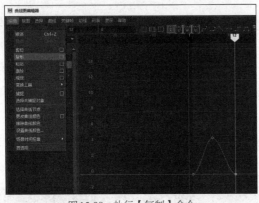

图15-98　执行【复制】命令

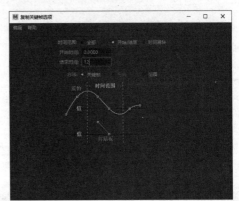

图15-99　设置复制属性参数

> **提示**
>
> 在对动画曲线进行复制时，通常采用【复制关键帧选项】对话框中的【分段】方式进行复制，因为它可以复制任意一段动画曲线，而不考虑该曲线在复制范围两端点有没有关键帧，在复制过程中两端点会自动添加关键帧。

03 单击【编辑】|【粘贴】命令右侧的□按钮，在弹出的对话框中选中【开始/结束】单选按钮，并且设置【开始时间】为12、【结束时间】为48、【副本】为3，如图15-100所示。

04 单击【应用】按钮，即可一次性对设定范围内的曲线进行3次粘贴，即表示物体会循环运动到第48帧处停止，如图15-101所示。

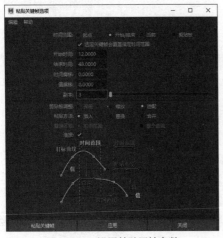

图15-100　设置粘贴属性参数

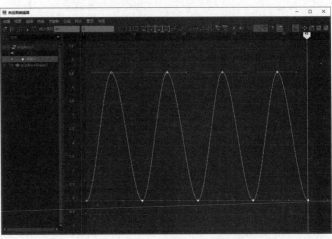

图15-101　曲线的粘贴效果

参数简介

下面介绍【复制关键帧选项】对话框中的参数。

- 时间范围：用于控制所要复制曲线的时间范围，分为【全部】、【开始/结束】和【时间滑块】3种。其中，【全部】选项用于控制复制该属性上的整段动画曲线，该选项为默认设置；【开始/结束】选项用于自定义曲线的复制范围；【时间滑块】选项表示按照时间轴的播放范围进行复制。

- 开始时间：用于设置复制曲线的起始时间。

- 结束时间：用于设置复制曲线的结束时间。

- 复制方式：用于控制曲线复制的方式，包括【关键帧】、【分段】和【范围】3种，默认为【关键帧】。其中，【关键帧】选项用于复制设定范围内关键帧之间的动画曲线部分，在下方可预览曲线的复制效果，如图15-102所示；【分段】选项用于复制设定范围内的动画曲线段，即使在设置范围端点处没有关键帧，在复制过程中也会在两端点处自动添加关键帧，如图15-103所示；【范围】选项的属性与【分段】选项类似，都是对设定范围内的曲线进行复制，但是在复制后不会在范围端点处添加关键帧，容易与原曲线混合，如图15-104所示。

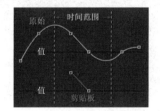 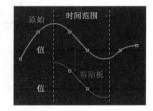 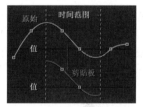

图15-102 复制关键帧之间的曲线　　图15-103 复制设定范围内的曲线段　　图15-104 复制设定范围内的曲线

下面对【粘贴关键帧选项】对话框中的常用参数进行说明。

- 时间范围：用于设置粘贴曲线的范围，包括【起点】、【开始/结束】、【当前】和【剪贴板】4种范围。其中，【起点】选项用于控制从第几帧开始粘贴事先复制好的曲线；【开始/结束】选项用于设置粘贴曲线的范围，超过设定范围的将无法显示粘贴效果；【当前】选项表示以当前时间滑块所在的帧作为粘贴的起始端；【剪贴板】选项用于控制将曲线的时间范围作为粘贴曲线的时间范围。

- 开始时间：用于设置粘贴曲线时间范围的起始端。

- 结束时间：用于设置粘贴曲线时间范围的结束端。

- 时间偏移：在对曲线进行多次粘贴时，会产生复制时的时间偏移，默认值为0。

- 值偏移：在进行多次复制时，曲线的数值会产生偏移，默认值为0。

- 副本：表示复制动画的次数。

- 剪贴板调整：用于对粘贴曲线进行参数设置，包括【保留】、【缩放】和【适配】3种调整方式。

- 粘贴方法：用于控制曲线粘贴的方式，包括【插入】、【替换】和【合并】3种方式。其中，【插入】选项表示将复制曲线以插入的方式粘贴到目标曲线上，并且部分目标曲线会向后延迟，如图15-105所示；【替换】选项用于将复制的曲线完全覆盖到指定粘贴范围内的目标曲线上，但只有在启用【开始/结束】复选框后才可以被使用，如图15-106所示；【合并】选项用于将复制的曲线与指定粘贴范围内的目标曲线进行合并，如图15-107所示。

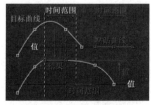 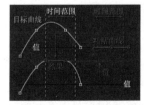 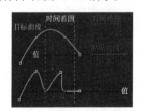

图15-105 插入复制曲线　　图15-106 替换复制曲线　　图15-107 合并曲线

- 连接：用于调整复制的曲线数值，使它在粘贴的始端保持数值连续。

↘ 15.6 动画预览

如果复杂场景中有多个角色同时运动时，在实时播放预览过程中可能会由于计算量过于繁重而导致卡帧现象，使用户很难检测到最终输出的真实动作，对此用户可以使用Maya 2022提供的【播放预览】工具。

通常单击动画控制区中的▶按钮，对场景中的动画进行实时解算播放，而【播放预览】工具则是先集中计算出样品，再调用播放器进行播放，其输出的样片被直接生成为AVI格式，与最终动画成品不同的是它不会渲染灯光，只是利用Maya 2022工作环境中的默认灯光进行简单渲染，因而渲染速度比较快。

课堂练习119：创建预览动画

01 继续使用前面制作的小球弹跳动画，在时间轴上的任意一帧处右击，在弹出的快捷菜单中单击【播放预览】命令右侧的□按钮，如图15-108所示。

02 打开【播放预览选项】对话框，在其中用户可以设置输出预览动画的属性参数，如图15-109所示。

03 这里使用默认设置，单击【播放预览】按钮，执行动画预览操作，此时会生成一个AVI格式的播放样片，如图15-110所示。

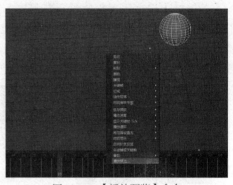

图15-108 【播放预览】命令

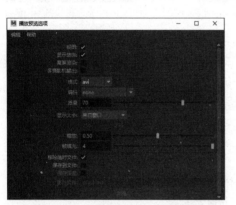

图15-109 【播放预览选项】对话框

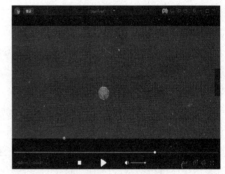

图15-110 输出的动画样片

参数简介

在对动画片段进行预览之前，用户可以先对播放预览工具的属性进行设置，以改变动画预览的效果。

- 视图：用于设置动画预览的方式。
- 显示装饰：在预览窗口中显示装饰效果。
- 离屏渲染：预览输出安全框外的画面。
- 多摄影机输出：输出场景中所有的摄影机视角。
- 格式：用于定义输出的格式，可以是AVI或者图片格式。
- 编码：用于定义输出的文件格式的编码。
- 质量：用于定义输出的预览作品的质量。
- 显示大小：用于控制样片显示的尺寸大小。
- 缩放：用于控制样片尺寸大小，默认值为0.5，最大值为1，两者的区别在于速度和样片分辨率大小。
- 帧填充：指定用于填充要播放预览的图像文件名的数量。
- 移除临时文件：移除缓存中的临时文件。
- 保存到文件：若启用该复选框，下面的保存选项就会被激活。默认为禁用，即生成的样片不被保存。

课堂练习120：创建重影动画

使用Maya 2022的重影功能，可以显示当前帧或以后某些帧的动画对象，而重影指的是显示当前时间以外的某一时间点的角色影像。

01 继续使用前面制作的小球沿 *x* 轴方向上下跳动的弧线动画，选中动画中的小球，如图15-111所示。

02 单击【可视化】菜单，在打开的子菜单中执行【为选定对象生成重影】命令，如图15-112所示。

图15-111　选择动画物体

图15-112　执行命令

03 执行【可视化】|【打开重影编辑器】命令，打开【重影编辑器】对话框，选中【重影设置】卷展栏中的【自定义】单选按钮，设置【前帧】和【后帧】分别为8和1，【帧步长】为1，如图15-113所示。

04 播放动画，观察小球的动画重影效果，如图15-114所示。

图15-113　设置重影属性参数

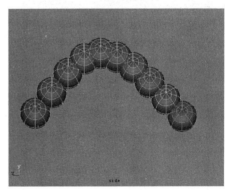

图15-114　最终的重影效果

05 若要关闭所选对象的重影，选择动画对象，执行【可视化】|【取消选定对象的重影】命令即可。

第 **16** 章

变形技术

↘ 16.1 变形的基础知识

16.1.1 变形的概念

变形是 Maya 2022 提供的一种动画技术，是指模型的形状发生变化，而物体的拓扑结构保持不变，比如点、线、面的数目并没有发生变化。它可以通过各种变形器和骨骼蒙皮来实现，如图 16-1 和图 16-2 为变形效果。

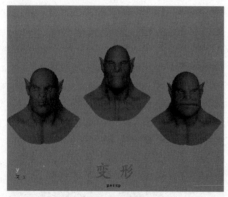

图 16-1 变形 1

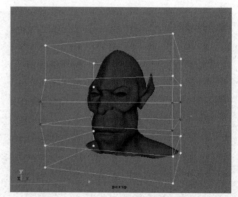

图 16-2 变形 2

那么，为什么需要使用变形器来实现变形呢？我们知道，要想使物体发生变形，最直接的方法就是利用位移工具调整模型上的顶点、面使物体发生变形。但是，这种方式对于拥有成千上万个顶点、面的模型而言，要实现变形就难上加难了。为此，用户就必须借助于变形工具实现变形，尤其是角色的面部变形。

16.1.2 变形器的作用

Maya 2022 提供的用于实现模型变形的工具组合，统称为"变形器"。它对模型进行变形的方法是控制模型顶点的位置变化来产生变形。它的优势在于可以通过一个变形器来控制一个区域内的所有模型的顶点。这样，模型变形的操作就被大大简化，大量的顶点操作可以分别由无数个变形器综合操作完成。图 16-3 是一个角色面部造型变形前后的效果对比。

图16-3 变形器对模型的影响

16.1.3 变形器的分类

在Maya 2022中，变形器的种类有很多，其强大的功能极大地提高了用户的工作效率。根据变形效果的不同，可以将变形器分为融合变形、晶格变形、包裹变形、簇变形、非线性变形、雕刻变形、线工具变形和褶皱工具变形等类型。

- 融合变形：通过融合变形控制器，可以使模型在多个外形变化效果中过渡切换显示，经常用于制作面部表情。
- 晶格变形：为模型提供了精确的变形控制器，经常用在建模或动画变形中。
- 包裹变形：该变形器可以使用其他几何体来控制变形，从而使变形过程更具有可操控性。
- 簇变形：通过Maya定义的一个簇控制器控制一个指定区域内的顶点产生变形。在实际应用过程中，通常配合融合变形器使用。
- 非线性变形：这是一个工具的组合，它提供了几种快捷变形方式，可以实现弯曲、扭曲、扩张、正弦、挤压、扭曲、波浪变形等效果。
- 雕刻变形：通过球形控制器影响物体的外形变化。
- 线工具变形：这是用一条或多条曲线控制物体变形。
- 褶皱工具变形：这种变形器可以像线性变形器那样用线控制产生复杂变形。例如布料的褶皱、老人的皱纹以及其他复杂的建模效果。
- 抖动变形：这种变形器可以在模拟物体运动时产生摇动、晃动的效果。

16.2 融合变形

16.2.1 创建融合变形

创建融合变形时，至少需要两个结构相似、形状不同的物体。使用融合变形可以产生从一个形状到另一个形状的过渡效果。下面通过制作人头模型的面部表情动画，来详细介绍融合变形技术。

课堂练习121：创建融合变形

01 打开场景文件，并依次选择不同形状的目标体，最后选择制作变形效果的变形体，如图16-4所示。

02 单击【变形】|【融合变形】命令右侧的■按钮，在弹出的【融合变形选项】对话框中设置相关属性，如图16-5所示。

03 单击【创建】或【应用】按钮，即可创建变形效果。

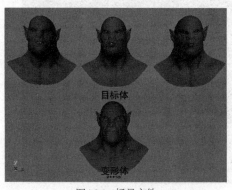

图16-4　场景文件

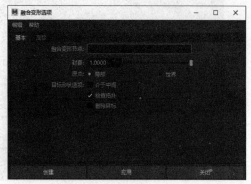

图16-5　【融合变形选项】对话框

提 示

在Maya 2022中，将变形模型称为目标物体，将原始模型称为变形体。先选择目标物体，再选择变形体，然后执行【变形】|【融合变形】命令，即可制作融合变形效果。

参数简介

在【融合变形选项】对话框中，切换到【基本】选项卡，下面讲解该选项卡中的相关属性。

- 融合变形节点：在该文本框中可以输入创建的融合变形器的名称，默认按创建顺序命名。
- 封套：用于控制变形系数，默认值是1。
- 原点：用于控制在制作融合变形时，是否考虑变形体和目标物体模型的空间位置差异。
- 目标形状选项：该选项下面有3个复选框，其中，【介于中间】复选框决定变形方式是平行变形还是系列变形；【检查拓扑】复选框用于检查基础物体和变形物体的拓扑结构线是否相同；【删除目标】复选框决定是否在变形后删除目标物体。

16.2.2　融合变形编辑器

┃课堂练习122：面部表情┃

01 选择场景文件，执行【窗口】|【动画编辑器】|【形变编辑器】命令，打开【形变编辑器】窗口，并设置相关属性，如图16-6所示。

02 调整参数，可以观察到变形体发生变化，如图16-7所示。

图16-6　【形变编辑器】窗口

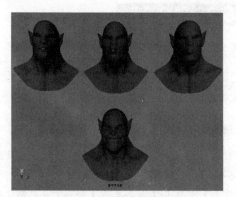

图16-7　融合变形效果

参数简介

下面介绍【形变编辑器】窗口中各按钮的含义，图16-8是融合变形编辑器中的工具。

① 创建融合变形：为选定的对象创建融合形变变形器，它会根据对象信息设置正确的变形顺序。

② 添加目标：选择融合形变变形器并执行此命令，可使用自动设置创建空目标形状，如图16-9所示。

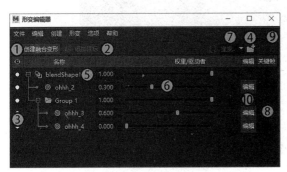

图16-8　融合变形设置窗口

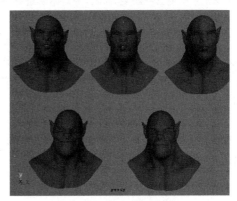

图16-9　添加目标物体

③ 可见性/单放：单击白色圆形图标可以显示或关闭目标形状对基础形状所产生效果的可见性。

④ 组：可以将目标形状和融合形变变形器分为若干组和子组。

⑤ 融合形变变形器：表示基础对象上的每个融合形变变形器（融合变形节点）。

⑥ 权重/驱动者：拖动滑块可以设置该目标形状、组或融合形变变形器的权重大小。

⑦ 过滤器：在此处输入文本，将列表中显示的项目缩减为包含指定文本的项目。

⑧ 关键帧：单击该黑色的圆形，可以在当前选定目标形状设置权重值的关键帧。

⑨ 删除：单击该按钮，将删除在形变编辑器中选择的目标形状或组，如图16-10所示。

⑩ 编辑：单击该按钮，可以进入此目标形状的编辑模式，可在视图中对目标对象进行修改。

此外，用户还可以将融合变形的模型导出，在【形变编辑器】窗口的菜单中执行【文件】|【导出形状】命令后，选择路径导出形状，如图16-11所示。

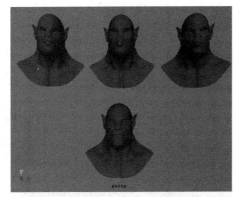

图16-10　删除融合变形

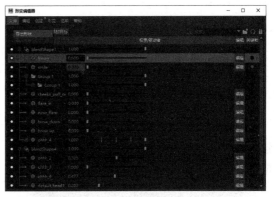

图16-11　导出形状

16.2.3　添加目标物体

在制作表情动画或其他融合动画的过程中，可能会遇到目标物体不够的情况，这时就需要添加新的目标物体。下面学习其操作方法。

执行【变形】|【融合变形】|【添加】命令，可以为一个应用融合变形的变形体加入新的目标体。

课堂练习123: 添加目标物体

01 在场景中复制出一个变形体，并对形状进行编辑，如图16-12所示。

02 选中复制出的目标物体，再加选变形体，在【形变编辑器】窗口中，单击【创建】|【添加目标】命令右侧的■按钮，在弹出的【添加融合变形目标选项】对话框中设置参数，如图16-13所示。

03 单击【应用】或【应用并关闭】按钮，即可添加新的目标体，如图16-14所示。

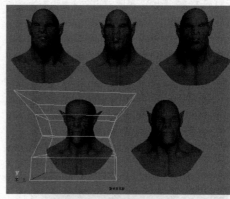

图16-12 编辑后的变形体

图16-13 【添加融合变形目标选项】对话框

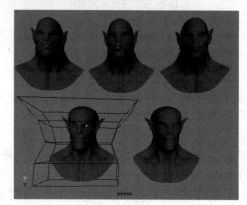

图16-14 新添加的目标体

16.2.4 删除目标物体

与添加目标物体对应，Maya 2022也提供了删除目标物体的功能，可以将融合变形节点中多余的变形删除。在此要提醒读者，如果在场景中直接删除多余的变形目标物体，虽然该目标物体已经被删除，但是在融合变形节点中仍然可以看到该变形存在，并且是有效的。

课堂练习124: 删除目标物体

01 打开一个场景文件，如图16-15所示。

02 先框选一个变形面部物体，如图16-16所示。

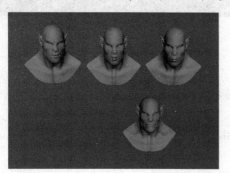

图16-15 打开文件

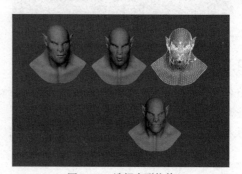

图16-16 选择变形物体

03 选择基本体，在本练习中基本体是右侧第 1 个模型，如图 16-17 所示。

04 执行【变形】|【融合变形】|【移除】命令，即可将其删除，如图 16-18 所示。

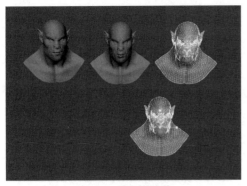 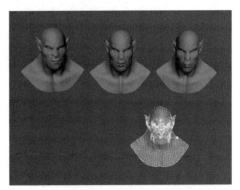

图 16-17　选择基本体　　　　　　　　　　　　　　图 16-18　删除目标物体

执行【移除】命令后，用户所选择的变形基本体和变形目标物体将不再关联在一起，可以分别选择它们来进行操作。

16.3　晶格变形

16.3.1　创建晶格变形

晶格变形可以使用一个立方体框架结构的点阵来改变物体的形状，如图 16-19 所示。

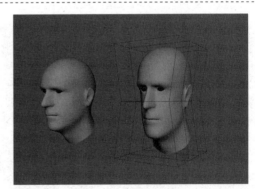

图 16-19　晶格变形效果

课堂练习125：创建晶格变形

01 选择场景模型作为编辑对象，如图 16-20 所示。

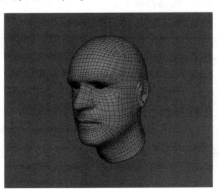

图 16-20　选择场景模型

02 单击【变形】|【晶格】命令右侧的■按钮，打开【晶格选项】对话框，如图16-21所示。

03 单击【创建】或【应用】按钮，即可为物体创建晶格变形器，如图16-22所示。

图16-21 【晶格选项】对话框

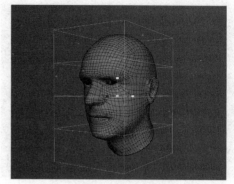

图16-22 创建晶格变形

参数简介

在【晶格选项】对话框中，切换到【基本】选项卡，下面讲解该选项卡中的相关属性。

- 分段：用于设置晶格在三维空间的分段数目，后面的3个值分别是物体在 x、y 和 z 3个轴向上的晶格分段。
- 使用局部模式：用于设置每个晶格点可以影响到的模型变形范围，启用【使用局部模式】复选框，可以在【局部分段】选项中为每个顶点设置影响的空间范围；如果不启用【使用局部模式】复选框，则晶格上任意一点移动都会对整个模型产生影响，如图16-23所示。

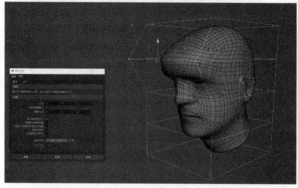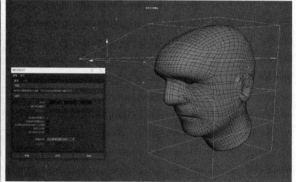

图16-23 启用和不启用【使用局部模式】复选框的效果对比

- 局部分段：该选项可以精确设置晶格上单个顶点对模型的影响值。值越大，影响的范围就越大。
- 绕当前选择居中：启用该复选框可使晶格居中。
- 将基础与晶格分组：指定是否将影响晶格和基础晶格编组在一起。
- 自动将当前选择设置为父对象：指定是否在创建变形器时将晶格设置为选定可变形对象的子对象。
- 冻结几何体：指定是否冻结晶格变形映射。
- 绑定原始几何体：将原始几何体用于绑定。
- 晶格外部：指定晶格变形器对其目标对象点的影响范围。

> **提 示**
>
> 在创建晶格后，如果想对晶格的分段重新调整，首先要进入晶格的物体编辑状态，然后在属性通道栏的【形状】选项下进行修改。

16.3.2　编辑晶格变形

01 选择卡通模型上的晶格并按住鼠标右键，弹出相应的快捷菜单，如图16-24所示。

02 在快捷菜单中选择【晶格点】命令，或选中晶格后，按F8键切换到组元选择模式，如图16-25所示。

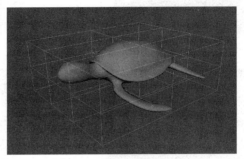

图16-24　快捷菜单　　　　　　　　　　　　图16-25　切换到晶格点

03 选择晶格点，并进行移动、旋转、缩放等操作，使物体发生变形，如图16-26所示。

04 按F8键进入组元编辑模式，执行【编辑】|【按类型删除全部】|【历史】命令，即可删除晶格，如图16-27所示。

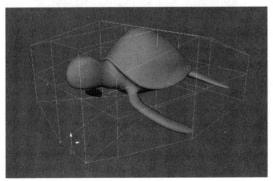 

图16-26　编辑晶格点　　　　　　　　　　　图16-27　删除晶格点

16.3.3　设置晶格分段数

通过前面的学习可以知道，晶格的数量决定了模型的变形效果。当晶格的数量增多时，对变形细节的影响就会越大。通常情况下，当场景中创建了晶格后，并不代表就可以直接创建变形，很多时候还需要通过设置晶格分段数来细化晶格。

01 第1种方法，可以单击【变形】|【晶格】命令右侧的■按钮，在打开的对话框中通过设置【分段】参数即可，如图16-28所示。

第2种方法，可以在通道栏中进行修改。在场景中选择已经创建的晶格，如图16-29所示。

02 打开通道栏，按照图16-30所示的参数进行设置。

03 设置完成后的效果如图16-31所示。

图16-28　设置分段数

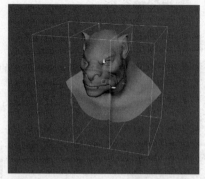

图16-29　选择晶格

图16-30　设置其他参数

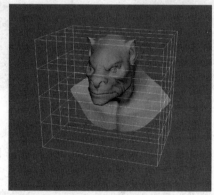

图16-31　完成效果

参数简介

下面介绍通道栏【形状】选项下各参数的功能。

- S分段数：在变形晶格结构中设置s轴的分段数，默认值为2。
- T分段数：在变形晶格结构中设置t轴的分段数，默认值为5。
- U分段数：在变形晶格结构中设置u轴的分段数，默认值为2。

16.3.4　群组晶格控制器

本小节将介绍晶格变形中的群组晶格控制器，它的特性有点类似于簇。

课堂练习128：分析群组控制器

01 执行【窗口】|【大纲视图】命令，打开【大纲视图】窗口，如图16-32所示。

02 在【大纲视图】窗口中可以发现，晶格变形实际上是由两个晶格控制器组成，即影响晶格ffd1Lattice和基础晶格ffd1Base。

03 Maya 2022默认显示影响晶格ffd1Lattice。也就是说，用户直接编辑的晶格就是影响晶格ffd1Lattice。而基础晶格ffd1Base则默认为不显示，在大纲视图中选中基础晶格ffd1Base，可以在场景中显示其外形，如图16-33所示。

图16-32　查看晶格变形

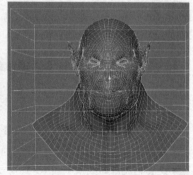

图16-33　显示ffd1Base

Maya 2022在计算晶格变形时，实际上是以ffd1Lattice和ffd1Base之间的晶格点空间坐标相对差为计算依据的。

16.4 包裹变形

16.4.1 创建包裹变形

包裹变形适用于NURBS物体或多变形物体，可以控制可变性物体的形状。在Maya 2022中，执行【变形】|【包裹】命令，即可为物体创建包裹变形。

课堂练习129：头部变形

01 打开场景文件，作为变形的对象，如图16-34所示。

02 再创建一个NURBS球体，作为包裹变形物体，调整大小及位置，如图16-35所示。

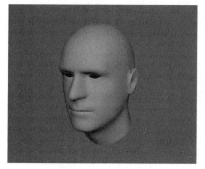

图16-34 变形对象

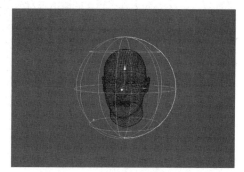

图16-35 创建包裹变形球体

03 在【大纲视图】窗口中，先选择人头模型，再选择球体，单击【变形】|【包裹】命令右侧的■按钮，打开【包裹选项】对话框，设置【最大距离】为10，如图16-36所示。

04 在视图中按住鼠标右键，弹出快捷菜单，切换到组元编辑模式，如图16-37所示。

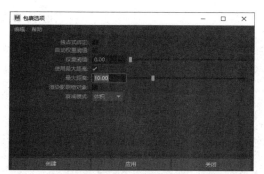

图16-36 【包裹选项】对话框

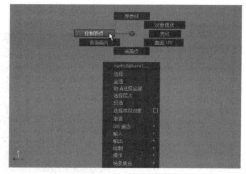

图16-37 切换编辑模式

05 选择并移动球体的CV点控制模型的形状，如图16-38所示。

06 调整后的模型效果如图16-39所示。

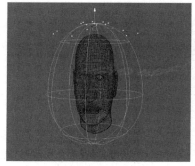

图16-38 编辑CV点

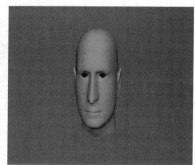

图16-39 调整后的效果

参数简介

下面介绍【包裹选项】对话框中的参数。

- 独占式绑定：启用该复选框后，包裹变形器目标曲面上的每个曲面点只受单个包裹影响对象点的影响。
- 自动权重阈值：启用该复选框后，自动设置包裹影响对象形状的最佳权重，从而确保网格上的每个点受一个影响对象的影响。
- 权重阈值：基于变形对象与包裹影响物体形状的接近程度，设置包裹影响物体形状的影响系数。改变权重阈值可以改变整个变形物体的平滑效果。
- 使用最大距离：用于设置是否使用最大距离。
- 最大距离：用于设置包裹影响物体点的最大影响距离。
- 渲染影响物对象：用于设置是否渲染包裹影响对象。启用该复选框后，包裹影响对象将在渲染场景时可见。
- 衰减模式：在该下拉列表中包括两个选项，其中，【体积】选项将包裹变形器设置为使用直接距离来计算包裹影响对象的权重；【表面】选项将变形器设置为使用基于曲面的距离来计算权重。

16.4.2 编辑包裹变形影响效果

1. 编辑NURBS包裹影响物体通道

使用NURBS物体作为包裹变形器的影响物体时，会添加两个新属性：衰减和包裹采样。

- 衰减：用于控制包裹变形影响力的衰减速度，值越大，包裹影响力衰减速度越快；反之，包裹影响力衰减速度越慢。
- 包裹采样：用于设置包裹变形运算，影响物体形状采样数。

2. 编辑多边形包裹影响物体通道

使用多边形物体作为包裹变形器的影响物体时，在多边形上会添加3个新属性：衰减、平滑度和影响方式。

- 平滑度：用于设置变形效果，能精确地反映包裹变形的程度。
- 影响方式：用于设置变形是基于包裹影响物体的顶点还是面进行计算。

课堂练习130：添加或移除包裹变形

当创建包裹变形后，还可以添加更多的包裹影响物体。

01 选择包裹变形节点，并按住Shift键加选要添加为包裹影响物体的物体，如图16-40所示。
02 执行【变形】|【包裹】|【添加影响物】命令，编辑新添加的包裹影响物体，如图16-41所示。

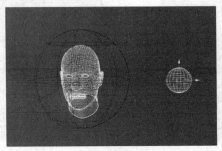 

图16-40　选择物体　　　　图16-41　添加包裹物体

提示

在编辑包裹变形时，添加包裹影响物体和删除包裹影响物体的方法相似，这里不再赘述。

16.5 簇变形

16.5.1 创建簇变形

在创建簇变形之前必须进入模型的顶点编辑状态，直接在物体层级进行创建得不到任何变形效果。下面学习具体的创建方法及相关参数。

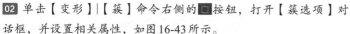

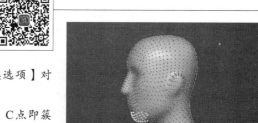

课堂练习131：编辑卡通模型

01 选择模型，切换到CV点编辑状态，使用选择工具选中一组CV点，如图16-42所示。

02 单击【变形】|【簇】命令右侧的■按钮，打开【簇选项】对话框，并设置相关属性，如图16-43所示。

03 此时可以看到原来选择的一组点被一个C点所取代。C点即簇变形控制手柄，使用移动工具移动控制点，如图16-44所示。

图16-42　选择模型上的顶点

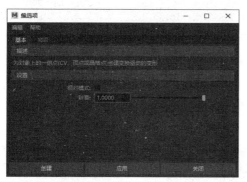

图16-43　【簇选项】对话框

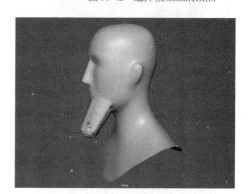

图16-44　移动簇变形控制点

参数简介

下面介绍【簇选项】对话框中的参数。

- 相对模式：用于控制模型和簇变形器的相对性。
- 封套：用于设置封套的大小。

16.5.2　簇的权重

首先，将拉伸后的模型切换到顶点编辑状态，如图16-45所示。在这里可以清楚地看到，选择的顶点会跟随簇移动到一个新的位置，中间的结构线被硬性拉伸，这样很容易造成变形的失败。调节簇的权重可以解决这一问题，通过对权重进行编辑可以使变形更加平缓和自然。

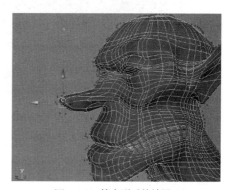

图16-45　簇变形后的效果

课堂练习132：曲面变形

01 按W键，移动簇变形控制手柄C点，如图16-46所示。

02 按组合键Ctrl+Z将模型恢复到变形之前，单击【变形】|【绘制权重】|【簇】命令右侧的■按钮，打开【工具设置】窗口中的【绘制属性工具】面板，如图16-47所示。

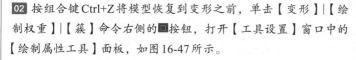

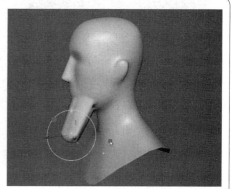

图16-46　移动簇控制点

03 绘制权重状态下的模型以黑白两色显示，白色区域表示权重值为1，即该区域的顶点完全受簇的影响；黑色区域表示权重值为0，完全不受簇的影响，如图16-48所示。

图16-47 【绘制属性工具】面板

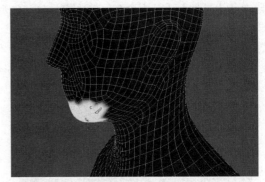

图16-48 绘制权重

04 在【笔刷】卷展栏中，选择【软笔刷】笔刷类型；在【绘制属性】卷展栏的【绘制操作】选项组中选中【替换】单选按钮，将【值】设置为0.4，如图16-49所示。

05 返回到场景中，适当调整笔刷半径大小，然后在模型鼻子的根部绘制一圈，如图16-50所示。

图16-49 参数设置

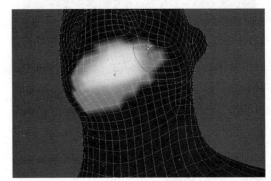

图16-50 绘制权重

06 绘制一圈后，将【值】设置为0.7，接着刚才绘制的区域再绘制一圈，使权重由重到轻进行过渡，如图16-51所示。

07 返回【绘制属性】卷展栏，在【绘制操作】选项组中选中【平滑】单选按钮，然后在模型上使不同的权重值得到平滑过渡，如图16-52所示。

图16-51 调整笔刷值后绘制权重

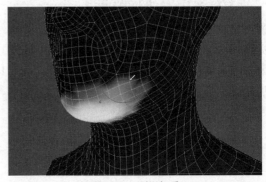

图16-52 平滑权重

08 按 W 键，切换到移动工具，选择簇变形控制手柄进行移动，观察效果，如图 16-53 所示。

09 切换到物体选择模式，变形效果如图 16-54 所示。

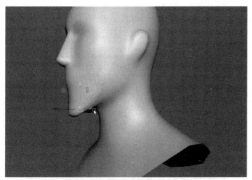

图 16-53　移动控制手柄

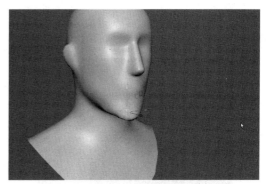

图 16-54　变形效果

参数简介

对于簇权重编辑，只需要掌握【笔刷】和【绘制属性】两个卷展栏中的参数设置即可。下面对这些参数设置进行介绍。

1.【笔刷】卷展栏

该卷展栏主要用于调整笔刷的半径大小。调整笔刷半径的快捷方式是在场景中按住 B 键的同时拖动鼠标左键即可。

- 半径(U)和半径(L)：分别控制笔刷半径的最大值和最小值。
- 不透明度：显示笔刷痕迹的明暗程度，并不改变笔刷的力度。
- 轮廓：该选项有 5 种笔刷样式，从左至右依次为高斯、软笔刷、硬笔刷、方形和文件浏览器等。选择不同的笔刷类型，可以绘制不同的权重效果，其中文件浏览器是指可以选择一个图片文件作为笔刷，Maya 2022 使用图片中的黑白信息作为笔刷的权重控制。

2.【绘制属性】卷展栏

该卷展栏下控制笔刷的具体绘制属性包括笔刷效果、笔刷权重，以及一些特殊的设置。下面分别进行介绍。

- 过滤器：单击该按钮，在弹出的下拉列表中可以切换为其他类型变形器。
- 绘制操作：该选项有 4 个单选按钮，【替换】是用当前笔刷的值替换已有的权重值；【添加】是在已有的权重上添加新的值；【缩放】是通过笔刷的权重参数缩放当前顶点的权重值；【平滑】可以平滑两个不同权重值之间的过渡。
- 值：用于设置当前笔刷的权重值，范围是 0~1。在该选项的后面有一个权重吸管工具，使用该工具可以在绘制的模型上吸取任意一点的权重作为当前的值。
- 最大值/最小值：可以控制当前权重的最大值和最小值，默认情况下笔刷的【值】只能是 0~1，使用该选项可以突破这个范围，甚至设置成负值。
- 钳制：该选项分别有【下限】和【上限】两个复选框，它们可以将笔刷的权重钳制在一个范围内，可在【钳制值】文本框中输入相应的数值。
- 向量索引：单击该按钮，可以将当前笔刷的权重值应用到整个簇控制区。

> **技 巧**
>
> 在选择人体头部模型等不规则模型上的顶点时，可以使用工具箱中的绘制选择工具进行快速选择。

16.5.3　编辑簇变形范围

在【动画】模块下选择簇控制器，然后执行【变形】|【编辑成员身份工具】命令，此时的模块显示效果如

图16-55所示。

在图中，处于鼻子位置上黄色的点表示受簇控制器影响的点，而其他区域以紫色显示的点则表示不受簇控制器影响的点。

此外，用户还可以按住Ctrl键并拖动鼠标左键以减少受影响的顶点，或者按住Shift键并拖动鼠标左键以增加受影响的顶点，如图16-56所示。

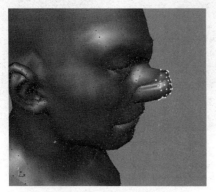

图16-55　模块显示效果

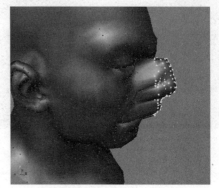

图16-56　增加受控制点

16.5.4　精确编辑簇权重

在模型上选择变形的点，执行【窗口】|【常规编辑器】|【组件编辑器】命令，打开【组件编辑器】窗口，如图16-57所示。

图16-57　【组件编辑器】窗口

16.6　非线性变形

16.6.1　弯曲变形

【弯曲】命令可以对一个模型进行弯曲处理，并可以设置弯曲的位置、角度、上限和下限等。下面通过一个简单的实例学习弯曲变形的具体操作方法。

课堂练习133：立方体弯曲

01　在Maya场景中创建一个长方体，如图16-58所示。

02　选择长方体，切换到【动画】模块，单击【变形】|【非线性】|【弯曲】命令右侧的■按钮，弹出【弯曲选项】对话框，如图16-59所示。

03　在该对话框中设置相关属性，长方体的变形效果如图16-60所示。

04　还可以在创建弯曲变形器后，在属性栏中改变其参数设置，如图16-61所示。

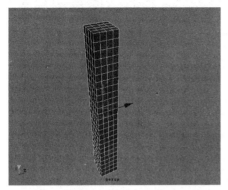

图16-58　创建长方体

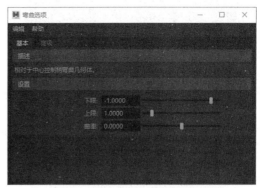

图16-59　【弯曲选项】对话框

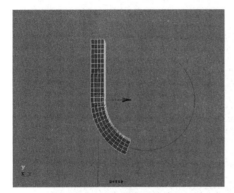

图16-60　弯曲变形效果

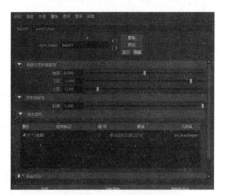

图16-61　设置弯曲属性

05 在编辑属性时，可以观察到视图中多边形长方体发生的变化，如图16-62所示。

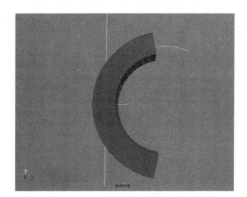

图16-62　变形效果

参数简介

下面讲解【弯曲选项】对话框中相关参数的含义及设置方法，按T键可以观察到弯曲变形的控制手柄，该控制手柄有3个控制点，上下两个控制点可以垂直移动，控制弯曲的上限和下限；中间的控制点可以水平移动，控制弯曲的曲率，如图16-63所示。

● 下限：用于控制弯曲变形影响范围的下限，改变下限数值后的效果如图16-64所示。

● 上限：用于控制弯曲变形影响范围的上限，改变上限数值后的效果如图16-65所示。

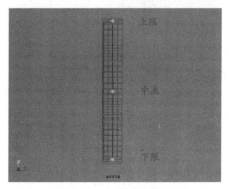

图16-63　弯曲控制手柄

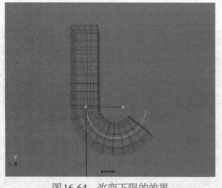

图16-64 改变下限的效果

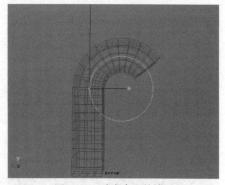

图16-65 改变上限的效果

- 曲率：用于控制弯曲变形的曲度，该值可以设置为正值或负值，分别对应物体左、右弯曲方向，如图16-66所示。

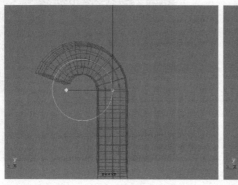
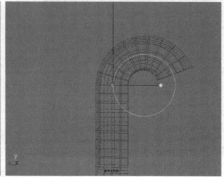

图16-66 设置曲率的不同效果

16.6.2 扩张

【扩张】命令可以对模型进行收缩或扩张处理，也可以控制扩展的位置。例如，要制作一个腰鼓的模型，就可以使用扩张变形器对一个圆柱进行变形操作后得到，下面学习它的具体用法。

课堂练习134：圆管变形

01 在场景中创建一个管状模型，作为变形的对象，如图16-67所示。

02 选中管状物体，单击【变形】|【非线性】|【扩张】命令右侧的■按钮，在弹出的【扩张选项】对话框中设置相关属性，如图16-68所示。

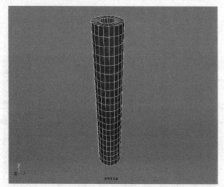

图16-67 创建多变形模型

图16-68 【扩张选项】对话框

03 单击【创建】或【应用】按钮，效果如图16-69所示。

04 还可以在创建好扩张变形器后，在属性编辑器中进行编辑，如图16-70所示。

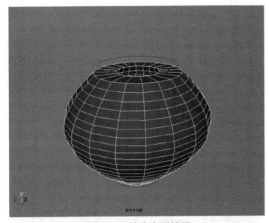

图16-69　扩张变形效果

图16-70　编辑扩张属性

参数简介

使用默认值并单击【创建】按钮，然后在透视图中按T键，显示扩张变形器的控制手柄，如图16-71所示。

● 开始扩张X/开始扩张Z：x/z轴上的初始扩张值，即模型底端变形器沿x/z轴缩放的幅度。改变属性数值后的变形效果如图16-72所示。

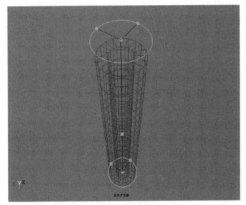

图16-71　Flare控制手柄

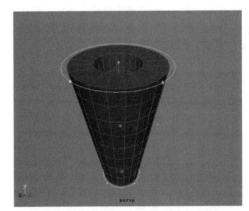

图16-72　变形效果1

● 结束扩张X/结束扩张Z：x/z轴上的末端扩张值，即模型顶端变形器沿x/z轴缩放的幅度。改变属性数值后的变形效果如图16-73所示。

● 曲线：用于控制模型中间部分的扩张变形幅度。改变属性数值后的变形效果如图16-74所示。

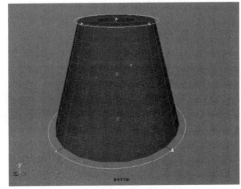

图16-73　变形效果2

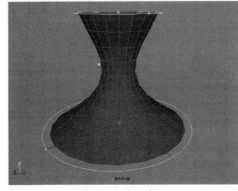

图16-74　变形效果3

16.6.3 正弦变形

【正弦】命令通常用在建模中，对一些细长的物体进行变形，达到快速建模的目的。下面通过一个简单的实例学习正弦变形的具体使用方法。

课堂练习135: 正弦曲线图

01 在场景中创建圆柱体，作为正弦变形的对象，如图16-75所示。

02 选中圆柱体，单击【变形】||【非线性】||【正弦】命令右侧的■按钮，打开【正弦选项】对话框，如图16-76所示。

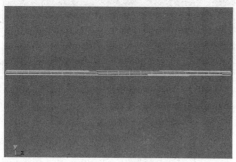

图16-75 创建圆柱体

图16-76 【正弦选项】对话框

03 使用默认值，然后单击【创建】按钮，创建正弦变形器，如图16-77所示。

04 选中变形器，在其通道栏中将z轴上的【旋转】设置为90，然后回到视图中按T键，此时可以看到正弦控制手柄上有4个控制点，中间的点控制变形的振幅，向下移动该点，如图16-78所示。

图16-77 创建正弦变形器

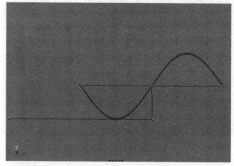

图16-78 编辑正弦控制器

05 与振幅控制点在同一水平面上最左端的点，用于控制模型变形的波长，向右移动该点的结果如图16-79所示。

06 中间线上两端的点用于控制形变的上限和下限，分别将它们向中心移动，如图16-80所示。

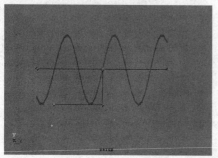

图16-79 改变波长

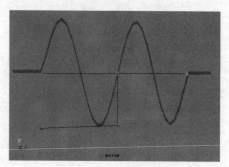

图16-80 改变上限和下限

参数简介

下面介绍【正弦选项】对话框中的参数。

- 振幅：用于设置正弦变形的振幅，也就是模型变形的幅度。
- 波长：用于设置正弦变形的波长。波长越长，模型变形越平滑、柔和；波长越短，模型变形越频繁。
- 衰减：用于控制变形幅度值的衰减系数，默认为无衰减。如果设置为负数，变形会逐渐缩小；如果设置为正数，变形会逐渐增大。
- 偏移：改变该值只会影响物体变形端点的幅度，并不会影响变形的振幅和衰减。

16.6.4　扭曲变形

【扭曲】命令可以使模型产生扭曲、螺旋的效果，在建模和创建动画时都可以用到。下面通过一个简单的实例学习扭曲变形的具体操作方法。

课堂练习136：扭曲长方体

01 在场景中创建一个立方体，如图16-81所示。

02 选中立方体，单击【变形】|【非线性】|【扭曲】命令右侧的■按钮，在弹出的【扭曲选项】对话框中设置参数，如图16-82所示。

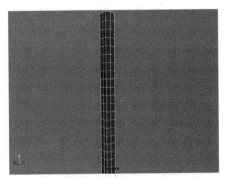

图16-81　创建立方体

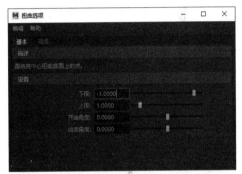

图16-82　【扭曲选项】对话框

03 单击【创建】按钮，按T键显示扭曲变形的控制手柄，如图16-83所示。该控制手柄有两个控制点，它们分别控制扭曲的上限和下限。在控制点的周围有一个蓝色的圆圈，旋转圆圈即可改变扭曲值。

04 分别调整【扭曲】值控制手柄的上限和下限，控制蓝色圆圈，扭曲变形效果如图16-84所示。

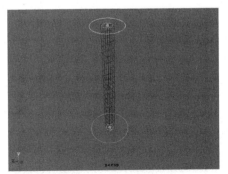

图16-83　扭曲变形控制手柄

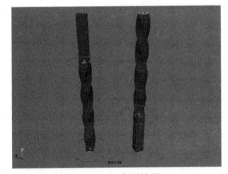

图16-84　变形效果

16.6.5　波浪变形

【波浪】命令用于创建类似于水波的动画，该变形器的控制点较多。它可以模拟多种波浪效果，也可以配合其他变形器制作特殊的动画。

课堂练习137：水波效果

01 在场景中创建一个NURBS平面，作为波浪变形的编辑对象，如图16-85所示。

02 选中平面物体，单击【变形】||【非线性】||【波浪】命令右侧的□按钮，弹出【波浪选项】对话框，如图16-86所示。

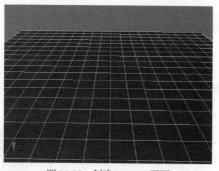

图16-85 创建NURBS平面

图16-86 【波浪选项】对话框

03 单击【创建】按钮，按T键显示波浪变形器的控制手柄，如图16-87所示。

04 此时可以看到控制手柄有3个控制点，选中中间的点水平拖动，然后再选择中间的点垂直拖动，可以看到该控制器有5个控制点，如图16-88所示。

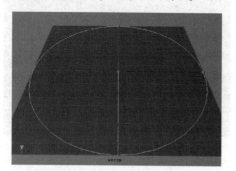

图16-87 波浪变形器控制手柄

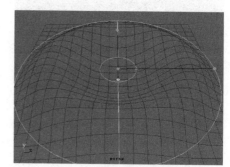

图16-88 波浪变形器控制点

05 选中图16-89所示的控制点，上下移动该点控制波浪的振幅。

06 选中图16-90所示的控制点，水平移动该点控制波浪的波长。

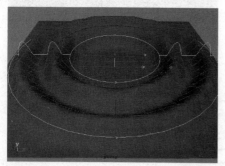

图16-89 振幅效果

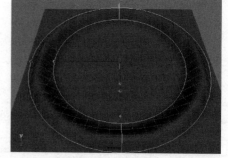

图16-90 波长效果

参数简介

下面介绍【波浪选项】对话框中的参数。

- 最小半径/最大半径：用于控制波纹的半径大小。
- 振幅：用于控制波纹的振幅，即垂直高度。
- 波长：用于控制波浪的波长。

- 衰减：用于控制波纹的衰减值。
- 偏移：用于控制波浪变形的偏移值。

↘ **16.7**　雕刻变形

16.7.1　创建雕刻变形

【雕刻】命令通过一个球状的控制器影响物体的变形，所以又叫作造型球变形器。这种变形器多用在与球变形相关的动画上，例如在制作角色动画时模拟肌肉的凸起等。

课堂练习138：创建雕刻变形

`01` 打开一个场景文件，作为雕刻变形的编辑对象，如图16-91所示。

`02` 选中场景模型，单击【变形】|【雕刻】命令右侧的▣按钮，打开【雕刻选项】对话框，如图16-92所示。

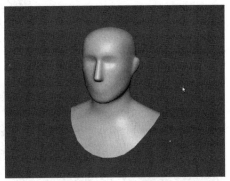

图16-91　选择模型

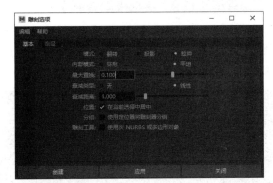

图16-92　【雕刻选项】对话框

`03` 单击【创建】按钮，即可为模型创建雕刻变形，如图16-93所示。

`04` 调整变形球体的大小和位置，变形效果如图16-94所示。

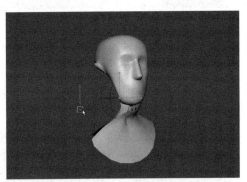

图16-93　创建雕刻变形控制器

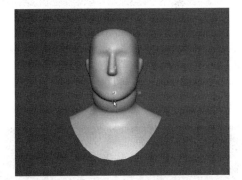

图16-94　变形效果

参数简介

下面介绍【雕刻选项】对话框中的参数。

- 模式：用于设置变形球的变形作用模式，包括【翻转】、【投影】和【拉伸】模式。【翻转】模式是在变形球的中心有一个隐含的定位器，当变形器靠近几何体时变形器开始起作用。当变形球的中心通过物体表面时，被变形的表面会翻转到变形球的另一侧；【投影】模式是变形器将模型投影到变形球的表面上，投影面积取决于变形器的衰减距离；【拉伸】模式是当变形球在模型表面移动时几何体产生变形，以和变形球的位置保持一致。

- 内部模式：该选项有两种模式，分别为【环形】模式和【平坦】模式。【环形】模式是用于将内部的点推到变形球外部，环绕球体创建环状效果；【平坦】模式是用于将内部的点环绕变形球均衡地展开，创建平滑效果。

- 最大置换：用于设置变形球可移动物体表面点的最大距离。
- 衰减类型：用于设置变形球影响范围的衰减方式，其中，【无】表示没有衰减过程，而【线性】可以实现线性衰减的效果。
- 衰减距离：用于控制变形球的影响范围。
- 位置：用于设置变形器的位置。启用【在当前选择中居中】复选框，可以将变形器放置在模型对象的中心，否则将放置在场景的世界坐标中心。
- 分组：在创建雕刻变形器后，Maya会创建一个变形球和定位器。启用【使用定位器将雕刻器分组】复选框，可以将变形球和定位器群组；否则这两个物体是分开的，不便于操作。
- 雕刻工具：启用【使用次NURBS或多边形对象】复选框，可以使用一个NURBS几何体来代替变形球，这样变形器就不只局限于球体。

16.7.2 雕刻变形的具体操作

课堂练习139：头部模型变形

01 选择场景模型，执行【变形】|【雕刻】命令，如图16-95所示。

02 在【大纲视图】窗口中，选择sculptor1变形球和Sculpt1StretchOrigin定位器，进行移动缩放操作，如图16-96所示。

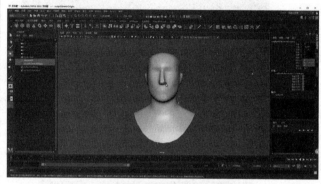

图16-95 创建雕刻变形

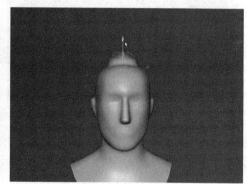

图16-96 移动缩放变形器

03 选择人头模型，在属性编辑器中切换到sculpt1选项卡，展开【雕刻历史】卷展栏，单击【添加高级雕刻属性】按钮，如图16-97所示。

04 此时将弹出一组高级雕刻属性，单击【纹理】文本框右侧的▦按钮，弹出【创建渲染节点】窗口，选择一个【棋盘格】纹理，用它来控制雕刻变形，如图16-98所示。

图16-97 高级雕刻属性

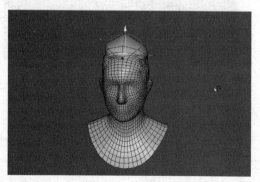

图16-98 变形效果

05 如果要删除模型的变形效果，执行【编辑】|【按类型删除】|【历史】命令，即可删除变形效果，回到模型的初始状态。

16.8　线性变形

16.8.1　创建线性变形

线性变形是指用一条或多条曲线控制物体变形。它有两种基本变形方式：简单线性变形和加限制的线性变形。

课堂练习140：创建线性变形

1. 创建简单线性变形

`01` 在视图中选中模型，在工具栏中单击■按钮，将模型锁定，然后执行【创建】|【曲线工具】|【CV曲线工具】命令，在眉毛处创建一条曲线，如图16-99所示。

`02` 在工具栏中单击■按钮释放模型，即变为可选状态。

`03` 单击【变形】|【线条】命令右侧的■按钮，打开【工具设置】窗口中的【线条设置】卷展栏，使用默认参数设置，如图16-100所示。

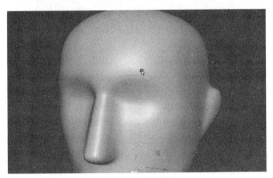

图16-99　创建曲线

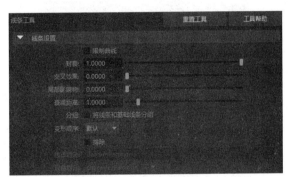

图16-100　【工具设置】窗口

`04` 先选择变形对象的人头模型并按Enter键；按住Shift键加选曲线，再按Enter键即可创建线性变形，如图16-101所示。

`05` 修改影响线，变形对象会发生相应变化，如图16-102所示。

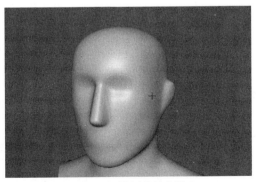

图16-101　创建线性变形

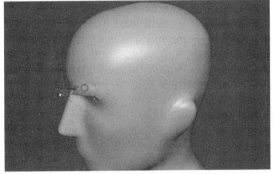

图16-102　编辑影响线

2. 创建加限制的线性变形

`01` 在场景中创建一个NURBS平面、一条曲线和一个圆环，如图16-103所示。

`02` 单击【变形】|【线条】命令右侧的■按钮，打开【工具设置】窗口，启用【限制曲线】复选框，如图16-104所示。

`03` 依次选择变形对象并按Enter键，选择曲线并按Enter键，再选择环线并按Enter键，最后在工作空间的空白处按Enter键，即可创建线性变形，如图16-105所示。

`04` 修改影响线，变形对象会相应发生变化，如图16-106所示。

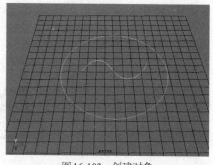

图16-103 创建对象

图16-104 【工具设置】窗口

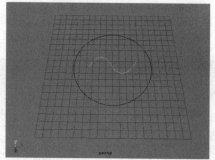

图16-105 创建线性变形

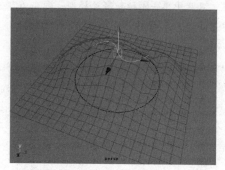

图16-106 变形效果

参数简介

下面介绍【工具设置】窗口【线条设置】卷展栏中的参数。

● 限制曲线：该复选框决定创建的线性变形是否带有固定器。固定器的作用是限制曲线的变形范围，如果不使用固定器，则曲线的变化对整个模型都有影响。

● 封套：用于设定变形影响的系数。

● 交叉效果：用于控制两条影响线交叉处的变形效果。

● 局部影响物：用于设定两个或多个影响变形作用的位置。

● 衰减距离：用于设定每条影响线影响的范围。调整该参数可以消除线性变形时产生的锯齿。

● 分组：启用【将线条和基础线条分组】复选框，可以将影响线和基础线进行群组，否则会将影响线和基础线独立于场景中。雕刻变形也有类似的设置。

● 变形顺序：该下拉列表中有5个选项，用于设定当前变形在物体变形中的顺序。

16.8.2 编辑线性变形

当创建变形器之后，在菜单栏中指向【变形】|【线条】命令时，可以看到图16-107所示的菜单，其中有几个编辑线性变形器的命令，下面分别进行介绍。

● 添加：在为一个模型添加线性变形器之后，可能还需要添加更多的影响线才能达到想要的效果，这时就需要用到【添加】命令。它的操作方法是选择要添加的一条或多条曲线，然后选择已经添加的线性变形器，执行【变形】|【线条】|【添加】命令即可，效果如图16-108所示。

● 移除：该命令可以将不需要的影响线移除，取消对物体的影响。选择要移除的影响线，然后执行【变形】|【线条】|【移除】命令即可，效果如图16-109所示。

> **注 意**
>
> 该命令并不能删除创建的曲线，它只是取消曲线对模型的影响。如果想删除曲线，可选择曲线，然后按Delete键。

图 16-107　线条编辑命令

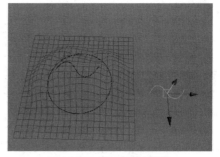

图 16-108　新添加的影响线

- 重置：该命令可以将创建线性变形器的所有参数恢复到初始状态。

- 显示基础线条：该命令可以将基础线显示在场景中。如选择刚才创建的 Curve 3 影响线，然后执行【变形】|【线条】|【显示基础线条】命令，再移动 Curve 3 时就可以看到基础线条，如图 16-110 所示。

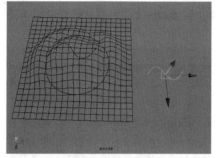

图 16-109　移除编辑线

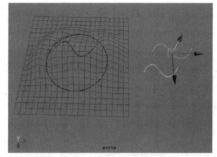

图 16-110　显示基础线条

- 父基础线条：该命令相当于创建线性变形器时启用【分组】选项后面的【将线条和基础线条分组】复选框，即将影响线和基础线进行群组。

16.8.3　线条衰减定位器

为了帮助用户建立线性变形，Maya 2022 还提供了线条衰减定位器，从而可以在影响线上进行点定位及控制该点的变形幅度。

课堂练习141：使用线条衰减定位器

01　选择环形影响线，切换到曲线点模式。在曲线上任意位置单击，即可出现一个黄色定位符号，如图 16-111 所示。

02　执行【变形】|【线条】|【线条衰减定位器】命令，在该点上创建一个衰减定位标示符(绿色显示)，如图 16-112 所示。

03　创建完成后，切换到通道栏，可以通过调整【线条定位器封套】和【线条定位器扭曲】属性来设置衰减定位器。

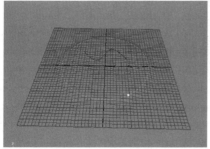

图 16-111　设置标记

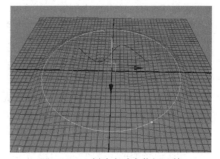

图 16-112　创建衰减定位标示符

参数简介

- 线条定位器封套：用于为线条衰减定位器设置变形缩放系数，变形效果仅对定位器所在的位置起作用。
- 线条定位器扭曲：用于设置围绕线条衰减定位器进行旋转扭曲的幅度。

↘ **16.9** 褶皱变形

16.9.1 创建褶皱变形

【褶皱】命令可以快速地创建褶皱效果，它可以像簇变形器一样用点进行控制，也可以像线性变形器一样用线条进行控制。褶皱变形器的创建方法比较灵活，可以直接在物体层级进行创建，也可以先创建曲线，再使用自定义的方式创建变形。

┃ 课堂练习142：创建褶皱变形 ┃

01 创建一个NUBRS平面，作为编辑变形的对象，如图16-113所示。

02 单击【变形】|【褶皱】命令右侧的▣按钮，在打开的【褶皱工具】面板中可以看到该变形器的参数设置，如图16-114所示。

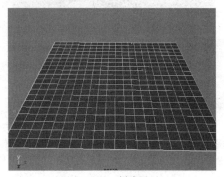

图16-113 创建平面

图16-114 【褶皱工具】面板

03 使用默认的属性创建褶皱变形，在平面上按Enter键，如图16-115所示。

04 按W键，向上移动褶皱变形器的控制点，效果如图16-116所示。

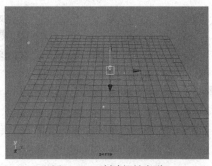

图16-115 创建褶皱变形

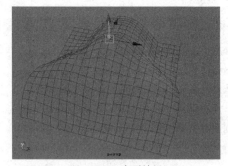

图16-116 变形效果

参数简介

- 类型：该选项包括3种变形方式，分别是【切向】、【径向】和【自定义】。
- 数量：用于设置变形线的数量。
- 厚度：用于设置变形线的稠密度，即每条变形线所能影响的变形范围。
- 随机度：用于设置一个随机系数，让褶皱变形更接近或偏离数量、厚度、径向分支数量和径向分支深度参数的设定。
- 强度：用于设置变形线创建变形时褶皱锐化强度的大小。
- 径向分支数量：用于设置褶皱变形分支物体的数量，这些分支都来自变形线。该选项仅对射线变形方式起作用。

• 径向分支深度：用于设置变形线分支的深度，提高该值可以增加变形线的总数量。该选项同样只适用于射线变形方式。

16.9.2　编辑褶皱变形

在上节中介绍了褶皱变形的特性和创建的方法。褶皱变形的实现方法相对比较简单，为了提高用户的操作能力，下面介绍关于褶皱变形的一些编辑方法。

操作步骤

01 打开场景文件，如图16-117所示。

02 单击【变形】|【褶皱】命令右侧的■按钮，在打开的面板中设置【类型】为【自定义】，其他值使用默认项。

03 选择变形面并按Enter键，再选择影响线并按Enter键。

04 按W键，向下移动褶皱变形器的控制点，效果如图16-118所示。

05 如果要删除褶皱变形，可选择簇变形节点，执行【编辑】|【删除】命令，如图16-119所示。

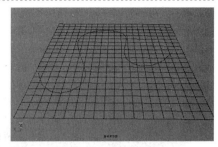

图16-117　场景文件

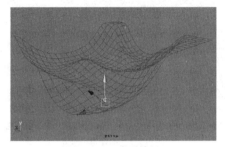

图16-118　变形效果

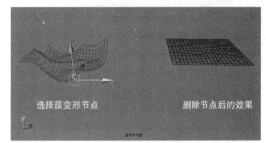

选择簇变形节点　　　　删除节点后的效果

图16-119　删除褶皱变形

↘ 16.10　抖动变形

16.10.1　创建抖动变形

【抖动变形器】命令可以使运动的物体在发生变化时产生变形效果。下面学习如何在Maya 2022中为物体创建抖动效果。

课堂练习143：创建抖动变形

01 选择添加抖动变形的物体或局部组元。

02 单击【变形】|【抖动】|【抖动变形器】命令右侧的■按钮，打开【抖动变形器选项】对话框，如图16-120所示。

03 调整抖动变形属性，播放动画观察效果，模型抖动效果如图16-121所示。

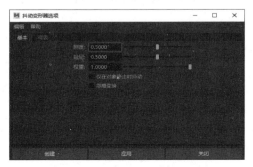

图16-120　【抖动变形器选项】对话框

图16-121　抖动效果

参数简介

● 刚度：用于设置刚性系数。数值越高，可减少抖动的弹力，同时也会增加抖动频率；数值越低，会降低抖动频率。

● 阻尼：用于设置抖动阻尼值。数值越高会减小抖动的弹力，反之会增大抖动的弹力。

● 权重：用于设置抖动的整体权重值。调整数值大小可以改变物体局部抖动变形的范围大小。

16.10.2　编辑抖动变形

课堂练习144：耳朵变形

01 在场景中导入动物的头部模型，选择模型其中一只耳朵的点，执行【创建】|【集】|【快速选择集】命令，如图16-122所示。

02 按F4键切换到【动画】模块下，执行【变形】|【非线性】|【弯曲】命令，在耳朵上产生一个弯曲定位器，如图16-123所示。

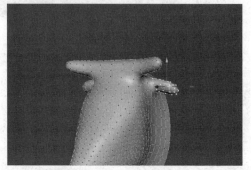

图16-122　选择模型的点

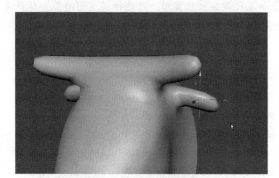

图16-123　创建弯曲变形

03 在弯曲属性编辑器中将【曲率】设置为1.75，可以看到定位器控制的模型区域产生了变形，如图16-124所示。

04 在弯曲属性编辑器中将【曲率】设置为1.5，将【下限】设置为0，观察变形情况；将时间滑块拖动到第1帧，按S键设置关键帧，效果如图16-125所示。

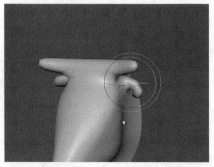

图16-124　弯曲变形

图16-125　设置关键帧1

05 在弯曲属性编辑器中将【曲率】设置为-1.5，将【下限】设置为0，观察变形情况；将时间滑块拖动到第30帧，按S键设置关键帧，效果如图16-126所示。

06 播放动画可以看到动作过渡比较僵硬。选中弯曲定位器，执行【窗口】|【动画编辑器】|【曲线图编辑器】命令，打开【曲线图编辑器】窗口，选中动画曲线节点，单击■按钮展平节点，如图16-127所示。回到视图窗口播放动画，可以看到动作过渡更平缓一些。

07 在【大纲视图】窗口中可以直接选择Set1选中之前设置的耳朵，执行【变形】|【抖动】|【抖动变形器】命令，对耳朵进行抖动变形，效果如图16-128所示。

图 16-126 设置关键帧 2

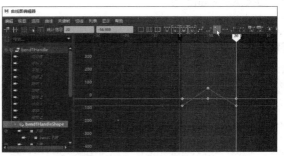

图 16-127 编辑动画曲线

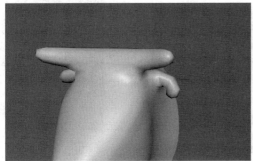

图 16-128 抖动效果

16.11 案例 9: 魔法神瓶

1. 为物体添加融合变形

操作步骤

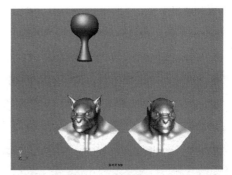

图 16-129 场景文件

01 打开场景文件, 如图 16-129 所示。

02 选择 man1 人头模型, 并按住 Shift 键加选 man2 模型, 单击【变形】|【融合变形】命令右侧的■按钮, 如图 16-130 所示。

03 在弹出的对话框中使用默认参数, 单击【创建】按钮, 创建融合变形。

04 选择 man2 模型, 切换到它的通道栏中, 在 BlendShape1 菜单下, 将 beastHead1 数值改为 1, 转换为 man1 的形状, 如图 16-131 所示, 证明融合变形成功。

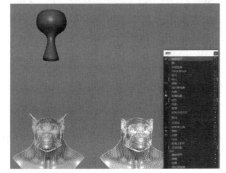

图 16-130 执行【融合变形】命令

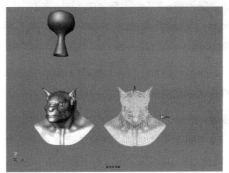

图 16-131 检验融合变形

2. 为物体添加晶格变形

操作步骤

01 选择man1模型，使用组合键Ctrl+H隐藏。

02 选择man2模型，将Scale Y(缩放Y)设置为3，并按W键移动到图16-132所示的位置。

03 选择man2模型，单击【变形】|【晶格】命令右侧的 按钮，打开【晶格选项】对话框，启用【将基础与晶格分组】复选框，单击【创建】按钮，如图16-133所示。

04 选择man2模型，在通道栏中选择BlendShape1，将beastHead1设置为1，man2模型转换为man1，可以看到模型耳朵部分超出了晶格部分，超出部分将不受晶格的影响，如图16-134所示。

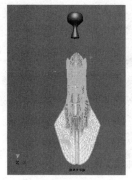

图16-132　调整模型的位置

图16-133　【晶格选项】对话框

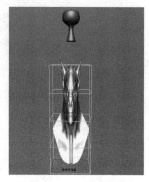

图16-134　创建晶格

05 执行【窗口】|【大纲视图】命令，打开【大纲视图】窗口，在该窗口中选择ffd1LatticeGroup，并调整大小，使man2模型调整到晶格内，如图16-135所示。

06 在【大纲视图】窗口中选择ffd1Lattice，在通道栏中选择ffd1Latticeshape，将【属性编辑器】|【晶格历史】中的【T分段数】参数设置为10。

07 在【大纲视图】窗口中选择man2模型，然后在通道栏中将【缩放Y】设置为1。

08 选择man2模型，在通道栏中选择BlendShape1，将beastHead1设置为0，观察发现man2恢复到初始状态，如图16-136所示。

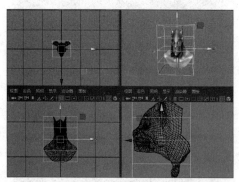

图16-135　调整晶格的大小

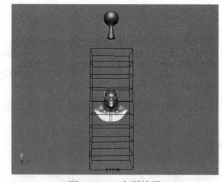

图16-136　变形效果

3. 制作怪兽被魔法瓶收进体内的效果

操作步骤

01 在第1~260帧指定动画，将时间滑块移动到第1帧。然后选择man2，移动到图16-137所示的位置，并按S键设置关键帧。

02 将时间滑块移动至第150帧，将man2移动到图16-138所示的位置，并按S键设置关键帧。

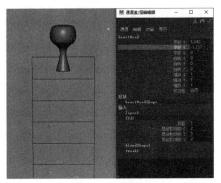

图 16-137　调整模型的位置 1

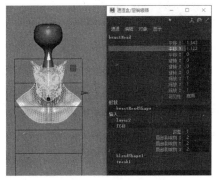

图 16-138　调整模型的位置 2

03 选择晶格物体，按住鼠标右键，在弹出的快捷菜单中选择【晶格点】命令，如图 16-139 所示。

04 在前视图中调节 man2 周围的晶格点，调整形状如图 16-140 所示。

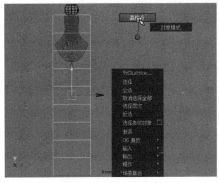

图 16-139　选择【晶格点】命令

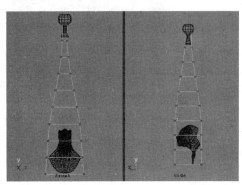

图 16-140　调整晶格点

05 播放动画，可以看到图 16-141 所示的效果。

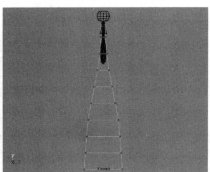

图 16-141　动画效果

4．制作怪兽头部变形动画

操作步骤 --

01 将时间滑块移动到第 1 帧，选择 man2 模型，在通道栏中选择 BlendShape1，将 beastHead1 设置为 1，按 S 键设置关键帧，如图 16-142 所示。

02 将时间滑块移动到第 180 帧，选择 man2 模型，在通道栏中选择 BlendShape1，将 beastHead1 设置为 1，按 S 键设置关键帧，如图 16-143 所示。

03 播放动画，观察显示的效果，如图 16-144 所示。

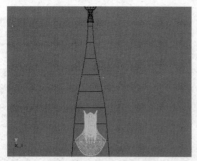
图16-142　设置关键帧1

图16-143　设置关键帧2

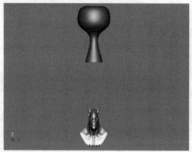
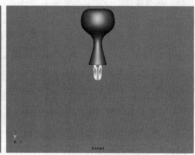
图16-144　显示的效果

5. 制作不规则动画

操作步骤 --

01 选择视图中的晶格，添加【弯曲】变形，效果如图16-145所示。

02 使用同样的方法，为晶格添加第2个【弯曲】变形，效果如图16-146所示。

03 调整晶格的位置，然后单击【变形】|【抖动】|【抖动变形器】命令右侧的█按钮，在弹出的对话框中将【刚度】设置为0.02，将【阻尼】设置为0.1，单击【创建】按钮，创建抖动变形，可以看到抖动过渡更加自然，如图16-147所示。

图16-145　添加变形1

图16-146　添加变形2

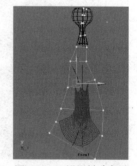
图16-147　设置抖动变形

04 最终的变形效果如图16-148和图16-149所示。

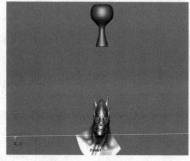
图16-148　变形效果1

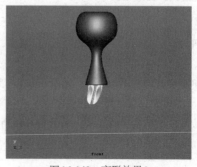
图16-149　变形效果2

第**17**章

路径动画与约束技术

17.1 路径动画

所谓路径动画，是指物体能够沿特定的路径进行运动。使用这种创建动画的工具，用户可以轻而易举地快速制作出特定的轨迹动画效果，避免了因使用关键帧创建动画带来的不流畅性和不自然性。打开【约束】菜单，观察有关路径动画的命令，如图17-1所示。

17.1.1 创建路径动画

在制作路径动画时，首先要创建一条曲线作为物体运动的路径，然后再指定物体沿曲线运动。这样，物体的运动轨迹完全由曲线形状而定，从而实现完美的运动效果。下面通过一个简单的物体沿路径运动的实例，来学习路径动画的创建方法。

图17-1 路径动画菜单命令

课堂练习145：创建路径动画

01 在场景中导入一架飞机模型，并且创建一条曲线，将该飞机模型添加到曲线，使它沿曲线运动，如图17-2所示。

02 先选中飞机模型，再选中曲线，单击【约束】|【运动路径】|【连接到运动路径】命令右侧的按钮，在弹出的【连接到运动路径选项】对话框中选中【开始/结束】单选按钮，设置【结束时间】为100，如图17-3所示。

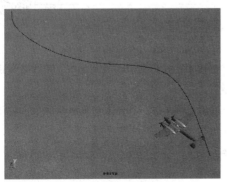

图17-2 导入目标模型

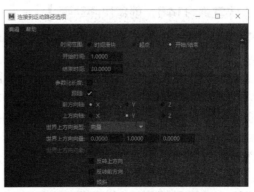

图17-3 【连接到运动路径选项】对话框

03 单击【应用】按钮，此时曲线的两端会有数值显示，表示路径动画的起始时间值和结束时间值，然后拖动时间滑块，飞机会沿曲线进行移动，如图17-4所示。

> **提 示**
>
> 在对物体对象添加曲线之前，一定要选中物体和曲线，然后执行【修改】|【中心枢轴】命令，以恢复两个对象的中心点，从而避免了物体沿曲线运动时曲线之间产生一定的偏移。

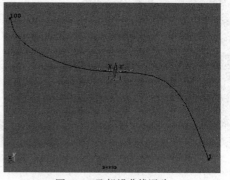

图17-4　飞机沿曲线运动

参数简介

下面对【连接到运动路径选项】对话框中的参数进行说明。

● 时间范围：用于控制路径动画的时间范围，包括3种时间范围运算方式。【时间滑块】方式表示时间轴上的开始时间和结束时间，分别控制路径上的开始时间和结束时间；若选中【起点】单选按钮，【开始时间】参数被激活，可以设置物体沿路径运动的开始时间；若选中【开始/结束】单选按钮，【开始时间】和【结束时间】两个参数同时被激活，可以设置物体沿路径运动的开始和结束时间。

● 参数化长度：若启用该复选框，表示使用参数间距方式；禁用该复选框，则表示使用参数长度方式。

● 跟随：用于控制物体是否跟随曲线进行移动，默认为启用该复选框。

● 前方向轴：用于控制物体的哪个轴向可以沿曲线向前运动。

● 上方向轴：用于控制物体在沿曲线向前运动时，物体的哪个轴向是始终朝上的。

● 世界上方向类型：用于控制空间向上向量的类型，包括场景上方向、对象上方向、对象旋转上方向、向量、法线几种类型。

● 世界上方向向量：用于指定视图空间向上向量的轴向参数值。

● 反转上方向：用于控制物体沿曲线向前移动时，原来的物体自身方向朝上变为朝下。

● 反转前方向：用于控制物体沿曲线向前移动时，原来的物体自身方向向前变为向后。

● 倾斜：用于控制是否将沿曲线运动的物体在曲线弯曲处产生拐角效果。

● 倾斜比例：用于控制物体在曲线弯曲处的拐角程度。

● 倾斜限制：用于控制物体产生拐角的最大限度。

17.1.2　创建快照动画

路径动画工具不仅可以用于制作沿曲线运动的动画，同样还可以快速制作沿路径摆放的场景道具。用户可以使用【创建动画快照】命令快速地将一个物体铺满到一条曲线上，下面对该命令进行详细介绍。

▌**课堂练习146：创建快照动画**▐

01 在场景中创建一条曲线和一个长方体模型，下面利用快照动画来形成一个火车轨道的效果，如图17-5所示。

02 先选择长方体模型，再选中曲线，执行【约束】|【运动路径】|【连接到运动路径】命令，添加到曲线上。此时播放动画，模型的底端会沿曲线进行移动，如图17-6所示。

03 选中长方体模型，单击【可视化】|【创建动画快照】命令右侧的回按钮，打开【动画快照选项】对话框，设置【结束时间】为20，如图17-7所示。

04 单击【快照】按钮执行快照操作。再播放动画，长方体模型跟随曲线进行移动，并且曲线上第1~30帧会生成多个相同的模型，如图17-8所示。

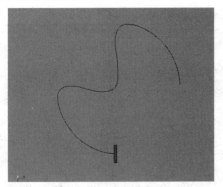

图17-5　火车轨道效果

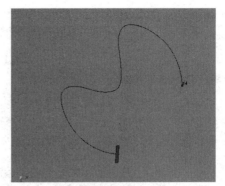

图17-6　物体沿曲线运动的效果

图17-7　设置快照参数

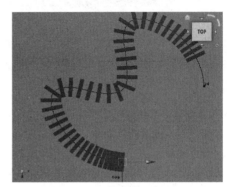

图17-8　播放动画效果

参数简介

下面对【动画快照选项】对话框中的参数进行说明。

- 时间范围：用于设置快照的时间范围，包括【开始/结束】和【时间滑块】两个选项。【开始/结束】用于定义生成快照的时间范围，选中该项后，可在【开始时间】和【结束时间】文本框中设置开始时间和结束时间；【时间滑块】用于控制快照的生成时间范围为时间轴的播放时间。

- 增量：用于设置生成快照的取样值，单位为帧。默认值为1，表示每一帧生成一个快照物体，数值越大生成的快照物体越稀疏，反之则密集。

- 更新：用于设置生成快照的更新方式，包括【按需】、【快速(仅在关键帧更改时更新)】和【慢(始终更新)】3个选项。【按需】选项表示仅在执行【可视化】|【更新快照】命令后，路径快照才会更新；【快速(仅在关键帧更改时更新)】选项表示当改动目标物体的关键帧动画后，会自动更新快照动画；【慢(始终更新)】选项表示若选择此种方式，则任何改变目标物体的操作都会导致自动更新快照动画。

17.1.3　创建扫描动画

快照动画命令可以快速制作出快照动画，同样还有【创建扫描动画】命令也可以沿曲线快速创建阵列物体。不同的是【创建扫描动画】命令更类似于曲线的放样操作，可以使用多条曲线以动画的形式形成曲面物体，下面对该命令的使用进行详细介绍。

▌课堂练习147：创建扫描动画▐

01 创建一条曲线并放置到视图坐标原点处，执行【修改】|【冻结变换】命令，冻结曲线的变换属性；然后，在第1帧处为曲线设置关键帧，如图17-9所示。

02 切换到侧视图，设置曲线的【平移 Y】为-3、【平移 Z】为-3，然后将时间滑块拖动到第6帧，为曲线设置关键帧，如图17-10所示。

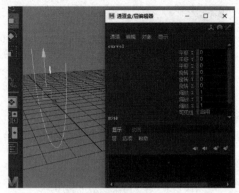

图17-9　设置第1帧动画

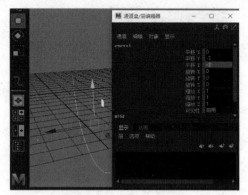

图17-10　设置第6帧动画

提示

与前面介绍的快照动画类似，在制作任何类型的动画时都要调整目标物体的中心点，删除历史操作并执行【冻结变换】命令，将物体当前状态设置为默认的初始状态。

`03` 设置曲线的【平移Z】为-6，【平移Y】为0，再将时间滑块拖动到第12帧处，为曲线设置关键帧，制作一个沿 x 轴方向运动的弧线动画，如图17-11所示。

`04` 选中该曲线，单击【可视化】|【创建动画扫描】命令右侧的■按钮，在弹出的【动画扫描选项】对话框中选中【时间滑块】单选按钮，设置【按时间】为3，如图17-12所示。

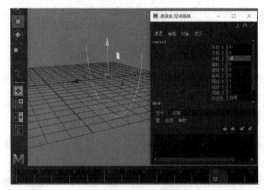

图17-11　设置第12帧动画

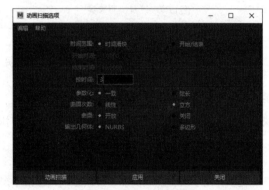

图17-12　设置扫描属性参数

`05` 单击【动画扫描】按钮，即可沿目标曲线运动的弧线方向生成一个扫描放样曲面，如图17-13所示。

`06` 选中生成的扫描曲面，按组合键Ctrl+H隐藏，可以看到执行扫描操作生成的剖面曲线阵列，如图17-14所示。

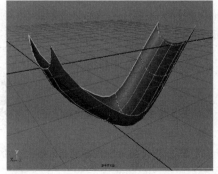

图17-13　曲线的扫描效果

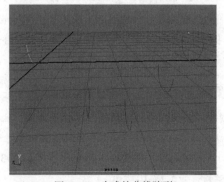

图17-14　生成的曲线阵列

技 巧

同样用户也可以选中沿路径运动的物体，执行【创建扫描动画】命令，执行扫描操作，会沿曲线方向生成一个扫描曲面，从而更快捷地创建沿变形或排列的物体，例如铁路铁轨的制作。

参数简介

下面对【动画扫描选项】对话框中的参数进行说明。

● 时间范围：用于设置扫描动画的时间范围。其中，【开始/结束】选项用于自定义生成扫描放样物体的时间范围；【时间滑块】选项用于将当前时间轴的播放范围作为生成扫描放样物体的时间范围。

● 按时间：用于设置生成扫描放样的采样值，单位为帧，默认值为 1。数值越小，生成的物体精度越高，但计算量也会随之增大。

● 参数化：用于参数化设置生成的放样物体。其中，【一致】选项用于控制放样生成的剖面曲线沿曲线的 V 方向平行排列；【弦长】选项用于控制生成曲线 U 方向上的参数值，依赖于起始点之间的距离。

● 曲面次数：用于控制生成放样曲面的精度。其中，【线性】选项表示生成的放样曲面表面会有明显的棱角生硬感；【立方】选项表示生成的放样曲面表面会比较光滑，能够获得很好的视觉效果。

● 曲面：表示生成的放样曲面状态，包括【开放】和【关闭】两种类型，默认选中【开放】选项。其中，【开放】选项用于控制生成的放样曲面处于打开状态；【关闭】选项用于控制生成的放样曲面处于闭合状态，即其曲面起始端被连接在一起。

● 输出几何体：用于控制生成放样曲面的类型，包括 NURBS 曲面和【多边形】两种类型。

17.1.4　沿路径变形动画

一个沿路径运动的物体同时也可以创建沿该路径曲线摆放的多个相同物体。它可以通过快照动画命令简单地体现出来，并且沿路径运动的物体也可以通过【流动路径对象】命令进行扭曲变形。本小节将对【流动路径对象】命令进行详细的讲解，通过实例操作的方式对所学的知识进行巩固。

┃课堂练习148：创建沿路径变形动画┃

01 在场景中创建一条曲线，并且新建一个球体，然后将该球体添加到曲线上以创建路径动画，如图 17-15 所示。

02 选中球体，单击【约束】|【运动路径】|【流动路径对象】命令右侧的 按钮，打开【流动路径对象选项】对话框，设置【分段：前】为 20，并单击【流】按钮，如图 17-16 所示。

图 17-15　创建路径动画

图 17-16　【流动路径对象选项】对话框

03 此时在曲线的周围产生一个网格状的晶格线框，如图 17-17 所示。

04 在晶格线框上按住鼠标右键，在弹出的快捷菜单中选择【晶格点】命令，进入晶格的点编辑状态，再使用移动工具或缩放工具对部分晶格顶点进行编辑，改变晶格外形，如图 17-18 所示。

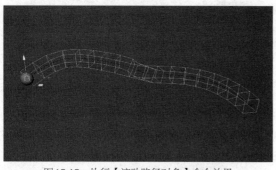

图17-17　执行【流动路径对象】命令效果

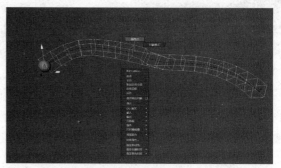

图17-18　调整晶格顶点

05 再拖动时间滑块，在球体运动到变形的晶格部位时，也会跟随晶格发生一定的变形，如图17-19所示。

06 若在【流动路径对象选项】对话框中选中【对象】单选按钮，执行路径变形操作，则会在物体周围生成晶格，并且晶格跟随曲线的弯曲度自行变形，从而影响物体的变形，如图17-20所示。

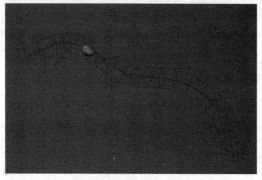

图17-19　曲线晶格对路径物体的影响

图17-20　物体晶格对物体的影响

参数简介

下面对【流动路径对象选项】对话框中的参数进行说明。

* 分段：用于设置晶格在3个方向的分割度，包含【前】、【上】和【侧】3种方向类型。其中，【前】选项代表沿曲线方向的晶格分割度；【上】选项代表沿物体方向的晶格分割度；【侧】选项代表物体侧边轴上的晶格分割度。

* 晶格围绕：用于设置产生晶格的方式。其中，【对象】选项表示晶格沿物体周围创建；【曲线】选项表示晶格沿曲线创建，即从曲线的起始端到终点端，晶格沿路径分布，看起来更像地铁的隧道。

* 局部效果：用于局部效果修正，该选项对于沿路径创建晶格非常有用。其中，【前】选项用于确定在沿曲线运动方向上，实际影响物体的晶格分割度，默认值为2；【上】选项用于确定物体在向上轴方向上，实际能够影响的晶格分割度，默认值为2；【侧】选项用于确定沿物体在侧轴方向上，实际能够影响的晶格分割度。

↘ **17.2**　编辑路径动画

当目标物体被添加路径动画后，也可以根据Maya 2022提供的运动路径属性参数对其运动状态进行精确的调整与编辑。下面介绍几种改变运动路径状态的属性设置。

17.2.1　修改路径动画的运动方向

在前文中，物体被吸附到曲线上后拖动播放头，物体会沿曲线进行运动，但物体的运动方向也需要随时改变。下面介绍如何改变路径动画中物体的运动方向。

课堂练习149：修改物体运动方向

01 在将目标物体添加到路径曲线上后，根据物体沿曲线运动的效果来看，物体运动的方向会与曲线的方向有一定的偏差，如图17-21所示。

02 选中飞机，按组合键Ctrl+A，打开属性编辑器，然后切换到motionPath1选项卡，如图17-22所示。设置【运动路径属性】卷展栏下【前方向轴】的轴向类型为z轴。

03 此时，在场景视图中，曲线上的飞机模型的运动方向发生了改变，如图17-23所示。

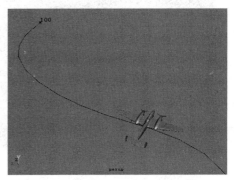

图17-21　物体运动方向与曲线方向不一致

图17-22　属性编辑器

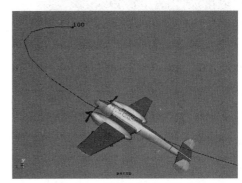

图17-23　物体运动方向的改变

技巧

【前方向轴】选项用于设置物体在路径动画中哪一个方向为前进的正方向，在创建路径动画时默认为x轴，即沿x轴向前移动，这里可以设置任意轴向上的路径动画。【上方向轴】选项则用于设置路径动画中哪一个轴始终向上。

17.2.2　修改路径动画的时间范围

用户使用默认参数创建路径动画的时间范围为第1~24帧，同样也会在路径曲线上显示路径动画的起始帧和结束帧。但是在创建完路径动画后，也可以调整路径动画的时间范围。下面介绍如何修改路径动画的时间范围。

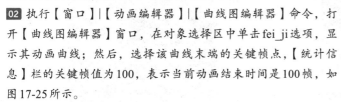

课堂练习150：修改动画时间范围

01 选中沿路径曲线运动的目标物体，此时时间轴上并没有任何关键帧显示，如图17-24所示。

02 执行【窗口】|【动画编辑器】|【曲线图编辑器】命令，打开【曲线图编辑器】窗口，在对象选择区中单击fei_ji选项，显示其动画曲线；然后，选择该曲线末端的关键帧点，【统计信息】栏的关键帧值为100，表示当前动画结束时间是100帧，如图17-25所示。

03 选中动画曲线末端的关键帧点，再在【统计信息】栏中输入关键帧值60，将路径动画曲线的时间范围缩短到60帧，如图17-26所示。

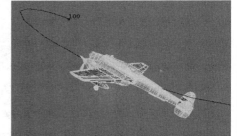

图17-24　创建的路径动画

04 在视图区中，路径曲线上显示的时间范围会由先前的第1~100帧变为第1~60帧，如图17-27所示。

05 同样，还可以在【曲线图编辑器】窗口中选中动画曲线首端的关键帧点，在【统计信息】栏中设置该关键帧点的关键帧值为10，即可控制路径动画从第10帧开始，如图17-28所示。

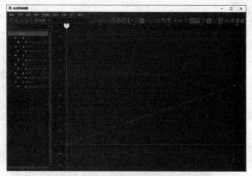

图17-25　显示路径动画的动画曲线

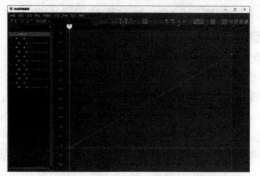

图17-26　修改动画曲线的时间范围

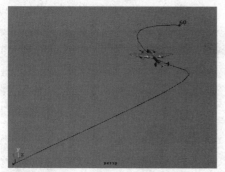

图17-27　路径曲线的时间范围

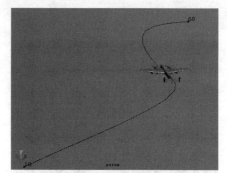

图17-28　设置路径动画的开始时间

17.2.3　旋转路径动画物体

现在物体可以正常地沿着路径做起伏运动，但在整个运动过程中，物体始终呈水平运动姿态，按正常的规律，物体在拐弯处应当有向内的轻微倾斜。在物体的属性设置面板中提供了相关的角度旋转操作。

课堂练习151：旋转控制

01 创建一个简单的路径动画，放大场景视图，观察物体后发现在运动到曲线拐弯处的旋转状态并不自然，如图17-29所示。

02 选中飞机，按组合键Ctrl+A，打开其属性编辑器，切换到motionPath1选项卡，在【运动路径属性】卷展栏下设置【前方向扭曲】为-20，如图17-30所示。

图17-29　目标物体的旋转状态

图17-30　设置【前方向扭曲】属性

03 在视图中观察，沿曲线向前运动的飞机在曲线拐弯处会产生一定的偏转，如图17-31所示。

04 设置【上方向扭曲】为-5，使目标物体布置过渡偏离曲线，然后在视图中观察飞机的角度变化，如图17-32所示。

图17-31　物体的偏转效果

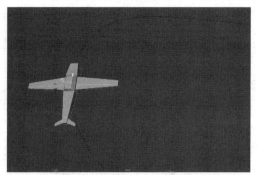

图17-32　设置【上方向扭曲】的效果

提示

从物体的运动路径可以看出，物体是根据曲线的起伏而变化的，但是在实际情况下，物体的实际仰角和路径有一定的时间差。例如，物体在拐弯处起伏时的上升或俯冲效果，都可以通过修改扭曲参数值来实现。

参数简介

【运动路径属性】卷展栏中的参数如下。

- 跟随：若启用该复选框，Maya将计算物体沿曲线运动的方向。
- 前方向轴：在 x、y、z 3个坐标轴中选择一个坐标轴与前向量对齐。当物体沿曲线运动时，设置物体的前方方向。
- 上方向轴：在 x、y、z 3个坐标轴中选择一个坐标轴与顶向量对齐。当物体沿曲线运动时，设置物体的顶方方向。
- 前方向扭曲：用于调节物体前方角度的水平姿态，默认值为0。
- 上方向扭曲：用于调节运动物体的转向角度。当物体在转弯时，物体和路径方向同样存在时间差的关系，可以通过该属性来调节物体的路径方向。
- 侧方向扭曲：用于调整物体侧身的仰角，默认值为0。从物体的运动路径可以看出，物体是根据曲线的起伏而变化的，但在实际情况下物体的实际仰角和路径有一定的时间差。
- 倾斜：该选项可以使对象在运动时向着曲线的曲率中心倾斜，就像摩托车在拐弯处总是向里倾斜。只有在启用【跟随】复选框后该选项才能被激活，还可以设置【倾斜比例】和【倾斜限制】两个参数，调整倾斜度。

17.2.4　为路径动画添加关键帧

在创建关键帧动画时，可以为物体通道栏和属性设置面板中的属性添加关键帧，那么同样也可以为路径动画属性添加关键帧，便于用户更加自由地控制路径动画中物体的运动状态。下面介绍如何为路径动画属性添加关键帧。

课堂练习152：添加关键帧

`01` 要使飞机在运动到图 17-33 所示的位置时，飞机自身的方向发生变化，观察此时时间轴上的关键帧值。

`02` 选中沿路径运动的飞机模型，并进入其路径动画属性设置面板，然后在【前方向轴】属性上按住鼠标右键，在弹出的快捷菜单中选择【设置关键帧】命令，添加关键帧，如图 17-34 所示。

`03` 将时间滑块拖动到第 40 帧处，确定飞机在当前位置开始改变角度状态，如图 17-35 所示。

`04` 在动画属性设置面板中，设置【前方向轴】属性模式为 x 轴，改变飞机当前的角度；然后，在【前方向轴】属性上按住鼠标右键，在弹出的快捷菜单中选择【设置关键帧】命令，设置关键帧，如图 17-36 所示。

`05` 返回到视图区，此时可以看到在第 1 帧和第 40 帧显示两个红色的关键帧标记，表示成功添加关键帧。用户还可以对该关键帧进行编辑，如图 17-37 所示。

`06` 同样，还可以为路径动画的其他属性设置关键帧动画，如为前方向扭曲、上方向扭曲和侧方向扭曲属性设置关键帧动画，如图 17-38 所示。

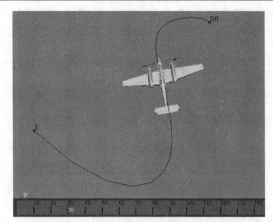

图17-33 设置添加关键帧的开始位置

图17-34 选择【设置关键帧】命令

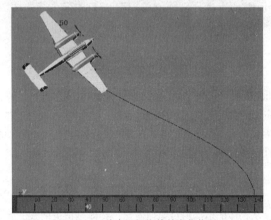

图17-35 确定目标物体的变化位置

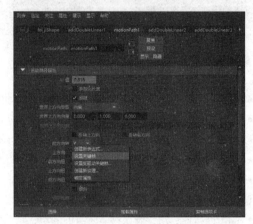

图17-36 设置属性参数

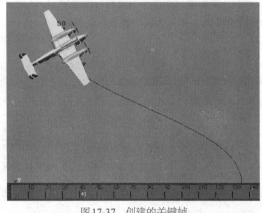

图17-37 创建的关键帧

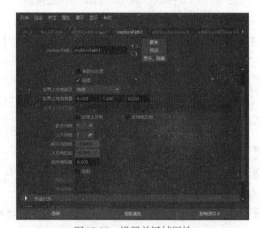

图17-38 设置关键帧属性

17.2.5 平衡路径动画

在播放路径动画时，可以看到物体在沿曲线运动到曲线拐角处时，会和曲线产生很大的角度偏离，若要使物体能够很好地沿曲线移动，就必须改变物体在曲线拐角处的平衡角度。下面就如何改变物体沿曲线运动的平衡性进行介绍。

课堂练习153：平衡路径动画

01 选择前一小节中的路径运动物体，并打开其属性设置面板。观察在取消启用【倾斜】复选框时，飞机运动到图17-39所示位置的角度状态。

02 选中运动物体，启用【倾斜】复选框，此时飞机的角度会发生轻微的变化，如图17-40所示。

03 将【倾斜比例】设置为2，将【倾斜限制】设置为70，如图17-41所示。

04 此时可以看到飞机会根据该处曲线的曲率产生一定的倾斜，如图17-42所示。若飞机的倾斜角度不够，可以加大【倾斜比例】参数值。

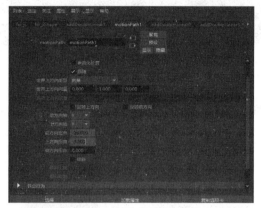

图17-39 观察物体的运动状态

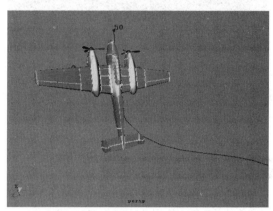

图17-40 启用【倾斜】复选框效果

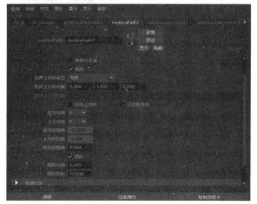

图17-41 设置倾斜参数值

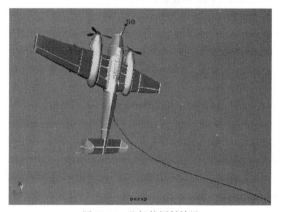

图17-42 飞机的倾斜效果

17.2.6 编辑路径动画的动画曲线

为路径动画设置关键帧后，若通过修改动画属性面板中的属性来改变物体的运动状态，是一项十分复杂的工作，并且达不到预期的动画效果。此时，就需要通过调节动画曲线来控制整个路径动画的运动特征。下面介绍动画曲线的编辑方法。

操作步骤

01 选中上节所制作的沿曲线运动的物体，执行【窗口】|【动画编辑器】|【曲线图编辑器】命令，打开【曲线图编辑器】窗口，在该窗口中可以看到当前物体的运动曲线，如图17-43所示。

02 选择【旋转Y】中的motionPath1.U选项，在状态栏的属性框中可以看到已经旋转的关键帧的值，修改为2，从而改变了物体在y轴的旋转幅度，如图17-44所示。

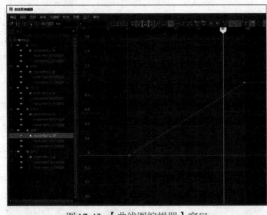

图17-43 【曲线图编辑器】窗口

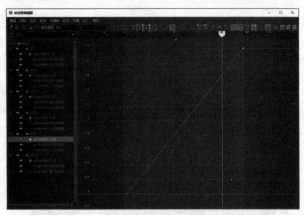

图17-44 修改动画曲线

03 此时，物体是以加速的方式进行运动。选中曲线，单击工具栏上的按钮调整它的运动曲线，即可完成编辑。

关于路径动画的编辑方法，和前面所介绍的关于在【曲线图编辑器】窗口中编辑动画的方法相同，这里不再赘述。

17.3 对象约束动画

前面学习了路径动画的有关知识，事实上用户可以将路径动画理解成约束动画，即物体的旋转与空间坐标位移都被曲线所约束。在Maya 2022中还存在着除路径约束之外的众多逻辑约束。

切换到【动画】模块，打开【约束】命令菜单，可以看到Maya 2022软件中常用的几种对象约束命令，如图17-45所示。

本节将重点对点约束、目标约束和父子约束命令，以及其他约束工具的使用方法进行详细的介绍。

图17-45 对象【约束】命令菜单

17.3.1 点约束

点约束的含义，即用物体A的空间坐标去约束控制物体B的空间坐标，一旦约束建立，那么物体B的空间坐标仅受物体A的影响。

课堂练习154：创建点约束

01 在新建场景中，创建一个多边形圆环和一个螺旋体，作为约束的目标物体，如图17-46所示。

02 先选中圆环，再选中螺旋体，单击【约束】|【点】命令右侧的■按钮，在弹出的【点约束选项】对话框中启用【保持偏移】复选框，再单击【添加】按钮，执行点约束操作，如图17-47所示。

03 移动圆环，螺旋体会跟随移动，选中圆环并按数字键4，进入物体网格显示状态，螺旋体呈红色显示，表明成功被约束，如图17-48所示。

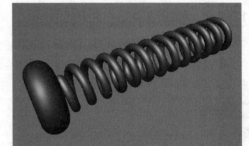

图17-46 创建目标物体

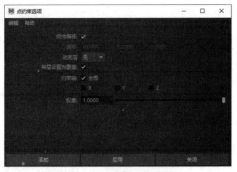

图17-47　设置点约束属性参数

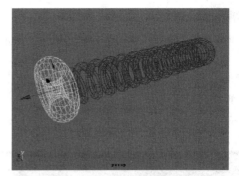

图17-48　物体的约束效果

04 选中被约束的螺旋体，打开其通道栏，可以看到其【平移X】、【平移Y】、【平移Z】属性都呈蓝色显示，表示螺旋体的移动属性被添加约束，如图17-49所示。

05 按Z键，撤销物体间的点约束操作。在【点约束选项】对话框中禁用【保持偏移】复选框，单击【应用】按钮，再观察物体的约束效果，如图17-50所示。

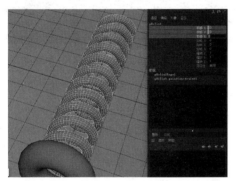

图17-49　被约束物体的通道属性颜色

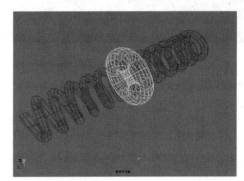

图17-50　禁用【保持偏移】复选框

> **注　意**
>
> 若想对物体执行点约束操作，至少需要有两个目标物体，并且点约束工具只能使控制物体约束被控制物体的移动操作。

参数简介

下面介绍【点约束选项】对话框中的参数。

- 保持偏移：在约束时允许控制物体和被控制物体之间存在原始位置差，如果在创建点约束时不启用该复选框，那么被控制物体的原点就会吸附到控制物体上。

- 偏移：为受约束对象指定相对于目标点的偏移位置。

- 动画层：选择需要添加点约束的动画层。

- 将层设置为覆盖：忽略设置层。在创建父对象约束时，将设置的层忽略掉。

- 约束轴：用于控制对物体哪个轴向进行约束。启用【全部】复选框是对所有轴向进行约束，被约束对象将完全跟随约束物体。如果只启用X复选框，则只约束物体x轴上的位移，其他两个轴向可以自由移动。

- 权重：用于控制约束的权重值，即受约束的程度。

17.3.2　目标约束

点约束用于控制目标物体的空间位移，而目标约束则用于控制旋转，其作用为用物体A的空间坐标控制物体B的旋转属性，一旦约束建立，那么物体B的空间仅受物体A的位移所影响。

通俗地讲，就像我们用眼睛观察某个移动物体一样。当该物体移动时，眼球会旋转，无论物体如何移动，目光始终聚集在物体上，目标约束也是一样的原理。下面以方体盒子围绕平面为例，来了解目标约束的使用方法。

课堂练习155: 创建目标约束

01 继续使用上一小节中的圆环和螺旋体,取消点约束关系;然后先选中圆环,再选中螺旋体,单击【约束】|【目标】命令右侧的■按钮,在弹出的【目标约束选项】对话框中启用【保持偏移】复选框,如图17-51所示。

02 单击【应用】按钮,执行目标约束操作。移动圆环,螺旋体会发生旋转,并且螺旋的通道属性【旋转X】、【旋转Y】、【旋转Z】呈蓝色显示,表示其旋转属性被约束,如图17-52所示。

图17-51 【目标约束选项】对话框

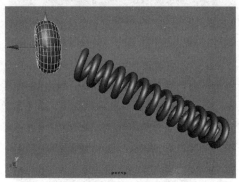

图17-52 目标约束效果

参数简介

下面介绍【目标约束选项】对话框中的参数。

- 保持偏移:用于在创建目标约束时,允许被控制物体的旋转轴移动初始偏移值。如果禁用该复选框,那么当约束创建后,被控制物体的角度将根据【目标向量】和【上方向向量】数值进行角度对齐,导致偏移自动归零。

- 目标向量:用于设置【目标向量】在被约束物体局部空间中的方向。目标向量指向目标点,从而迫使被控制物体对齐自身轴向,但一旦选择【保持偏移】选项,该设置将被忽略。

- 上方向向量:是指上方向向量在被约束物体局部空间中的方向,用于强行对齐物体的轴向。

- 约束轴:用于设置约束物体在哪些轴上旋转,如果启用X复选框,那么被控制物体只有【旋转X】属性被约束控制,在其他两个轴的方向上仍然可以自由旋转。如果启用【全部】复选框,则物体在3个轴向上的旋转完全被约束控制,其角度将根据目标物体的空间位移而定。

17.3.3 方向约束

方向约束是使用一个物体的旋转属性约束另一个物体的旋转属性,注意要与目标约束区分开。下面对方向约束的创建方法进行介绍。

课堂练习156: 创建方向约束

01 继续使用上一小节中的圆环和螺旋体,先选中圆环,再选中螺旋体,单击【约束】|【方向】命令右侧的■按钮,在弹出的【方向约束选项】对话框中启用【保持偏移】复选框,如图17-53所示。

02 单击【应用】按钮,执行方向约束操作,选中圆环螺旋体会呈红色显示,表示成功建立方向约束,如图17-54所示。在螺旋体的通道栏中,属性【旋转X】、【旋转Y】、【旋转Z】呈蓝色显示。

03 旋转圆环,螺旋体也进行旋转,如图17-55所示。同时两个模型可以自由地进行移动和缩放操作。

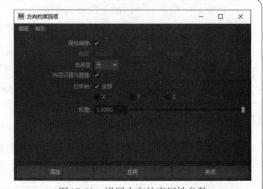

图17-53 设置方向约束属性参数

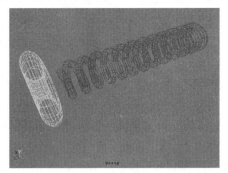

图 17-54　执行约束操作

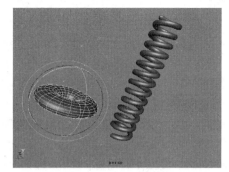

图 17-55　方向约束效果

17.3.4　缩放约束

缩放约束比较好理解，就是使用物体A的比例值约束物体B的比例值。下面在视图中创建一个简单的场景。

课堂练习157：创建缩放约束

`01` 在场景中创建两个球体，对小球体的大小和高度进行缩放操作，可用于作为角色的眼球模型，如图17-56所示。

`02` 先选中大球体，再选中小球体，单击【约束】|【比例】命令右侧的█按钮，在弹出的【缩放约束选项】对话框中启用【保持偏移】复选框，再单击【添加】按钮，执行缩放约束操作，如图17-57所示。

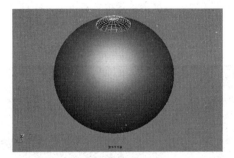

图 17-56　创建目标体

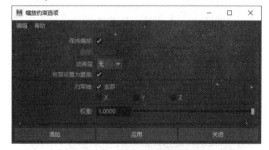

图 17-57　设置缩放约束属性

`03` 对大球体进行缩放操作，小球体也会跟随缩放。但是小球进入大球的内部，表示两个球体的缩放操作不同步，如图17-58所示。

`04` 选中小球体，按Insert键，显示中心点并将中心点移动到大球体的中心，如图17-59所示。

`05` 按Insert键切换到正常模式，再对大球体进行缩放操作，此时小球体会跟随大球体进行等比例缩放，如图17-60所示。

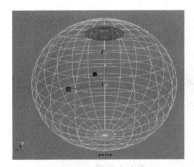

图 17-58　缩放大球体

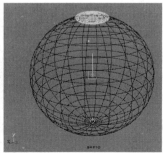

图 17-59　调整被约束物体的中心点

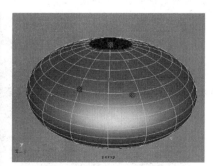

图 17-60　最终的比例约束效果

参数简介

下面介绍【缩放约束选项】对话框中的参数。

- 保持偏移：在约束时允许控制物体和被控制物体之间存在原始体积比例差，如果在创建缩放约束时不启用该复选框，那么被控制物体的体积缩放值就会与控制物体的缩放值相同。

- 偏移：当启用【保持偏移】复选框后，可以通过该选项来设置偏移值，从左到右3个文本框分别用于设置沿x、y和z轴的偏移数值。

- 动画层：用于设置动画层。如果场景中存在动画层，则可以在该下拉列表中选择动画层，来作为比例动画的参照物。

- 将层设置为覆盖：忽略设置层。在创建父子约束时，将设置的层忽略掉。

- 约束轴：用于指定将在哪个轴向上产生缩放。若仅启用X复选框，则被控制物体仅仅在x轴上产生缩放，其他两个轴向不会产生缩放效果。

- 权重：用于设置比例约束动画的权重值。

17.3.5　父子约束

为两个物体创建父子约束后，子物体将会随父物体的运动而运动，通过这种方式可以制作很多动画效果。

┃课堂练习158：创建父子约束┃

`01` 在场景中导入一架飞机模型，在【大纲视图】窗口中先选中螺旋桨模型faly，按住Shift键加选螺旋桨中心的轴模型head，如图17-61所示。

`02` 单击【约束】|【父子约束】命令右侧的■按钮，在弹出的【父约束选项】对话框中启用【保持偏移】复选框，单击【添加】按钮，对目标物体进行父子约束，如图17-62所示。

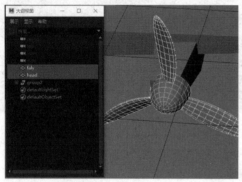

图17-61　选择目标物体

图17-62　设置父约束属性

`03` 选择并旋转该螺旋桨模型faly，可以看出轴模型也随着进行旋转或移动，如图17-63所示。

`04` 选中模型head，使用旋转工具进行旋转，可以看到螺旋桨模型并没有产生任何变化，如图17-64所示。

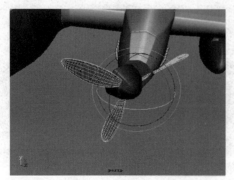

图17-63　物体的父子约束效果

图17-64　旋转轴模型

05 选中该螺旋桨模型，可以看到其通道属性中【平移X】、【平移Y】、【平移Z】、【旋转X】、【旋转Y】、【旋转Z】都呈蓝色显示，表明该物体的移动和旋转属性都被添加了父子约束，如图17-65所示。

06 同时在大纲视图中可以看到在轴模型head层级和螺旋桨faly层级之间生成一个head_parentConstraint1，表示两个物体之间的父子约束节点，如图17-66所示。

图17-65　被约束物体的通道属性　　图17-66　生成的父子约束节点

下面介绍父子约束的一些参数功能。

- 保持偏移：在约束时允许控制物体和被控制物体之间存在原始体积比例。
- 分解附近对象：如果受约束对象和目标对象之间存在旋转偏移，则激活该复选框可找到接近受约束对象的旋转分解。
- 动画层：设置动画层。如果场景中存在动画层，则可以在该下拉列表中选择动画层，来作为父对象动画的参照物。
- 将层设置为覆盖：忽略设置层。在创建父子约束时，将设置的层忽略掉。
- 平移：设置翻转的轴向。其中，选中【全部】复选框表示同时在x、y和z轴向上产生翻转。
- 旋转：设置旋转的轴向。其中，选中【全部】复选框表示同时在x、y和z轴向上产生旋转。
- 权重：设置父子约束的权重值。

17.3.6　几何体约束

【几何体】约束命令使用一个物体的表面信息约束另一个物体的位移，可以形象地理解为将一个物体吸附到另一个物体的表面，并且可以沿着物体的表面移动。下面对几何体约束命令的使用进行介绍。

课堂练习159：创建几何体约束

01 在场景中创建一个锥体和表面崎岖不平的曲面，并调整锥体的中心点到锥体的底部，如图17-67所示。

02 先选中锥体，再选中曲面，执行【约束】|【几何体】命令，锥体就被约束到曲面上。移动锥体，发现只能在曲面上进行移动，如图17-68所示。

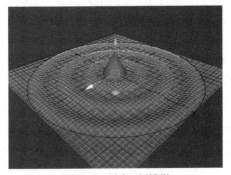

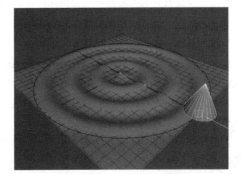

图17-67　创建目标模型　　　　　　图17-68　执行【几何体】命令效果

17.3.7　法线约束

【法线】命令是配合【几何体】约束命令使用的，它可以使用一个物体表面的法线方向信息约束另一个物体的旋转属性。该命令的原理是被约束物体运动路径的向上轴向与约束物体的法线方向垂直。下面通过简单的实例来介绍该命令的使用方法。

课堂练习160：创建法线约束

01 继续使用上一小节中的锥体和曲面，撤销两个物体间的几何体约束关系。先选中曲面，再按住Shift键加选锥体，单击【约束】|【法线】命令右侧的▣按钮，在弹出的【法线约束选项】对话框中设置【目标向量】分别为0、1、0，如图17-69所示。

02 单击【添加】按钮，锥体会被锁定在曲面的表面上进行移动，并且锥体的旋转角度会随曲面法线的朝向而改变，如图17-70所示。

03 选中曲面，执行【显示】|【NURBS】|【法线(着色模式)】命令，将曲面的法线显示出来，锥体的方向和法线的方向是保持一致的，如图17-71所示。

图17-69　设置法线约束属性参数

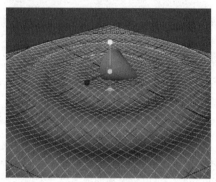

图17-70　创建法线约束

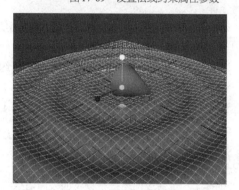

图17-71　显示曲面的法线

提示

在对物体执行法线约束操作时，被约束物体的中心点位置会与约束物体的表面重合，因此在执行约束操作前一定要先设置被约束物体的中心点。例如，若要使被约束物体的端部吸附到约束物体的表面，就必须调整被约束物体的中心点到其端部位置。

下面介绍【法线约束选项】对话框中的参数功能。

- 权重：设置被约束物体的方向受目标物体的影响程度。使用右侧的滑块可以选择0.0000~1.0000的值。
- 目标向量：设置目标向量在被约束物体局部空间的方向。目标向量将指向目标向量，因而迫使被约束物体确定了自身的方向。系统默认设置物体的局部旋转正向x轴与目标向量对齐。
- 上方向向量：设置与被约束物体的局部空间相关的顶向量的方向对齐。在系统默认下，设置物体的局部旋转正向y轴将与向量对齐。系统默认设置顶向量将尽量与全局顶向量对齐。
- 世界上方向类型：设置与全局空间相关的全局顶向量方向的类型，分别为场景上方向、对象上方向、对象旋转上方向和向量。
- 世界上方向向量：设置与全局空间相关的全局顶向量方向。默认情况下设置为y，那么系统默认的全局顶向量指向全局空间的正向y轴。
- 世界上方向对象：上方向向量尝试对准其原点的对象称为世界上方向对象。

17.3.8　切线约束

切线约束可以使一个物体的上方向轴向始终和切线的方向保持一致，当曲线拐弯时，物体的轴向也随之改变。

课堂练习161：创建切线约束

01 在新建场景中创建一条圆环曲线并且导入一个花瓣模型，用于作为切线约束操作的目标物体，如图17-72所示。

02 先选中圆环曲线，再选中多边形物体，单击【约束】|【切线】命令右侧的■按钮，在弹出的【切线约束选项】对话框中，设置【目标向量】分别为0、1、0，如图17-73所示。

03 单击【添加】按钮，执行切线约束操作。再任意移动圆环曲线，花瓣都会随着曲线而实时发生翻转变化，如图17-74所示。

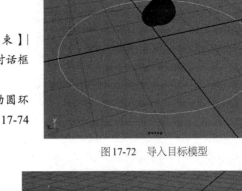

图17-72　导入目标模型

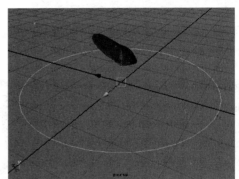

图17-73　【切线约束选项】对话框

图17-74　切线约束效果

切线约束的参数功能和法线约束的参数功能相同，这里不再赘述。

17.3.9　极向量约束

【极向量】命令可以使极向量终点跟随目标物体移动。在角色设定中，胳膊、膝盖等关节链的IK旋转控制手柄的极向量经常被限制在角色后面的定位器上。通常情况下，运用极向量约束是为了在操纵IK旋转控制手柄时避免意外的反转。例如，当手柄向量与极向量相交时，反转就会出现，使用极向量约束可以让两者之间不相交。该命令具体的使用方法将在后面的骨骼控制章节中进行介绍。

> **注意**
>
> 【极向量】命令只能在含有IK控制柄的物体上使用。它的工作原理是使用IK控制器控制物体，再创建一个定位器，对IK和定位器执行【极向量】命令，从而达到定位器对IK控制器的极向量约束效果。

17.3.10　驱动约束

所谓驱动约束，可以形象地理解为使用运动物体A的属性来驱动运动物体B的属性。例如，可以使用物体A的移动属性驱动物体B的旋转属性，这类工具在动画制作中非常实用。在这里首先要明确的是，只能在两个物体间设置驱动属性。下面以一个简单的实例来练习如何设置物体间的驱动约束。

课堂练习162：创建驱动约束

01 在场景中创建一个多边形立方体和一个多边形球体模型，并且调整立方体模型的中心位置和厚度，作为一扇门，如图17-75所示。

02 选中球体和门模型，执行冻结操作，冻结两者的通道属性；然后，将时间滑块拖动到第1帧，为小球的通道属性【平移 X】设置关键帧，如图17-76所示。

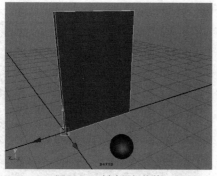

图17-75　创建目标物体

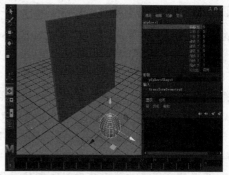

图17-76　设置小球第1帧动画

03 将时间滑块拖动到第20帧，设置小球的通道属性【平移X】为-4.5，并设置关键帧，如图17-77所示。接下来要模拟小球运动到门口时门自动打开的动画。

04 执行【关键帧】|【设定受驱动关键帧】|【设置】命令，打开【设置受驱动关键帧】对话框，在未添加任何物体属性时，该窗口列表属性为空白，如图17-78所示。

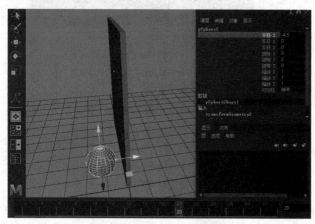

图17-77　设置小球第20帧动画

图17-78　【设置受驱动关键帧】对话框

05 先选择球体并单击【加载驱动者】按钮，载入驱动列表，在右侧列表框中选中【平移X】属性；再选择门并单击【加载受驱动项】按钮，载入被驱动列表，并在右侧列表框中选中【旋转Y】属性，如图17-79所示。

06 选择第1帧，在【设置受驱动关键帧】对话框中单击【关键帧】按钮，为两个驱动属性设置关键帧，此时门的通道属性【旋转Y】呈蓝色显示，表明被成功设置关键帧，如图17-80所示。

图17-79　载入驱动和被驱动属性

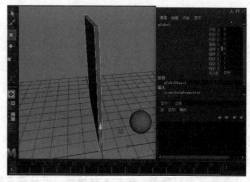

图17-80　设置驱动关键帧

07 将时间滑块拖动到第10帧，即小球运动到门的一旁的时间；然后设置门的通道属性【旋转Y】为70，将门打开，再在【设置受驱动关键帧】对话框中单击【关键帧】按钮，设置关键帧，如图17-81所示。

08 播放动画，可以看到当小球运动到门前时，门会自动打开，如图17-82所示。

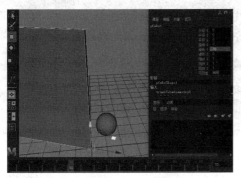

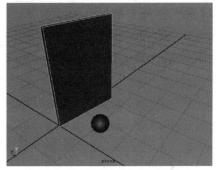

图17-81　设置第10帧动画　　　　　　　　　　　　　　图17-82　最终的驱动效果

09 如果小球的运动距离太短，可以选中小球并打开【曲线图编辑器】窗口，选择小球动画曲线末端的关键帧点，在【统计信息】栏中修改关键帧属性值，如图17-83所示。

10 使用同样的方法，若门的旋转角度不够理想，可以在【曲线图编辑器】窗口中修改门【旋转Y】属性的动画曲线的关键帧值，如图17-84所示。

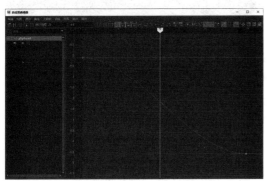

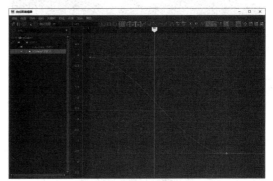

图17-83　修改小球运动距离　　　　　　　　　　　　　图17-84　修改门的旋转角度

参数简介

下面介绍【设置受驱动关键帧】对话框中的参数属性。

● 菜单栏：在菜单栏中包含一些关于创建和编辑驱动动画的命令工具。用户可以选中物体并执行【加载】菜单下的子命令，即可直接添加驱动物体和被驱动物体。

● 驱动者：用于显示加载的驱动物体名称和该物体的属性，其中，左侧列表用于显示物体名称，右侧列表用于显示该物体的属性。

● 受驱动：用于显示加载的被驱动物体名称和该物体的属性。

● 关键帧：单击该按钮，可以为被驱动物体添加关键帧。

● 加载驱动者：单击该按钮，可以为所选的物体添加驱动属性。

● 加载受驱动项：单击该按钮，可以为所选的物体添加被驱动属性。

● 关闭：单击该按钮，可以将驱动属性设置窗口关闭。

17.4 表达式约束动画

在前面的章节中介绍了关键帧动画、路径动画等，使用这些方法制作动画非常简单，但是如果使运动时的物体产生其他的动画效果，如运动物体的旋转动作，再使用这些方法来创建旋转动画，将会非常困难和烦琐。

随着Maya版本的不断升级，Maya 2022提供了一种更加简单有效的工具——【表达式】约束工具，执行【窗口】|【动画编辑器】|【表达式编辑器】命令，打开【表达式编辑器】窗口，如图17-85所示。

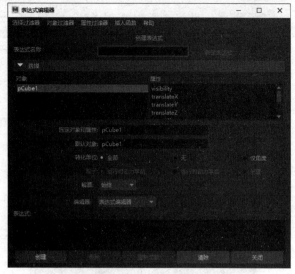

图17-85 【表达式编辑器】窗口

课堂练习163：创建表达式

01 在新建场景中导入飞机模型fei_ji，将时间滑块拖动到第1帧处，为其通道属性【平移Z】设置关键帧，如图17-86所示。

02 将时间滑块拖动到第30帧，设置飞机的通道属性【平移Z】为16，并且为属性设置关键帧，如图17-87所示。

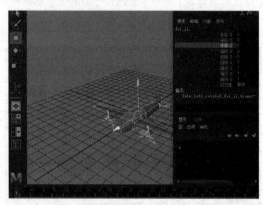

图17-86 设置第1帧动画

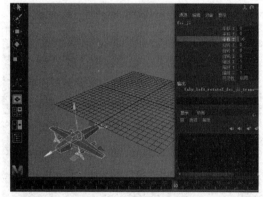

图17-87 设置第30帧动画

03 打开【大纲视图】窗口，在该窗口中选择组层级物体fei_ji和子层级物体faly_left，如图17-88所示。接下来制作飞机组物体约束子物体faly_left的旋转约束动画。

04 执行【窗口】|【动画编辑器】|【表达式编辑器】命令，在打开的【表达式编辑器】窗口中，可以看到被导入的fei_ji和faly_left两个物体的属性选项，如图17-89所示。

05 选择fei_left选项及其rotate Z属性，再输入以下表达式。

```
faly_left.rotateZ=fei_ji.translateZ;
```

06 用飞机在z轴上的移动来约束faly_left物体的旋转，如图17-90所示。

07 播放动画，可以看到飞机在飞行的过程中，faly_left物体也会发生旋转，并且该物体的通道属性【旋转Z】呈紫色显示，表明被添加了表达式约束，如图17-91所示。

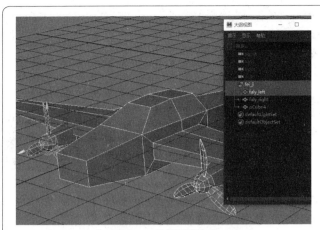

图 17-88　选择目标物体

图 17-89　设置【表达式编辑器】窗口中的参数

图 17-90　输入约束表达式

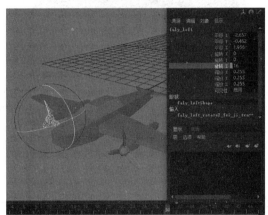

图 17-91　faly_left 物体的旋转效果

注　意

在书写表达式时，一定要注意字母的大小写，确保表达式中的字母与【选择】属性下【属性】列表框中的字母相同，并且注意字母之间的空格。在表达式末尾处一定要添加 ";" 号，并且是英文输入法下的 ";" 号，否则就会在视图区下方的命令栏中出现红色提示，表明表达式约束不成立，不能进行约束控制操作。

参数简介

- 菜单栏：在【表达式编辑器】窗口中，集成了各种关于表达式约束操作的命令。用户可以通过这些命令对所要创建的表达式进行指定和编辑。
- 表达式名称：用户可以在选项后面的文本框中设置表达式的名称，也可以使用默认名称。
- 选择：用于显示被选择的物体及属性。其中，【对象】列表框用于显示所选物体的名称，可以包含多个物体；【属性】列表框用于显示被选择物体的属性名称。
- 选定对象和属性：用于显示被选择物体的名称和要添加约束的属性。
- 默认对象：用于显示所选物体的默认名称。
- 转化单位：用于控制物体约束的转换单位，包括【全部】、【无】和【仅角度】3 种类型。
- 粒子：用于控制是否使用粒子的约束方式进行解算，包括【运行时动力学前】、【运行时动力学后】和【创建】3 种类型。
- 解算：用于设置表达式的解算方式，包括【按需】、【始终】和【布料后】3 种类型。
- 编辑器：用于设置约束的编辑方式，包括【表达式编辑器】和【文本编辑器】两种方式。
- 表达式：用于输入物体所要约束的属性方程式，即表达式。

提示

这种类型的表达式在关键帧动画、角色设定和后面将要介绍的粒子动画中应用非常广泛，可以制作出多种粒子动画效果。但是编写表达式需要很强的逻辑推理能力和编程知识，因此在学习编写表达式时要从一些基础的表达式开始。

🔻 17.5　案例10：制作闹钟转动动画

闹钟的指针转动动画可以很好地应用到路径动画和约束命令工具。下面通过案例的操作，让读者掌握路径动画和约束在实际应用中的要点。

操作步骤

01 在场景中导入一个闹钟模型，使用闹钟模型来练习路径动画和约束的操作，如图17-92所示。

02 创建一个圆环曲线，并将其中心位置调整到表针的中心，如图17-93所示。

图17-92　导入模型

图17-93　创建圆环曲线

03 创建一个多边形圆柱体，调整面的细分和高度，如图17-94所示。

04 先选中圆柱体，再选中曲线，单击【约束】|【运动路径】|【连接到运动路径】右侧的■按钮，在弹出的对话框中选中【时间滑块】单选按钮，再单击【前方向轴】属性的Y选项和【上方向轴】属性的Z选项，如图17-95所示。

图17-94　创建圆柱体

图17-95　设置路径动画参数

05 单击【应用】按钮，即可将圆柱体添加到圆环曲线上。播放动画，圆柱会沿曲线运动，如图17-96所示。

06 选中曲线上的圆柱体，单击【约束】|【运动路径】|【流动路径对象】命令右侧的■按钮，在弹出的对话框中，设置【分段】属性中的【前】为80，并且选中【曲线】单选按钮，如图17-97所示。

图17-96　创建路径动画效果

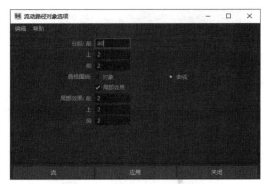

图17-97　设置流动路径对象属性参数

07 单击【应用】按钮，执行路径变形操作。此时会在环形路径的周围生成一个环形的晶格网格，如图17-98所示。

08 在环形晶格上按住鼠标右键，在弹出的快捷菜单中选择【晶格点】命令，对扭曲的环形晶格进行修正，避免因晶格的变形而造成对路径物体的影响，如图17-99所示。

图17-98　创建路径变形

图17-99　调整扭曲的晶格

09 选中该圆柱体，单击【可视化】|【创建动画快照】命令右侧的■按钮，在弹出的对话框中选中【时间滑块】单选按钮，如图17-100所示。

10 单击【应用】按钮，即可按顺序在圆环曲线上生成多个圆柱体，并且这些圆柱体都受晶格外形的影响，如图17-101所示。

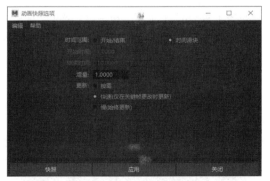

图17-100　设置快照动画属性

图17-101　生成的快照物体

11 分别为沿路径运动的圆柱体和沿路径生成的快照物体赋予不同的材质，以便于区分路径动画效果，如图17-102所示。

12 选中表针，按Insert键进入其中心点模式，将其中心点调整到所有表针旋转所围绕的轴向位置，如图17-103所示。

图17-102　赋予快照物体材质

图17-103　调整表针的中心点

13 将时间滑块拖动到第1帧，选择表针围绕的轴向物体nurbsSphere3，为其通道属性【旋转X】设置关键帧，如图17-104所示。

14 将时间滑块拖动到第30帧，设置轴向物体nurbsSphere3的通道属性【旋转X】为360，并设置关键帧，如图17-105所示。

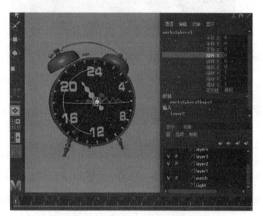

图17-104　设置旋转轴向的第1帧动画

图17-105　设置旋转轴向的第30帧动画

15 打开【设置受驱动关键帧】对话框，将轴向物体nurbsSphere3载入驱动列表，秒针模型miaozhen载入受驱动列表，如图17-106所示；然后在第1帧处单击【关键帧】按钮，为两种属性添加驱动关键帧。

16 将时间滑块拖动到第30帧，设置miaozhen的通道属性【旋转X】为360，再在驱动窗口中单击【关键帧】按钮，为两种属性添加驱动关键帧，如图17-107所示。

图17-106　设置第1帧驱动动画

图17-107　设置第30帧驱动动画

17 将秒针模型 miaozhen 载入驱动列表，分针模型 fenzhen 载入被驱动列表，并选中两对象各自的【旋转 X】属性，如图 17-108 所示。

18 将时间滑块拖动到第 1 帧，并观察分针模型 fenzhen 的通道属性【旋转 X】值，再在驱动窗口中单击【关键帧】按钮，为两种属性添加驱动关键帧，如图 17-109 所示。

图 17-108　设置分针和秒针的驱动属性

图 17-109　设置分针第 1 帧驱动动画

19 将时间滑块拖动到第 30 帧，设置分针模型 fenzhen 的通道属性【旋转 X】为 -128，再在驱动窗口中单击【关键帧】按钮，为两种属性设置驱动关键帧，如图 17-110 所示。

20 回到第 1 帧，将分针模型 fenzhen 载入驱动列表，时针模型 shizhen 载入被驱动列表并选中要驱动的属性，再单击【关键帧】按钮，设置驱动关键帧动画，如图 17-111 所示。

图 17-110　设置分针第 30 帧驱动动画

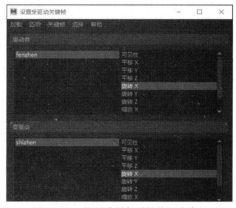

图 17-111　设置分针与时针的驱动动画

21 使用同样的方法，将时间滑块拖动到第 30 帧，根据表针旋转的动画原理，设置时针应当旋转的角度，并在驱动窗口中单击【关键帧】按钮，为分针和时针设置驱动关键帧。

22 播放动画，可以看到表盘一侧的路径物体沿表盘有规律地转动，并且各个表针之间也存在着驱动动画效果，如图 17-112 所示。

技巧

在创建表针的动画时，可以使用表达式精确约束表针的旋转角度，但首先要分析秒针转一周用的时间是 60s，那么 1s 内秒针将转 6°（角度），2s 转 12°，3s 转 18°……由此可见，秒针转过角度数（单位：角度）=时间（单位：秒）×6（单位：角度/秒）。根据表针转动的原理，用户也可以使用表达式来精确设置表针相互之间的转动效果。

miaozhen.rotateY = −time*6;

fenzhen.rotateY = (time*(−6))/60

shizhen.rotateY = fenzhen.rotateY/60

图17-112　各个时间段表针的转动效果

第**18**章

骨骼绑定与动画技术

→ 18.1　骨骼的基本操作

18.1.1　创建骨骼

在深入学习骨骼的绑定与动画技术之前，首先需要掌握好骨骼的创建操作，下面通过相关的操作介绍骨骼链的创建方法。

课堂练习164：创建骨骼

`01` 执行【骨架】|【创建关节】命令，按 X 键在视图坐标处单击，即可创建一个骨骼点，如图 18-1 所示。

`02` 在任意处单击，即可创建第 2 个骨骼点，两个骨骼点之间会生成一个骨关节，如图 18-2 所示。

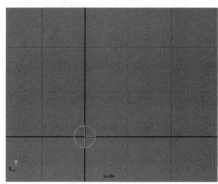

图 18-1　创建骨骼点

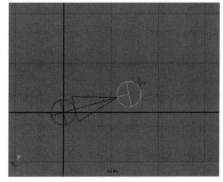

图 18-2　创建骨关节

`03` 使用同样的方法，可以在特定的位置创建多个骨骼点，在多个骨骼点之间会生成一条骨骼链，如图 18-3 所示。

`04` 按 Enter 键，确定创建骨骼链，整条骨骼链呈绿色高亮显示，首先创建的骨节为骨骼链根部关节，默认名称为 joint1，向后依次为 joint2、joint3，如图 18-4 所示。

`05` 打开【大纲视图】窗口，可以看到生成的一个组 joint1，在该群组层级下包括子层级骨骼层 joint2 和 joint3，每一层级的骨骼均为上一骨骼层级的子物体，如图 18-5 所示。

`06` 在【大纲视图】窗口中单击 joint2 骨骼层级选项，即可选中子骨骼 joint2，可以使用移动工具移动其位置，如图 18-6 所示。

> **注　意**
>
> 在创建骨骼时，用户可以选中骨骼，执行【显示】|【动画】|【关节大小】命令，在弹出的菜单中设置骨骼的显示尺寸。

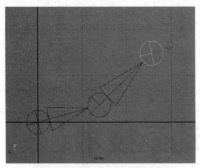

图18-3　创建多个骨骼点

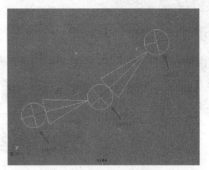

图18-4　生成的骨骼链

图18-5　生成的骨骼群组

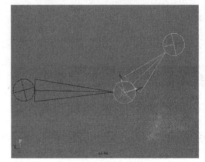

图18-6　移动子骨骼

参数简介

在创建骨骼时，用户可以通过单击【骨架】|【创建关节】命令右侧的□按钮，打开【关节工具】设置面板，如图18-7所示。

图18-7　【关节工具】设置面板

● 自由度：设置使用IK时可以绕哪个骨节点坐标轴旋转(x、y或z)，系统默认状态下设置为绕3个坐标轴旋转，不启用y轴，那么IK就不能控制y轴的旋转，或在通道面板中锁定相应轴的旋转功能。

● 对称：设置骨节点坐标轴的方向，若选中【禁用】选项，则创建骨节点坐标轴的方向与世界坐标轴的方向一致；若选择其他选项，则第1个坐标轴指向子关节，第2个坐标轴指向关节弯曲方向。

● 比例补偿：缩放骨骼父关节时，如果启用【比例补偿】复选框，那么子关节不受父关节的缩放影响；不启用该复选框，子关节将受父关节的缩放影响。

● 自动关节限制：启用该复选框，创建时自动限制关节的旋转角度，范围为360°~-360°。

● 创建IK控制柄：启用该复选框，则创建骨关节或关节链时，IK控制柄同时被创建。

● 可变骨骼半径设置：启用该复选框时，【关节工具】设置面板下【骨骼半径设置】卷展栏中的参数部分可用，可以自定义骨骼的半径。

● 投影中心：启用该复选框，Maya 2022会自动将关节捕捉到选定网格的中心。

● 确定关节方向为世界方向：启用该复选框后，使用【关节工具】创建的所有关节都将设定为与世界轴对齐。每个关节的局部轴方向与世界轴相同，并且其他【方向设置】被禁用。

● 主轴：用于为关节指定主局部轴。这是指向从此关节延伸向下的骨骼的轴。

提 示

如果用户希望关节围绕一个特定轴旋转，该轴绝对不能是主轴。例如，如果一个关节的主轴方向设定为x轴，则该关节无法围绕其局部 x 轴旋转。

- 次轴：用于指定哪个局部轴用作关节的次方向。选择两个剩余轴中的一个。
- 次轴世界方向：用于设定次轴的方向(正或负)。
- 短骨骼长度：设定短骨骼的骨骼长度。
- 短骨骼半径：设定短骨骼的骨骼半径。这是最小骨骼半径。
- 长骨骼长度：设定长骨骼的骨骼长度。
- 长骨骼半径：设定长骨骼的骨骼半径。这是最大骨骼半径。

18.1.2 插入关节

在创建出一条骨骼链后，根据实际制作需要再次添加关节，以改变骨骼的形状和长度，用户可以通过两种方法来增加骨关节。

课堂练习165：添加骨骼点

01 执行【骨架】|【插入关节】命令，在上一小节创建的骨骼链的任意骨骼点上单击，即可添加一个新的骨骼点，如图18-8所示。

02 按住鼠标左键拖动，可以调整新骨骼点的位置，从而改变骨骼链的外形，如图18-9所示。

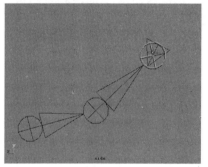

图18-8 创建骨骼点

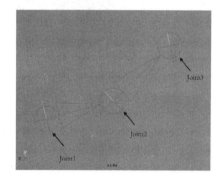

图18-9 移动新骨骼点的位置

18.1.3 重定骨架根

在Maya 2022场景中，允许用户随意选中关节链上的一个骨关节，并将其指定为骨关节链中的父关节，以快速改变整个关节链的父子层级结构。下面对该工具的使用方法进行详细介绍。

课堂练习166：设置根部骨骼

01 继续使用上一小节中创建的骨骼链，在【大纲视图】窗口中单击子骨骼joint3选项，如图18-10所示。

02 执行【骨架】|【重定骨架根】命令，即可将当前所选骨骼设置为骨链的根部骨骼，如图18-11所示。

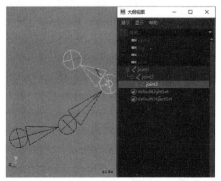

图18-10 选择子骨骼层级

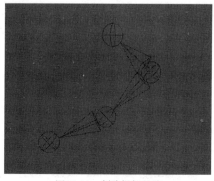

图18-11 创建根部骨骼

18.1.4　移除关节

在创建与编辑骨骼工作中，有时会根据模型需要适当地删除多余的骨骼，但是这样会一起删除需要的子层级骨骼，造成不必要的麻烦，此时用户可以通过【移除关节】命令删除特定的某一段骨骼。

课堂练习167：删除骨骼

01 在【大纲视图】窗口中，选择要删除的子骨骼层级joint2，如图18-12所示。

02 执行【骨架】|【移除关节】命令，即可将骨关节joint2从骨骼链中删除，并且骨骼joint3会自动与joint1结为父子关系，如图18-13所示。

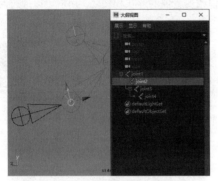 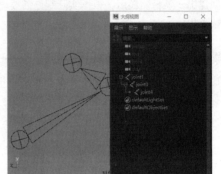

图18-12　选择要删除的骨骼　　　　图18-13　骨关节被删除

18.1.5　断开关节

在创建角色骨骼时，常常需要将分支骨骼链断开，再连接到其他骨节上。例如，人体的手骨分支关节，从而简化骨骼创建工作。断开骨骼的方法分为两种，一种是将骨骼链的父子层级打断；另一种是使用Maya 2022提供的【断开关节】命令，下面对这两种操作方法进行介绍。

课堂练习168：断开骨骼

01 选择骨骼链中的子层级骨骼joint2，执行【骨架】|【断开关节】命令，即可将骨骼链从所选骨节处断开，如图18-14所示。

02 移动骨节joint2的位置，可以看到在骨骼链的断开位置生成一个新骨骼点joint5，并且该骨骼点会被自动设为骨节joint1的子物体，如图18-15所示。

03 从图中可以看出，骨骼点joint5的显示尺寸明显大于其他骨节。用户可以选中该骨节并执行【显示】|【动画】|【关节大小】命令，在弹出的【关节显示比例】对话框中输入参数值，即可改变骨骼点的大小，如图18-16所示。

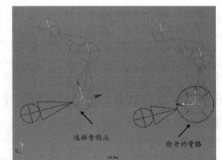

图18-14　执行【断开关节】命令

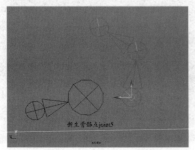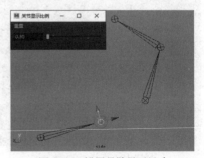

图18-15　移动断开的骨骼　　　　图18-16　设置骨骼显示尺寸

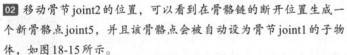

18.1.6　连接关节

为了方便创建和编辑骨骼，Maya 2022还提供了专门的骨骼连接工具——连接关节，它可以将两个独立的骨骼连接在一起，从而简化了骨骼创建的复杂程度。连接的方式分为两种，一种为【连接关节】模式，另一种为【将关节设为父子关系】模式。下面介绍这两种连接方式的区别。

课堂练习169：连接骨骼

01 使用上一小节中断开的骨骼链，然后先选中骨节joint2，再选中骨节joint5，如图18-17所示。

02 单击【骨架】|【连接关节】命令右侧的█按钮，在弹出的【连接关节选项】对话框中选中【连接关节】单选按钮，再单击【应用】按钮，执行骨骼的连接操作，如图18-18所示。

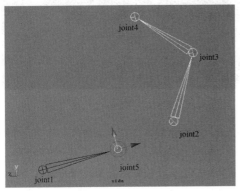

图18-17　选择要连接的骨骼

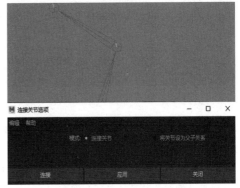

图18-18　【连接关节选项】对话框

03 选中并移动骨节joint2，骨节joint2被自动设置为骨节joint1的子关节，而非骨节joint5的子关节，如图18-19所示。

04 返回到骨骼链的断开状态，然后先选择骨节joint2，再选择骨节joint5，执行【编辑】|【建立父子关系】命令，即可使joint2成为joint5的子关节，如图18-20所示。

图18-19　骨节的连接效果

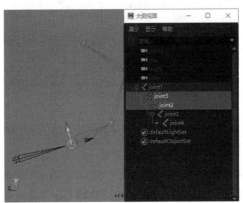

图18-20　骨节的连接方式

18.1.7　镜像关节

在创建人体骨骼时，需要保证身体四肢的左右两侧完全对称，若使用手动的方式来逐一创建每一段骨骼，既麻烦又不能保证两侧的骨骼完全对称，此时可以使用【镜像关节】命令来快速镜像复制出对称的骨骼对象，该工具与多边形建模的几何体镜像工具类似。

■ **课堂练习170：镜像骨骼**

`01` 在场景中选中要镜像复制的骨骼链，并观察骨骼链当前所在的坐标方向，如图18-21所示。

`02` 单击【骨架】|【镜像关节】命令右侧的▣按钮，在弹出的【镜像关节选项】对话框中选中XY单选按钮，如图18-22所示。

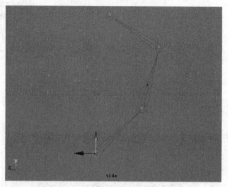

图18-21　选择要镜像复制的骨骼

图18-22　选择镜像复制的轴向

`03` 单击【镜像】按钮，即可对所选骨骼链进行镜像复制。移动复制的骨骼链，可以看到两个镜像的骨骼链之间没有任何连接效果，如图18-23所示。

`04` 同样也可以选中要镜像的子层级骨骼，执行【镜像关节】命令，即可进行镜像复制，但复制的骨骼被自动添加到原始根部骨骼层级下，如图18-24所示。

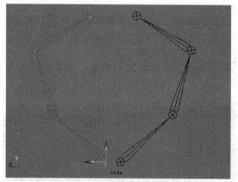

图18-23　镜像骨骼链

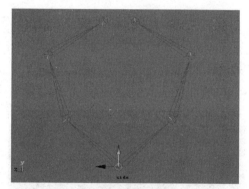

图18-24　镜像子骨骼

18.1.8　确定关节方向

在第1章介绍Maya基础知识时，讲解了物体的局部坐标和世界坐标。在骨骼系统中，每个骨节的旋转坐标都依赖于局部坐标的设定，因此骨骼局部坐标的设定对于骨骼的操作至关重要。

■ **课堂练习171：调整骨骼局部坐标**

`01` 选中场景中的骨骼链，单击状态栏上的▨图标，再单击该图标右侧的▨按钮，即可显示骨骼链的坐标方向，可以看到一些骨骼点的错乱的坐标方向，如图18-25所示。

`02` 单击【骨架】|【确定关节方向】命令右侧的▣按钮，在弹出的【确定关节方向选项】对话框中启用【确定关节方向为世界方向】复选框，如图18-26所示。

`03` 单击【方向】按钮，即可将骨骼错乱的坐标方向进行统一设置，使任意骨骼某一轴向的朝向统一，如图18-27所示。

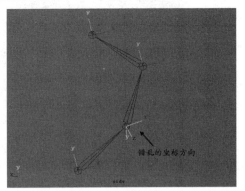

图18-25 骨骼坐标的显示

图18-26 【确定关节方向选项】对话框

04 用户可以选中局部的骨骼坐标轴，使用旋转工具调整其坐标指向，如图18-28所示。

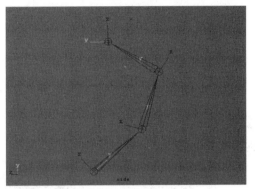

图18-27 统一骨骼的坐标方向

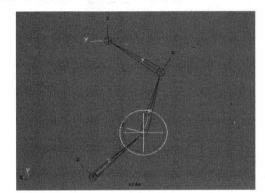

图18-28 修改骨骼的局部坐标方向

参数简介

下面介绍【确定关节方向选项】对话框中的选项。

- 确定关节方向为世界方向：启用该复选框后，使用关节工具创建的所有关节都将设置为与世界方向对齐。每个关节的局部轴的方向与世界轴相同，并且其他确定关节方向设置被禁用。

- 主轴：用于为关节指定主局部轴。这是指向从此关节延伸向下的骨骼的轴。

- 次轴：用于指定哪个局部轴用作关节的次方向。选择两个剩余轴中的一个。

- 次轴世界方向：用于设定次轴的方向(正或负)。

- 确定选定关节子对象的方向：启用该复选框时，【确定关节方向选项】对话框中的选项影响骨架层次中当前关节下的所有关节。关闭时，仅当前关节受【确定关节方向选项】对话框中的选项影响。

- 重新确定局部缩放轴方向：启用该复选框时，当前关节的局部缩放轴也重新确定方向。

- 切换局部轴可见性：切换选定关节上局部轴的显示。

18.2 骨骼的动力学控制

18.2.1 骨骼的动力学控制基础

在完成骨骼创建以后，就需要对骨骼进行各种操作，使其能够摆出各种姿势并设置关键帧，从而完成丰富的连贯动作。骨骼的控制方式包括正向动力学(FK)、反向动力学(IK)及样条曲线控制(Spline)。本小节将介绍骨骼的控制方式和骨骼预设角度的设置。

正向动力学，英文全称为forward kinematics，简称为FK，实际上就是用户之前已经操作过的旋转骨骼。角色的每一个姿势、每一个动作都需要逐个旋转关节，才能让关节链最终到达相应位置。通常都是先旋转父关节，再旋转下一个子关节，顺着关节链依次操作。例如，用户需要一条直线型的骨骼产生弯曲，就需要反复旋转该骨骼链中的每一段骨关节，以达到很好的弧形弯曲效果，如图18-29所示。

反向动力学，英文全称为inverse kinematics，简称为IK，不同于正向动力学，它的特点是依靠控制器直接将骨骼链端点的骨骼移动到目标点，而无须像在正向动力学中那样逐个移动关节点。在反向动力学中，根据控制器的类型，分为单线控制骨骼和样条曲线控制骨骼。

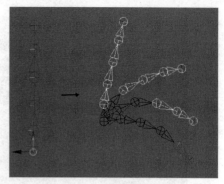

图18-29　正向动力学原理

> **注意**
>
> 虽然正向动力学有着完美的弧形运动轨迹，但是在一些特殊的动画中就需要用到反向动力学，如骨骼链中的某段骨骼被固定住或被某物体牵引摆动等。

18.2.2　IK控制柄工具

在反向动力学中操作骨骼非常简单，只需要使用一个骨骼控制器，就可以非常便捷地控制骨骼并摆出各种姿势，下面对该控制器的创建方法进行详细介绍。

课堂练习172：添加IK控制柄

01 单击【骨架】|【创建IK控制柄】命令右侧的
■按钮，在弹出的【IK控制柄工具】设置面板中，选择【当前解算器】下拉列表中的【旋转平面解算器】选项，然后在骨骼链的父关节点处单击，如图18-30所示。

02 在骨骼链中最后一个关节点处单击，即可为骨骼添加IK控制柄。用户可以通过操作这些控制手柄来修改骨骼的状态，如图18-31所示。

03 选择IK控制柄，使用移动工具进行移动操作，骨骼或旋转平面都会发生改变，如图18-32所示。

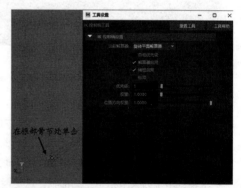

图18-30　【IK控制柄工具】设置面板

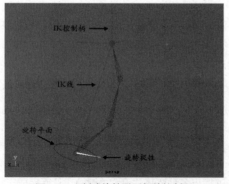

图18-31　创建旋转平面解算控制器

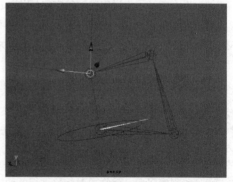

图18-32　移动IK控制柄

04 选择IK控制柄，按T键显示其控制柄，沿旋转平面移动控制点，即可旋转骨骼链。同时，沿骨骼链末端的圆环拖动鼠标左键，也可以旋转骨骼链，如图18-33所示。

05 用户还可以在添加IK控制柄之前，设置其解算方式为【单链解算器】，然后再添加IK控制器，此时生成的IK控制器并没有旋转平面，如图18-34所示。

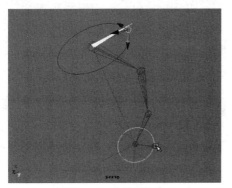

图18-33 旋转骨骼链

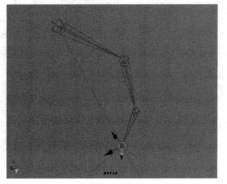

图18-34 创建单链解算控制器

参数简介

当用户在执行【创建IK控制柄】命令后，即可打开【IK控制柄工具】设置面板。下面介绍有关IK控制器的属性设置参数。

- 当前解算器：用于设置所要创建IK控制器的计算类型，包括【旋转平面解算器】和【单链解算器】两种，默认选中【单链解算器】。【旋转平面解算器】用于控制所要创建的IK控制器具有旋转平面，可以通过操作极向量进行旋转操作，常用于控制角色既能旋转又能弯曲的腿部和肩膀部位；【单链解算器】创建的IK控制器并没有旋转平面和极向量，无法进行旋转操作，常用于控制角色的脚趾关节。

- 自动优先级：用于设置IK控制器是否根据所创建位置的骨骼父子层级结构来决定自身的优先级，默认为禁用该复选框。

- 解算器启用：用于控制是否使用IK解算器，默认为开启。若关闭，则会导致IK控制器失效。

- 捕捉启用：用于控制是否将IK控制手柄捕捉到IK控制柄的末端效应器上，默认为启用该复选框。

下面对旋转平面控制器所包含的结构进行详细说明。

- IK控制柄：即表示IK手柄控制器，用户可以通过平移控制器将末端骨骼关节快速地移动到目标点。

- 旋转平面：当骨骼链旋转或扭曲时，骨骼链所在的平面必须与其他平面进行对比，才能获得骨骼扭曲的幅度值。旋转平面正是用于作为与骨骼链平面进行扭曲对比的参考平面。

- 旋转极性：用于控制骨骼在反向动力学中的旋转操作。该手柄默认无法被选中，必须选中IK控制器，然后按T键快速选中旋转极性。

- IK线：仅起显示作用，用于标明当前IK控制器的骨骼起始点和端点，没有任何操作控制功能。

18.2.3 调整IK效应器

上节中为骨骼添加IK控制时，提到了IK末端效应器。它的工作原理是用于计算反向动力学所能影响骨骼关节的范围，即从创建IK控制器的骨骼链端点算起，一直到效应器所在层级的父骨关节，都可以被反向动力学所影响。如果在为骨骼链添加IK控制后，不想使某一段骨关节发生弯折，就需要调整其IK控制的影响范围，这就需要用到IK效应器。

课堂练习173：调整IK效应器

01 打开【大纲视图】窗口，可以看到在执行【创建IK控制柄】操作后生成的IK效应器effector1和IK控制柄属性选项，单击effector1选项可以选择该效应器，如图18-35所示。

02 按Insert键显示其中心点；按V键，当前效应器的中心移动并吸附到其他骨骼点上，如图18-36所示。

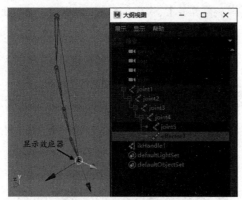

图18-35　显示IK效应器

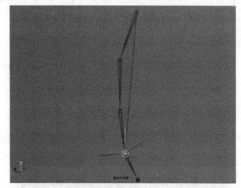

图18-36　移动效应器中心点

03 按Insert键，确定效应器中心点位置。再移动IK控制柄，可以看到在新确定的效应器位置的骨节不再有任何弯曲效果，如图18-37所示。

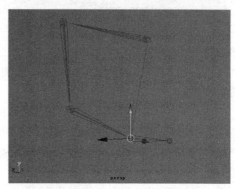

图18-37　移动IK控制器

18.2.4　IK控制器极向量

　　IK控制器可以自由地让骨骼弯曲、伸展，并且能够有效地控制骨骼翻转。当持续向上移动IK控制器到一定位置时，骨骼就会发生翻转，但是无法控制骨骼的旋转，因为在旋转平面上附有极向量。通过修改极向量的方向可以间接旋转整个骨骼。

┃课堂练习174：调整IK控制器极向量┃

01 选中骨骼链末端处的IK控制柄，持续将它向上移动，在IK控制器越过旋转平面时，骨骼会发生不正常的偏转，如图18-38所示。

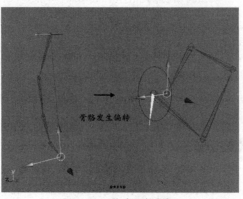

图18-38　移动IK控制柄

02 选中IK控制器，按T键显示其控制手柄；然后向上拖动旋转平面上的移动坐标手柄，改变极向量的位置，如图18-39所示。

03 再移动IK控制柄，可以看到骨骼链的翻转效果已经得到很好的改善，如图18-40所示。

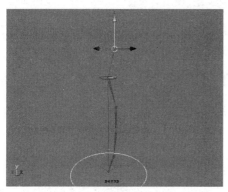

图18-39　移动极向量位置

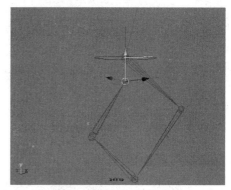

图18-40　骨骼链的翻转效果

04 创建一个方体曲线，先选中曲线，再按住Shift键加选极向量，并执行【约束】|【极向量】命令，执行极向量约束操作，即可在两者之间产生一条约束控制手柄，如图18-41所示。

05 移动方体曲线，极向量的位置发生变化，并且骨骼链也会发生一定的旋转，如图18-42所示。

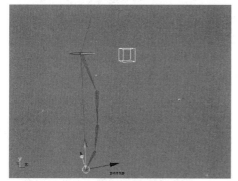

图18-41　执行【极向量】命令

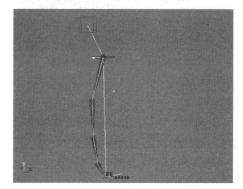

图18-42　移动方体曲线

18.2.5　IK样条线控制柄工具

前面所介绍的IK控制柄工具，多用在动作功能只有两段的骨骼上，如人的手骨或者腿部骨骼，如果需要制作类似动物尾巴骨骼的弯曲控制时，就需要用到创建IK样条线控制柄工具对其进行控制。下面对该工具的使用进行介绍。

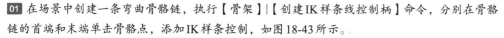

课堂练习175：创建IK样条控制器

01 在场景中创建一条弯曲骨骼链，执行【骨架】|【创建IK样条线控制柄】命令，分别在骨骼链的首端和末端单击骨骼点，添加IK样条控制，如图18-43所示。

02 移动曲线上的控制点，骨骼链也跟随着移动，但并不能对IK控制柄进行任何操作，如图18-44所示。

03 选择曲线上的控制点，执行【变形】|【簇】命令，为其添加簇约束控制，如图18-45所示。

04 由于簇控制器在视图中很难被选中和编辑，用户可以创建一个方体曲线，使方体曲线成为簇控制器的父物体，移动方体即可调整骨骼外形，如图18-46所示。

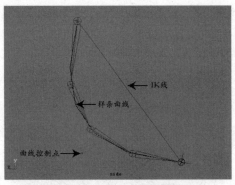

图18-43　添加IK样条控制柄

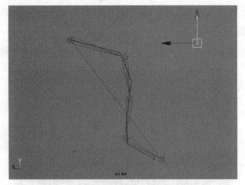

图18-44　曲线对骨骼链的影响

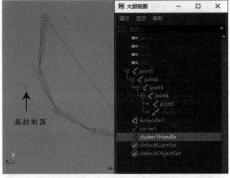

图18-45　执行【簇】命令

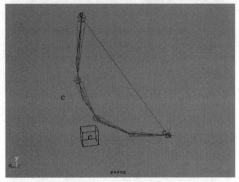

图18-46　添加虚拟物体

参数简介

执行【骨架】|【创建IK样条线控制柄】命令右侧的
▣按钮，即可打开【IK样条线控制柄工具】设置面板，如
图18-47所示。下面介绍该面板中参数的功能。

图18-47　【IK样条线控制柄工具】设置面板

● 根在曲线上：用于将IK样条骨骼的父关节控制到曲线
上。当启用该复选框时，修改IK控制的【偏移】值，骨骼会
沿着曲线移动，否则会脱离曲线。

● 自动创建根轴：用于在样条骨骼链的父关节上创建一
个父移动节点，通过调整该节点来避免移动或旋转父关节所
造成的偏转现象。

● 自动将曲线结成父子关系：用于控制创建的曲线自动成为样条骨骼链父节点的子物体，从而便于在移动骨骼
的同时曲线也跟随着移动。

● 将曲线捕捉到根：用于将曲线的开始端黏附在样条骨骼链的父关节上，并且骨骼链会自动旋转弯曲，直到适
合曲线外形。

● 自动创建曲线：当启用该复选框并添加骨骼的IK曲线控制器时，会根据当前骨骼形状在骨骼链的始端和末
端关节处创建样条曲线。

● 自动简化曲线：用于控制自动平滑IK样条曲线，通常结合【自动创建曲线】复选框使用。

● 跨度数：用于设置IK样条曲线的平滑度。

● 根扭曲模式：用于在控制旋转末端骨关节时也影响骨骼链开始端关节的旋转角度。

● 扭曲类型：用于设置骨骼扭曲的方式，包括4种类型，其中，【线性】表示均衡地扭曲所有关节；【缓入】表
示在终点减弱内向扭曲；【缓出】表示在起点减弱外向扭曲；【缓入缓出】表示在中点减弱外向扭曲。

18.2.6　显示骨骼预设角度

在创建骨骼之后，未被操作之前的初始状态都被视为骨骼的预设角度，并且每一个骨关节的预设角度都可以被设置和修改。当为骨骼添加IK控制器后，移动IK控制柄，骨骼链会根据旋转的预设角度来决定弯曲的方向。

课堂练习176：显示骨骼的预设角度

01 移动骨骼链上的IK控制器，改变骨骼链当前的状态，如图18-48所示。

02 选中IK控制手柄，执行【骨架】|【采用首选角度】命令，即可恢复骨骼链预设角度状态，如图18-49所示。

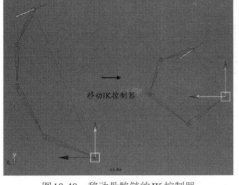

图18-48　移动骨骼链的IK控制器

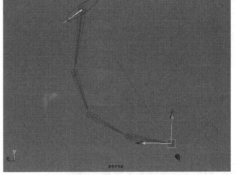

图18-49　显示骨骼的预设角色

> **注意**
>
> 无论是修改骨骼链上任意骨节的旋转或移动状态，还是修改骨骼链上的IK控制器而使骨骼的初始状态发生了改变，用户都可以选中该骨骼链或IK控制器，执行【采用首选角度】命令，将当前状态恢复到原始状态。

参数简介

单击【骨架】|【采用首选角度】命令右侧的■按钮，打开【采用首选角度选项】对话框，如图18-50所示。

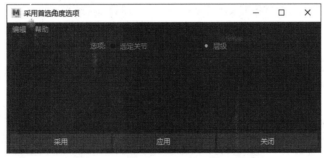

图18-50　【采用首选角度选项】对话框

下面对其中的属性进行说明。

- 选定关节：用于将当前选择的骨关节恢复到预设角度状态。
- 层级：用于将选中骨骼及其以下的所有层级骨骼都恢复到预设角度状态。

18.2.7　设置骨骼预设角度

用户同样也可以更改骨骼的预设角色，从而便于骨骼的编辑。使用【设置首选角度】命令，可以将骨骼的预设姿态设定为自己所需要的姿态，下面对该工具的使用进行详细介绍。

课堂练习177：设置骨骼的预设角度

01 选中骨骼链当前状态的IK控制柄，执行【骨架】|【设置首选角度】命令，将骨骼链的当前状态设置为预设角度，如图18-51所示。

02 移动IK控制柄改变骨骼链当前的预设状态，然后再选中IK控制器，并执行【采用首选角度】命令，即可将骨骼链恢复到开始设置的预设角度，如图18-52所示。

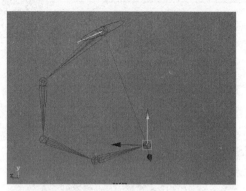

图18-51　执行【设置首选角度】命令

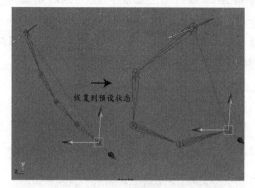

图18-52　执行【采用首选角度】命令

18.3　绑定骨骼与模型

18.3.1　创建角色骨骼的规则

在创建角色骨骼之前，需要充分认识创建骨骼的规则，只有创建适合角色的骨骼系统，才能模拟真实的骨骼及其运动特征，下面对创建角色骨骼的基本规则进行详细介绍。

（1）创建角色的骨骼和运动系统时，要充分了解角色的自然骨骼状态及其运动特征，以此来判断在模型的什么部位创建什么性质的骨骼。

（2）根据角色在影片中的情节和动作安排来决定骨骼的动力学特征，即尽量符合角色在真实状态下的骨骼特征。在创建过程中，简单、高效始终是要遵循的重要原则。

（3）随着观众和市场对角色动画质量的要求不断提高，角色的骨骼也越来越复杂，这就要求动画师不但要学习更多的技能，还要进一步加强工作的规范化和系统化。例如，骨骼的规范化命名在工作中极其重要，所以要养成规范化命名的好习惯。

（4）动画师需要根据实际情况来确定角色的蒙皮方法，这就要求他们要很好地掌握Maya 2022中两种蒙皮方式的特点和差异。另外，还要掌握局部错误蒙皮的编辑方法。

18.3.2　创建角色肢体骨骼

下面首先从角色的尾巴和腿部开始创建骨骼，设置角色腿部骨骼很好操作，重点是在膝盖处设置弯曲骨骼，以模拟角色真实的运动机能。

1. 创建骨骼

操作步骤

01 在新建场景中导入一组角色模型，下面将为该角色模型添加骨骼控制，如图18-53所示。

02 切换到侧视图，执行【骨架】|【创建关节】命令，在图18-54所示的位置单击，创建一个骨骼点。

03 沿角色尾巴的外形轮廓继续单击，创建一条尾巴模型的骨骼链，如图18-55所示。

04 选中尾巴骨骼链的父骨节joint1，并且在其通道栏中重命名为"Tail_joint1"，如图18-56所示。

图18-53 导入角色模型

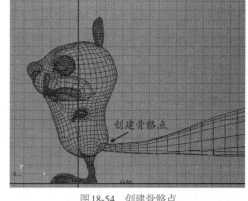

图18-54 创建骨骼点

图18-55 创建角色尾巴骨骼链

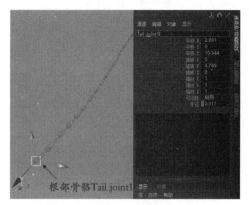

图18-56 对尾巴骨骼链进行重命名

05 使用同样的方法，为尾巴骨骼链上的每一节骨骼进行重命名，以便于后面为骨骼添加控制，如图18-57所示。

06 在侧视图中，进入角色模型的网格显示状态，再执行【骨架】|【创建关节】命令，在图18-58所示的位置单击，创建一个骨骼点。

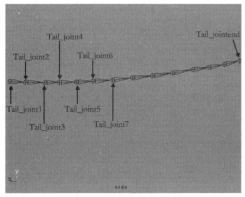

图18-57 对骨骼进行重命名

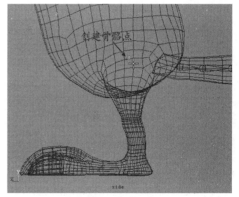

图18-58 创建腿部根部骨骼点

07 使用同样的方法，根据角色腿部模型的网格布线走势，创建多段骨关节，并且根据腿部的轮廓确定骨骼链的弯曲角度，如图18-59所示。

08 根据角色脚部的外形，再次单击鼠标，创建一个脚部的控制关节，如图18-60所示。

09 按Enter键确定创建腿部骨骼链，切换到透视图，可以看到在侧视图创建的腿部骨骼链被默认处在场景坐标轴上，如图18-61所示。

10 选择腿部骨骼链并移动到角色一条腿的内部，如图18-62所示。

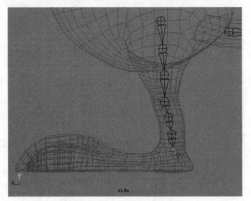

图18-59　创建腿部骨骼链

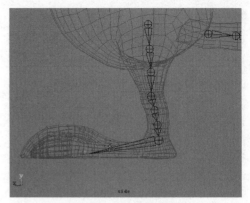

图18-60　创建脚部骨关节

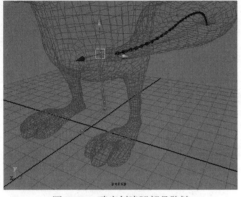

图18-61　确定创建腿部骨骼链

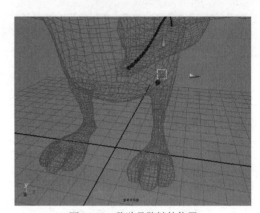

图18-62　移动骨骼链的位置

11 依次为腿部骨骼链上的每段骨节进行重命名，以便于后期添加骨骼控制或编辑骨骼权重时快速区分骨骼，如图18-63所示。

12 切换到顶视图，执行【骨架】|【创建关节】命令，在图18-64所示的位置单击，创建脚趾的第1个骨骼点。

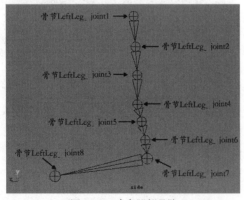

图18-63　命名腿部骨骼

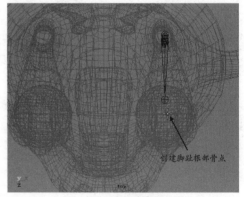

图18-64　创建脚趾骨骼点

13 沿角色脚趾模型的外部轮廓连续单击鼠标，以创建角色的脚趾骨节，如图18-65所示。

14 切换到透视图，沿y轴向上移动骨骼链到脚趾的内部，如图18-66所示。

15 切换到侧视图，再分别向上移动创建的3段骨节，将直线型的骨骼链调整为弧形，如图18-67所示。

16 使用同样的方法，为另外两个分支的骨节创建两条骨骼链，如图18-68所示。

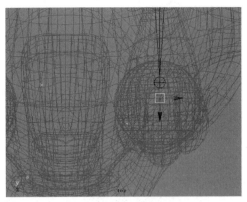

图18-65 创建脚趾骨骼链

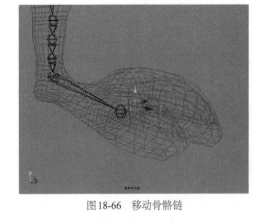

图18-66 移动骨骼链

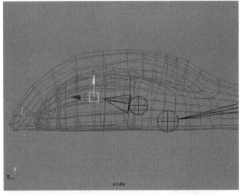

图18-67 调整骨骼链外形

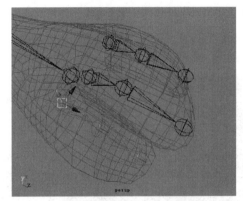

图18-68 创建另外两条骨骼链

17 在通道栏中对3个脚趾的骨骼链进行重命名，便于区分骨节，如图18-69所示。

18 先选中骨节LeftToe1_joint1，再选中骨节LeftLeg_joint8，如图18-70所示。单击【骨架】|【连接关节】命令右侧的■按钮，在弹出的【连接关节选项】对话框中选择【将关节设为父子关系】模式。

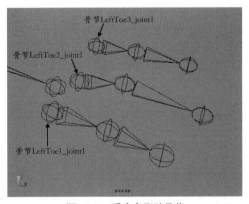

图18-69 重命名脚趾骨节

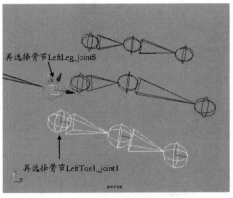

图18-70 选择骨节

19 单击【应用】按钮，即可完成两个骨骼点的连接，如图18-71所示。

20 使用同样的方法，将另外的两个脚趾骨节进行连接，再选中整条腿部的骨骼链，单击状态栏上的■按钮，再单击其右侧的■按钮，显示并调整其局部坐标方向，如图18-72所示。

21 选中腿部父骨节LeftLeg_joint1，单击【骨架】|【镜像关节】命令右侧的■按钮，在弹出的【镜像关节选项】对话框中选中YZ单选按钮，将【搜索】设置为Left，将【替换为】设置为Right，如图18-73所示。

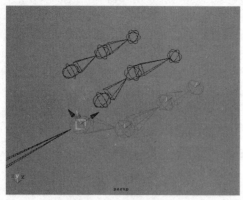

图18-71　执行【连接关节】命令

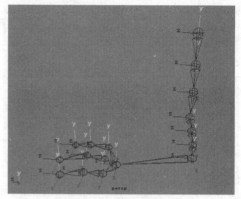

图18-72　统一骨节的坐标方向

22 单击【应用】按钮，即可将所选骨骼链镜像到另一侧，并且镜像的骨节会自动以Right开头命名，如图18-74所示。

图18-73　设置镜像属性参数

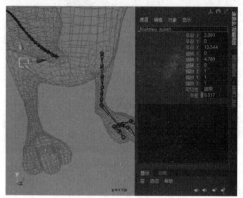

图18-74　骨骼链的镜像效果

23 切换到前视图，执行【骨架】|【创建关节】命令，在图18-75所示的位置单击，创建两个骨节。

24 沿角色手臂的外形轮廓连续单击，以创建用于控制手臂的骨骼链，并对骨骼链上的每一节骨骼进行重命名，如图18-76所示。

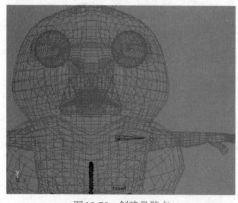

图18-75　创建骨骼点

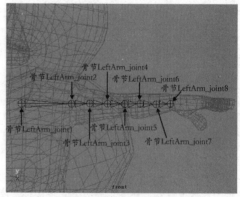

图18-76　重命名骨节

25 切换到顶视图，再根据角色的手指模型轮廓为每根手指都创建一条骨骼链，如图18-77所示。

26 切换到透视图，可以看到在顶视图被创建的手指骨骼链默认位于视图网格上，用户只需将骨骼链移动到手指的内部，如图18-78所示。

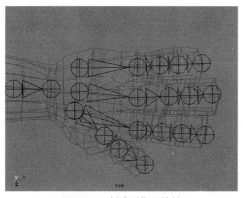

图18-77 创建手指骨骼链

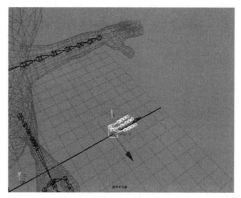

图18-78 移动手指骨骼链位置

27 再调整拇指骨节的位置角度，将其他手指调整为向 y 轴正向弯曲，改变骨节的直线性状态，从而便于为它们添加 IK 控制，如图18-79所示。

28 使用同样的方法，对每根手指的根部骨节进行重命名，便于区分和查找骨骼，如图18-80所示。

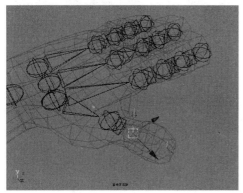

图18-79 调整骨骼的位置角度

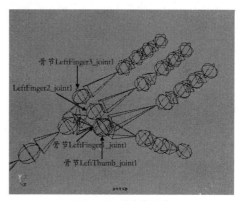

图18-80 重命名骨节

29 切换到侧视图，执行【骨架】|【创建关节】命令，在图18-81所示位置单击，创建一个骨骼点。

30 同样，沿角色身体躯干外形连续多次单击，创建一条腰部骨骼链，并对每节骨骼进行重命名，如图18-82所示。

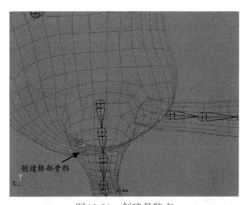

图18-81 创建骨骼点

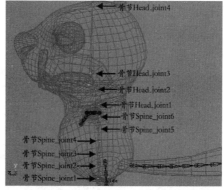

图18-82 创建腰部骨骼链

31 在角色的眼部位置创建出图18-83所示的一段骨节，并且将骨节上的两个骨骼点分别命名为 jEyeLeft 和 jEyePupilLeft。

32 先选中眼部的父骨节 JEveleft，再选中骨节 Head_joint3，执行父子约束操作；再选中骨节 JEveleft，并执行【骨架】|【镜像关节】命令，对其进行镜像复制，如图18-84所示。

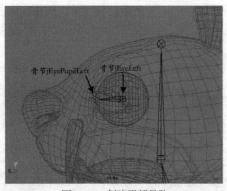

图18-83　创建眼部骨骼

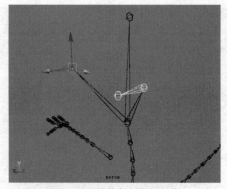

图18-84　镜像复制眼部骨节

33 切换到前视图，在角色耳朵部位创建一条骨骼链，并进行重命名，如图18-85所示。

34 先选中耳朵父骨节LeftEar_joint1，再选中骨节Head_joint4，执行【骨架】|【连接关节】命令建立连接，如图18-86所示。

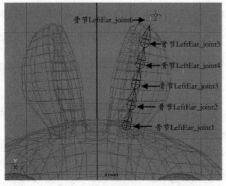

图18-85　命名耳朵骨骼链

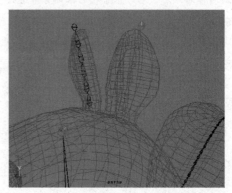

图18-86　执行【连接关节】命令

2. 装备骨骼

操作步骤 --

01 执行【骨架】|【创建IK样条线控制柄】命令，在角色尾巴骨骼链的首尾骨骼点上分别右击，为该骨骼链添加IK样条控制器，如图18-87所示。

02 选中IK样条曲线，在视图菜单中执行【显示】|【隔离选择】|【查看选定对象】命令，只显示所选曲线；然后在该曲线上按住鼠标右键，在弹出的快捷菜单中选择【曲线点】命令，再在曲线末端单击，创建一个点，如图18-88所示。

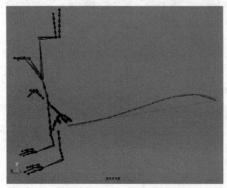

图18-87　添加IK样条控制器

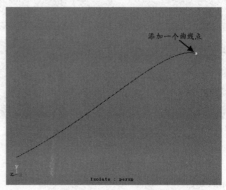

图18-88　添加曲线控制点

03 执行【变形】|【曲线上的点】命令，再显示所有物体，即可在曲线的一端生成一个定位控制器，移动控制器可改变端部骨骼的状态，如图18-89所示。

04 依次选中IK样条曲线上的控制点，执行【变形】|【簇】命令，为每个点添加簇控制器，如图18-90所示。

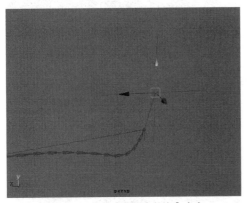

图18-89 执行【曲线上的点】命令

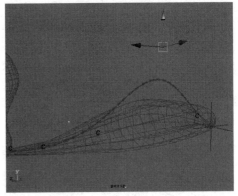

图18-90 添加簇约束控制器

05 在每个簇控制器的位置创建一个圆环曲线并进行命名，将圆环曲线的中心点吸附到簇控制器所在骨骼点上，将对应的簇控制器作为曲线的子物体，如图18-91所示。

06 使Locator1成为曲线V5的子物体，Locator1跟随曲线V5移动，如图18-92所示；然后，再使曲线V5成为V4的子物体，V4成为V3的子物体，V3成为V2的子物体，V2成为V1的子物体。

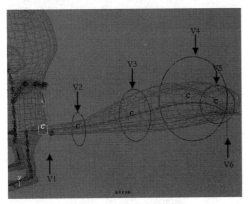

图18-91 创建曲线控制器

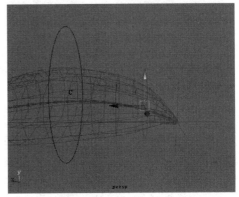

图18-92 建立父子关系

07 切换到侧视图，在图18-93所示的骨骼点位置创建几条圆环曲线，用于控制腰部骨骼。

> **注意**
>
> 为角色腰部的骨骼链添加IK样条线控制器是一项非常麻烦的工作，并且非常容易导致骨骼错乱，用户可以直接使用曲线来约束骨骼链的旋转和弯曲效果，这样可以很容易地控制骨骼链的弯曲。

08 切换到透视图，调整圆环曲线的大小，并对各个圆环曲线进行重命名，其中曲线Y1与曲线Y2处于同一个水平面上，如图18-94所示。

09 将曲线Y2调整为曲线Y1的子物体，从而使Y2跟随Y1运动，如图18-95所示。

10 执行【骨架】|【创建IK样条线控制柄】命令，先在骨节Spine_joint3处单击，再在骨节Spine_joint6处单击，在两个骨点之间创建一条IK样条线，如图18-96所示。

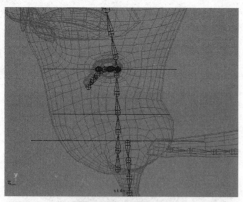

图18-93　创建曲线控制器

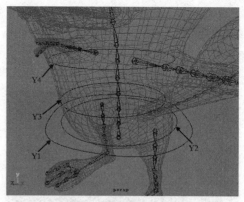

图18-94　重命名曲线控制器

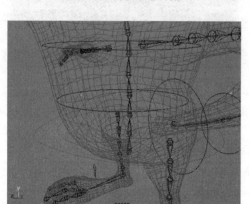

图18-95　建立Y1与Y2的父子关系

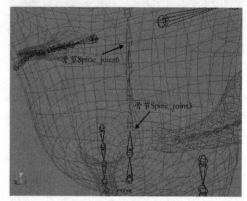

图18-96　添加IK样条曲线

11 使用同样的方法，为腰部IK样条线上的控制点添加簇控制器，如图18-97所示。

12 先选中图18-98所示位置的簇控制器，再按住Shift键加选曲线控制器Y3，按P键使它成为Y3的子物体。

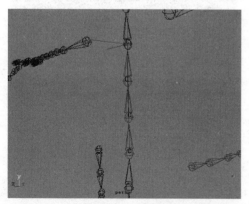

图18-97　添加簇控制器

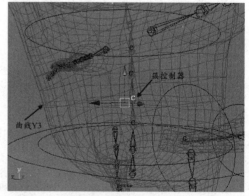

图18-98　添加父子关系

13 在骨节joint3所示的骨骼点处创建一条圆环曲线Y5，并且将图18-99所示的簇控制器作为曲线Y5的子物体。

14 使用同样的方法，先选中图18-100所示的簇控制器，再选中曲线Y4，按P键为两者建立父子关系。

15 先选中曲线Y2，再选中骨节Spine_joint2，单击【约束】|【方向】命令右侧的■按钮，弹出图18-101所示的对话框。

16 在弹出的【方向约束选项】对话框中，启用【保持偏移】复选框，再单击【添加】按钮，执行方向约束操作，如图18-102所示。

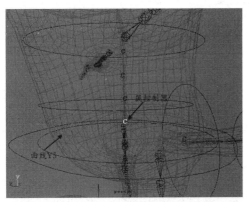

图18-99　建立父子关系1

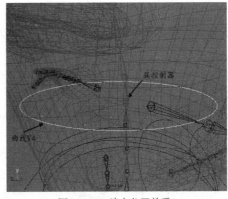

图18-100　建立父子关系2

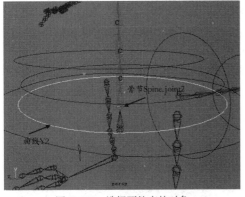

图18-101　选择要约束的对象

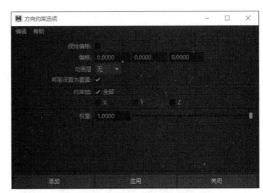

图18-102　设置旋转约束属性参数

17 旋转曲线Y2，此时骨节Spine_joint2也会跟随着发生旋转，如图18-103所示。

18 先选中父骨节Spine_joint1，再按住Shift键加选曲线Y1，按P键使骨节Spine_joint1成为曲线Y1的子物体，如图18-104所示。

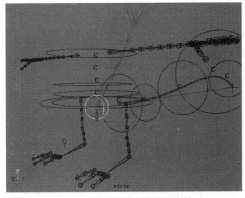

图18-103　曲线Y2的旋转约束效果

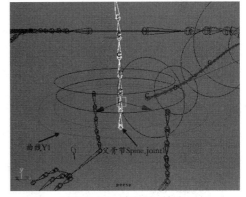

图18-104　建立父子关系

技 巧

动画师在制作腰部骨骼控制器时，为了达到真实的腰部运动效果，往往在腰部位置创建多条重合的腰部骨骼链，彼此间再通过相互约束和控制，从而达到很自然的弯曲效果。这里我们为了便于学习骨骼的知识，只创建一条腰部骨骼链来对腰部进行控制。

19 执行【骨架】|【创建IK控制柄】命令，然后先在腿部父骨关节LeftLeg_joint1处单击，再在骨节LeftLeg_joint7处单击，在两个骨骼点之间添加一个IK控制器，如图18-105所示。

20 创建一个曲线控制器，并命名为Left_foot，将创建的腿部IK控制器设置为Left_foot的子物体；再移动曲线

Left_foot，此时脚部骨骼会发生严重的旋转，如图18-106所示。

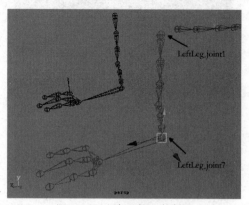

图18-105　添加腿部IK控制器

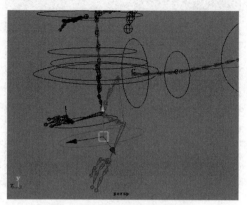

图18-106　IK控制器的约束效果

21 先选择曲线Left_foot，再选中骨节LeftLeg_joint7，单击【约束】|【方向】命令右侧的▣复选框，在打开的对话框中启用【保持偏移】复选框，执行方向约束操作，如图18-107所示。

22 再移动曲线Left_foot的位置，脚部骨骼不会再产生旋转效果，如图18-108所示。

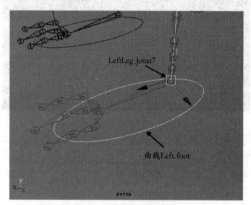

图18-107　选择约束物体

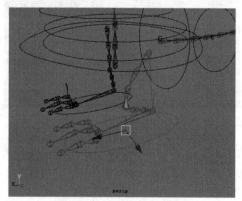

图18-108　移动Left-foot的位置

23 执行【骨架】|【创建IK控制柄】命令，分别在骨节LeftArm_joint2和骨节LeftArm_joint7处单击，以在两个骨骼点之间添加一个IK控制柄，然后命名为LeftArm_IK，如图18-109所示。

24 移动LeftArm_IK，观察角色肩部骨骼的控制效果，如图18-110所示。

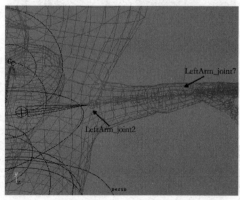

图18-109　添加IK控制柄

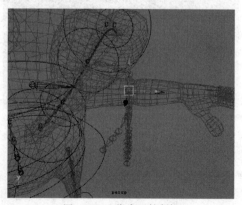

图18-110　移动IK控制柄

25 使用同样的方法，分别为角色的每条手指骨节链添加IK控制器，便于控制角色的手指，如图18-111所示。

26 移动手指骨骼链的IK控制器，观察手部骨骼的控制效果，如图18-112所示。

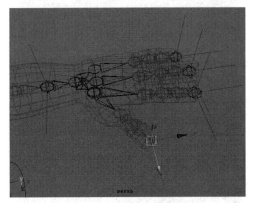

图18-111 添加IK控制器

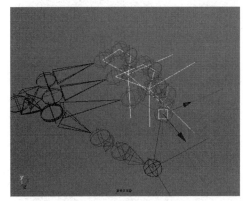

图18-112 手指的IK控制效果

27 创建一条圆环曲线，并且将其中心点捕捉到LeftArm_IK控制器所在的末端骨节上，然后将LeftArm_IK设置为该圆环曲线的子物体，如图18-113所示。

28 使用同样的方法，为角色耳朵的骨骼链分别添加IK控制，并在两个IK的一侧各创建一个曲线控制器，分别设置为IK控制器的父物体，如图18-114所示。

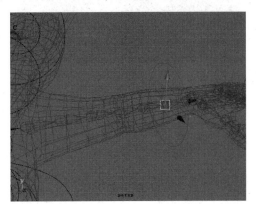

图18-113 设置手部IK的父子关系

图18-114 设置耳朵IK的父子关系

技巧

用户也可以创建曲线控制器，并结合使用【关键帧】|【设置受驱动关键帧】|【设置】命令，将曲线添加到驱动列表，将手指骨骼添加到被驱动列表，为两者设置驱动并添加关键帧，使用曲线的属性参数驱动手指骨骼的旋转。

29 先同时选中耳朵的两个曲线控制器，再选中骨节Head_joint4，按P键使曲线成为骨节Head_joint4的子物体，如图18-115所示。

30 在骨节LeftArm_joint1的中心创建一条圆环曲线并调整其外形。先选中该曲线，再选中LeftArm_joint1，执行【约束】|【方向】命令，为其添加方向约束命令；然后，再使LeftArm_IK上的圆环曲线成为该曲线的子物体，如图18-116所示。

31 使用同样的方法，在骨骼链的手腕处和手指骨节创建多个圆环曲线，将手指的IK设为手指控制曲线的子物体，对手腕处的曲线和骨节执行【方向】约束命令；然后，再使手指控制曲线成为手腕控制曲线的子物体，如图18-117所示。

32 将手腕处的曲线控制器设为LeftArm_IK上圆环曲线的子物体，旋转骨节LeftArm_joint1处的曲线，以观察整条手臂骨骼的控制效果，如图18-118所示。

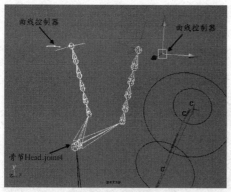

图18-115　建立父子关系

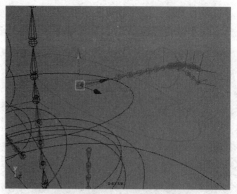

图18-116　执行【方向】约束命令

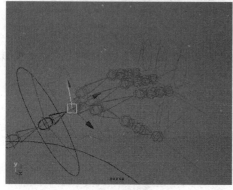

图18-117　创建手腕控制器

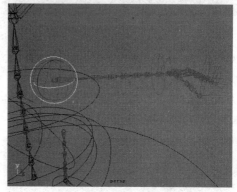

图18-118　手臂骨骼的控制效果

提 示

在为骨骼链创建曲线控制器后，为了便于后期快速、准确地设置关键帧，用户应选中该曲线，执行【修改】|【冻结变换】和
【编辑】|【按类型删除】|【历史】命令。

33 先选中骨节 LeftArm_joint1 处的曲线控制器，再选中曲线 Y2，按 P 键将两者设为父子关系，如图 18-119 所示。

34 在角色左右腿部的父骨节处各创建一条圆环曲线，并分别将腿部的父骨节设置为该圆环曲线的子物体，如
图 18-120 所示。

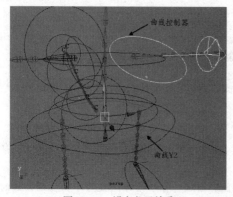

图18-119　设立父子关系

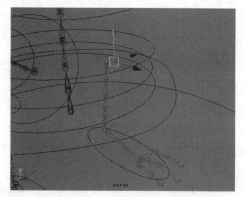

图18-120　创建腿部曲线控制器

35 将两腿部父骨节处的圆环曲线设置为曲线 Y1 的子物体。移动曲线 Y1，腿部骨骼链会自动产生弯曲，如
图 18-121 所示。

36 创建一条大圆环曲线并将其放置到脚部骨骼的底部，命名为 Body，再将所有的曲线控制器设为曲线 Body 的子物体，以便于控制整体骨骼，如图 18-122 所示。

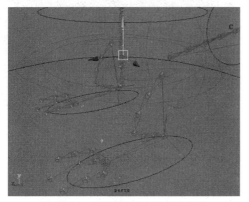

图 18-121　观察腿部骨节的控制效果

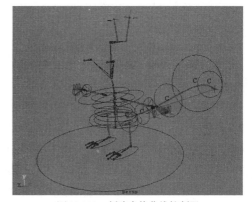

图 18-122　创建身体曲线控制器

> **技 巧**
>
> ① 一般来说，复制模型表情变形的目标物体时是复制头的，因为通常情况下头和身体是要分开的，这样可以节省计算机的计算过程，至于从哪里分开就要根据角色而决定。若模型的头和身体是连着的，可以把它们分开，只要在分开的地方点的权重值相同，就不会出错，无论怎样运动，都不会和模型分开。
> ② 至于先做骨骼蒙皮还是表情动画没有特别要求，若为了避免错误操作，也可以先蒙皮再添加表情变形动画。
> ③ 在添加混合变形时，原始物体和目标物体的历史不能被删除。

18.4　编辑绑定模型

18.4.1　删除蒙皮

在实际的绑定工作中，可能会出现绑定错误或蒙皮出错等，也可能出现权重绘制失败或难以控制的状态，此时就需要将骨骼当前的绑定状态解除，重新进行正确的绑定。下面介绍如何解除绑定。

课堂练习178：删除蒙皮

01 模型与骨骼绑定在一起后，模型自身在通道栏中的属性会被锁定，整个模型都呈不可编辑状态，如图 18-123 所示。

02 选择绑定的模型，执行【蒙皮】|【取消绑定蒙皮】命令，解除模型当前的绑定状态，移动手部控制器，这时模型不受骨骼的控制，如图 18-124 所示。

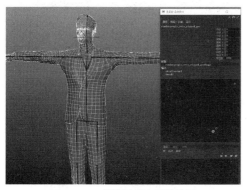

图 18-123　模型被绑定后的效果

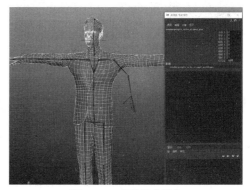

图 18-124　解除绑定操作

参数简介

单击【蒙皮】|【取消绑定蒙皮】命令右侧的■按钮，打开【分离蒙皮选项】对话框，在该对话框中包含有关删除蒙皮操作的属性，如图18-125所示。

图18-125　【分离蒙皮选项】对话框

• 历史：用于控制模型的绑定状态被解除后，是否保留模型自身的历史信息，包括【删除历史】、【保持历史】和【烘焙历史】3个选项，其中，【删除历史】选项用于设定在解除绑定后，将模型恢复到绑定前的初始状态，并删除有关模型自身操作的所有历史节点；【保持历史】选项用于将模型恢复到绑定前的状态，并且保留物体的所有历史节点，如簇变形节点等，同时还保留模型绑定时的权重记录；【烘焙历史】选项用于控制在解除绑定时模型虽然被删除各种变形的历史节点，但是它将保留解除绑定前的模型状态。

• 上色：默认启用【移除关节颜色】复选框，用于设置在解除绑定时是否删除骨骼的颜色。

18.4.2　绘制蒙皮权重

在前面介绍簇变形器时，介绍过簇权重的概念，本小节所介绍的骨骼也可以作为变形器的一种。在绑定蒙皮后，每一个骨关节对模型上的点都有不同程度的吸引力，可以将这种吸引力称为骨骼的权重值。用户可以通过使用【绘制蒙皮权重】命令来修改骨骼对蒙皮的权重影响范围。

课堂练习179：编辑骨骼的影响权重

01 在场景中导入角色的腿部模型，再为角色的两条腿添加两条骨骼链，并且将模型与骨骼进行绑定，然后为腿部的骨骼链添加IK控制器，如图18-126所示。

02 移动其中一条腿部模型骨骼链上的IK控制器，可以看到其中一条腿弯曲时，另一条腿也发生轻微的变形，这是因为骨骼权重范围影响过大，如图18-127所示。

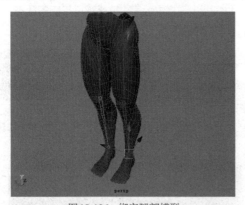

图18-126　绑定腿部模型

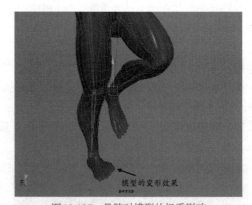

图18-127　骨骼对模型的权重影响

03 选中腿部模型并单击【蒙皮】|【绘制蒙皮权重】命令右侧的■按钮，打开【绘制蒙皮权重工具】面板，如图18-128所示。选择joint1即可在蒙皮上显示它对模型的权重影响。

04 视图中的腿部模型会呈黑白显示，其中白色部分为骨节joint1对腿部模型的影响权重，如图18-129所示。

05 拖动属性设置面板右侧的滚动条，选中【替换】单选按钮，并设置【不透明度】为1，将【值】设置为0，如图18-130所示。

06 在腿部模型不受骨节joint1权重影响的白色区域进行涂绘，将白色区域绘制为全黑色，如图18-131所示，其中黑色区域表示不受骨骼权重影响。

图18-128　选择骨骼对象

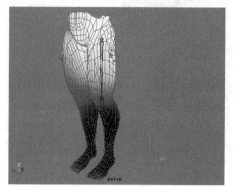

图18-129　骨节joint1对模型的权重影响

图18-130　设置属性参数

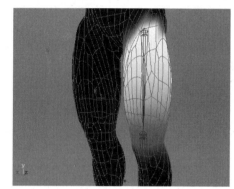

图18-131　绘制骨节joint1的影响权重

07 在属性设置面板中选择【影响物】列表中的骨节 joint2 选项，如图18-132所示。

08 此时，即可在视图的腿部模型上看到骨节 joint2 对模型的权重影响，如图18-133所示。

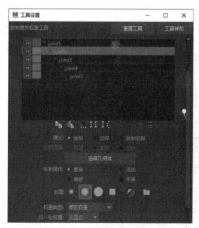

图18-132　选择骨骼对象

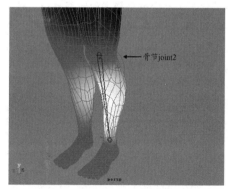

骨节joint2

图18-133　骨节joint2对模型的权重影响

09 在腿部模型不受骨节 joint2 权重影响的白色和灰色区域进行涂绘，将白色区域绘制为全黑色，如图18-134所示。

10 使用同样的方法编辑骨节 joint3 对另一只脚部的控制权重，如图18-135所示。

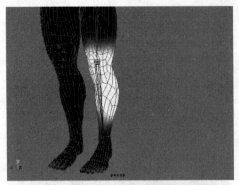

图18-134 编辑骨节joint2对模型的权重影响

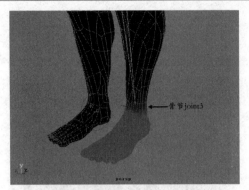

图18-135 编辑骨节joint3的权重

11 移动IK控制器，可以看到其中一条腿的运动并不会引起另一条腿的变形，表明骨骼权重绘制成功，如图18-136所示。

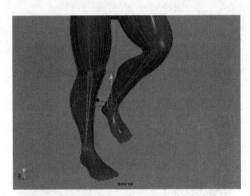

图18-136 骨骼权重的编辑效果

18.4.3 添加影响物体

虽然用户可以使用【绘制蒙皮权重】命令绘制模型的蒙皮权重，但是在一些关节弯曲处的变形是无法用权重笔刷工具进行彻底修改的。Maya 2022提供了【添加影响】命令，它可以很好地模拟关节处蒙皮的变形效果。

┃课堂练习180：添加影响物体┃

01 继续使用上一小节中绑定的腿部模型，移动其IK控制器，观察腿部的变形效果，如图18-137所示。在腿部弯曲时，腿部肌肉会向外凸出，下面来模拟这种凸出效果。

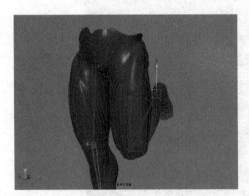

图18-137 腿部的变形效果

02 撤销IK控制器的移动操作，再创建一个NURBS球体，调整其半径大小和外形，用于作为蒙皮的影响物体，如图18-138所示。

03 先选中球体，再选中腿部的根部骨关节，按快捷键P对两者建立父子从属关系，使球体跟随骨骼移动，如图18-139所示。

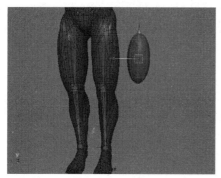

图18-138　创建影响物体

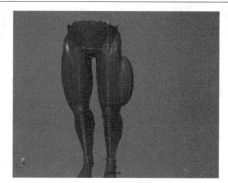

图18-139　设定父子关系

04 先选择腿部模型，再选择球体，执行【蒙皮】|【编辑影响物】|【添加影响物】命令，执行添加影响物体操作，然后移动球体并观察它对模型的影响，如图18-140所示。

> **提示**
>
> 从图中可以看出，模型表面受球体影响的权重值并不均匀，从而模型表面产生撕裂效果。这是由于腿部模型受物体小球的权重影响不均匀造成的。

05 选中腿部模型，单击【蒙皮】|【绘制蒙皮权重】命令右侧的■按钮，在【绘制蒙皮权重工具】属性设置面板中选择joint2选项，可以看到球体对腿部的权重影响并不均匀，如图18-141所示。

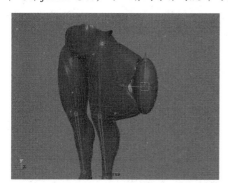

图18-140　执行【添加影响物】命令

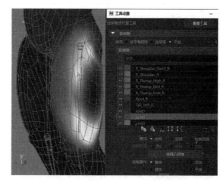

图18-141　球体对腿部的权重影响

06 在属性设置面板中，选中【添加】单选按钮，将【不透明度】设置为1，将【值】设置为1，并对模型黑色权重区域进行涂绘，如图18-142所示。

07 显示球体模型并对其进行移动，再观察其对模型表面的影响变化，如图18-143所示。

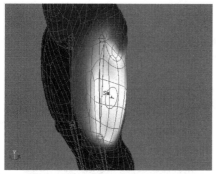

图18-142　调整球体对模型的权重影响

图18-143　球体对模型的最终影响效果

> 技巧
>
> 为模型添加影响物体，对骨骼蒙皮的权重控制提供了新的操作途径。用户可以在任何关节的变形处添加影响物体，以改善关节的变形失真。

18.4.4 移除影响

在实际添加影响物体时，可能需要反复实验将要添加物体的形状和位置，使其能够对模型起到很大的影响效果，因此当添加了错误的影响物体时，需要移除影响物体与模型之间的控制关系。

用户可以先选中模型，再按住Shift键加选影响物体，执行【蒙皮】|【编辑影响物】|【移除影响物】命令，即可解除两者之间的控制关系。

18.5 案例11：绑定角色模型

完成整个角色的模型和骨骼之后，就需要为模型添加表情动画，并将模型绑定到骨骼上，从而便于角色肢体动画和表情变化的体现。下面通过案例详细介绍如何绑定模型。

操作**步骤**

01 先选中角色模型，再选中创建的所有骨骼链，执行【蒙皮】|【绑定蒙皮】命令，执行平滑绑定操作，如图18-144所示。

02 移动角色尾巴骨骼链上的曲线控制器，角色的尾巴模型会跟随着产生相应的变形，表明模型绑定成功，如图18-145所示。

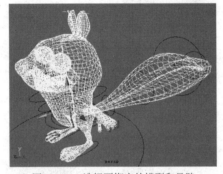

图18-144　选择要绑定的模型和骨骼

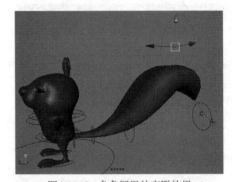

图18-145　角色尾巴的变形效果

03 移动角色脚部的曲线控制器Left-foot，可以看到腿根部的蒙皮有严重拉伸，说明骨骼对蒙皮的权重影响不均匀，如图18-146所示。

04 选中绑定的模型，单击【蒙皮】|【绘制蒙皮权重】命令右侧的█按钮，在打开的属性设置面板中单击LeftLeg-joint1选项，再选中【替换】单选按钮，如图18-147所示。

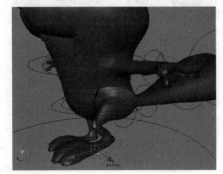

图18-146　腿部骨骼蒙皮的影响效果

图18-147　属性设置面板

05 此时，场景中的角色模型就会显示骨节 LeftLeg-joint1 的影响权重，如图 18-148 所示。

06 在灰色的区域边缘进行涂绘，以缩减灰色的权重区域；再选中【平滑】单选按钮，对灰色的边缘曲线进行平滑涂绘，如图 18-149 所示。

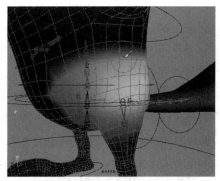
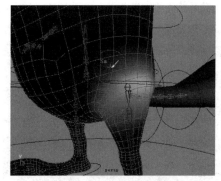

图18-148　骨节 LeftLeg-joint1 的权重　　　　　　　　　　图18-149　涂绘骨节的编辑权重

07 在骨骼蒙皮权重的属性设置面板中，单击 LeftLeg-joint2 选项，再选中【替换】单选按钮，如图 18-150 所示。

08 在灰色的区域边缘进行涂绘，以缩减灰色的权重区域；再选中【平滑】单选按钮，对灰色的边缘曲线进行平滑涂绘，如图 18-151 所示。

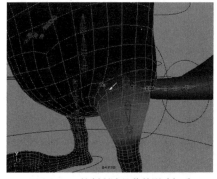

图18-150　选中权重骨骼　　　　　　　　　　　　　　图18-151　绘制所选骨节的影响权重

09 移动角色肩膀 IK 控制手柄的曲线控制器，会错误拉动角色脸部的蒙皮，如图 18-152 所示。

10 撤销控制器的移动操作，再选中角色模型并单击【蒙皮】|【绘制蒙皮权重】命令右侧的 按钮，在属性设置面板中单击 LeftArm_joint1 选项，再选中【替换】单选按钮，如图 18-153 所示。

图18-152　肩膀骨骼的权重影响　　　　　　　　　　　图18-153　选中 LeftArm_joint1 选项

11 此时场景视图中的角色模型会显示骨节 LeftArm_joint1 的影响权重范围，用户可以对其权重进行涂绘编辑，如图 18-154 所示。

12 使用同样的方法，对角色其他处骨骼的影响权重也进行编辑，从而使骨骼很好地控制蒙皮。移动骨骼控制器的位置，观察整体的绑定效果，如图 18-155 所示。

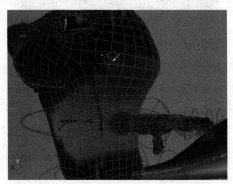

图 18-154　绘制肩部骨骼的影响权重

图 18-155　骨骼的绑定效果

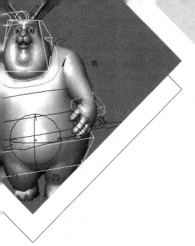

第 **19** 章

角色动画技术

↘ 19.1 角色姿态动画

19.1.1 分析角色姿态

在创建动画影片之前，动画师首先要从导演那里获得这个镜头中的大致动作，然后分析提炼出几个关键姿态，为每个关键姿态定义好时间。先大致制作出动画的预览，然后再一层一层地添加关键帧，以细化角色的动作。图19-1为动画师事先模拟的几个关键姿态，可大致预览整体动画的运动过程。

图19-1   动画的关键姿态

在为角色设置动画时，有时可能需要添加很多重复性的循环动作，例如角色的行走循环动作。在具体的动画制作中，需要确定这些关键姿态的状态和帧数，根据人体走路的过程状态，一个循环至少由5个基本姿态构成，如图19-2所示。

图19-2   行走动作的几个关键姿态

从图中可以看到，在一个行走循环中角色共走了两步，每一步都有3个关键姿态，分别是角色的双脚着地、单脚着地和双脚再次同时着地，这是走路循环动画中最精简的走路关键帧设置之一。

此外，还要注意头部和臀部的起伏变化。在整个循环中，双脚着地时的姿态重心要低，单脚着地时的姿态重心要高，这样角色在走路时就有适当的高低起伏变化。同时需要注意的是，在一个循环中不要出现跳帧，循环过程中首尾两端的关键姿态要尽量保持一致，这样播放起来动作才能流畅。

19.1.2 添加姿态关键帧

为了便于学习，用户可以只为角色的局部肢体添加姿态关键帧，以快速掌握角色姿态关键帧的创建操作。

课堂练习181：添加姿态关键帧

01 导入一组角色模型，使用该模型练习如何添加姿态关键帧，如图19-3所示。

02 选中并移动角色手腕处的曲线控制器，将角色的两手臂保持下垂状态，然后在第1帧处选中角色上的所有曲线控制器并按S键，为它们设置关键帧，如图19-4所示。

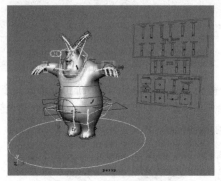
图19-3　导入角色模型

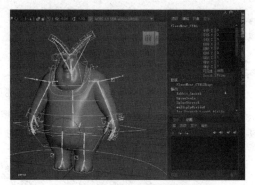
图19-4　设置第1帧姿态关键帧

03 将时间滑块拖动到第8帧，选中脚部曲线控制器L_Foot_CTRL，并设置其通道属性【平移 X】和【平移 Z】分别为0.2和0.3，如图19-5所示。

04 再选中腰部的曲线控制器Root_CTRL，设置其通道属性【平移 Y】为-0.2，如图19-6所示。

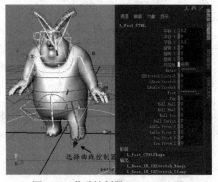
图19-5　移动控制器L_Foot_CTRL

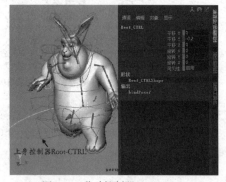
图19-6　移动控制器Root_CTRL

05 选中右手臂曲线控制器R_Ik_Hand_CTRL，并修改其通道属性参数值，如图19-7所示。

06 选中左手臂曲线控制器L_Ik_Hand_CTRL，并修改其通道属性参数值，然后再选中所有曲线控制器，按S键为它们设置关键帧，如图19-8所示。

07 将时间滑块拖动到第10帧，然后选中头部控制器Head_CTRL，设置其通道属性【平移 Z】为22，【旋转 X】、【旋转 Y】、【旋转 Z】分别为22、8、14，按S键设置关键帧，如图19-9所示。

08 将时间滑块拖动到第12帧，设置眼睛Eye_CTRL的通道属性【平移 X】、【平移 Y】分别为0.5和0.3，并按S键设置关键帧，此时一个动作序列就完成了，如图19-10所示。

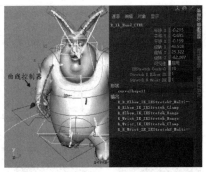

图 19-7　移动控制器 R_IK_Hand_CTRL

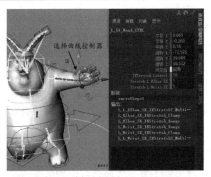

图 19-8　移动控制器 L_IK_Hand_CTRL

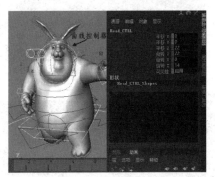

图 19-9　设置第 10 帧动画

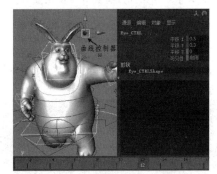

图 19-10　设置第 12 帧动画

> **注 意**
>
> 为了使角色在以后的循环中不至于出现跳帧，其首尾两端的关键姿态要尽量保持一致，用户可以将两角色首端的关键帧复制到末端帧处，但在前进方向上所设置的关键帧不能被复制到末端帧，这样会使角色移动一个循环距离后突然回到第 1 帧处。

19.1.3　编辑姿态关键帧序列

使用【摄影表】命令可以延长或缩减创建的动画播放时间，但也可用于简单模拟角色双脚交替行走的动画理念。下面对该操作方法进行介绍。

课堂练习182：编辑姿态关键帧序列

01 选中角色上的所有曲线控制器，执行【编辑】||【按类型删除】||【静态通道】命令删除其静态通道，然后执行【窗口】||【动画编辑器】||【摄影表】命令，打开【摄影表】窗口，如图 19-11 所示。

02 框选所有关键帧序列并按下 R 键，再拖动左侧边缘的线框，将动画序列的时间范围扩展到第 20 帧处，如图 19-12 所示。

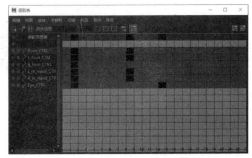

图 19-11　【摄影表】窗口

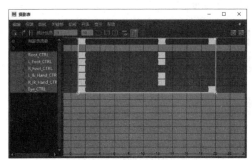

图 19-12　延长动画播放时间

> **提 示**
>
> 在观察动画播放结果时，如果角色动作过渡太快，可以将序列帧延长；如果角色动作过渡太慢，则可以将序列帧缩短。

03 此时，再观察场景中角色动作的速度变化和时间轴上关键帧的位置变化，如图 19-13 所示。

04 动画的时间范围被缩放后，会导致中间帧的时间值出现小数，从而打乱了动画关键帧的均匀分布，这里框选一列序列帧并在状态栏中观察其时间值，如图 19-14 所示。

05 在【摄影表】窗口中选中处于中间帧的帧序列，执行【编辑】|【捕捉】命令，即可将其时间值设置为整数，如图 19-15 所示。

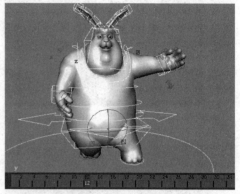

图 19-13　关键帧位置的变化

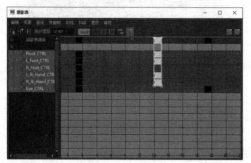

图 19-14　中间帧时间值的变化

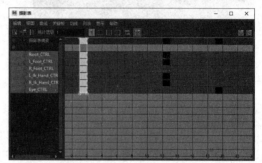

图 19-15　将时间值调整为整数

19.2 非线性动画

19.2.1 非线性动画编辑

　　通过播放前面制作的关键帧动画，发现这样的动画播放方式就像播放一段有影像的胶片。其动画效果完全基于关键帧的顺序播放，用户可以将这一段动画序列组合成一个动画影片剪辑，角色的各段动画都可以被组装在动画影片剪辑中，然后再对动画影片剪辑进行分层、剪切、合并、延伸等操作，由此对动画的处理转换成了对动画影片剪辑的操作。这种动画的处理方式，非常类似于影视后期处理中的非线性剪辑，因此被称为非线性动画。

　　对转化的影片剪辑进行快速编辑，即可实现动作的延展、循环，甚至不同动作之间的叠加混合，大大提高了动画的制作效率。为此，Maya 2022 为用户提供了专门的非线性编辑器——【Trax 编辑器】，在本小节中将对非线性动画编辑进行详细介绍。

▌课堂练习183：打开非线性编辑器 ▌

01 选中场景中已添加非线性动画的对象，执行【窗口】|【动画编辑器】|【Trax 编辑器】命令，即可打开【Trax 编辑器】窗口，如图 19-16 所示。

02 此时，在轨道区即可显示所添加的剪辑片段。用户可以单击并左右拖动该剪辑片段，即可改变剪辑的位置，如图 19-17 所示。

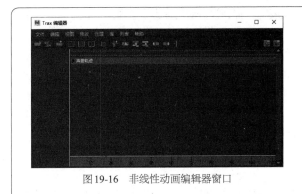

图 19-16　非线性动画编辑器窗口

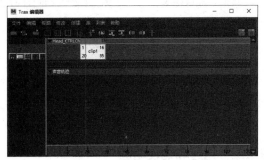

图 19-17　移动剪辑片段的位置

参数简介

从【Trax 编辑器】窗口的布局可以看出，该窗口主要由 4 个分区组成，分别为菜单栏、工具栏、轨道控制区和视图区。下面对这几个分区进行详细说明。

1. 菜单栏

在菜单栏中包含所有关于影片剪辑的操作命令，如创建、合并、剪切影片剪辑等，为了便于用户使用一些常用的操作命令，将这些命令以按钮的形式排列在工具栏上。

2. 工具栏

工具栏上的按钮都与菜单下的命令一一对应，单击相应的图标，即可执行该图标所对应的命令。下面简要介绍每个工具的名称和作用。

- 创建片段■：单击该按钮，可将所选物体的关键帧动画设置为影片剪辑。
- 创建混合■：单击该按钮，可将所选的两个影片剪辑建立混合连接。
- 获取片段■：单击该按钮，可快速启动 Visor 窗口，可以在库中获取已自动保存的影片剪辑。
- 框显全部■：单击该按钮，可以放大显示所选影片剪辑。
- 框显播放范围■：表示在视图中放大以播放头为显示中心的这部分影片剪辑。
- 使视图围绕当前时间居中■：单击该按钮，可以将选中的影片剪辑居中显示。
- 图形动画曲线■：单击该按钮，可以切换到【曲线图编辑器】窗口，以显示当前所选影片剪辑的关键帧动画曲线。
- 加载选定角色■：用于载入所选择的角色影片剪辑。
- 图形权重曲线■：用于在【曲线图编辑器】窗口中显示所选影片剪辑的权重曲线。
- 分组■：用于将多个影片剪辑群组，以便于同时进行操作。
- 解组■：用于拆散组中的影片剪辑。
- 修剪当前时间之前的片段■：用于剪切所选影片剪辑播放头之前的部分影片。
- 修剪当前时间之后的片段■：用于剪切所选影片剪辑播放头之后的部分影片。
- 将当前帧处的关键帧设置到片段中■：单击该按钮，表示在当前选中的影片剪辑上的播放头位置设置关键帧，并将它添加到影片剪辑中。
- 打开曲线图编辑器■：单击该按钮，打开【曲线图编辑器】窗口。
- 打开摄影表■：单击该按钮，切换到【摄影表】窗口。

3. 视图区

视图区占据了整个【Trax 编辑器】窗口的绝大部分空间。在视图区中包含轨道、影片剪辑片段、时间轴及音轨等不同的轨道，如图 19-18 所示。用户可以在视图区中按组合键 Alt+ 鼠标右键缩放视图，按组合键 Alt+ 鼠标中键平移视图。

图 19-18　不同的轨道层

- 轨道：在视图区，每一个含有非线性动画片段的物体或者角色都会被自动创建为一个轨道。如果同时选中多个含有非线性动画片段的物体，就会显示多层轨道。
- 影片剪辑片段：在每一层轨道下面都显示了该物体所包含的所有非线性动画片段。每一个角色或物体可以同时拥有多段非线性动画片段，也可以手动拖曳动画片段，自由安排片段在哪一层。
- 音轨：当制作口型发声动画或者一些跟随音乐节拍的动画，如舞蹈等动作时，就需要导入音乐文件。导入音乐文件后，就会在音轨下显示音乐的长度及波形。
- 时间轴：与摄影表和曲线图编辑器一样，这里的横轴对应的也是时间轴，以帧为播放单位。

19.2.2　创建非线性动画

非线性动画的优势是显而易见的。当制作好关键帧动画后，执行相应的操作即可转化为影片剪辑，然后对影片剪辑进行快速编辑。下面通过简单的小球动画练习创建非线性动画。

课堂练习184：创建非线性动画

01 在场景中制作一个1~12帧小球弹跳动画，如图19-19所示。执行【窗口】|【动画编辑器】|【Trax编辑器】命令，打开【Trax编辑器】窗口。

02 选中运动的小球物体，在【Trax编辑器】窗口中单击【创建】|【动画片段】右侧的■按钮，打开【创建片段选项】对话框，在【名称】文本框中输入Jump，并单击【应用】按钮，如图19-20所示。

03 在【Trax编辑器】窗口中，会自动生成剪辑jump，如图19-21所示。

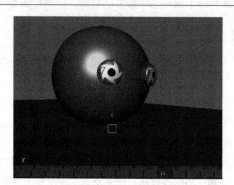

图19-19　制作小球弹跳动画

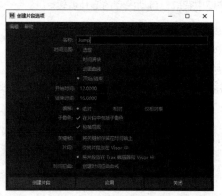

图19-20　【创建片段选项】对话框

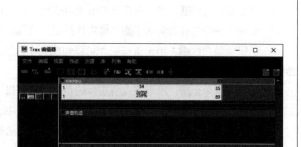

图19-21　生成的影片剪辑

> **提示**
>
> 如果在【Trax编辑器】窗口的视图区中看不到创建的影片剪辑，用户可以在该窗口中执行【列表】|【自动加载选定角色】命令，再选中角色对象即可。

参数简介

在打开的【创建片段选项】对话框中包含所有有关创建影片剪辑的属性设置，下面对其中常用的属性进行介绍。

- 名称：在该文本框中可以输入将要创建的影片剪辑的名称，默认是Clip1。

- 时间范围：用于设置将关键序列转换成影片剪辑的时间范围。其中，【选定】选项是在时间轴上自定义选择一段帧序列范围，作为创建的影片剪辑的时间长度；【时间滑块】选项是以当前时间轴范围为创建的影片剪辑的时间长度；【动画曲线】选项是以选中角色所具有的曲线长度作为创建的影片剪辑的时间长度；【开始/结束】选项用于自定义影片剪辑的时间长度。开始表示设置剪辑的起始帧，结束表示剪辑的末端帧，可在下面的文本框中设置具体的时间。

- 关键帧：用于控制是否启用【将关键帧保留在时间轴上】复选框，默认为不启用。在启用该复选框后，即使关键帧动画被转换成了影片剪辑，但在时间轴上依然会生成关键帧序列。

- 片段：用于控制影片剪辑显示的位置。其中，【仅将片段放在Visor中】选项用于将创建的影片剪辑放置在Visor库中；【将片段放在Trax编辑器和Visor中】选项用于将创建的影片剪辑同时放置在非线性编辑器和Visor中，该项为默认设置。

- 子角色：用于控制所要创建的影片剪辑是否包含子角色动画。若启用【在片段中包括子角色】复选框，则尽管创建的影片剪辑只有一个，但是也会包含所有子角色的动画效果。

- 时间扭曲：用于创建扭曲曲线，该曲线用于控制整体影片剪辑的播放速度和顺序。

19.2.3　解析剪辑片段

在【Trax编辑器】窗口中，先单击剪辑Jump，再单击工具栏上的▉按钮，将其最大化显示，如图19-22所示。下面对影片剪辑上显示的属性进行介绍。

图19-22　完全显示影片剪辑属性

在【Trax编辑器】窗口中有如下4个工作区域。

- Trax菜单栏：包含与角色、片段和几何缓存片段相关的选项，通过这些选项，用户可以执行所需操作，以非线性方式创建和编辑动画或变形。

- Trax工具栏：包含选定的按钮，可用于快速访问Trax菜单栏上的某些功能。

- 轨迹控制区域：包含的按钮可用于控制每个轨迹的动画或变形的播放。

- 轨迹视图区域：包含所加载角色或对象的所有轨迹、动画片段、几何缓存片段和音频片段。

19.2.4　复制和粘贴影片剪辑

在非线性动画中允许一个物体或角色具有多段非线性动画影片剪辑，本小节将学习如何复制和粘贴影片剪辑。

课堂练习185：复制和粘贴影片剪辑

01 选中创建的剪辑片段，然后在上面按住鼠标右键，在弹出的快捷菜单中选择【复制片段】命令或按组合键Ctrl+C进行复制，如图19-23所示。

02 按组合键Ctrl+V，会在第2个轨道上自动复制出一个影片剪辑Jump1，如图19-24所示。

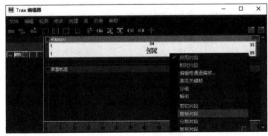

图19-23　执行复制操作

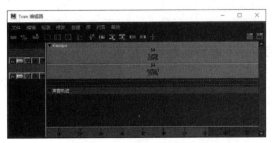

图19-24　复制出的影片剪辑

19.2.5 循环影片剪辑

在前面讲解基础动画时，已经介绍了两种使动画循环播放的方式，一种是通过无限延伸曲线实现，另一种是通过复制粘贴动画曲线来实现。在非线性编辑器中，也可以非常轻松地实现这一效果。

▌课堂练习186：循环影片剪辑▐

01 将两段影片剪辑错开排列，可视为又增加了一段相同的动画，如图19-25所示。

02 将鼠标指针放置在帧输出处，按住Shift键并观察鼠标指针的变化，然后按住鼠标左键并向右拖动，如图19-26所示。

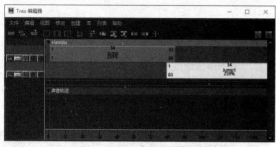

图19-25 错开排列粘贴的影片剪辑片段

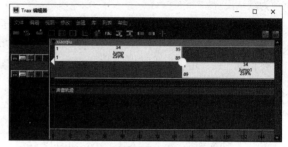

图19-26 延伸帧输出处的时间范围

03 按下鼠标左键拖动到第23帧处，松开鼠标左键即可为角色添加一个动画循环，在时间轴上可以看到循环动画的关键帧序列，如图19-27所示。

04 也可以按住Shift键修改帧输入值，使动画向前循环。如果将循环动画取消或继续向后延伸，只需按住Shift键并左右拖动剪辑的帧输出或帧输入即可，如图19-28所示。

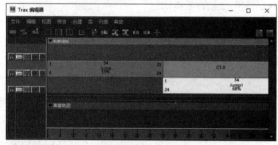

图19-27 添加的剪辑循环动画

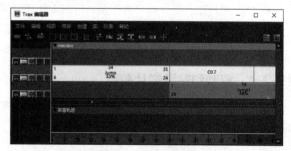

图19-28 取消循环动画

> **提 示**
>
> 延伸出的循环剪辑片段名称为C1.0，表示延伸后的剪辑片段共循环了1.0次，C1.0是Cycle1.0的缩写。

19.2.6 影片剪辑的关联性

在【Trax编辑器】窗口中，复制出的影片剪辑与源影片剪辑之间有一定的关联性，从而使复制的影片剪辑沿着源影片剪辑动画继续运动下去。

课堂练习187：影片剪辑的关联性

01 选中创建的影片剪辑，进行两次粘贴操作，并且将复制出的剪辑排列到不同的轨道层播放动画，各剪辑之间都有动画参数上的递增性，如图19-29所示。

02 播放动画，小球连续并一直向前做弹跳运动，如图19-30所示。

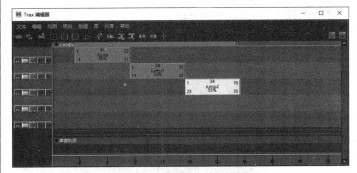

图19-29 复制多个剪辑片段

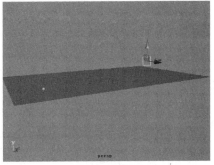

图19-30 小球动画的循环效果

03 选中剪辑jump1并按组合键Ctrl+A，打开其属性编辑器，然后展开【通道偏移】卷展栏，即可看到剪辑的【全部绝对】和【全部相对】两种属性，如图19-31所示。

04 在pSphere1.translateX属性选项的左侧，选中【相对】下方的单选按钮，如图19-32所示。

图19-31 打开剪辑的属性编辑器

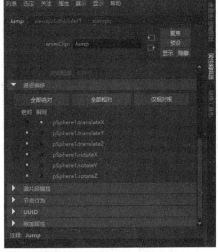

图19-32 切换剪辑的关联属性

05 播放动画，可以看到角色在运动到第12帧时，自动返回到原始位置重新开始运动，这是因为剪辑jump1没有继承源剪辑的参数值，如图19-33所示。

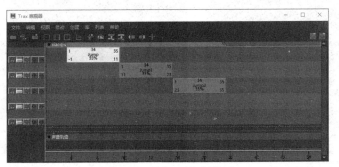

图19-33 角色回到原始位置

19.2.7 叠加影片剪辑

Maya 2022中影片剪辑的叠加类似于Photoshop中图层的叠加效果，可以将多个图层的效果叠加在一起，以形成一个新的图层样式。同样，剪辑动画片段的叠加可以将多种动画效果叠加或混合在一起，从而合成一个含有多种动画效果的片段。

课堂练习188：叠加影片剪辑

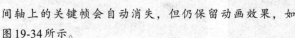

01 在场景中打开沿x轴上下跳动的小球动画，正常状态下小球动画被添加剪辑后，时间轴上的关键帧会自动消失，但仍保留动画效果，如图19-34所示。

02 将时间滑块拖动到第12帧，选中小球，在其通道栏中选中【旋转Y】属性选项并在该属性上按住鼠标右键，在弹出的快捷菜单中选择【为选定项设置关键帧】命令，添加第12帧动画，如图19-35所示。

03 将时间滑块拖动到第16帧，设置【旋转Y】属性值为360，设置关键帧，如图19-36所示。

图19-34　时间轴上的关键帧消失

图19-35　设置第12帧动画

图19-36　设置第16帧动画

04 选中球体，在【Trax编辑器】窗口中单击【创建】|【动画片段】命令右侧的█按钮，在弹出的【创建片段选项】对话框中设置【名称】为Rotate，将【开始时间】设置为12，将【结束时间】设置为16，如图19-37所示。

05 单击【创建片段】按钮，即可在【Trax编辑器】窗口中创建一个名为Rotate的剪辑片段，并且该剪辑片段只包括时间轴上第12~16帧的旋转动画效果，如图19-38所示。

图19-37　设置剪辑属性参数

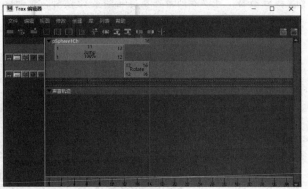

图19-38　创建的剪辑片段

06 移动剪辑片段 Rotate 的位置，再次播放动画可以看到，小球在弹跳过程中的第 6~10 帧范围内会产生旋转动画，如图 19-39 所示。

07 在剪辑片段的帧输出处按下鼠标左键并左右拖动，改变该剪辑片段的时间播放范围，从而延长小球弹跳过程中旋转动作的起始和结束时间范围，如图 19-40 所示。

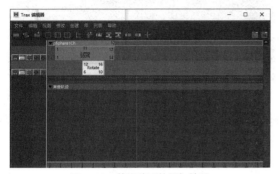

图 19-39　剪辑动画的叠加效果

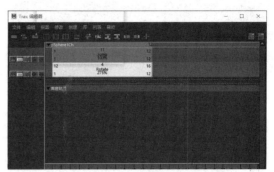

图 19-40　延长剪辑动画的播放时间

19.2.8　剪辑约束动画

在前面的章节中已经介绍过各种约束动画的创建方法，在 Maya 2022 中非线性动画也可以应用到约束动画中，下面对该功能的使用方法进行介绍。

课堂练习189：创建剪辑约束动画

01 创建一个球体和圆环，同时选中两个模型，执行【修改】|【冻结变换】命令；然后先选择球体，再选中圆环，执行【约束】|【目标】命令，添加目标约束，如图 19-41 所示。

02 将时间滑块拖动到第 1 帧，选中球体，找到其通道属性中的【平移 Y】属性，按住鼠标右键，在弹出的快捷菜单中选择【为选定项设定关键帧】命令，如图 19-42 所示。

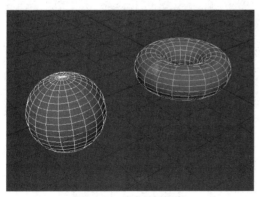

图 19-41　建立目标约束

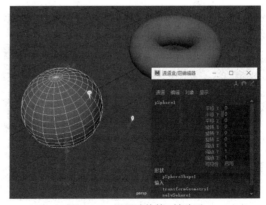

图 19-42　设置球体第 1 帧动画

03 将时间滑块拖动到第 3 帧，设置球体的通道属性【平移 Y】为 3，并设置关键帧，如图 19-43 所示。

04 将时间滑块拖动到第 9 帧，设置球体的通道属性【平移 Y】为 -3，并设置关键帧，如图 19-44 所示。

05 将时间滑块拖动到第 12 帧，设置球体的通道属性【平移 Y】为 0，并设置关键帧，如图 19-45 所示。

06 同时选中球体和圆环，在【Trax 编辑器】窗口中执行【创建】|【约束片段】命令，创建非线性影片剪辑，如图 19-46 所示。

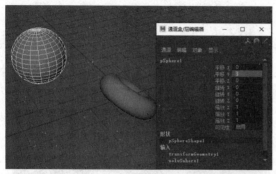

图19-43　设置球体第3帧动画

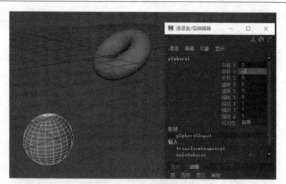

图19-44　设置球体第9帧动画

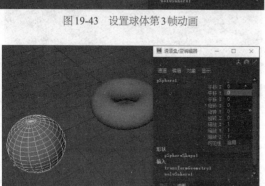

图19-45　设置球体第12帧动画

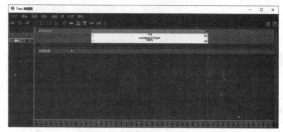

图19-46　创建约束剪辑动画

07 在该剪辑片段的帧输出处单击并左右拖拉鼠标，以延长该剪辑动画的播放时间，如图19-47所示。

08 播放动画，可以看到球体在跟随圆环移动进行旋转时产生了明显的滞后感，如图19-48所示。

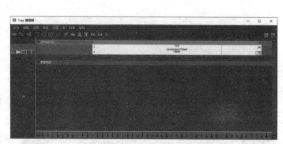

图19-47　延长剪辑动画的播放时间

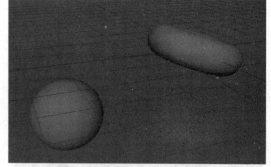

图19-48　球体运动过程中的滞后感

提 示

在进行【约束片段】操作时，由于用户同时选中的是两个物体，所以创建的角色节点被命名为capch，而创建的影片剪辑名称为Constraint1，表明这是一个非线性约束动画。该类的约束功能多用于模拟角色眼球跟随物体移动所产生的短暂滞后效果。

19.2.9　为影片剪辑添加关键帧

若要对影片剪辑中的动画进行大幅度的修改，如添加关键帧操作，单纯依靠修改动画曲线并不是高效率的方法。在非线性编辑器中，Maya 2022允许将影片剪辑中的关键帧序列再次激活，然后对关键帧序列进行编辑。

课堂练习190：添加关键帧

01 正常状态下，动画被添加剪辑后时间轴上的关键帧不会被显示，但仍保留动画效果，如图19-49所示。

02 在【Trax编辑器】窗口中的剪辑Rotate1上按住鼠标右键，在弹出的快捷菜单中选择【激活关键帧】命令，剪辑变为紫色，并且时间轴上的关键帧再次被显示出来，如图19-50所示。

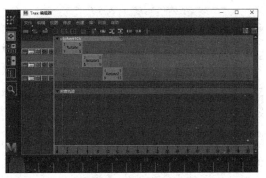
图19-49　关键帧被隐藏

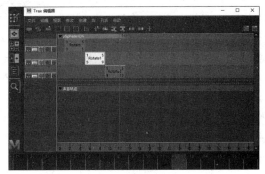
图19-50　激活关键帧序列

> **注意**
>
> 当对所选剪辑执行【激活关键帧】命令后，角色就会失去动画效果，这是因为关键帧序列被激活后，非线性动画剪辑会自动被屏蔽。当用户添加关键帧后，可以再选中该剪辑片段并执行【激活关键帧】命令，即可将影片剪辑恢复到正常状态，但是时间轴上的帧序列会再次被删除。

03 在第6帧处，将球体的通道属性【平移X】由原来的6改为8，再在该属性上按住鼠标右键，在弹出的快捷菜单中选择【为选定项设置关键帧】命令，并且设置关键帧，如图19-51所示。

04 在第12帧处，将球体的通道属性【平移X】由原来的8改为16，并且设置关键帧，如图19-52所示。

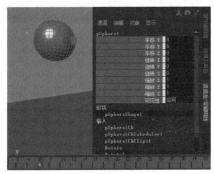
图19-51　修改第6帧关键帧参数

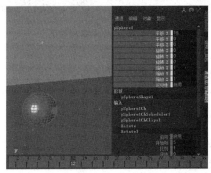
图19-52　修改第12帧关键帧参数

05 在剪辑Rotate1上按住鼠标右键，在弹出的快捷菜单中选择【激活关键帧】命令，即可屏蔽时间轴上的关键帧序列，如图19-53所示。

图19-53　屏蔽关键帧序列

19.2.10 合并影片剪辑

当用户将某个角色的多段影片剪辑分别编辑完成后，就可以将这些独立的影片剪辑合并为一个完整的剪辑，这样更加有利于对整体动画进行编辑和控制。

课堂练习191：合并影片剪辑

01 在【Trax 编辑器】窗口中，框选 3 个剪辑片段并按住鼠标右键，在弹出的快捷菜单中选择【合并】命令，如图 19-54 所示。

02 将两段影片剪辑合并为一个整体的剪辑片段 mergedClip1，如图 19-55 所示。用户还可以在【合并片段选项】对话框中定义新剪辑的名称。

03 在【Trax 编辑器】窗口中选中合并的影片剪辑，单击工具栏上的 按钮，打开其动画曲线窗口，可以看到角色动画曲线上的点明显增多，如图 19-56 所示。

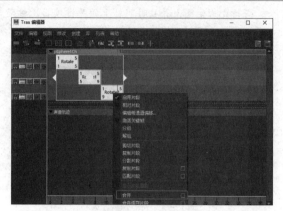

图 19-54　选择【合并】命令

图 19-55　剪辑的合并效果

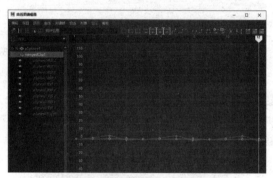

图 19-56　剪辑的动画曲线

19.3　角色

19.3.1　创建角色

前面介绍了如何创建和编辑非线性动画，但用户手动逐一为角色添加关键帧是一项非常烦琐的工作，并且在后期需要修改非线性动画时，关键帧序列不容易调整。因此，非线性动画还有一种非常重要的应用，即角色模型及其控制可以被转换成一个角色节点，还可以为该角色节点添加关键帧序列，然后再通过将该角色节点转换为角色剪辑片段，进行统一的控制。

课堂练习192：创建角色

01 在上一小节创建的小球与圆环的约束剪辑动画场景中，打开【大纲视图】窗口，即可看到 Maya 2022 自动生成的 pTorus1Ch 节点，该节点可视为一个角色节点，如图 19-57 所示。

02 在【大纲视图】窗口中单击角色节点选项 pTorus1Ch，即可在展开的子属性选项中看到该角色节点属性包含的关键属性，如图 19-58 所示。

03 导入绑定好但并未添加动画的角色模型，然后选中该角色身体的所有曲线控制器，如图 19-59 所示。

04 单击【关键帧】|【创建角色集】右侧的 按钮，打开【创建角色集选项】对话框，在【名称】文本框中输入 body，如图 19-60 所示。

图19-57　自动生成的角色节点

图19-58　关键属性

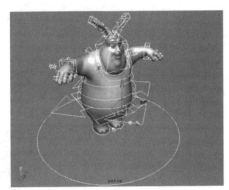

图19-59　选中目标对象

图19-60　【创建角色集选项】对话框

05 单击【创建角色集】按钮，即可在【大纲视图】窗口中创建一个名称为body的角色节点，如图19-61所示。

06 同样，在通道栏中可以看到创建的角色节点body，以及被添加到角色节点后其通道属性颜色的变化，如图19-62所示。

07 单击时间滑块右侧的■按钮，在弹出的菜单中选择body选项，即可将动画层切换到角色body层，如图19-63所示。

图19-61　创建的角色节点

图19-62　角色通道属性的颜色变化

图19-63　快速切换角色动画层

技巧

这里所介绍的角色，即Character。它并不是普通意义上的角色对象，而是Maya对动画对象的一种管理方式，简称为角色化。Maya 2022的非线性动画全部是建立在角色化的基础之上，也就是说必须先将动画目标角色化，然后才能制作和编辑非线性动画。

参数简介

下面介绍【创建角色集选项】对话框中参数的功能。

- 角色：该选项下包含有关角色节点创建的属性设置。
- 名称：用于为角色节点自定义名称，默认名称为Character1。
- 包括：若启用【选定节点以下的层级】复选框，则可以将所选物体的子层级也添加到角色节点中，默认为禁用该复选框。
- 属性：该选项下包括如下几种属性。
- 所有可设置关键帧：若选中该单选按钮，那么所选控制器通道栏上的所有属性都会被添加到角色节点下。
- 来自通道盒：通过选择加亮显示通道栏中的特定属性，仅将这些被特定选中的通道栏属性添加到角色节点下。
- 除以下项外全部可设置关键帧的属性：用于排除通道栏中的一些属性，包括【平移】、【旋转】、【缩放】、【可见性】和【动态】5个类型。例如，启用【缩放】复选框，则所有控制器通道栏上的这类通道属性都会被排除在节点属性外。
- 重定向：该选项下的属性用于重新定义角色动画的移动和旋转参数。当角色被设置为重定向后就可以移动和旋转，以建立角色动画。

19.3.2　创建子角色

在Maya 2022中，不仅可以对角色的全部控制器添加角色节点，还可以为角色的部分控制器创建子角色节点，从而能够使用户更加灵活地控制角色。

课堂练习193：创建子角色

01 选中角色腰部的控制器Root_CTRL，如图19-64所示。为了使创建角色腰部动画时更加灵活，用户需要以子角色来创建单独的动画效果。

02 单击【关键帧】|【创建子角色集】命令右侧的■按钮，在弹出的【创建角色集选项】对话框的【名称】文本框中输入Root，再单击【应用】按钮，即可创建子角色节点，如图19-65所示。

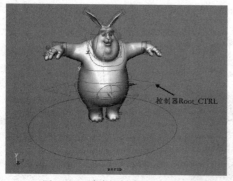

图19-64　选中控制器Root_CTRL

图19-65　创建的子角色节点

03 在【大纲视图】窗口中单击Root选项，在下方展开的子选项中单击Root_CTRL的【平移X】属性，即可打开角色节点Root的通道属性，如图19-66所示。

04 在【Trax编辑器】窗口的轨道区，即可显示被添加的body和Root角色节点，由于没有为角色节点添加关键帧动画，这里不能创建剪辑片段，如图19-67所示。

05 在时间滑块右侧单击▽按钮，在弹出的菜单中即可看到被添加的子角色节点Root，如图19-68所示。

图19-66　角色Root的通道属性

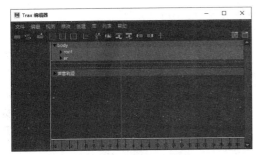

图 19-67　角色的剪辑轨道　　　　　　　　　　图 19-68　切换角色节点层

19.3.3　添加和删除角色属性

由于制作的需要，可以将关键帧动画的某些属性从角色节点中删除。同样的道理，用户也可以将从角色节点中删除的属性或其他新的属性添加到角色节点下，并且还可以将一个角色节点下的属性添加到另一个角色节点下，用户只需在添加之前切换到要添加的节点动画层即可。下面介绍如何添加角色的属性。

课堂练习194：添加和删除角色属性

`01` 继续使用前面创建的角色节点的场景模型，选中已添加了角色节点的控制器。在通道栏中可以看到，被添加的属性都会在下方的角色节点Root下显示，然后选中【平移 Y】属性，如图 19-69 所示。

`02` 执行【窗口】|【关系编辑器】|【角色集】命令，打开【关系编辑器】窗口，在【角色集】下方执行【编辑】|【移除亮显的属性】命令，所选属性选项的通道栏颜色呈正常显示，并且该属性也会从Root角色节点下消失，如图 19-70 所示。

> **注意**
>
> 如果从角色节点中删除的属性被设置了关键帧，则在执行【从角色集中移除】命令后，该属性选项会从绿色变为橘黄色显示；如果未添加关键帧，则会从角色节点下消失。

`03` 在控制器Root_CTRL的通道栏中，选中要添加的【平移 Y】和【可见性】选项，如图 19-71 所示。

`04` 在【关系编辑器】窗口的【角色集】中，选中Root集，点选"+"号，即可将所选择的属性选项添加到角色节点Root属性下，如图 19-72 所示。

图19-69　选择要删除的属性　　图19-70　从角色节点中删除　　图19-71　选择要添加的属性　　图19-72　添加的节点属性

> **提示**
>
> 在编辑角色节点的通道属性或为角色节点添加关键帧时，必须单击动画控制区时间滑块右侧的■按钮，选择对应的角色节点动画层，才能有效编辑相应角色的通道属性或为它添加关键帧。

19.3.4　创建角色影片剪辑

前面介绍了为关键帧序列动画的角色创建非线性动画，还可以为添加的角色节点创建非线性动画，从而避免了手动逐个为每个关节姿态设置连续的关键帧，以便快速提高动画的制作效率。下面通过创建一个角色伸腰的动作，来练习如何创建角色剪辑动画。

课堂练习195：创建角色影片剪辑

01 在新建场景中，导入绑定好但并没有任何动画效果的角色模型，然后调整角色身体的曲线控制器 L/R_Ik_Hand_CTRL，设置角色的初始姿态，如图 19-73 所示。

02 将时间滑块拖动到第1帧，在【大纲视图】窗口中单击 body 角色节点，再单击动画控制区的██按钮，然后切换到 body 角色节点层，按 S 键为角色设置关键帧，如图 19-74 所示。

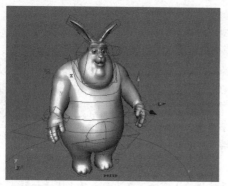

图19-73　导入角色模型

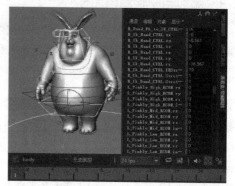

图19-74　设置第1帧动画

03 将时间滑块拖动到第6帧，移动右手控制器 R_Ik_Hand_CTRL 的位置，按 S 键为角色节点 body 设置关键帧，如图 19-75 所示。

04 将时间滑块拖动到第9帧，移动左手控制器 L_Ik_Hand_CTRL 的位置，按 S 键为角色节点 body 设置关键帧，如图 19-76 所示。

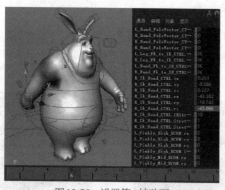

图19-75　设置第6帧动画

图19-76　设置第9帧动画

05 将时间滑块拖动到第10帧，旋转头部控制器 Head_CTRL，使角色产生仰头的动作，如图 19-77 所示。

06 将时间滑块拖动到第13帧，移动腰部控制器 Root_CTRL 的位置，并且切换到 Root 角色节点的动画层，设置关键帧，如图 19-78 所示。

> **注意**
>
> 由于要将腰部曲线控制器 Root_CTRL 添加到子角色节点 Root 属性下，要为控制器 Root_CTRL 添加关键帧，必须先单击██按钮并切换到 Root 角色节点层，再设置属性关键帧。

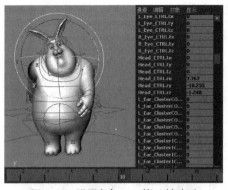

图 19-77　设置角色 body 第 10 帧动画

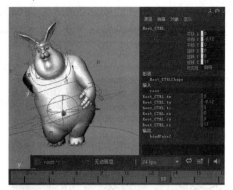

图 19-78　设置角色 Root 第 13 帧动画

07 将时间滑块拖动到第 14 帧，移动脚部控制器 L_Foot_CTRL 的位置，切换到 body 角色节点的动画层，再设置关键帧，如图 19-79 所示。

08 将时间滑块拖动到第 15 帧，移动头部控制器 Head_CTRL 的位置，使角色产生仰头的动作，并按 S 键设置关键帧，如图 19-80 所示。

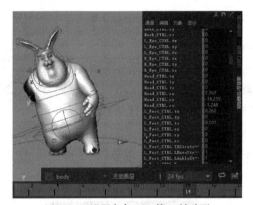

图 19-79　设置角色 body 第 14 帧动画

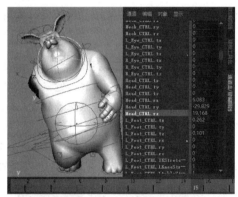

图 19-80　设置角色 body 第 15 帧动画

09 在【大纲视图】窗口中，分别单击角色节点 body，执行【编辑】|【按类型删除】|【静态通道】命令，即可删除角色节点和子角色节点所有未产生任何动画效果的关键属性，如图 19-81 所示。

10 先在【大纲视图】窗口中单击角色 body，再在【Trax 编辑器】窗口中单击■按钮，即可在 body 和 Root 轨道下创建一个剪辑 Clip1 和一个子剪辑 Clip2，如图 19-82 所示。

图 19-81　删除角色静态通道

图 19-82　创建剪辑

11 移动子剪辑 Clip2 的位置，使角色腰部剪辑动画的起始和结束时间发生改变，如图 19-83 所示。

12 此时，时间轴上的关键帧会自动消失，但动画效果依然存在，播放动画，用户可以看到角色的腰部由原来的第13帧开始旋转变为到第8帧就开始旋转，如图19-84所示。

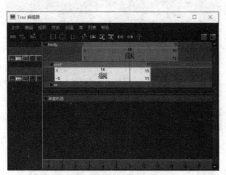

图19-83　移动剪辑片段

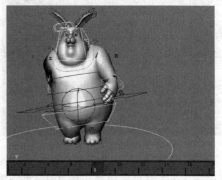

图19-84　动画的变化效果

19.3.5　融合角色剪辑

非线性动画有一个非常重要且实用的功能，就是将各个剪辑动画叠加或融合在一起。下面对该功能的应用进行介绍。

▌课堂练习196：融合角色剪辑▌

01 继续使用前面制作的角色剪辑，选择角色两只耳朵根部的控制器R_Ear_ClusterCON和L_Ear_ClusterCON，以及它们的子层级控制器，如图19-85所示，单击【关键帧】|【创建子角色集】命令右侧的▣按钮。

02 在打开的【创建子角色集选项】对话框的【名称】文本框中输入er，然后再单击【应用】按钮，即可在【大纲视图】窗口中创建子角色er，如图19-86所示。

图19-85　选中目标对象

图19-86　创建子角色er

03 单击子角色节点er，在展开的子属性中，可以看到所有耳朵的控制器都被添加到角色节点er下，如图19-87所示。

04 将时间滑块拖动到第11帧，并且切换到er动画层，选中耳朵所有的曲线控制器，按S键为它们设置关键帧，如图19-88所示。

05 将时间滑块拖动到第15帧，旋转耳朵所有曲线控制器的角度，使角色耳朵产生弯曲效果，然后再按S键为它们设置关键帧，如图19-89所示。

06 删除角色节点er的静态通道，首先在【大纲视图】窗口中单击角色节点er，再在【Trax编辑器】窗口中单击▉按钮，为该角色耳朵添加剪辑片段Clip3，如图19-90所示。

图 19-87　角色 er 的属性

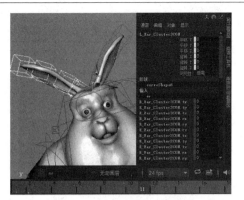

图 19-88　创建耳朵第 11 帧动画

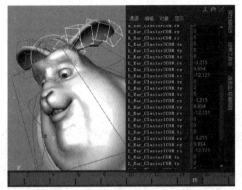

图 19-89　创建耳朵第 15 帧动画

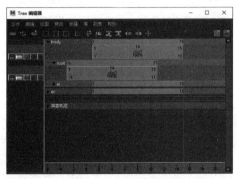

图 19-90　创建剪辑片段

07 在剪辑片段 Clip3 的【帧输入】处按住鼠标左键并拖动，改变剪辑 Clip3 的起始播放时间，如图 19-91 所示。

08 将播放头拖动到第 12 帧，选中角色剪辑 Clip3 并按住鼠标右键，在弹出的快捷菜单中选择【分割片段】命令，如图 19-92 所示。

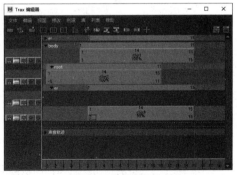

图 19-91　缩放剪辑片段

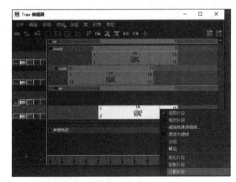

图 19-92　分割角色剪辑片段

09 此时将剪辑 Clip3 分割为两部分，即 Clip3Start 和 Clip3End，并自动排列到两个轨道层中，如图 19-93 所示。

10 移动所分割剪辑的位置，如图 19-94 所示，然后同时选中两个分割的剪辑片段并按住鼠标右键，在弹出的快捷菜单中选择【融合】命令。

图19-93　剪辑的分割效果

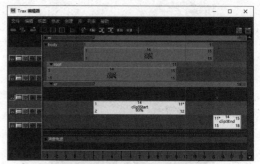

图19-94　移动分割剪辑的位置

11 此时，在两个分割剪辑之间即可产生一条黄色的连接曲线，这里称为混合过渡曲线，如图19-95所示。

技巧

在为剪辑创建混合过渡后，可以自由移动两个剪辑中的任何一个影片剪辑，以延长或缩短剪辑动画的混合时间。

12 选中两个剪辑间的绿色过渡曲线，单击【Trax编辑器】窗口中的▦图标，在【曲线图编辑器】窗口中显示混合过渡的权重，如图19-96所示。

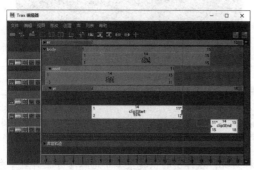

图19-95　创建混合过渡

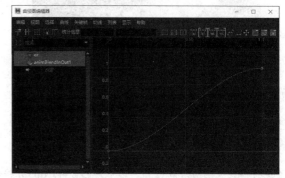

图19-96　混合剪辑的权重曲线

提示

默认的曲线是从0~1均匀分布的，即两个剪辑间的过渡是匀速的。用户可以在这里修改曲线，以控制过渡变化中的快慢分布。若要精确调整两个剪辑间的绿色过渡曲线，用户可以将当前状态的两个影片合并成一个，然后再在合并的剪辑上按住鼠标右键，在弹出的快捷菜单中选择【激活关键帧】命令，即可对合并后的动画曲线重新进行控制。

19.3.6　导入和导出角色剪辑

在创建非线性动画并编辑完成后，还可以将一些实用的一段或多段非线性剪辑进行导出，然后导入新的场景中，以应用于具有相同绑定设置的角色对象上，可见导出的非线性动画可以被重复利用，从而提高动画的制作效率。

┃课堂练习197：导入和导出角色剪辑┃

01 将场景中的角色剪辑片段导出之前，单击【文件】|【优化场景大小】命令右侧的▣按钮，在弹出的【优化场景大小选项】对话框中启用【未知节点】复选框，如图19-97所示。

02 在【Trax编辑器】窗口中，选中角色所有的剪辑片段Clip1、Clip2和Clip3，再执行【文件】|【导出动画片段】命令导出，如图19-98所示。

图 19-97　设置场景优化

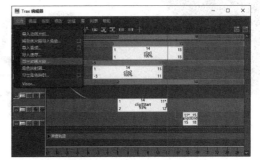

图 19-98　导出角色剪辑片段

> **注意**
>
> 如果在【Trax编辑器】窗口的视图区中看不到创建的影片剪辑，用户可以在该窗口中执行【列表】|【自动加载选定角色】命令，再选中角色对象。

03 在新建场景中导入具有相同绑定设置的角色模型，并且没有任何动画效果。为了便于操作，用户导入同一个绑定模型，如图 19-99 所示。

04 选择该角色的所有曲线控制器，执行【关键帧】|【创建角色集】命令，添加角色节点 body，为角色控制器 Root-CTRL 添加子角色 Root，再为所有耳朵曲线控制器添加子角色 er，如图 19-100 所示。

> **注意**
>
> 在导入和导出角色剪辑时一定要注意设置当前角色的控制器和角色节点，其名称都必须与之前导出动作剪辑的角色设置完全相同，否则可能会出现难以预料的操作。

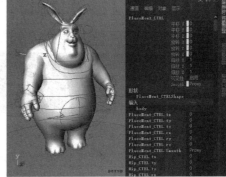

图 19-99　导入角色模型

05 此时在【Trax编辑器】窗口中观察，轨道控制区会显示几个角色节点的轨道层，但没有任何剪辑片段，如图 19-101 所示。

06 选择角色节点 body、Root 和 er，再在【Trax编辑器】窗口中执行【文件】|【将动画片段导入角色】命令，即可将之前导出的剪辑导入 body 节点，如图 19-102 所示。

图 19-100　添加子角色

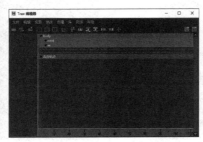

图 19-101　生成的角色节点轨道层

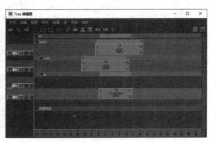

图 19-102　导入角色剪辑片段

第20章

粒子技术

→ 20.1 粒子系统

20.1.1 创建粒子

实际上，粒子动画是一个动力学模块。打开Maya 2022后，按F5键即可切换到FX(动力学)模块中，此时在工作界面的左上角将显示FX模块。同时，在菜单栏中将显示相应的菜单命令，如图20-1所示。

图20-1　FX模块下的菜单

默认情况下，用户主要通过4种方法创建粒子物体，包括手动创建粒子、利用发射器创建粒子、从物体表面发射粒子及多发射器创建粒子，下面介绍创建粒子的操作方法。

课堂练习198：创建粒子

01 执行【nParticle】|【粒子工具】命令，然后在场景视图平面上单击一次，即可创建一个红色的"+"字符号，代表一个粒子，连续多次单击可以创建多个粒子，如图20-2所示。

02 按Enter键完成粒子创建，此时即可在视图网格所在的平面创建一个粒子平面，如图20-3所示。

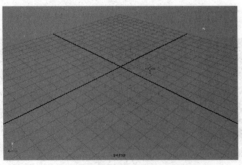

图20-2　创建粒子

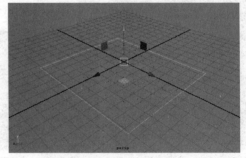

图20-3　创建的粒子平面

03 新建一个场景，切换到顶视图，单击【nParticle】|【粒子工具】命令右侧的回按钮，在【粒子工具】属性设置面板中启用【创建粒子栅格】复选框，再在视图中连续单击两次创建两个粒子，如图20-4所示。

04 按Enter键即可创建一个分布均匀的粒子平面阵列，如图20-5所示。

图 20-4　设置粒子的属性参数

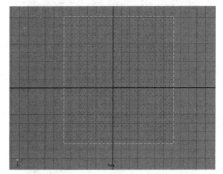

图 20-5　创建的粒子阵列

> **提 示**
>
> 若想创建具有一定体积的粒子阵列，用户可以在其中一个视图窗口中创建第1个粒子，在第2个视图窗口中创建第2个对角粒子，并且两个粒子不在同一条水平线上，按Enter键即可创建具有一定体积的粒子阵列。

参数简介

- 粒子名称：在该文本框中可以输入将要创建的粒子名称。
- 保持：用于设置粒子的保存值，最大值为1，表示全部保存。
- 粒子数：表示每次创建粒子的数量。若设置【粒子数】为1，在视图中单击一次，只能创建一个粒子；若设置为2，则在视图中单击一次，可创建两个粒子。
- 最大半径：用于设置系统在指定的范围内创建指定的粒子数目。
- 草图粒子：启用该复选框，可以创建连续粒子。
- 草图间隔：用于设置粒子之间的间隔。数值越大，粒子之间的间隔越大；反之则粒子之间的间隔越小。
- 创建粒子栅格：若启用该复选框，即可在场景中创建粒子阵列平面。
- 粒子间距：用于控制粒子阵列中粒子之间的空间距离，可以理解为粒子阵列中粒子的密度。
- 放置：其中，【使用光标】选项表示根据鼠标指针位置驱动粒子阵列的区域；若选中【使用文本字段】选项，则可以通过下面的【最小角】和【最大角】参数调整粒子的形状。

20.1.2　粒子的基础属性

选择场景中的粒子并按组合键Ctrl+A，打开其属性编辑器，可以看到自动生成的5个属性节点，分别是particle1、particleShape1、lambert1、time1和initialParticleSE，如图20-6所示。

其中，particle1代表粒子的位移节点，其作用相当于几何面片的位移节点；particleShape1代表粒子的形状节点，该节点是粒子系统中最重要的节点，包括每粒子属性在内的许多属性都包含在该节点属性下。

切换到particleShape1选项卡，可看到许多有关粒子编辑的子节点属性，如图20-7所示。

下面对这些子节点属性进行简单介绍，具体设置将在后面的操作中进行介绍。

- 常规控制属性：用于控制粒子群的一些总体属性，如粒子的数量、权重等。
- 自发光属性：用于控制发射器，当用户使用发射器的方式创建粒子时，可以通过该属性来控制粒子群的发射。
- 寿命属性：用于控制粒子诞生和灭亡的时间。例如，在模拟一些特殊自然现象时，根据操作需要可以通过该属性来控制粒子在一段时间内灭亡。
- 时间属性：用于设置粒子运动的起始时间和当前时间。
- 碰撞属性：用于设置粒子间的碰撞效果。
- 柔体属性：用于控制柔体节点下的粒子属性参数。
- 目标权重和对象：用于控制目标化粒子的属性参数。

图20-6 粒子的节点属性

图20-7 粒子的形状节点

- 实例化器(几何体替换):用于设置关联粒子对象的属性参数。
- 自发光随机流种子:用于控制粒子群发射的随机性。
- 渲染属性:用于控制粒子显示时的显示方式和大小。
- 每粒子(数组)属性:用于控制粒子群中每个粒子的属性参数,包括粒子的位置、质量及速度等。
- 添加动态属性:用于添加和编辑粒子群的动态属性。

20.1.3 创建发射器

除了使用【粒子工具】命令创建粒子之外,另一种方法是通过发射器创建粒子,通过发射器可以准确地确定粒子发射的位置、方向、属性及起始速度等。粒子发射器是不能被渲染的,在Maya 2022中共有两种粒子发射器:一种是独立存在的;另一种是发射器与物体一起存在的。下面介绍如何创建粒子发射器。

课堂练习199:创建粒子发射器

01 单击【nParticle】|【创建发射器】命令右侧的█按钮,打开【发射器选项(创建)】对话框,如图20-8所示。在【发射器名称】文本框中输入Lizi,在【发射器类型】下拉列表中选择【泛向】选项,再单击【创建】按钮。

02 此时,即可在视图中创建一个发射粒子的发射器,在【大纲视图】窗口中可以看到发射器Lizi和粒子Particle1两个选项,如图20-9所示。播放动画,观察粒子的发射效果。

图20-8 【发射器选项(创建)】对话框

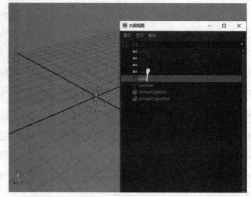

图20-9 创建的粒子发射器

参数简介

- 发射器名称:用于设置所创建的发射器名称。如果不填,系统自动将粒子发射器命名为Emitter1。
- 解算器:为新 nParticle 发射器对象创建一个新 Maya Nucleus 解算器。

1. 基本发射器属性

- 发射器类型：包括泛向、方向、体积、表面和曲线5种发射类型，图20-10是其中的3种发射器类型所产生的粒子喷射效果。若在【发射器类型】下拉列表中选择【方向】选项，【距离/方向属性】卷展栏中的参数会被激活，这些参数主要用于设置粒子的发射方向。

图 20-10　粒子的发射类型

- 速率(粒子/秒)：用于设置粒子的发射速度。
- 对象大小决定的缩放率：启用该复选框，发射粒子的对象大小会影响每帧的粒子发射速率。对象越大，发射速率越高。
- 需要父对象 UV(NURBS)：启用该复选框，可以使用父对象 UV 来驱动一些其他参数(例如颜色或不透明度)的值。
- 循环自发光：用于设置重新启动发射的随机编号序列。
- 循环间隔：定义当使用【循环自发光】时重新启动随机编号序列的间隔(帧数)。仅在【循环自发光】下拉列表中选择了【帧(启用 timeRandom)】时才可用。

2. 距离/方向属性

- 最大距离：用于设置最远的粒子到发射器之间的距离。
- 最小距离：用于设置最近的粒子到发射器之间的距离。被发射的粒子以随机的状态分布在最小距离和最大距离之间。
- 方向 X/方向 Y/方向 Z：用于控制粒子群的发射方向。
- 扩散：当在【发射器类型】下拉列表中选择【方向】选项后，被发射粒子将随机分布在一个圆锥内，【扩散】主要用于控制各圆锥的大小。

3. 基础自发光速率属性

- 速率：为已发射粒子的初始发射速度设置速度倍增。
- 速率随机：通过该属性可以为发射速度添加随机性，而无需使用表达式。
- 切线速率/法线速率：当在【发射器类型】下拉列表中选择【体积】选项时，此选项被激活，它与【速率】参数一样，用于控制粒子的发射速度。

20.1.4　利用物体发射粒子

在某些情况下，粒子并不是仅仅靠粒子发射器发射就可以满足用户的设计要求。例如，需要制作一只小鸟在飞行过程中羽毛脱落的动画，就需要将小鸟作为发射器发射羽毛。实际上，Maya 2022 是支持这种发射方式的。下面介绍利用物体作为发射器发射粒子的具体操作方法。

课堂练习200：利用物体发射粒子

`01` 确保场景中存在一个需要发射粒子的物体，选中该物体并执行【nParticle】|【创建发射器】命令，即可创建一个沿对象喷射的粒子系统，如图20-11所示。

`02` 同样，在新建场景中创建一条曲线，选中该曲线并单击【nParticle】|【从对象发射】命令右侧的■按钮，在打开的【发射器选项(从对象发射)】对话框中，选择【发射器类型】下拉列表中的【曲线】选项，将【速率(粒子数/秒)】设置为500，在【基础自发光速率属性】卷展栏中将【法线速率】设置为2，如图20-12所示。

`03` 单击【创建】按钮，即可创建一个发射器。播放动画，会从曲线周围发射很多粒子群，如图20-13所示。

`04` 选中发射的粒子，按组合键Ctrl+A，打开属性编辑器，在其中切换到particleShape1选项卡，将【自发光属性】卷展栏下的【最大计数】设置为30，此时曲线发射的粒子明显减少，如图20-14所示。

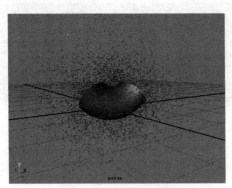

图20-11　曲面发射粒子

图20-12　设置发射类型

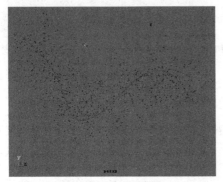

图20-13　沿曲线发射粒子

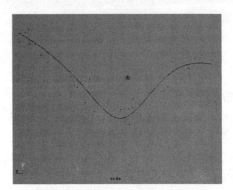

图20-14　曲线发射的粒子数量发生变化

参数简介

下面对粒子属性面板中【常规控制属性】和【自发光属性】卷展栏下的子属性参数进行说明，图20-15是该属性控制面板。

- 为动力学：若启用该复选框，粒子受到动力学影响，否则粒子将不受动力学影响。

- 动力学权重：用于设置粒子群的动力学权重，即粒子群受动力学影响的大小。若设置该参数值为1，表示受到100%动力场的影响。

- 保持：表示粒子对象从一帧到另一帧速度被保持的程度。当设置【保持】为1时，粒子每秒按加速度增加速率；而当【保持】为0时，粒子速率恒定。

- 世界中的力：若启用该复选框，粒子会沿世界坐标受动力场影响，否则会沿粒子的局部坐标轴受动力场影响。

- 缓存数据：用于将粒子的解算过程写入缓存。

- 计数：通常不修改该属性参数，用于表示Maya系统自动存在于粒子群的粒子数量。

图20-15　属性控制面板

- 事件总数：用于设置碰撞事件中受影响的粒子总数量。

- 最大计数：用于控制发射器所能发射的最大粒子数量。默认值为-1，表示发射器可以无限制发射粒子。

- 细节级别：用于设置粒子细节等级，较高的等级发射出的粒子密度比较大，细节也比较细腻。

- 继承因子：用于设置发射出的粒子对象继承发射器速度的比值。

- 世界中的自发光：若启用该复选框，发射器将出现在世界坐标系中；否则，发射器将出现在粒子的局部坐标系中。

- 离开自发光体积时消亡：若启用该复选框，表示使用体积发射器发射粒子时，粒子不能存活于体积发射器之外。

20.1.5　使用选择的发射器

Maya 2022 允许用户使用不同的发射器来发射相同的粒子。用户可以在创建两个粒子发射器后，拖动时间滑块发射粒子，将其中一个发射器发射的粒子删除；然后，先选中另一个发射器的粒子，再选中被删除粒子的发射器，执行【使用选定发射器】命令，即可使该粒子共用两个发射器，修改其中任何一个发射器，都会影响该粒子群。

↘ 20.2　粒子的基本操作

20.2.1　目标化粒子

目标化粒子就是使粒子能够被某个物体所吸引，从而使粒子受到该物体的控制。例如，在影视动画中，无数只昆虫趴在一个面包上觅食的动画特效。

▌ 课堂练习201：创建目标化粒子 ▌

01 在场景中导入一个骨骼模型，并且创建一个粒子发射器，然后播放动画观察粒子的发射效果，如图 20-16 所示。

02 先选中粒子，再选中某一段骨骼，执行【nParticle】|【目标】命令进行目标化操作；然后拖动时间滑块，球体粒子会逐渐吸附到所选骨骼上，如图 20-17 所示。

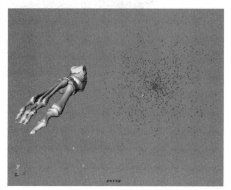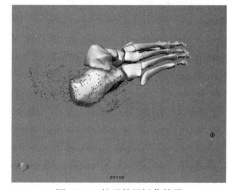

图 20-16　创建目标对象　　　　　　　　　　图 20-17　粒子的目标化效果

03 在粒子的属性设置面板中，切换到 particleShape1 选项卡，展开【寿命】卷展栏，选择【寿命模式】下拉列表中的【恒定】选项，设置【寿命】为 0.2，如图 20-18 所示。

04 播放动画，即可看到粒子在运动很短的距离后就会自动消失，表明粒子的生命周期变短，如图 20-19 所示。

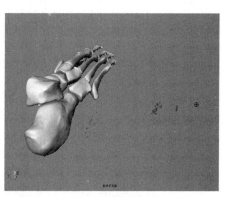

图 20-18　设置粒子的生命属性　　　　　　　图 20-19　粒子的发射距离发生变化

参数简介

下面对粒子属性设置面板中【寿命】卷展栏下的属性选项进行说明。

● 寿命模式：包括4种模式，分别为【永生】、【恒定】、【随机范围】和【仅寿命PP】。其中，【永生】模式表示在该模式下的粒子生命周期为无限长；【恒定】模式表示若使用该模式，用户即可在其下方的第1个属性选项中设置粒子的生命周期值；【随机范围】模式表示使用该模式，可以在其下方的属性选项中设置粒子存活的时间范围；【仅寿命PP】模式表示使用粒子群的每粒子属性来控制粒子的生命周期。

● 寿命：用于设置粒子的消亡时间，以帧为单位。例如，设置为20，则粒子在诞生20帧后消亡。

● 寿命随机：配合粒子寿命的【随机范围】模式，用于设置粒子的生命周期。

● 常规种子：用于设置随机种子。

20.2.2 每粒子的基本属性

在前面介绍了粒子的整体属性，下面将介绍一个全新的概念——粒子的每粒子属性，它是一种基于每个粒子元素的属性，即每个粒子的属性。本小节将讲解Maya的每粒子属性。

在创建一个粒子发射器后，可以按组合键Ctrl+A打开粒子的属性编辑器，然后切换到particleShape1选项卡，在【每粒子(数组)属性】卷展栏中显示了关于粒子的每粒子属性，如图20-20所示。

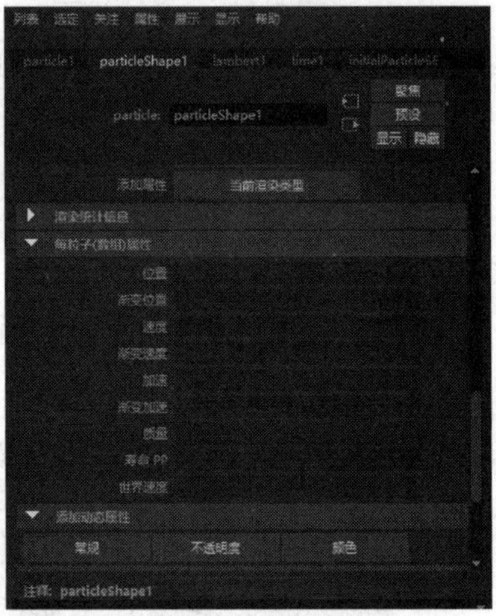

【每粒子(数组)属性】卷展栏中的属性提供了控制每个粒子的位置或运动的不同方式。下面对其中的属性进行介绍。

图20-20 【每粒子(数组)属性】卷展栏

● 位置：用于控制每个粒子的位置。

● 渐变位置：用于控制渐变发生的位置。

● 速度：用于控制每个粒子的速度。

● 渐变速度：用于控制粒子运动速度的变化。

● 加速：用于控制每个粒子的加速度。

● 渐变加速：用于控制粒子加速度的变化。

● 质量：用于控制粒子的质量。

● 寿命PP：用于控制粒子的生命周期。

● 世界速度：用于控制粒子在世界坐标下的速度。

20.2.3 添加每粒子属性

除了使用系统提供的这些参数设置粒子的属性外，用户还可以手动为每粒子属性列表添加每粒子属性，单击【添加动态属性】卷展栏下的【常规】、【不透明度】和【颜色】按钮，即可为粒子群添加每粒子属性，如图20-21所示。

● 常规属性：可以在该属性选项中添加一些Maya内置的粒子属性和粒子控制属性，还可以自定义需要的粒子属性，但同样也需要和其他的粒子属性结合使用。单击【常规】按钮，即可打开每粒子【添加属性】对话框，这里添加的粒子属性分为【新建】、【粒子】和【控制】3个选项卡，如图20-22所示。切换到【控制】选项卡，在下方的列表框中可以选择要添加的每粒子属性选项，如图20-23所示。

● 颜色属性：用于为粒子添加RGB颜色属性，单击【颜色】按钮，打开【粒子颜色】对话框，如图20-24所示。

● 不透明度属性：用于为粒子添加不透明度属性，单击【不透明度】按钮，即可打开【粒子不透明度】对话框，如图20-25所示。

> **提示**
>
> 用户从图20-25中可以看到它的属性与【粒子颜色】对话框中的选项几乎一样，只是在【粒子颜色】对话框中多加了一个【着色器】复选框。如果用户选择【着色器】复选框，则会直接弹出材质编辑器，使用用户可以直接修改粒子的材质属性。

图 20-21　添加粒子的动态属性

图 20-22　【添加属性】对话框

图 20-23　粒子群的每粒子控制属性

图 20-24　【粒子颜色】对话框

图 20-25　【粒子不透明度】对话框

课堂练习202：添加每粒子属性

01　选中发射的粒子，再单击【添加动态属性】卷展栏下的【常规】按钮，在打开的【添加属性】对话框中切换到【粒子】选项卡，选择要添加的每粒子属性，如图 20-26 所示。

02　单击【添加】按钮，即可在【每粒子(数组)属性】卷展栏下显示添加的【碰撞几何体索引】选项，如图 20-27 所示。

图 20-26　选择要添加的属性

图 20-27　添加的粒子属性

20.2.4　粒子碰撞

粒子碰撞不但可以在粒子与粒子之间完成，还可以在粒子与物体之间完成。如果要创建粒子碰撞，必须首先创建一个粒子碰撞物体，这个物体将作为粒子与粒子或粒子与物体之间的介质物体，它会在粒子与物体之间建立联系，这样才能形成最终的粒子碰撞效果。

课堂练习203: 创建粒子碰撞

01 在场景中创建一个多边形平面和一个粒子发射器,选中发射出的粒子,执行【场/解算器】|
【重力】命令,为其添加重力场,观察粒子的播放效果,如图20-28所示。

02 选中粒子,在其属性设置面板中切换到particleShape1选项卡,在【渲染属性】卷展栏下,将【粒子渲染
类型】设置为【球体】,单击【当前渲染类型】按钮,在展开的【半径】文本框中输入0.2,改变粒子的外形
和半径,如图20-29所示。

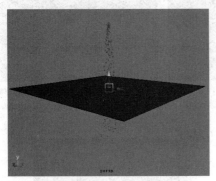

图20-28　为粒子添加重力场

图20-29　设置粒子的渲染属性

03 此时,场景中的粒子群变成了多个小球球体,并且可以为这些小球赋予材质,如图20-30所示。

04 在视图中选择粒子物体,按住Shift键加选多边形平面,执行【nParticle】|【使碰撞】命令,创建碰撞;
播放动画,观察粒子的碰撞效果,如图20-31所示。

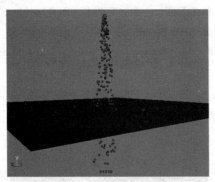

图20-30　粒子的外形显示

图20-31　粒子的碰撞效果

05 选中粒子物体,在粒子属性设置面板中切换到geoConnector1选项卡,将【几何体连接器属性】卷展栏下
的【弹性】设置为0.1,如图20-32所示。

06 播放动画,观察粒子物体与平面之间的碰撞效果,发现反弹力度明显减小,如图20-33所示。

图20-32　设置碰撞反弹属性参数

图20-33　最终碰撞效果

参数简介

下面对【几何体连接器属性】和【渲染属性】卷展栏下常用的属性选项进行说明。

- 细分因子：用于设置粒子碰撞的灵敏度。
- 弹性：用于设置粒子碰撞后的回弹程度。通过修改该选项的值，即可控制粒子的弹性。
- 摩擦力：用于设置粒子与曲面的摩擦度。
- 偏移：用于设置粒子碰撞时的偏移距离，默认参数值为0。
- 粒子渲染类型：用于设置粒子在场景和渲染屏幕上的显示类型。这里选择【球体】选项，表示粒子显示为球体。
- 当前渲染类型：单击该按钮，即可显示有关该粒子显示类型的属性参数设置。
- 半径：用于设置当前粒子显示的半径。

20.2.5　粒子碰撞事件

所谓粒子碰撞事件，是指粒子在发生碰撞接触的瞬间所要发生的事情。下面介绍具体的操作方法。

┃课堂练习204：使用粒子碰撞事件┃

01 继续使用上节的粒子碰撞实例，选中粒子，执行【nParticle】|【粒子碰撞事件编辑器】命令，在弹出的【粒子碰撞事件编辑器】对话框中设置相应的参数，启用【发射】和【原始粒子消亡】复选框，将【粒子数】设置为5，如图20-34所示。

02 单击【创建事件】按钮，再播放动画，可以看到粒子的碰撞效果消失，并且生成了新的粒子群，如图20-35所示。

图20-34　使用碰撞事件

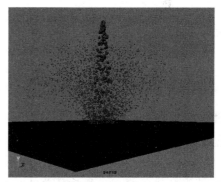

图20-35　生成的新粒子

参数简介

下面对【粒子碰撞事件编辑器】对话框中的属性进行说明。

- 选定对象：用于列出场景中所有带碰撞事件的粒子物体。
- 选定事件：用于列出场景中所有带碰撞的事件。
- 设置事件名称：用于设置粒子碰撞事件的名称。
- 所有碰撞：当启用该复选框时，系统将为粒子与系统的所有碰撞创建碰撞事件；当禁用该复选框时，下方的【碰撞编号】文本框被激活，用于指定系统为粒子的哪次碰撞创建碰撞事件。

- 类型：包括【发射】和【分割】两个复选框。启用【发射】复选框，粒子发生碰撞时粒子系统将会产生新的粒子，产生新粒子的数目将由【粒子数】文本框中的数值控制；如果启用【分割】复选框，当粒子发生碰撞时原始的粒子将分裂产生新的粒子，新粒子的数目由【粒子数】文本框中的数值控制。
  - 随机粒子数：启用该复选框时，分割或发射的粒子数目是1和【粒子数】数值之间的随机值。
  - 扩散：与粒子发射参数类似，用于设置粒子发射时的圆锥角度，在这个范围内粒子可以被随机发射。
  - 继承速度：该值大于0时，新产生的粒子将继承原来粒子的发射速度。
  - 原始粒子消亡：如果该复选框处于选中状态，当粒子发生碰撞时将会消失。

20.2.6 断开粒子碰撞

当为粒子创建完碰撞效果或力场效果以后，如果想结束某种效果，需要通过【动力学关系编辑器】窗口来完成，该窗口中允许用户控制任何与动力学有关的设置。

课堂练习205：断开粒子碰撞

01 使用上面的粒子碰撞场景，执行【窗口】|【关系编辑器】|【动力学关系】命令，打开【动力学关系编辑器】窗口，如图20-36所示。

02 在左侧列表框中选中粒子物体，在右侧的区域选中【碰撞】单选按钮，在下方的列表中单击平面物体，使它不再高亮显示，如图20-37所示，这样粒子物体就会失去碰撞效果。

图20-36 【动力学关系编辑器】窗口

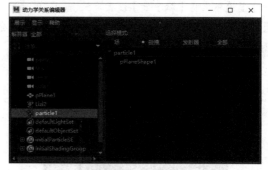

图20-37 断开碰撞

20.2.7 粒子实体化

在Maya 2022中，用户还可以使用具体的实体来模拟大自然中千变万化的复杂环境。例如，使用人物模型制作大军压境效果，利用怪物来制作怪物群等。本小节将介绍创建实体粒子的方法。

课堂练习206：粒子替换

01 在新建场景中导入一个模型，再创建一个粒子发射器，如图20-38所示。

02 在视图中选择模型，然后按住Shift键加选粒子，单击【nParticle】|【实例化器】命令右侧的■按钮，打开图20-39所示的【粒子实例化器选项】对话框。

> **提示**
>
> 在该对话框的【实例化对象】列表框中有两个节点。这实际上就是要实例化列表中的物体名称，也就是说，用户将使用这里所显示的选项将粒子实体化。

图20-38 导入场景文件

03 保持默认的参数设置不变，单击【创建】按钮，完成粒子的实例化，此时的效果如图20-40所示。

图20-39　参数设置

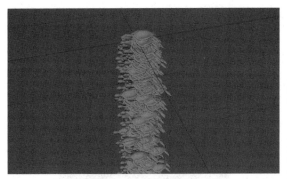

图20-40　实例化粒子效果

20.3　粒子的渲染

20.3.1　粒子的渲染类型

在Maya 2022中，粒子的渲染方法有硬件渲染和软件渲染，但是并不能说明所有的粒子都可以使用硬件渲染或软件渲染。当创建一个粒子发射器后，可以在其【渲染属性】卷展栏中看到粒子的基本类型，如图20-41所示。

实际上，硬件渲染和软件渲染的概念就是根据粒子的渲染类型来定义的，下面将分别介绍Maya 2022中的硬件渲染粒子和软件渲染粒子。

要更改粒子的渲染类型，可以打开【渲染设置】窗口，在图20-42所示的【使用以下渲染器渲染】下拉列表中选择【Maya硬件】或【Maya软件】选项即可。

图20-41　粒子渲染类型

图20-42　设置渲染方式

20.3.2　Maya硬件2.0

Maya硬件2.0渲染器实际上是Viewport 2.0，Maya 2022中Viewport 2.0替换了旧版视口（默认和高质量）并提高了性能，从而可以直接在Maya视口中查看高质量的照明、阴影、材质和其他效果。使用Maya硬件2.0可将当前帧的粒子状态渲染出来。下面对硬件渲染类型进行介绍。

1. 点

当用户在视图中创建一个粒子发射器后，按组合键Ctrl+A，打开其属性编辑器，在【渲染属性】卷展栏的【粒子渲染类型】下拉列表中选择【点】选项，就可以将粒子的形状设置为点模式。点的数目和粒子的数目是对应的，如图20-43所示。

单击下方的【当前渲染类型】按钮，则会增加几个关于点粒子的属性进行设置，如图20-44所示。

图20-43　设置粒子的渲染类型

图20-44　展开粒子的属性设置

下面对这些属性参数进行介绍。

- 法线方向：可以使用灯光调整运动粒子的亮度。
- 点大小：可以设置粒子点的大小。如果启用【使用照明】复选框，则可以将灯光作用于粒子，从而能够控制粒子的运动。

2. 多点

【多点】是【点】类型的增强版，其形状和【点】相同，不同的是粒子系统的每个粒子数目对应多个点物体，通过单击下面的【当前渲染类型】按钮，也可以打开用于控制【多点】粒子的参数设置，如图20-45所示。

下面对其属性参数进行介绍。

- 多点计数：用于设置每个粒子对应点的数量，若将该值设置为0，则与【点】的数目是相同的。
- 多点半径：用于设置粒子的分布半径。

3. 数值

【数值】粒子类型将粒子的ID数值直接显示在对应的点上。所谓粒子的ID就是指每个粒子所特有的标签，它记录了粒子诞生的先后顺序，如图20-46所示。

图20-45　多点

图20-46　数值粒子类型

【数值】粒子类型也有自己的参数控制，下面对其属性参数进行介绍。

- 属性名称：用于输入用户想要显示的粒子属性名称，默认的名称为particleId。
- 点大小：用于控制显示点的大小。
- 仅选定对象：若启用该复选框，则仅显示选择的粒子外形。

4. 球体

【球体】粒子类型用于将粒子的形状设置为球体。在做粒子测试时，经常会使用到这种显示类型。如果单击
【当前渲染类型】按钮，展开【半径】属性，还可以更改球体的半径。

5. 精灵

【精灵】粒子类型可以将粒子替换为一张矩形面片，如图20-47所示。

用户可以在图像上赋予一张纹理图像或图像序列，以此替换粒子的显示效果，如图20-48所示。

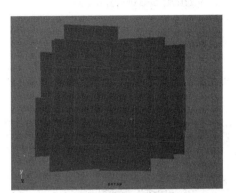

图20-47　精灵粒子类型

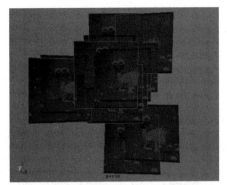

图20-48　精灵粒子的贴图效果

> **技巧**
>
> 选中【精灵】粒子，执行【nParticle】|【精灵向导】命令，在打开的【精灵向导】对话框中单击【浏览】按钮，为它指定一
> 张贴图，然后单击【继续】按钮，再在打开的面板中单击【应用】按钮，完成贴图的设定。

这种粒子渲染类型的参数较多，下面对其部分属性参数进行介绍。

- 精灵数量：用于设置显示图像序列部分贴图文件的扩展名数量。
- 精灵比例X/Y：用于控制贴图在x、y轴上的缩放。
- 精灵扭曲：用于设置贴图在场景中的旋转角度。

6. 条纹

如果选择【条纹】选项，则粒子的形状将变为长形的射线状，如图20-49所示。

该粒子类型的属性参数比较多，下面对部分属性进行说明。

- 线宽度：用于设置粒子线条的宽度。
- 尾部褪色：用于设置线条尾部衰减的不透明度。
- 尾部大小：用于设置线条尾部的长度。

7. 多条纹

与【点】和【多点】的关系相似，【多条纹】为【条纹】的增强版本，它与【条纹】的最大区别在于它可以使
一个粒子对应多条射线，如图20-50所示。

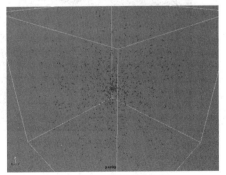

图20-49　条纹粒子类型

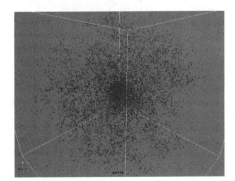

图20-50　多条纹粒子类型

20.3.3　软件渲染

软件渲染的粒子是一种非实时显示的粒子，只有通过软件渲染后才能够看到它们。Maya 2022中的软件渲染包括滴状曲面(s/w)、云(s/w)和管状体(s/w)3种类型，各自的特点如下所述。

1. 滴状曲面(s/w)

【滴状曲面(s/w)】可以将粒子的形状设置为斑点形状的圆片，是一种可融合的粒子，如图20-51所示。单击下面的【当前渲染类型】按钮，展开其参数选项，下面对【滴状曲面】类型的属性参数进行介绍。

- 半径：用于设置粒子的半径。
- 阈值：用于设置粒子的融合度，数值越大则粒子的融合能力越强。

2. 云(s/w)

【云(s/w)】粒子可以用于制作云彩、烟雾等效果。这种粒子类型的融合能力很强，非常适合制作体积较大的粒子群，如图20-52所示。

图20-51　滴状曲面类型

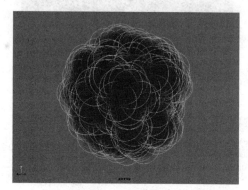

图20-52　云类型

下面对【云】类型的属性参数进行介绍。

- 半径：用于设置粒子的半径。
- 曲面着色：用于设置【云】渲染后的清晰程度，输入范围为0~1。当参数值越接近1，粒子云的显示就越清晰，反之越模糊。
- 阈值：用于设置粒子云的融合度。

> **提示**
>
> 粒子云类型的渲染只能支持一种特有的材质类型，即粒子云类型。如果不能渲染出这种粒子，则需要为粒子云添加粒子云材质。

3. 管状体(s/w)

【管状体(s/w)】是一种以管状渲染的粒子，如图20-53所示。它和【云】具有一个共同的特性，就是都需要使用粒子材质进行渲染。

下面对【管状体】类型的属性参数进行介绍。

- 半径0：用于设置粒子头部半径大小。
- 半径1：用于设置粒子尾部半径大小。
- 尾部大小：用于设置管状的长度。该选项数值将会乘以粒子的运动速度值，最后得出渲染管的实际长度，因此当粒子的移动速度很快时，会拉长圆管。

图20-53　管状体类型

20.4　案例12: 野外篝火

1. 制作篝火

操作步骤 --

01 打开随书附赠资源本章目录下的场景文件, 如图20-54所示。

02 选择平面fireplane1, 单击【nParticle】|【从对象发射】命令右侧的■按钮, 在【发射器选项(从对象发射)】对话框中, 将【发射器类型】设置为【表面】, 将【速率(粒子数/秒)】设置为15, 将【速率随机】设置为0.75, 将【法线速率】设置为2, 并启用【对象大小决定的缩放率】复选框, 如图20-55所示。

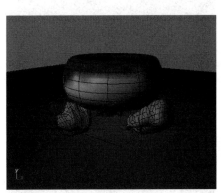

图20-54　场景文件

图20-55　【发射器选项(从对象发射)】对话框

03 单击【创建】按钮, 播放动画观察粒子状态, 如图20-56所示。

04 选择粒子并打开其属性设置面板, 切换到particleShape1选项卡, 在【渲染属性】卷展栏下将【粒子渲染类型】设置为【云(s/w)】, 如图20-57所示。

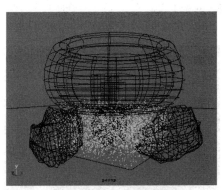

图20-56　粒子发射状态

图20-57　粒子渲染属性设置

05 选择粒子, 单击【场/解算器】|【重力】命令右侧的■按钮, 打开【重力选项】对话框, 将【Y方向】设置为1, 其他参数为默认值, 如图20-58所示。

06 播放动画, 观察效果, 如图20-59所示。

07 选择粒子, 按住Shift键加选Crock模型, 执行【nParticle】|【使碰撞】命令, 然后播放动画观察效果, 如图20-60所示。

08 选择Crock模型, 打开其属性设置面板, 切换到geoConnector2选项卡, 将【几何体连接器属性】卷展栏下的【弹性】设置为0.075, 如图20-61所示。

图20-58 【重力选项】对话框

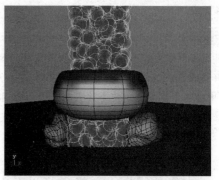

图20-59 粒子发射效果

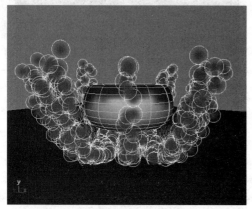

图20-60 碰撞效果

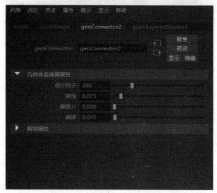

图20-61 设置几何体连接器属性

09 播放动画，观察粒子群与模型Crock的碰撞效果，如图20-62所示。

10 选择粒子，按组合键Ctrl+A，打开属性编辑器，切换到particleShape1选项卡，在【寿命属性(另请参见每粒子选项卡)】卷展栏中，将【寿命模式】设置为【随机范围】，将【寿命】设置为2，将【寿命随机】设置为0.75，如图20-63所示。

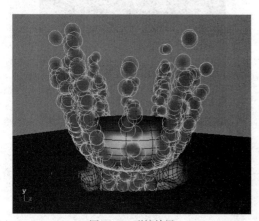

图20-62 碰撞效果

图20-63 设置粒子属性

11 播放动画，观察粒子的发射效果，如图20-64所示。

12 选择粒子，执行【场/解算器】|【径向】命令，给粒子添加一个径向场。在属性编辑器中，将【径向场属性】卷展栏下的【幅值】设置为2，如图20-65所示。在视图中使用W键将场的位置向上移动，播放动画观察效果。

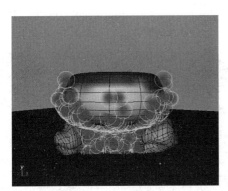

图 20-64　粒子发射效果

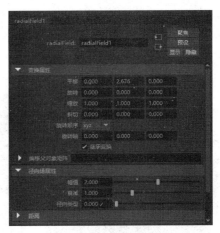

图 20-65　添加辐射场

13 选择粒子，执行【场/解算器】|【阻力】命令，给粒子添加一个阻力场，在属性编辑器中，将【阻力场属性】卷展栏下的【幅值】设置为 10。播放动画，观察效果，如图 20-66 所示。

14 选择粒子，执行【场/解算器】|【湍流】命令，给粒子添加一个湍流场，在属性编辑器中，将【湍流场属性】卷展栏下的【幅值】设置为 10。播放动画，观察效果，如图 20-67 所示。

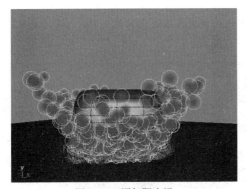

图 20-66　添加阻力场

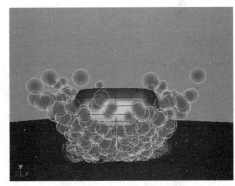

图 20-67　添加湍流场

15 选择粒子，切换到粒子属性编辑器，单击 particleShape1 选项卡，在【添加动态属性】卷展栏中单击【常规】按钮，如图 20-68 所示。

16 打开【添加属性】窗口，切换到【粒子】选项卡，选择 radiusPP 属性，单击【确定】按钮，即可完成属性的添加，如图 20-69 所示。

图 20-68　单击【常规】按钮

图 20-69　添加 radiusPP 属性

17 切换到【每粒子(数组)属性】卷展栏，选择【半径PP】属性，并在右侧的显示栏中按住鼠标右键，在弹出的快捷菜单中选择【创建渐变】命令，如图20-70所示。

18 在【半径PP】属性右侧的显示栏中按住鼠标右键，在弹出的快捷菜单中选择【<-arrayMapper3.outValuePP】|【编辑渐变】命令，如图20-71所示。

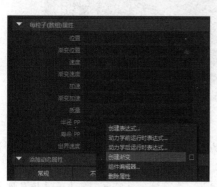

图20-70 创建渐变属性

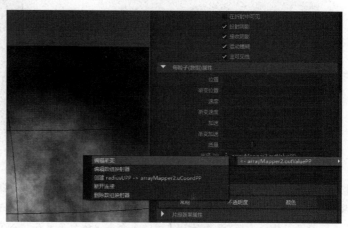

图20-71 编辑渐变属性

19 调整渐变的颜色及控制点的位置，如图20-72所示。

20 在选项卡上单击■按钮，进入arrayMapper2选项卡，在【数组映射器属性】卷展栏中将【最小值】设置为0.2，将【最大值】设置为1.25，如图20-73所示。播放动画，观察效果。

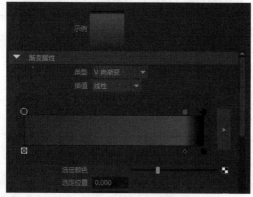

图20-72 设置渐变颜色属性

图20-73 设置数组映射器属性

21 切换到【渲染视图】窗口，单击■按钮，渲染效果如图20-74所示。

2. 制作火焰效果

操作步骤 ---

01 切换到Hypershade窗口，在左侧节点工具栏中单击【体积】节点，在弹出的选项中单击【粒子云】节点，如图20-75所示。

02 切换到particleCloud1的属性编辑器，单击【寿命中颜色】属性右侧的■按钮，打开【创建渲染节点】窗口，单击【渐变】按钮，为其指定一张渐变贴图，如图20-76所示。

03 当前属性编辑器中显示为particleSamplerInfo1选项卡，单击其右侧的■按钮两次，切换到ramp9属性窗口，编辑该属性，如图20-77所示。

图20-74　渲染效果

图20-75　创建粒子云

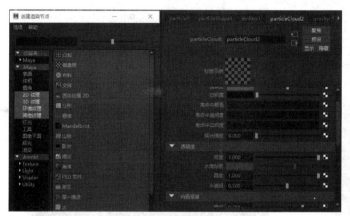

图20-76　创建渐变贴图

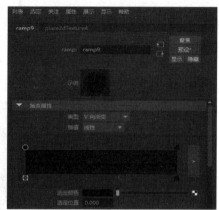

图20-77　编辑ramp9属性

04 在视图中选择粒子，并为其添加制作好的粒子云材质。切换到【渲染视图】窗口，单击■按钮，渲染效果如图20-78所示。

05 在制作好的粒子云材质的属性编辑器中，为【不透明】属性添加【凹陷】节点，如图20-79所示。

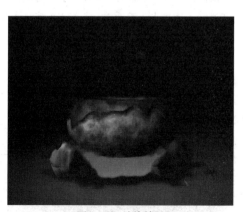

图20-78　渲染效果

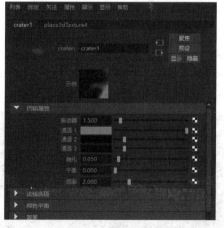

图20-79　编辑凹陷属性

06 在【渲染视图】窗口中单击■按钮，渲染效果如图20-80所示。

3. 制作水蒸气效果

操作步骤

01 在视图中选择Crock模型，按住鼠标右键，在弹出的快捷菜单中选择【等参线】命令，如图20-81所示。

图20-80　渲染效果

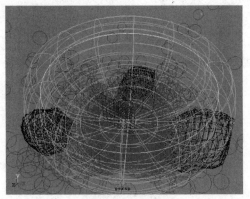

图20-81　选择等参线

02 按F2键切换到【建模】模块，执行【曲线】|【复制曲面曲线】命令，复制一条曲线，将该曲线框轴点居中，如图20-82所示。

03 选择Curve1，按组合键Ctrl+D再复制一条曲线，选中两条曲线，执行【曲面】|【放样】命令，将曲线放样成面，如图20-83所示。

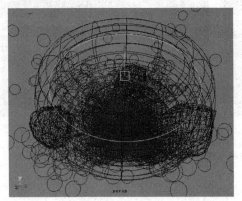

图20-82　复制曲线

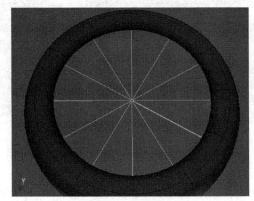

图20-83　放样成面

04 选择曲面，单击【nParticle】|【从对象发射】命令右侧的■按钮，打开【发射器选项(从对象发射)】对话框，设置【发射器类型】为【表面】，将【速率(粒子数/秒)】设置为5，将【速率】设置为2，将【速率随机】设置为0.75，将【法线速率】设置为2；启用【大小决定的缩放速率】复选框，如图20-84所示。

05 播放动画，观察粒子的发射效果，如图20-85所示。

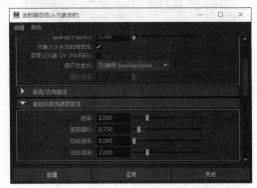

图20-84　【发射器选项(从对象发射)】对话框

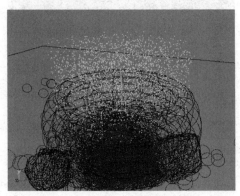

图20-85　粒子发射效果

4. 为水蒸气制作材质

操作步骤

01 选择粒子，切换到属性编辑器，选择particleShape2选项卡，在【渲染属性】卷展栏下，将【粒子渲染类型】设置为【云(s/w)】。

02 选择粒子，按住鼠标右键，在弹出的快捷菜单中选择【指定新建材质】命令，在【指定新材质】窗口中为粒子添加【粒子云】材质。

03 在属性编辑器中，选择particleCloud3选项卡，将【寿命中颜色】属性颜色添加渐变节点。切换到ramp1选项卡，设置相关属性，如图20-86所示。

04 切换到【渲染视图】窗口，渲染效果如图20-87所示。

05 在属性编辑器中，选择particleCloud1选项卡，展开【透明度】卷展栏，单击【水滴贴图】右侧的 ■ 按钮，在打开的【创建渲染节点】窗口中选择【云】选项，添加一个云节点，如图20-88所示。

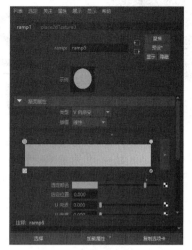

图20-86　编辑ramp1属性

图20-87　渲染效果

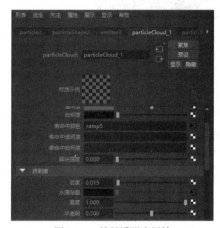

图20-88　编辑透明度属性

06 切换到cloud1选项卡，展开【云属性】卷展栏，将【颜色1】设置为HSV(0,0,0.837)，如图20-89所示。

07 在【渲染视图】视图中单击 ■ 按钮，对粒子群的最终效果进行渲染，如图20-90所示。

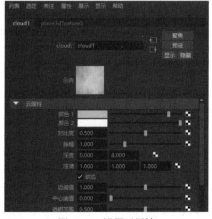

图20-89　设置云属性

图20-90　最终渲染效果

第21章

动力场

本章将介绍Maya的动力场技术，这些动力场包含空气场、阻力场、重力场、牛顿场、径向场、湍流场、一致场、漩涡场、体积轴场等。本章将逐一介绍这些动力场的创建方法。

21.1 动力场概述

使用动力场可以模拟出各种物体因受到外力作用而产生的不同特性，如图21-1所示。在Maya中，动力场是不可见的物体，就像物理学中的力一样，是看不见摸不着的，但是它可以影响场景中能够看得到的物体。在动力学模拟过程中，并不能通过人为设置关键帧来使物体产生运动，这时力场就可以成为制作动力学对象的动画工具。

在Maya中，动力场可以分为3种不同的类型，下面介绍每一种类型的特性。

图21-1　动力场效果

1. 独立力场

独立力场通常可以影响场景中的所有范围。它不属于任何几何物体，如果打开【大纲视图】窗口，就会发现这种力场只有一个节点，不受任何其他节点的控制。

2. 物体力场

物体力场通常属于一个有形状的几何物体，相当于寄生在物体表面来发挥力场的作用。在工作视图中，物体力场会表现为在物体附近的一个小图标，打开【大纲视图】窗口，物体力场会表现为归属在物体节点下方的一个场节点。一个物体可以包含多个物体力场，也可以对多种物体使用物体力场，而不仅仅是NURBS基本体或者多边形物体。

3. 体积力场

体积力场是一种定义了作用区域形状的力场，这类力场对物体的影响受限于作用区域的形状。在工作视图中，体积力场会表现为一个几何体中心作为力场的标志。用户可以自定义体积力场的形状，供选择的有球体、立方体、圆柱体、圆锥体和圆环5种类型。

21.2 空气场

风场又被称为空气场，它可以用于模拟流动空气的效果。被风场影响的物体会产生运动，用户可以将风场作为运动物体的子物体，例如，可以使用风场来表现风吹落叶的效果。在Maya 2022中，风场又可以分为3种类型，分别是风场、尾迹风场和扇风场，它们有着不同的特性和不同的影响方式。下面介绍它们的创建方法和特性。

课堂练习207：创建风场

　　风场主要用于制作一般的风力效果，它可以按照指定的轴向产生作用，从而模拟大自然中风吹物体的效果。要创建一个风场，可以按照下面的方法操作。

01 单击【nParticle】|【粒子工具】命令右侧的■按钮，在【粒子工具】属性设置面板中启用【创建粒子栅格】复选框，再设置【粒子间距】为0.5，在场景中创建一个粒子阵列，如图21-2所示。

02 选中粒子群，单击【场/解算器】|【空气】命令右侧的■按钮，在打开的【空气选项】对话框中单击【风】按钮，即可将类型定义为风场，如图21-3所示。

03 单击【创建】按钮，即可创建一个风场。播放动画，观察此时的粒子变化效果，如图21-4所示。

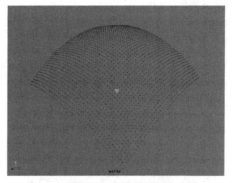

图21-2　创建粒子阵列

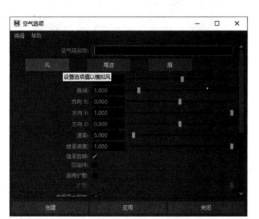

图21-3　【空气选项】对话框

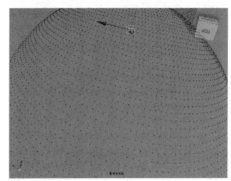

图21-4　风场效果

课堂练习208：创建尾迹风场

　　尾迹风场比较特殊，它只能在运动的过程中影响到物体。如果是在静止的情况下，它不会产生任何效果。

01 选择场景中的粒子，将阵列中的粒子渲染属性的【粒子渲染类型】修改为【云(s/w)】模式，再在粒子阵列的一侧创建一个模型，如图21-5所示。

02 为模型创建一个从粒子阵列的一侧，沿 z 轴运动到另一侧的移动动画，如图21-6所示。

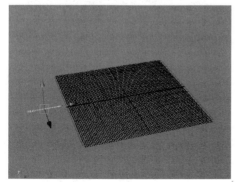

图21-5　准备场景

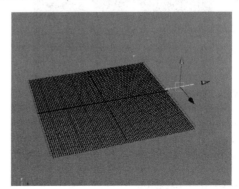

图21-6　创建位移动画

03 选择粒子物体，单击【场/解算器】|【空气】命令右侧的■按钮，在打开的【空气选项】对话框中单击【尾迹】按钮，改变风场的类型；将【方向Y】设置为-1，将【方向X】、【方向Z】均设置为0，如图21-7所示。

04 单击【创建】按钮，创建一个尾迹风场。移动风场控制图标的位置，使风场的控制图标作为箭头的子物体，如图21-8所示。

05 播放动画，观察粒子的运动效果。当尾迹风场跟随箭头运动时，处于它周围的粒子将根据衰减程度产生不同的运动，如图21-9所示。

图21-7 设置尾迹风场

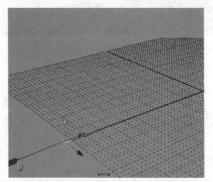

图21-8 建立父子关系

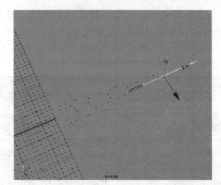

图21-9 尾迹风场的粒子运动效果

课堂练习209：创建扇风场

扇风场和风场十分相似，所不同的是扇风场所产生的形状比较特殊，它可以形成一种类似于扇形的力，适用于制作风扇摇动所产生的风力效果。

01 选中上一实例中的风场控制器，按组合键Ctrl+A，在属性编辑器中展开【预定义设置】卷展栏，单击【扇】按钮，将当前风场的【尾迹】模式切换到【扇】模式，如图21-10所示。

02 再播放动画，观察粒子运动状态的变化，如图21-11所示。

图21-10 切换到【扇】风场模式

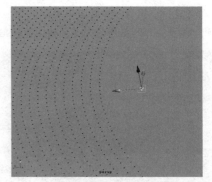

图21-11 扇风场的影响效果

参数简介

下面对【空气选项】对话框中的属性参数进行介绍。

● 空气场名称：用于设置空气力场的名称。

- 风：表示系统默认的自然风设置，可以产生一种接近于自然风的效果，可以使受影响的物体做加速运动。
- 尾迹：表示系统默认的阵风设置，可以产生一种近似间歇风的效果。
- 扇：表示系统默认的柔风设置，可以产生一种柔风的效果。
- 幅值：用于设置空气力场的强度，即受影响物体的移动速度。
- 衰减：增加该参数值，力场将会相应地减小强度。当值为0时，空气力场的强度不变。
- 方向X/Y/Z(力场方向)：用于设置气体的吹动方向。
- 速率：用于控制被空气力场影响的物体的运动速度。
- 继承速度：当空气力场作为子物体跟随父物体一起运动时，空气力场本身的运动会影响风的运动，继承速度可以设置这种影响力。
- 继承旋转：它与继承速度类似，当空气力场本身是旋转的，或者空气力场是旋转物体的子物体时，空气力场的旋转将会影响风的运动。
- 仅组件：若禁用该复选框，空气力场对被影响物体的所有元素的影响力是相同的；若启用该复选框，空气力场仅仅对物体中的某些元素起作用。
- 启用扩散：当启用该复选框时，力场只对被影响物体在【扩散】文本框设置范围内的元素起作用。
- 扩散：用于设置力场影响物体的范围值。
- 使用最大距离：用于设置力场影响物体的距离范围。若禁用该复选框，则空气力场与被影响物体之间将不会受到距离的影响。
- 最大距离：用于设置空气力场影响的最大范围值。

21.3　阻力场

　　物体在穿越不同密度的介质时，由于阻力的改变，会使物体的运动速率发生改变。阻力场可以给运动中的动力学对象一个阻力影响，从而改变物体的运动速度。例如，水管中的水由于压强的变化，产生速度的变化等。本节将介绍阻力场对物体的影响。

课堂练习210：创建阻力场

01 执行【nParticle】|【创建发射器】命令，打开【发射器选项(创建)】对话框，设置【发射器类型】为【方向】，在场景中创建一个方向粒子发射器，在粒子属性设置面板中，切换到Lizi2选项卡，将【方向Y】设置为1，将【扩散】设置为0.3，改变粒子的发射状态，如图21-12所示。

02 选中发射的粒子，单击【场/解算器】|【阻力】命令右侧的▣按钮，在打开的【阻力选项】对话框中，将【幅值】设置为1，如图21-13所示。

图21-12　设置粒子属性

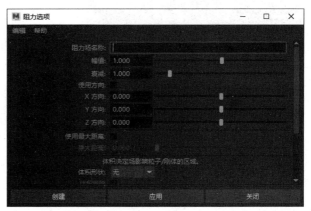

图21-13　【阻力选项】对话框

03 单击【创建】按钮为粒子添加一个阻力场。播放动画，此时粒子的发射高度明显降低，如图21-14所示。

04 同时，在【大纲视图】窗口中选中阻力场控制器并打开其通道栏。用户可以修改阻力场的属性，改变它对粒子的影响效果，如图21-15所示。

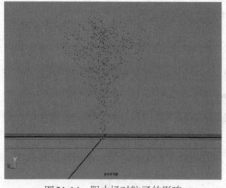

图21-14　阻力场对粒子的影响

图21-15　设置阻力场的属性

⬇ **21.4　重力场**

重力场用于模拟物体受到万有引力作用而向某一方向做加速运动的状态，使用默认的属性值时，可以模拟物体受地心引力的作用产生的自由落体运动。下面是创建自由落体运动的操作方法。

课堂练习211：创建重力场

01 继续使用上一小节中的粒子发射器，在粒子的属性设置面板中，修改粒子的发射属性和发射范围值，以调整粒子的发射状态，如图21-16所示。

02 选中发射的粒子群，执行【场/解算器】|【重力】命令，为所选粒子添加重力场；再播放动画，此时粒子群由向上改为向下发射，如图21-17所示。

03 选中创建的重力场控制器，在其通道栏中设置【幅值】为0.3，再播放动画，粒子则变为向上发射，但仍受重力场的影响，如图21-18所示。

图21-16　调整粒子发射状态

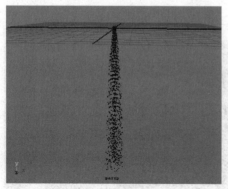

图21-17　添加重力场

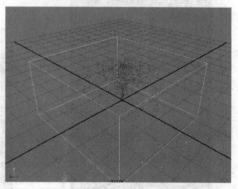

图21-18　修改重力场属性参数

21.5 牛顿场

牛顿场可以用于模拟物体间产生的引力和斥力,其值的大小将取决于物体的质量。下面就利用阵列粒子创建一个牛顿场的效果。

课堂练习212: 创建牛顿场

01 创建一个阵列粒子,并设置粒子群的显示类型,如图21-19所示。

02 选中粒子物体,再执行【场/解算器】|【牛顿】命令,为粒子群添加一个牛顿场,再播放动画,即可观察粒子的发射效果,如图21-20所示。

图21-19 创建粒子阵列

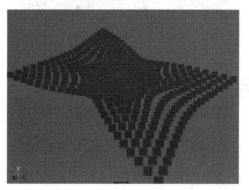

图21-20 牛顿场对粒子的影响

21.6 径向场

径向场可以将周围各个方向上的物体向外推出,可用于制作爆炸等中心向外呈辐射状发散的现象。如果将其作用大小值设置为负值,也可以制作出四周散开的物体向中心聚集的效果。

继续使用上一小节中的粒子阵列,删除牛顿场,选中粒子群,执行【场/解算器】|【径向】命令,然后播放动画观察粒子的发射效果,如图21-21所示。

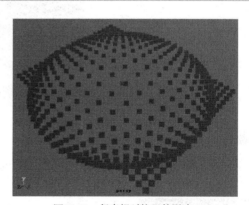

图21-21 径向场对粒子的影响

21.7 湍流场

湍流场是Maya中经常使用的一种动力场,使用湍流场可以使范围内的物体进行随机运动,该场可以应用于粒子、柔体或刚体群等。

课堂练习213: 创建湍流场

01 在场景中创建一个粒子阵列,并将粒子外形设置为球体显示,如图21-22所示。

02 选中粒子物体,执行【场/解算器】|【湍流】命令,为所选粒子添加扰乱场;然后播放动画,观察粒子的发射效果,如图21-23所示。

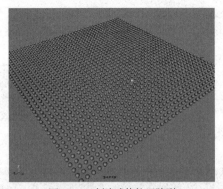
图21-22　创建球体粒子阵列

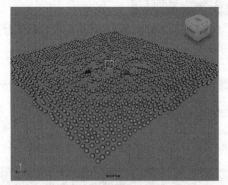
图21-23　湍流场对粒子的影响

⬇ **21.8** 一致场

一致场就是将所有受场影响的物体向同一方向进行拖曳，从而统一物体的运动方向，并且靠近一致场中心的物体将受到更大程度的影响。

继续使用上一小节中的粒子阵列，删除湍流场。选中粒子群，执行【场/解算器】|【一致】命令，添加一致场；然后播放动画，观察粒子的发射效果，如图21-24所示。

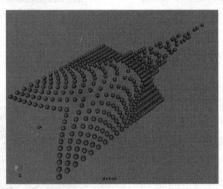
图21-24　一致场对粒子的影响

> **提示**
>
> 在使用一致场时，对于单一的物体，一致场所发挥的作用与重力场类似，都是向某一个方向进行加速运动。

⬇ **21.9** 漩涡场

漩涡场可以使物体以涡轮的形式从中心围绕指定的轴向进行旋转，利用漩涡场可以轻松实现各种漩涡效果。

继续使用上一小节中的粒子阵列，删除一致场。选中粒子群，执行【场/解算器】|【漩涡】命令，添加漩涡场；然后播放动画，观察粒子的发射效果，如图21-25所示。

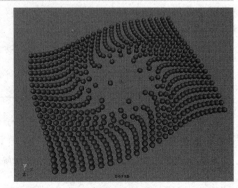
图21-25　漩涡场效果

21.10 体积轴场

在Maya 2022中，用户还可以将体积作为一种专用的场来使用。实际上，体积轴场是一种局部作用范围场，它只可以在选定的形状范围内的物体上产生力的作用，并且在功能上具有漩涡场、一致场和湍流场的属性。

课堂练习214：创建体积轴场

01 创建一个球体粒子阵列，选中球体粒子，执行【场/解算器】|【体积轴】命令，即可在粒子阵列的中心位置生成一个方体控制器，它是体积轴场的控制器，如图21-26所示。

02 播放动画，可以看到处于方体内侧的粒子都被发射到方体的外侧，而方体外侧的粒子并没有发生任何变化，如图21-27所示。

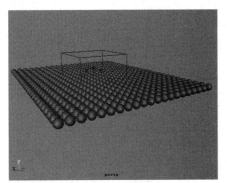

图21-26　执行【体积轴】命令

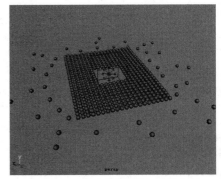

图21-27　体积轴场对粒子的影响

第22章

Maya特效

本章将介绍Maya的特效技术，这部分内容的实现过程比较简单，主要包括火特效、焰火特效、闪电特效、破碎特效、曲线流特效和曲面流特效的创建方法等。

22.1 创建火

【创建火】命令常用于模拟场景中的火焰效果，通过简单的参数调整即可达到非常真实的火焰效果。下面介绍该命令的使用方法。

课堂练习215：创建火焰

01 创建一个NURBS球体，并调整其外形，然后切换到FX模块，选择NURBS球体，执行【效果】|【火】命令，即可在物体的中心位置创建一个控制器，如图22-1所示。

02 播放动画，即可在创建的控制器位置开始发射出外形为【云(s/w)】的粒子群，如图22-2所示。

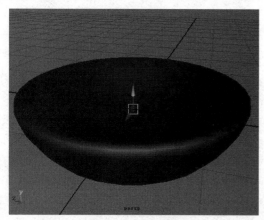

图22-1　执行【火】命令

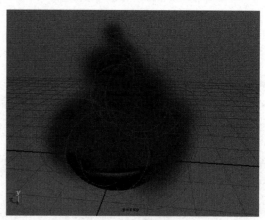

图22-2　发射的粒子群

03 可以选中发射出的粒子，按组合键Ctrl+A，打开其属性编辑器，切换到particleCloud4选项卡，在其中可以设置火焰粒子的颜色和其他属性，如图22-3所示。

04 单击工具栏上的▉按钮，对当前创建的粒子群进行渲染，此时制作出的火焰效果非常真实，如图22-4所示。

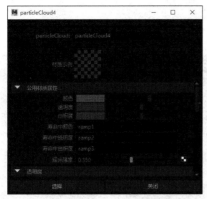

图22-3 修改火焰粒子的属性参数

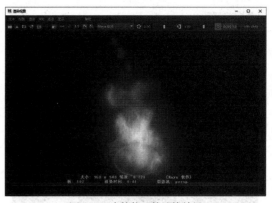

图22-4 火焰粒子的渲染效果

参数简介

单击【效果】|【火】命令右侧的■按钮，即可打开【创建火效果选项】对话框，如图22-5所示。下面介绍该对话框中各参数的功能。

- 着火对象：用于设置火的名称。如果在场景视图中已经选择了着火对象，则该选项将被忽略。

- 火粒子名称：用于设置生成的火焰粒子的名称。

- 火发射器类型：选择粒子的发射类型，包括【泛向粒子】、【定向粒子】、【表面】和【曲线】4种基本类型。创建火焰之后，火发射器类型不可以再修改。

- 火密度：用于设置火焰粒子的数量，同时将影响火焰整体的亮度。

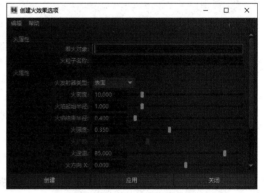

图22-5 【创建火效果选项】对话框

- 火焰起始半径/火焰结束半径：火焰效果将发射的粒子显示为云粒子渲染类型。这些属性将设置在其寿命开始和结束时每个粒子云的半径大小。

- 火强度：用于设置火焰的整体亮度。数值越大，则亮度越强。

- 火扩散：用于设置粒子发射的展开角度，该角度定义粒子随机发射的圆锥形区域。

- 火方向 X/Y/Z：用于设置火焰的移动方向。

- 火湍流：用于设置扰动的火焰速度和方向的数量。

- 火比例：用于缩放火密度、火焰起始半径、火焰结束半径、火速率和火湍流的比例。

22.2 创建烟

【烟】命令常用于模拟场景中的烟雾效果。该工具的使用方法非常特殊，要想创建烟雾效果，必须事先在其属性设置面板中设定烟雾的名称，下面对其使用方法进行介绍。

课堂练习216：创建烟雾

01 单击【效果】|【烟】命令右侧的回按钮，打开【创建烟效果选项】对话框，在【精灵图像名称】文本框中输入smoke，如图22-6所示。

02 单击【创建】按钮，即可在场景中创建两个圆形的发射器。播放动画，即可发射出多个精灵类型的粒子群，如图22-7所示。

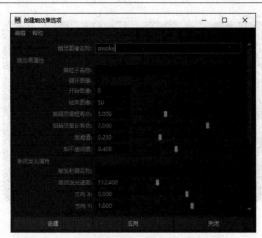

图22-6 【创建烟效果选项】对话框

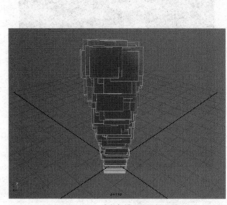

图22-7 创建的烟雾粒子

> **提 示**
>
> 在【精灵图像名称】文本框中必须输入名称才可以创建烟雾的序列，而且烟雾属于粒子，所以在渲染时必须将渲染器设置为【Maya硬件】渲染器。

03 单击工具栏上的 ■ 按钮，打开【渲染视图】窗口，在工具栏中切换至【Maya硬件 2.0】渲染模式进行渲染，以观察创建的烟雾效果，如图22-8所示。

> **提 示**
>
> 由于粒子为Sprite类型，属于硬件粒子，因此需要切换到【Maya硬件】模式才能进行硬件渲染。

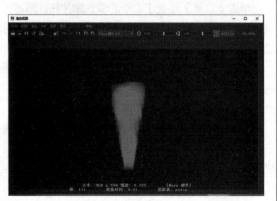

图22-8 创建的烟雾效果

参数简介

下面介绍【创建烟效果选项】对话框中的参数功能，如图22-9所示。

- 精灵图像名称：标识用于烟的系列中第1个图像的文件名。
- 烟粒子名称：为发射的粒子对象命名。如果未提供名称，则Maya会为对象使用默认名称。
- 循环图像：如果启用该复选框，每个发射的粒子将在其寿命期间内通过一系列图像进行循环。如果禁用该复选框，则每个粒子将拾取一个图像并自始至终都使用该图像。
- 开始图像/结束图像：指定该系列的开始图像和结束图像的数值文件扩展名。系列中的扩展名编号必须是连续的。
- 烟精灵最短寿命/烟精灵最长寿命：粒子的寿命是随机的，均匀分布在【烟精灵最短寿命】和【烟精灵最长寿命】值之间。
- 烟阈值：每个粒子在发射时不透明度为0。不透明度逐渐增加并达到峰值后，会再次逐渐减少到0。
- 烟不透明度：从0~1按比例划分整个烟雾的不透明度。值越接近0，烟雾越淡；值越接近1，则烟雾越浓。
- 烟发射器名称：设置烟雾发射器的名称。

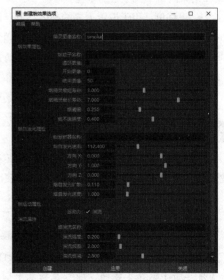

图22-9 【创建烟效果选项】对话框

- 烟自发光速率：设置每秒发射烟雾粒子的数量。
- 方向 X/Y/Z：设置烟雾发射的方向。
- 烟自发光扩散：设置烟雾在发射过程中的扩散角度。
- 烟自发光速度：设置烟雾发射的速度。值越大，烟雾发射的速度越快。
- 运动力：为烟雾添加湍流场，使之更加接近自然状态。
- 烟湍流名称：设置烟雾湍流场的名称。
- 湍流强度：设置湍流的强度。值越大，湍流效果越明显。
- 湍流频率：设置烟雾湍流的频率。值越大，在单位时间内发生湍流的频率越高。
- 湍流衰减：设置湍流场对粒子的影响。值越大，湍流场对粒子的影响就越小；如果值为 0，则忽略湍流场对粒子的影响。

22.3　创建焰火

使用【焰火】命令可以模拟绚丽的烟花效果，通过简单的参数调整即可创建复杂的烟花效果，从而避免了手动创建粒子，再经过复杂的调整才能模拟出烟花效果的过程。下面对该命令的使用方法进行介绍。

课堂练习217：创建焰火

01 执行【效果】|【焰火】命令，即可在场景中生成一个含有一定距离的十字标记；然后播放动画，可产生多个并带有一定外形的粒子群，如图 22-10 所示。

02 打开【大纲视图】窗口，展开 Fireworks 属性，即可看到创建的烟花粒子包含了动力场、约束等许多属性，用户可以通过修改这些属性来改变烟花粒子，如图 22-11 所示。

03 选中发射的烟花粒子，按组合键 Ctrl+A，打开其属性编辑器，在其中用户可以通过修改相关的参数来改变烟花粒子的显示或发射状态，如图 22-12 所示。

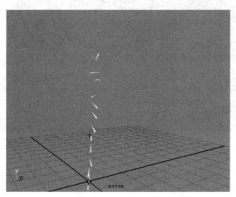

图 22-10　粒子群

图 22-11　烟花粒子包含的属性

图 22-12　烟花粒子的属性设置面板

04 同样，单击工具栏上的 ▦ 按钮，即可对场景中的烟花粒子进行渲染，如图 22-13 所示。

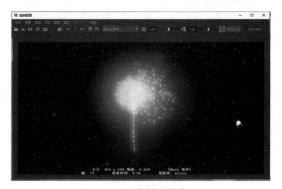

图 22-13　烟花的渲染效果

参数简介

下面介绍【创建焰火效果选项】对话框中参数的功能。

1. 火箭属性

图22-14是【火箭属性】卷展栏，下面介绍该卷展栏中参数的功能。

- 火箭数：指定发射和爆炸的火箭粒子数量。

- 发射位置 X/Y/Z：指定用于创建所有焰火火箭的发射坐标。只能在创建时使用这些参数，之后可以指定每个火箭的不同发射位置。

- 爆炸位置中心 X/Y/Z：指定所有火箭爆炸围绕的中心位置坐标。只能在创建时使用这些参数，之后可以移动爆炸位置。

- 爆炸位置范围 X/Y/Z：指定包含随机爆炸位置的矩形体积大小。

- 首次发射帧：在首次发射火箭时设定帧。

- 发射速率(每帧)：设置首次发射后的火箭反射率。

- 最小飞行时间/最大飞行时间(帧)：时间范围设置为火箭的发射和爆炸时间。

- 最大爆炸速率：设置所有火箭的爆炸速度，并以此设置爆炸出现的范围。

图22-14 火箭属性

2. 火箭轨迹属性

图22-15是【火箭轨迹属性】卷展栏，下面介绍该卷展栏中参数的功能。

- 自发光速率：设置焰火拖尾的发射速率。

- 自发光速度：设置焰火拖尾的发射速度。

- 自发光扩散：设置焰火拖尾发射时的展开角度。

- 最小尾部大小/最大尾部大小：焰火的每个拖尾元素都是由圆锥组成，用这两个选项能够随机设置每个锥形的长短。

- 设置颜色创建程序：启用该复选框，可以使用用户自定义的颜色创建焰火颜色。

- 颜色创建程序：启用该复选框，可以使用一个返回颜色信息的程序来重新定义火焰拖尾的颜色。

- 轨迹颜色数：设置拖尾的最多颜色数量，系统会提取这些颜色信息随机指定给每个拖尾。

- 辉光强度：设置拖尾辉光的强度。

- 白炽度强度：设置拖尾的自发光强度。

图22-15 火箭轨迹属性

3. 焰火火花属性

图22-16是【焰火火花属性】卷展栏，下面介绍该卷展栏中参数的功能。

- 最小火花数/最大火花数：设置火花的数量范围。

- 最小尾部大小/最大尾部大小：设置火花尾部的大小。

- 设置颜色创建程序：启用该复选框，可以使用用户自定义的颜色创建焰火颜色。

- 颜色创建程序：启用该复选框，可以使用一个返回颜色信息的程序来重新定义火焰拖尾的颜色。

- 火花颜色数：设置火花的最大颜色数量。

- 火花颜色扩散：设置每个火花爆裂时所用到的颜色数量。

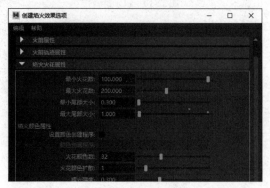

图22-16 焰火火花属性

- 辉光强度：设置火花拖尾辉光的强度。
- 白炽度强度：设置火花拖尾的自发光强度。

22.4　创建闪电

【闪电】命令可以用于模拟自然界中的闪电效果，通过调整相关的参数可创建不同类型的闪电，下面对该命令的使用进行介绍。

课堂练习218：创建闪电

01 在新建场景中创建两个NURBS球体，并且同时选中两个球体，如图22-17所示。

02 执行【效果】|【闪电】命令，即可在两个球体之间生成一个曲折的链条和多个定位控制器，移动控制器可以改变链条的外形，如图22-18所示。

03 同样，单击工具栏上的按钮，即可对场景中的闪电进行渲染，如图22-19所示。

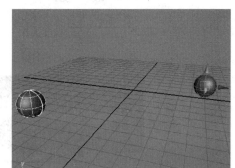

图22-17　创建目标物体

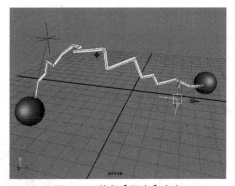

图22-18　执行【闪电】命令

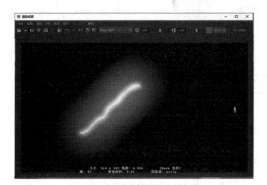

图22-19　创建的闪电效果

参数简介

图22-20是【创建闪电效果选项】对话框，下面介绍该对话框中各参数的功能。

- 闪电名称：设置闪电的名称。
- 分组闪电：启用该复选框后，Maya将创建一个组节点并将新创建的闪电放置于该节点内。
- 创建选项：指定闪电的创建方式，包括【全部】、【按顺序】和【来自第一个】3个选项。
- 曲线分段：闪电由具有挤出曲面的柔体曲线组成。曲线分段可以设置闪电中的分段数。
- 厚度：设置闪电曲线的粗细。不同取值的对比效果如图22-21所示。

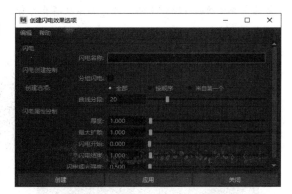

图22-20　【创建闪电效果选项】对话框

- 最大扩散：设置闪电的最大扩散角度，不同取值的对比效果如图22-22所示。
- 闪电开始/闪电结束：设置闪电距离开始、结束物体的距离的百分比。
- 闪电辉光强度：设置闪电辉光的强度。数值越大，则辉光强度越大，对比效果如图22-23所示。

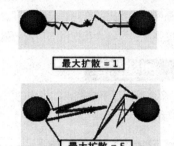

最大扩散 = 1

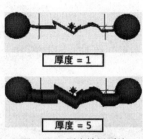

厚度 = 1

厚度 = 5

图 22-21　厚度效果对比

最大扩散 = 5

图 22-22　最大扩散效果对比

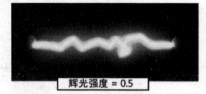

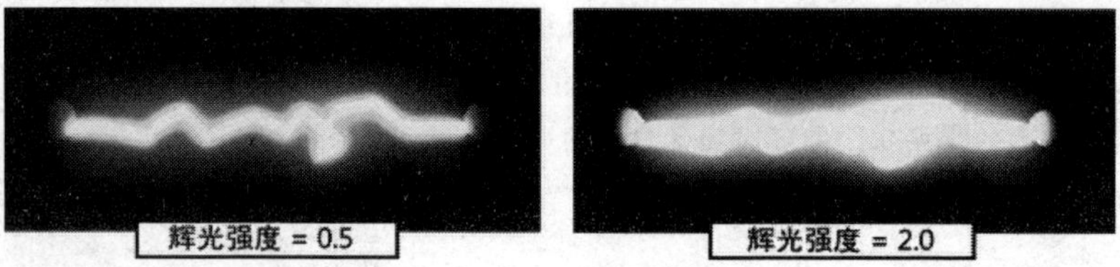

辉光强度 = 0.5

辉光强度 = 2.0

图 22-23　闪电辉光强度

> **提示**
>
> 闪电必须借助物体才能创建出来，能借助的物体包括NURBS物体、多边形物体、定位器和组等有变换节点的物体。

➥ **22.5　创建破碎效果**

【破碎】命令用于模拟场景中因碰撞而产生的破碎效果，使场景中的物体在碰撞后产生多个不规则的碎片，下面对该命令的使用进行介绍。

课堂练习219：创建破碎效果

01 在场景中创建一个NURBS球体，选中该球体，执行【效果】|【破碎】命令，即可生成一个破碎物体，然后移动生成的破碎物体，如图22-24所示。

02 选中并移动破碎物体上的碎片，球体被解算为含有多个规则碎片的物体，如图22-25所示。

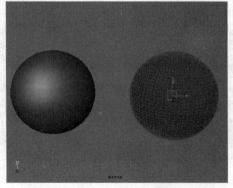

图 22-24　生成并移动破碎物体

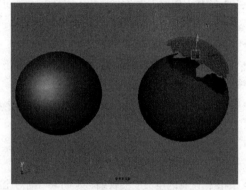

图 22-25　生成的破碎效果

参数简介

图22-26是【创建破碎效果选项】对话框，下面介绍该对话框中【曲面破碎】选项卡的各参数功能。

- 曲面破碎名称：用于设置要创建的曲面碎片的名称。

● 碎片数：用于设置物体破碎的片数。数值越大，生成破碎片的数量就越多。

● 挤出碎片：用于指定碎片的厚度。正值会将曲面向外推以产生厚度；负值会将曲面向内推。

● 种子值：用于为随机数生成一个值。如果该值大于0，则会获得与值相同的破碎效果。

● 后期操作：用于设置碎片产生的类型，共有5种类型：形状、碰撞为禁用的刚体、具有目标的柔体、具有晶格和目标的柔体、集。

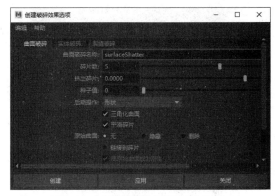

图22-26 【创建破碎效果选项】对话框

● 三角化曲面：启用该复选框后，可以三角化破碎模型，即将多边形转化为三角形面。

● 平滑碎片：在碎片之间重新分配多边形，以便碎片具有更加平滑的边。

● 原始曲面：指定如何处理原始对象，包括【无】、【隐藏】和【删除】3个选项。

● 链接到碎片：创建若干从原始曲面到碎片的链接。该选项允许使用原始曲面变换节点的一个属性控制原始曲面和碎片的可见性。

● 使原始曲面成为刚体：使原始对象成为主动刚体。

● 详细模式：在命令反馈对话框中显示信息。

22.5.1 创建曲线流

使用【创建曲线流】命令，可以模拟粒子群沿曲线进行流动的效果，下面对该命令的使用方法进行介绍。

操作步骤

01 在新建场景中，创建一条NURBS曲线，用于作为曲线流的目标物体，如图22-27所示。

02 选中曲线，执行【效果】|【流】|【创建曲线流】命令，即可在曲线上生成多个定位控制器和NURBS圆环曲线，如图22-28所示。

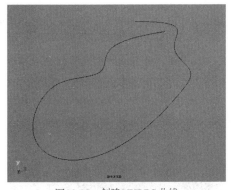

图22-27 创建NURBS曲线

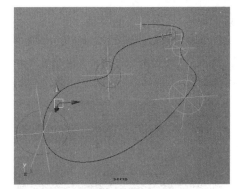

图22-28 执行【创建曲线流】命令

03 播放动画，即可从曲线的起始位置发射出多个粒子，粒子群沿曲线向前移动，并且曲线上的圆环半径决定了粒子半径的大小，如图22-29所示。

参数简介

图22-30是【创建流效果选项】对话框，下面介绍该对话框中各参数的功能。

● 流组名称：用于设置曲线流的名称。

● 将发射器附加到曲线：如果启用该复选框，【点】约束会使曲线流效果创建的发射器附加到曲线上的第1个流定位器；如果禁用该复选框，则可以将发射器移动到任意位置。

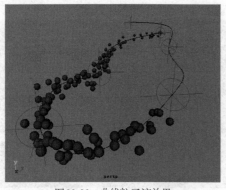

图 22-29　曲线粒子流效果

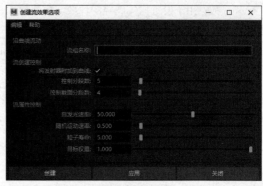

图 22-30　【创建流效果选项】对话框

- 控制分段数：在可对粒子扩散和速度进行调整的流动路径上设定分段数。数值越大，对扩散和速度的操纵器控制越精细；数值越小，播放速度越快。
- 控制截面分段数：在分段之间设定分段数。数值越大，粒子可以更精确地跟随曲线；数值越小，播放速度越快。
- 自发光速率：用于设置每单位时间发射粒子的速率。
- 随机运动速率：用于设置沿曲线移动时粒子的迂回程度。数值越大，则粒子漫步程度越高。值为 0 则表示禁止漫步。
- 粒子寿命：用于设置从曲线的起点到终点每个发射粒子存在的秒数。数值越高，粒子移动越慢。
- 目标权重：每个发射粒子沿路径移动时都跟随一个目标位置。

22.5.2　创建曲面流

【创建曲面流】命令多用于模拟沿曲面运动的粒子流效果，如碰撞到山体上的水浪，也可以用于模拟局部区域的沙尘效果。下面对该命令的使用方法进行详细介绍。

操作步骤

01 在场景中创建一个 NURBS 平面，选中该平面，执行【效果】|【流】|【创建曲面流】命令，即可在平面的上方生成多个方形网格和发射器，如图 22-31 所示。

02 播放动画，在一侧的方形网格即发射器所在的位置，发射许多粒子流，并且向方形网格的另一侧运动，如图 22-32 所示。

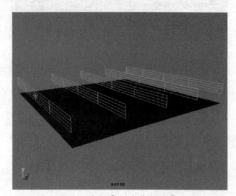

图 22-31　执行【创建曲面流】命令

图 22-32　生成的曲面流效果

22.5.3　删除选定流

若想删除创建的曲面流，方法很简单，用户只需选中曲面流的发射器，执行【效果】|【流】|【删除选定流】命令，即可将曲面上的粒子流删除。

第**23**章

刚体与柔体

23.1 了解刚体与柔体

在制作动画时，有时需要模拟一段硬性物体间的碰撞动画，或者制作一个粒子水转化成一个精致的瓶子模型，这就分别用到Maya FX模块中的刚体和柔体命令。

切换到FX模块，展开nCloth菜单，可以看到创建柔体相关的命令。刚体和柔体并非独立的关系，例如，刚体可以在柔体中进行创建并调整相关参数。展开【场/解算器】菜单，可以看到有关刚体的命令，如图23-1所示。

23.1.1 刚体的基础知识

刚体工具是一种将几何体转化为坚硬多边形物体表面来进行动力学运算的一种方法。它主要用于模拟物理学中的碰撞等效果，例如电影中两辆汽车高速行驶下的碰撞，如图23-2所示。

图23-1　刚体的菜单命令

在Maya中刚体可以分为两种类型，一种是主动刚体，另一种是被动刚体。一般被动刚体在动力学动画中用于做地面、墙壁、障碍物等固定的物体。

在使用刚体时，需要注意以下几个要点。

（1）两个碰撞物体的法线方向不能重叠，否则将会出错。例如，一物体被放置在另一物体的内部。

（2）创建碰撞时，只能使用物体的形状节点或组节点来创建刚体。

（3）NURBS曲线和细分面物体不能用于创建刚体。

（4）刚体碰撞时根据法线方向来计算，做内部碰撞时需要翻转外部物体的法线方向。

图23-2　碰撞

（5）在创建刚体时，尽量使用多边形物体，因为NURBS结算的速度比较慢。

（6）为被动刚体设置关键帧时，在主时间轴和通道栏中不会显示关键帧标记，需要在图表编辑器中才能看到。

23.1.2 创建主动刚体和被动刚体

主动刚体拥有一定的质量，它可以受动力场、碰撞和非关键帧化的弹簧影响，从而改变运动状态；被动刚体相当于无限大质量的刚体，它的运动状态不会受到任何改变，只能用于影响主动刚体的运动，但是被动刚体可以用于设置关键帧。

■ **课堂练习220：创建主动刚体和被动刚体** ■

01 打开场景文件，选择轮毂模型作为编辑对象，如图23-3所示。

02 单击【场/解算器】|【创建主动刚体】命令右侧的■按钮，打开【刚性选项】对话框，设置【冲量Y】为 -0.2，如图23-4所示。

图23-3　选择轮毂模型

图23-4　【刚性选项】对话框

03 单击【创建】按钮，即可创建主动刚体，如图23-5所示。

04 选择上述场景文件的地面模型作为编辑对象，如图23-6所示。

图23-5　创建刚体

图23-6　选择地面

05 单击【场/解算器】|【创建被动刚体】命令右侧的■按钮，打开【刚性选项】对话框，如图23-7所示。

06 使用默认值，单击【创建】按钮即可创建被动刚体，如图23-8所示。

图23-7　【刚性选项】对话框

图23-8　创建被动刚体

参数简介

下面介绍【刚性选项】对话框中的属性。

1．刚体属性

- 活动：启用该复选框，使刚体成为主动刚体；如果禁用该复选框，则刚体成为被动刚体。

- 粒子碰撞：如果已经使粒子与曲面发生碰撞，且曲面为主动刚体，则可以启用或禁用【粒子碰撞】复选框以设置刚体是否对碰撞力做出反应。

- 质量：用于设置刚体的质量，该值越大则物体就显得越重。

- 设置质心：仅适用于主动刚体。

- 质心 X/Y/Z：用于指定主动刚体的质心在局部空间坐标中的位置。

- 静摩擦力：用于设置刚体阻止从另一刚体的静止接触中移动的阻力大小。

- 动摩擦力：用于设置刚体阻止从另一刚体的曲面中移动的阻力大小。

- 反弹度：用于设置刚体的弹性大小。

- 阻尼：用于设置与刚体移动方向相反的力。

- 冲量 X/Y/Z：使用幅值和方向，在【冲量位置 X/Y/Z】中指定的局部空间位置的刚体上创建瞬时力。数值越大，则力的幅值就越大。

- 冲量位置 X/Y/Z：在冲量冲击的刚体局部空间中指定位置。如果冲量冲击质心以外的点，则刚体除了随其速度更改而移动以外，还会围绕质心旋转。

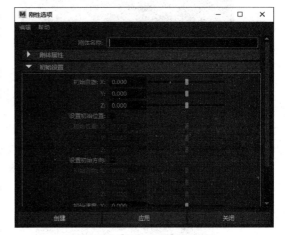

- 自旋冲量 X/Y/Z：向 X、Y、Z 值指定的方向将瞬时旋转力应用于刚体的质心，这些值将设定幅值和方向。数值越大，则旋转力的幅度就越大。

2．初始设置

图 23-9 是【初始设置】卷展栏，下面介绍该卷展栏中各参数的功能。

- 初始自旋 X/Y/Z：用于设置刚体的初始角速度，从而使刚体产生自旋。

- 设置初始位置：启用该复选框，可以激活下面的【初始位置】选项，从而设置刚体的初始坐标。

图 23-9　【初始设置】卷展栏

- 设置初始方向：启用该复选框，可以激活下面的【初始方向】选项，从而设置刚体的运动方向。

- 初始速度 X/Y/Z：用于设置刚体的初始速度。

3．性能属性

图 23-10 是【性能属性】卷展栏，下面介绍该卷展栏中各参数的功能。

- 替代对象：允许选择简单的、内部的【立方体】、【球体】作为刚体计算的替代对象，原始对象仍在场景中可见。

- 细分因子：Maya 会在设置刚体动态动画之前在内部将 NURBS 对象转换为多边形。

- 碰撞层：可以用碰撞层来创建相互碰撞的对象专用组。只有碰撞层编号相同的刚体才会相互碰撞。

图 23-10　【性能属性】卷展栏

- 缓存数据：启用该复选框后，刚体在模拟动画时的每一帧位置和方向数据都将被保存起来。

23.1.3　刚体动画的关键帧

由于直接使用动力学创建的刚体动画，在时间轴上并不显示任何关键帧。若想要修改刚体动画效果，就需要修改相应的刚体解算属性，但同时用户可以将刚体动画的属性显示出来，以对关键帧序列进行修改。下面介绍如何显示刚体动画的关键帧。

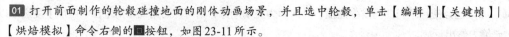

课堂练习221：编辑刚体动画关键帧

`01` 打开前面制作的轮毂碰撞地面的刚体动画场景，并且选中轮毂，单击【编辑】|【关键帧】|【烘焙模拟】命令右侧的▣按钮，如图23-11所示。

`02` 在打开的【烘焙模拟选项】对话框中，在【时间范围】选项中选中【开始/结束】单选按钮，将【结束时间】设置为60，将【采样频率】设置为5，如图23-12所示。

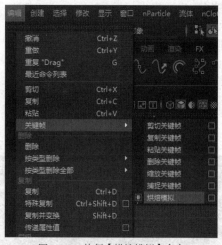

图23-11　执行【烘焙模拟】命令

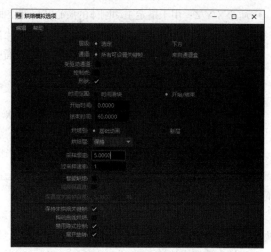

图23-12　设置属性参数

`03` 单击【应用】按钮，即可显示主动刚体轮毂的关键帧序列，如图23-13所示。

`04` 用户可以通过移动时间轴上的关键帧位置，来改变主动刚体轮毂的运动和碰撞状态，如图23-14所示。

图23-13　显示指定刚体的关键帧

图23-14　移动关键帧的位置

23.1.4　柔体的基础知识

柔体是指Maya将几何物体表面的CV点或顶点转换成柔体粒子，然后通过对不同部位的粒子给予不同的权重值来模拟自然界中的柔软物体或可以变形的物体的一种动力学计算方法。例如泥土、旗帜、丝绸、波纹等。

可以用于创建柔体的物体包括以下几种。

- 多边形面。
- NURBS曲线、曲面、IK样条线。
- 晶格。

23.1.5　创建柔体

▋**课堂练习222：创建柔体**▋

`01` 打开场景文件，并选中布料物体作为目标对象，如图23-15所示。

`02` 单击【nCloth】|【创建nCloth】命令右侧的■按钮，即可打开【创建nCloth选项】对话框，如图23-16所示。

`03` 使用默认数值，单击【创建布料】按钮，即可创建柔体，如图23-17所示。

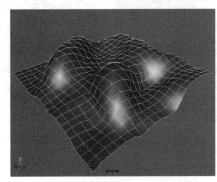

图23-15　选择布料物体

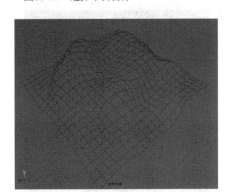

图23-16　【创建nCloth选项】对话框

图23-17　创建柔体

➡ **23.2**　刚体约束

　　刚体约束可以将某个对象的位置、方向和比例约束到其他对象上。另外，利用约束可以在对象上施加特定限制并使动画过程自动进行。在Maya 2022中，创建约束的命令被集合在【场/解算器】菜单中，如图23-18所示。

23.2.1　铰链约束

　　【创建铰链约束】命令可以使刚体沿着一个已经定义的轴向进行运动。例如，通过铰链约束可以创建门绕门轴旋转或钟表的摆动等物理现象。创建铰链约束的方式包含以下3种。

图23-18　刚体约束

- 一个主动刚体或被动刚体与场景中的某一位置。
- 两个主动刚体之间。
- 一个主动刚体和一个被动刚体之间。

▋**课堂练习223：创建铰链约束**▋

`01` 在新建场景中创建一个长方体模型，并调整其大小和厚度，如图23-19所示。

`02` 选择长方体，执行【场/解算器】|【创建铰链约束】命令，添加一个铰链约束，如图23-20所示。

`03` 将铰链约束移动到门一侧，按E键旋转x轴，调整角度，如图23-21所示。

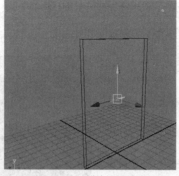

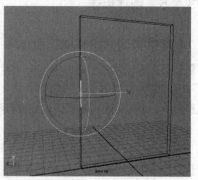

图 23-19　创建目标物体　　　　图 23-20　创建铰链约束　　　　图 23-21　旋转铰链约束

04 选择长方体，切换到刚体属性面板，设置【冲量】为 (0,0,4)，如图 23-22 所示。

05 播放动画，观察发现门绕着铰链约束的 y 轴运动，如图 23-23 所示。

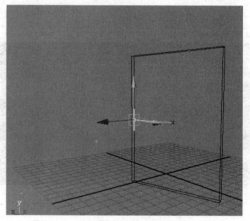

图 23-22　设置冲量值　　　　　　　　　图 23-23　动画效果

参数简介

当用户单击【场/解算器】|【创建铰链约束】命令右侧的■按钮时，可打开图 23-24 所示的对话框。下面介绍该对话框中各参数的功能。

- 约束类型：用于选择约束的类型，包括【钉子】、【固定】、【铰链】、【弹簧】和【屏障】5 种基本类型。

- 穿透：当刚体之间产生碰撞时，启用该复选框可以使刚体之间相互穿透。

- 设置初始位置：该复选框用于设置铰链约束在场景中的位置。启用该复选框，然后输入 x、y 和 z 轴的坐标数值即可；如果禁用该复选框，当为一个刚体创建约束时，铰链约束将位于场景中的坐标原点。当为两个刚体创建约束时，Maya 会在两个刚体的中间点创建铰链约束。

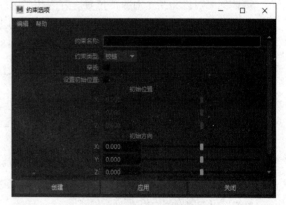

图 23-24　【约束选项】对话框

- 初始方向：用户可以通过输入 x、y 和 z 轴的值来设置铰链约束的初始方向。在默认情况下，铰链约束的初始方向为 z 轴。

- 刚度：用于设置弹簧约束的弹力。在具有相同距离的情况下，该数值越大，则弹簧的弹力越大。

- 阻尼：用于设置弹簧约束的阻尼力。阻尼力的强度与刚体的速度成正比，阻尼力的方向和刚体速度的方向成反比。
- 设置弹簧静止长度：当设置【约束类型】为【弹簧】时，启用该复选框可以设置弹簧的静止长度。
- 静止长度：用于设置弹簧处于静止状态时的长度。

23.2.2 屏障约束

【创建屏障约束】命令相当于创建了一个无穷大的阻挡平面，受这个平面约束影响的物体将不能超越这个平面的界限。该约束只针对主动的单个刚体产生作用，不能用于约束被动刚体，下面介绍屏障约束的操作方法。

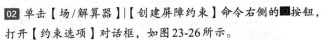

课堂练习224：创建屏障约束

01 选择模型，设置屏障约束操作，如图 23-25 所示。

02 单击【场/解算器】|【创建屏障约束】命令右侧的■按钮，打开【约束选项】对话框，如图 23-26 所示。

03 使用默认值，单击【创建】按钮，创建屏障约束，在场景中将会出现一个方形屏蔽图标，如图 23-27 所示。

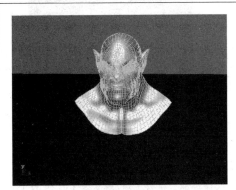

图 23-25 选择模型

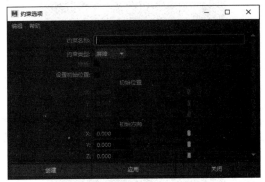

图 23-26 【约束选项】对话框

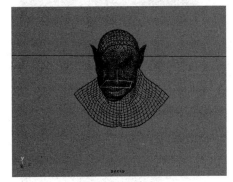

图 23-27 屏障约束

参数简介

下面介绍【约束选项】对话框中各参数的功能。

- 设置初始位置：用于设置屏障约束在场景中的位置。启用该复选框，然后输入 x、y 和 z 轴的坐标数值即可。
- 初始方向：用户可以通过输入 x、y 和 z 轴的值来设置屏障约束的初始方向。在默认情况下，屏障约束的初始方向为 xz 平面。

23.2.3 钉子约束

【创建钉子约束】命令可以把刚体固定在场景中的某一个位置，它只对主动刚体起作用，而对被动刚体不起任何作用。下面通过一个实例介绍钉子约束的创建方法。

课堂练习225：创建钉子约束

01 在场景文件中选择模型，如图23-28所示。

02 单击【场/解算器】|【创建钉子约束】命令右侧的■按钮，打开图23-29所示的【约束选项】对话框，单击【创建】按钮。

图23-28 选择场景模型

图23-29 【约束选项】对话框

03 移动钉子约束的位置，如图23-30所示。

04 选择模型，执行【场/解算器】|【重力】命令添加重力场。此时播放动画，效果如图23-31所示。

图23-30 设置钉子约束的位置

图23-31 钉子约束动画效果

23.2.4 弹簧约束

【创建弹簧约束】命令用于模拟弹性绳索，可以创建为弹簧约束的对象比较广泛，主要包括以下3种。

- 一个主动刚体或被动刚体与场景中的某一位置。
- 两个主动刚体。
- 一个主动刚体和一个被动刚体。

课堂练习226：创建弹簧约束

01 选中上一小节中的模型，执行【场/解算器】|【创建被动刚体】命令，转化为刚体。

02 选中模型，单击【场/解算器】|【创建弹簧约束】命令右侧的■按钮，在打开的【约束选项】对话框中修改具体的参数，如图23-32所示。

03 单击【应用】按钮，即可为企鹅模型创建弹簧约束，如图23-33所示。

图23-32　【约束选项】对话框

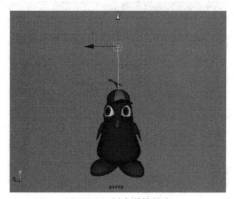

图23-33　创建弹簧约束

04 播放动画，观察弹簧约束的动画效果，如图23-34所示。

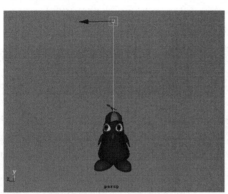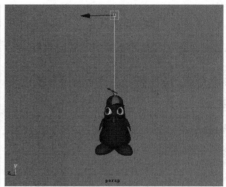

图23-34　弹簧约束的动画效果

参数简介

下面是设置约束类型为【弹簧】时的参数。

- 穿透：当刚体之间产生碰撞时，启用该复选框可使刚体之间能够相互穿透。禁用该复选框时，刚体之间不能互相穿透。

- 设置初始位置：用于设置弹簧约束在场景中的位置，只需要输入 x、y 和 z 轴的坐标数值即可。

- 刚度：用于设置弹簧约束的弹力。在同样距离的情况下，该数值越大，弹簧的弹力越大。

- 阻尼：用于设置弹簧约束的阻尼力。阻尼力的强度与刚体的速度成正比，阻尼力的方向和刚体速度的方向成反比。

- 设置弹簧静止长度：用于设置弹簧约束在静止时的长度。在默认情况下，弹簧的静止长度和约束长度相等。

23.2.5　固定约束

【创建固定约束】命令可以在某一确定的位置上将两个刚体连接在一起，连接的物体可以是两个主动刚体，也可以是一个主动刚体和一个被动刚体。下面通过一个具体的实例介绍固定约束的使用方法。

┃课堂练习227：创建固定约束┃

01 在场景中创建两个小球，并将它们设置为主动刚体，如图23-35所示。

02 选择其中的一个球体，执行【场/解算器】|【重力】命令，为选择的球体添加一个重力场，此时播放动画会发现被添加重力的球体会自动下落，如图23-36所示。

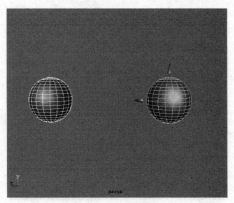

图23-35 选择刚体

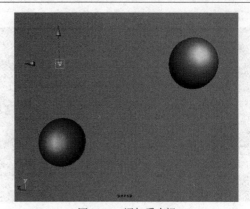

图23-36 添加重力场

03 再选择两个球体，执行【场/解算器】|【创建固定约束】命令，为它们创建一个固定约束控制器，如图23-37所示。

04 播放动画，其中一个球体会跟随另一个球体向下运动，如图23-38所示。

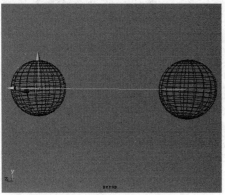

图23-37 创建固定约束

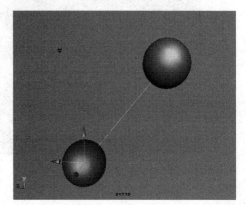

图23-38 固定约束动画效果

⬇ 23.3 刚体的解算

Maya的解算器可以用于解算刚体和柔体，可以设置粒子的缓存，还可以交互方式查看动画的播放状态等。

23.3.1 创建刚体解算器

在Maya中，刚体动力学动画和刚体约束是由解算器控制的，通过设置参数可以控制刚体解算的精度和速度。

┃ 课堂练习228：创建刚体解算器 ┃

01 在刚体动画场景中，执行【场/解算器】|【创建刚体解算器】命令，即可创建一个刚体解算器rigidsolver，如图23-39所示。

02 在【场/解算器】|【当前刚体解算器】菜单中可以看到被添加的刚体解算器，如图23-40所示。

03 使用同样的方法，也可以在刚体场景中同时创建多个刚体解算器，如图23-41所示。

04 执行【场/解算器】|【刚体解算器属性】命令，打开【刚体解算器属性】卷展栏，在这里可以设置刚体解算的属性参数，如图23-42所示。

图23-39 创建刚体解算器

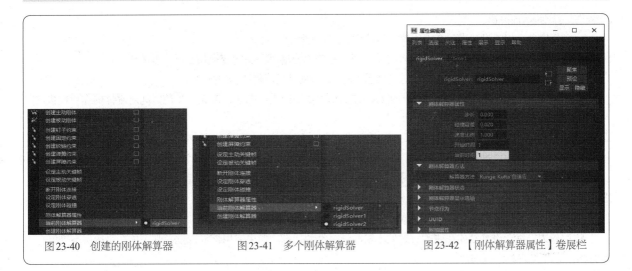

图 23-40　创建的刚体解算器　　　　图 23-41　多个刚体解算器　　　　图 23-42　【刚体解算器属性】卷展栏

23.3.2　刚体解算器属性

　　【刚体解算器属性】命令用于调整刚体解算器的参数。执行【刚体解算器属性】命令，打开属性编辑器中的相应卷展栏，如图 23-43 所示。

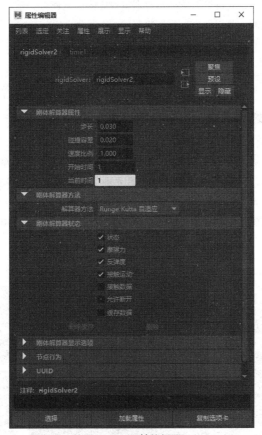

图 23-43　属性编辑器

　　下面介绍这些参数的功能。

1．刚体解算器属性

　　● 步长：用于设置每帧刚体发生计算的频率。例如，动画的每一帧为 0.1s，而步长设置为 0.033s，解算器将会在一帧内计算刚体动画3次。

- 碰撞容差：用于设置当一个刚体解算器检测碰撞时的精度和速度。
- 速度比例：用于控制在每个世界 x、y 和 z 轴中模拟来自动画网格的变换和变形速度的比例。
- 开始时间：用于设置解算器开始对刚体运算动力学动画时时间滑块上的帧数。
- 当前时间：可以对连接到解算器的所有刚体的动力学动画进行加速或减速。当前时间对刚体的作用效果与其对粒子物体的作用是相同的。

2. 刚体解算器方法

决定刚体运算的精度和速度。其中，【中点】选项是以低精度进行较快速的计算；【Runge Kutta】选项是以适中的速度和精度计算；【Runge Kutta自适应】选项是以高精度进行较慢的计算，此项是默认设置。

3. 刚体解算器状态

- 状态：用于控制力场、碰撞和刚体约束的作用。如果禁用该复选框，可以加快动画的回放速度。
- 摩擦力：用于设置刚体在碰撞后是处于黏滞还是滑动状态。如果启用该复选框，则刚体在碰撞后会受摩擦力的影响，从而减慢其本身的速度。
- 反弹度：用于控制刚体在碰撞时的反弹度。如果禁用该复选框，在碰撞时不发生反弹。
- 接触运动：用于设置刚体运动是否保持连贯性。启用该复选框时，Maya会基于牛顿力学定律来模仿物体；如果禁用该复选框，刚体运动没有阻尼力，并且不带有惯性。
- 接触数据：启用该复选框时，可以存储和积累刚体碰撞时的数据。
- 允许断开：启用该复选框时，允许断开刚体解算器与对应刚体的连接关系。
- 缓存数据：启用该复选框时，可以保存刚体解算器的缓存数据。
- 删除缓存：单击该选项右侧的【删除】按钮，即可删除刚体的缓存数据。

23.3.3　编辑刚体解算器

课堂练习229：坠落的小球

01 继续使用上一小节中的小球固定约束动画场景，如图23-44所示。

02 执行【场/解算器】||【刚体解算器属性】命令，打开【刚体解算器属性】卷展栏，将【步长】设置为0.05，【开始时间】设置为200，将【刚体解算器方法】卷展栏中的【解算器方法】设置为 Runge Kutta，如图23-45所示。

03 播放动画，观察发现在200帧之前球体保持原状，未发生运动变化，在200帧之后开始下落，如图23-46所示。

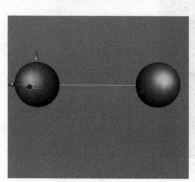

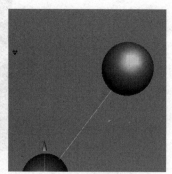

图23-44　导入场景文件　　　　图23-45　设置刚体解算器参数　　　　图23-46　修改刚体解算的影响效果

第**24**章

笔触特效

24.1 Paint Effects工具介绍

24.1.1 创建笔触效果

1. 笔触功能简介

Paint Effects工具是Maya 2022的重要组成部分，可在画布、3D空间或几何体上快速进行绘画，如图24-1所示。用户使用Paint Effects工具可作为传统的绘画程序来绘制图像，或者为场景中的几何体绘制无缝贴图。

图24-1　Paint Effects特效

Paint Effects工具的功能比传统绘画更加强大，用户可在画布或场景中使用一个笔画来绘制整个粒子效果。在画布上，一个简单的笔画可产生很复杂的图像，例如一棵绿树或一朵红花。在场景中，同样的笔画可以产生一个立体的真正的大树。假设要绘制一个果园，其中，大树是绘画产生的，并且创建的人物可在其中跑动。用户还可以为场景中绘画的效果添加动力场，并控制动画效果的显示和运动。例如，可以使植物生长，使长发在风中飘动，或使河水流动。图24-2是一只怪兽头部的笔触效果。

用户可从预设的笔画中选择，并绘制真实的效果。例如，植物、头发、火、羽毛、油画和水彩，或者混合预设画笔来创建自己的效果，如图24-3所示。通过设置纹理、照明、阴影、辉光、光、间隙、流动动画等属性，或修改预设笔刷的属性，创建自己的画笔。绘画时，通过渲染画笔笔画可快速得到高质量的画面。

在最后渲染的合成过程中，Paint Effects笔画的渲染可无缝与场景中的其他对象融合在一起。Paint Effects工具工作起来就像一支画笔，当用户使用Paint Effects工具单击并拖曳时，就已创建了一个笔画。一个笔画是带有属性的曲线的集合，这些属性定义了如何沿笔画路径进行绘画。用户可在画布上创建2D图像或纹理，或在3D场景中绘制笔画，以创建立体的绘画效果。

图24-2　笔触中的毛发　　　　　　　　　　　　　图24-3　利用预设笔刷绘制特效

2. 笔刷

　　定义笔画显示和效果的属性设置被称为一个"笔刷"。当用户绘制一个新笔画时，Paint Effects工具会创建一个新的笔刷，并把"模板"笔刷的设置复制到新的笔刷中，然后把新笔刷连接到笔画上，并给笔刷一个唯一的名称。一个模板笔刷是一些属性设置的集合，这些设置定义了将要连接到下一个笔画上的笔刷的属性。把它想象为绘画的颜料盒——也就是混合颜料的地方，调和颜料盒中的颜料会影响将要绘制的笔画的显示，而不会对已经存在的笔画(模板笔刷)产生影响。

> **技巧**
>
> 用户可以保存笔刷，从而可以再次使用笔刷中的属性设置，保存的笔刷称为 preset brushes(预设笔刷)。当用户选择一个预设笔刷时，它的设置被复制到模板笔刷中，这样用户可以修改设置，以进行下一次绘画。对模板笔刷中任何设置的修改，都不会影响选择的预设笔刷。用户可以创建自己的预设笔刷，或使用 Paint Effects 自带的预设笔刷。

3. 笔画

　　笔画是连接到一条隐藏的NURBS底层曲线上的曲线，底层的NURBS定义了笔画路径的形状。

　　当用户在一个2D画布上绘画时，Paint Effects工具使用模板笔刷的属性设置沿笔画路径进行绘画，如图24-4所示，然后丢弃笔画曲线。因为在2D画布上不可能存在几何体，用户不能修改笔画，或连接到其他的笔画上。

　　当用户在3D空间中进行绘画时，Paint Effects工具会保存笔画。因为此时的笔画是几何体，它们带有创建历史，并且是可编辑的。用户可修改一个笔画的属性、变换笔画、改变它的形状、修改笔画路径曲线上CV点的数目，或重新设置连接到笔画上的笔刷属性。用户甚至可以在现有的NURBS曲线上连接笔画来创建笔画。

图24-4　笔画

课堂练习230：绘制笔触

01 打开Maya 2022之后，按F2键，进入【建模】模块，在菜单栏上可以看到【生成】菜单，如图24-5所示。

02 执行【生成】|【获取笔刷】命令，打开图24-6所示的【内容浏览器】窗口。

图24-5　Paint Effects命令菜单

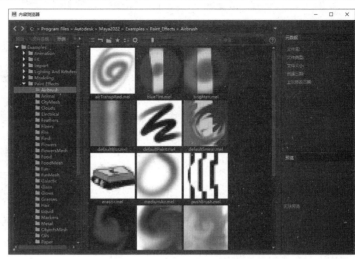

图24-6　打开【内容浏览器】窗口

03 单击Paint Effects选项下的文件夹图标，例如Clouds选项，即可在右侧栏中显示出预设的笔刷，如图24-7所示。

04 单击其中的一个预设图标，即可在视图中拖动鼠标进行绘制，如图24-8所示。

05 绘制完成后，渲染当前视图，观察绘制的烟雾效果，如图24-9所示。

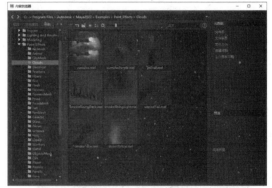

图24-7　显示预设笔刷

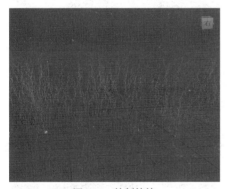

图24-8　绘制特效

图24-9　烟雾效果

24.1.2　笔触环境简介

按8键或者执行视图菜单中的【面板】|【面板】|【Paint Effects】命令，即可打开笔触绘制面板，此时鼠标指针处会有一个圆形，圆形的直径也就是笔触的直径，如图24-10所示。该面板中包括菜单栏、工具栏和绘制区，下面分别介绍绘制面板中的一些重要工具。

1. 菜单栏

1）绘制

【绘制】菜单中有3个重要的命令，分别是【绘制场景】、【绘制画布】和【保存快照】。执行【绘制场景】命令，可以在三维场景中进行绘制，这时的笔刷会变成一个三维的球形，如图24-11所示；执行【绘制画布】命令，可再次切换到画布；执行【保存快照】命令，则可以将绘制的二维图像或三维场景以快照的方式进行保存，Maya支持多种格式。

图24-10　笔触绘制面板

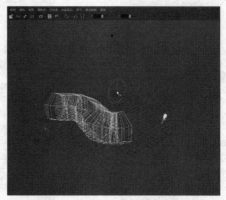

图24-11　在三维场景中绘制

2）画布

【画布】菜单中的命令主要是对画布的一些操作，执行【新建图像】命令，会弹出【Paint Effects新图像】对话框，如图24-12所示。在其中可以为画布命名、设置尺寸，以及设置画布颜色。

执行【打开图像】命令，可以打开以前保存的画布，也可以打开一张图片作为绘图背景，如图24-13所示。

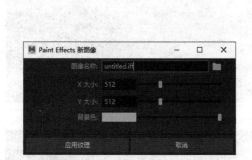

图24-12　【Paint Effects新图像】对话框

图24-13　使用背景图片

3）笔刷

【笔刷】菜单中的命令用于对笔触进行设置和编辑。执行【获取笔刷】命令，可以打开笔刷库，其中有上百种笔触，如图24-14所示。

执行【涂抹】命令，可以对画布上的图像进行涂抹，图24-15是画了一个灯泡后，使用【涂抹】命令进行涂抹的效果。

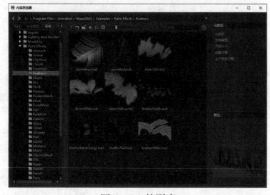

图24-14　笔刷库

图24-15　涂抹效果

执行【笔刷】||【模糊】命令，可以对画布上的图像进行模糊操作，效果如图24-16所示。

执行【笔刷】||【擦除】命令，可以使用橡皮擦来修改图像；执行【笔刷】||【单像素笔刷】命令，可以画出单一像素的细线。

执行【笔刷】||【编辑模板笔刷】命令，可以打开笔刷的设置窗口，如图24-17所示。在其中可以设置笔触大小、笔触效果等，参数比较繁多，将在本书后面的章节中详细介绍。执行【笔刷】||【重置模板笔刷】命令，可以将各项设置恢复到默认设置。

图24-16　模糊效果

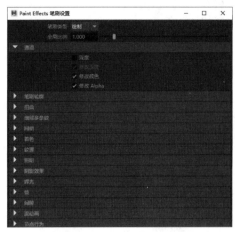

图24-17　笔刷的设置窗口

4) 摄影机和分辨率

只有在场景中进行绘制时这两个菜单中的命令才可用。用户可以在【摄影机】菜单中更改视图，在【分辨率】菜单中更改分辨率。

2. 工具栏

使用工具栏中的工具可以使用户的操作更加方便快捷。██工具可以清除画布，██工具和██工具分别用于显示笔触的RGB通道和Alpha通道，如图24-18和图24-19所示。

图24-18　RGB通道

图24-19　Alpha通道

██工具的作用是将画布进行1∶1显示。后面的3个工具██ ██ ██分别和前面讲解的【保存快照】命令、【编辑模板笔刷】命令和【获取笔刷】命令对应。

24.2　绘制2D笔触

使用绘制2D笔触效果的方法经常用于制作一些二维贴图，并且绘制的纹理都带有透明通道，这为用户制作透明贴图提供了很大方便。下面通过简单的操作介绍二维贴图的绘制过程。

课堂练习231：绘制2D效果

01 执行视图菜单中的【面板】|【面板】|【Paint Effects】命令，切换到笔触绘制面板，在绘制面板的菜单栏中，执行【画布】|【新建图像】命令，在弹出的【Paint Effects新图像】对话框中将画布命名为bitmap，设置画布的大小为720×576像素，如图24-20所示。

02 单击【背景色】右侧的颜色块，将其颜色设置为天蓝色，如图24-21所示，设置完成后单击【应用纹理】按钮确认。

图24-20　设置新建参数

图24-21　设置天空颜色

03 单击画布工具栏上的 按钮，在弹出的笔触库中，选中左侧列表中的Clouds文件夹，然后选择右侧的"jetTrail.mel"文件，如图24-22所示。

04 返回到画布，使用鼠标左键配合B键，可以控制笔触的大小，然后开始绘制云彩，如图24-23所示。

05 调出笔触库，在左侧列表中选中Grasses文件夹，再选择右侧的"straw.mel"文件，如图24-24所示。

06 在画布的右下角开始绘制杂草，由于绘制的是干枯的杂草，所以在绘制的时候要左右拖动鼠标，效果如图24-25所示。

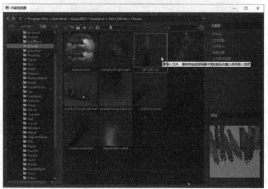

图24-22　选择笔触文件

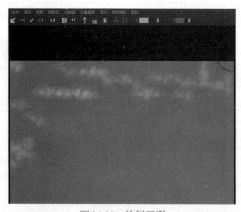

图24-23　绘制云彩

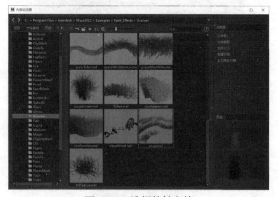

图24-24　选择笔触文件

07 在刚才的笔刷库中，选择右侧的"grassWindNarrow.mel"文件，然后在枯草上绘制青草，这次要从下往上移动鼠标，效果如图24-26所示。

08 在笔触库中，选中左侧列表中的FlowersMesh文件夹，然后选择右侧的"vincaYellowHeavy.mel"文件，如图24-27所示。

09 在草的上面绘制花朵，效果如图24-28所示。

图24-25　绘制杂草

图24-26　绘制青草

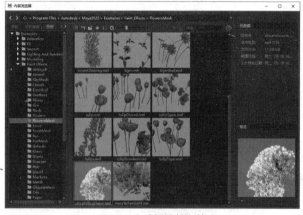

图24-27　选择笔触文件

图24-28　绘制花朵

24.3　绘制3D笔触

　　下面学习如何在三维场景中绘制三维笔触。在三维场景中进行绘制的方法有两种：一种是前面提到的在绘制面板中执行【绘制】|【绘制场景】命令，即可切换到三维场景中进行绘制；另一种是直接在三维视图窗口中执行【窗口】|【内容浏览器】命令，在打开的笔触库中选择一个笔触，即可进行绘制。此外，还可以在三维物体和曲线上绘制三维笔触。下面分别介绍它们的基本操作方法。

24.3.1　在三维物体上绘制

┃课堂练习232：在模型上绘制┃

01 打开随书附赠资源本章目录下的文件，在【建模】模块下，执行【生成】|【使可绘制】命令，如图24-29所示，这样就可以使用笔触在球体上绘制了。

02 在Paint Effects窗口中，执行视图菜单【笔刷】|【获取笔刷】命令，打开【内容浏览器】窗口。

03 在笔触库中，选中左侧列表中的 glass 文件夹，然后选择右侧的 "glassball.mel" 文件，如图 24-30 所示。

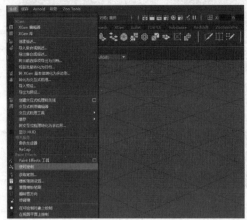

图 24-29 执行命令

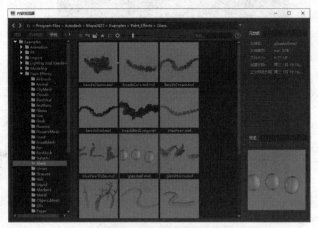

图 24-30 选择笔触文件

04 在模型上拖动鼠标左键进行绘制，如图 24-31 所示。

注意

这种绘制方法要求模型必须是多边形或 NURBS 曲面，如果用户在模型表面无法绘制笔触，则可以在选择模型后，执行【修改】|【转化】子菜单中的相应命令，对模型进行转换。如果绘制的笔触太小，可以按住 B 键不放，在视图中拖动鼠标改变笔触的大小。

05 渲染之后的效果如图 24-32 所示。

图 24-31 绘制

图 24-32 渲染效果

课堂练习233：修改笔触形状

01 在视图中打开【内容浏览器】窗口，选择 FlowersMesh 文件夹下的 "rosesClimbing.mel" 文件，如图 24-33 所示。然后在视图中绘制笔触效果。

02 选中绘制的模型，在菜单栏中执行【显示】|【显示】|【显示几何体】|【NURBS 曲线】命令，会显示路径曲线，如图 24-34 所示。

03 在视图中选择曲线，按 F8 键进入顶点编辑状态，发现路径上的点太多且不容易编辑，如图 24-35 所示。

04 返回对象编辑状态，执行【生成】|【曲线工具】|【简化笔划路径曲线】命令，将曲线进行简化，如图 24-36 所示。

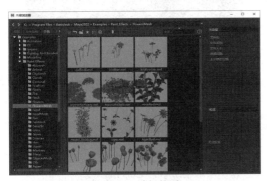

图 24-33　选择笔刷

图 24-34　显示路径曲线

图 24-35　观察路径上的点

图 24-36　简化曲线

05　再次进入顶点编辑状态，可以看到简化的结果，如图 24-37 所示。

06　使用移动工具调整顶点的位置，可以调整笔触的形状，如图 24-38 所示。

图 24-37　简化后的曲线

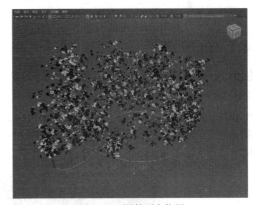

图 24-38　调整顶点位置

24.3.2　在曲线上绘制

课堂练习234：在曲线上绘制鲜花

01　在场景中创建一条 CV 曲线，如图 24-39 所示。

02　确认 NURBS 曲线处于选中状态，按住 Shift 键在笔触库中加选一个笔触，然后执行【生成】|
【曲线工具】|【将笔刷附加到曲线】命令，即可为曲线添加笔触效果，如图 24-40 所示。

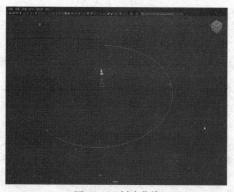

图24-39 创建曲线

图24-40 添加笔触效果

24.4 笔触属性

在笔触库中选择一个笔触，然后在【建模】模块下，执行【生成】|【模板笔刷设置】命令，即可打开【Paint Effects 笔刷设置】窗口，如图24-41所示。这与在画布的菜单中执行【笔刷】|【编辑模板笔刷】命令的作用是一样的，组合键是Ctrl+B。【Paint Effects 笔刷设置】窗口中的参数非常丰富，对于一些不常用的参数选项这里就不作介绍了。

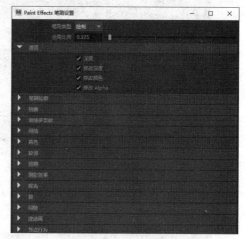

图24-41 设置窗口

24.4.1 通道卷展栏

【通道】卷展栏下的选项用于对笔触通道进行控制，共有4个复选框，如图24-42所示。下面介绍该卷展栏中的参数功能。

图24-42 【通道】卷展栏

- 深度：当启用该复选框后，Maya会为笔触开通深度通道，此时两次绘制的笔触会在空间深度上进行交叉；如果禁用该复选框，则后绘制的笔触会覆盖在先前绘制的笔触上，如图24-43所示。

图24-43 深度效果对比

● 修改深度：在启用【深度】复选框后，【修改深度】复选框同时被启用，它控制的是笔触通道的深度。

● 修改颜色：启用该复选框后，表示该画笔可以绘制笔触颜色，如果禁用则不可绘制颜色，但保留 Alpha 通道。

● 修改 Alpha：启用该复选框后，表示笔触将绘制 Alpha 通道，效果对比如图 24-44 所示。要注意的是，有些笔触在禁用该复选框后会出现锯齿效果。

图 24-44　启用【修改 Alpha】复选框前后的效果对比

24.4.2　笔刷轮廓卷展栏

【笔刷轮廓】卷展栏下的选项用于对笔触形状进行设置，如图 24-45 所示。

● 笔触宽度：用于设置笔触的宽度。

● 柔和度：用于设置笔触边沿的柔和度。当【柔和度】为负值时，笔触的中间会镂空。如图 24-46 所示，左边的笔触是默认的绘制效果，右边的笔触是将【柔和度】设置为 -0.5 后的绘制效果。

图 24-45　【笔刷轮廓】卷展栏

图 24-46　镂空效果

● 平坦度 1/平坦度 2：这两个参数用于设置笔触的平整度。取值越大，笔触越宽。

● 图章密度：用于设置单位长度内笔触的取样点数量。对于单一笔触，该属性决定了沿笔触方向的取样点密度；对于管状笔触，该属性决定了沿笔触宽度方向的取样点数量。如图 24-47 所示，左侧笔触的取值为 0.8，右侧笔触的取值为 3。

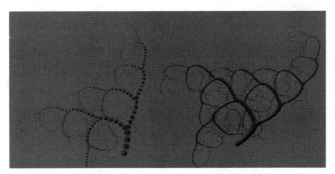

图 24-47　不同采样值的效果对比

- 遮挡宽度比例：启用该复选框，将按比例降低【图章密度】值过高而导致的重叠。
- 边缘裁剪：启用该复选框，则渲染时会将3D绘制成类似2D的效果。

24.4.3 网格卷展栏

【网格】卷展栏下的参数控制笔触的显示质量和分段数量，如图24-48所示。

图24-48 【网格】卷展栏

- 管分段：用于控制笔触横截面的分段数量。数值越高，绘制笔触的质量就越高。如图24-49所示，左边笔触的【管分段】取值为3，右边笔触的【管分段】取值为15。
- 截面分段：用于控制笔触的每段细分数量。如图24-50所示，左边笔触的【截面分段】取值为1，右边笔触的【截面分段】取值为20。

图24-49 管分段设置

图24-50 截面分段设置

- 单面：启用该复选框，将只显示面向摄影机视点的曲面。
- 逐像素照明：启用该复选框，将以每个像素点进行灯光照明，否则将以每个顶点进行灯光照明。
- 结束端面：当使用网格笔触类型时，启用该复选框，将会为管子添加几何封口。
- 硬边：启用该复选框，将会显示曲面边沿的硬边。

24.4.4 着色卷展栏

【着色】卷展栏下的参数控制笔触着色的相关设置，如图24-51所示。

图24-51 【着色】卷展栏

- 颜色1：用于控制笔触的颜色。对于单一笔触，它控制的是整体颜色；对于管状笔触，它控制的是根部的颜色。单击其右侧的颜色块，可以在打开的拾色器中调整颜色。
- 白炽度1：用于控制笔触的自发光特效。数值越高，效果越炽热。
- 透明度1：用于控制笔触的透明度。
- 模糊强度：用于控制笔触的模糊度。该选项只有在笔触类型为【模糊】时才有效。

24.4.5 纹理卷展栏

【纹理】卷展栏下的参数控制笔触纹理的相关设置，包括更改笔触颜色、添加笔触贴图、设置笔触噪波等，如图24-52所示。

下面对常用参数进行详细介绍。

1. 贴图颜色

在该复选框下面的【纹理颜色比例】和【纹理颜色偏移】可以调整笔触颜色的缩放和偏移值。如图24-53所示，左边笔触颜色的偏移值取值为0，右边笔触颜色的偏移值取值为1。

当启用【贴图颜色】复选框后，与之相关联的参数同时被启用。

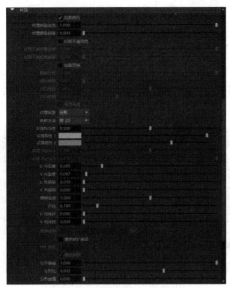

图 24-52　【纹理】卷展栏

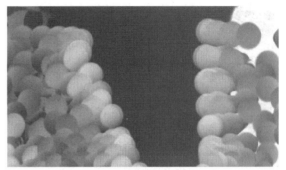

图 24-53　调整笔触颜色的偏移值

2. 纹理类型

在【纹理类型】下拉列表中有 5 种贴图类型，如图 24-54 所示。

1) 文件

默认情况下是【文件】类型，这种类型可以使用一张图片作为纹理，单击【图像名称】后面的文件按钮即可添加图片。图 24-55 为添加图片后绘制的效果。

2) 棋盘格

使用【棋盘格】纹理类型可以直接生成一个棋盘格的纹理作为贴图，棋盘格纹理的两种颜色可以由【纹理颜色 1】和【纹理颜色 2】控制。如图 24-56 所示，左侧的笔触是默认的【棋盘格】笔触，右侧的两个笔触是改变颜色后的笔触。

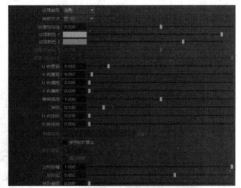

图 24-54　【纹理类型】参数

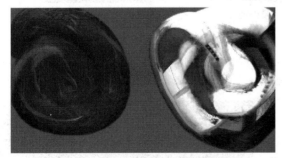

图 24-55　使用图片作为纹理的绘画效果

图 24-56　棋盘格纹理笔触

3)其他纹理类型

其他3种纹理类型分别是U向渐变、V向渐变和分形,这3个笔触的效果如图24-57所示,纹理中的两种颜色同样可以由【纹理颜色1】和【纹理颜色2】控制。

3.映射方法

在【映射方法】下拉列表中包括4种映射方式,即完整视图、笔刷开始、管2D和管3D。在【纹理类型】下拉列表中选择【棋盘格】贴图类型,然后分别选择【映射方法】下拉列表中的4种方式进行绘制,效果如图24-58所示。

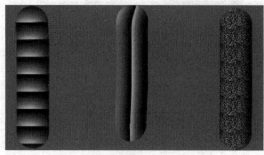

图24-57 其他纹理效果

图24-58 4种不同的映射方法

4.U向重复/V向重复

【U向重复】和【V向重复】用于控制贴图U/V向上的重复值。图24-59为【U向重复】和【V向重复】分别为3、4时的效果。

5.U向偏移/V向偏移

【U向偏移】和【V向偏移】分别用于控制U/V向的偏移值。

6.模糊倍增

【模糊倍增】可以控制纹理的模糊度。图24-60为将该选项设置为12时的效果。

7.涂抹/U向涂抹/V向涂抹

这3个参数用于控制纹理的涂抹和噪波程度,设置笔触效果的涂抹、U向涂抹、V向涂抹的值均为1,如图24-61所示。

图24-59 U向重复/V向重复效果

图24-60 纹理模糊效果

图24-61 涂抹笔触效果

24.4.6 照明卷展栏

【照明】卷展栏下的参数用于控制笔触的照明,如图24-62所示。

- 照明:启用该复选框,将会使用Paint Effect灯光照明笔触,当然也可以在Maya场景中创建灯光进行照明。

- 真实灯光:启用该复选框,将会使用场景中的灯光来决定阴影和高光,否则将使用默认平行光对笔触进行照明。只有启用【照明】复选框后,该复选框才能被激活。

图24-62 【照明】卷展栏

- 基于照明的宽度：指在显示笔触时，面向光的笔触将会显示得比较薄，背光面则显示得比较厚。
- 半透明：用于控制笔触的半透明度。
- 镜面反射：用于设置笔触的高光亮度。图24-63为最大亮度值和最小亮度值的对比效果。
- 镜面反射强度：用于控制笔触的高光范围，当高光范围增大时，高光的亮度值会随之减小。
- 镜面反射颜色：用于控制高光颜色，颜色的色相和亮度都会影响笔触高光的显示。图24-64为不同色相值对高光的影响。

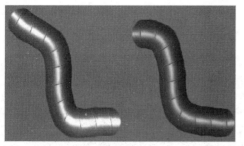

图24-63　不同的高光亮度效果

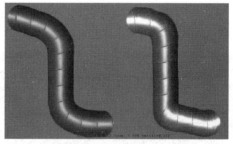

图24-64　不同镜面反射颜色

24.4.7　阴影效果卷展栏

【阴影效果】卷展栏下的参数用于对笔触阴影效果进行控制，如图24-65所示。

- 伪阴影：用于设置投影方式，其中【2D偏移】表现二维投影效果，【3D投射】表现三维投影效果。如图24-66所示，左边笔触的投影是二维偏移，右边笔触的投影是三维投射。

- 阴影扩散：用于控制阴影边沿的柔和度。图24-67为设置【阴影扩散】不同值的效果对比。

图24-65　【阴影效果】卷展栏

图24-66　投影方式

图24-67　阴影边缘的柔和度控制

- 阴影偏移：用于控制阴影和笔触位置的偏移距离。如图24-68所示，左侧笔触的取值为0.4，右侧笔触的取值为0.8。
- 阴影透明度：用于控制阴影的透明度。如图24-69所示，左侧笔触的取值为0.2，右侧笔触的取值为0.8。

图24-68　阴影偏移控制

图24-69　设置阴影的透明度

24.4.8　辉光卷展栏

【辉光】卷展栏下的参数用于设置笔触的发光效果，如图24-70所示。

图24-70　【辉光】卷展栏

- 辉光：用于控制笔刷的辉光强度。
- 辉光颜色：用于控制发光的颜色。图24-71为在【辉光颜色】值相同的情况下，将【辉光】值分别设置为0和2时的效果。
- 辉光扩散：用于控制笔触的发光范围。如图24-72所示，两个笔触的【辉光】值都为1，【辉光颜色】都为红色，左侧笔触的【辉光扩散】值为2，右侧笔触的【辉光扩散】值为8。

图24-71　辉光强度对比

图24-72　不同的发光范围效果

- 着色器辉光：指在场景中或在物体上绘制笔触后，可以使用材质控制笔触的发光，在这里可以调整发光的值。

24.4.9　管卷展栏

使用【管】卷展栏下的参数可以创建笔触的生长动画，还可以控制分支的数量、大小、颜色、密度等，如图24-73所示。其中，【生长】子卷展栏下还有卷展栏，参数相当繁多。

先来看最上面的两个复选框。启用【管】复选框，表示将会在原始的笔触上添加分支(管子)。启用【管完成】复选框，则生长出的管子将延伸到最长范围，否则只跟随笔触延伸。

1. 创建

【创建】卷展栏下的参数是对笔触分支的具体控制，包括生长的位置、分布、段数，以及分段的粗细、随机程度等。下面进行详细介绍。

- 每步长管数：该参数决定了笔触在每个单位生长的数目。如图24-74所示，两个笔触的取值分别是0和0.8。

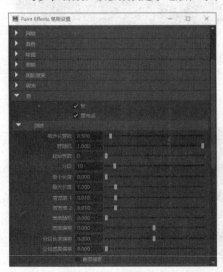

图24-73　【管】卷展栏

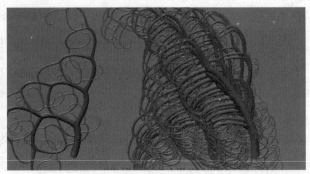

图24-74　分支数量对比

- 管随机：用于控制笔触分支生长位置的随机度，值越低分布越均匀。
- 起始管数：用于控制笔触开始点的分支数。如图 24-75 所示，左侧笔触的取值为 1，右侧笔触的取值为 5。
- 分段：用于设置笔触及分支的分段数，值越高则笔触越平滑。如图 24-76 所示，左侧笔触的取值为 8，右侧笔触的取值为 16。

图 24-75　起始管数设置

图 24-76　笔触分段对比

- 管宽度 1/管宽度 2：分别控制笔触底部和顶部的宽度。
- 宽度随机：分别控制笔触宽度的随机化和随机化的方向。只有当该值不为 0 时，【宽度偏移】的值才起作用。
- 宽度偏移：用于设置宽度的偏移值。
- 分段长度偏移：决定笔触的分段长度的分布倾向，输入正值笔触靠近根部的地方分段更长，输入负值则笔触靠近末端的地方分段更长。
- 分段宽度偏移：决定笔触的分段宽度的分布倾向，输入正值笔触宽的地方分段更长，输入负值则笔触窄的地方分段更长。

2. 生长

【生长】卷展栏下有 5 个复选框，分别对应下面的 5 个子卷展栏。当启用上面的复选框时，下面的参数才可使用，如图 24-77 所示。

- 分支：用于设置笔触上的分支数量、深度、角度等属性。
- 细枝：用于设置末端分支的数量、位置等属性。
- 叶：用于设置叶子的形状、密度、颜色、大小、位置等属性。只有使用带有叶子的笔触时才可以进行设置。

图 24-77　【生长】卷展栏

- 花：用于设置花瓣的形状、密度、颜色、大小、位置等属性。同样也只有使用带有花朵的笔触时才可以进行设置。
- 萌芽：用于控制芽的大小、颜色等属性。

这些参数对创建植物的生长动画，以及控制植物的分支结构非常有用。图 24-78 为不同设置所产生的不同结果。

图 24-78　笔触绘制效果对比

第**25**章

流体特效

25.1 认识流体

流体是从工程力学借鉴过来的一个概念，最早是用于计算那些没有固定形态的物体在运动中的受力状态。随着计算机图形学的不断更新，流体也不再是现实学科的附属物了。现在，很多软件中都提供了流体的工具。Maya 中同样提供了这个工具，利用它可以制作出很多精彩的效果，例如波澜壮阔的海洋、惊涛骇浪的洪水等。此外，还可以制作出逼真的云雾、火焰、炸弹爆炸等特效。图 25-1 为电影《2012》中的灾难画面，这种特效就可以利用流体实现。

图 25-1 流体效果

Maya 中的流体分为两种基本类型，即 2D 流体和 3D 流体。由于针对的物体不同，创建的方法也有一定的差异，接下来将介绍这两种流体的创建方法。

25.2 创建流体

25.2.1 创建2D流体

课堂练习235：创建默认2D流体

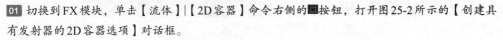

01 切换到 FX 模块，单击【流体】|【2D 容器】命令右侧的▣按钮，打开图 25-2 所示的【创建具有发射器的 2D 容器选项】对话框。

02 单击【应用并关闭】按钮，在视图中创建一个流体，如图 25-3 所示。

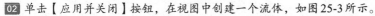

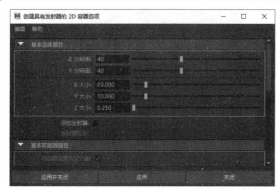

图25-2 【创建具有发射器的2D容器选项】对话框

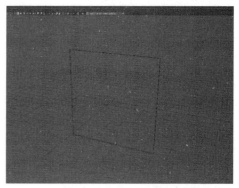

图25-3 创建一个流体

03 此时的流体并没有动画，这是因为场景中缺少一个用于发射流体的发射器。单击【流体】【添加/编辑内容】【发射器】命令右侧的▣按钮，打开图25-4所示的【发射器选项】对话框。

04 在【发射器类型】下拉列表中选择【泛向】选项，单击【应用并关闭】按钮，创建一个流体发射器，如图25-5所示。

05 播放动画，观察此时的流体运动，如图25-6所示。

图25-4 【发射器选项】对话框

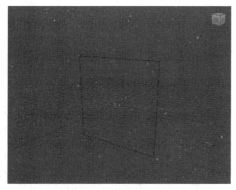

图25-5 创建流体发射器

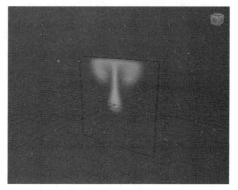

图25-6 流体特效

上面创建的流体是以默认方式发射的，但在实际应用过程中流体的发射大多数是依靠某个物体来进行的，为此就需要用到本练习讲到的知识。

课堂练习236：以物体作为发射器发射流体

01 新建一个场景，按照上述方法在视图中创建一个流体物体，如图25-7所示。

02 在视图中创建一个圆锥体并调整它的位置，使其与流体平面充分相交，如图25-8所示。

03 先选择圆锥体，再加选流体容器，单击【流体】|【添加/编辑内容】|【从对象发射】命令右侧的▣按钮，打开图25-9所示的【从对象发射选项】对话框。

04 单击【应用并关闭】按钮，将物体作为流体发射器，效果如图25-10所示。

图25-7 创建流体

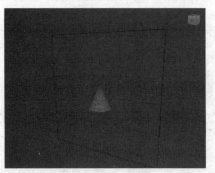

图25-8 创建圆锥体

图25-9 【从对象发射选项】对话框

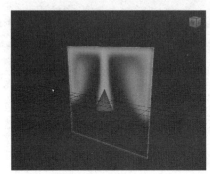

图25-10 流体效果

课堂练习237：使用曲线作为流体发射器

01 在视图中创建一条NURBS曲线和一个2D容器，如图25-11所示。

02 选择圆，按住 Shift键加选流体容器，单击【流体】|【添加/编辑内容】|【连同曲线】命令右侧的■按钮，在打开的【使用曲线设置流体内容选项】对话框中，按照图25-12所示的参数进行设置。

> **提示**
>
> 如果需要修改流体的颜色，可以启用对话框中的【颜色】复选框。

03 播放动画，观察一下此时的流体效果，如图25-13所示。在该效果中更改了流体的颜色。

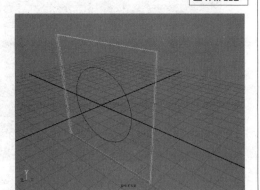

图25-11 创建流体

图25-12 修改属性

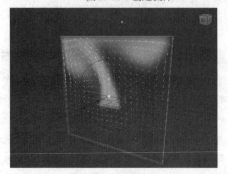

图25-13 流体效果

关于2D流体的设置方法还有很多，例如使用笔触特效作为流体发射器创建流体等，这里不再一一介绍了。

25.2.2　创建3D流体

课堂练习238：创建典型3D流体

01 创建3D流体之前必须先有一个容器，执行【流体】|【3D容器】命令，创建一个默认的流体容器，如图25-14所示。

02 选择容器，单击【流体】|【添加/编辑内容】|【发射器】命令右侧的▤按钮，在打开的【发射器选项】对话框中，将发射器类型设置为【泛向】，如图25-15所示。

03 按数字键5进行实体显示，播放动画，观察此时的流体效果，如图25-16所示。

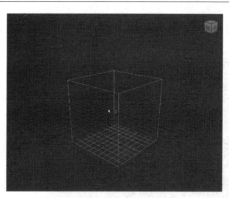

图25-14　创建3D流体容器

图25-15　创建3D发射器

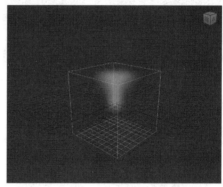

图25-16　实体流体的效果

3D流体的创建方法和2D流体大致相同，用户可以直接利用2D流体的创建方法创建3D流体。不同的是，用户执行【创建2D/3D容器选项】命令，单击添加发射器，可以直接创建带有发射器的2D/3D容器，如图25-17所示。

图25-17　创建2D/3D流体容器

25.3　流体属性

前面介绍了流体的创建方法，但是仅仅创建出流体并不能解决实际应用过程中的一些问题，用户还要学会如何根据实际要求对其进行编辑，从而使其能够按照设计者的意图展现在人们眼前，因此用户必须掌握流体的属性。

25.3.1　FluidEmitter属性

流体的属性同样被放置在属性编辑器中，选择一个流体容器，按组合键Ctrl+A即可快速打开其属性编辑器，如

图25-18所示。

1. 变换属性

该卷展栏用于设置发射器的变换属性，用户可以通过修改该卷展栏下的参数来改变发射器的位置等，如图25-19所示。

2. 基本发射器属性

该卷展栏用于设置发射器的发射属性，包括发射器的类型、最小距离、最大距离等参数，如图25-20所示。

图25-19 【变换属性】卷展栏

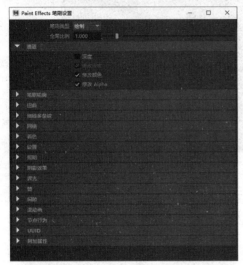

图25-18 流体属性编辑器

图25-20 【基本发射器属性】卷展栏

> **技巧**
>
> 【基本发射器属性】卷展栏只有在视图中选择了流体发射器才会显示出来，它仅仅存在于流体发射器上，而不是流体容器上。

3. 流体属性

该卷展栏用于设置流体属性，如图25-21所示。

- 密度方法：用于设置流体密度的产生方式，包括【添加】和【替换】两种不同的类型。

- 密度/体素/秒：用于设置每秒钟流出的流体的密度，该参数设置得越高，流体流出的速度也就越快。

- 密度自发光贴图：用于为流体创建密度贴图，通过使用贴图来控制流体的密度。

- 热量方法：用于设置热量的产生方法，通常包括【添加】和【替换】两种不同的方式。

- 热量/体素/秒：该参数决定了流体温度上升的速度，该参数越高，流体温度上升得越快。在制作爆炸等特效时，经常使用【温

图25-21 【流体属性】卷展栏

度】属性来模拟温度不同部分的颜色变化，而【温度】属性的增幅度就是由【热量/体素/秒】参数来控制的。

- 热量自发光贴图：用于为流体创建热量贴图，通过使用贴图来控制流体的温度。

- 燃料方法：该选项将使用【添加】、【替换】两个参数来设置燃料的生成方式。

- 燃料/体素/秒：用于决定流体燃料消耗的速度。同样也经常用燃料这个属性来控制流体不同部分的颜色变化。

- 流体衰减：用于设置流体的衰减度。数值越高，流体就越快接近末端状态。

- 自发光流体颜色：启用该复选框，Maya将会采用该属性下的【流体颜色】作为流体的颜色。如果第一次启用该复选框，那么Maya会弹出图25-22所示的对话框，提示用户将流体颜色类型设置为【动态栅格】，只有这样才

能够使用此类属性。

4. 流体自发光湍流

该卷展栏主要控制流体的扰动效果，如图25-23所示。

图25-22　信息提示

- 湍流类型：用于设置扰动的类型，可以选择【渐变】和【随机】两种方式。

- 湍流：用于设置湍流效果的强度。

- 湍流速度：用于设置扰动的速度。

- 湍流频率：用于设置扰动的频率。

- 湍流偏移：用于设置扰动的偏移。

图25-23　【流体自发光湍流】卷展栏

- 细节湍流：用于设置扰动的细分度。

25.3.2　FluidShape属性

1. 容器特性

【基本发射器属性】卷展栏用于设置流体容器的属性，如图25-24所示。

- 保持体素为方形：将流体的体素约束为方形。

- 基本分辨率：用于设置容器的网络分辨率。

- 大小：用于设置容器的大小。

- 边界X、Y和Z：用于设置容器的边界，默认情况下，顶部和底部都是边界，也可以选择单一边作为边界或撤销某个面的边界。

图25-24　【容器特性】卷展栏

2. 内容方法

该卷展栏用于设置流体内容器中比较重要的属性，通过更改这些属性可以将流体以不同的方式显示颜色和状态，如图25-25所示。

- 密度：用于设置流体的密度。在默认情况下，密度的属性被显示为透明度的属性，流体透明度高的部分会显得稀薄一些。在该下拉列表中有4个参数供用户设置，其中【禁用(零)】方式的流体不会被显示；【静态栅格】方式只会显示静态的流体内容；【动态栅格】方式只会显示动态的流体内容；【渐变】方式将会使用渐变贴图作为流体内容。

图25-25　【内容方法】卷展栏

- 速度：用于设置流体的速度属性，用户也可以从其下拉列表中选择相应的选项执行操作，关于这些选项的简介可参考【密度】的4个选项。

- 温度：该选项为流体的温度属性，它和前面介绍的【温度/体素/秒】属性相关。

- 燃料：该选项为流体的燃料属性，它和前面所介绍的【燃料/体素/秒】属性相关。

- 颜色方法：用于定义流体颜色的生成方式，包含使用着色颜色、静态栅格和动态栅格参数。

- 衰减方法：用于定义流体的衰减方式。

3. 显示

该卷展栏用于设置流体的显示方式，如图25-26所示。

- 着色显示：选择场景中流体的显示方式，包括禁用、作为渲染、密度、温度、燃料、碰撞、密度和颜色、密度和温度、密度和燃料、密度和碰撞、衰减等，如图25-27所示。

- 不透明度预览增益：使用除了【作为渲染】渲染方式以外的任何渲染方式的

图25-26　【显示】卷展栏

图25-27　着色显示方式

时候，可以打开该选项，调整流体的不透明度。

- 每个体素的切片数：用于定义每个体素的切片数。用户可以通过拖动右侧的滑块来调整切片数。

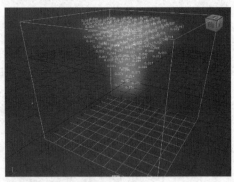

- 体素质量：选择显示的质量。

- 边界绘制：用于选择流体容器边缘线的显示方式。

- 数值显示：可以将选择的属性以数字方式显示，如图25-28所示。

- 线框显示：在线框显示模式中决定流体的显示方式，如图25-29所示。

图25-28　数字显示

- 速度绘制：启用该复选框，将在流体容器中显示流体各部分的流动方向及速率，下面的两个属性分别用于显示流体速度的频率和长度，如图25-30所示。

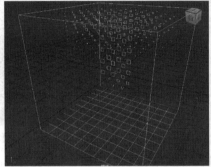
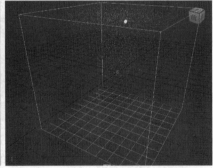

图25-29　流体显示方式

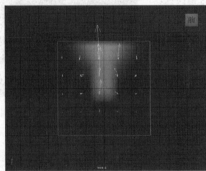
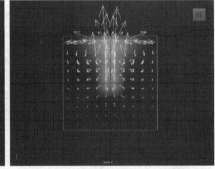

图25-30　不同速度绘制参数的设置对比

4．动力学模拟

该卷展栏用于模拟流体的动力学，如图25-31所示。

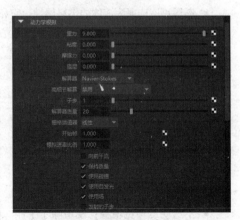

- 重力：用于设置流体的重力加速度。

- 黏度：用于设置流体的黏稠度。数值越高，流体就越接近于固体。

- 摩擦力：用于设置流体间的摩擦度。

- 阻尼：用于设置流体的阻尼衰减度。数值越高，流体的速度就越快。

- 解算器：用于设置解算器的方式。

- 高细节解算：用于设置解算器的细节度。

- 子步：用于设置解算器解算的步数。

- 解算器质量：用于设置解算质量。

图25-31　【动力学模拟】卷展栏

- 栅格插值器：用于设置解算的算法。
- 开始帧：用于设置流体开始产生的时间。
- 模拟速率比例：用于缩放发射和解算的时间间隔。
- 向前平流：关闭流体模拟。
- 保持质量：禁用该复选框后，在模拟过程中调高【密度】值时，可以提高质量。
- 使用碰撞：用于打开流体碰撞。
- 使用自发光：用于打开流体发射器。
- 使用场：用于确定是否使用动力学。

5. 内容详细信息

该卷展栏中包含一系列的子卷展栏，主要用于设置流体容器的一些具体细节，如图25-32所示。

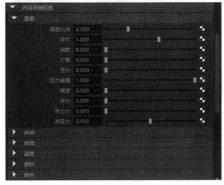

1) 密度/速度/温度/燃料

这4个卷展栏分别用于设置密度、速度、温度和燃料4个属性值的缩放比例，主要选项如下。

- 浮力：用于解算流体温度的数值。
- 消散：用于设置密度或温度的消散度。
- 扩散：用于设置密度或温度的扩散度。
- 压力：用于设置速度方向的自旋性，该参数较低时，速度方向不容易发生改变。

图25-32 【内容详细信息】卷展栏

- 张力：用于设置从发生反应到反应结束所用的时间。
- 点燃温度：该参数位于【燃料】子卷展栏中，用于设定发生反应的温度。当流体的温度达到该值设定的温度时，流体开始发生反应。
- 最大温度：该参数位于【燃料】子卷展栏中，用于设定一个数值。当温度超过该数字时，反应达到最快速度。
- 释放的热量：该参数位于【燃料】子卷展栏中，它决定了每次反应所发出的热量。这些热量将会进一步升高流体的温度，促进下一次反应的诞生。如果将该参数设置得高一些，则流体将会一直保持高温的反应状态。
- 释放的光：该参数决定了每次反应所发出的光能，该参数需要与【灯光的颜色】搭配使用。
- 灯光的颜色：用于设置反应发光的颜色。

2) 湍流

【湍流】卷展栏用于设置流体自身的扰动，包括强度属性、频率属性和速度属性。

6. 表面

该卷展栏用于设置流体显示的面片质量，如图25-33所示。

- 体积渲染/表面渲染：这两个选项用于设置流体将采用【体积】或【表面】方式进行渲染。
- 硬曲面/软曲面：这两个选项用于设置显示的曲面的柔和度。

图25-33 【表面】卷展栏

- 表面阈值：用于设置显示的面片的大小。
- 表面容差：用于设置面片所允许使用的差值。
- 镜面反射颜色：用于设置面片高光的颜色。
- 余弦幂：用于设置面片的高光正弦强度。

7. 着色

该卷展栏用于设置流体的显示效果，如图25-34所示。

- 透明度：用于设置流体的透明度，数值越高则越趋向于透明。

- 辉光强度：用于设置流体的辉光强度。
- 衰减形状：用于设置流体的衰减形状，通常与【边衰减】搭配使用，用于改变流体末端边缘的形状。
- 边衰减：用于设置流体的边缘衰减的宽度。

8. 颜色

该卷展栏用于设置流体的基本颜色，如图25-35所示。在设置该卷展栏中的参数前，注意一定要将前面的【颜色方法】更改为【使用着色颜色】选项。

图25-34 【着色】卷展栏　　　　　　图25-35 【颜色】卷展栏

关于该卷展栏中的参数与前面所介绍的一些参数的功能相同，这里不再详细介绍。

25.4 流体的碰撞

Maya中的流体和粒子、动力学相同，都可以使它和其他物体进行碰撞，除了碰撞以外，还可以使它的受力作用被吸引，下面简单介绍流体碰撞的实现方法。

课堂练习239：流体碰撞

01 打开随书附赠资源本章目录下的文件，如图25-36所示。下面要在芭蕉的叶子下面创建一个流体，使喷射出来后与芭蕉叶子相遇时产生碰撞。

02 在场景中创建一个2D流体容器和一个发射器，并使它充分与芭蕉叶子接触，如图25-37所示。

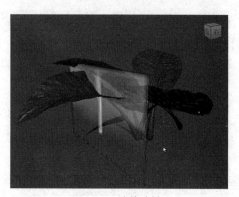

图25-36 打开场景 　　　　　　图25-37 创建流体容器

03 为了使喷射的速度快一些，可以切换到属性编辑器，将【密度/体素/秒】设置为150，喷射效果如图25-38所示。

图25-38 流体喷射

04 再调整一下流体容器的位置，使其喷射的流体的顶部和叶子充分接触，如图 25-39 所示。

05 在视图中选择芭蕉叶子，之后再选择流体容器，执行【流体】|【使碰撞】命令，如图 25-40 所示。

06 执行完毕后播放动画，观察此时的效果，如图 25-41 所示。

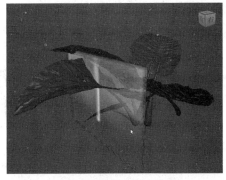

图 25-39　调整流体容器位置

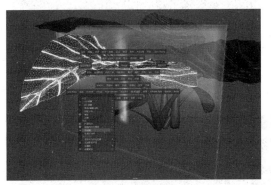

图 25-40　创建碰撞

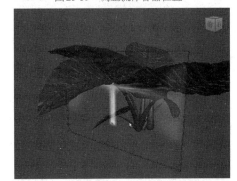

图 25-41　碰撞效果

课堂练习240：对流体设置场

01 创建一个图 25-42 所示的场景，下面将使流体朝着圆锥体的方向喷射。

02 选择锥体，之后选择流体容器，执行【流体】|【生成运动场】命令，如图 25-43 所示。

03 设置完成后播放动画，观察效果，如图 25-44 所示。

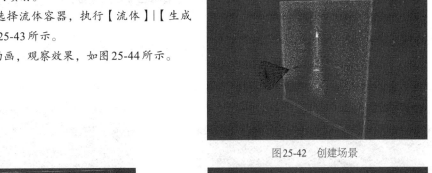

图 25-42　创建场景

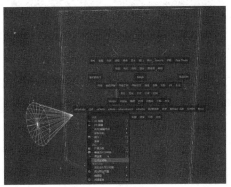

图 25-43　生成运动场

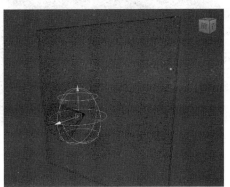

图 25-44　运动场对流体的影响

↘ **25.5** 创建海洋效果

　　流体海洋是Maya中集成的一个模板，称为实例，利用该工具可以快速创建海洋的效果。下面利用它创建一个类似海洋的效果。

▌**课堂练习241：创建海平面** ▌

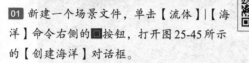

01 新建一个场景文件，单击【流体】|【海洋】命令右侧的■按钮，打开图25-45所示的【创建海洋】对话框。

02 启用【创建预览平面】复选框，单击【创建海洋】按钮，创建一个带有预览平面的海平面，如图25-46所示。

03 此时，已经成功创建一个海洋平面的实例。用户可以调整一下摄影机的镜头，渲染此时的效果，如图25-47所示。

图25-45 【创建海洋】对话框

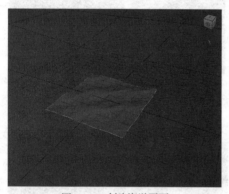

图25-46 创建海洋平面

图25-47 海洋效果

04 下面为海洋制作一些波动的效果。单击【流体】|【创建尾迹】命令右侧的■按钮，按照图25-48所示的参数进行设置。

05 单击【创建尾迹】按钮，创建一个波浪，播放动画观看效果，如图25-49所示。

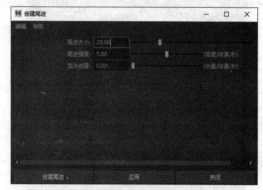

图25-48 修改参数

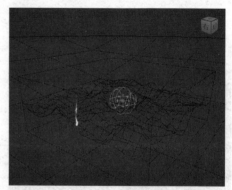

图25-49 创建波浪

06 渲染透视图，得到的效果如图25-50所示。

07 将随书附赠资源本章目录下的文件导入当前场景中，如图25-51所示。这个小船现在还不会随着波浪荡漾，用户需要创建一个类似于鱼漂的虚拟物体，并把小船当作该物体的子物体使其漂荡。

图25-50　波浪效果

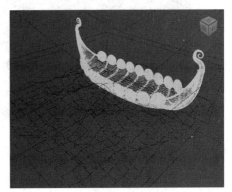

图25-51　导入小船

08 执行【流体】|【添加动力学定位器】|【动态船】命令，在视图中创建一个虚拟物体的坐标器，如图25-52所示。

09 在视图中先选择小船，再选择虚拟物体，按P键，使小船作为虚拟物体的子物体存在。此时播放动画，可以发现小船在海平面上飘荡了，如图25-53所示。

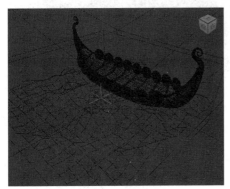

图25-52　创建虚拟体

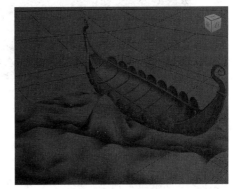

图25-53　观看动画

前面制作的这种浮标可以使小船永远处于海洋表面上。除了这种方法外，还可以使用【创建船】|【生成船】和【创建船】|【漂浮选定对象】命令创建两种类型的浮标，它们可以制作出上下起伏的漂浮效果和轻度旋转的漂浮效果。

参数简介

在视图中选择海洋物体，打开属性编辑器并找到oceanShader1选项卡，这里放置了海洋流体的所有属性，通过修改这些属性，可以修改海洋的外观。

1. 海洋属性

该卷展栏用于设置海洋的基本属性，如图25-54所示。

● 比例：用于控制波浪间的密度。数值越高，波浪之间的间隙越小，效果对比如图25-55所示。

图25-54　【海洋属性】卷展栏

> **技巧**
>
> 较小的【比例】值适合制作出波涛汹涌的效果，而较大的【比例】值适合制作微风吹过、波光粼粼的海面效果。

图25-55　比例参数对波浪的影响

- 时间：用于返回当前的动画帧数，即动画时间，该参数不可被修改。
- 风UV：UV用于设置风力在U向和V向上的大小，分别设置U向和V向参数所创建的波浪效果，如图25-56所示。该参数还允许用户使用贴图进行控制。

图25-56　波浪方向对比

- 波速率：用于设置波浪的传递速度。
- 观察者速率：用于通过模拟观察者来削弱横向的波浪运动。
- 频率数：用于设置波浪在最小波浪和最大波浪之间的差值。该值越高，则波浪起伏就越剧烈。较小的参数和较大的参数值对比如图25-57所示。

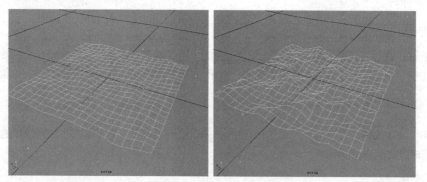

图25-57　不同的参数值对比

- 波方向扩散：用于设置波浪在传播方向上的位移幅度。
- 最小波长：用于设置所有波浪中最小的波浪振幅。该值越大，则波浪的细节就越小，波浪也就越平滑。
- 最大波长：用于设置所有波浪中最大的波浪振幅。该值越大，则波浪越剧烈。

2. 波高度

该卷展栏用于设置波浪的高度。用户可以利用渐变贴图来调整波峰的高度，如图25-58所示。

3. 波湍流

该卷展栏用于设置波浪的扰动效果, 如图25-59所示。

4. 波峰

该卷展栏用于设置波峰的峰值。用户可以直接对参数右侧的曲线图进行调整, 如图25-60所示。

图25-58 【波高度】卷展栏

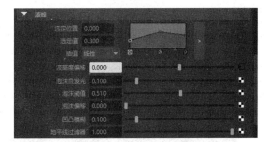

图25-60 【波峰】卷展栏

图25-59 【波湍流】卷展栏

- 波高度偏移: 用于控制海平面的位置整体向上或者向下移动。
- 泡沫自发光: 如果增大该参数值, 则波浪的末端将会产生泡沫, 如图25-61所示。

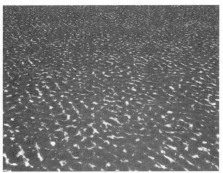

图25-61 泡沫效果

- 泡沫阈值: 用于设置泡沫的大小, 适当提高该参数, 可以增大波浪的显示范围。
- 泡沫偏移: 用于设置泡沫的偏移幅度。
- 凹凸模糊: 用于设置泡沫表面的模糊程度。

5. 公用材质属性

该卷展栏用于设置海洋材质的基本属性, 如图25-62所示。

- 水颜色: 用于设置海洋的颜色属性, 可以改变海洋表面的颜色。
- 泡沫颜色: 用于设置波浪上泡沫的颜色。
- 透明度: 用于设置海洋的透明度, 通常用于模拟阳光照射到海面上所呈现出来的效果, 属于细微效果表现。
- 折射率: 用于设置海洋材质的折射系数, 1.3是默认的海水折射率。

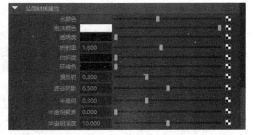

图25-62 【公用材质属性】卷展栏

- 白炽度: 该参数在前面已经介绍过, 主要用于设置海洋的自发光效果。
- 环境色: 用于设置海洋的环境光。
- 漫反射: 用于设置海洋的漫反射参数。
- 波谷阴影: 用于设置波谷之间的颜色变化, 较大的数值可以使波谷变暗。
- 半透明: 用于设置流体的半透明度。

- 半透明聚焦：用于设置流体的半透明散射焦点。
- 半透明深度：用于设置流体的半透明深度。

6. 镜面反射着色

该卷展栏用于设置海洋的高光属性，如图25-63所示。

- 镜面反射度：用于设置海洋高光部分的明亮度。数值越高，明度越亮。但是在制作时需要适当把握一下，如果参数设置过高，可能会使效果失真。
- 偏心率：用于设置高光部分的离心率，关于离心率的解释可参照材质相关参数。
- 镜面反射颜色：用于设置高光部分的颜色，一般情况下该参数不用进行调整。
- 反射率：用于设置海面的反射度，通常用于设置平静海面或者湖面。

7. 环境

该卷展栏用于设置海面周围的环境色，如图25-64所示。

图25-63 【镜面反射着色】卷展栏

图25-64 【环境】卷展栏

- 选定位置：用于控制颜色块在色条上的位置，用户也可以直接在该参数右侧的颜色块上使用鼠标选择。
- 选定颜色：用于设置当前颜色块的颜色。
- 插值：用于设置渐变颜色插值的产生方法。
- 反射的颜色：用于设置反射颜色，用户可以通过右侧的材质节点为反射颜色创建材质效果。

关于海洋的这些参数的具体使用方法还需要用户通过动手进一步体会。

25.6 案例13：制作池塘效果

与海洋相同，Maya也提供了一个用于创建小型水平面的实例，即池塘。池塘和海洋相比，主要的优点就在于其参数比较少、易于控制，对于制作小型动画场景的用户来说更加好把握一些。

操作步骤

01 执行【流体】|【池塘】命令，这样就在视图中创建了一个池塘物体，如图25-65所示。

02 执行【流体】|【创建尾迹】命令，添加一个影响物体。播放动画，观察此时的效果，如图25-66所示。

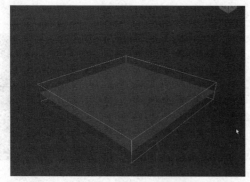

图25-65 创建池塘物体

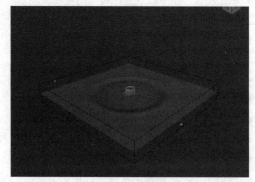

图25-66 创建波浪

03 选择创建好的尾迹，在右侧的属性面板中将其【速率】设置为20，这样可以降低尾迹的速度，如图25-67所示。

04 在【体积形状】下拉列表中可以选择其他形状的影响。例如，选择【圆环】选项生成一个圆环所形成的波浪形状，如图25-68所示。

图 25-67　修改速率参数

图 25-68　生成圆环波浪

05　执行【流体】|【添加动力学定位器】|【动态船】命令，创建一只小船的浮标，如图 25-69 所示。

06　创建一个小船的模型，按照前面所介绍的方法将其和浮标绑定，成为其子物体，从而使它漂浮在水面上。

除了这些方法外，还可以使用其他方法创建海洋。执行【流体】|【获取示例】|【海洋/池塘】命令，打开【内容浏览器】窗口，然后在海洋示例选项区域中选择所需要的海洋样式，可以直接调入系统集成的海洋效果，如图 25-70 所示。

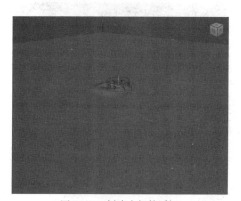

图 25-69　创建小船的浮标

图 25-70　调入海洋效果

然后，选择一种海洋效果，按住鼠标中键不放，将其拖动到场景中即可，如图 25-71 所示。图 25-72 为渲染的效果。

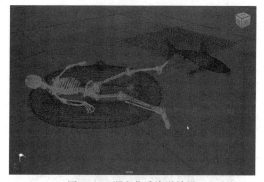

图 25-71　调入集成海洋效果

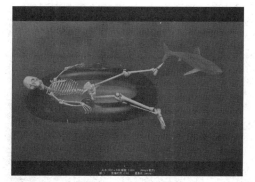

图 25-72　渲染效果

25.7　案例14：制作香烟效果

流体不仅包括水、海洋等物体，还包括烟雾、云彩等效果，本节所介绍的香烟效果也是一种流体特效。

操作步骤

01 执行【流体】|【获取示例】|【流体】命令，打开【内容浏览器】窗口，如图25-73所示。

02 在【示例】列表框中选择Smoke文件夹，并在右侧的选择区域中选择"Cigarette2D.ma"文件，按住鼠标中键不放，拖动到场景中，如图25-74所示。

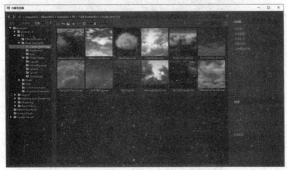

图25-73　打开【内容浏览器】窗口

图25-74　选择流体

03 在场景中只保留香烟的模型，删除其他的流体和发生器，如图25-75所示。

04 执行【流体】|【2D容器】命令，创建一个2D容器和发射器，并将发射器移动到烟头部分，如图25-76所示。

图25-75　保留香烟物体

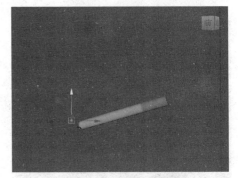

图25-76　创建发射器

05 选择2D容器，按组合键Ctrl+A，打开属性编辑器，然后展开【基本发射器属性】卷展栏，在其中将【最大距离】设置为0.2，如图25-77所示。

06 播放动画，观察此时的烟雾效果，如图25-78所示。

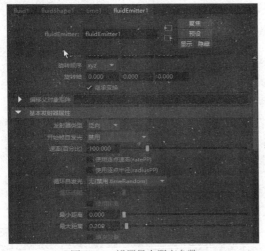

图25-77　设置最大距离参数

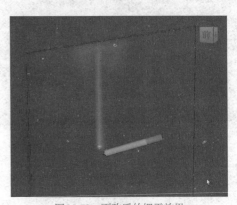

图25-78　更改后的烟雾效果

07 在属性编辑器中切换到 fluidShape1 选项卡，在【容器特性】卷展栏中将【分辨率】分别设置为 70 和 110，从而改变烟雾的分辨率，使烟雾表现得更加细腻一些，如图 25-79 所示。

08 将【边界 X】和【边界 Y】均设置为【无】，如图 25-80 所示。

图 25-79　设置分辨率

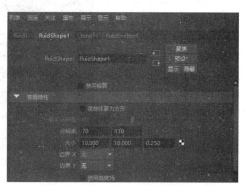

图 25-80　修改边界参数

09 播放动画，观察此时的效果，如图 25-81 所示。

10 切换到 fluidShape1 选项卡，展开【密度】卷展栏，将【浮力】设置为 5，将【消散】设置为 3，如图 25-82 所示。

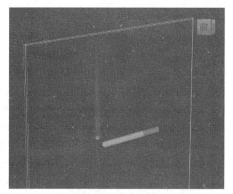

图 25-81　烟雾效果

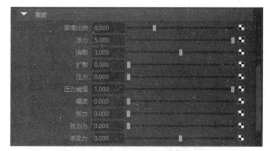

图 25-82　设置密度参数

11 在 fluidShape1 选项卡中展开【速度】卷展栏，在其中将【漩涡】设置为 10，从而可以使烟雾产生一点漩涡效果，如图 25-83 所示。

12 展开【着色】卷展栏，稍微增大【透明度】参数值，提高烟雾的透明度，如图 25-84 所示。

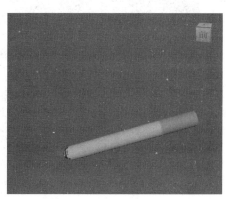

图 25-83　漩涡效果

图 25-84　设置透明度

13 此时，整个烟雾效果就制作完成了，如图25-85所示。

图25-85　烟雾效果

25.8　案例15: 制作云层效果

本节将利用流体创建一个云层的效果，该效果通常应用在一些影视动画中表现天空的近镜头效果。

操作步骤

01 单击【流体】|【3D容器】命令右侧的■按钮，在打开的【创建具有发射器的3D容器选项】对话框中按照图25-86所示的参数进行设置。

02 单击【应用并关闭】按钮，即可在视图中创建一个3D容器，如图25-87所示。

图25-86　设置3D容器基本参数

图25-87　创建3D流体容器

03 选择容器，打开其属性编辑器。切换到fluidShape1选项卡，在展开的【内容方法】卷展栏中，将【密度】设置为【渐变】，如图25-88所示。

04 展开【纹理】卷展栏，启用【纹理颜色】和【纹理不透明度】复选框，将【纹理类型】设置为【翻滚】，如图25-89所示。

> **提示**
>
> 【翻滚】功能能够实现云彩的翻滚效果，在制作动画时，可以增加云彩的真实性，通常使用在远、中镜头中。

05 将【振幅】设置为0.5，将【最大深度】设置为5，将【纹理比例】均设置为1.5，将【翻滚密度】设置为0.4，将【斑点化度】设置为5，将【大小随机化】设置为0.7，如图25-90所示。

图25-88　设置渐变属性

图 25-89　设置纹理属性

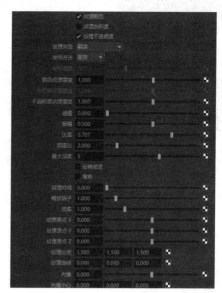

图 25-90　设置参数

06 切换到 fluidShape1 选项卡，展开【照明】卷展栏，启用【自阴影】复选框，从而使云层产生阴影效果，如图 25-91 所示。

07 此时渲染透视图，观察渲染效果，如图 25-92 所示。

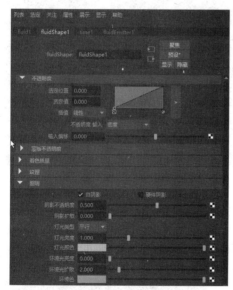

图 25-91　设置阴影效果

图 25-92　云层渲染效果

第26章
头发和毛发

26.1 头发

在Maya中，用户利用头发系统可以模拟出现实世界中的头发，可以在NURBS和多边形模型上创建头发效果，还可以利用动力学曲线创建其他效果，如绳子、金属丝等。如图26-1和图26-2所示，角色的头发就是利用Maya的头发系统制作的。

图26-1　头发效果1

图26-2　头发效果2

在Maya 2022中切换到FX模块，执行【nHair】|【创建头发】命令，即可在选中的模型上创建头发系统。下面通过两个练习学习如何在多边形和NURBS模型上创建头发系统。

课堂练习242：创建头发

1. 在多边形模型上创建头发系统

01 打开随书附赠资源本章目录下的人头模型，选择模型头部的面片部分作为编辑对象，如图26-3所示。

02 单击【nHair】|【创建头发】命令右侧的▣按钮，打开【创建头发选项】对话框，设置相关属性，如图26-4所示。

03 单击【创建头发】或【应用】按钮，即可在选择的面片上创建头发效果，如图26-5所示。

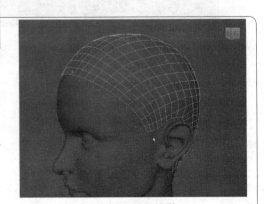

图26-3　选择模型

图26-4 【创建头发选项】对话框

图26-5 创建的头发效果

04 从图中可以看到头发太长了，选择头发，执行【nHair】|【缩放头发工具】命令，在场景中向左侧拖动该工具，即可缩短头发的长度，如图26-6所示。

05 在【大纲视图】窗口中选择hairSystem1毛囊组，单击【场/解算器】|【牛顿】命令右侧的■按钮，在弹出的【牛顿选项】对话框中设置牛顿场的相关属性，单击【创建】按钮，如图26-7所示。

图26-6 缩短头发长度

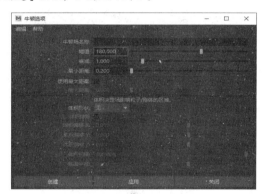

图26-7 【牛顿选项】对话框

06 执行【场/解算器】|【交互式播放】命令，播放动画开始解算。按W键，移动牛顿场的位置，使头发向后靠拢，如图26-8所示。

2. 在NURBS模型上创建头发系统

01 打开本章目录下的人头模型，选择模型头部的面片部分作为编辑对象，如图26-9所示。

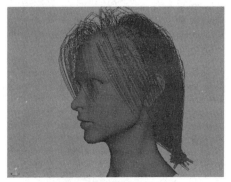

图26-8 移动牛顿场的位置

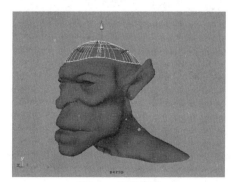

图26-9 选择模型

02 执行【nHair】|【绘制毛囊】命令，打开【绘制毛囊设置】对话框，设置相关属性，如图26-10所示。

03 使用笔刷工具在选择的面片上绘制，生成头发，如图26-11所示。

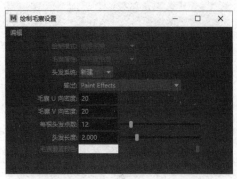

图26-10 【绘制毛囊设置】对话框

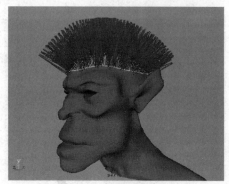

图26-11 绘制的头发效果

04 单击播放按钮，可以看到头发具有动力学属性，自然下落，但是头发穿透了头皮，如图26-12所示。下面给头发添加一个碰撞体。

05 在【大纲视图】窗口中选择pfxHair头发，然后执行【nHair】|【转化当前选择】|【到开始曲线】命令，如图26-13所示。

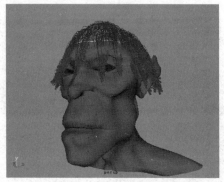

图26-12 播放动画的效果

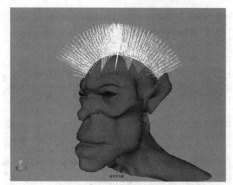

图26-13 初始选择曲线状态

06 在【大纲视图】窗口中选择hairSystem1Follicles毛囊组，再次将头发的开始曲线转回到头发系统，执行【nHair】|【转化当前选择】|【到当前位置】命令，如图26-14所示。

07 执行【nHair】|【缩放头发工具】命令，在场景中向左侧拖动该工具，即可缩短头发的长度，如图26-15所示。

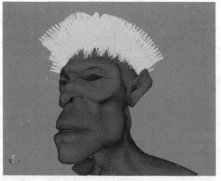

图26-14 头发系统初始状态

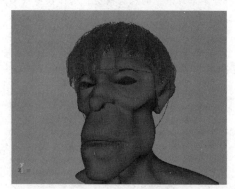

图26-15 调整长度后的效果

参数简介

1.【创建头发选项】对话框

下面讲解【创建头发选项】对话框中的参数，如图26-16所示。

- 输出：用于控制在创建头发时输出的类型。
- 创建静止曲线：启用该复选框，会产生静止曲线。
- 与网格碰撞：启用该复选框，可以使创建的头发和网格模型产生碰撞，默认为禁用状态。
- 栅格：选中该单选按钮，会根据U方向和V方向所定义的数值创建头发，创建的结果是一片阵列，如图26-17所示。

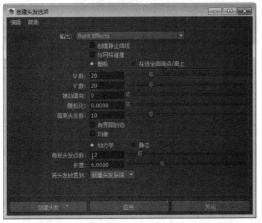

图26-16 【创建头发选项】对话框

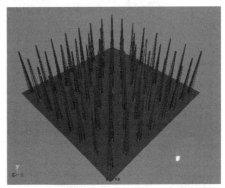

图26-17 头发网格分布

- 在选定曲面点/面上：选中该单选按钮，可以根据物体指定的点或面创建头发。图26-18和图26-19分别为根据指定的点和面创建头发的效果。

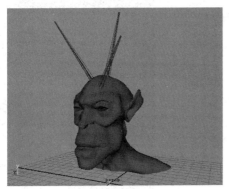

图26-18 指定点创建头发

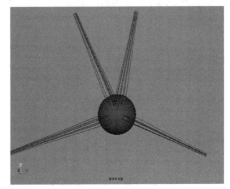

图26-19 指定面创建头发

2.【绘制毛囊设置】对话框

执行【nHair】|【绘制毛囊】命令会弹出两个对话框，一个是【绘制毛囊设置】对话框，另一个是笔刷工具设置对话框(前面章节已做介绍，这里不再赘述)，如图26-20所示。下面介绍【绘制毛囊设置】对话框中的属性参数。

- 绘制模式：用于设置绘制毛发的模式。
- 毛囊属性：用于控制毛囊的各种属性。
- 头发系统：用于设置如何选择头发系统，通常可以利用现有的头发或者新建的方式创建头发。
- 输出：用于设置头发输出的类型。
- 毛囊U向密度：用于设置在绘制毛囊时U向上的密度。U向不同毛囊密度值的效果如图26-21所示。
- 毛囊V向密度：用于设置在绘制毛囊时V向上的密度。V向不同毛囊密度值的效果如图26-22所示。
- 每根头发点数：用于设置每根头发上可以设置的最多的顶点数量。该参数设置数量越大，则创建的头发越柔软。

图 26-20　笔刷工具绘制毛发的参数设置

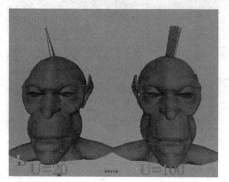

图 26-21　U 向不同毛囊密度值的效果

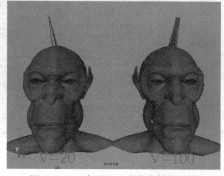

图 26-22　V 向不同毛囊密度值的效果

- 头发长度：用于设置头发的长度。数值越大，则头发越长。
- 毛囊覆盖颜色：单击该选项右侧的颜色块，可以设置毛囊所覆盖的颜色。

3. 属性编辑器

选择实例中制作的头发，打开属性编辑器，切换到 hairSystemShape1 节点。下面介绍该节点的几个主要属性。

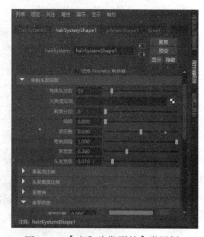

1)【束和头发形状】卷展栏

设置头发的基本形状属性，该卷展栏有以下几个子属性，如图 26-23 所示。

- 每束头发数：用于设置将每条头发曲线渲染成多少根头发。图 26-24 是不同参数设置的效果对比。

图 26-23　【束和头发形状】卷展栏

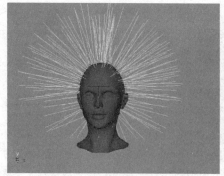

图 26-24　参数效果对比

- 光秃度贴图：使用一张贴图来控制生长头发的区域。
- 截面分段：用于设置渲染时每根头发的细致程度，该属性只影响最终渲染效果，不影响动力学效果。

- 稀释：用于控制长短头发的比例。
- 束扭曲：用于控制每束头发的轴的旋转值。
- 弯曲跟随：用于控制头发沿轴旋转的程度。
- 束宽度：用于控制每束头发的宽度。值越大，头发越蓬松。图 26-25 为不同【束宽度】数值的对比效果。

图 26-25　不同【束宽度】数值的对比效果

- 头发宽度：用于设置全局头发的宽度。

2）【束宽度比例】卷展栏

使用斜坡贴图的方式控制头发束的宽度，渐变图靠左边的部分控制头发根部的宽度，右端控制头发尖部的宽度。纵轴越靠上的部分对头发的影响越大，如图 26-26 所示。

3）【头发宽度比例】卷展栏

使用斜坡贴图的方式控制每根头发的宽度，渐变图靠左边的部分控制头发根部的宽度，右端控制头发尖部的宽度；纵轴越靠上的部分对头发的影响越大，如图 26-27 所示。

图 26-26　【束宽度比例】卷展栏

4）【束卷曲】卷展栏

该卷展栏中的参数控制头发自身的卷曲，默认值为 0.5，此时头发不发生任何卷曲；如果设置的值高于 0.5，头发会发生正向的卷曲；如果设置的值低于 0.5，则头发会发生反向的卷曲，如图 26-28 所示。

图 26-27　【头发宽度比例】卷展栏

5）【束平坦度】卷展栏

该卷展栏中的参数设置头发从根部到尖部的平整度，横轴左边代表发根部，右边代表发尖部，纵轴代表对头发的影响程度，如图 26-29 所示。

图 26-28　【束卷曲】卷展栏

- 选定位置：用于调整渐变图形的位置点，可以为发束定义不同的平坦度。
- 选定值：渐变图形位置点的参数值。
- 插值：用于设置渐变图形过渡形式。
- 束插值：用于设置头发在头发束上面的分布情况。
- 插值范围：该值确定发束之间的距离并仍彼此进行插值。

6）【着色】卷展栏

着色属性用于设置头发的颜色，【着色】卷展栏如图 26-30 所示。

图 26-29　【束平坦度】卷展栏

图 26-30　【着色】卷展栏

- 头发颜色: 用于设置头发的主要颜色,图26-31为不同颜色的对比效果。

图26-31   不同颜色的对比效果

7)【头发颜色比例】卷展栏

通过渐变贴图控制头发的颜色,用户可以在该区域中的颜色条上进行设置,如图26-32所示。在颜色条上,单击上方的原点可以修改渐变颜色,而单击下方的方块按钮则可以删除颜色。

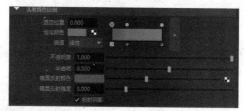

图26-32   【头发颜色比例】卷展栏

- 不透明度: 用于设置头发的透明度。
- 半透明: 用于设置头发的半透明效果。
- 镜面反射颜色: 用于设置头发部分的高光颜色。
- 镜面反射强度: 用于设置头发部分的高光强度。
- 投射阴影: 启用该复选框,头发将会产生投影。

26.2   毛发

毛发系统是Maya中重要的组成部分,它可以在NURBS、多边形和细分模型上生成真实的毛发效果,用于制作人物的毛发和动物的皮毛等,还可以通过设置参数控制毛发的密度、长度、宽度、透明度、卷曲等参数。如图26-33和图26-34所示,角色的毛发就是利用Maya 2022的XGen毛发系统制作的。

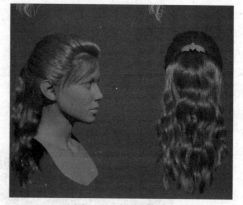

图26-33   毛发效果1   图26-34   毛发效果2

XGen系统有两种使用方法,分别是XGen描述和XGen交互式梳理,如图26-35和图26-36所示。

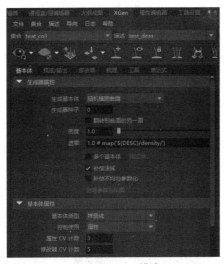

图 26-35　XGen描述　　　　　　　　图 26-36　XGen交互式梳理

26.2.1　XGen描述类

课堂练习243：创建毛发

01 执行【文件】|【设置项目】命令，设置XGen的工程路径，如图26-37所示。

02 创建面片，执行【生成】|【创建描述】命令，如图26-38所示，在弹出的对话框中设置参数，如图26-39所示。

图 26-37　执行【设置项目】命令　　　　图 26-38　执行【创建描述】命令

03 在XGen工具架下，单击 按钮，在面片上单击生成一条黄色引导线，使用雕刻导向工具 调整引导线的形状，如图26-40所示。

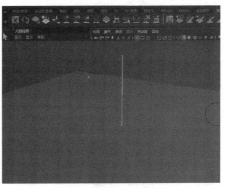

图 26-39　设置参数　　　　　　　　图 26-40　生成引导线

04 使用同样的方法再创建几条引导线，调整引导线形状，如图26-41所示。单击 按钮更新预览，如图26-42所示。

图26-41　创建多条引导线

图26-42　更新预览

05 在【生成器属性】卷展栏中单击【遮罩】后面的 按钮，在弹出的下拉菜单中选择【创建贴图】选项，打开【创建贴图】对话框，如图26-43所示。绘制遮罩，单击 按钮保存，如图26-44所示。

图26-43　【创建贴图】对话框

06 更改XGen属性，如图26-45所示，调整参数后，效果如图26-46所示。

07 选中引导线，将基本体属性下的修改器CV计数提高到10，创造图26-47所示的平滑效果。

08 在添加修改器窗口中，添加【成束】修改器，如图26-48所示。调整后效果如图26-49所示。

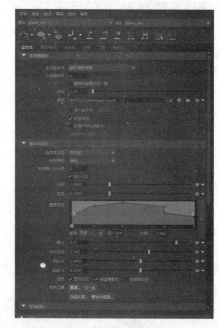

图26-45　XGen属性

图26-44　绘制遮罩

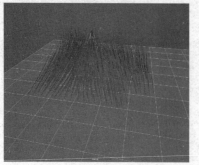

图26-46　创建的毛发效果

图26-47　提高CV计数

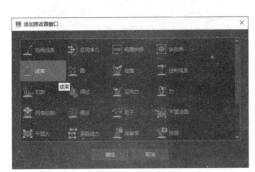

图 26-48　成束修改器

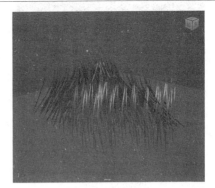

图 26-49　调整效果

09 添加【切割】修改器，如图 26-50 所示。完成添加修改器，效果如图 26-51 所示。

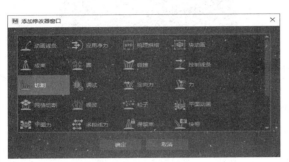

图 26-50　切割修改器

图 26-51　调整效果

10 添加【噪波】修改器，如图 26-52 所示，调整后效果如图 26-53 所示。

图 26-52　设置毛发属性

图 26-53　渲染效果

26.2.2　XGen交互式梳理

1. 交互式梳理工具

在【生成】|【交互式梳理工具】菜单中包括如下几种笔刷工具。

- 密度：在笔刷半径的区域内添加、移除或重新分布头发（单位数\面），通过该工具，可根据需要使特定区域中的头发变稀或变厚，如图 26-54 所示。
- 放置：该工具将单一头发放置在曲线上，如图 26-55 所示。

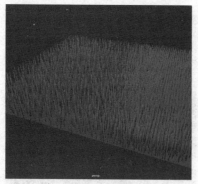

图26-54　密度

图26-55　放置

- 长度：均匀地拉长或缩短头发，而不修改其形状，如图26-56所示。
- 修剪：修剪与笔刷半径相交的头发，如图26-57所示。
- 宽度：缩放头发的宽度，而不修改其形状，如图26-58所示。
- 扭曲：沿样条线和导向的长度方向旋转CV，而不影响头发的整体曲率或形状。
- 梳理：缩放头发的宽度，而不修改其形状，如图26-59所示。
- 抓取：选择头发并根据拖动方向和距离移动头发，如图26-60所示。

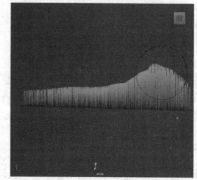

图26-56　长度

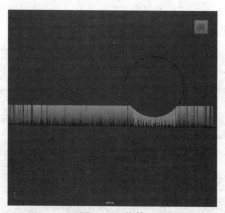

图26-57　修剪

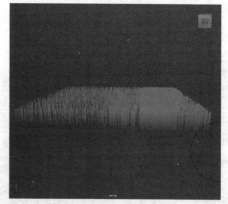

图26-58　宽度

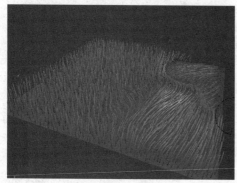

图26-59　梳理

图26-60　抓取

- 平滑：通过平均化 CV 偏移，可将平滑应用于笔刷半径内的头发，可在笔刷笔画方向上创建头发拉直效果。
- 噪波：沿笔刷半径中发股的长度方向应用 3D 噪波效果，使用该工具可改变头发的方向，这将打乱头发的统一外观并创建纹理，如图 26-61 所示。
- 成束：通过将头发拉向笔刷半径内的集中式头发创建发束，如图 26-62 所示。

图 26-61　噪波

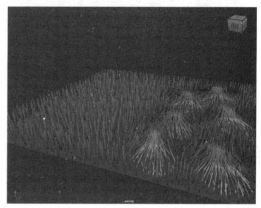

图 26-62　成束

- 分离：通过将头发旋转偏离轴或者推离笔画中心，使其彼此分离，如图 26-63 所示。
- 冻结：锁定发股上的 CV，使其他修饰工具无法修改它们。CV 被冻结的头发显示为蓝色，如图 26-64 所示。
- 选择：通过绘制选择发股。使用该工具可选择要在场景中显示或隐藏的发股。

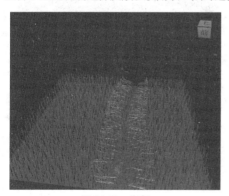

图 26-63　分离

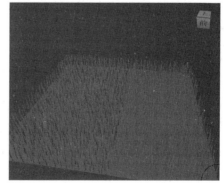

图 26-64　冻结

2. 交互式梳理编辑器

编辑器是为交互式梳理头发和毛发全局应用效果并处理梳理数据的 Maya 节点。用户可以添加任意数量的修改器创建修改器堆栈。

- 雕刻：添加多个雕刻修改器或雕刻层，可对交互式修饰笔刷的效果进行分层。
- 缩放：用于全局缩放每根头发的长度。
- 曲线到样条线：用于将一系列现有曲线转化为交互式修饰头发。
- 束：用于在头发和毛发中全局生成大量发束，如图 26-65 所示。
- 碰撞：允许用户将多边形网格作为碰撞对象用于修饰头发和毛发。
- 剪切：用于全局将头发修剪为指定长度，而不影响其形状。
- 置换：可将头发和毛发从绑定网格的曲面偏移。
- 导向：在网格曲面上生成头发导向，以影响头发的形状和变形。
- 线性线条：在可设置动画或进行模拟的网格曲面上生成线，以驱动头发变形和运动。
- 噪波：此效果将打乱每根头发的统一形状，使其看起来更自然，如图 26-66 所示。
- 样条线缓存：将样条线缓存节点添加到修改器堆栈，可用于播放交互式修饰的 Alembic 缓存文件。

图26-65　束

图26-66　噪波

↘ **26.3**　案例16：制作短发

要创建头发，需要事先在插件管理器中启用XGen插件。本节详细介绍短发(板寸)的制作方法。

操作步骤 --

01 选择角色要生成头发和毛发的面片，执行【生成】|
【创建交互式修饰样条线】命令，创建交互式修饰样条
线，如图26-67所示。

02 调整全局设置，展开description_shape的属性栏，
设置【宽度比例】为0.023，【锥化】为0.714，【锥化起
点】为0.586，如图26-68所示。调整效果，如图26-69
所示。

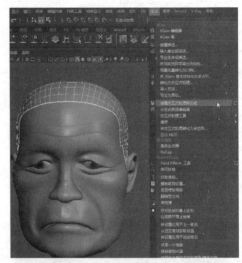

图26-67　创建交互式修饰样条线

图26-68　调整全局设置

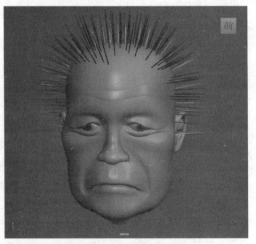

图26-69　调整效果

03 设置基本节点中的总体【密度倍增】为11.628，使头发变厚，如图26-70所示，调整效果如图26-71所示。

图 26-70　设置毛发属性

图 26-71　调整效果

04 选中 scale 修改器节点，修改【缩放】为 0.237，如图 26-72 所示，调整效果如图 26-73 所示。

图 26-72　设置修改器节点

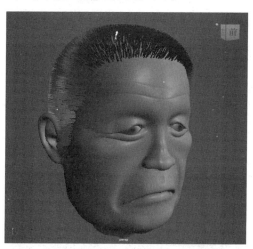

图 26-73　调整效果

05 使用梳理工具和抓取工具改变头发方向。打开梳理笔刷的相关参数，调整【对称设置】卷展栏中的选项，如图 26-74 所示。使用平滑工具进行平滑，效果如图 26-75 所示。

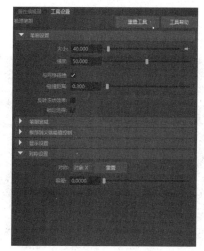

图 26-74　梳理工具属性

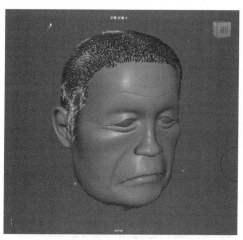

图 26-75　平滑效果

06 添加【噪波】修改器，打破头发的均匀性，如图 26-76 所示。

07 调整噪波属性，如图 26-77 所示，修改属性设置后，效果如图 26-78 所示。

08 添加雕刻层，并使用成束工具调整，效果如图 26-79 所示。

图 26-76 【噪波】修改器

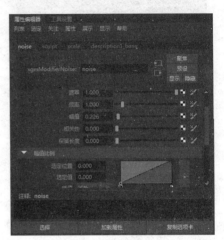

图 26-77 设置噪波属性

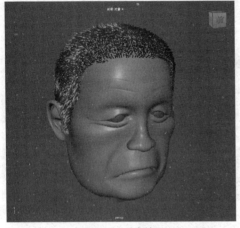

图 26-78 毛发效果

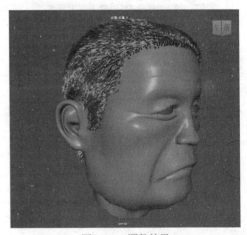

图 26-79 调整效果

09 打开 hairPhysicalShader1 属性栏，调整头发颜色，如图 26-80 所示。最终效果如图 26-81 所示。

图 26-80 调整头发颜色

图 26-81 最终效果

26.4 案例17：制作长发

本节将利用头发系统创建一个长发飘飘的头发效果。通过该案例的操作，用户可掌握头发卷曲、长度设置等相关参数的应用。

操作步骤

01 切换到FX模块，执行【文件】|【打开场景】命令，导入随书附赠资源本章目录下的文件作为编辑对象，如图26-82所示。

02 执行【nHair】|【获取头发示例】命令，在弹出的头发样本窗口中选择"StraightLongHilight.ma"样本，如图26-83所示。

03 选中"StraightLongHilight.ma"样本，然后按住鼠标中键将其拖曳到视图中，如图26-84所示。

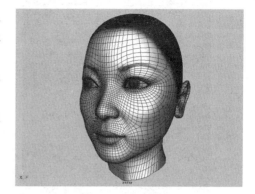

图26-82 人头模型

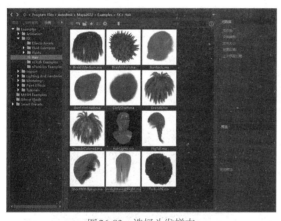

图26-83 选择头发样本

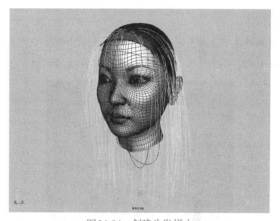

图26-84 创建头发样本

04 在【大纲视图】窗口中，选择Hairbase多边形面，然后结合缩放工具和移动工具编辑该面片，使其与人头模型相匹配，编辑结果如图26-85所示。

05 在【大纲视图】窗口中，选择hairSystem1，按组合键Ctrl+A，打开属性编辑器，单击hairSystemShape1选项卡，然后展开【束和头发形状】卷展栏，将【每束头发数】设置为60，将【截面分段】设置为6，将【束扭曲】设置为0.25，将【束宽度】设置为0.6，如图26-86所示。

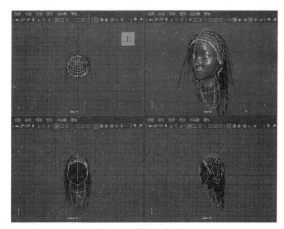

图26-85 编辑Hairbase

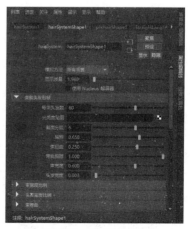

图26-86 设置头发属性

06 展开【着色】卷展栏，单击【头发颜色】右侧的按钮███，在展开的【噪波属性】卷展栏中设置【振幅】为 0.85，如图26-87所示。

07 执行【窗口】|【渲染编辑器】|【渲染视图】命令，观察当前头发的渲染效果，如图26-88所示。

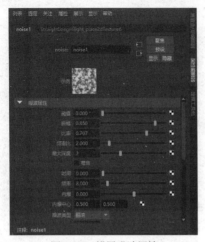

图26-87 设置噪波属性

图26-88 渲染效果

08 展开【头发颜色比例】卷展栏，将【镜面反射颜色】设置为HSV(38,0.629,0.203)，如图26-89所示。

09 至此，本例就制作完成了，最终编辑结果如图26-90所示。

图26-89 设置头发属性

图26-90 最终效果

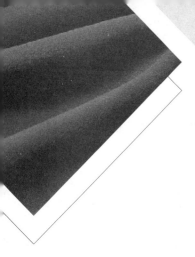

第**27**章

nCloth布料技术

布料模块是一个针对性较强的模块，主要用于模拟布料的一些效果，例如布料的褶皱、布料在角色身上的一些效果等。通常情况下，典型的布料实现方法有两种，一种是利用 Classic Cloth 模块来实现，另外一种方法则是利用 nCloth 模块来制作。在Maya 2022中，Classic Cloth 模块已经不再是制作布料的主流，而 Autodesk 更是把重心放在了 nCloth 模块上。本章将详细介绍该模块的功能和使用方法。

27.1 认识nCloth新布料

nCloth是Maya 2022中集成的用于制作布料的模拟系统，其效果如图27-1所示。它使用新的模拟框架系统——Nucleus，这种系统被称为统一模拟框架，它能够连接粒子系统，交互性地模拟各种动态实体。它在一个统一框架内与各种几何体类型相互作用，极大地增强了模拟的交互性和稳定性。

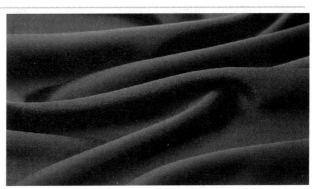

图27-1　布料效果

27.1.1　nCloth布料的特点

图27-2详细描述了 nCloth 系统的节点关系。

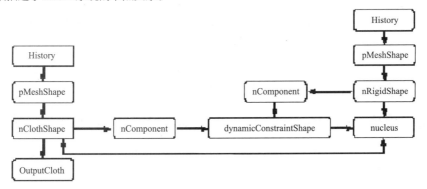

图27-2　nCloth系统的节点关系

图中左侧的 pMeshShape 是布料的原始 Shape 节点，右侧的 pMeshShape 是碰撞物体的 Shape 节点。可以看出，最终的布料效果是经过 Nucleus 等节点计算以后所输出的 OutputCloth 节点。

Nucleus 技术能够以全新的方式快速地支配、调控布料和其他材质模拟，以逼真的布料间的相互作用和碰撞效果快速创建多个布料的模拟，能够将布料进行弯曲、伸展、裁剪、撕裂等。下面介绍 Nucleus 和 nCloth 布料技术的优点。

1. Nucleus解算器

Nucleus 布料解算器是为了满足通用的 Maya 动力学解算器的运算需求而产生的。通过使用通用解算器，不同的动态特效能够以独立解算器不可能实现的复杂方式进行交互。该核心解算器是一个独立的组件，对 Maya 剩余部分没有任何依赖。Maya 具有几个充当 Nucleus 解算器接口的节点，以建立关系和自制 Nucleus 转换数据。这不仅有助于支持不同实体之间更好地交互，而且 Nucleus 内在的稳定解算和碰撞功能还能得以更合理地利用。

2. nCloth的优点

nCloth 布料技术具有以下优点。

1) 创建任何质地、任何款式的布料

Maya nCloth 生成于建模后的多边形网格，是在创建标准衣板工作流程中产生的卓越方法。任何多边形网格模型均可快速转化为 Maya nCloth 对象，衣料属性可通过 Paint Effects 基于画笔的易用型界面进行操作。物体可以是僵硬的、黏性的或流动的，或者是用户所希望的紧密或宽松的织物。

动画师能够以逼真的衣料间的相互作用和碰撞效果创建多个衣料的模拟。Maya nCloth 织物可被弯曲、伸展、修剪、凹陷甚至撕毁。独立于拓扑的约束可被用于使服饰符合角色外形，影响 Maya nCloth 对角色设置的方式，或控制 Maya nCloth 在动画中作用的方式。

2) 受控性

在布料模拟中，用户也可以塑造和改变有关手动建模的目标结果。由于模拟效果可被保存在 Maya 的工程目录下的缓存文件夹中，因此对多种模拟效果可执行【窗口】|【动画编辑器】|【Trax 编辑器】命令，在非线性编辑器中通过调整时间线进行编辑，并融合在一起，以取得单一模拟通常无法达到的效果。

3) 碰撞

在布料模块中，用户能够轻松建立和操纵逼真的衣服碰撞效果，碰撞可以完全实现自动化，例如被动对象碰撞；或经过设置使艺术家实现对道具的高度控制，例如作用力、秩序和分层。支持自我碰撞意味着高度逼真效果，并且避免了其他衣料系统通常出现的相互渗透和误差。与碰撞物体的相互渗透十分少见，如果出现这种情况，nCloth 会快速恢复并继续模拟。

4) 力

nCloth 使用力场的模拟形成高度逼真的动画效果是传统动画所无法实现的。任何一种标准的 Maya 动态力量或集成的 Maya Nucleus 物理力都可用于实现 Maya nCloth 的自动化动画。

5) 动态衣料

用户可以利用 Maya nCloth 创建可变形的塑料和金属。支持任意几何体，无论是密闭的物体，还是开放式物体（如放飞的气球），都能获得一个变形对象的行为特质，具有内外部压力。通过调整衣料值（如硬度），可模拟刚体和流体效果。

6) 稳定性

nCloth 系统具有较强的稳定性，从而帮助用户实现需要的效果。

7) 高效性

nCloth 系统的高效性体现在它与 Maya 的无缝整合，以及与 Maya 对动力学系统的支持方面，使它在生产流水线上的应用效率很高。

27.1.2　nCloth相关命令

nCloth布料模块被整合在FX模块中，当用户切换到FX模块时，可以打开nCloth菜单创建布料物体，如图27-3所示。

下面介绍该菜单中各命令的功能。

1．创建被动碰撞对象

为布料创建被动物体，此功能必须是在先选择物体的情况下才能创建碰撞物体，可以选择多个物体同时创建。该命令也只能在多边形网格物体上产生作用。

2．创建nCloth

图27-3　nCloth菜单

该命令是创建布料的唯一方式，布料的网格密度是由多边形网格密度决定的。选择场景中需要变成布料的多边形网格，使用【创建nCloth】命令，可以使选择的多边形网格迅速变成布料。

> **注　意**
>
> 创建布料时需要注意，【创建 nCloth】命令只适用于多边形物体。如果在创建布料时发生错误，可检查一下当前物体是否是多边形物体。

3．显示输入网格

使用该命令在场景中不显示nCloth，而显示原始多边形物体，即显示输入的网格。

4．显示当前网格

该命令显示修改后的多边形物体。

5．获取nCloth示例

该命令可以调出Maya自带的一些制作好的nCloth案例可供参考，并提供一些好的制作思路。

6．移除nCloth

选择已经创建了的布料物体，执行该命令后将布料物体恢复成原来的多边形物体，即删除了nCloth节点，变成普通的多边形物体。

7．删除历史

删除布料的创建历史，该命令提供了两种方式：删除所有历史和删除非变形器历史。

↘ **27.2**　创建布料碰撞

nCloth布料系统经过更新后，彻底改变了以前烦琐的布料创建流程，提高了工作的效率。本节将利用一个练习介绍nCloth布料系统的使用方法。

27.2.1　创建布料

下面将以模型为例，在其上面添加一个布料的遮盖效果。在其中，用户要注意布料创建过程中的一些参数设置。

|课堂练习244：创建布料|

01 打开随书附赠资源本章目录下的文件，如图27-4所示。

02 在场景中创建一个多边形平面并适当增加一些细分，如图27-5所示。

03 分别选择多边形平面和模型，执行【编辑】|【按类型删除】|【历史】命令，并执行【修改】|【冻结变换】命令。

图27-4 打开文件

图27-5 创建多边形平面

04 选中多边形平面，切换到FX模块，执行【nCloth】|【创建nCloth】命令，将平面物体转换为布料，如图27-6所示。

05 此时单击播放按钮，可以发现布料穿越模型，并没有遮盖到模型上，如图27-7所示。

图27-6 设置布料

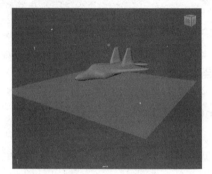
图27-7 动画效果

出现这种问题的主要原因是用户没有为模型设置碰撞。关于碰撞的设置方法将在下文中进行讲解。

27.2.2 布料选项

在定义布料属性时，并不是采用默认的参数设置就可以。通常情况下，需要根据实际情况定义布料属性，此时就需要设置布料的初始属性。单击【nCloth】|【创建nCloth】命令右侧的■按钮，打开图27-8所示的【创建nCloth选项】对话框。

图27-8 【创建nCloth选项】对话框

● 局部空间输出：如果选中该单选按钮，那么创建的nCloth的输入和输出网格都将受到Maya Nucleus解算器的影响，且它们将共享相同的变换节点。另外，nCloth的输入网格将始终与其输出网格一起移动，并跟随其输出网格。

● 世界空间输出：如果选中该单选按钮，那么创建的nCloth的输出网格受Maya Nucleus解算器的影响，且nCloth的每个输入和输出网格将有它们自己的变换节点。另外，nCloth的输入网格将不会与其输出网格一起移动，也不会跟随其输出网格。

● 解算器：通过该下拉列表，可以为将要创建的布料设置不同的解算器。

| 课堂练习245：修正布料动画 |

在上一个课堂练习中，用户所创建的布料效果经过动画测试后，发现并没有按照要求覆盖到模型上，反而穿过了模型。为此，用户需要按照下面的操作方法进行修复。

01 在场景中选择模型，单击【nCloth】|【创建被动碰撞对象】命令右侧的■按钮，打开图27-9所示的【使碰撞选项】对话框。

02 展开【解算器】下拉列表，选择其中的nucleus1，并单击【使碰撞】按钮即可。此时在模型上将会出现一个碰撞对象解算节点，如图27-10所示。此外，用户还可以通过【大纲视图】窗口观察到该节点。

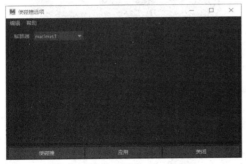

图27-9　【使碰撞选项】对话框

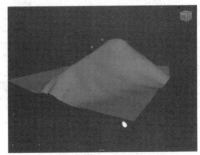

图27-10　碰撞对象解算节点

03 重新播放动画，观察此时的运动效果，如图27-11所示。

04 如果需要将布料的遮罩细节显示得更丰富一些，可以适当将充当布料对象的平面细分加大，效果如图27-12所示。

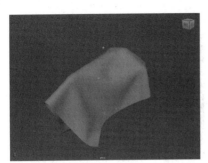

图27-11　遮罩效果

图27-12　增大细分的效果

27.3　调整碰撞

　　此时，布料的效果已经产生了。但是，仔细观察布料与物体之间的衔接，发现很多地方都还存在一些细节问题，并不完美。这是因为布料和物体之间还存在一个虚隔层，即碰撞体积。

　　实际上，所有的物体在碰撞时都不是以实际的模型表面进行碰撞计算。每个碰撞体都有一个虚拟的碰撞体积，当两个物体之间发生碰撞时，相向运动随之停止。

课堂练习246：调整碰撞

　　为了更好地理解碰撞体积，下面做一个碰撞的实验。

01 选中布料物体，按组合键Ctrl+A，打开属性编辑器，并打开名称为nClothShape1的选项卡，如图27-13所示。

02 在【解算器显示】列表中选择【碰撞厚度】选项，此时模型将变为黄色显示，如图27-14所示。

03 调整视图可以看到，此时的布料效果已经有了厚度，如图27-15所示。其实，这就是nCloth隐藏显示的布料碰撞体积。

图27-13　打开属性编辑器

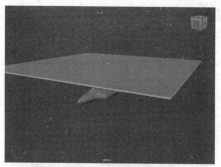

图27-14　设定颜色

图27-15　隐藏的碰撞体积

提 示

在实际碰撞过程中，凡是和这个隐藏的碰撞体积接触的其他碰撞体都会产生碰撞，而并非和多边形平面模型产生碰撞。

04 将【厚度】设置为0.04，从而将碰撞体积设置得薄一些，如图27-16所示。

05 重置动画，并播放动画，观察此时的效果，如图27-17所示。

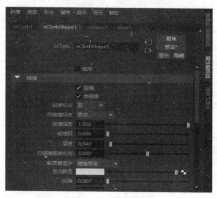

图27-16　设置厚度

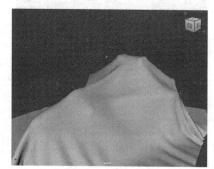

图27-17　观察效果

提 示

由于在此更改了【厚度】的参数，将厚度变薄了，实际上这样的操作就是把碰撞体积变小了，从而使布料显得更薄、更轻，包裹对象也更加紧密、逼真。

06 其实，被碰撞的模型也需要调整碰撞体积。在视图中选择模型，按组合键Ctrl+A，打开属性编辑器，切换到nRigidShape1选项卡，然后调整【厚度】数值，如图27-18所示。

07 重置动画，并播放动画，观察此时的效果，如图27-19所示。

图27-18　设置碰撞体积

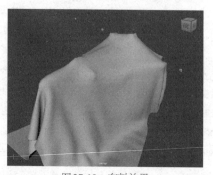

图27-19　布料效果

由本练习可以看出，在制作布料效果时将【厚度】值调小，那么也就是将碰撞体积减小，此时布料的褶皱效果会更加丰富、真实。但是，并不是数值越小就能达到越好的效果，而是需要经过调整、测试，选择一个合适的碰撞体积来产生效果。

27.4　调整布料属性

通过上面的学习，我们已经调整出了布料的效果。但是，仅仅通过上述操作流程就想制作出各种布料效果，显然是不可能的。更多的时候，我们需要根据实际需求调整布料的属性来创建适合自己的效果。本节将详细介绍布料的参数设置。

nCloth节点提供了丰富的参数用于控制布料的各种柔度属性。在视图中选择布料物体，在属性通道栏中即可找到nCloth形状节点，展开该节点即可看到与之相关的参数，如图27-20所示。

图27-20　nCloth形状节点属性

- 为动力学：默认为【开启】状态。处于【开启】状态时，布料物体才能够和被动物体、其他衣料物体发生碰撞行为；当处于【禁用】时，布料物体将不再与任何物体发生碰撞。

- 深度排序：用于确认是否使用深度类别。默认【禁用】状态，即不使用深度类别。

- 从缓存播放：从缓存中播放动画。默认为【禁用】状态，即不从缓存中播放。

- 厚度：通过设置该参数来设置碰撞体积的大小。

- 反弹：用于定义布料物体的弹性度，弹性度决定了布料物体在与被动物体、布料物体之间碰撞时的碰撞偏移。弹性度的数值应当由布料的材质而定。取值范围为0~1，当数值为0时，将不会产生任何弹性效果。

- 摩擦力：用于定义当前布料物体的摩擦力度，在布料物体与被动物体以及其他布料物体之间碰撞时，摩擦力会从反方向上阻止碰撞产生的位移。当布料的摩擦力为0时，产生碰撞时布料会显得非常轻柔，就像丝绸一样。如果取值为1，则布料会显得非常粗糙，类似于麻布。

- 阻尼：用于定义当前布料物体的阻尼值，高阻尼值可以快速抵消布料碰撞时产生的动能，有效地减弱布料的移动及振动。当布料潮湿时，执行碰撞可以适当提高该数值。

- 粘滞：用于定义在碰撞中当前物体的阻尼值大小，该值能够确定当布料物体与其他物体碰撞后布料物体的偏移阻尼衰减值。

- 碰撞强度：用于定义布料变形时应对弯曲变形产生的阻抗力值，高阻抗力值使布料显得僵硬，而低阻抗力值使布料显得柔软，在碰撞体的边缘有明显的下落折痕。

在制作布料效果时，布料的属性起到了至关重要的作用。用户在制作过程中，要根据实际需要进行微调，直到达到满意效果为止。

27.5　添加动力场

和粒子相同，使用布料的过程中也可以使用力场。也就是说，在模拟布料的过程中，可以在布料物体上通过添加风场、力场、重力场来模拟很多真实的效果。

课堂练习247：添加风场

在本练习中，以前面制作的布料为例，在上面添加风吹的效果，详细的操作方法如下所述。

01 选择布料物体，执行【场 / 解算器】|【空气】命令，添加风场，如图27-21所示。

02 在场景中选择风场标志，使用移动工具调整到图27-22所示的位置。

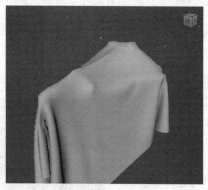

图27-21　添加风场

图27-22　调整位置

03 确认风场标志处于选中状态，在通道栏中按照图27-23所示的参数修改其设置。

04 设置完成后，播放动画观察效果，如图27-24所示。

图27-23　修改参数

图27-24　风吹效果

至此，关于动力场的设置就完成了。除此之外，用户还可以利用同样的方法在布料上添加其他力场，由于创建方法相同，在这里将不再逐一介绍。

↘ 27.6　添加约束

在使用布料时，还可以添加约束，从而使其按照一定的条件模拟布料。例如，旗帜在旗杆上飘扬，这种动画就需要将布料的某一部分固定起来，并在力场的作用下进行运动。

课堂练习248：飘扬的旗帜

01 打开随书附赠资源本章目录下的文件，如图27-25所示。

02 利用多边形平面在视图中创建旗帜模型，并调整位置，如图27-26所示。

03 切换到通道栏，将旗帜进行细分，这样可以在制作布料效果时使布料的飘扬效果更加细腻，如图27-27所示。

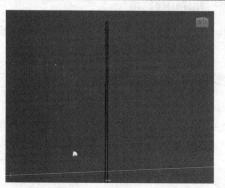

图27-25　打开文件

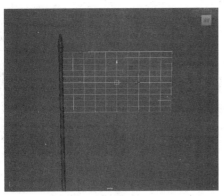

图27-26　创建旗帜

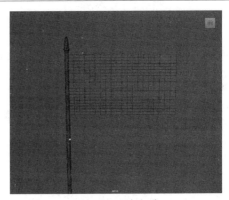

图27-27　添加细分

04 选中旗杆模型，执行【nCloth】|【创建被动碰撞对象】命令，从而设置为被动碰撞对象，如图27-28所示。

05 选择旗帜模型，执行【nCloth】|【创建nCloth】命令，将旗帜转换为布料，如图27-29所示。

图27-28　设置旗杆刚体

图27-29　转换布料

06 执行完毕后播放动画，观察此时的效果，如图27-30所示。

> **提 示**
>
> 此时旗帜没有约束到旗杆上，导致旗帜沿着旗杆滑了下来，而没有固定在旗杆上飘扬。下面就需要添加约束，使其固定在旗杆上。

07 选择旗帜模型，按F8键切换到子物体模式，选中旗帜上的一列点，如图27-31所示。

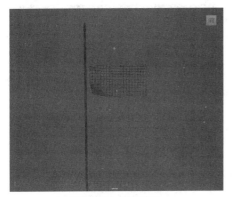

图27-30　旗帜动画

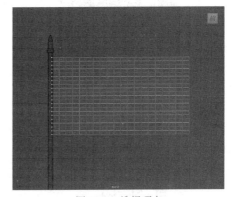

图27-31　选择顶点

08 按住Shift键再选中旗杆，执行【nConstraint】|【点到曲面】命令，从而在旗帜和旗杆之间创建动力学约束，如图27-32所示。

09 执行完成后，用户通过放大视图观察到旗杆和旗帜之间已经建立了约束，如图 27-33 所示。

10 此时，播放动画并观察效果，如图 27-34 所示。

图 27-32 添加约束

> **注 意**
>
> 此时，旗帜已经可以挂在旗杆上了，并且也模拟出了布料垂下的效果。但是，为了使旗帜飘扬，还需要添加风力。

图 27-33 约束标志

图 27-34 约束效果

11 选择旗帜，执行【场/解算器】|【空气】命令添加风场。然后，在通道栏中按照图 27-35 所示的参数修改其设置。

12 至此，整个旗帜的制作就完成了。重新播放动画即可观察效果，如图 27-36 所示。此时，旗帜可以沿着风的方向飘扬了。

图 27-35 设置风场

图 27-36 旗帜飘扬

第**28**章

MEL简介

↘ 28.1 MEL概述

MEL(Maya埋入式语言)为Maya提供了编程基础。Maya界面的每一个要点几乎都是在MEL指令和脚本程序上建立的。由于Maya给出了对于MEL自身的、完全的访问，所以用户可以扩展和定制Maya，进一步开发Maya，使它成为独特、创新的环境。

28.1.1 认识MEL

为了有效地使用Maya，用户并不一定非得精通MEL，但是熟悉MEL可以提升使用Maya的专业能力。只有很少编程经验或者没有编程经验的用户也可以使用MEL。有一些方法可以使用户非常简便地实现效果，而不必考虑编程的细节。一旦用户进行了生成MEL脚本程序的尝试，会发现MEL可以带来先进的数字化作图方法。

使用MEL可以快速实现下列功能。

- 使用MEL指令脱离Maya的用户界面，快速地产生热键，访问更深的要点。
- 为属性输入准确的值，摆脱由界面强制引起的限制。
- 对特定的场景自定义界面，将一个特定的项目改变默认设置。
- 产生MEL程序和执行用户建模、动画、动态和渲染任务的脚本程序。

28.1.2 了解指令

MEL包括涉及使用Maya所有方面的全范围的指令。使用MEL指令的一些典型例子，包括快速产生物体、精确移动物体和有效控制物体。例如，可以使用下列MEL指令生成一个半径为27.5个单位、名称为bigBoy的球体。

```
sphere -radius 27.5 -name bigBoy;
```

随后用户还可以再输入一条MEL指令，将bigBoy绕z轴旋转90°。

```
rotate -r 0 0 90 bigBoy;
```

再如，假定用户使用节点工具产生一个节点，想将这个节点沿着x轴方向移动5个单位。可以执行以下MEL指令，而不需要打断节点的产生。

```
move -r 5 0 0;
```

28.1.3 MEL指令文件

Maya的在线库描述了每一条指令，提供了用法、格式、返回值和例子的信息。MEL的指令参考在线文件提供了以字母顺序排列的指令。

28.2 建立脚本环境

当用户从指令行执行一个指令时，状态信息出现在脚本语言编辑器和指令行的响应区域中。当在一个表达式中执行指令时，不显示这个信息。关于表达式的更多内容，可参考数据定义部分的内容，或者参考Maya 2022帮助文档中的相关内容。

28.2.1 了解脚本语言

编写脚本语言程序是产生MEL脚本程序的过程。一个脚本语言程序是一个MEL指令或MEL序列的集。通过生成脚本语言程序，用户可以利用Maya的用户界面使执行任务自动化，可以访问Maya中的各个部分，还可以对界面进行扩展和自定义。

28.2.2 打开脚本编辑器

脚本编辑器是用于编辑脚本的一个容器，用户可以在其中输入指令，使Maya按照用户的意图执行操作。执行【窗口】|【常规编辑器】|【脚本编辑器】命令，可以打开脚本编辑器，如图28-1所示。

1. 菜单栏

脚本编辑器中提供了一个独立的菜单栏，整合了一些在实际应用过程中经常使用的菜单。其中，【文件】菜单中的命令用于执行文件相关操作；【编辑】菜单执行编辑操作；【历史】菜单执行与历史相关的操作；【命令】菜单则提供了一些关于【脚本编辑器】窗口的自定义工具。

2. 工具栏

工具栏位于【脚本编辑器】窗口菜单栏的下方，由一些快捷工具按钮组成。关于这些工具按钮的功能简介如表28-1所示。

图28-1　脚本编辑器

表28-1　工具按钮简介

按　钮	名　称	功能简介
	打开脚本	单击该按钮，可以在打开的对话框中将定义好的脚本文件加载到当前场景中
	源化脚本	单击该按钮，以源文件方式打开一个脚本
	保存脚本	单击该按钮，可以将当前脚本文件保存起来
	将脚本保存至工具架	将脚本保存到设置的工具架上
	清空历史	将历史清除掉
	清除输入	将当前输入的代码清除掉
	清除全部	将全部代码都清除掉
	显示历史	在脚本编辑器中只显示历史
	显示输入	在脚本编辑器中只显示代码编写窗口
	显示二者	在脚本编辑器中同时显示历史和代码编写窗口
	回显所有命令	显示执行命令的结果
	显示行号	在脚本每行代码的前面显示行数编号
	执行全部	执行全部命令，并逐行执行
	执行	单击该按钮，将执行脚本并输出结果

3. 显示区

显示区主要用于输出测试结果，当用户执行了脚本中的代码后，将会在显示区域中显示代码的执行结果。

4. 脚本区

脚本区也叫作代码编写区域，主要用于编写代码。在该选项区域中包含两个选项卡，即 MEL 和 Python。这是 Maya 提供的两种语言，这两种语言都可以被 Maya 执行。如果要使用 MEL 脚本，则需要切换到 MEL 选项卡中执行。

Python 也是一种脚本语言，在这里该语言不再详细介绍，而主要介绍 MEL 语言的用法。

28.2.3　打开一个脚本程序

用户可以打开一个脚本程序以便检查、执行或找出它的问题。打开一个脚本程序时并不执行它，只是在脚本编辑器的输入栏中简单显示出来，要执行显示在脚本编辑器输入栏中的一些或者全部脚本程序，可以用鼠标将其选中，然后按 Enter 键。

课堂练习249：打开脚本

01 在脚本编辑器中，执行【文件】|【打开脚本】命令，打开【加载脚本】对话框，如图 28-2 所示。
02 选择要打开的脚本文件，单击【打开】按钮，在脚本编辑器中显示该脚本程序，如图 28-3 所示。

图 28-2　【加载脚本】对话框

图 28-3　打开脚本文件

课堂练习250：把一个脚本程序作为源文件

把一个 MEL 脚本程序文件作为源文件，执行所有的 MEL 指令并声明包含在该脚本程序文件中所有的全局过程。如果用户在一个脚本程序文件中修改了一个程序，Maya 并不会将这个改变登记给该程序，直到用户把它的程序文件作为源文件。

01 在脚本编辑器中，执行【文件】|【源化脚本】命令，或单击■按钮，打开【打开脚本】对话框，如图 28-4 所示。
02 选择要打开的脚本文件，并对脚本执行修改操作，此时的程序就是一个源程序。

图 28-4　【打开脚本】对话框

把一个脚本程序作为源文件之后，该文件中的所有MEL指令都会执行。该脚本程序中的所有全局过程会被声明，但并不被执行。

提 示

MEL 指令是按照它们出现在文件中的顺序执行的，并且不能有错误。如果产生了一个错误，执行会中断并不再加载更多的程序。当用户把一个 MEL 脚本程序作为源文件之后，该过程不声明或者不执行局部过程。但是，如果用户是通过在脚本编辑器或指令行中输入而且声明了一个局部过程，该过程会被声明为全局过程，用户可以在任何时候执行它。

执行一个程序可以通过执行一个MEL指令实现。当用户想将一个脚本程序作为源文件，并且该文件中程序具有相应作用时，要首先声明该程序，然后声明通过一个文件浏览器执行该程序的指令。

28.2.4 保存脚本文字

执行【文件】|【保存脚本】指令，在【脚本编辑器】窗口中保存脚本文字。用户可以从【脚本编辑器】窗口的脚本区将文字高亮化，也可以通过【脚本编辑器】窗口的显示区查看每一步操作信息。此外，Maya会将高亮的文字部分保存到指定目录的一个.mel文件中。

28.2.5 执行一个脚本程序

脚本程序的执行方法很简单，可以先在【脚本编辑器】窗口中打开脚本，然后单击工具栏上的按钮执行脚本。

除了这种方式外，用户还可以通过Maya 2022主界面上的MEL命令行执行语句。该命令行只能执行单行语句，如图28-5所示。

图28-5 输入单行语句

28.2.6 清除状态信息与指令

1. 清除状态信息

要清除状态信息(脚本编辑器顶部)，可在【脚本编辑器】窗口中执行【编辑】|【清空历史】命令，这将会删除掉所有的状态信息文字。使用该命令时要小心一些，因为没有办法撤销。

2. 清除指令输入

要清除指令输入文字(脚本编辑器底部)，可在【脚本编辑器】窗口中执行【编辑】|【清除输入】命令，这将会删除掉所有的指令输入文字。

28.2.7 响应一个指令

在Maya中执行操作时，对应的MEL指令常常出现在【脚本编辑器】窗口的顶部。默认情况下，只有最重要的指令才会显示，如图28-6所示。

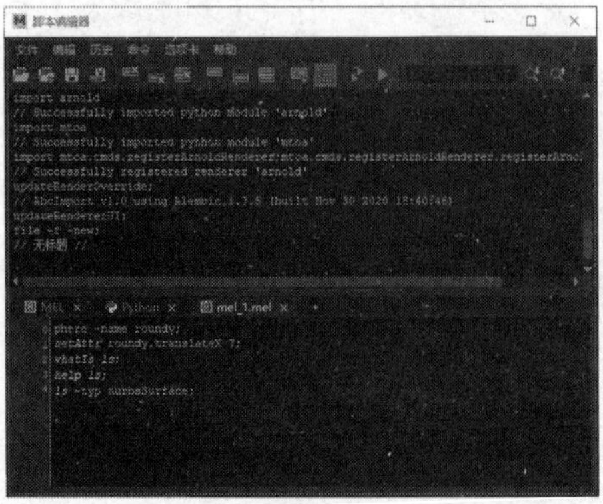

图28-6 显示指令

如果要显示Maya中所有与操作相关的指令信息，可以在【脚本编辑器】窗口中执行【编辑】|【反馈所有命令】命令。

在用户与Maya的功能之间并不是总有一对一的对应关系，这些指令返回响应到脚本编辑器中。如果用户使用一个脚本程序打开【属性编辑器】窗口，一些MEL指令将出现在其中(响应是打开的)。

```
buildObjectEdMenu MayaWindow|menu4|menuItem56;
editSelected;
editMenuUpdate MayaWindow|menu2;
```

在上述代码中，只有editSelected;语句需要引入属性编辑器。

对于某些作用来说，不会将MEL指令的响应返回到脚本编辑器中。例如，当用户选择了一个属性编辑器时，【脚本编辑器】窗口显示区没有返回任何信息。要关闭返回信息，可

在【脚本编辑器】窗口中再次执行【编辑】|【反馈所有命令】命令。

28.2.8　显示程序中的语句行号

在执行一个长的程序时，如果由于错误而出现了问题，打开脚本程序的行号，用户就可以更容易地找到错误。要显示错误指令的行号，可在【脚本编辑器】窗口中执行【命令】|【显示行号】命令，如图28-7所示。

当用户启用了【显示行号】命令，Maya会在【脚本编辑器】窗口脚本区脚本程序的旁边显示行号。

要关闭行号，可在【脚本编辑器】窗口中再次执行【命令】|【显示行号】命令，如图28-8所示。Maya将显示行号的设置并保存下来方便以后使用。如果打开了行号，下一次运行Maya时，它们会出现在【脚本编辑器】窗口中。

图28-7　显示语句行号

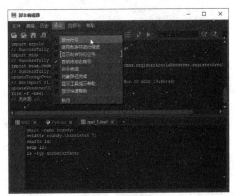

图28-8　显示行号

📥 28.3　使用脚本语言节点

28.3.1　了解脚本语言节点

脚本语言节点是将一个MEL脚本语言程序保存到一个Maya场景文件中的方法。脚本语言节点也包含用于产生用户界面的所有MEL指令，并用Maya文件保存。

用户可以用不同的方法执行脚本语言程序，通常在以下几种情况下执行。

- 当该节点是从一个文件中读出的。
- 在渲染一帧图像之前或者之后。
- 在渲染一个动画之前或者之后。

28.3.2　创建脚本语言节点

课堂练习251：创建脚本语言节点

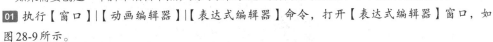

如果需要创建一个脚本语言节点，则可以在表达式编辑器中执行本小节所介绍的操作。

`01` 执行【窗口】|【动画编辑器】|【表达式编辑器】命令，打开【表达式编辑器】窗口，如图28-9所示。

`02` 在【表达式编辑器】窗口中，执行【选择过滤器】|【按脚本节点名称】命令，任何现存的脚本节点将显示在脚本节点表中，如图28-10所示。

`03` 在【表达式编辑器】窗口的【脚本】文本框中输入脚本程序，如图28-11所示。

`04` 在【脚本节点名称】文本框中输入一个名称，如图28-12所示。

`05` 单击【新建脚本节点】按钮，即可创建一个脚本节点。

图28-9 【表达式编辑器】窗口

图28-10 显示节点

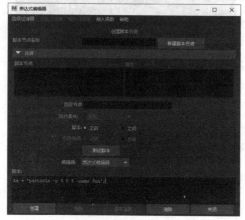

图28-11 输入脚本程序

图28-12 输入名称

28.3.3 编辑脚本语言节点

在创建脚本后，用户可以使用表达式编辑器对脚本语言节点进行编辑。为了对脚本语言进行编辑，可以定义一个编辑器。

课堂练习252：编辑脚本语言节点

01 执行【窗口】|【动画编辑器】|【表达式编辑器】命令，打开【表达式编辑器】窗口。在【表达式编辑器】窗口中执行【选择过滤器】|【按脚本节点名称】命令。

02 在【脚本节点】列表框中选择需要编辑的脚本语言节点，如图28-13所示。

03 在【脚本】文本框中编辑该脚本语言节点；如果需要撤销更改，可以单击【重新加载】按钮，Maya会重载脚本语言节点。

04 如果需要清除当前脚本，则单击【清除】按钮即可。

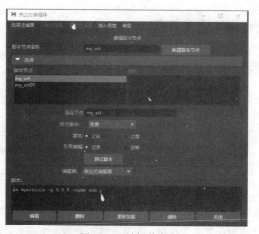

图28-13 选择节点

↘ **28.4** 使用变量

28.4.1 变量

变量就是用户自己定义的在程序中可以替代常量存在的一个代号。每个变量就像一个存储箱，箱子有名字，以方便找到它。在Maya中，所有的变量名称都需要添加$符号，以表明其变量的身份，这有别于其他的编程语言。

1. 命名定义规则

变量名不包括空格和特殊字符。用户可以使用下画线和数字作为变量名，但开头不能是数字。

例如，下面的这些变量名称。

```
Int $radical7Mark;
Int HEYchief;
Int $ nine;
Int $_VAL_ID_AIT_;
Int $howdyYa'll;
Int $1Bill;
```

在上述变量名称中，$radical7Mark和$_VAL_ID_AIT_是正确的变量名称。HEYchief变量名称由于没有带$符号，所以是非法的；$ nine由于在$和n之间存在空格，Maya默认为该变量名称不是以$开头，也是非法的；$howdyYa'll变量名中存在非法字符，也是无效的；$1Bill名称由于开头是数字，因此也是非法的。

2. 定义整型变量

整型变量需要使用int关键字进行定义。例如，下面的语句将定义一个名称为MyInt的整型变量，变量的值为12。

```
int $myInt = 12;
```

3. 定义浮点型变量

在定义浮点型变量时，需要在变量名称前使用关键字float声明。例如，下面的语句定义了一个名称为myFloat的变量，变量值为1.925。

```
float $myFloat = 1.925;
```

4. 定义矢量

在定义矢量时，需要在变量前使用声明函数vector(vector能用于代表三元的关系，如位置或颜色)。例如，下面就是利用vector关键字定义的一个名称为myVec的变量，变量值为一个矩阵。

```
vector $myVec = <<1.1,2,3;6.7,5,4.9>>;
```

5. 定义字符串变量

在编写脚本时，有时需要显示一些固定的字符串。例如，提示性语言就需要用到字符串变量。要定义字符串变量，需要在变量名称前使用string关键字。例如，下面的表达式创建一个myStr的字符串。

```
string myStr = "Welcome to Maya 2022";
```

在定义字符串时，注意字符串值要包含在" "中，并且需要是英文输入状态下的符号，很多用户在调试程序时容易因为双引号格式的错误而产生程序错误。

此外，还可以创建无值变量，即只声明一个变量，但不赋予数值，如int $newVar;。其他类型变量的定义方法相同。

> **提示**
>
> 所有变量一经设立就无法被删除或改变类型，除非用户退出Maya或者重置场景。当保存场景后，用户创建的变量不会自动跟随场景被保存下来，当下次重新启动场景时，变量将随着程序的启动而被自动创建。

28.4.2 注释变量

有时候，为了对变量或者程序的语句进行解释，如果直接在代码编写区域中输入文本的话，程序将会出错，因此Maya为用户提供了一个符号，即利用"//"来标志注释。凡是位于该符号右侧的字符，将被作为标注进行处理。

标注仅仅起到显示作用，它不会被Maya执行。

MEL中的注释分为单行注释和多行注释，其中，单行注释仅仅能够注释一行信息，而多行注释则可以同时注释一段信息。

1. 单行注释

单行注释使用//进行注释，在需要注释的语句前面添加该符号即可完成注释，例如下面的两个例子。

```
//this is a test;
//complete the program;
```

2. 多行注释

多行注释则需要将注释的内容放置在/*和*/之间。例如，下面所示的注释是正确的多行注释方法。

```
/* this is a test,
And complete the PROGRAM。*/
```

28.4.3　基本运算

MEL也是使用先乘除后加减的方法进行表达式的计算，但是用户需要注意本小节所介绍的内容。

1) 结果的四舍五入

当所有数据全部为整数时，即使计算结果为小数，也会自动返回四舍五入的整数。例如，float \$jqary = 2*5/4-1，因为这个表达式里全是整数，所以返回的结果也是整数。而如果将上述表达式更改为float \$jqary = 2.0*12.0/4.0-1.1，那么将会返回一个附带有小数的浮点数。

2) +号运算符实际上还是一个字符串连接符

例如：

```
string $myStr1 = "this";
string $myStr2 = "is";
string $myStr3 = "a";
string $myStr4 = "program";
print ($myStr1 + $myStr2 + $myStr3 + $myStr4);
```

那么，通过print输出语句获得的字符串为this is a program。

3) %的取余功能

如果需要获取两个或多个数值的余数，则可以使用%符号。例如，float \$myFlo = 7%3，那么myFlo的值将会为1，即取7除以3的余数。

4) /和%不能应用于两个矩阵之间

/和%不能应用于两个矩阵之间，但能够用于一个矩阵和一个标量之间，并且标量必须处于表达式的右边。

28.4.4　逻辑判断语句

在程序设计中，还有一种用于判断对与错的语句，用户通常将这种语句称为逻辑判断语句。当程序在执行指令的时候，尤其是需要判断该怎么执行的时候就需要用到这一语句，它通常有真和假两种状态(也可以称为对与错)，分别用1和0表示，1代表真，0代表假。

例如：

```
int $num1 = 1;
int $num2 = 3;
int $num3 = 4;
print($num1*$num3 <$num2);
```

当MEL执行上述代码后，将输出0，这表示num1*num3 < num2表达式所得到的结果是假的，即错误的。

在设置逻辑判断表达式的时候，需要充分考虑各种运算符号的优先级，否则可能将正确的表达式分解错误，表28-2中介绍了常用的运算符号的优先级。

表28-2 运算符的优先级

优先级顺序	运 算 符	优先级顺序	运 算 符
1	()、[]	6	==、!=
2	! 、++、−−	7	&&
3	*、/、%、.	8	||
4	+、−	9	?:
5	<、<=、>、>=	10	=、+=、−=、*=、/=

运算符优先级的顺序按表中的序号顺序由高到低。由此可以看到，括号的优先级比较高。使用括号可以改变运算符的优先级顺序，强制优先处理括号内的运算，括号内仍按正常的运算符优先级顺序执行。

📥 28.5 程序结构基础

控制语句用于控制程序的流程，以实现程序的各种结构方法，由特定的语句定义符组成。MEL作为一种脚本语言，也有自己的流程控制语句，主要分为两类：条件语句和循环语句。

28.5.1 条件语句

条件语句又称为选择语句，判断一个表达式的结果真假(是否满足条件)。根据结果判断执行哪个语句块。

MEL中的条件语句使用if...else关键字，if...else语句通过判断一个表达式的布尔值来决定程序执行哪一个程序块。这里的表达式必须能够返回一个布尔值。

在使用if...else语句的时候，可以只使用if语句，忽略else语句。在判断条件为true时运行指定的语句块，在判断条件为false时则跳过指定的语句块。

```
Int $num1 = 15;
Int $num2 = 18;
If($num1<$num2)
   $num3 = $num1 * $num2;
Else
   $num3 = $num1 / $num2;
```

在上述案例中，编译程序首先判断if括号内容是否为真，如果为真，则执行 $num3 = $num1 * $num2;语句；如果不为真，则执行 $num3 = $num1 / $num2;语句。由于 $num1<$num2 表达式的结果为真，因此该段代码将执行 $num3 = $num1 * $num2;语句。

28.5.2 循环结构

在使用程序的时候，有时需要重复执行其中的某段代码，此时MEL使用循环结构来处理这种问题。当用户需要重复执行某段代码时，只需放置在循环体内就行。MEL使用For语句和While语句作为循环关键字。

1. For语句

For语句通常是在明白了将要如何执行循环的时候才使用，下面是一个典型的For案例。

```
For($i = 10,$j = 100;$i<50;$i++,$j++)
{
   Print $i;    Print " "; Print $j; pint "\n";
}
```

在上述案例中，For语句中的第1个分号之前的内容是将变量初始化为一个数值；第2个分号前的值为对之前初始化的变量进行判断，如果结果为真则执行大括号中的语句，即循环体；第3个分号前一般为判断变量的自加或者自减，该过程将持续到判断语句失效。

上述的例子中判断变量为 $i，其初始值为10，每次循环结束都将加1，因此该代码中括号体内的内容将被执行39次。

注 意

在使用循环语句时,一定要注意设立让判断能够最终失效的机关,否则可能产生死循环,让程序永远执行下去,这是我们不愿意看到的。

2. While语句

While语句也是一种循环语句。有时候,用户并不知道循环在什么地方需要结束,不知道需要让循环体执行多少次,此时就可以利用While结构的语句进行判断,如下面的语句。

```
$i = 0;
While ($i < 25)
{
    Print "Welcome to Maya 2015!";
    $i=$i+1;
}
```

在上述代码中,首先为变量赋予一个初始值0,然后进入循环体,每执行一次后,程序将自动检查i的值是否仍然小于25,如果小于25则重新进入循环体内执行代码;如果大于25则跳出循环,执行下面的语句。

有人问,这个语句中变量i的值怎么变化?在While语句中,需要用户自行设置一个语句用于为变量设置变化,上述代码中循环体内的$i=$i+1;语句就是为了更改i的值而设置的。如果没有该语句,那么该程序将是一个死循环,会永远执行下去。

28.6 函数

函数是MEL内置的可以供用户直接调用的程序模块,每个函数都可以实现一项具体的功能,常见的函数介绍如下。

1) rand

该函数可以返回介于最低数和最高数之间的随机浮点数字,默认最小数为0,语法如下。

rand(最低数, 最高数)

2) gauss

该函数用于返回一个随机浮点数字,而且这个数字的绝对值很有可能低于设置的数字,语法如下。

gauss(浮点stdev)

3) seed

该函数可以影响随后定义的rand、gauss和sphrand产生的随机数串,语法如下。

seed(整数)

4) sin/cos/tan/asind/acosd/atand/atan2d

这是一系列三角函数。其中,sin/cos/tan/asind/acosd的语法分别如下。

sin(浮点数)

cos(浮点数)

tan(浮点数)

asind(浮点数)

acosd(浮点数)

其中,asind返回的数值范围为-90~90;acosd返回的数值范围为0~180。atand和atan2d的语法格式如下。

atand(浮点数)

atan2d(浮点数, 浮点数)

5) min/max

这两个函数用于返回两个数中的最大数或最小数,语法格式如下。

min(浮点数, 浮点数)

max(浮点数, 浮点数)

6) clamp

该函数可以将变量限制在两个限量之间，语法格式如下。

```
clamp(低限，高限，变量)
```

7) abs

该函数用于返回一个数值的绝对值，语法格式如下。

```
abs(浮点数)
```

8) sign

该函数用于判断当前数字是正数还是负数。如果数字为正数将返回 1，如果为负数则返回 0，如果是 0 则返回 0。语法格式如下。

```
sign(浮点数)
```

9) floor、ceil

floor 函数用于返回离现在浮点数最近的上一个整数，ceil 函数则返回下一个整数，语法格式如下。

```
floor(浮点数)
ceil(浮点数)
```

10) pow

该函数用于返回一个数的 x 次幂，语法格式如下。

```
pow(y,x)
```

11) sqrt

该函数用于返回一个浮点数的平方根，语法格式如下。

```
sqrt(浮点数)
```

12) angle

该函数用于计算两个矢量中介于 0 和圆周率之间的弧角角度，语法格式如下。

```
angle(矢量，矢量)
```

在 MEL 中，除了这些函数外，还提供了很多方便用户使用的函数，用户可以在附带的帮助文档中找到，这里不再逐一讲解。

28.7　字符处理命令

本节讲解几个字符处理的 MEL 命令，当然这几个命令的使用顺序需要根据用户的实际需要来安排，分别为 substring、tokenize、size、clear、match、substitute，学会了这几个命令的使用方法，可完成字符的处理。

在讲解之前，先在命令行中执行下面的一行代码，并查看输出结构。

```
string $obj = "pSphere1.translateX";
```

28.7.1　substring 命令

通过上述操作得到一个字符串 $obj 和它的值，可是这个值不是用户想要的。用户想要的只是这个物体的名称 pSphere1，而不包括它的属性 .translateX。如何从 $obj 中提取物体的名称呢？方法很多，第一种方法是先指定要提取的是 pSphere1.translateX 中的第几个字符到第几个字符。可以看到，pSphere1 是 pSphere1.translateX 中的第 1 个字符到第 8 个字符。下面使用 substring 命令。

```
substring $obj 1 8;
```
========================

结果为：pSphere1。

这个结果是 substring 命令的返回值，需要事先将字符串返回存到一个变量中，以便以后使用，有以下两种方法。

第 1 种是用 `(单引号)的方法，比较常用。

```
string $objName = `substring $obj 1 8`;
```
========================

结果为：pSphere1。

第2种是用eval的方法，eval对于执行字符串中的命令很有用。

```
string $objName = eval("substring $obj 1 8");
========================
```

结果为：pSphere1。

28.7.2 tokenize命令

下面讲解将pSphere1从pSphere1.translateX中提取的第2种方法，这是一种很实用的方法，即从一个字符"."的位置将字符串截成两段，将这两段存到一个字符串数组中，具体代码如下。

```
string $Buffer[];
tokenize "pSphere1.translateX" "." $Buffer;
string $objName = $Buffer[0];
========================
```

结果为：pSphere1。

因为数组是从0开始的，$Buffer[0]是pSphere1.translateX的第1段，它的值是pSphere1；$Buffer[1]是第2段，它的值是translateX。

tokenize是一个很有用的命令，需要再举几个例子将它的用法讲解明白。tokenize的返回值是字符串分成的段数，如用"/"可以把"1/2/3/4/5"分成5份，tokenize的返回值就是5。

```
string $Buffer[];
int $numTokens =`tokenize "1/2/3/4/5" "/" $Buffer`;
========================
```

结果为：5。

如果不指定分割字符，tokenize会根据一个默认的空格字符来分割。

```
string $Buffer[];
tokenize "How are you?" $Buffer;
print $Buffer;
========================
```

结果如下。

```
How
are
you?
```

也就是：$Buffer[0]=="How"；$Buffer[1]=="are"；$Buffer[2]=="you?"。

28.7.3 size命令

size命令可以求出一个数组是由多少个元素组成，也可以求出一个字符串是由多少个字符组成。例如，pSphere1由8个字符组成。

```
int $size = `size "pSphere1"`;
========================
```

结果为：8。

要注意的是一个中文字占用两个字节，size表示显示长度。

```
int $size = `size "中文"`;
========================
```

结果为：2。

28.7.4　clear命令

有时，程序中一些比较大的变量或者数组可能会占用很多的内存资源，如果此时这些变量或者数组没有用，则可以考虑使用clear命令将它清空，清空后它的size将变为0。clear命令的语法格式举例如下。

```
int $buffer[5]={1, 2, 3, 4, 5};
clear $buffer;
======================
```

结果为：0。

28.7.5　match命令

match命令是字符串中的查找功能，返回值是一个字符串。如果找到了就返回要找的字符串，没找到就返回null。

```
match "this" "this is a test";
======================
```

结果为：this。

```
match "that" "this is a test";
======================
```

结果为：null。

match命令可以使用通配符，使用规则如下。

- 代表任何一个单独的字符。
- *代表0个或多个字符。
- +代表1个或多个字符。
- ^代表一行中第一个字符的位置。
- $代表一行中最后一个字符的位置。
- \转义符(escape character)，将它写在特殊的字符前面(如“*”)。
- [...]代表指定范围内的任意一个字符。
- (...)用于将部分通配符表述组织在一起。

例如：

```
match "a*b*" "abbcc";
======================
```

结果为：abb。

```
match "a*b*" "bbccc";
======================
```

结果为：bb。

```
match "a+b+" "abbcc";
======================
```

结果为：abb。

```
match "^the" "the red fox";
======================
```

结果为：the。

```
match "fox$" "the red fox";
======================
```

结果为：fox。

```
match "[0-9]+" "sceneRender019.iff";
======================
```

结果为：019。

```
match "(abc)+" "123abcabc456";
======================
```

结果为：abcabc。

```
match("\\^.", "ab^c");
```

========================

结果为：^c。

28.7.6　substitute命令

substitute是字符串中的替换功能，返回值是一个字符串，返回替换后的结果。

```
string $text = "ok?";
$text = `substitute "?" $text "!"`;
```

========================

结果为：ok!。

也可以通过此方法将不想要的字符去掉。

```
string $text = "ok?";
$text = `substitute "?" $text ""`;
```

========================

结果为：ok。

下面是substitute使用通配符的方法。

```
string $test = "Hello ->there<-";
string $regularExpr = "->.*<-";
string $s1 = `substitute $regularExpr $test "Mel"`;
```

========================

结果为：Hello Mel。

28.7.7　合并字符串

有时候，用户需要将两个由程序获得的字符串连接到一起并执行输出，此时可使用合并字符串命令来完成该任务。字符串可以做加法，但不能做减法。

```
string $s1 = "你好";
string $s2 = "世界";
string $text = $s1 + $s2;
```

========================

结果为：你好世界。

字符串的加法与数字的加法不同。

```
int $i = 1 + 2 + 3;
```

========================

结果为：6。

```
string $s = "1" + "2" + "3";
```

========================

结果为：123。

📥 28.8　其他命令简介

使用MEL命令就好像在菜单上执行一个命令一样，可以实现具体的功能。例如，创建一个多边形球体，选择场景中的所有物体，对某个节点的属性进行修改等。命令后面一般都要跟属性参数等附加数值，以完成一条完整的指令。下面是一些常见的命令和功能简介。

- eval(字符串)：该命令是将括号中的字符串当作MEL指令执行。
- pointPosition物体.控制顶点：该命令用于查询控制顶点的位置。如果加上 -l 将控制局部坐标，否则默认控制场景的全局坐标。NURBS表面的控制顶点使用CV【u索引】、【v索引】指定，NURBS使用CV【索引】指定，多边形使用 vtx【索引】指定，而粒子使用 pt【索引】指定。

- select 物体名称：选中场景内的任何节点或模型组件。select-cl 会清除列表。用户也可以选择物体的旋转或缩放轴心，如 select.transform1.scalePivot 和 select transform1.rotatePivot 等。
- createNode 节点类名 -n 节点名 -p transform 父节点：创建一个新的节点。如果新节点有形状，一定要用 -p 赋予它一个 transform 节点。
- move x y z 物体/轴心/组件：移动物体。如果没有指定物体名称，则将在选中的物体上执行，默认的 x、y、z 值是绝对值。例如，move 0 0 0 object1 指令会把 object1 移动到世界坐标系的中心。如果在物体名称前面加 -r 符号，则 x、y、z 值就是相对值。例如，move -r 10 10 10 object1 则会相对现在的坐标在坐标系 x、y、z 轴上分别移动 10。
- rotate x y z 物体/轴心/组件：旋转物体。如果没有指定物体名称，则将在选中的物体上执行，默认的 x、y、z 值是绝对值。如果添加 -r 则是相对值，功能参照上一条指令。
- scale x y z 物体/轴心/组件：缩放物体。如果没有指定物体名称，则将在选中的物体上执行，默认的 x、y、z 值是绝对值。如果添加 -r 则是相对值，功能参照上一条指令。
- makeIdentity -a true 物体名：冻结物体的空间转换，包括移动、缩放和旋转。这相当于使用 Maya 主菜单中的【修改】|【冻结变换】命令。如果没有指定物体名称，则指令会在选中物体上执行。
- pointOnSurface -u u 坐标 -v v 坐标 -p 或 -nn 或 -ntu 或 -ntv 表面名：查询 NURBS 表面某一点(用 -u 和 -v 指定)的位置(-p)、法线(-nn)、向着 u 的 tangent 矢量(-ntu)或向着 v 的 tangent 矢量(-ntv)。
- colorAtPoint -u u 坐标 -v v 坐标 -o 通道贴图节点名：用于查询节点的颜色和遮罩通道的资料。-o 选项可以是 RGB、A 或 RGBA。指令会返回浮点数组。
- getFileList -fld 文件夹 -fs 批量缩写：列出文件夹中的所有文件信息，该命令返回的是一个字符串列表。
- fopen 文件名 w a r w+ r+：fopen 用于打开一个文件。其中，"文件名"用于指定要打开的文件名称，w 表示将要执行写入操作，a 表示只打开文件，r 表示读取文件，w+ 表示加写文件，r+ 表示加读文件。
- fwrite 文件名数据：将数据以二进制形式写入文件中。其中，"文件名"用于指定要写入的文件名称。
- fread 文件名核对数据：由文件中读取数据，然后返回，数据的类型必须和核对数据匹配。
- fprint 文件名字符串：将指定的字符串输出到由"文件名"指定的文件中。
- fgetword 文件名：用于返回下一个空格后的字符串。
- fgetline 文件名：用于返回下一行字符串。
- frewind 文件名：用于将指定指针倒退到文件的起点。
- feof 文件名：如果内容指针已经到达了文件尾部就返回 1，否则返回 0。
- expression [-e] -s 表达式字符串 -n 表达式节点名：该命令可以设立或改变一个表达式。Maya 的每一段表达式都是一种 DG 节点，可以在设立它时指定一个名称，方便以后寻找。
- refresh -cv：这是一个经常使用的命令，主要用于刷新屏幕。
- currentTime 帧：用于改变场景时间。

MEL 是一种非常庞大的脚本语言，其功能十分强大。用户如果对该语言感兴趣，需要去系统地学习。

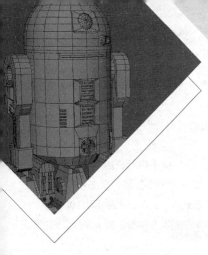

扫码看电子书

第 **29** 章
星球大战——R2机器人

前面章节中讲解了Maya的建模方式和基本流程，本章将利用Maya多边形建模技术制作R2机器人模型。R2机器人是一个典型的机械结构，在此可以将它拆分成一些基本多边形结构。在制作模型的时候，可以遵循一个简单的原则：将复杂的模型拆分成简单的基本形状，而不是将模型复杂化。

通过对R2机器人的分析，可以将其拆分成头部、身体、手臂和下半身几部分，然后从简单的几何体开始，通过变形、修改、增加细节结构，逐步制作成机器人的效果。图29-1为制作机器人的流程。

 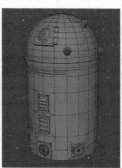  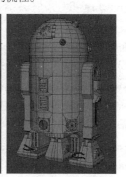

制作机器人头部　　　　制作机器人身体　　　　制作机器人手臂　　　　制作机器人下半身

图29-1　制作机器人流程

> **提 示**
>
> 关于案例具体的操作步骤，读者可以扫描章名处的二维码阅读电子书，也可以直接扫描每节标题处的二维码，观看教学视频进行学习。

↘ **29.1** 制作R2机器人头部

创建一个多边形球体，删除球体下半部分的面，作为机器人头部的基本模型。首先通过挤出的面制作机器人的主光感受器，然后创建多边形圆柱，进行挤出操作和布尔运算，制作机器人的全息投影器。头部模型制作效果如图29-2所示。

↘ **29.2 制作R2机器人身体**

制作机器人身体部分时，首先创建多边形圆柱体作为机器人身体的基本模型。然后选择面，挤压出机器人通风系统的基本外形，创建多边形立方体，通过变形制作出风口叶片模型，完善通风系统结构，效果如图29-3所示。

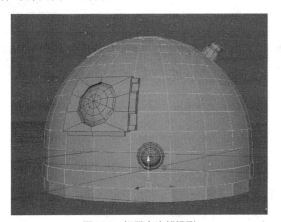

图29-2　机器人头部模型

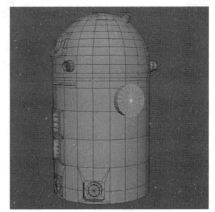

图29-3　机器人身体模型

↘ **29.3 制作R2机器人手臂**

首先创建多边形圆柱体，旋转并移动至机器人手臂关节位置，通过执行挤出等命令制作出手臂基本模型，创建多边形立方体，增加循环边，挤压面并调整模型作为手部模型。手旁边的模型也是通过多边形立方体变形组合来实现的，传导线部分可以通过曲线加选圆环，执行挤出命令实现。创建多边形圆柱体，进行适当缩放、旋转并移动至电线与机械臂相连的位置，作为电线路的接口，完成效果如图29-4所示。

↘ **29.4 制作R2机器人下半身**

分析机器人下半身的基本结构，可以通过多边形立方体挤压变形实现，然后在基础模型上增加模型结构转折，整体效果如图29-5所示。

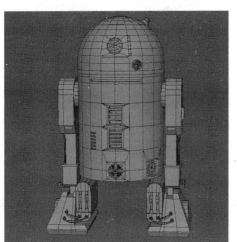

图29-4　机器人手臂模型

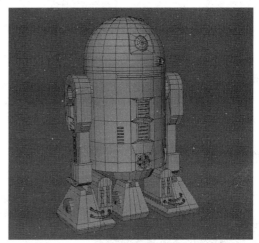

图29-5　整体效果

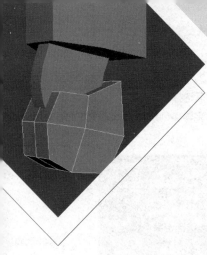

第30章

星球大战——小兵驾驶飞行器

本章将制作一个小兵驾驶飞行器模型，还是与上一章制作机器人的思路类似，使用多边形建模，依次制作小兵的头部、身体、手臂和腿部，然后根据小兵的比例制作飞行器。从简单的几何体开始，通过变形、修改、增加细节结构，逐步制作成我们想要的效果。图30-1为制作小兵驾驶飞行器的流程。

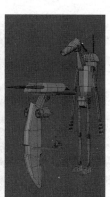

制作小兵头部　　　　制作小兵身体　　　　制作小兵手臂　　　　制作小兵腿部　　　　制作飞行器

图30-1　制作小兵驾驶飞行器流程

30.1　制作小兵头部

小兵头部是由多个不规则圆柱变形组合而成的，制作过程中用到多切割、复制、插入循环边和挤出等命令。

30.2　制作小兵身体

创建多边形立方体，通过使用倒角、插入循环边和挤出命令制作小兵躯干部分。躯干后面的背包也是通过多边形立方体和圆柱体变形实现，通过丰富模型结构来增加模型细节，如图30-2所示。

30.3　制作小兵手臂

制作小兵手臂时，按照从主体到局部的思路进行，分别通过多边形基本体变形来实现，关节部分使用圆柱体调整变形来实现，手臂和手指使用多边形立方体变形来实现，小兵手臂制作效果如图30-3所示。

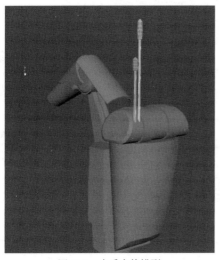

图30-2　小兵身体模型

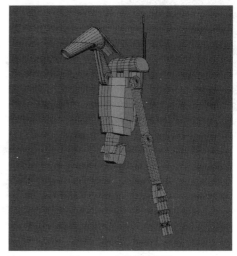

图30-3　小兵手臂模型

30.4　制作小兵腿部

小兵腿部的制作方式与手臂是一样的，关节处使用多边形圆柱体作为基本体，在此基础上根据物体的结构进行调整，腿部使用立方体通过变形挤压等操作来实现，完成效果如图30-4所示。

30.5　制作飞行器

在制作飞行器模型时，可以分为两部分来制作，分别是机头和机身。根据飞行器的结构，分别使用不同的多边形基本体变形组合而成，整体效果如图30-5所示。

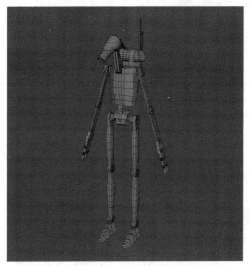

图30-4　小兵腿部模型

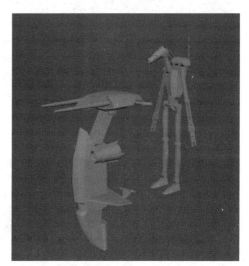

图30-5　整体效果

第31章

星球大战——小兵驾驶飞行器追击R2机器人

　　本章所包含的内容比较全面，我们可以将场景建模理解为众多道具模型组合而成的场景，需要学习、理解和分析场景的造型和结构关系，还要把控整个场景的比例。比例主要是对相互对比与透视的理解，以及场景模型中小部件的组成结构和位置关系，这些都是制作之前或者制作过程中随时要去把握的知识。

　　这个场景会用到前面章节中学习的多边形建模、材质和贴图等知识。图31-1为制作小兵追击机器人场景的流程。

制作场景模型

设置小兵材质

设置小兵动作

设置R2机器人材质

设置R2机器人动作

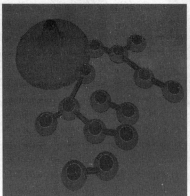

设置场景材质

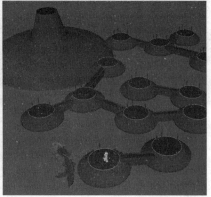

调整小兵和R2机器人的场景中的位置

图31-1　制作追击场景的流程

31.1　制作场景模型

在创建多边形圆柱体时，可以使用挤出和倒角命令调整点位置，制作圆台基本模型。创建圆柱体并调整结构，作为圆台的天线，复制多个圆台和天线，然后调整位置。使用多边形立方体调整变形作为圆台之间的桥梁，场景效果如图31-2所示。

31.2　设置小兵材质

在材质编辑器中创建lambert材质，为小兵不同部位模型赋予材质。

31.3　设置小兵动作

将小兵的手臂、腿部分别建立父子关系，将手臂每个关节的轴心点调至关节的旋转中心并旋转调整动作，最终将小兵调整至站在飞行器上，效果如图31-3所示。

图31-2　场景效果

图31-3　设置小兵的动作

31.4　设置R2机器人材质

打开材质编辑器，为R2机器人模型赋予不同材质球并命名。选择机器人身体和头部模型，执行自动UV命令，然后调整UV位置，并为其赋予材质和贴图。

31.5　设置R2机器人动作

分别为左边的手臂、右边的手臂、头部、身体、下部分进行组合，调整组的中心点位置，通过对组旋转设置机器人的动作。

31.6　设置场景材质

在材质编辑器中，为场景模型赋予不同材质球并命名。圆台、天线和连接桥可以统一赋予一个材质，圆台顶面和连接桥顶面可以统一赋予一个材质，圆台边缘圈和天线顶端为一个材质，如图31-4所示。

图31-4　设置场景材质

31.7　调整小兵和R2机器人在场景中的位置

　　导入小兵、飞行器和R2机器人模型，并调整这些模型至适合位置，让小兵和飞行器飞在天上，R2机器人站在圆台上，将渲染出来的图片导入Photoshop中，调整出景深效果，整体效果如图31-5所示。

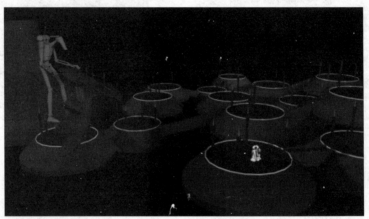

图31-5　整体效果